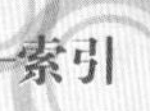

Chapter 02

制作立体拼贴效果

Chapter 02

为数码照片制作艺术边框

Chapter 02

图层教程讲解案例

Chapter 03

使用通道和滤镜制作网点效果

Chapter 03

创意图像色彩

Chapter 03

反转负冲效果

Chapter 04

制作创意海报

Chapter 04
使用调整图层为人物添加彩妆

Chapter 04
制作创意风景效果

Chapter 05
消除照片中多余的人物

Chapter 05
消除人物多余的发梢

Chapter 06
调整曝光不足的照片

Chapter 06
时尚妆容轻松掌握

Chapter 06
修正拍摄瞬间的遗憾

Chapter 07

调出素雅大方的色调

Chapter 07

提高照片的颜色对比

Chapter 07

调整偏暖色调的照片

Chapter 07

彩色照片单色效果

Chapter 07

修复照片局部偏色

Chapter 07

修正偏灰暗的照片

Chapter 08

矛盾空间拼贴

Chapter 08

匹配皮肤色调

Chapter 08

为面部添加胡须

Chapter 08

打造真实投影

Chapter 08

选取卷曲长发

Chapter 08

使用图层蒙版编辑交叠图像

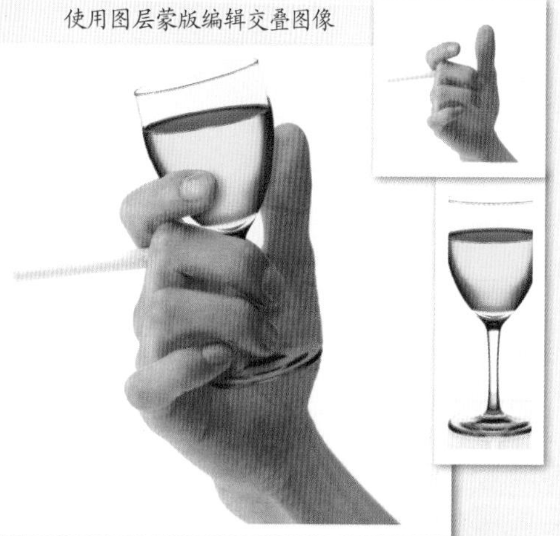

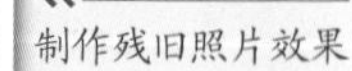

Chapter 08

制作残旧照片效果

Chapter 08

制作纸带胶贴效果

Chapter 09
创建人物色彩焦点

Chapter 09
制作星光夜色特效

Chapter 09
制作LOMO照片特效

Chapter 09
制作重叠相片特效

Chapter 09
制作水面倒影效果

Chapter 09
制作照片光影效果

Chapter 09
利用阈值创建
双色照片特效

Chapter 10
模拟铅笔淡彩画效果

Chapter 09
制作焦点照片特效

Chapter 10

制作老照片效果

Chapter 10

模仿矢量插画人物效果

Chapter 10

模仿国画效果

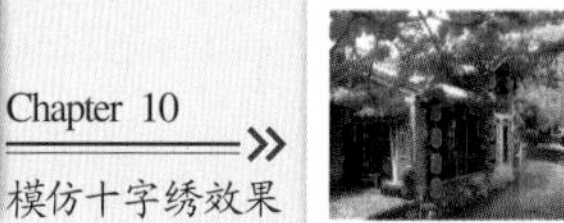

Chapter 10

模仿十字绣效果

Chapter 10

模仿照片水彩画效果

Chapter 10

模拟手绘素描效果

Chapter 10

制作纹理照片效果

Chapter 10

模仿布纹油画效果

Chapter 11

合成制作CD封面

Chapter 11

制作个性电脑桌面

Chapter 11

制作个性月历

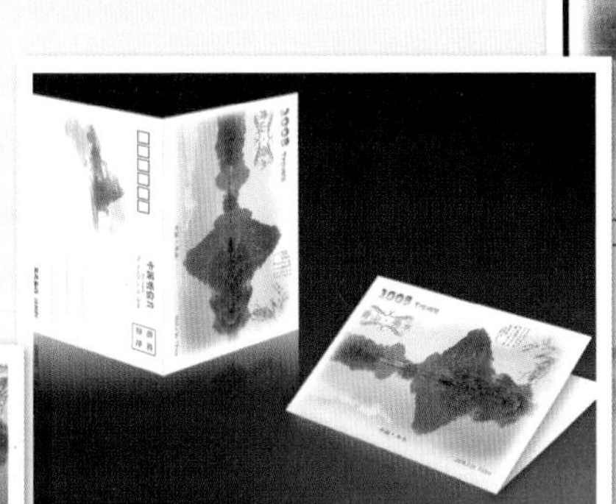

Chapter 11

制作明信片效果

Chapter 11
制作拼图照片效果

Chapter 11
制作邮票边缘艺术效果

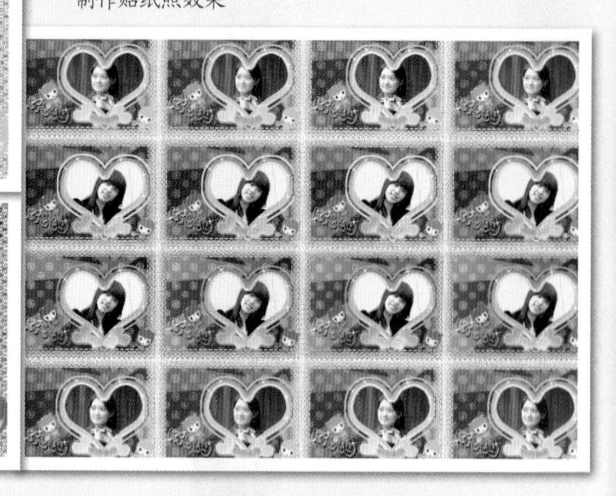

Chapter 11
制作贴纸照效果

Chapter 11
制作文字镶图效果

Chapter 11
制作艺术边框效果

Photoshop CS3 数码照片处理实例精讲

通图文化 雷剑 盛秋 编著

超值版

人 民 邮 电 出 版 社
北 京

图书在版编目（CIP）数据

Photoshop CS3数码照片处理实例精讲 ： 超值版 / 雷剑，盛秋编著. -- 北京 ： 人民邮电出版社，2010.6
ISBN 978-7-115-22903-8

Ⅰ. ①P… Ⅱ. ①雷… ②盛… Ⅲ. ①图形软件，Photoshop CS3 Ⅳ. ①TP391.41

中国版本图书馆CIP数据核字(2010)第073299号

内 容 提 要

本书主要介绍使用Photoshop CS3进行数码照片处理的方法和技巧。

本书前4章结合13个实例对Photoshop CS3各种命令中与数码照片处理相关的主要功能进行了详细的讲解，其中包括工具箱、图层、通道、调整等；第5章到第11章则通过95个实例全面介绍数码照片处理的方法和技巧。读者在学习后面内容时，可以结合前4章的命令讲解和技术进行针对性练习，巩固所学的技术知识，加深对Photoshop软件的理解。

本书结构清晰，案例实用精彩，内容浅显易懂，案例讲解与内容结合紧密，具有很强的实用性和较高的技术含量，所有实例均配有视频教学录像，方便读者学习。

本书适合数码照片处理爱好者，以及Photoshop CS3的初学者阅读。

Photoshop CS3 数码照片处理实例精讲（超值版）

◆ 编　　著　通图文化　雷　剑　盛　秋
　责任编辑　孟　飞

◆ 人民邮电出版社出版发行　　北京市崇文区夕照寺街14号
　邮编　100061　　电子函件　315@ptpress.com.cn
　网址　http://www.ptpress.com.cn
　北京铭成印刷有限公司印刷

◆ 开本：787×1092　1/16
　印张：27　　　　　　　彩插：4
　字数：877千字　　　　2010年6月第1版
　印数：1－4 000册　　2010年6月北京第1次印刷

ISBN 978-7-115-22903-8

定价：45.00元（附光盘）

读者服务热线：(010)67132692　印装质量热线：(010)67129223
反盗版热线：(010)67171154

前 言

本书为《Photoshop CS3数码照片处理实例精讲》一书的超值单色版。《Photoshop CS3数码照片处理实例精讲》一经上市便受到了广大读者的好评，但由于全彩印刷，定价较高，部分读者反馈虽然很喜欢，但价格方面难以承受。基于此，我们在经过读者调查和论证以后出版了本书，以满足更多读者的学习需求。本书的文字内容和DVD光盘与全彩版图书相同，此前购买过全彩版图书的读者无需购买，希望阅读全彩版图书的读者请另行查询相关图书信息。

随着数码产品的日益普及，数码相机已经由价格昂贵的奢侈品逐渐转变为平易近人的消费品。与传统胶片相机相比，数码相机的优势十分明显，比如大大降低摄影成本、对摄影作品能够及时查看、更加简单的操作模式等。除了以上优点之外，数码相机比胶片相机还有一个根本性的差别，那就是照片后期处理的灵活性。数码照片本身是电子文件，可以通过图形图像处理软件，如Photoshop，对照片进行修饰、修改甚至是颠覆性的再次创作，这在传统相片上是很难实现的。

如何最大限度地体现数码照片这一优势，对于大多数的数码摄影爱好者来说是一个难题。对于积累的大量良莠不齐的数码照片，很多发烧友都感觉无从下手。本书将帮您解决这一难题，帮助您对手中的数码照片进行处理，教您如何修饰照片，向您提供我们多年来处理数码照片的心得和技巧，告诉您如何对数码照片进行二次创作。

本书共分11章，以文字讲解辅助案例的形式，由浅入深地讲解您在处理数码照片过程中可能遇到的问题。

第1章至第4章介绍Photoshop基础知识。在这部分内容中，精选了在数码照片后期处理中最常用到的一些Photoshop功能进行讲解，不仅针对性强，也便于理解。

第5章至第7章介绍数码照片处理基础，主要是针对数码照片的构图、色彩、明暗、瑕疵等进行修饰与修改处理，以使照片本身更加完美。

第8章至第11章的内容是数码照片处理进阶，主要是对数码照片进行二次创作。

本书章节结构清晰，案例实用精彩，内容浅显易懂，案例讲解与内容文字结合紧密，具有很强的实用性和较高的技术含量。本书附带1张DVD光盘，光盘中收录了本书所有案例的素材文件和最终效果文件，读者可以通过这些素材进行实际操作，以便加深对本书的理解，提高软件的应用能力。光盘中还加入了所有实例的视频教学录像并有配音，以帮助读者更好地学习。

本书中的照片大部分由董怀善提供，在此深表谢意。本书内容主要由盛秋、雷剑编写，王琳琳、田彬、林晶也参与了本书部分内容的编写工作，在此一并表示感谢。此外，参与本书编写工作的还有马小楠、王丽娟、钱磊、张亚非、盛保利、王利君、马增志、王利华、王群、单墨、孙建兵、王琳、孟扬、许伟、杨刚、冀海燕、赵国庆、王辉、孙宵、赵晨、施强、王巍、罗长根、许虎、于艳玲、马玉兰、宋有海、曲学伟等。

本书在编写过程中力求全面、深入地讲解了数码照片处理技巧，但由于编者水平有限，书中难免会有不足之处，希望广大读者给予批评指正，同时也欢迎读者与我们联系，E-mail: bjTTdesign@yahoo.cn。

编者
2010.05

配套光盘内容

本书配套的DVD光盘中包含了所有实例的素材文件和最终效果的分层文件。为了方便初学者的学习，光盘中另外赠送了**全书所有案例的视频教学录像**及**中国教程网的教育专家祁连山老师精心制作的《Photoshop CS3专家讲堂》视频教学录像**。

“光盘资料”文件夹中包含“案例及素材源文件”和“视频教学”两大部分内容，其中提供每章节的案例、素材源文件及对应每个实例的视频教学资料。

◆ **“案例及素材源文件”**文件夹下囊括了本章所有实战练习和综合实例，包括最终效果的PSD分层文件及所需的素材源文件。

◆ **“视频教学”**文件夹下整合了全书共95个案例的视频教学光盘，辅助读者在阅读时更好地学习。

◆ **“中国教程网_PSCS3专家讲堂”**文件夹中包含《Photoshop CS3专家讲堂》视频教学录像，共106集，该教程及中国教程网的教育专家祁连山老师精心制作。如下图所示的是教程的索引目录。

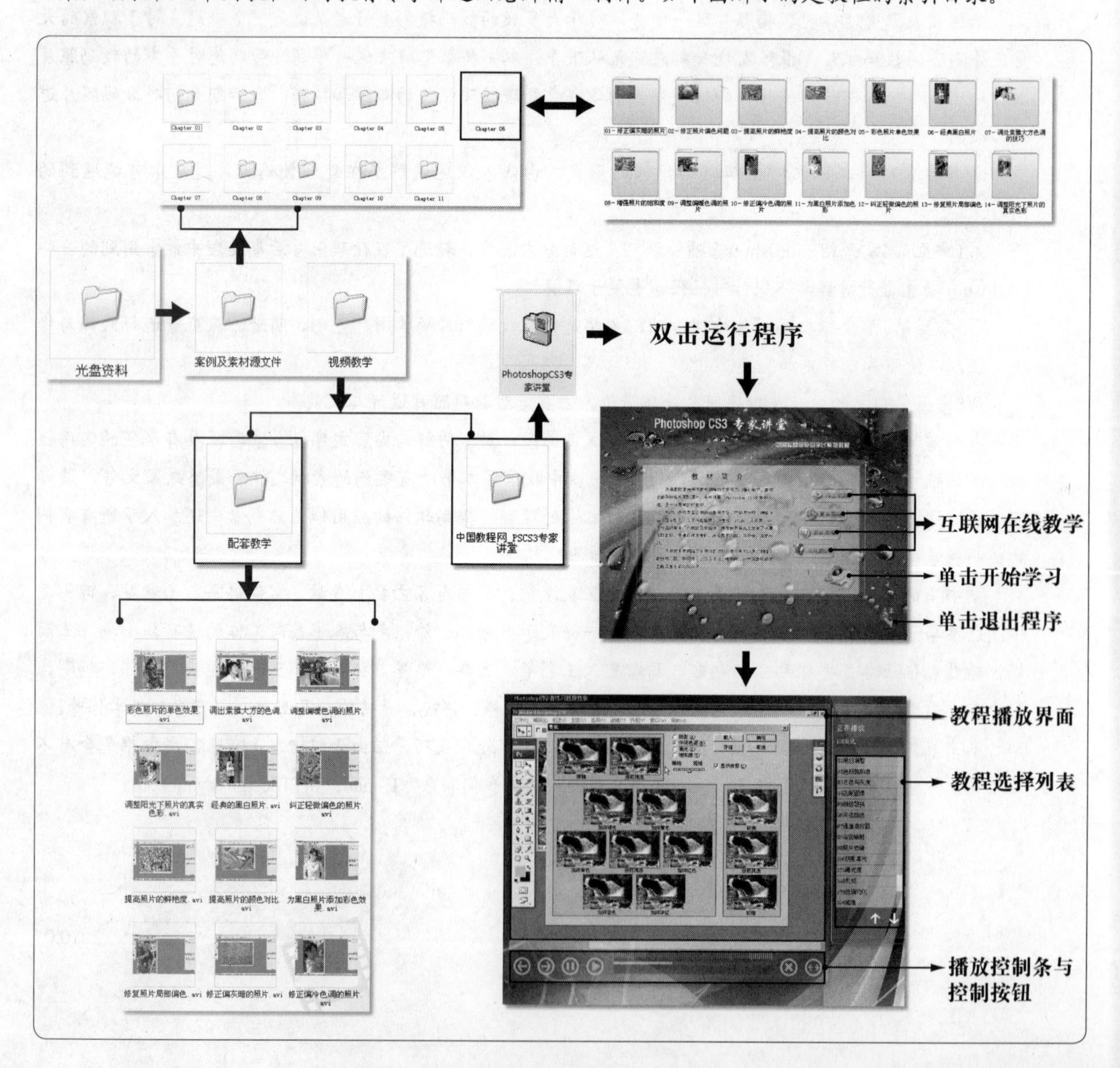

目 录

Chapter 01 工具箱功能解析 …… 1
1.1 选择工具 …… 2
1.1.1 选框工具 …… 2
1.1.2 套索工具 …… 4
1.1.3 钢笔工具 …… 5
Effect 01 制作动感汽车 …… 6
1.1.4 形状工具 …… 9
1.1.5 文字工具 …… 9
1.2 矫正修复工具 …… 10
1.2.1 移动工具 …… 11
1.2.2 裁剪工具 …… 12
1.2.3 污点修复工具 …… 12
1.2.4 仿制图章工具 …… 14
Effect 02 盖印出绚丽的莲花 …… 15
1.2.5 橡皮擦工具 …… 17
1.3 绘画工具 …… 19
1.3.1 画笔工具 …… 19
1.3.2 模糊、锐化、涂抹 …… 21
1.3.3 减淡、加深、海绵 …… 22
1.3.4 渐变工具 …… 24
Effect 03 制作蓝天白云 …… 25
1.3.5 油漆桶工具 …… 27
1.3.6 标准、快速蒙版模式 …… 27

Chapter 02 图层功能解析 …… 29
2.1 图层的基本操作 …… 30
2.1.1 新建图层 …… 30
2.1.2 移动、复制、删除图层 …… 30
2.1.3 链接、对齐、分布图层 …… 31
2.1.4 调整图层顺序 …… 32
2.1.5 栅格化图层 …… 33
2.1.6 合并、盖印图层 …… 33
2.2 蒙版 …… 34
2.2.1 蒙版的类型与特点 …… 34
2.2.2 建立蒙版 …… 36
2.2.3 编辑图层蒙版 …… 37
2.2.4 由选区建立图层蒙版 …… 39
Effect 01 使用图层蒙版制作相片合成效果 …… 40
2.2.5 矢量蒙版与图层蒙版的区别和转化 …… 43
2.2.6 剪贴蒙版的类型 …… 44
2.2.7 剪贴蒙版的编辑及修改 …… 48
Effect 02 制作立体拼贴效果 …… 50
2.3 图层混合模式 …… 53
2.3.1 图层混合模式的概念及分类 …… 53
2.3.2 解析图层混合模式 …… 54
2.3.3 图层填充值和不透明度 …… 59
Effect 03 利用混合模式美化风景照片 …… 60
2.4 图层样式 …… 62

2.4.1 “图层样式”对话框 ………………………… 62
2.4.2 “图层样式”选项 ………………………… 63
2.4.3 图层样式应用于图层 ………………………… 68
Effect 04 为数码照片制作艺术边框 ………………………… 71

Chapter 03 通道功能解析 ………………………… 77
3.1 通道的操作及其应用 ………………………… 78
3.1.1 通道的分类 ………………………… 78
3.1.2 通道的基本应用 ………………………… 79
3.1.3 曲线与通道 ………………………… 81
3.1.4 色阶与通道 ………………………… 82
3.1.5 通道计算 ………………………… 84
3.1.6 【应用图像】命令 ………………………… 87
Effect 01 制作反转负冲效果 ………………………… 89
3.2 通道混合器 ………………………… 90
3.2.1 调整图像颜色 ………………………… 90
3.2.2 创建双色调图像 ………………………… 92
3.2.3 创建灰度图像 ………………………… 93
3.2.4 创意图像色彩 ………………………… 95
Effect 02 创意图像色彩 ………………………… 95
3.3 滤镜与通道 ………………………… 96
3.3.1 “光照效果”滤镜与通道 ………………………… 96
3.3.2 “镜头模糊”滤镜与通道 ………………………… 97
3.3.3 “锐化”滤镜与通道 ………………………… 98
3.3.4 “彩色半调”滤镜与通道 ………………………… 99
Effect 03 使用通道和滤镜制作网点效果 ………………………… 99

Chapter 04 调整功能解析 ………………………… 103
4.1 图像简单调整命令 ………………………… 104
4.2 常用图像调整命令 ………………………… 105
4.2.1 色阶 ………………………… 105
4.2.2 曲线 ………………………… 106
4.2.3 色彩平衡 ………………………… 109
4.2.4 色相/饱和度 ………………………… 110
4.2.5 替换颜色 ………………………… 111
4.2.6 照片滤镜 ………………………… 112
Effect 01 使用【照片滤镜】命令制作创意风景效果 ………… 113
4.3 图像调整高级命令 ………………………… 115
4.3.1 可选颜色 ………………………… 115
4.3.2 通道混合器 ………………………… 118
4.3.3 匹配颜色 ………………………… 121
4.3.4 渐变映射 ………………………… 123
Effect 02 使用【渐变映射】命令制作创意海报 ………… 125
4.4 填充/调整图层 ………………………… 128
4.4.1 调整图层的可修改性 ………………………… 129
4.4.2 调整图层的蒙版编辑 ………………………… 130
4.4.3 调整图层的图层属性设置 ………………………… 132
4.4.4 调整图层的混合模式 ………………………… 133
4.4.5 调整图层的创建剪贴蒙版 ………………………… 135
Effect 03 使用调整图层为人物添加自然彩妆 ………… 137

Chapter 05 数码照片的矫正技巧 ………………………… 143
Effect 01 调整照片的尺寸 ………………………… 144

Effect 02 调整照片的精度 …… 145
Effect 03 矫正倾斜的照片 …… 146
Effect 04 调整透视变形的照片 …… 147
Effect 05 数码照片的构图艺术 …… 148
Effect 06 消除照片中多余的人物 …… 150
Effect 07 消除照片中多余的取景 …… 152
Effect 08 消除照片中杂乱的背景 …… 153
Effect 09 淡化照片中的次要背景 …… 155
Effect 10 消除人物多余的发梢 …… 157

Chapter 06 数码照片的润饰技巧 …… 159

Effect 01 弥补模糊照片的拍摄缺陷 …… 160
Effect 02 调整曝光过度的照片 …… 161
Effect 03 调整曝光不足的照片 …… 163
Effect 04 调节逆光照片 …… 164
Effect 05 修正强光下拍摄的照片 …… 167
Effect 06 精确调整人像照片 …… 169
Effect 07 修复白平衡错误的照片 …… 170
Effect 08 去除照片中的噪点 …… 172
Effect 09 修正人物面部阴影 …… 174
Effect 10 去除照片中多余的投影 …… 176
Effect 11 去除人物红眼 …… 179
Effect 12 修正拍摄瞬间的遗憾 …… 180
Effect 13 修正人物脸部瑕疵 …… 182
Effect 14 人物牙齿美白术 …… 184
Effect 15 时尚妆容轻松掌握 …… 186
Effect 16 打造杂志封面女郎 …… 190
Effect 17 去除脸部皱纹 …… 193
Effect 18 快速去除黑眼圈 …… 195
Effect 19 人物快速瘦脸 …… 198
Effect 20 打造诱人浓密长睫毛 …… 199
Effect 21 清晰刻画人物五官 …… 203
Effect 22 突出照片的主体物 …… 205

Chapter 07 数码照片的调色技巧 …… 207

Effect 01 修正偏灰暗的照片 …… 208
Effect 02 修正偏色的照片 …… 209
Effect 03 提高照片的鲜艳度 …… 211
Effect 04 提高照片的颜色对比 …… 212
Effect 05 彩色照片的单色效果 …… 214
Effect 06 经典的黑白照片 …… 216
Effect 07 调出素雅大方的色调 …… 217
Effect 08 增强照片的饱和度 …… 219
Effect 09 调整偏暖色调的照片 …… 220
Effect 10 修正偏冷色调的照片 …… 223
Effect 11 为黑白照片添加彩色效果 …… 225
Effect 12 纠正轻微偏色的照片 …… 228
Effect 13 修复照片局部偏色 …… 230
Effect 14 调整阳光下照片的真实色彩 …… 234

Chapter 08 数码照片拼贴技巧 …… 237

Effect 01 匹配皮肤色调 …… 238
Effect 02 匹配画面颗粒 …… 240

Effect 03 为人物面部添加胡须 …… 243
Effect 04 协调人物头部与身体 …… 245
Effect 05 快速选取卷曲的长发 …… 247
Effect 06 置换图像背景 …… 250
Effect 07 打造真实投影 …… 252
Effect 08 主体与背景自然衔接 …… 255
Effect 09 更改人物衣服纹理 …… 257
Effect 10 快速抠出主体图像 …… 260
Effect 11 空玻璃瓶与物体合成 …… 262
Effect 12 制作纸带胶贴效果 …… 266
Effect 13 制作残旧照片效果 …… 269
Effect 14 创建玻璃倒影效果 …… 273
Effect 15 制作趣味水果合成 …… 275
Effect 16 使用图层蒙版编辑交叠图像 …… 276
Effect 17 制作撕裂和破碎特效 …… 280
Effect 18 矛盾空间拼贴 …… 282

Chapter 09 数码照片的特效制作 …… 287

Effect 01 打造奔跑场景特效 …… 288
Effect 02 制作水面倒影效果 …… 291
Effect 03 制作照片光影效果 …… 295
Effect 04 制作网点照片特效 …… 297
Effect 05 制作星光夜色特效 …… 299
Effect 06 制作焦点照片特效 …… 302
Effect 07 制作重叠相片特效 …… 306
Effect 08 制作LOMO照片特效 …… 310
Effect 09 为照片添加暴风雪天气效果 …… 312
Effect 10 创建人像色彩焦点 …… 314
Effect 11 利用阈值创建双色照片特效 …… 315

Chapter 10 数码照片的艺术化处理 …… 317

Effect 01 模拟手绘素描效果 …… 318
Effect 02 模拟铅笔淡彩画效果 …… 321
Effect 03 模仿制作老照片效果 …… 323
Effect 04 模仿十字绣效果 …… 327
Effect 05 模仿布纹油画效果 …… 331
Effect 06 模仿照片水彩画效果 …… 334
Effect 07 模仿国画效果 …… 338
Effect 08 制作纹理照片效果 …… 341
Effect 09 模仿矢量插画人物效果 …… 344

Chapter 11 数码照片的实用设计 …… 351

Effect 01 制作标准证件照片 …… 352
Effect 02 制作艺术边框效果 …… 355
Effect 03 制作邮票边缘艺术效果 …… 358
Effect 04 制作文字镶图效果 …… 363
Effect 05 制作明信片效果 …… 370
Effect 06 制作拼图照片效果 …… 377
Effect 07 合成制作CD封面 …… 383
Effect 08 制作个性月历 …… 392
Effect 09 制作个性电脑桌面 …… 401
Effect 10 制作贴纸照效果 …… 412
Effect 11 修复老照片划痕 …… 421

Chapter 01 工具箱功能解析

1.1 选择工具

在Photoshop CS3中，选择是进行所有操作的前提，对于图像的修饰和变换都要从选择开始。因此，掌握选择工具非常重要，只有选择了相应的图像，才能够有针对性地对图像进行调整颜色、移动位置和变形等操作。

步骤提示技巧

想要确定是否被选择，比较直观的方法是观察“蚁行线”。通过工具箱中的选择工具组建立的选区都会以蚁行线的形式显示选区的存在。如左图中，蚁行线形成一个封闭的区域将汽车的车身部分包围，那么这个选区选择的部分就是图像中的车身部分，车身以外的部分为未选择区域，这时执行各项操作将只会针对选区内的图像（汽车车身）进行；右图是执行了调整颜色的命令后的效果，对比可发现，只有在蚁行线内的图像色调发生了变化。

左图

右图

1.1.1 选框工具

在Photoshop CS3的工具箱中，选框工具包括4种，矩形选框工具、椭圆选框工具、单行选框工具和单列选框工具。下面将主要介绍矩形选框工具和椭圆选框工具。

矩形选框工具

选择矩形选框工具后，在图像中按住鼠标左键拖动，可以建立一个矩形的选区，若同时按住Shift键则能够绘制出长宽比为1的矩形。图1-1-1所示为在图像中随意拖动鼠标绘制出的矩形，然后对图像进行调整后的图像效果；如图1-1-2所示为按住Shift键拖动鼠标绘制出长宽比为1的矩形之后再对图像进行调整的图像效果。

图1-1-1

图1-1-2

步骤提示技巧

在拖动鼠标的同时若按住Alt键，将会从中心点向外沿绘制选区；若再同时按住Shift键，则能够从选区的中央开始绘制出长宽比为1的选区。这样的按键操作同样适用于绘制其他图形，如矩形形状、椭圆形状等。

椭圆选框工具

选择椭圆选框工具后，在图像中按住鼠标左键拖动，可以建立一个椭圆选区。其中快捷键的使用方法和矩形选框工具相同。选择椭圆选框工具时，只需要在工具箱中长按矩形选框工具按钮，在弹出的下拉菜单中选择椭圆选框工具即可。

在利用椭圆选框工具进行操作时，最重要的是是否应用消除锯齿功能。应用该功能需要在工具选项栏中勾选“消除锯齿”复选框。勾选后，选区的边界部分会以中间色进行填充，以曲线进行柔和。在编辑照片等资料时，一般都需要勾选“消除锯齿”复选框，在创建需要有清晰边缘的图像时，则无需勾选此复选框。图1-1-3所示为未勾选“消除锯齿”复选框时绘制选区得到的图像效果，而图1-1-4所示为勾选“消除锯齿”复选框绘制选区得到的图像效果。

图1-1-3

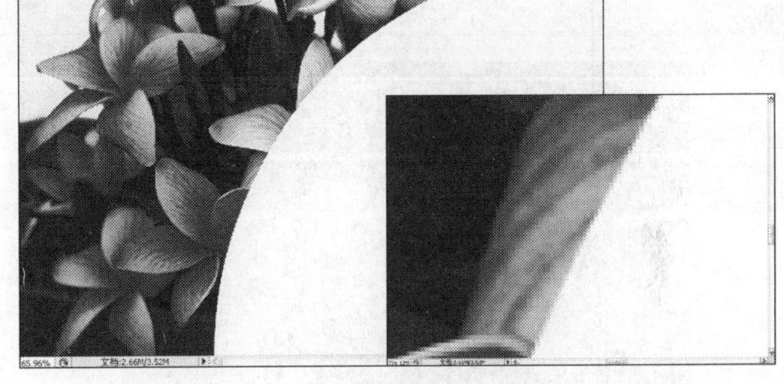

图1-1-4

当选择选框工具时，工具选项栏中会出现新选区、添加到选区、从选区中减去和选取交叉4个按钮，通过控制这4个按钮能够使选区的建立更加灵活。

图1-1-5所示为单击添加到选区按钮时，在图像中绘制选区，再对选区内的图像进行调整后的结果；图1-1-6所示为单击从选区中减去按钮时，在图像中绘制选区，再对选区内的图像进行调整后的结果；图1-1-7所示为单击选取交叉按钮时，在图像中绘制选区，再对选区内的图像进行调整后的结果。

图1-1-5

图1-1-6

图1-1-7

步骤提示技巧

选择选框工具的快捷键是Shift+M。连续按此快捷键时，可以交替选择矩形选框工具、椭圆选框工具、单行选框工具和单列选框工具。同样，若是按Shift＋L快捷键也会交替选择套索工具、多边形套索工具和磁性套索工具。

1.1.2 套索工具

套索工具主要用于绘制不规则形状的选区，其手动性能非常强，所以在需要快速得到选区的情况下，一般都使用套索工具。

套索工具组中主要包含3种套索工具，即套索工具、多边形套索工具和磁性套索工具。

套索工具

使用套索工具如同使用鼠标指针控制一根细线，这根线的走向完全由鼠标指针走过的路线进行控制。套索工具基本上不用于绘制较为精细的选区。在处理数码照片时，套索工具经常用于选择图像的大致范围。

图1-1-8所示为使用套索工具绘制的选区效果，按快捷键Ctrl+C复制选区，按快捷键Ctrl+V粘贴选区为新的图层，选择新图层，执行【编辑】/【变换】/【水平翻转】命令，将图像翻转，得到的图像效果如图1-1-9所示。

图1-1-8

图1-1-9

多边形套索工具是以鼠标单击的位置为节点绘制选区。也就是说，鼠标指针经过的地方不一定是选区的边缘，但是鼠标单击的点一定是控制选区边缘的点。多边形套索工具比套索工具更加容易控制选区的形状。多边形套索工具除了绘制不规则的选区外，还能够绘制出具有明显拐角的选区。图1-1-10所示为沿图像中的屋顶绘制得到的选区，绘制完毕后双击鼠标将选区闭合，执行【图像】/【调整】/【色相/饱和度】命令后调整选区内图像的颜色，得到的图像效果如图1-1-11所示。

图1-1-10

图1-1-11

步骤提示技巧

使用多边形套索工具绘制时要注意尽量不要将套索的边缘互相重合，必要的时候可以使用缩放工具将图像放大绘制，绘制完毕后若没有找到起始点的确切位置，双击鼠标也可以得到闭合的选区。

磁性套索工具

磁性套索工具，能够像磁石一样沿着颜色差异明显的边界绘制选区。利用磁性套索工具能够自动查找颜色边界，但当所选对象的颜色与周围的颜色相似时，不建议采用磁性套索工具。

图1-1-12所示为用磁性套索工具在图像中沿蓝天部分绘制得到的选区效果，图1-1-13所示为对选区进行颜色调整得到的图像效果。为了使画面颜色统一，执行【选择】/【反向】命令，将选区反选，对天空外图像进行色彩调整，得到的图像效果如图1-1-14所示。

图1-1-12

图1-1-13

图1-1-14

步骤提示技巧

在选择了选框工具和套索工具的时候，其工具选项栏中都会有“羽化”这一文本框，通过设置羽化值，能够将选区的边缘进行不同程度的柔化。如左图所示为将选区的羽化值设为10像素时进行更改的图像效果，中图所示为将羽化值设为50像素时的图像效果，右图为设为100像素时的图像效果。在工具选项栏中设定的羽化值只针对将要绘制出的选区有效，若要对已存在的选区进行羽化，需要执行【选择】/【修改】/【羽化】命令，在弹出的“羽化”对话框中进行修改。执行【选择】/【修改】命令，还能够选择诸如【收缩】、【扩展】等命令对选区范围进行相应的修改。

1.1.3 钢笔工具

使用钢笔工具可以绘制精确的路径，能够对有较光滑边缘的图像进行选择，通过使用转换点工具能够自由地在路径绘制过程中转换直线和曲线，通过使用添加/删除锚点工具，可以添加和删除锚点以对绘制的路径进行精确控制。

步骤提示技巧

在Photoshop CS3中，图像主要分为两种：一种是通过数码设备采集到的数码图像；另一种是通过矢量绘图工具（如钢笔工具、形状工具等）绘制出的矢量图像，矢量绘图工具能够更加精确地绘制出各种复杂的图形，但是不容易表现图像渐变的效果。

Effect 01 制作动感汽车

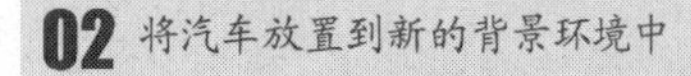

01 通过用钢笔工具将汽车从背景中分离出来

02 将汽车放置到新的背景环境中

03 将车窗等部分用钢笔勾画出并复制新图层

04 通过改变车窗图层的混合模式和“色相/饱和度”去除多余的蓝色

05 通过滤镜工具制作汽车飞驰的动感

STEP 01 执行【文件】/【打开】命令（Ctrl+O），打开如图1-1-15所示图像素材。

图1-1-15

步骤提示技巧

这是一张从车展上拍摄的图像，由于处于展厅内，所以光线比较杂乱，而且车身和背景颜色接近，使用其他工具将其分离出来并不容易。而汽车等工业产品都有光滑的边缘，所以非常适合使用钢笔工具对其进行选取。

STEP 02 选择工具箱中的裁剪工具，在图像中拖动鼠标绘制裁剪区域，如图1-1-16所示。绘制完毕后单击Enter键确认裁剪。

图1-1-16

STEP 03 选择工具箱中的缩放工具，将图像放大，选择工具箱中的钢笔工具，如图1-1-17所示，在图像中建立锚点并拖动路径至转弯处建立新的锚点。在拐角处按Alt键能绘制出有拐角的锚点，如图1-1-18所示。

图1-1-17

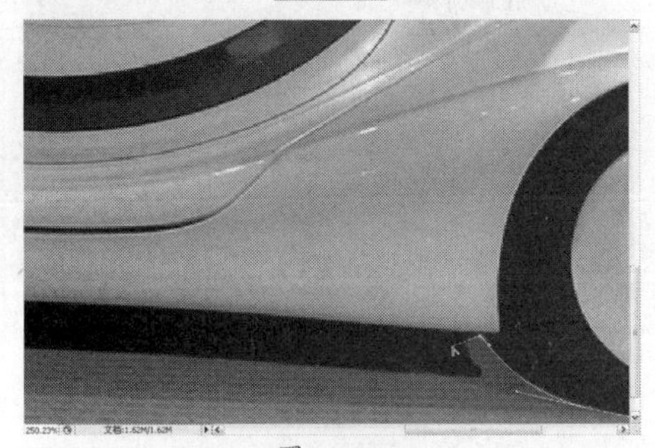

图1-1-18

STEP 04 继续绘制路径直至闭合，“路径”面板如图1-1-19所示，得到的图像效果如图1-1-20所示。在路径面板中单击将路径作为选区载入按钮建立选区，切换至“图层”面板。

图1-1-19　　图1-1-20

STEP 05 执行【文件】/【打开】命令（Ctrl+O），打开如图1-1-21所示图像素材。用移动工具拖曳选区内图像到新文档中，得到的图像效果如图1-1-22所示。

图1-1-21

图1-1-22

STEP 06 执行【编辑】/【变换】/【水平翻转】命令将图像翻转，执行【编辑】/【自由变换】命令（Ctrl+T），将图像的大小和角度进行适当的调整。选择工具箱中的修补工具，将车身上过多的反光去除，得到的图像效果如图1-1-23所示。

图1-1-23

步骤提示技巧

使用修补工具将需要去除的反光选中，然后按住鼠标拖动选区，同时观察需要修改的部分，当该部分变得和周围的图像基本相似时释放鼠标即可。通过这种方法能够将图像中小范围的反光和杂点去除，使汽车处于室内的感觉有所削弱。

STEP 07 单击“图层”面板上的创建新图层按钮，得到“图层2”，将其置于“图层1”下方，将前景色设置为黑色，选择工具箱中的画笔工具，在其工具选项栏中将画笔模式设为“正片叠底”，如图1-1-24所示绘制阴影。

图1-1-24

STEP 08 选择“图层2”，执行【滤镜】/【模糊】/【动感模糊】命令，弹出“动感模糊”对话框，具体设置如图1-1-25所示。设置完毕后单击“确定”按钮，得到的图像效果如图1-1-26所示。

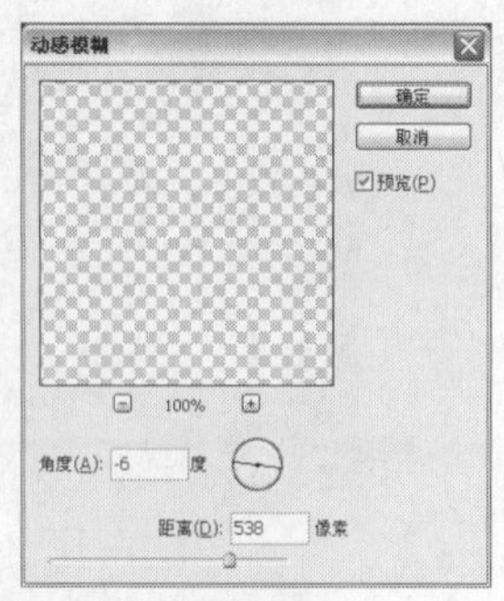

图1-1-25

图1-1-26

STEP 09 选择工具箱中的橡皮擦工具，设置一个柔角的笔刷，对阴影图层进行修饰，得到的图像效果如图1-1-27所示。

图1-1-27

STEP 10 选择工具箱中的缩放工具，将图像放大，选择工具箱中的钢笔工具，沿汽车的车窗建立路径并将路径转换为选区，得到的图像效果如图1-1-28所示。

图1-1-28

STEP 11 选择“图层1”，按快捷键Ctrl+J复制选区中的图像到新图层，得到“图层3”，将“图层3”的图层混合模式设为“强光”。按住Ctrl键单击“图层3”缩览图调出其选区，选择“图层1”，按Delete键删除选区内图像，“图层”面板如图1-1-29所示，得到的图像效果如图1-1-30所示。

图1-1-29　　图1-1-30

步骤提示技巧

将图层混合模式更改为“强光”，能在不损失玻璃本身高光点的情况下与下面图层所在图像更好地融合。

STEP 12 选择“图层3”，执行【图像】/【调整】/【色相/饱和度】命令，弹出“色相/饱和度”对话框，具体设置如图1-1-31所示。设置完毕后单击“确定”按钮，得到的图像效果如图1-1-32所示。

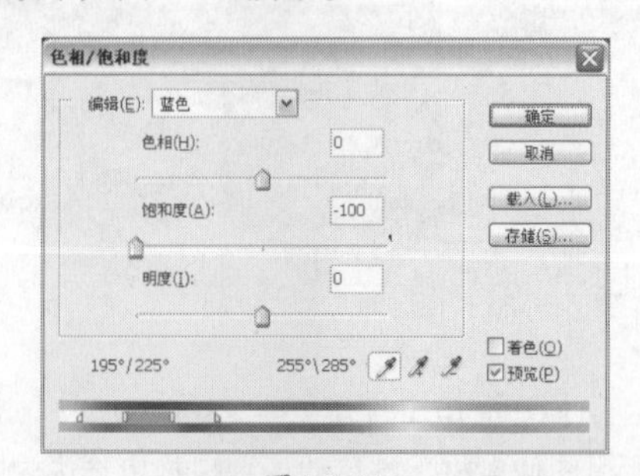

图1-1-31

图1-1-32

步骤提示技巧

调整“色相/饱和度”时，需要注意，在“色相/饱和度”对话框的“编辑”栏中选择的是“蓝色”，这样能够将图像中蓝色部分的饱和度降低，去除图像中不应存在的蓝色部分。

STEP 13 重复步骤10到步骤12的操作，继续将另一扇车窗变成透明，得到的图像效果如图1-1-33所示。

图1-1-33

STEP 14 选择“背景”图层，执行【滤镜】/【模糊】/【动感模糊】命令，弹出“动感模糊”对话框，具体设置如图1-1-34所示。设置完毕后单击“确定”按钮，得到的图像效果如图1-1-35所示。

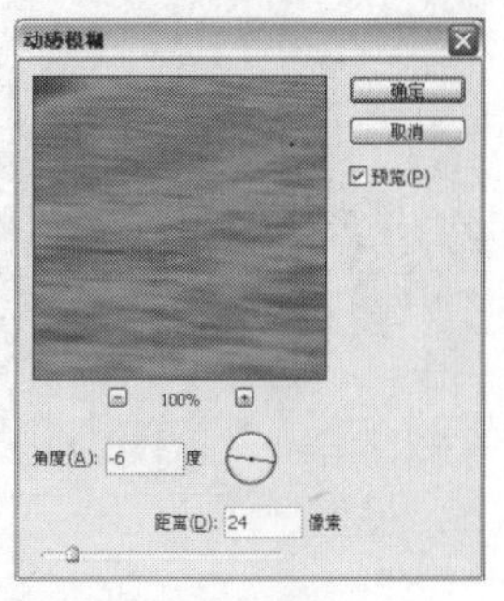

图1-1-34

图1-1-35

1.1.4 形状工具

形状工具主要包含矩形工具、圆角矩形工具、椭圆工具、多边形工具、直线工具和自定形状工具。这些形状工具和钢笔绘制出来的路径效果都属于矢量图形，可以通过将各种形状工具组合绘制，以创作比较特别的形状，为数码照片增色。例如，通过多边形工具，能够绘制出任意锐角的星形或圆角的星形，自定形状工具中的很多自定形状可以用来制作画框或是在图像中增加修饰效果。如图1-1-36所示为将自定形状中的形状灵活运用，得到的奇特图像效果。

图1-1-36

1.1.5 文字工具

文字工具中包含横排文字工具、直排文字工具、横排文字蒙版工具和直排文字蒙版工具。

当需要输入横排文字时，在工具箱中选择横排文字工具，在图像中需要插入文字的部分单击，当出现可输入文字的光标时即可输入文字。若在选择了文字工具的情况下在图像中拖动鼠标，则能够在图像中添加段落文本，适用于文字较多的情况。如图1-1-37所示为原图，选择工具箱中的横排文字工具，在图像中单击输入文字，得到的图像效果如图1-1-38所示；在“字符”面板中可以对文字进行进一步的设置，如图1-1-39所示。编辑文字完毕后单击小键盘上的Enter键，确认文字输入。

图1-1-37

图1-1-38

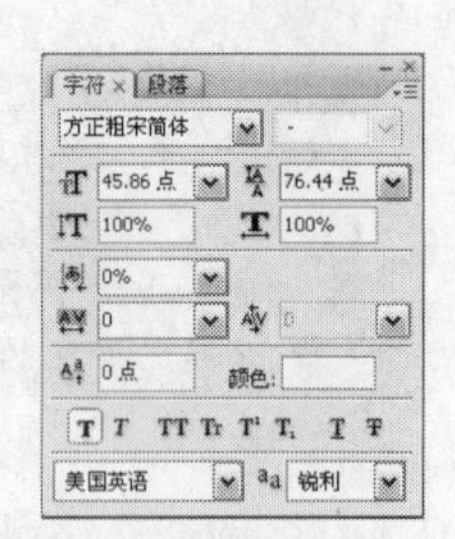
图1-1-39

单击“图层”面板上的添加图层样式按钮，在弹出的下拉菜单中选择“投影”选项，弹出“图层样式”对话框，具体设置如图1-1-40所示。设置完毕后单击“确定”按钮，得到的图像效果如图1-1-41所示。继续在图像中输入其他文字。

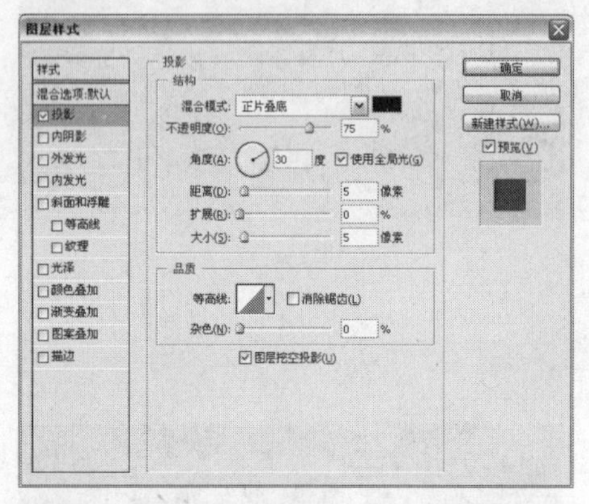
图1-1-40

图1-1-41

再次选择工具箱中的文字工具，在图像中黑色部分拖动鼠标，绘制出文本框的形状，如图1-1-42所示，输入文字后，得到的图像效果如图1-1-43所示。

图1-1-42

图1-1-43

当确认文字输入无误后，可将文字栅格化，这样可以避免因电脑中的字体问题而导致文字无法显示或显示错误的情况发生。但要注意的是，文字栅格化后就不再是文字图层，因而不能够再对文字属性进行编辑。

1.2 矫正修复工具

矫正修复工具主要是针对数码照片中的主体位置不对、画面中有污损等情况进行修复和整理，主要用到的工具有移动工具、裁剪工具、污点修复画笔工具、仿制图章工具和橡皮擦工具。

当图像的主体位置偏移或需要从其他图像中移入图像时，需要使用移动工具、裁剪工具。

当图像中有污损或其他不希望出现在画面中的物体时，可使用修补工具、仿制图章工具和橡皮擦工具对画面进行整理。

1.2.1 移动工具

移动工具是Photoshop CS3中最基础的工具之一，在选择的图层为非背景图层时，使用移动工具能够拖动图像在画面中移动，还可以拖动该图层至其他图像文档中作为新的图层出现。

配合使用Alt键和Shift键，使用移动工具能够轻松快捷地复制选区或者图层。图1-2-1所示为使用移动工具将其他图像拖曳至主文档中的效果，如图1-2-2所示为将移入的图像进行变换、添加图层蒙版等处理后的图像效果，“图层”面板如图1-2-3所示。

图1-2-1

图1-2-2

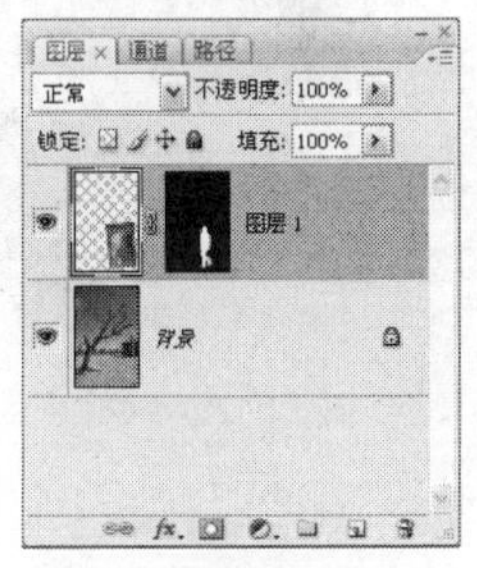

图1-2-3

选择“图层1”，按住Alt键的同时在图像中拖动鼠标，得到的图像效果如图1-2-4所示，“图层”面板如图1-2-5所示，将得到的“图层1副本”图层进行自由变换，为图像中的人物添加投影后的图像效果如图1-2-6所示，“图层”面板如图1-2-7所示。

图1-2-4

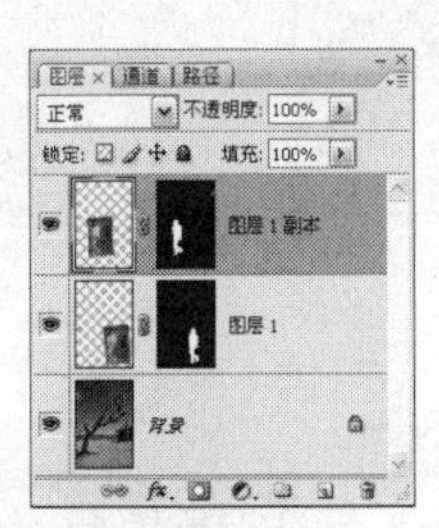

图1-2-5

图1-2-6

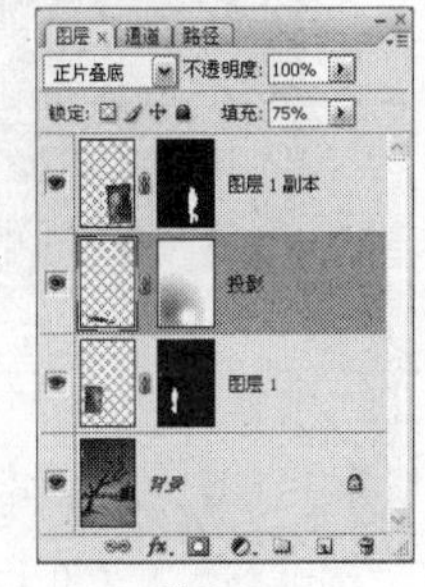

图1-2-7

步骤提示技巧

执行【编辑】/【自由变换】命令能够调出自由变换框将图像进行自由变换，同时按住Shift键能够等比例缩放图像。

1.2.2 裁剪工具

裁剪工具能够将图像中不需要的地方裁剪掉，当照片的构图不合理或者需要突出照片中的主体时，使用该工具能够妥善地解决这些问题。

图1-2-8所示的图片中的天空部分过多，需要强调人物和背景中的树。选择工具箱中的裁剪工具，在图像中拖动鼠标绘制需要保留的区域，如图1-2-9所示。将要删除的区域以灰黑色的状态显示，将要保留的部分无变化，确定裁剪区域后按Enter键执行裁剪，得到的图像效果如图1-2-10所示。若需要取消裁剪状态按Esc键即可。

图1-2-8

图1-2-9

图1-2-10

裁剪工具还能够将倾斜的图像按照需要的方向进行校正。如图1-2-11所示的图像中拍照的角度有些倾斜，通过裁剪工具绘制如图1-2-12所示的裁剪区域，并适当旋转裁剪框，按Enter键后能够改变图像倾斜的状态，如图1-2-13所示。

图1-2-11

图1-2-12

图1-2-13

步骤提示技巧

裁剪工具相当于将图像中裁剪框外的图像去除，仿佛用剪刀将其剪去一样，所以裁剪后的图像必然会比原图像要小，而且裁剪是针对所有图层进行的。

1.2.3 污点修复工具

在污点修复工具组中主要包含4个工具，即污点修复画笔工具、修复画笔工具、修补工具和红眼工具。

这些工具的主要作用都是修复图像中的细节部分，只是侧重点各不相同。

污点修复画笔工具

污点修复画笔工具，可以快速去除照片中的污点和其他不理想部分。污点修复画笔工具使用图像或图案中的样本像素进行绘画，并将样本像素的纹理、光照、透明度和阴影与所修复的像素相匹配，而且将自动从所修饰区域的周围取样。图1-2-14所示为需要修复的图像，选择工具箱中的污点修复画笔工具。设置合适的大小，在图像中日期的位置绘制，如图1-2-15所示。放开鼠标后，得到的图像效果如图1-2-16所示。

图1-2-14

图1-2-15

图1-2-16

修复画笔工具

修复画笔工具可用于校正瑕疵，使修复对象与周围的图像相融合。修复画笔工具利用图像或图案中的样本像素绘画，并将样本像素的纹理、光照、透明度和阴影与所修复的像素进行匹配，从而使修复后的像素不留痕迹地融入图像的其余部分。它与污点修复画笔工具不同的是修复画笔工具需要定义样本点，也就是定义由哪一部分的像素来修复瑕疵，手动性能比较强；而污点修复画笔工具是自动从所修饰区域的周围取样。图1-2-17所示为需要进行修复的图像，选择修复画笔工具，如图1-2-18所示按Alt键在图像中干净的地方定义样本点。定义完毕后，在需要修复的瑕疵上绘制，得到的图像效果如图1-2-19所示。

图1-2-17

图1-2-18

图1-2-19

步骤提示技巧

如果需要修饰大片区域或需要更大程度地控制来源取样，建议使用修复画笔而不是污点修复画笔。如果要修复的区域边缘有强烈的对比度，可以先建立一个选区，这样可以防止颜色从外部渗入。

修补工具

修补工具可以用其他区域或图案中的像素来修复选中的区域，像修复画笔工具一样，修补工具会将样本像素的纹理、光照和阴影与源像素进行匹配。由于修补工具是基于绘制的选区来进行修补，所以，修补工具能够修补更大范围的图像缺陷。

如图1-2-20所示为需要修复的图像，选择工具箱中的修补工具。如图1-2-21所示将需要修补的部分绘制为选区，拖动选区的同时观察原来选区内的图像，找到合适的位置释放鼠标即可，得到的图像效果如图1-2-22所示。

图1-2-20

图1-2-21

图1-2-22

步骤提示技巧

在使用修补工具时，尽量将一个颜色的区域划为一个选区，而且不要使选区的边缘内外颜色相同，否则颜色会相互溢出。例如，图像中的黄色斑点就是将其划为一个选区整个进行修改的。另外，还可以使用其他绘制选区的工具绘制选区，再使用修补工具移动寻找可替代的部分。

- 红眼工具

红眼工具可移去用闪光灯拍摄的人物或动物照片中的红眼，也可以移去用闪光灯拍摄的动物照片中的白色或绿色反光。如图1-2-23所示为需要修复的图像，选择工具箱中的红眼工具。如图1-2-24所示在图像中红眼部分单击，得到的图像效果如图1-2-25所示。

图1-2-23

图1-2-24

图1-2-25

步骤提示技巧

红眼是由于相机闪光灯在拍摄主体的视网膜上反光而引起的。在光线暗淡的房间里拍摄时，由于拍摄主体的虹膜张开得很宽，所以会出现红眼现象。为了避免红眼，可使用相机的红眼消除功能。避免红眼产生最好的方法是使用可安装在相机上远离相机镜头位置的独立闪光装置。

1.2.4 仿制图章工具

仿制图章工具能够将图像的一部分绘制到同一图像的另一部分上，或者绘制到具有相同颜色模式的任何打开的文档上，仿制图章工具在复制对象或消除图像中的缺陷时能够起到很大的作用。

Effect 02 盖印出绚丽的莲花

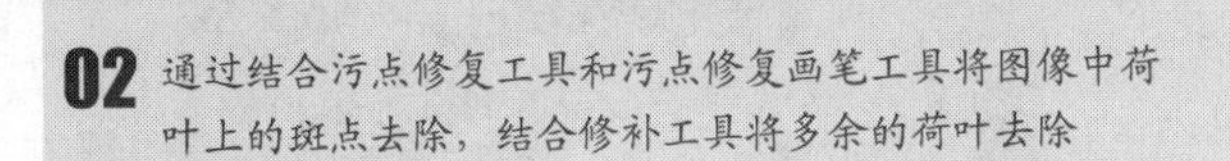

01 通过仿制图章工具将图像中的莲花仿制到图像中的其他位置

02 通过结合污点修复工具和污点修复画笔工具将图像中荷叶上的斑点去除，结合修补工具将多余的荷叶去除

03 利用仿制图章工具并将仿制源设在仿制前的图像上，将图像中仿制的莲花周围荷叶清除

04 通过调节“色相/饱和度”，将图像中红色和绿色加强、黄色部分调节为绿色

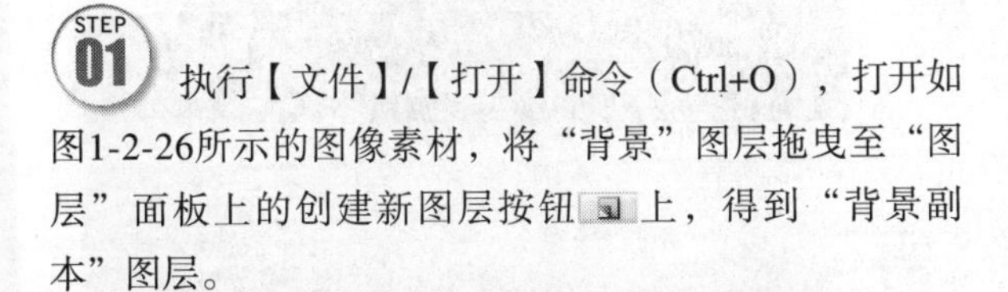

STEP 01 执行【文件】/【打开】命令（Ctrl+O），打开如图1-2-26所示的图像素材，将“背景”图层拖曳至“图层”面板上的创建新图层按钮上，得到“背景副本”图层。

图1-2-26

STEP 02 选择“背景副本”图层，选择工具箱中的仿制图章工具，设置硬度为0%的笔刷，将输入法设置为英文状态，按“[”键和“]”键调节笔刷大小，如图1-2-27所示按Alt键在图像中单击以定义取样点。

图1-2-27

步骤提示技巧

在选择了仿制图章工具后，在图像中按住Alt键单击鼠标的位置为仿制源，用鼠标继续在别的位置单击，该位置会出现仿制源位置的图像，图像的透明度和边缘柔化的程度取决于笔刷的设置。

STEP 03 将笔刷移至右下角较空白处多次单击鼠标，得到的图像效果如图1-2-28所示。

图1-2-28

STEP 04 再次按住Alt键在最初的莲花上单击，再到如图1-2-29所示位置直接单击鼠标左键，制作第二个仿制的莲花。

图1-2-29

STEP 05 重复上面步骤制作第三个仿制的莲花，如图1-2-30所示。

图1-2-30

步骤提示技巧

仿制时，多次单击鼠标能够使仿制的图像清晰。

STEP 06 选择工具箱中的缩放工具，将图像放大，选择工具箱中的修复画笔工具，在图像中靠近荷叶边缘的斑点附近按住Alt键单击，如图1-2-31所示。在斑点处拖动鼠标将斑点覆盖，释放鼠标后，得到的图像效果如图1-2-32所示。

图1-2-31

图1-2-32

STEP 07 选择工具箱中的污点修复画笔工具，如图1-2-33所示在图像中斑点处绘制。绘制完毕后执行【图像】/【调整】/【色相/饱和度】命令，弹出“色相/饱和度”对话框，选择“绿色”通道，具体设置如图1-2-34所示。设置完毕后单击“确定”按钮，执行【视图】/【按屏幕大小缩放】命令，得到的图像效果如图1-2-35所示。

图1-2-33

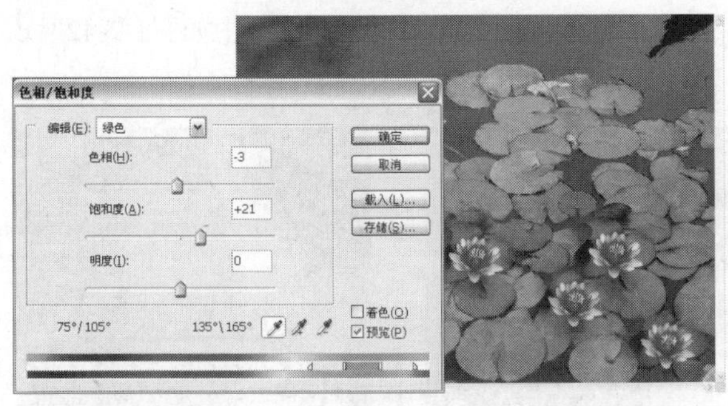

图1-2-34　　图1-2-35

步骤提示技巧

“色相/饱和度”命令能够调节图像的颜色倾向，在“色相/饱和度”对话框中的“编辑”文本框中选择“绿色”，再进行的调节就会只针对图像中的绿色部分调整色相、饱和度和明度。

STEP 08 选择工具箱中的仿制图章工具，设置合适的笔刷，单击“背景副本”前指示图层可见性按钮将其隐藏，选择“背景”图层，按住Alt键单击在“背景副本”图层中有仿制莲花的位置，显示“背景副本”图层并在图像中莲花的周围位置涂抹，如图1-2-36和图1-2-37所示。

图1-2-36

图1-2-37

STEP 09 重复上述操作将其他仿制莲花的周围进行清理，执行【视图】/【按屏幕大小缩放】命令，得到的图像效果如图1-2-38所示。

图1-2-38

STEP 10 选择工具箱中的修补工具，将图像中不完整的荷叶去除，得到的图像最终效果如图1-2-39所示。

图1-2-39

1.2.5 橡皮擦工具

橡皮擦工具的功能是删除不需要的图像或颜色，包括只删除特定部分的橡皮擦工具、删除与设置的颜色相似的背景橡皮擦工具和同时删除相同颜色的魔术橡皮擦工具。

橡皮擦工具

橡皮擦工具可将像素更改为背景色或透明，选择工具箱中的橡皮擦工具，在其工具栏中设置笔刷的大小和硬度。硬度越大，绘制出的笔迹边缘越锋利；硬度越小，绘制出的笔迹边缘越柔和。设置完毕后，在图像中需要擦除的位置按住鼠标左键拖动即可。

图1-2-40所示为原图，如图1-2-41为其“图层”面板，选择“背景副本”图层，在图像中如图1-2-42所示进行涂抹，得到的图像效果如图1-2-43所示。

图1-2-40

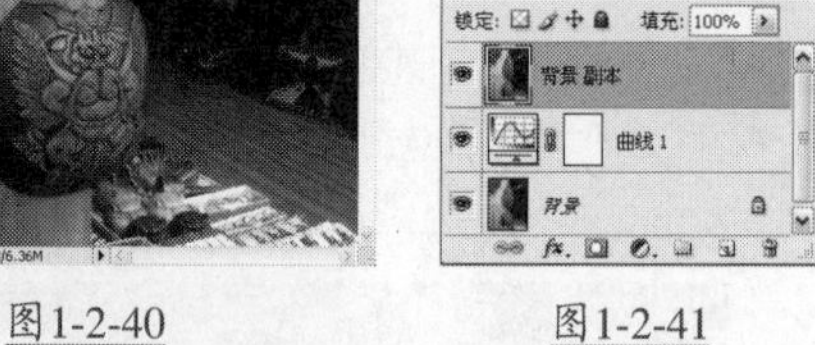

图1-2-41

图1-2-42

图1-2-43

背景橡皮擦工具

背景橡皮擦工具可以擦除背景图层的图像，根据相关颜色信息，可以只删除所选颜色或只保留所选颜色。

图1-2-44所示为原图，图1-2-45所示为其“图层”面板，选择工具箱中的背景橡皮擦工具如图1-2-46所示。在图像中天空部分涂抹，通过涂抹将天空全部删除，而建筑部分不受影响，得到的图像效果如图1-2-47所示。

图1-2-44

图1-2-45

图1-2-46

图1-2-47

魔术橡皮擦工具

魔术橡皮擦工具与其他橡皮擦工具不同，它通过单击一次所需颜色即可将其相似或相同的颜色全部删除，这个功能与魔棒工具相似，都是可以根据设置颜色的容差来控制选择的颜色范围。

图1-2-48所示为原图，选择工具箱中的魔术橡皮擦工具，如图1-2-49所示为其“图层”面板，选择“图层1”，在图像中如图1-2-50所示单击，“图层”面板如图1-2-51所示，得到的图像效果如图1-2-52所示。

图1-2-48　　图1-2-49

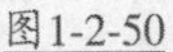

图1-2-50

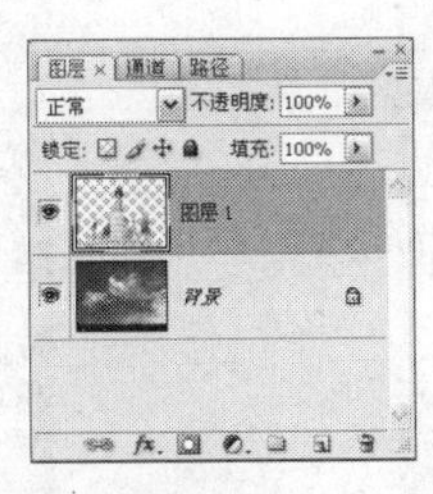

图1-2-51

图1-2-52

1.3 绘画工具

绘画工具主要用于更改图像像素的颜色。通过使用绘画工具和技术可以修饰图像、创建或编辑Alpha通道上的蒙版以及绘制原始图稿。通过使用画笔笔尖、画笔预设和其他画笔选项，可以绘制出各种精美的绘画效果或模拟使用传统介质进行绘画。

本节介绍的绘画工具主要包括画笔工具组、模糊工具组、减淡工具组、渐变工具、油漆桶工具和以标准模式或快速蒙版模式编辑图像。

步骤提示技巧

与绘画工具相对应的是绘图工具，绘画工具主要针对图像中的像素进行处理，而绘图工具主要是用于绘制和修改矢量图形。

1.3.1 画笔工具

画笔工具可以模仿各种笔触在画布上进行绘画的效果，还能够通过调整“画笔”面板中画笔的形状、间距等参数对不同的笔刷进行设置，还可以将已有的图像或绘制的纹理创建为画笔预设，将其作为笔刷使用。

选择画笔工具后，可以在其工具选项栏中设置画笔的混合模式、画笔的不透明度和画笔的流量。混合模式是指用画笔绘制出的图像与画笔覆盖住的图像是通过何种混合模式混合的。如图1-3-1和图1-3-2所示为采用同样的笔刷，设置相同的不透明度和流量，而分别将混合模式设为“正片叠底”和“差值”在图像中进行绘制得到的图像效果。

图1-3-1

图1-3-2

在画笔工具选项栏中设置画笔的不透明度和流量能够控制绘制的强度，不透明度用于设置应用的颜色的透明度。在某个区域进行绘画时，在释放鼠标之前，无论在该区域涂抹多少次，如图1-3-3所示，不透明度都不会超出设定的级别，若释放鼠标后再次在该区域涂抹，则将会再次应用与设置的不透明度相当的颜色，如图1-3-4所示。当不透明度为100%时则表示不透明。

图1-3-3

图1-3-4

流量是指在某个区域进行涂抹时颜色流出的数量，如在某个区域上方进行绘画时，如果一直按住鼠标按钮，颜色量将根据流量的设置增大，直至达到不透明度设置的强度。图1-3-5所示为当画笔的不透明度设置为80%、流量设置为60%时在图像中不释放鼠标绘制得到的图像效果。图1-3-6所示为释放鼠标后再次在该位置绘制得到的图像效果。

图1-3-5

图1-3-6

在画笔预设中，还可以选择诸如“散布叶片”、“绒毛球”、“流星”和“草”等特殊效果的笔刷。图1-3-7所示为选择“散布枫叶”笔刷后在“画笔”面板中对“散布”进行的设置。图1-3-8所示为在“画笔”面板中对“颜色动态”进行的设置。将前景色色值设置为R255、G156、B0，背景色色值设置为R255、G255、B0，设置完毕后单击“确定”按钮，在图像中拖动鼠标进行绘制，得到的图像效果如图1-3-9所示。

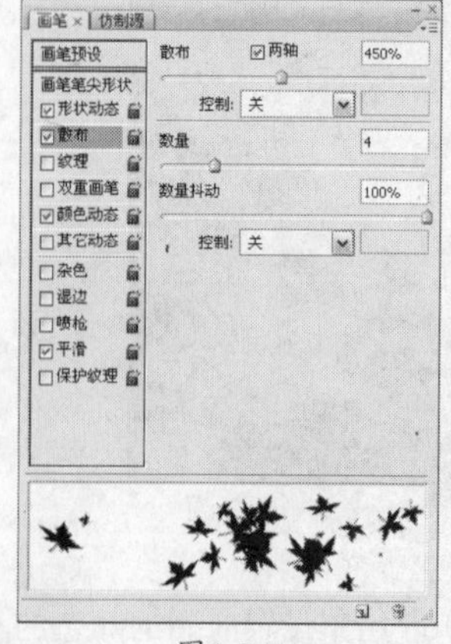

图1-3-7

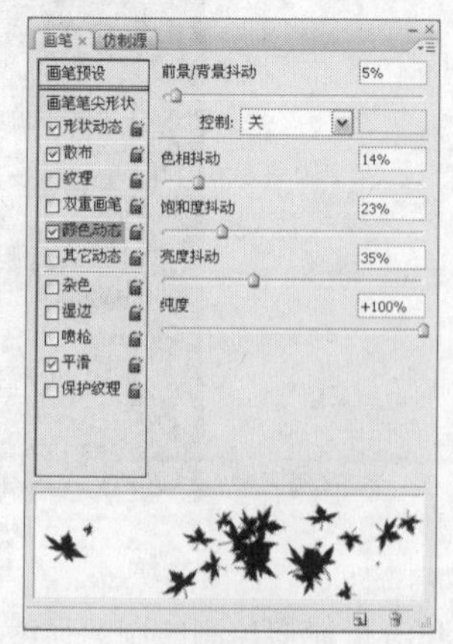

图1-3-8

图1-3-9

步骤提示技巧

当在图像中使用画笔工具进行绘制时，在"图层"面板中单击创建新图层按钮，得到新建图层。在新建的图层上进行绘制时，可以不对原图的像素产生影响，并可以使用工具箱中的橡皮擦工具对绘制错误的地方擦除。

步骤提示技巧

前景色和背景色

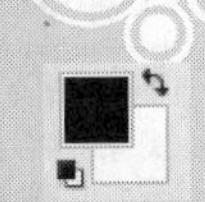

在工具箱下方有如右图所示的图标，其中黑色的方块位置代表的是前景色，白色方块部分代表的是背景色。也就是说，当前的前景色为黑色，背景色为白色，若这时使用工具箱中的画笔工具在图像中进行绘制，绘制出的颜色将是黑色。

单击前景色或背景色方块，会弹出如图所示"拾色器"对话框，通过鼠标选择或输入颜色色值都能够设置前景色或背景色，设置完毕后的前景色和背景色方块显示为设置的颜色。

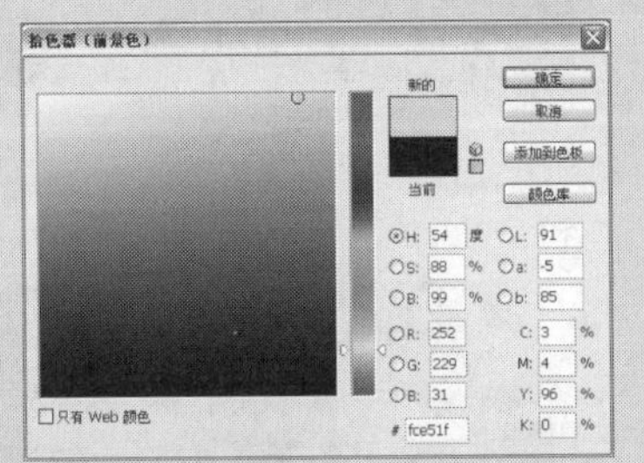

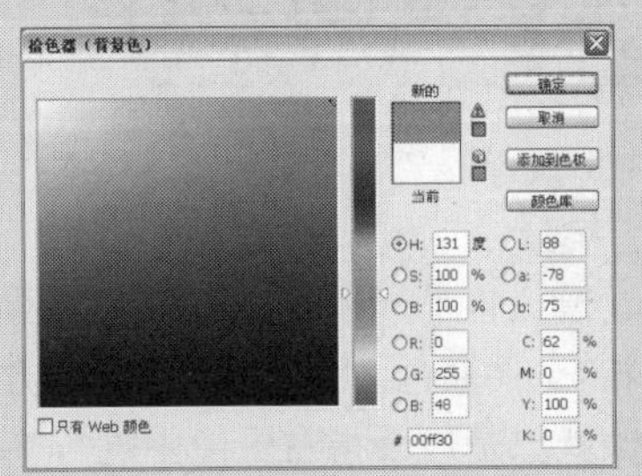

若需要将前景色和背景色颜色互换，可以如左图所示单击切换前景色和背景色按钮。若需要将前景色和背景色颜色恢复为默认的黑色和白色，如右图所示单击默认前景色和背景色按钮或按D键即可。

1.3.2 模糊、锐化、涂抹

模糊工具中主要包含3种工具，即模糊工具、锐化工具和涂抹工具，按快捷键Shift＋R能够调出这些工具。同画笔工具一样，这3种工具都可以在"画笔"面板中设置笔刷大小、散布等参数。

模糊工具

模糊工具一般用于柔化图像边缘或减少图像中的细节，使用模糊工具涂抹的图像部分会变得模糊。模糊的强度可在工具选项栏中进行设置。使用模糊工具时，可以将模糊工具想象为画笔工具，使用画笔工具在图像中的某个部分拖动鼠标进行绘制，绘制的次数越多得到的颜色就越深。模糊工具同样如此，在图像中的某个部分绘制的强度越大，该部分的模糊程度就越大。如图1-3-10所示为原图，选择工具箱中的模糊工具，在其工具选项栏中将强度设为50%，设置一个柔角的笔刷，如图1-3-11所示在图像中拖动鼠标涂抹，其中图像中的远景部分和叶片部分绘制强度稍大些，以使得图像中的花朵部分能够更加突出，得到的图像效果如图1-3-12所示。

图1-3-10

图1-3-11

图1-3-12

锐化工具

锐化工具用于增加图像边缘的对比度，以达到增强外观上的锐化程度的效果，简单地说，就是使用锐化工具能够使图像看起来更加清晰，清晰的程度同样与在工具选项栏中设置强度有关。如图1-3-13所示为原图，图像中的建筑部分由于距离的原因显得比较模糊，选择工具箱中的锐化工具，在其工具选项栏中将强度设为30%，设置一个柔角的笔刷，在图像中拖动鼠标涂抹，在建筑的部分稍微多涂抹几次，得到的图像效果如图1-3-14所示。

图1-3-13

图1-3-14

涂抹工具

涂抹工具模拟将手指拖过湿油漆时所看到的效果，经过涂抹部分的颜色会沿着拖动鼠标的方向将颜色进行展开，就像是用手指在图像中进行涂抹一样。如图1-3-15所示为原图，选择工具箱中的涂抹工具，在图像中拖动鼠标进行涂抹，得到的图像效果如图1-3-16所示。再分别复制图层并执行滤镜命令，“图层”面板如图1-3-17所示，得到的图像效果如图1-3-18所示。

图1-3-15

图1-3-16

图1-3-17

图1-3-18

步骤提示技巧

在对图像进行诸如模糊、锐化和涂抹等操作时，要注意所选图层是否为包含非单一颜色像素的图层。若该图层为透明或者图层中只包含一种颜色，那么执行模糊、锐化和涂抹操作将不会产生任何变化，最好先将“背景图层”拖曳至“图层”面板上的创建新图层按钮上，复制得到“背景副本”图层，将操作都在该图层上进行，如果操作失败还可以重来。

1.3.3 减淡、加深、海绵

减淡工具中主要包括3种工具，即减淡工具、加深工具和海绵工具，按快捷键Shift＋O能够调出这些工具。同画笔工具一样，这3种工具都可以在“画笔”面板中设置笔刷大小、散布等参数。

减淡工具

减淡工具基于用于调节照片特定区域的曝光度的传统摄影技术产生，可用于使图像区域变亮，以表现出发亮的效果。如图1-3-19所示为原图，选择工具箱中的减淡工具在图像中阴影部分拖动鼠标进行涂抹，得到的图像效果如图1-3-20所示。

图1-3-19

图1-3-20

步骤提示技巧

观察图像可以看出，尽管阴影部分的明度已经接近于正常，但是阴影部分的颜色和整体效果还是有区别的，在介绍过海绵工具后，该问题将得以解决。

加深工具

加深工具同减淡工具的原理相同，但效果相反。使用加深工具能够使绘制的区域变暗，表现出阴影的效果。如图1-3-21所示为原图，选择工具箱中的加深工具在图像中拖动鼠标进行涂抹，得到的图像效果如图1-3-22所示。

图1-3-21

图1-3-22

海绵工具

海绵工具可精确地更改区域的色彩饱和度，在图像中需要更改饱和度的位置使用工具箱中的海绵工具进行涂抹，即能够提高或降低该部分的饱和度。当图像为灰度模式时，该工具通过使灰阶远离或靠近中间灰色来增加或降低对比度。如图1-3-23所示为原图，选择工具箱中的海绵工具，在其工具选项栏中将模式设为“去色”。如图1-3-24所示在图像中拖动鼠标涂抹，涂抹完毕后在其工具选项栏中将模式设为“加色”。如图1-3-25所示在图像中进行涂抹，得到的图像效果如图1-3-26所示。

图1-3-23

图1-3-24

图1-3-25

图1-3-26

步骤提示技巧

在“减淡工具”相关内容的讲解中，图1-3-20中的阴影部分颜色和其他部分存在偏差，这个问题现在可以通过海绵工具来解决。选择工具箱中的海绵工具，在其工具选项栏中将模式设为“加色”，在图像中的阴影部分拖动鼠标涂抹，涂抹时注意颜色的衔接，若色彩倾向还有偏差，可以通过套索工具将偏差部分选中，并羽化选区，通过执行【图像】/【调整】/【色相/饱和度】命令改变选区内颜色色相，得到的图像效果如右图所示。

1.3.4 渐变工具

渐变工具可以在指定区域内创建多种颜色间的逐渐混合，还可以从Photoshop CS3预设的渐变类型中选择需要的渐变。

选择工具箱中的渐变工具，在其工具选项栏中单击渐变条右侧的扩展按钮，打开“渐变”拾色器，如图1-3-27所示，在“渐变”拾色器中可以选择需要的渐变类型。若在其工具选项栏中单击渐变条，则弹出“渐变编辑器”对话框，如图1-3-28所示，在渐变编辑器中是通过色标来控制渐变的颜色和不透明度的，单击渐变条下方的色标可以设置该位置的颜色，如图1-3-29所示，单击渐变条上方的不透明度色标能够调节该色标所在位置的不透明度，如图1-3-30所示，在渐变条没有色标的位置单击能够添加色标，如图1-3-31所示。

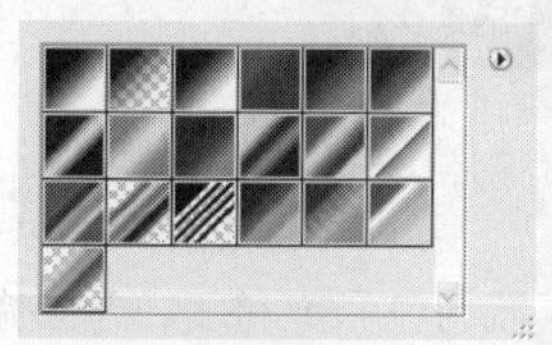

图1-3-27

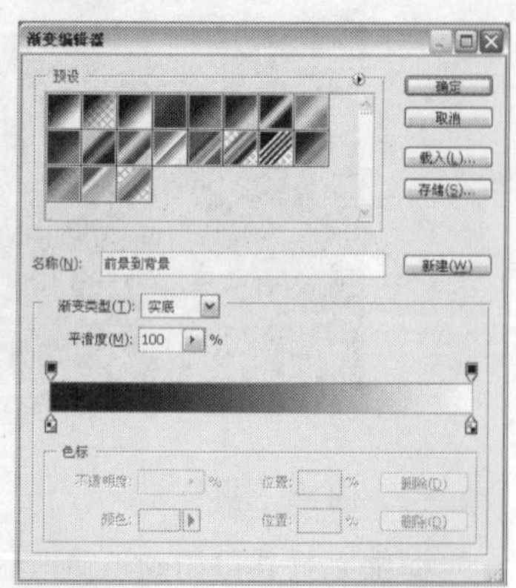

图1-3-28

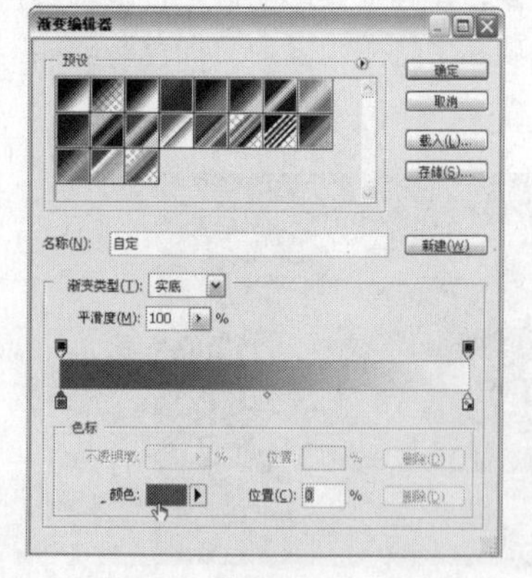

图1-3-29

图1-3-30

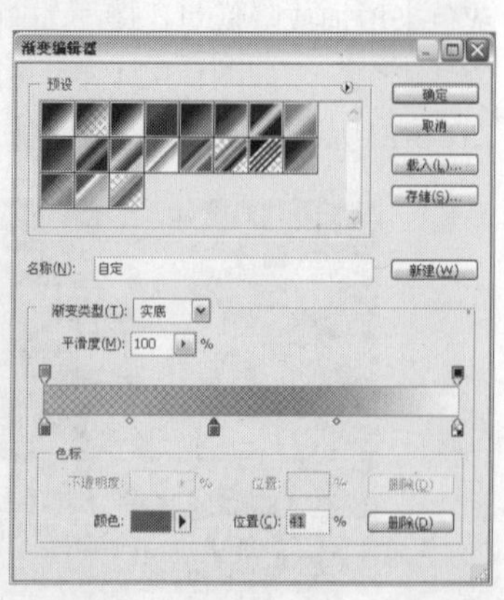

图1-3-31

步骤提示技巧

若要删除某个色标，只需单击该色标，按Delete键或单击“渐变编辑器”中的“删除”按钮即可，可不断地调节各个色标的位置以控制渐变效果，还可以在“位置”一栏中输入数字控制色标位置。

在“渐变编辑器”中还可以在“渐变类型”中选择“杂色”，可单击“随机化”按钮生成各种杂色的渐变，如图1-3-32所示，填充得到的效果如图1-3-33所示。

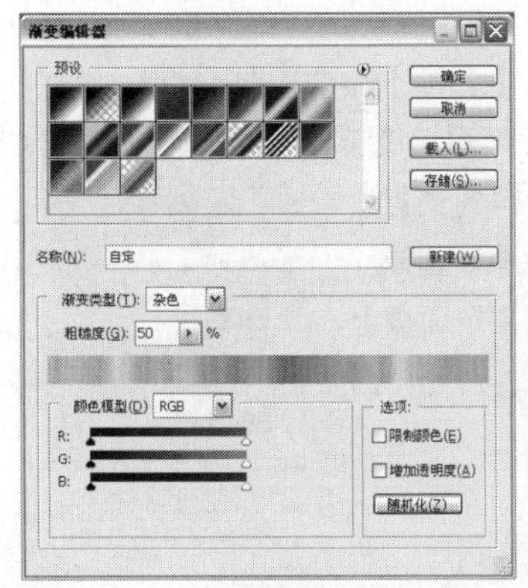

图1-3-32

图1-3-33

在渐变工具的工具选项栏中，还能够选择包括线性渐变、径向渐变、角度渐变、对称渐变和菱形渐变5种渐变类型，其各自的填充效果如图1-3-34所示。

图1-3-34

Effect 03 制作蓝天白云

01 通过绘制渐变制作蓝天的效果

02 利用【云彩】滤镜制作出云状效果并将其图层混合模式设为滤色，使其能够只显示白色的云彩部分

03 通过执行【选择】/【色彩范围】命令将原图中天空部分选中并建立图层蒙版将其隐藏

04 利用画笔工具对图像中白云部分进行修饰

STEP 01 执行【文件】/【打开】命令（Ctrl+O），打开素材图像，将“背景”图层拖曳至“图层”面板上的创建新图层按钮上，得到“背景副本”图层，并将其隐藏。选择“背景”图层，单击“图层”面板上的创建新图层按钮，新建“图层1”，如图1-3-55所示。

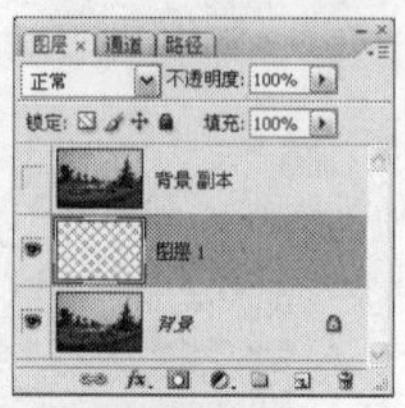

图1-3-35

STEP 02 选择工具箱中的渐变工具，在其工具选项栏中将渐变模式设为径向渐变，单击可编辑渐变条，在弹出的“渐变编辑器”对话框中将渐变颜色色值由左至右分别设置为R185、G230、B255，R78、G135、B234，具体设置如图1-3-36所示。设置完毕后单击“确定”按钮，在图像中由中下方向上拖动鼠标填充渐变，得到的图像效果如图1-3-37所示。

图1-3-36

图1-3-37

步骤提示技巧

进行渐变填充时可以多尝试几次，直至填充出最满意的渐变效果。

STEP 03 将前景色设置为黑色，背景色设置为白色，单击“图层”面板上的创建新图层按钮，新建“图层2”，执行【滤镜】/【渲染】/【云彩】命令，得到的图像效果如图1-3-38所示。

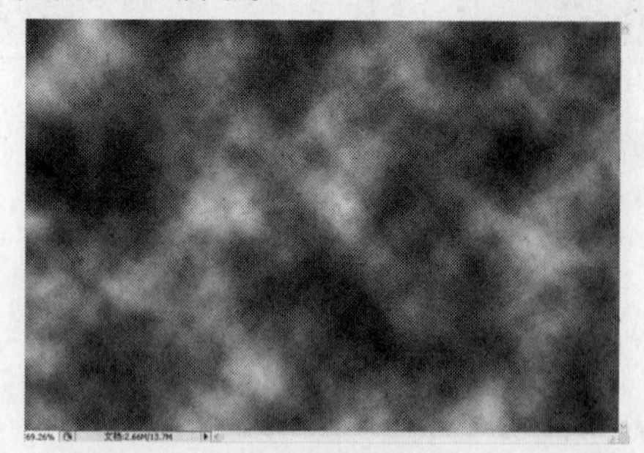

图1-3-38

STEP 04 在“图层”面板中将“图层2”的图层混合模式设为“滤色”，“图层”面板如图1-3-39所示，得到的图像效果如图1-3-40所示。

图1-3-39

图1-3-40

STEP 05 将“背景副本”图层显示，并将其选择，如图1-3-41所示。执行【选择】/【色彩范围】命令，弹出“色彩范围”对话框，在图像中天空部分单击，具体设置如图1-3-42所示。设置完毕后单击“确定”按钮，得到的选区如图1-3-43所示。

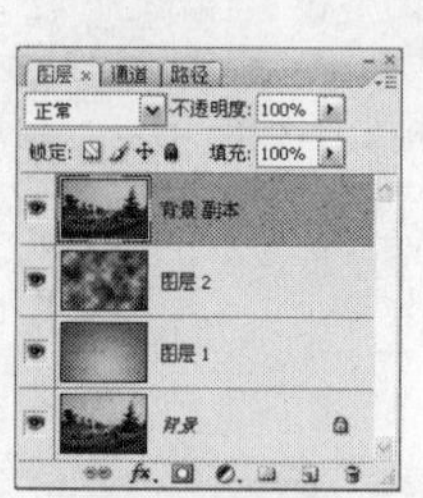

图1-3-41

图1-3-42

图1-3-43

STEP 06 单击“图层”面板上的添加图层蒙版按钮，添加图层蒙版，“图层”面板如图1-3-44所示。得到的图像效果如图1-3-45所示。

图1-3-44

图1-3-45

STEP 07 单击“背景副本”图层蒙版缩览图，将前景色设置为黑色，选择工具箱中的画笔工具，设置适合的笔刷，在图像中天空之外的部分涂抹，如图1-3-46所示。

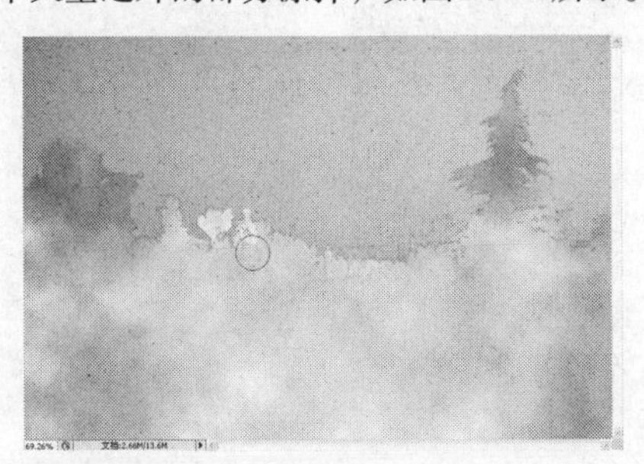

图1-3-46

STEP 08 单击“背景副本”图层蒙版缩览图，按快捷键Ctrl+I将其反相，“图层”面板如图1-3-47所示，得到的图像效果如图1-3-48所示。

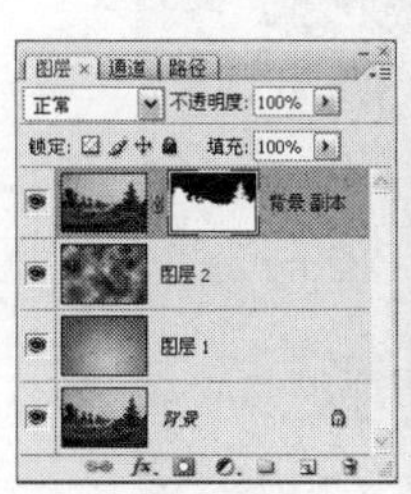

图1-3-47

图1-3-48

STEP 09 选择“图层2”，将前景色设置为黑色，选择工具箱中的画笔工具，设置柔角的笔刷，在图像中需要将云彩淡化的区域涂抹，得到的图像最终效果如图1-3-49所示。

图1-3-49

步骤提示技巧

滤色混合模式可以简单地理解为将颜色较亮的部分显示，将颜色较暗的部分隐藏，所以当使用柔和的笔刷用黑色在“图层2”上进行绘制时，相当于将不需要显示的云彩部分绘制为深色，而深色部分不会显示，所以图像中的白云部分会变得稀疏些。

1.3.5 油漆桶工具

在渐变工具中还包括了油漆桶工具，油漆桶工具可以将有相同颜色的图像部分统一更改颜色，大部分用于为图像着色的操作中，在图像的色相差别较大的数码照片中也可以应用该工具。

如图1-3-50所示为原图，选择工具箱中的油漆桶工具，在其工具选项栏中将混合模式设为“滤色”，不透明度设为50%，将前景色色值设置为R234、G255、B4，在图像中墙体部分单击，得到的图像效果如图1-3-51所示。

图1-3-50

图1-3-51

1.3.6 标准、快速蒙版模式

蒙版是用于控制图像中需要显示或者操作的区域，也可以说是用于控制需要隐藏或不受操作影响的图像区域。通过编辑蒙版使蒙版中的图像发生变化，就可以使该图层中的图像与其他图像之间的混合效果发生相应的变化。

快速蒙版一般用于创建选区，通常无法使用诸如矩形选框工具、套索工具等工具得到的选区，用快速蒙版都可以得到。

如图1-3-52所示为原图，单击工具箱下方的快速蒙版模式编辑按钮，选择工具箱中的画笔工具，在图像中拖动鼠标进行绘制，得到如图1-3-53所示图像效果。绘制完毕后单击以标准模式编辑按钮，得到的选区如图1-3-54所示，执行【图像】/【调整】/【色彩平衡】命令，弹出“色彩平衡”对话框，具体参数设置如图1-3-55所示，得到的图像效果如图1-3-56所示。

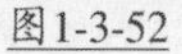

图1-3-52

图1-3-53

图1-3-54

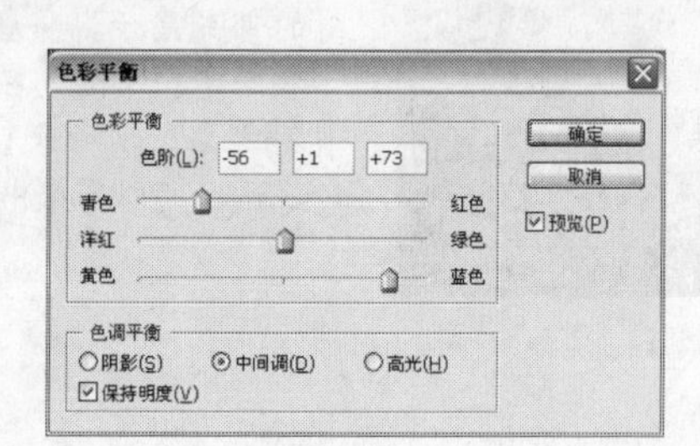

图1-3-55

图1-3-56

Chapter 02 图层功能解析

2.1 图层的基本操作

图层是使用Photoshop处理图像过程中最常用到的功能之一，任何一个图像都由图层组成。在编辑数码照片时，更是离不开对图层的操作，下面就详细介绍图层的基本操作方法。

2.1.1 新建图层

单击“图层”面板中的创建新图层按钮，即可得到一个新建的图层。也可执行【图层】/【新建】/【图层】命令（Shift+Ctrl+N），如图2-1-1所示。或者单击“图层”面板右上方的扩展按钮，在弹出的菜单中选择【新建图层】命令，弹出如图2-1-2所示的“新建图层”对话框，在对新建图层的属性进行设置后单击“确定”按钮，即可得到一个新图层，如图2-1-3所示。

图2-1-1

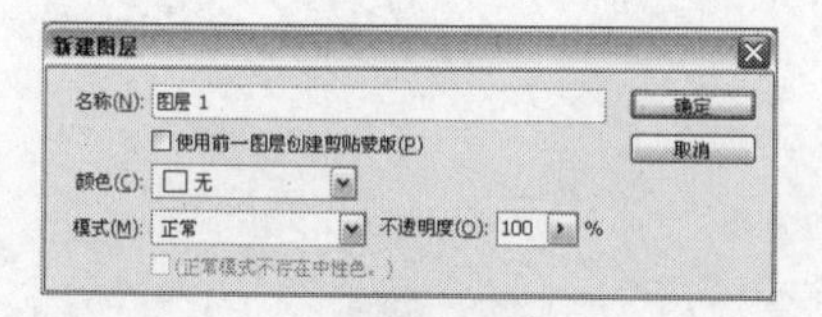

图2-1-2

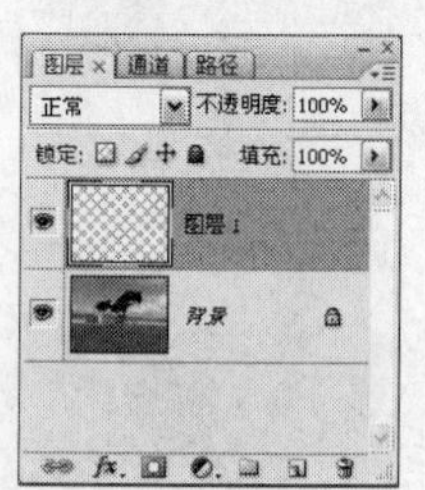

图2-1-3

如果当前的图层存在选区，如图2-1-4所示，通过执行【图层】/【新建】/【通过拷贝的图层】命令（Ctrl+J）。如图2-1-5所示应用菜单命令，将选区中的图像复制至新建的图层中，“图层”面板如图2-1-6所示；执行【图层】/【新建】/【通过剪切的图层】命令（Shift+Ctrl+J），如图2-1-7所示应用菜单命令，则可将选区中的图像剪切至新建的图层中，“图层”面板如图2-1-8所示。

图2-1-4

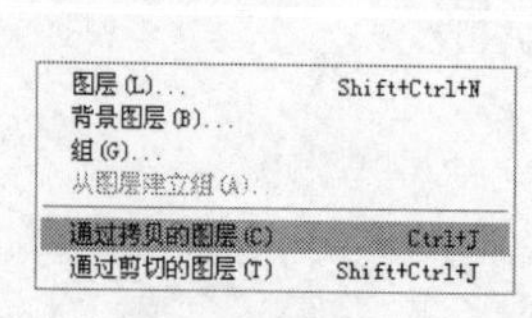

图2-1-5

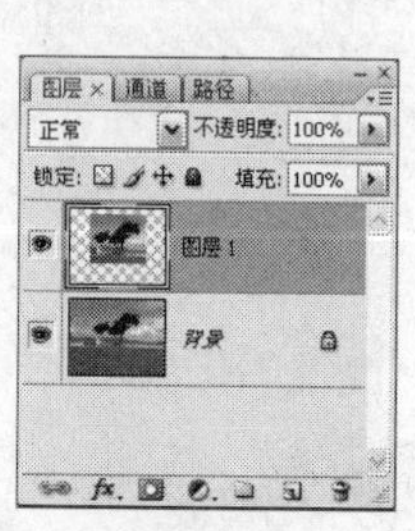

图2-1-6

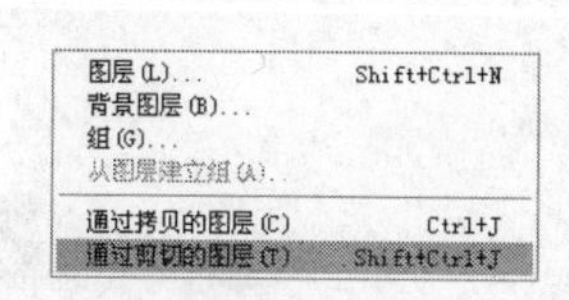

图2-1-7

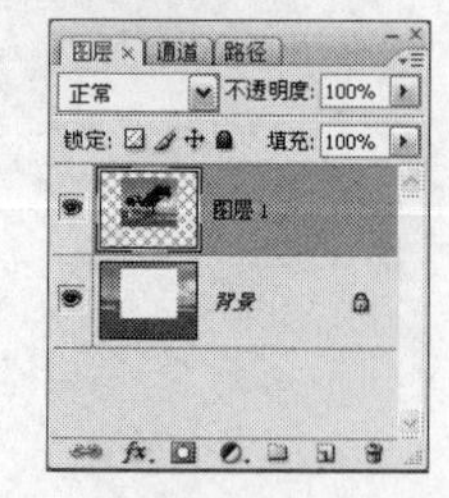

图2-1-8

2.1.2 移动、复制、删除图层

移动图层

在“图层”面板中将需要移动的图层选中，选择工具箱中的移动工具，并在图像中按住鼠标左键，即可移动所选图层中的图像。

步骤提示技巧

不能对“背景”图层和已锁定的图层进行移动操作。

复制图层

Photoshop CS3提供了多种复制图层的方法，在“图层”面板中选择需要复制的“图层1”，如图2-1-9所示。执行【图层】/【复制图层】命令，或者单击“图层”面板右上方的扩展按钮，在弹出的菜单中选择【复制图层】命令，弹出如图2-1-10所示的“复制图层”对话框。设置完毕后单击“确定”按钮，即可得到“图层1副本”图层，如图2-1-11所示。在选中“图层1”后，将其拖曳至创建新图层按钮上，也可直接得到“图层1副本”图层。

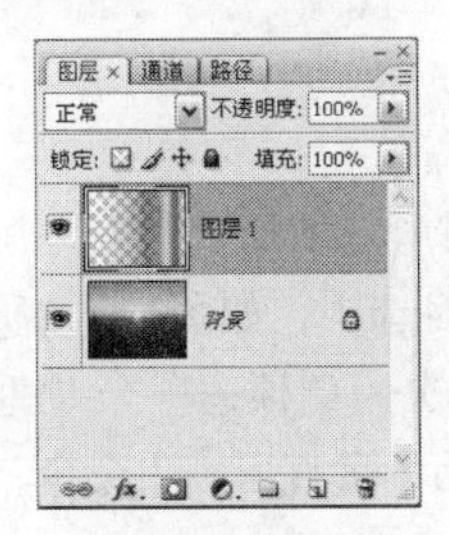

图2-1-9

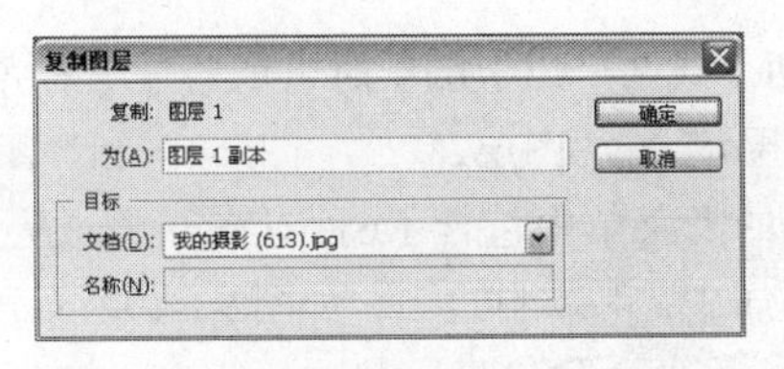

图2-1-10

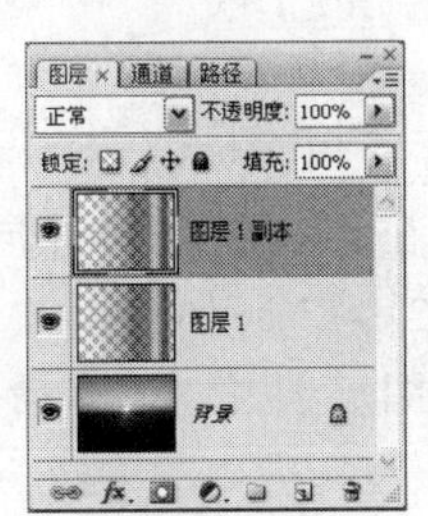

图2-1-11

步骤提示技巧

如果需要在不同的图像文件之间复制图层，可通过执行【图层】/【复制图层】命令，在弹出的“复制图层”对话框中打开“文档”选项的下拉菜单，并在菜单中选择需要将图层复制到其中的目标图像文件即可（该下拉菜单所显示的是在图像窗口中已打开的所有文件）。

删除图层

在“图层”面板中选择需要删除的“图层1”，如图2-1-12所示，执行【图层】/【删除】/【图层】命令，或者单击“图层”面板右上方的扩展按钮。在弹出的菜单中选择【删除图层】命令，弹出如图2-1-13所示的对话框，单击“是”按钮，即可将“图层1”从“图层”面板中删除，如图2-1-14所示。在选中“图层1”后，将其拖曳至删除图层按钮上，也可直接将“图层1”删除。

图2-1-12

图2-1-13

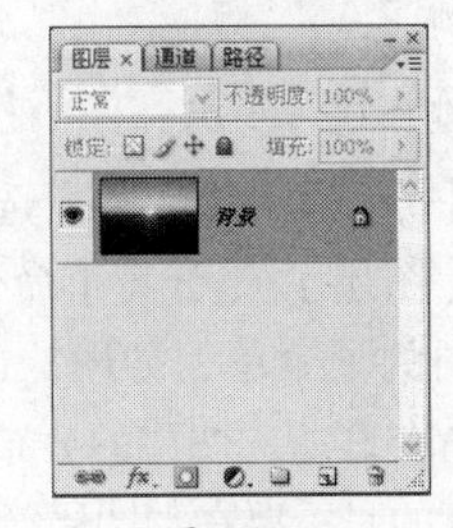

图2-1-14

2.1.3 链接、对齐、分布图层

链接图层

图层的链接功能可以方便快速地对链接的多个图层同时进行移动、缩放和旋转等编辑操作，并能将链接的多个图层同时复制到另一编辑文件中。

在“图层”面板中同时选择需要链接的图层，如图2-1-15所示，执行【图层】/【链接图层】命令，或单击“图层”面板中的链接图层按钮。当图层右侧显示有链接图标时，表示已将所选中的图层链接在一起，如图2-1-16所示。再次单击链接图层按钮，可取消图层的链接。

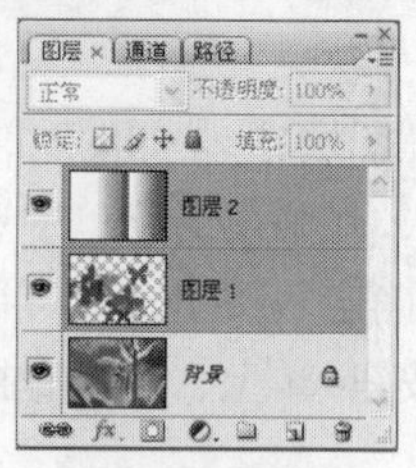

图2-1-15

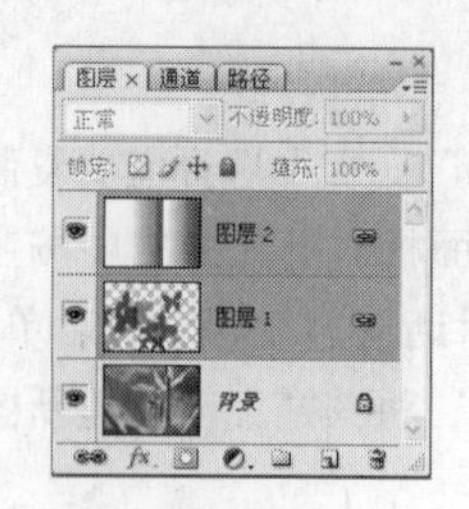

图2-1-16

步骤提示技巧

按住Ctrl键，在“图层”面板中分别单击需要链接的图层，即可将这些图层同时选中。

对齐图层

当在“图层”面板中同时选中两个或两个以上图层时，可通过【对齐】命令对所选图层进行对齐调整。在如图2-1-17所示的文件中，将“图层1”、“图层2”、“图层3”和“图层4”同时选中，如图2-1-18所示；执行【图层】/【对齐】命令，弹出的子菜单中包含了6种对齐方式，从上往下依次为“顶边”、“垂直居中”、“底边”、“左边”、“水平居中”和“右边”，如图2-1-19所示选择其中的【垂直居中】命令，所选图层的对齐效果如图2-1-20所示。

图2-1-17

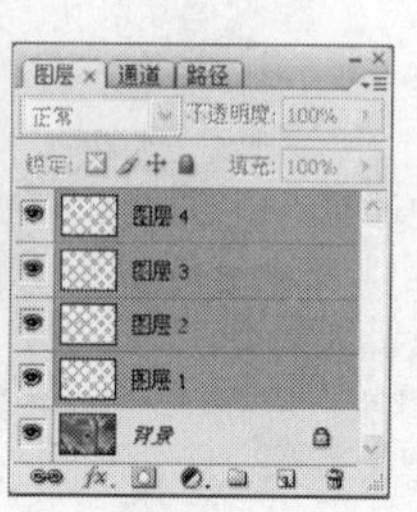

图2-1-18

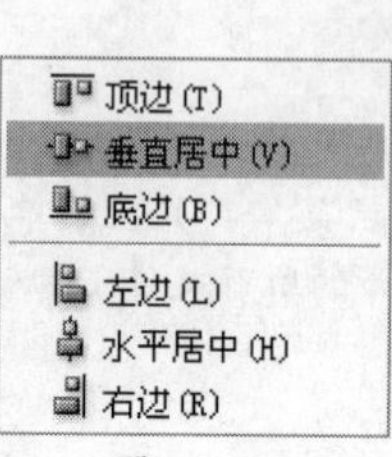

图2-1-19

图2-1-20

步骤提示技巧

如果当前图像中存在选区，则【对齐】命令将改变为【将图层与选区对齐】命令，所选图层将依据选区的形状进行对齐。

分布图层

【分布】命令可将所选图层重新进行均匀排列。执行【图层】/【分布】命令，将弹出与【对齐】命令相同的子菜单，如图2-1-21所示选择其中的【左边】命令，所选图层的分布效果如图2-1-22所示。需要注意的是，要在“图层”面板中同时选中3个或3个以上的图层，【分布】命令才能被激活。

图2-1-21

图2-1-22

2.1.4 调整图层顺序

在“图层”面板中，位于最上方的图层，其图层图像在文件中也位于最上方，该图层的不透明区域将遮盖下方的图层内容，若要将下方的图层内容显示出来，就需要调整图层的排列顺序。

如图2-1-23所示在“图层”面板中选中需要调整顺序的文字图层，将其拖曳至“图层1”与“图层2”的交界处，松开鼠标后，该文字图层被移动至“图层2”的下方，如图2-1-24所示。

执行【图层】/【排列】命令，将弹出如图2-1-25所示子菜单，运用该子菜单中的命令，可直接调整图层的顺序。

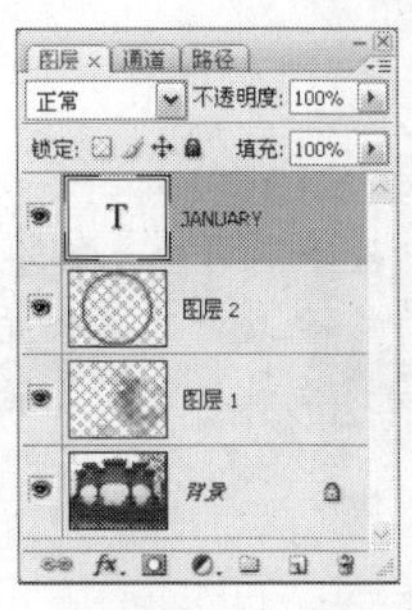

图2-1-23

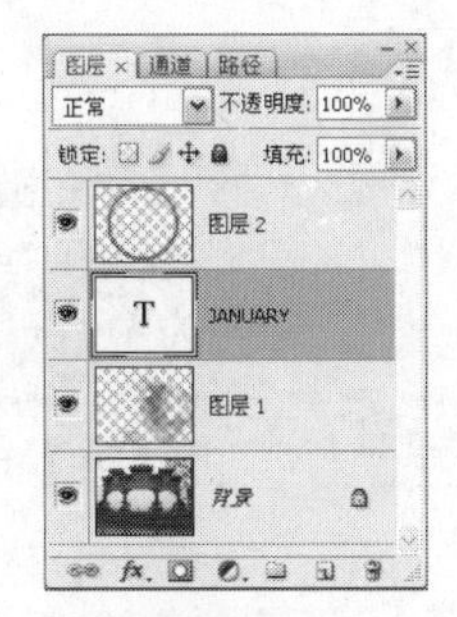

图2-1-24

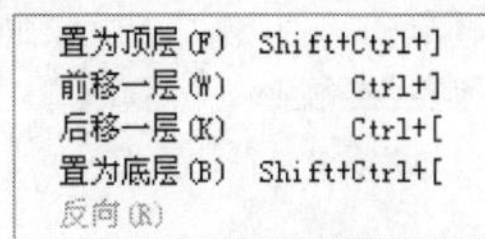

图2-1-25

2.1.5 栅格化图层

要将具有矢量特性的图层转换为位图图层，就需要对图层进行栅格化。

在如图2-1-26所示的“图层”面板中，含有文字图层与形状图层。选择其中的文字图层，执行【图层】/【栅格化】/【文字】命令，如图2-1-27所示；或在“图层”面板中单击鼠标右键，在弹出的菜单中选择【栅格化图层】命令，该文字图层将被转换为普通图层，如图2-1-28所示。

图2-1-26

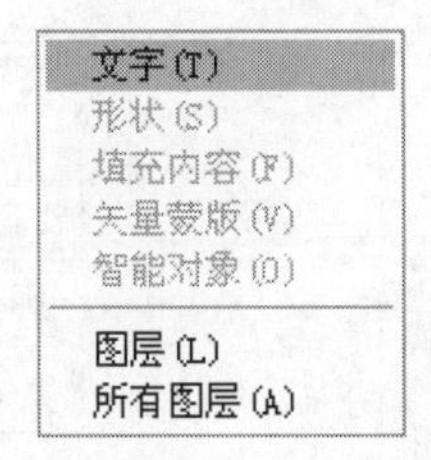

图2-1-27

图2-1-28

再选中“形状1”图层，执行【图层】/【栅格化】/【形状】命令，如图2-1-29所示；或在“图层”面板中单击鼠标右键，在弹出的菜单中选择【栅格化图层】命令，将“形状1”图层转换为普通图层，如图2-1-30所示。

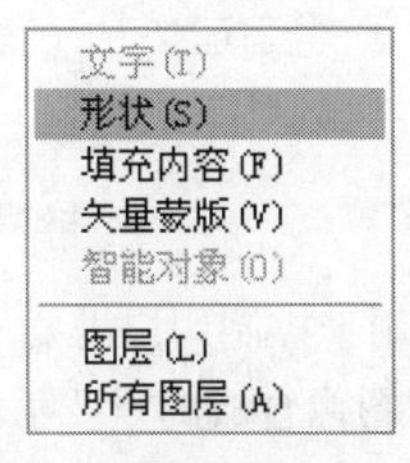

图2-1-29

图2-1-30

2.1.6 合并、盖印图层

合并图层

图层的合并是将一些不再需要改动的图层合并在一起，以减少对磁盘空间的占用。在“图层”面板中选择一个非背景图层，单击鼠标右键，在弹出的菜单中有3个合并命令，如图2-1-31所示，可分别得到不同的合并效果。

如图2-1-32所示在“图层”面板中选择“图层1”，单击鼠标右键，在弹出的菜单中选择【向下合并】命令，“图层1”将与“背景”图层合并到一起，如图2-1-33所示。

图2-1-31

图2-1-32

图2-1-33

步骤提示技巧

当在“图层”面板中同时选中多个图层时，菜单中的【向下合并】命令会改变为【合并图层】命令。“背景”图层由于是位于最底部，不能执行【向下合并】命令。

盖印图层

盖印图层的操作有些类似于合并图层，不同之处在于，通过盖印图层不仅能够得到合并后的效果，而且能够保持原有的图层不变。

如图2-1-34所示在“图层”面板中选择“图层1”，按Ctrl+Alt+E键，“图层1”中的内容被盖印至“背景”图层上，如图2-1-35所示。

如果在“图层”面板中同时选中“图层1”与“图层2”，如图2-1-36所示；在按Ctrl+Alt+E键后，在“图层”面板中将生成“图层2（合并）”图层。该图层含有“图层1”与“图层2”合并后的图像内容，如图2-1-37所示。

图2-1-34

图2-1-35

图2-1-36

图2-1-37

2.2 蒙版

Photoshop CS3中的蒙版是用于控制用户需要显示或者影响的图像区域，或者说是用于控制需要隐藏或不受影响的图像区域。蒙版是进行图像合成的重要手段，也是Photoshop CS3中极富魅力的功能之一，通过蒙版可以非破坏性地合成图像。

2.2.1 蒙版的类型与特点

具体来说，“蒙版”又可以分为图层蒙版、矢量蒙版、剪贴蒙版和快速蒙版，下面就来分别介绍这4种蒙版的特点。

图层蒙版

图层蒙版就是使用一张灰度图“有选择”地遮挡当前图层中的图像，从而得到混合效果。蒙版中的白色区域可以起到显示图像的作用，而黑色区域可以起到隐藏图像的作用，如果存在灰色，则使对应的图像呈现为半透明效果。如图2-2-1所示为使用图层蒙版制作的图像效果，如图2-2-2所示为图层蒙版状态，如图2-2-3所示为“图层”面板状态。

图层蒙版的最大优点就是在显示或隐藏图像时，进行的是无破坏性操作，所有操作均在图层蒙版中完成，不会影响图层中的像素。

图2-2-1

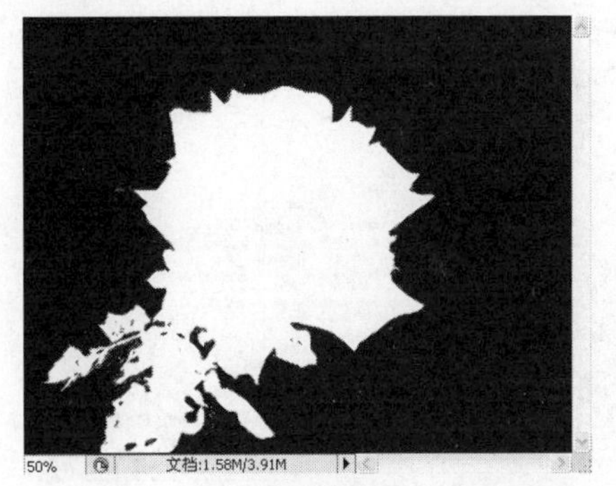
图2-2-2

图2-2-3

矢量蒙版

矢量蒙版是一个由路径确定的类似图层蒙版的混合机制，被路径所包围的部分（内部）是不透明的，外部则是完全透明的。图2-2-4所示为使用矢量蒙版制作的图像效果，图2-2-5所示为“图层”面板状态，图2-2-6所示为“路径”面板状态。

可以看到，矢量蒙版中隐藏图像的区域是由灰色显示的。由于矢量蒙版具有矢量特性，因此能够对其进行无限缩放。

图2-2-4

图2-2-5

图2-2-6

剪贴蒙版

剪贴蒙版一般应用于文字、形状和图像之间的相互合成。剪贴蒙版是由两个或两个以上的图层所构成的，处于最下方的图层一般被称作基层，用于控制其上方的图层显示区域，其上方的图层一般被称作内容图层。图2-2-7所示为使用矢量蒙版制作的图像效果，图2-2-8所示为“图层”面板状态。

在一个剪贴蒙版中，基层图层只能有一个，而内容图层则可以有若干个。

图2-2-7

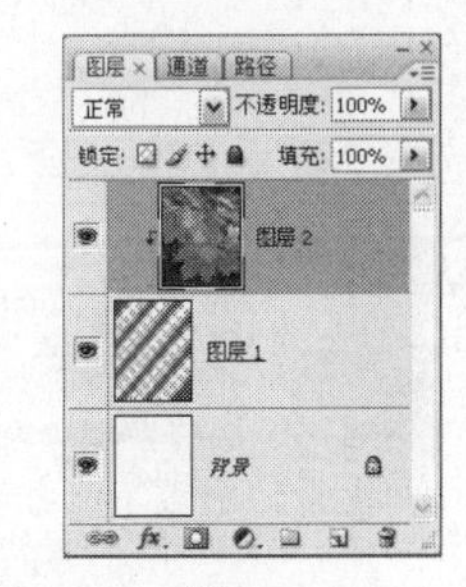
图2-2-8

快速蒙版

快速蒙版虽说也称为蒙版，但与其他蒙版的作用并不完全相同，前面介绍的3种蒙版都是为了遮挡或显示图像，而快速蒙版可以被看做是一种快速的选择工具。在所选图像的背景较为复杂的情况下，通常很难用常规的选择工具完美地得到选区。这种情况下，就可以借助快速蒙版完成选区的制作。图2-2-9所示为使用快速蒙版编辑后的图像效果，图2-2-10所示为“通道”面板中与快速蒙版相对应的临时通道，图2-2-11所示为退出快速蒙版编辑后得到的选区。

图2-2-9

图2-2-10

图2-2-11

步骤提示技巧

快速蒙版的特色就在于它能与画笔工具完美结合。在进入以快速蒙版模式编辑状态后，系统默认前景色为黑色，背景色为白色，在使用黑色在图像中涂抹时，系统默认涂抹处为半透明红色，这部分为退出快速蒙版编辑状态后的非选择区域；若以白色为前景色进行涂抹，可以消除以涂抹的半透明红色区域，白色区域为退出快速蒙版编辑后的选择区域；若使用不同灰度的灰色进行涂抹，生成的选区就会有不同程度的羽化。

2.2.2 建立蒙版

创建图层蒙版

在“图层”面板中选择需要添加图层蒙版的图层，如图2-2-12所示。执行【图层】/【图层蒙版】/【显示全部】命令，如图2-2-13所示。执行此命令后，添加图层蒙版的图层图像为全部显示状态，添加的蒙版呈白色状态，如图2-2-14所示。若执行【图层】/【图层蒙版】/【隐藏全部】命令，如图2-2-15所示。执行此命令后，添加图层蒙版的图层图像为全部隐藏状态，添加的蒙版呈黑色状态，如图2-2-16所示。

图2-2-12

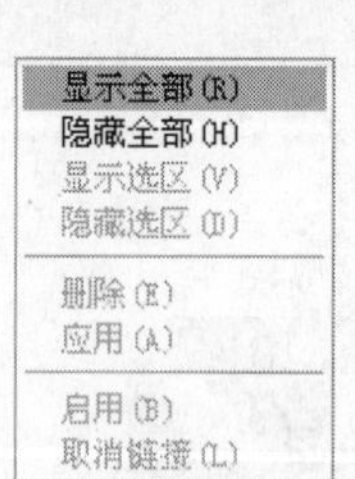

图2-2-13

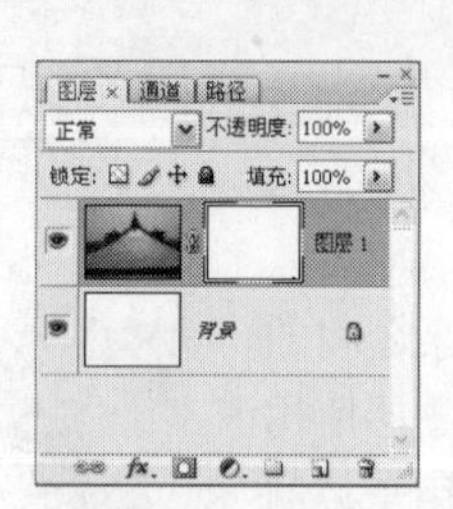

图2-2-14

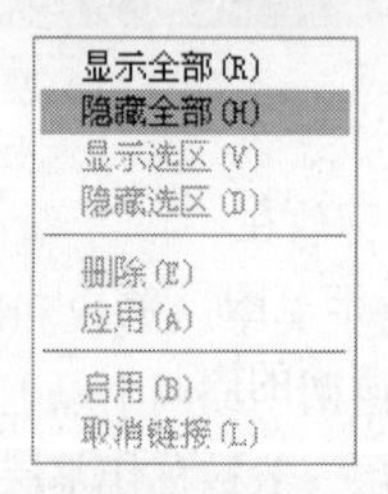

图2-2-15

图2-2-16

步骤提示技巧

直接单击“图层”面板中的添加图层蒙版按钮，当前图层将会得到一个全部显示状态的图层蒙版。“背景”图层不能添加图层蒙版。

创建矢量蒙版

在“图层”面板中选择需要添加矢量蒙版的图层，如图2-2-17所示；执行【图层】/【矢量蒙版】/【显示全部】命令，如图2-2-18所示。执行此命令后，添加矢量蒙版的图层图像为全部显示状态，添加的蒙版呈白色状态，如图2-2-19所示。若执行【图层】/【矢量蒙版】/【隐藏全部】命令，如图2-2-20所示；执行此命令后，添加矢量蒙版的图层图像为全部隐藏状态，添加的蒙版呈灰色状态，如图2-2-21所示。

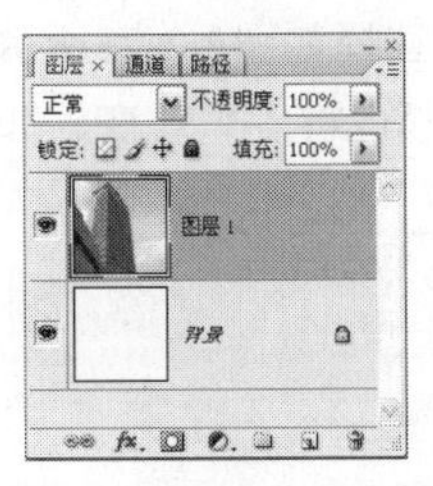
图2-2-17

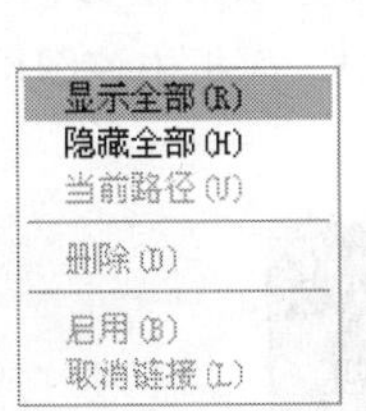

图2-2-18

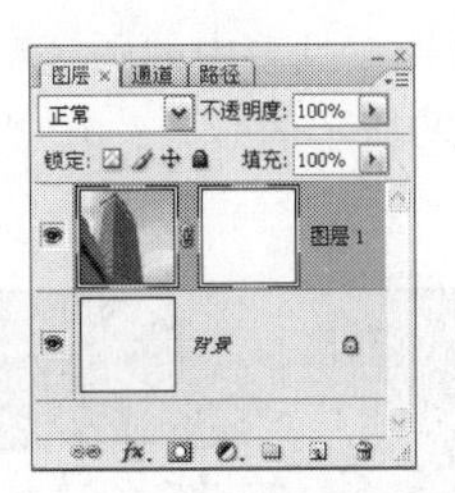
图2-2-19

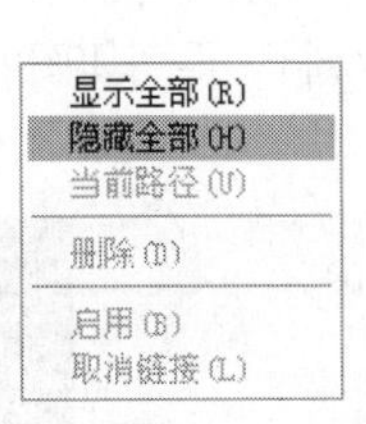

图2-2-20

图2-2-21

步骤提示技巧

在当前图层含有图层蒙版的情况下，直接添加图层蒙版按钮，当前图层将会得到一个全部显示状态的矢量蒙版。

创建剪贴蒙版

在“图层”面板中选择“图层2”作为剪贴蒙版的内容层，如图2-2-22所示。当前的图像效果如图2-2-23所示，执行【图层】/【创建剪贴蒙版】命令（Alt+Ctrl+G），或在选中“图层2”后单击鼠标右键，在弹出的菜单中选择【创建剪贴蒙版】命令，文字图层将与“图层1”组成剪贴蒙版，如图2-2-24所示。图像效果改变为如图2-2-25所示。

图2-2-22

图2-2-23

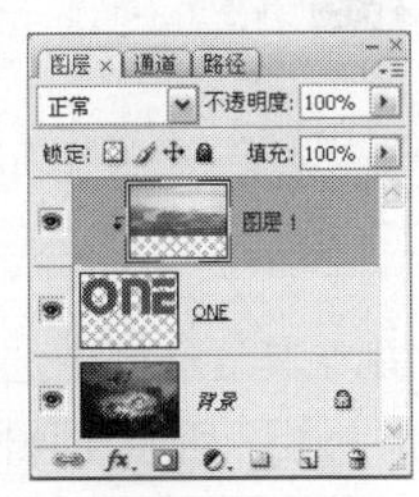
图2-2-24

图2-2-25

按住 Alt 键，将鼠标放在“图层”面板中“图层1”和文字图层的分界线上，指针会变成两个交叠的圆，然后单击，“图层1”的缩览图将缩进，成为剪贴蒙版的内容层。按住 Alt 键，当指针会变成两个交叠的圆，再次进行单击，剪贴蒙版中的内容层会得到释放。

2.2.3 编辑图层蒙版

编辑图层蒙版就是依据需要显示及隐藏的图像，使用适当的工具来决定蒙版中哪一部分为白色，哪一部分为黑色。编辑图层蒙版的手段非常多，如工具箱中的各种工具以及滤镜中的命令等，都可以对图层蒙版进行直接编辑。

运用工具编辑图层蒙版

由于图层蒙版具有位图特性，使用工具箱中的各种选择工具与绘图工具，可直接对其进行编辑。如图2-2-26所示选择“图层”面板中含有图层蒙版的“图层1”，当前图层蒙版的效果如图2-2-27所示。

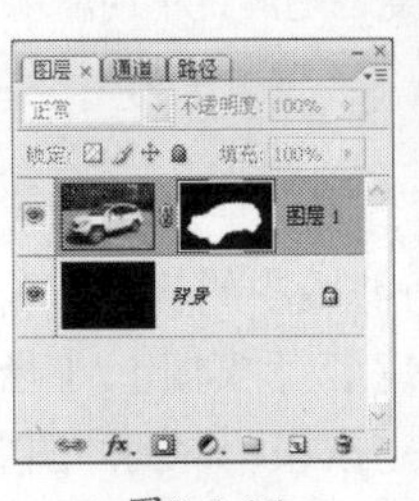
图2-2-26

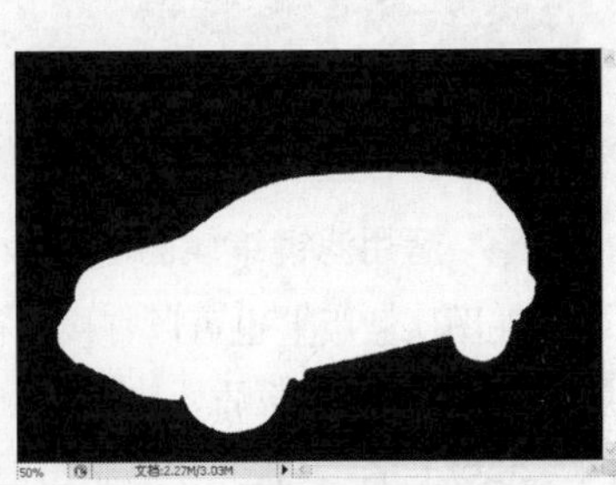
图2-2-27

设置前景色为黑色，背景色为白色，选择工具箱中的画笔工具，并在其复选框中选择如图2-2-28所示的笔刷；在蒙版上进行绘制，得到如图2-2-29所示的效果；在“图层”面板中该图层蒙版也将发生改变，如图2-2-30所示。

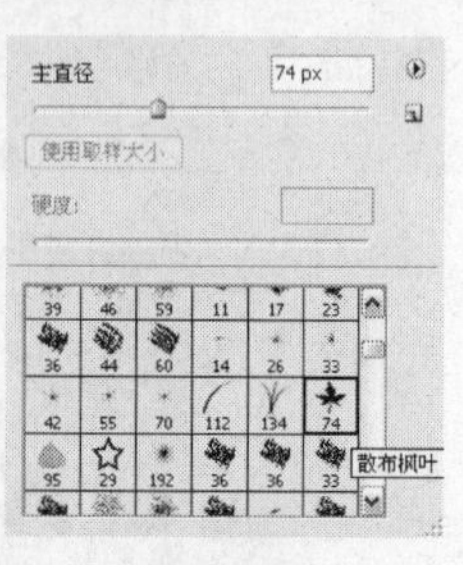

图2-2-28

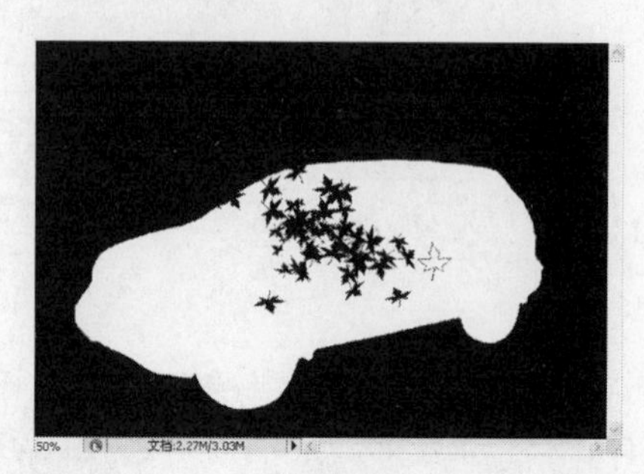

图2-2-29

图2-2-30

如果选择的是工具箱中的橡皮擦工具，在蒙版上进行绘制后，将得到如图2-2-31所示的效果，在“图层”面板中该图层蒙版改变为如图2-2-32所示。

图2-2-31

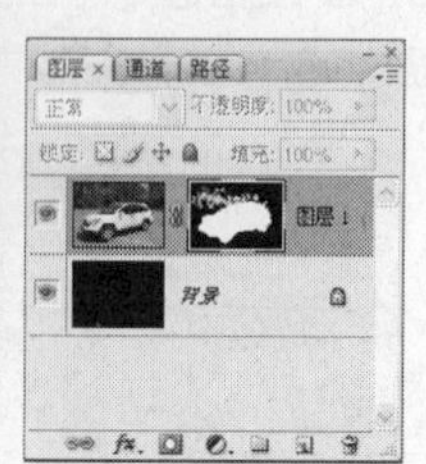

图2-2-32

步骤提示技巧

如果设置前景色为白色，背景色为黑色，在图层蒙版上使用画笔工具和橡皮擦工具进行编辑，将会得到相反的效果。

选择工具箱中的渐变工具，并在其复选框中选择如图2-2-33所示的渐变样式；在蒙版上进行渐变填充，得到如图2-2-34所示的效果；在“图层”面板中该图层蒙版改变为如图2-2-35所示。

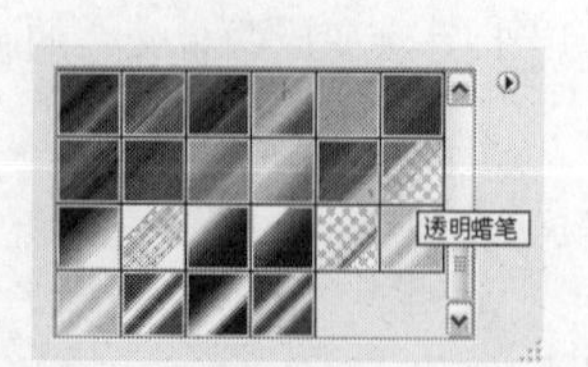

图2-2-33

图2-2-34

图2-2-35

步骤提示技巧

无论是使用工具箱中的工具还是滤镜中的命令，都需要先在“图层”面板中选择需要编辑的图层蒙版，然后再进行操作。

运用滤镜编辑图层蒙版

在图层蒙版上也可以直接执行滤镜中的各项命令，从而使图层蒙版得到不同的滤镜效果。如在选中“图层1”中的图层蒙版后，执行【滤镜】/【模糊】/【径向模糊】命令，将弹出的“径向模糊”对话框设置为如图2-2-36所示；设置完毕后单击确定按钮，得到的图层蒙版效果如图2-2-37所示；在“图层”面板中该图层蒙版改变为如图2-2-38所示。

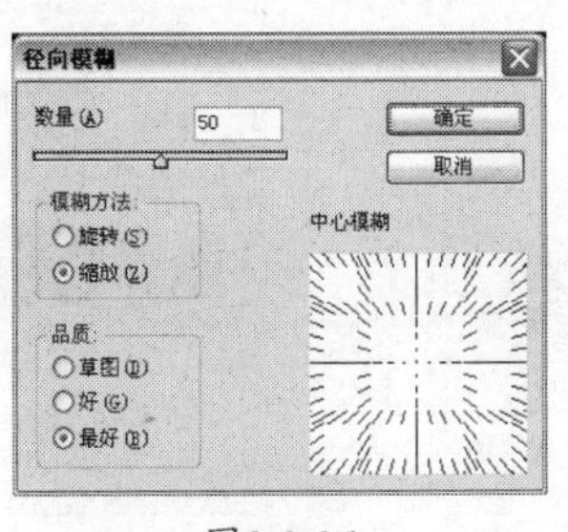

图2-2-36

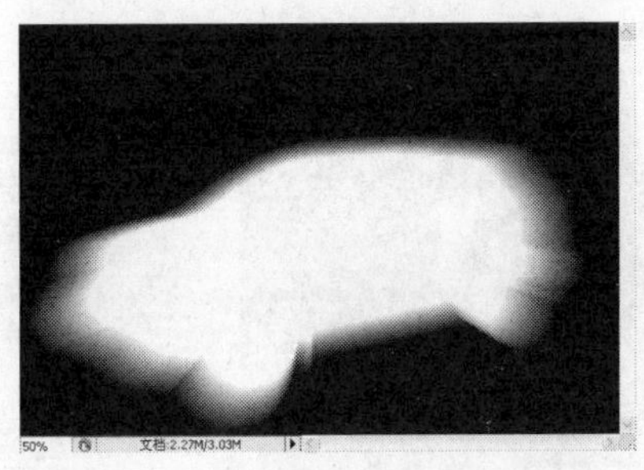

图2-2-37

图2-2-38

执行【滤镜】/【像素化】/【晶格化】命令，将弹出的“晶格化”对话框设置为如图2-2-39所示；设置完毕后单击“确定”按钮，得到的图层蒙版效果如图2-2-40所示；在“图层”面板中该图层蒙版改变为如图2-2-41所示。

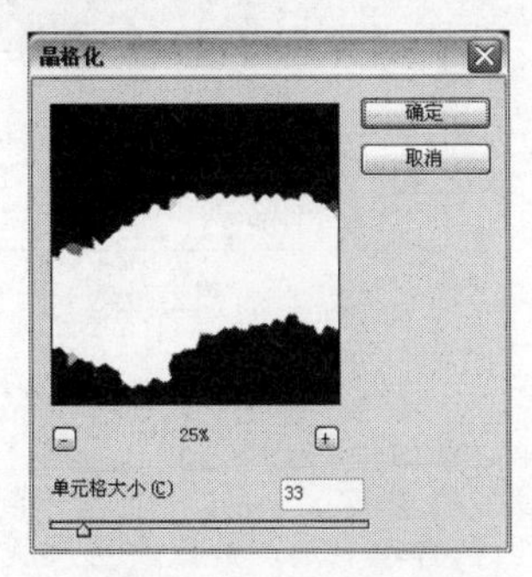

图2-2-39

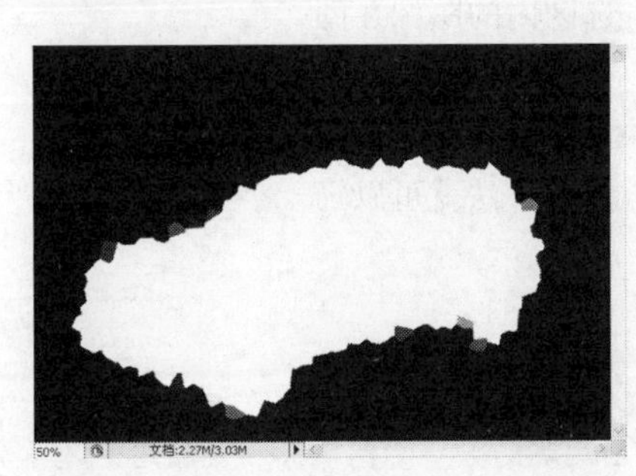

图2-2-40

图2-2-41

复制、粘贴图层蒙版

如果要使两个不同的图层得到相同的图层蒙版，可将原有图层蒙版进行复制，并粘贴至目标图层。在选中“图层1”中的图层蒙版后，如图2-2-42所示；按住Alt键，将该图层蒙版拖曳至“图层2”上，松开鼠标，“图层2”即可得到与“图层1”相同的图层蒙版，如图2-2-43所示。

如果在拖曳图层蒙版时不按住Alt键，则“图层1”中的图层蒙版将会被直接移动至“图层2”上，如图2-2-44所示。

图2-2-42

图2-2-43

图2-2-44

2.2.4 由选区建立图层蒙版

根据当前的选区可轻松快捷地建立图层蒙版，得到一些意想不到的效果。

如图2-2-45所示在“图层”面板中选中“图层1”，并在“图层1”上建立如图2-2-46所示的选区。执行【图层】/【图层蒙版】/【显示选区】命令，如图2-2-47所示；或单击“图层”面板中的添加图层蒙版按钮 ，得到的图层蒙版如图2-2-48所示，选区内的图像在图层蒙版中被全部显示。

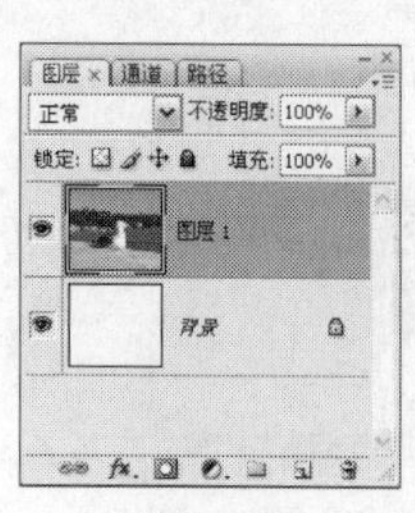

图2-2-45

图2-2-46

显示全部(R)
隐藏全部(H)
显示选区(V)
隐藏选区(D)
删除(E)
应用(A)
启用(B)
取消链接(L)

图2-2-47

图2-2-48

如在选中“图层1”后执行【图层】/【图层蒙版】/【隐藏选区】命令，如图2-2-49所示；或按住Alt键单击“图层”面板中的添加图层蒙版按钮，得到的图层蒙版如图2-2-50所示，选区内的图像在图层蒙版中被全部隐藏。

如果用其他方法制作这种效果可能会相对烦琐，可是使用依据当前选区添加图层蒙版的方法就可以轻松得到。

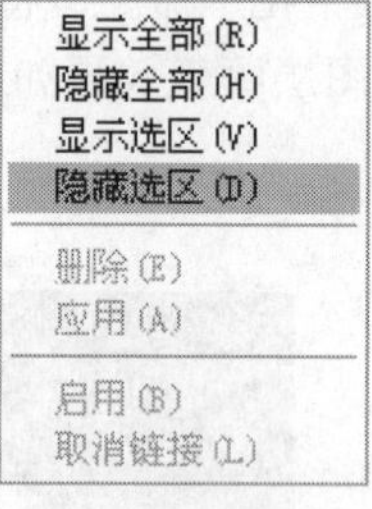

图2-2-49

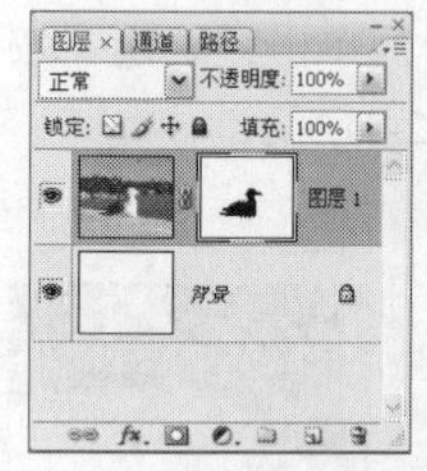
图2-2-50

步骤提示技巧

使用依据当前选区添加图层蒙版的方法给图像添加蒙版后，之前的选区会自动取消，如需要再次提取此选区，可按住Ctrl键单击图层蒙版。

Effect 01

使用图层蒙版制作相片合成效果

01 选择工具箱中的画笔工具对图层蒙版进行编辑，使图像得到合成效果

02 通过创建的选区，直接得到含有内容的图层蒙版，并将选区外的区域隐藏

03 使用【色彩平衡】命令调整图像的色调，使各图层的颜色得到统一

STEP 01 执行【文件】/【新建】命令（Ctrl+N），将弹出的“新建”对话框具体设置为如图2-2-51所示，设置完毕后单击“确定”按钮，得到新建的文档。

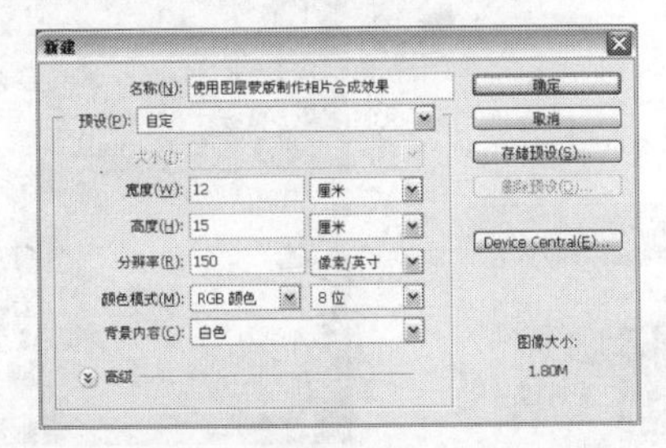

图2-2-51

STEP 02 打开如图2-2-52所示的素材图片，并将其拖曳至新建的文档中，如图2-2-53所示。在“图层”面板中生成“图层1”，如图2-2-54所示。

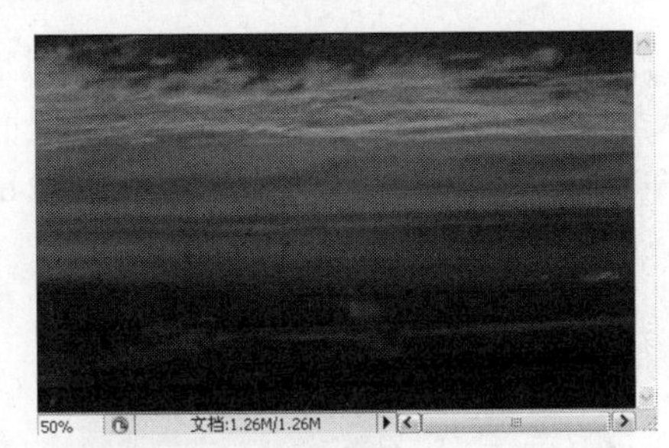

图2-2-52

图2-2-53

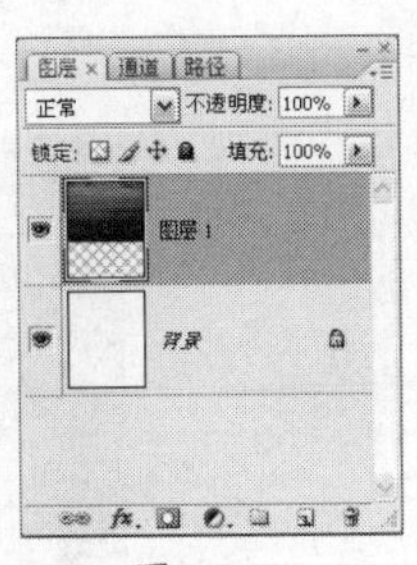

图2-2-54

STEP 03 打开如图2-2-55所示的素材图片，并将其拖曳至新建的文档中，生成“图层2”，执行【编辑】/【自由变换】命令（Ctrl+T），将“图层2”调整至如图2-2-56所示的大小，设置完毕后按Enter键确定变换。单击“图层”面板中的添加图层蒙版按钮，为“图层2”添加图层蒙版，如图2-2-57所示。

图2-2-55

图2-2-56

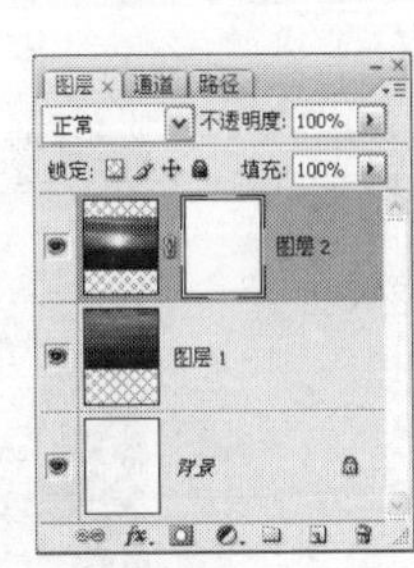

图2-2-57

STEP 04 将前景色设置为黑色，选择工具箱中的画笔工具，在图层蒙版上进行绘制，使图像得到如图2-2-58所示的效果，“图层”面板中“图层2”的图层蒙版显示为如图2-2-59所示。

图2-2-58

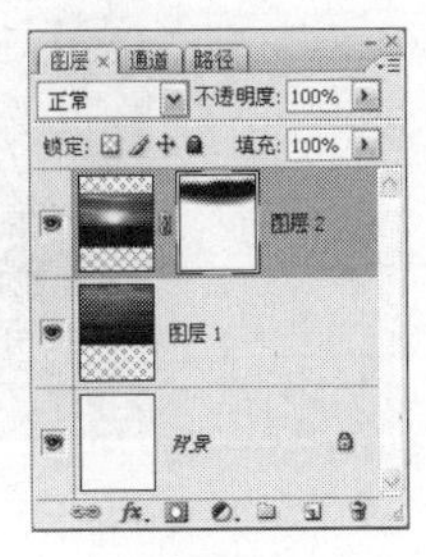

图2-2-59

步骤提示技巧

在使用画笔工具对图层蒙版进行绘制时，应选择柔和的笔刷，并将前景色设置为黑色、背景色设置为白色。

STEP 05 打开如图2-2-60所示的素材图片，并将其拖曳至新建的文档中，生成“图层3”，执行【编辑】/【自由变换】命令（Ctrl+T），将“图层3”调整至如图2-2-61所示的大小，设置完毕后按Enter键确定变换。

图2-2-60

图2-2-61

STEP 06 使用选择工具在图像中选取出如图2-2-62所示的选区。

图2-2-62

STEP 07 单击“图层”面板中的添加图层蒙版按钮，“图层3”得到如图2-2-63所示的图层蒙版，得到的图像效果如图2-2-64所示。

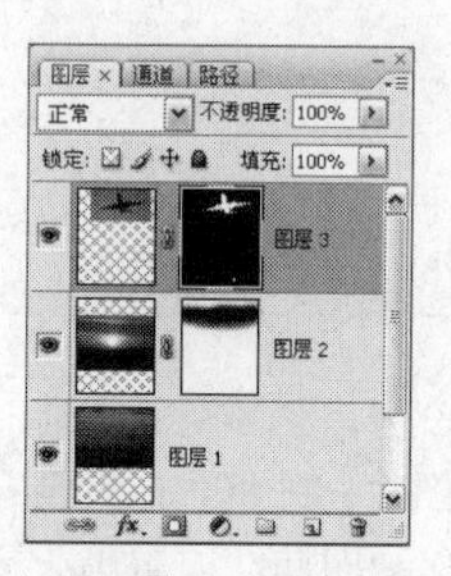

图2-2-63

图2-2-64

STEP 08 打开如图2-2-65所示的素材图片，并将其拖曳至新建的文档中，生成“图层4”，执行【编辑】/【自由变换】命令（Ctrl+T），将“图层4”调整至如图2-2-66所示的大小，设置完毕后按Enter键确定变换。

图2-2-65

图2-2-66

步骤提示技巧

可使用魔棒工具将飞机以外的区域选为选区，然后执行【选择】/【反向】命令（Shift+Ctrl+I），即可得到所需选区。

STEP 09 单击“图层”面板中的添加图层蒙版按钮，为“图层4”添加图层蒙版，并选择工具箱中的画笔工具将图层蒙版绘制为如图2-2-67所示的效果，得到的图像效果如图2-2-68所示。

STEP 10 选择“图层4”，执行【图像】/【调整】/【色彩平衡】命令（Ctrl+B），将弹出的“色彩平衡”对话框设置如图2-2-69所示。设置完毕后单击“确定”按钮，得到的最终合成效果如图2-2-70所示。

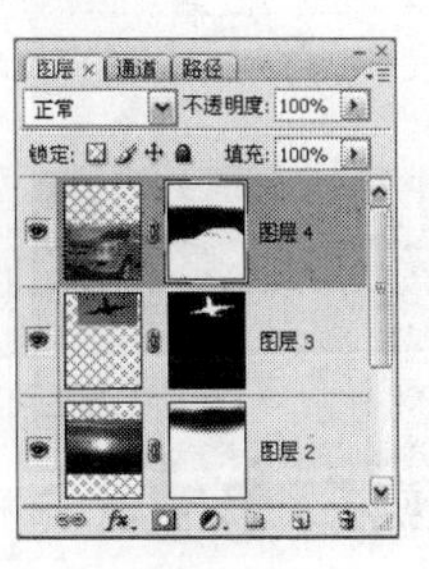
图2-2-67

图2-2-68

图2-2-69　图2-2-70

2.2.5 矢量蒙版与图层蒙版的区别和转化

图层蒙版是制作图像混合效果时最常用的手段，使用图层蒙版混合图像的好处在于，可以在不改变图层中图像像素的情况下，实验多种混合图像的方案，并进行反复更改，以达到最完美的效果。图层蒙版的原理是使用一张“灰度图”有选择的屏蔽当前图层中的图像，从而得到混合效果。

如图2-2-71和图2-2-72所示为2张素材图像，选择工具箱中的移动工具将图2-2-72拖曳至图2-2-71的文档中，生成“图层1”，调整其大小和位置。单击“图层”面板上的添加图层蒙版按钮，为“图层1”添加图层蒙版，将前景色设置为黑色，选择工具箱中的画笔工具，选择柔角笔刷在图像上部涂抹，使“背景”图层中除草地外的部分显示出来，得到的图像效果如图2-2-73所示，“图层”面板状态如图2-2-74所示。

图2-2-71

图2-2-72

图2-2-73

图2-2-74

蒙版中的白色区域可以起到显示当前图层中图像对应区域的作用，如果蒙版中存在灰色，则使对应的图像呈现半透明效果。

矢量蒙版是另一个用来控制显示或隐藏图层图像的方法，使用矢量蒙版可以创建具有锐利边缘的蒙版效果。由于矢量蒙版是基于图形所创建的蒙版，因此不能像图层蒙版一样创建柔和边缘的蒙版效果，而且Photoshop CS3中大部分基于图像的命令和工具都无法在矢量蒙版中使用。例如，无法在矢量蒙版中增加渐变效果，无法用滤镜菜单中的命令处理矢量蒙版，但是图层蒙版就没有如此多的限制。

要使用这些基于图像的命令和工具，必须执行【图层】/【栅格化】/【矢量蒙版】命令，将矢量蒙版转化为图层蒙版。如图2-2-75所示为添加了矢量蒙版的素材图像文档。将“图层1”拖曳至“图层”面板上创建新图层按钮，新建“图层1副本”，隐藏“图层1”，选择“图层1副本”，执行【图层】/【栅格化】/【矢量蒙版】命令，“图层”面板状态如图2-2-76所示。

图2-2-75

图2-2-76

单击矢量蒙版缩览图，执行【滤镜】/【像素化】/【彩色半调】命令，弹出“彩色半调”对话框，参数设置如图2-2-77所示。设置完毕后单击“确定”按钮，得到的图像效果如图2-2-78所示。

从图中可以发现，通过将矢量蒙版转换为图层蒙版，可以使蒙版具有规则的外形及灵活的可编辑行，从而大大地丰富了使用蒙版可创建的效果。

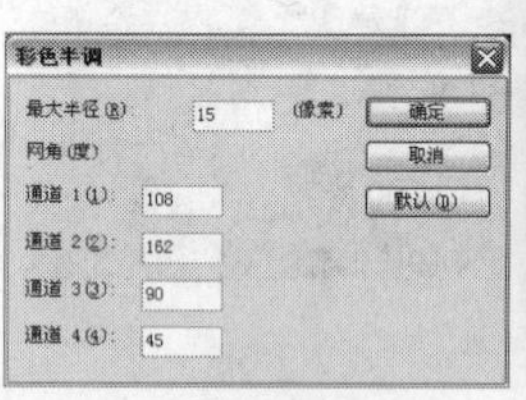

图2-2-77

图2-2-78

步骤提示技巧

由于矢量蒙版的本质仍然是一种蒙版，因此具有与图层蒙版相同的特点。例如，可以按住Shift键单击矢量蒙版以暂时屏蔽其效果；按住Alt键单击矢量蒙版可以显示矢量蒙版；取消矢量蒙版与图层的链接关系后，可分别移动蒙版路径与图层等。

2.2.6 剪贴蒙版的类型

剪贴蒙版分为图像型剪贴蒙版、文字型剪贴蒙版和渐变型剪贴蒙版3种类型，接下来将分别介绍这3种类型的剪贴蒙版。

图像型剪贴蒙版

图像是剪贴蒙版中内容层经常用到的元素，图像既可以作为基层又可以作为内容层在剪贴蒙版中使用，在处理人物数码照片时，如果想要更换人物衣服的材质，可以添加图像型剪贴蒙版达到此效果。

如图2-2-79所示为人物素材图像，首先使用多边形套索工具将人物的衣服选取出来，如图2-2-80所示。按快捷键Ctrl+J复制选区内的图像至新图层，得到“图层1”，“图层”面板状态如图2-2-81所示。

图2-2-79

图2-2-80

图2-2-81

执行【文件】/【打开】命令（Ctrl+O），弹出“打开”对话框，选择素材图像，选择完毕后单击“打开”按钮，得到的图像效果如图2-2-82所示。选择工具箱中的移动工具，将其置入前面的文档中，生成“图层2”，调整其大小和位置，执行【图层】/【创建剪贴蒙版】命令（Ctrl+Alt+G），为“图层1”创建剪贴蒙版，得到的图像效果如图2-2-83所示。

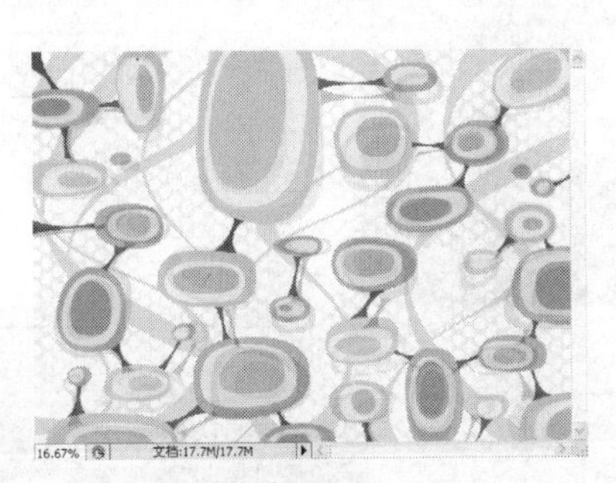

图2-2-82

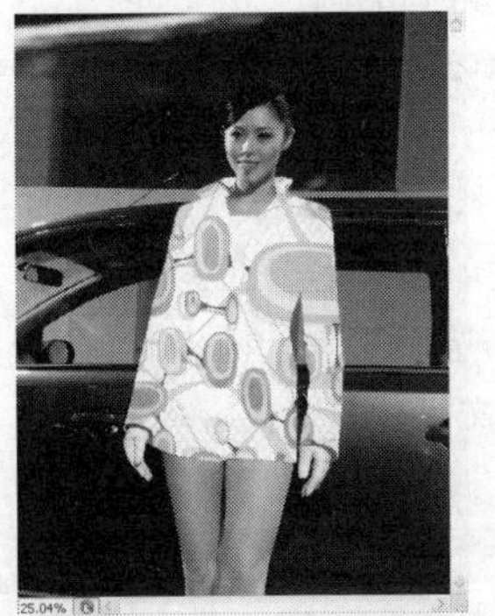

图2-2-83

将“图层2”的混合模式设置为“正片叠底”，得到的图像效果如图2-2-84所示。“图层”面板状态如图2-2-85所示。从图中可以发现，人物的衣服已经发生了变化。

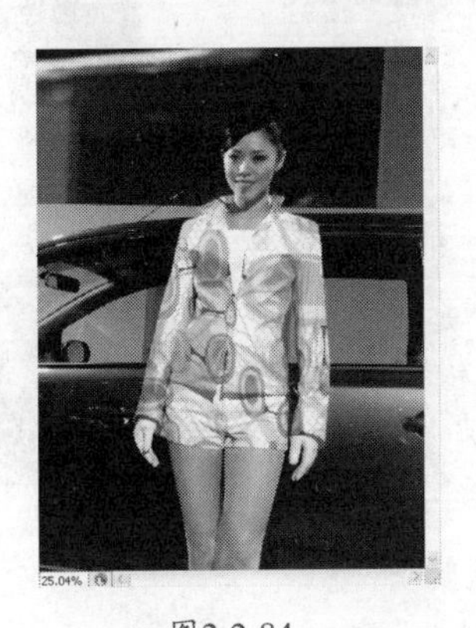

图2-2-84

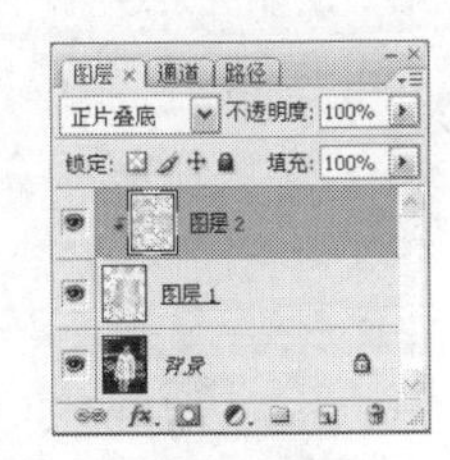

图2-2-85

步骤提示技巧

图层型剪贴蒙版是最常见的一类剪贴蒙版，也是初学者最容易掌握的剪贴方式，因此成为许多初学者应用最为频繁的剪贴蒙版类型，但需要注意的是，要得到同样的效果可能使用下面讲解的两种类型剪贴蒙版更为有效。

文字型剪贴蒙版

在混合图像与文字时使用文字作为基层创建剪贴蒙版是一种非常好的手段。使用文字作为基层创建剪贴蒙版的优点在于，可以随时修改文字图层中文字的内容、字体、字号等文字属性，同时保持所得到的效果不变。下面将介绍如何创建文字型剪贴蒙版。

执行【文件】/【打开】命令（Ctrl+O），弹出“打开”对话框，选择素材图像，选择完毕后单击“确定”按钮，得到的图像效果如图2-2-86所示。选择工具箱中的横排文字工具T，单击在图像中输入文字，调整文字大小和方向，如图2-2-87所示。执行【文件】/【打开】命令（Ctrl+O），弹出“打开”对话框，选择素材图像，选择完毕后单击“确定”按钮，得到的图像效果如图2-2-88所示。

图2-2-86

图2-2-87

图2-2-88

选择工具箱中的移动工具，将其拖曳至前面的文档中，生成“图层1”，调整其大小和方向，执行【图层】/【创建剪贴蒙版】命令（Ctrl+Alt+G），为文字图层创建剪贴蒙版，得到的图像效果如图2-2-89所示。选择文字图层，单击“图层”面板上的添加图层样式按钮，在弹出的下拉菜单中选择“描边”，弹出“图层样式”对话框，具体参数设置如图2-2-90所示。设置完毕后单击“确定”按钮，得到的图像效果如图2-2-91所示。选择工具箱中的横排文字工具，单击在图像中输入文字，调整文字大小和方向，如图2-2-92所示。

图2-2-89

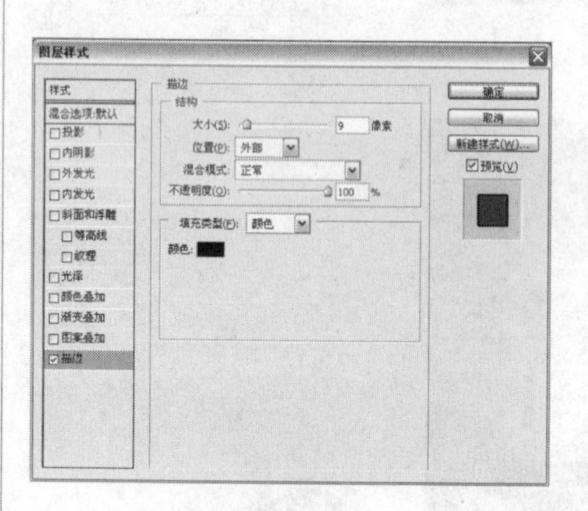

图2-2-90

图2-2-91

图2-2-92

执行【文件】/【打开】命令（Ctrl+O），弹出“打开”对话框，选择素材图像，选择完毕后单击“打开”按钮，得到的图像效果如图2-2-93所示。选择工具箱中的移动工具，将其拖曳至前面的文档中，生成“图层2”，调整其大小和方向，执行【图层】/【创建剪贴蒙版】命令（Ctrl+Alt+G），为文字图层创建剪贴蒙版，得到的图像效果如图2-2-94所示。选择文字图层，单击“图层”面板上的添加图层样式按钮，在弹出的下拉菜单中选择“投影”选项，弹出“图层样式”对话框，具体参数设置如图2-2-95所示。

图2-2-93

图2-2-94

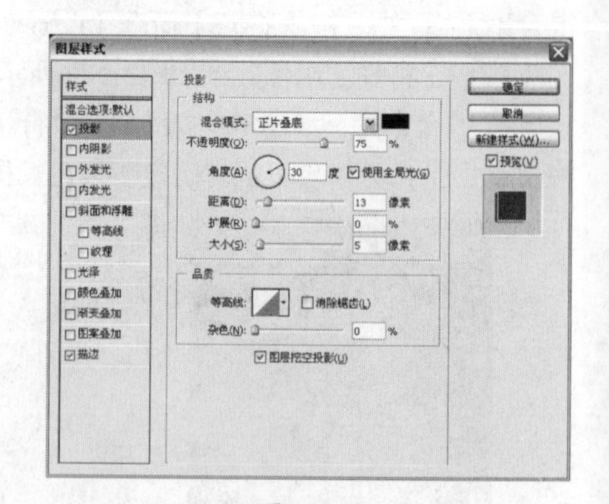

图2-2-95

继续勾选“描边”选项，具体参数设置如图2-2-96所示。设置完毕后单击“确定”按钮，得到的图像效果如图2-2-97所示。

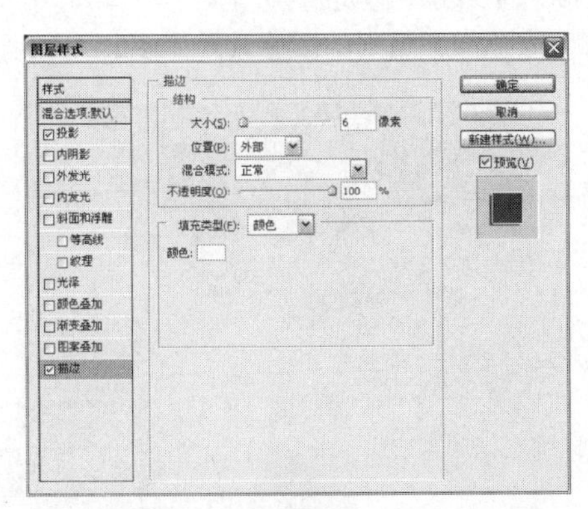

图2-2-96

图2-2-97

添加一些装饰性图案后得到的图像效果如图2-2-98所示。“图层”面板状态如图2-2-99所示。当文字的内容发生变化时（如字体），得到的图像效果如图2-2-100所示。

图2-2-98

图2-2-99

图2-2-100

渐变型剪贴蒙版

渐变也可以在剪贴蒙版中以内容层或基层的形式出现，当渐变作为基层出现时，通常都会有一定区域是透明的，使用这种渐变图像作为基层的好处在于能够使其上方的内容图层按渐变的透明区域与其下方的图层混合。下面将介绍如何创建渐变型剪贴蒙版。

执行【文件】/【打开】命令（Ctrl+O），弹出“打开”对话框，选择素材图像，选择完毕后单击“确定”按钮，得到的图像效果如图2-2-101所示。单击“图层”面板上的创建新图层按钮，新建“图层1”，将前景色设置为红色，选择工具箱中的渐变工具，设置由前景色到透明的渐变，在图像中从上至下拖动鼠标填充渐变，得到的图像效果如图2-1-102所示。

图2-2-101

图2-2-102

隐藏“图层1”，选择工具箱中的魔棒工具将图像中除天空外的区域选取出来，如图2-2-103所示。选择并显示“图层1”，隐藏“背景”图层，按Delete键删除选区内图像，得到的图像效果如图2-2-104所示。

图2-2-103

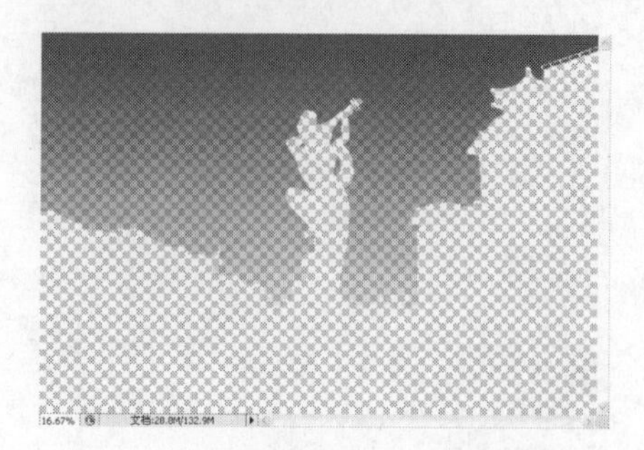

图2-2-104

执行【文件】/【打开】命令（Ctrl+O），弹出“打开”对话框，选择素材图像，选择完毕后单击“打开”按钮，得到的图像效果如图2-2-105所示。选择工具箱中的移动工具，将其拖曳至前面的文档中，生成“图层2”，调整其大小和方向，执行【图层】/【创建剪贴蒙版】命令（Ctrl+Alt+G），为“图层1”创建剪贴蒙版，显示“背景”图层，得到的图像效果如图2-2-106所示。

从图中可以看出由于渐变下方为透明区域，因此“图层2”中的风景图像的下方很好地与“背景”图层融合在一起。

图2-2-105

图2-2-106

如果使用的基层是填充实色的图层，如图2-2-107所示。在创建剪贴蒙版后，不会有两个图层相互融合的效果，如图2-2-108所示。

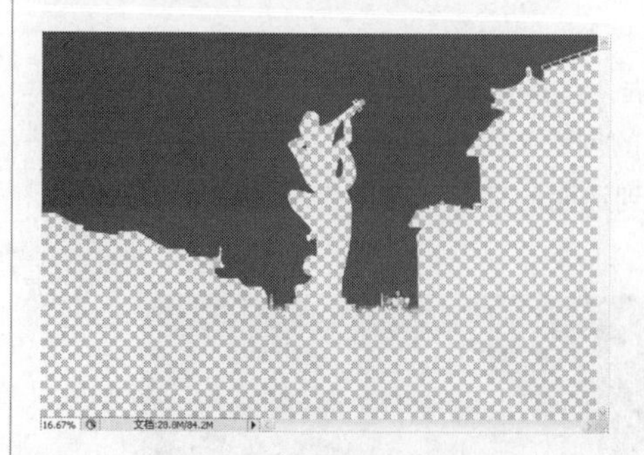

图2-2-107

图2-2-108

2.2.7 剪贴蒙版的编辑及修改

创建剪贴蒙版的方法前面已经介绍过，本节将介绍编辑及修改剪贴蒙版的方法。

取消剪贴蒙版

如果要取消剪贴蒙版，可以在剪贴蒙版中选择基层，然后执行【图层】/【释放剪贴蒙版】命令或按快捷键Ctrl+Alt+G。

修改剪贴蒙版的混合模式

图层的混合模式对剪贴蒙版的整体效果影响非常大。混合模式对剪贴蒙版的影响分为两类：一类是内容图层应用混合模式产生的影响；另一类是基层应用混合模式所产生的影响。

如图2-2-109所示的素材文档中，“图层2”是一幅墙面素材纹理，将“图层2”（内容层）的混合模式设置为“叠加”，得到的图像效果如图2-2-110所示。继续将“图层1”的混合模式设置为“明度”，得到的图像效果如图2-2-111所示。

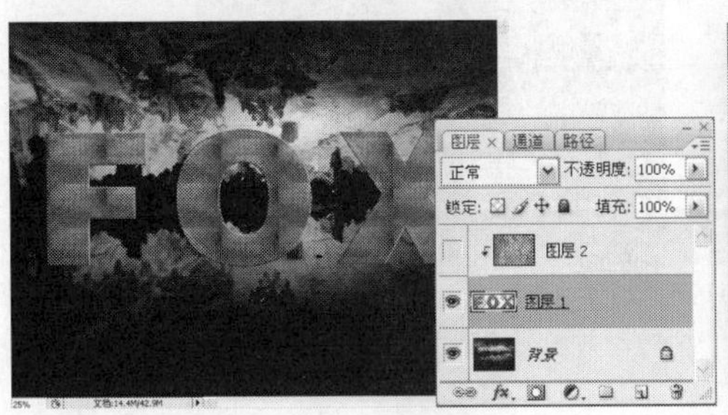

图2-2-109

图2-2-110

图2-2-111

从图中可以发现，对内容图层（图层2）应用混合模式仅能影响剪贴蒙版的效果，而对基层（图层1）应用混合模式则将决定整个剪贴蒙版如何与下方图层进行混合。

修改剪贴蒙版的不透明度

与设置剪贴蒙版的混合模式一样，设置基层的不透明度也将影响整个剪贴蒙版。基层的不透明度越大内容图层显示的越清晰；反之，基层的不透明度越小则内容图层也就越暗，如果基层的不透明度为0%，则整个蒙版不可见。在设置内容层的不透明度时只影响内容图层的不透明度。

如图2-2-112所示为含有剪贴蒙版的素材文档，将“图层1”（基层）的不透明度设置为50%时，得到的图像效果如图2-2-113所示，从图中可以发现，整个剪贴蒙版的不透明度均受到影响（基层和内容层）；而将“图层2”（内容层）的不透明度设置为50%时，只有“图层2”（内容层）的不透明度受到影响，如图2-2-114所示。

图2-2-112

图2-2-113

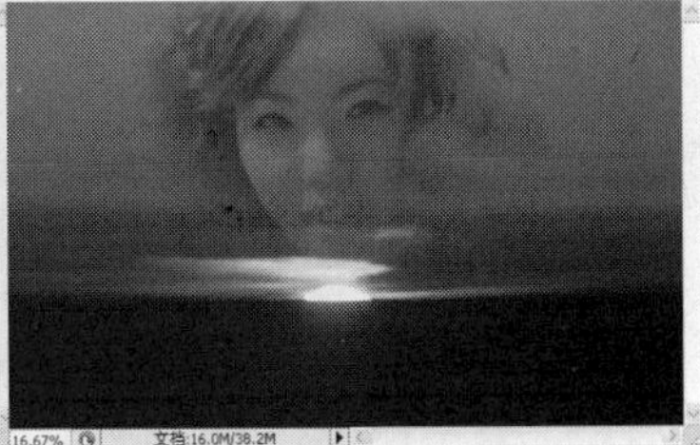

图2-2-114

步骤提示技巧

为剪贴蒙版添加图层样式与修改剪贴蒙版混合模式和不透明度一样，当为基层添加图层样式时，整个剪贴蒙版都被赋予该图层样式的效果，而对内容层添加图层样式则只能影响该图层的效果。

Effect 02

制作立体拼贴效果

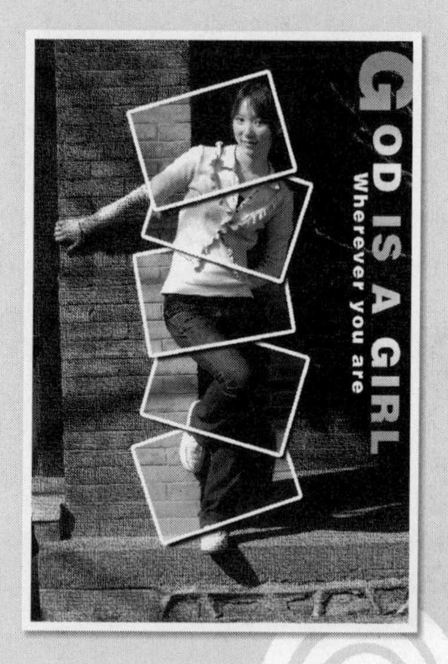

01 添加【图层样式】制作“投影”和“描边”效果

02 使用【自由变换】命令调整图像

03 创建剪贴蒙版制作拼贴效果

04 使用【纹理化】滤镜结合混合模式制作背景效果

STEP 01 执行【文件】/【打开】命令（Ctrl+O），弹出“打开”对话框，选择素材图像。选择完毕后单击“打开”按钮，得到的图像效果如图2-2-115所示。单击“图层”面板上的创建新图层按钮，新建“图层1”。

图2-2-115

STEP 02 选择工具箱中的矩形选框工具，在图像中绘制如图2-2-116所示的矩形选区。将前景色设置为白色，按快捷键Alt+Delete填充前景色，填充完毕后按快捷键Ctrl+D取消选择，得到的图像效果如图2-2-117所示。

图2-2-116

图2-2-117

STEP 03 选择“图层1”，单击“图层”面板上的添加图层样式按钮，在弹出的下拉菜单中选择“投影”选项，弹出“图层样式”对话框，具体参数设置如图2-2-118所示。继续勾选“描边”选项，具体参数设置如图2-2-119所示。设置完毕后单击“确定”按钮，得到的图像效果如图2-2-120所示。

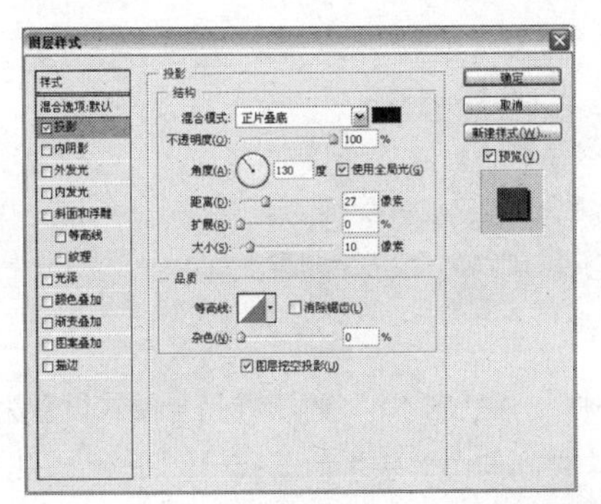

图2-2-118

图2-2-119　　图2-2-120

STEP 04 将“图层1”拖曳至“图层”面板上创建新图层按钮，得到“图层1副本”，按快捷键Ctrl+T调出自由变换框，调整其方向，调整完毕后按Enter键结束操作，得到的图像效果如图2-2-121所示。“图层”面板状态如图2-2-122所示。

图2-2-121

图2-2-122

STEP 05 使用同样的方法复制“图层1副本2”、“图层1副本3”和“图层1副本4”，并调整其方向，得到的图像效果如图2-2-123所示。“图层”面板状态如图2-2-124所示。

图2-2-123

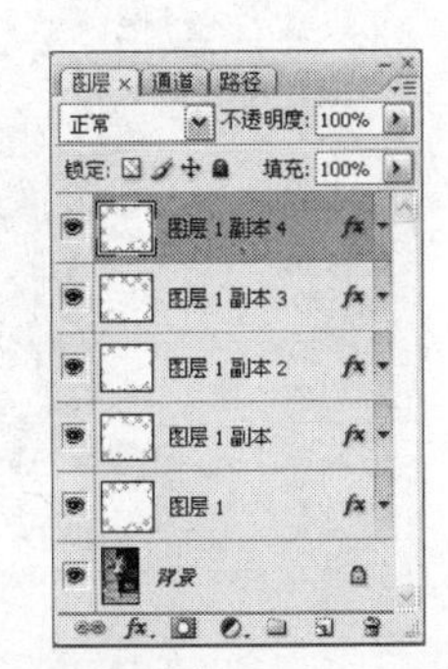

图2-2-124

STEP 06 将“背景”图层拖曳至“图层”面板上创建新图层按钮，得到“背景副本”图层，将其置于“图层”面板的最顶端，执行【图层】/【创建剪贴蒙版】命令（Ctrl+Alt+G），为“图层1副本4”创建剪贴蒙版，得到的图像效果如图2-2-125所示，“图层”面板如图2-2-126所示。

图2-2-125

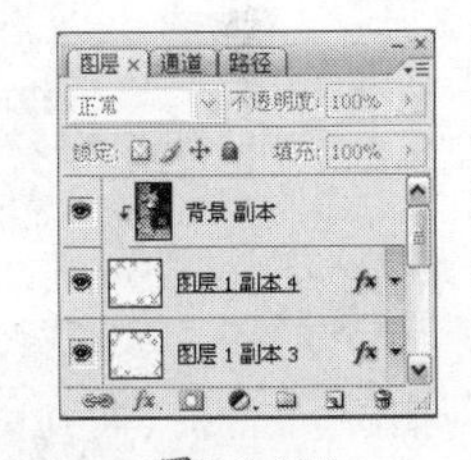

图2-2-126

步骤提示技巧

创建剪贴蒙版时，可按Alt键单击“图层”面板上的基层与内容层交界处，此时鼠标指针变为状。

STEP 07 继续将“背景”图层拖曳至“图层”面板上创建新图层按钮，得到“背景副本2”图层，将其置于“图层1副本3”的上方，执行【图层】/【创建剪贴蒙版】命令（Ctrl+Alt+G），为“图层1副本3”创建剪贴蒙版，得到的图像效果如图2-2-127所示。“图层”面板如图2-2-128所示。

图2-2-127

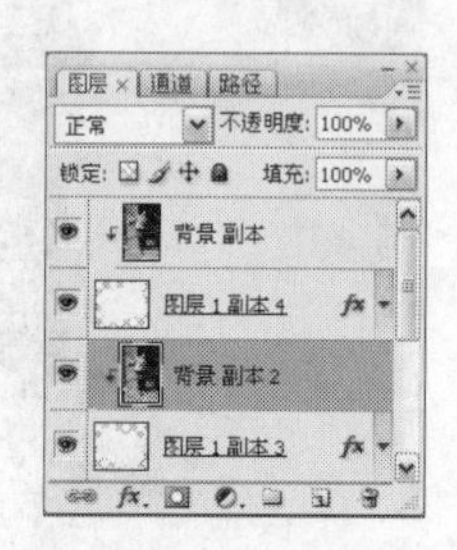

图2-2-128

STEP 08 使用同样的方法分别复制“背景副本3”、“背景副本4”和“背景副本5”图层并分别与“图层1副本3”、“图层1副本2”、“图层1副本”图层创建剪贴蒙版，得到的图像效果如图2-2-129所示。

图2-2-129

STEP 09 将“背景”图层拖曳至“图层”面板上创建新图层按钮，得到“背景副本6”图层，将其置于“背景”图层的上方，执行【滤镜】/【纹理】/【纹理化】命令，弹出“纹理化”对话框，具体参数设置如图2-2-130所示，设置完毕后单击“确定”按钮，得到的图像效果如图2-2-131所示。

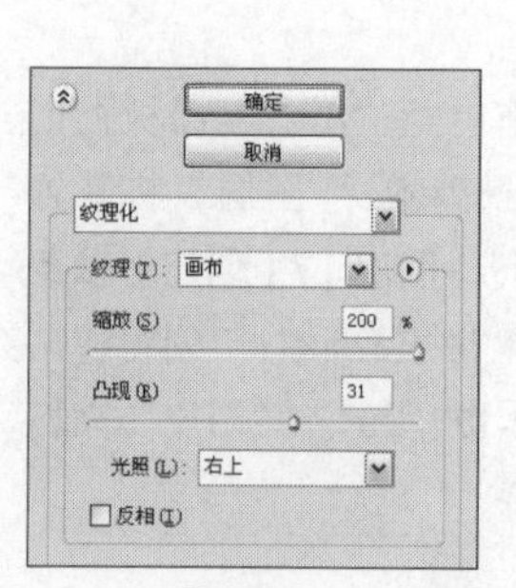

图2-2-130

图2-2-131

步骤提示技巧

【纹理化】滤镜是在图像中添加系统自带的纹理效果或根据另一个文件的亮度值向图像中添加纹理，通常用该滤镜制作布的效果。

STEP 10 将“背景副本6”的图层混合模式设置为“颜色加深”，得到的图像效果如图2-2-132所示。“图层”面板状态如图2-2-133所示。

图2-2-132

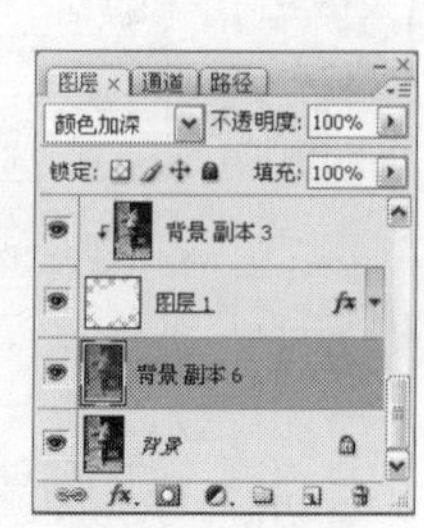

图2-2-133

STEP 11 将前景色设置为白色，选择工具箱中的直排文字工具，单击在图像中输入文字，如图2-2-134所示。注意两段文字是分别输入的。

图2-2-134

STEP 12 选择“GOD IS A GIRL”文字图层，单击“图层”面板上的添加图层样式按钮，在弹出的下拉菜单中选择“渐变叠加”选项，弹出“图层样式”对话框，具体参数设置如图2-2-135所示，渐变编辑器如图2-2-136所示。设置完毕后单击“确定”按钮，得到的图像效果如图2-2-137所示。

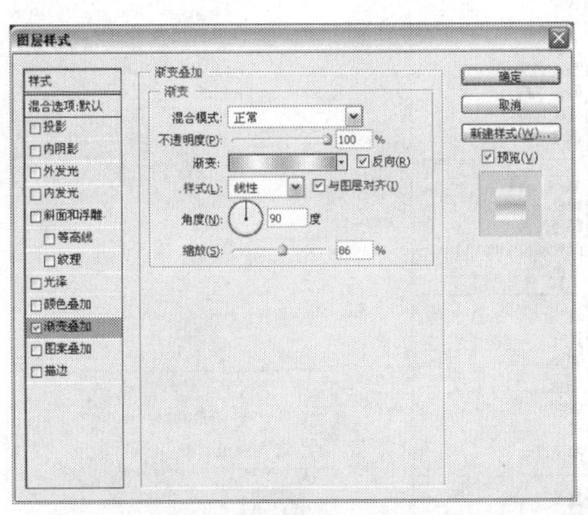

图2-2-135

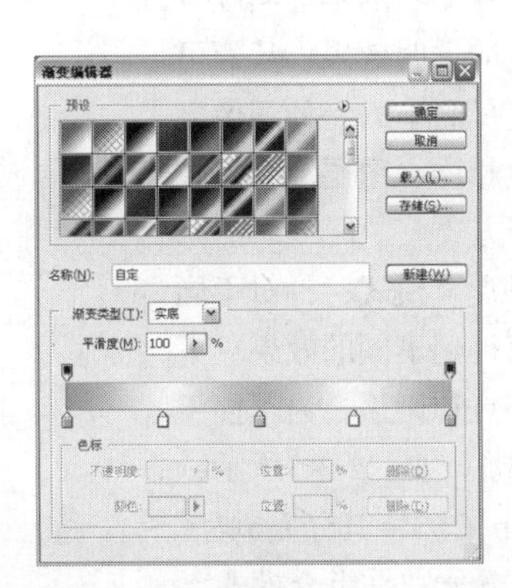

图2-2-136

图2-2-137

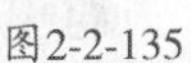

步骤提示技巧

在上一步操作中，“渐变编辑器”中渐变颜色色值从左至右分别设置为R216、G157、B93，R255、G246、B224，R225、G185、B155，R255、G247、B229，R234、G175、B107。

2.3 图层混合模式

Photoshop CS3中图层的混合模式非常重要，几乎每一种绘画与编辑工具都有混合模式选项。正确、灵活地运用各种混合模式往往能够创造许多意想不到的效果。

2.3.1 图层混合模式的概念及分类

其实混合模式就是Photoshop CS3提供的使用两个或多个图层之间相互融合的方法，同时它又包括了许多种类，使用不同的混合模式得到的混合效果也是不相同的。混合模式决定了当前图像中的像素如何与底层图像中的像素混合，使用混合模式可以制作出很多特殊的效果。

混合模式并不是图层独有的，在使用画笔工具、仿制图章工具和渐变工具等许多工具时，在这些工具的工具选项栏中都可以看到混合模式下拉菜单。除此之外，在使用【填充】、【描边】、【计算】和【应用图像】等命令的对话框时，也能够看到图层混合模式。由此可以发现混合模式在Photoshop CS3中几乎无处不在，影响着用户在Photoshop CS3中进行的操作。

如图2-3-1所示为未使用混合模式混合图像前的效果，如图2-3-2所示为设置了“滤色”混合模式后的效果，从图中可以发现混合后的效果要明显优于混合前的效果。

图2-3-1

图2-3-2

再以设置不透明度为例，设置图层的不透明度可以使当前图层中的图像具有一定的透明效果，从而可以看到下方图层中的图像，这是最简单的一种图像之间的混合方式。与图层不透明度相比，图层混合模式就是更为复杂的一种混合图像的方式。

Photoshop CS3提供了25种混合模式，针对不同的图像应用不同的混合模式可以得到不同的效果。下面将深入分析各种混合模式的特点和用途，为了便于理解，本书将混合模式分为6大类。如图2-3-3所示，在图层混合模式菜单中Photoshop CS3将其分成6块区域，分别代表这6大类。从上至下分别是组合模式、加深混合模式、减淡混合模式、对比混合模式、比较混合模式和色彩混合模式。

作为Photoshop CS3的核心功能，混合模式已经成为广大图像处理工作人员不可或缺的技术，在各种媒体及网络平台上看到的合成图像，几乎或多或少地使用了混合模式来达到合成图像的目的。因此在学习Photoshop时，学好混合模式非常重要。

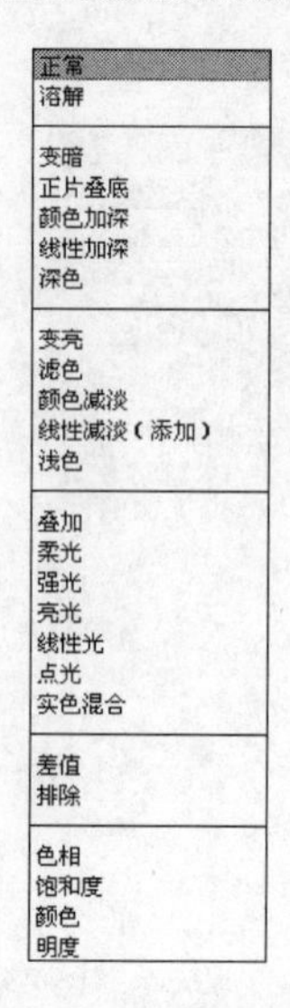

图2-3-3

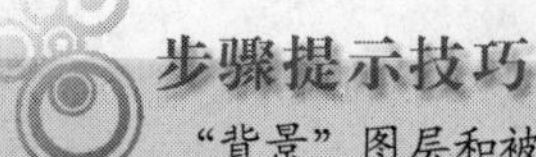

步骤提示技巧

"背景"图层和被锁定的图层是不能设置混合模式的。

2.3.2 解析图层混合模式

本节将详细讲解各种混合模式的原理。在介绍混合模式的时候，将会反复使用3个术语：基色、混合色和结果色。基色是指当前图层之下的图层的颜色；混合色是指当前图层的颜色；结果色是指混合后得到的颜色。

组合模式

组合模式包含"正常"模式和"溶解"模式两种。这两种模式需要配合使用不透明度才能产生一定的混合效果。

"正常"模式

"正常"模式是Photoshop CS3的默认模式。在此模式下编辑或者绘制每个像素，都将直接成为结果色，上下图层间的混合与叠加关系则需要依据上方图层的不透明度而定。如果上方图层的不透明度为100%，则完全覆盖下方图层；反之，则随着不透明度数值的降低，下方图层将显得越来越清晰。

"溶解"模式

"溶解"模式可以将当前图层中部分结果色以基色和混合色进行随机替换，替换的程度取决于该像素的不透明度。该模式主要影响羽化或柔化的边缘。如果当前图层具有硬边缘，完全不透明，"溶解"模式就没有任何效果。如图2-3-4所示为"溶解"模式产生的效果，图中"背景副本"图层图像边缘被羽化过。

图2-3-4

加深模式

加深混合模式包含"变暗"、"正片叠底"、"颜色加深"、"线性加深"和"深色"5种混合模式。这几种混合模式均可将当前图像与底层图像进行比较使底层图像变暗。以RGB颜色模式的图像为例，Photoshop CS3会比较上下两个图层的红、绿和蓝成分，并使用每种成分中最暗的部分融合图像。

变暗模式

变暗模式将上下两层的像素进行比较，以上方图层中较暗像素代替下方图层中与其对应的较亮像素，且下方图层中的较暗区域代替上方图层中较亮的区域，因此叠加后整体图像变暗。

正片叠底模式

无论是图层间的混合还是在图层样式中，“正片叠底”模式都是最常用的一种混合模式。“正片叠底”模式可以使当前图像中的白色完全消失。另外，除白色以外的其他区域都会使底层图像变暗。

在处理数码照片时，常使用此模式矫正因曝光过度而使图像丢失细节的问题。如图2-3-5所示为一张曝光过度的素材图像，从图中可以发现图像整体都非常亮，而且丢失了很多图像细节。解决这种问题的方法是将“背景”图层拖曳至“图层”面板上的创建新图层按钮上，将得到的“背景副本”图层的混合模式设置为“正片叠底”。如果觉得细节还不够，则继续复制“背景副本”，直至得到的效果满意为止，如图2-3-6所示。

图2-3-5

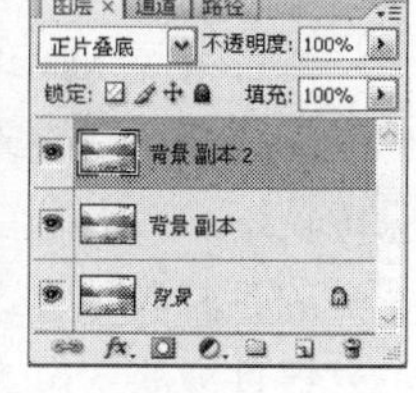

图2-3-6

步骤提示技巧

由于现实中的阴影具有不会描绘出比原材料或背景更淡的颜色或色调的特征，所以正片叠底模式经常被用于模拟阴影效果。

“颜色加深”模式

“颜色加深”模式将查看每个通道中的颜色信息，通过增加对比度使基色变暗以反映混合色，与黑色混合后不产生变化。此模式用于加深图像的颜色，通常用于创建非常暗的阴影效果，或降低图像的局部亮度。

“线性加深”模式

“线性加深”模式将察看每个颜色通道的信息，加暗所有通道的基色，并通过提高其他颜色的亮度来反映混合颜色，此模式对于白色无效。

“深色”模式

“深色”模式以当前图像饱和度为依据，直接覆盖底层图像中暗调区域的颜色。底层图像中包含的亮度信息不变，以当前图像中的暗调信息所取代，从而得到最终效果。“深色”模式可反映背景较亮图像中暗部信息的表现，暗调颜色取代亮部信息。

● 减淡模式

在Photoshop CS3中，每一种加深模式都有一种完全相反的减淡模式相对应，减淡模式的特点是当前图像中的黑色将会消失，任何比黑色亮的区域都可能加亮底层图像。

“滤色”模式

选择“滤色”模式将在整体效果上显示由上方图层及下方图层的像素值中较亮的像素合成的图像效果，通常用于显示下方图层中的高光部分。“滤色”模式与“正片叠底”模式产生的效果是相反的，因此“滤色”模式可以用于矫正曝光不足的数码照片。

如图2-3-7所示为一张曝光不足的素材图像，从图中可以发现图像整体都非常暗。解决这种问题的方法是将“背景”图层拖曳至“图层”面板上的创建新图层按钮上，将得到“背景副本”图层的混合模式设置为“滤色”。如果觉得还不够好，则继续复制“背景副本”，直至得到的效果满意为止，如图2-3-8所示。

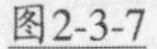
图2-3-7

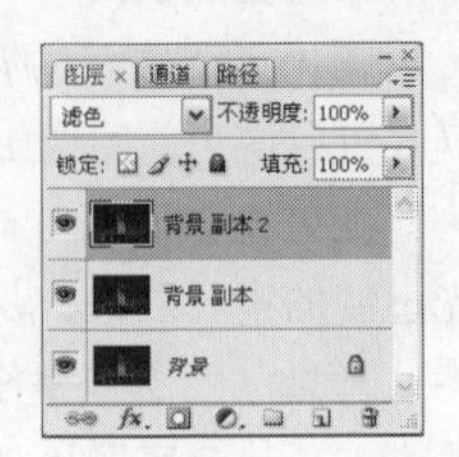

图2-3-8

“变亮”模式

选择“变亮”模式时，系统以上方图层较亮的像素代替下方图层中与之相对应的较暗像素，且下方图层中的较亮区域代替上方图层中的较暗区域，因此混合后整体图像呈亮色调。

“颜色减淡”模式

“颜色减淡”模式可以加亮底层图像，同时使颜色变的更加饱满，由于对暗部区域的改变有限，因而可以保持较好的对比度。

“线性减淡”模式

“线性减淡”模式与滤色模式相似，但是可产生更加强烈的对比效果。

步骤提示技巧

“线性减淡”模式与白色混合时，可以使图像中的色彩信息降至最低；与黑色混合时，不会发生任何变化。

“浅色”模式

“浅色”模式可以根据当前图像的饱和度直接覆盖底层图像中高光区域的颜色。底层图像中包含的暗调区域不变，以当前图像中的高光色调所取代，从而得到混合后的效果。“浅色”模式可影响背景较暗图像中亮部信息的表现，以高光颜色取代暗部信息。

对比模式

对比混合模式综合了“加深”和“减淡”模式的特点。

“叠加”模式

“叠加”混合模式是“正片叠底”模式和“滤色”模式的组合，在原图像较暗的区域采用“正片叠底”，而较亮的区域采用“滤色”。“叠加”混合模式可以很好地保持底层图像的高光和暗调。利用这一特点可以修复颜色发灰、发暗的数码照片。

如图2-3-9所示为一张颜色发灰的素材图像，将“背景”图层拖曳至“图层”面板上的创建新图层按钮上，得到“背景副本”图层，将其图层的混合模式设置为“叠加”。如果觉得还不够好，可继续复制“背景副本”，直至得到的效果满意为止。最后根据实际情况添加调整图层作进一步调整，如图2-3-10所示，得到的图像效果如图2-3-11所示。

图2-3-9

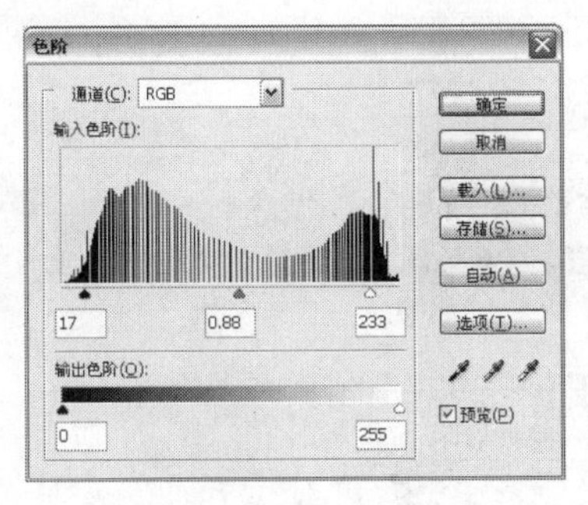

图2-3-10

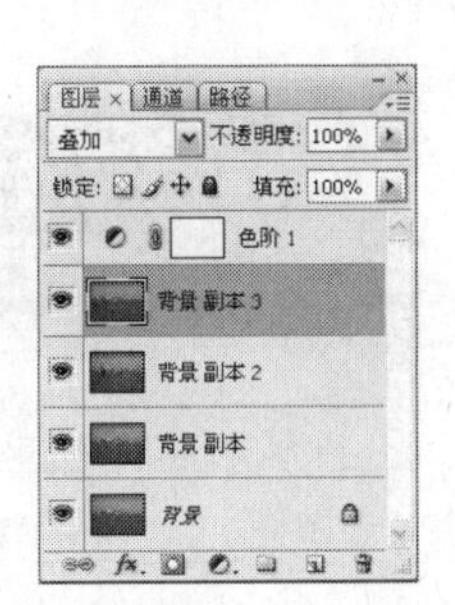

图2-3-11

“柔光”模式

使用“柔光”模式时，系统将根据上下图层的图像，使图像的颜色变亮或者变暗，具体变化程度取决于像素的明暗程度，如果上方图层的像素比50%灰亮，则图像变亮；反之，则图像变暗。此模式常用于制作人与物体的倒影效果。

“强光”模式

“强光”模式的叠加效果与“柔光”模式类似，但其加亮或变暗的程度较“柔光”模式大得多。

“亮光”模式

使用“亮光”模式时，如果混合色比50%的灰度亮，图像通过降低对比度来加亮图像；反之，通过提高对比度来使图像变暗。使用“亮光”模式可以使数码照片的主体更加突出。

打开2-3-12所示的素材图像，从图中可以发现，图像主体不够突出而且过于平淡，将“背景”图层拖曳至“图层”面板上的创建新图层按钮上，得到“背景副本”图层，将得到的“背景副本”图层的混合模式设置为“亮光”，执行【滤镜】/【模糊】/【高斯模糊】命令，弹出“高斯模糊”对话框，具体参数设置如图2-3-13所示。设置完毕后单击“确定”按钮，将“背景副本”的填充值设置为40%，得到的图像效果如图2-3-14所示。从图中可以发现，修改过后图像的主题更加突出，颜色也更加饱满。

图2-3-12

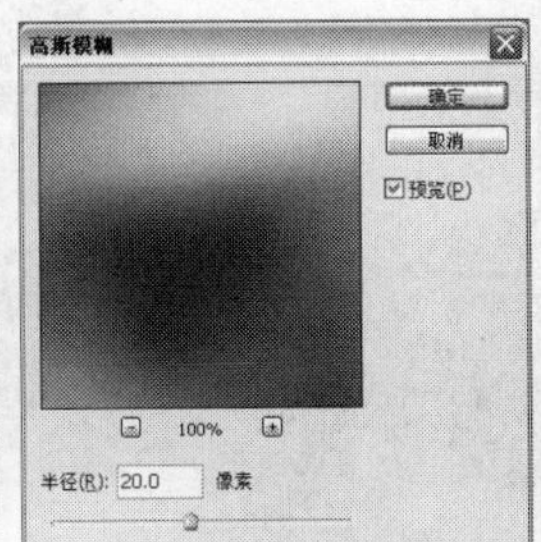

图2-3-13

图2-3-14

“线性光”模式

使用“线性光”模式时，如果混合色比50%灰度亮，图像通过提高对比度来加亮图像；反之，通过降低对比度来使图像变暗。

“点光”模式

“点光”模式通过置换颜色像素来混合图像，如果混合色比50%亮，比图像暗的像素会被替换，而比原图像亮的像素无变化；反之，比原图像亮的像素会被替换，而比图像暗的像素无变化。

“实色混合”模式

“实色混合”模式可增加颜色的饱和度，使图像产生色调分离的效果。如图2-3-15所示为原图像效果，复制“背景”图层，并将“背景副本”图层的混合模式设置为“实色混合”，填充值设置为30%，得到的图像效果如图2-3-16所示。从图中可以发现，混合后增加了图像颜色的饱和度。

图2-3-15

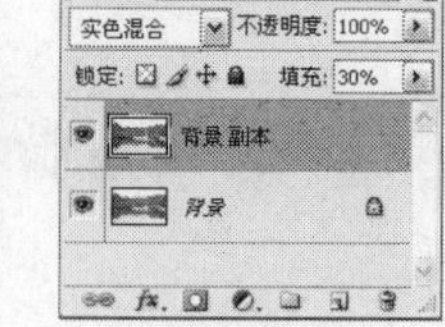

图2-3-16

比较模式

比较模式可以比较当前图像与底层图像，然后将相同的区域显示为黑色，不同的区域显示为灰度层次或彩色。比较模式包含“差值”模式和“排除”模式。

“差值”模式

“差值”模式的特点是当前图像中白色区域会使底层图像产生反相的效果，而黑色区域则会越来越接近底层图像。

“排除”模式

“排除”模式可创建一种与差值模式相似但对比度较低的效果。

色彩模式

色彩的三要素是色相、饱和度和亮度，使用色彩混合模式处理照片时，Photoshop CS3会将三要素中的一种或两种应用在图像中。色彩模式包含“色相”模式、“饱和度”模式、“颜色”模式和“亮度”模式。

“色相”模式

“色相”模式适合于修改彩色图像的颜色，该模式可将当前图像的基本颜色应用到底层图像中，并保持底层图像的亮度和饱和度。如图2-3-17所示为素材图像，创建“图层1”并填充绿色，将“图层1”的混合模式设置为“色相”，得到的图像效果如图2-3-18所示。从图中可以发现，混合后图像的亮度和饱和度没有发生变化，仅仅是色相发生了变化。

图2-3-17

图2-3-18

“饱和度”模式

“饱和度”模式可以使图像的某些区域变为黑色或者白色，该模式可将当前图像的饱和度用于到底层图像中，并保持底层图像的亮度和色相。

“颜色”模式

“颜色”模式可将当前图像的色相和饱和度应用到底层图像中，并保持底层图像的亮度。将图2-3-18所示“图层1”的混合模式设置为“颜色”，得到的图像效果如图2-3-19所示。对比两张图像可以发现，混合后“颜色”模式不仅改变底层图像色相，而且改变了底层图像的饱和度。

图2-3-19

“亮度”模式

“亮度”模式可将当前图像中的亮度应用到底层图像中，并保持底层图像的色相和饱和度。

2.3.3 图层填充值和不透明度

图层不透明度

图层的基本特性是透明，即通过上面图层的透明部分，可以观察到下面图层中的图像，上一图层中不透明的像素将完全遮盖住下一图层中的图像。因此如果为上一图层设置不同的透明度，就能够得到不同的遮盖效果。

当图层不透明度为100%时，当前图层完全遮盖下方的图层；而当不透明度小于100%时，可以隐约显示下方图层的图像，通过改变图层的不透明度，可以改变整体图层的效果。打开如图2-3-20所示的素材图像，将“图层1”的不透明度设置为40%时，得到的图像效果如图2-3-21所示。从图中可以发现，底层图像透过“图层1”的透明部分显示出来。

图2-3-20

图2-3-21

步骤提示技巧

控制图层不透明度，除了可以在“图层”面板中改变其数值输入框中的数值外，还可以在未选中绘图工具的情况下，直接按键盘上的数字，其中0代表100%、1代表10%、2代表20%，其他数值依次类推。如果快速单击两个数值，则可以取得此数值的百分比，例如快速单击数字5和6则不透明度值变为56%。

图层的填充值

图层的不透明度控制了当前图层中整体图像的透明度属性，而填充值则仅用于控制图层中图像的透明属性，对于图层样式产生的效果不起作用。

如果对图层使用了外发光、投影或描边等图层样式，可以通过修改填充值，以改变该图层图像部分的透明度，而不影响图层样式。如果要同时改变图层和样式的透明度则改变图层的不透明度即可。

如图2-3-22所示的图像中，“图层1”包含图层样式，将“图层1”的填充值设置为50%，得到的图像效果如图2-3-23所示。从图中可以发现，图像的不透明度发生了变化，而图层样式的不透明度并没有变化。

图2-3-22

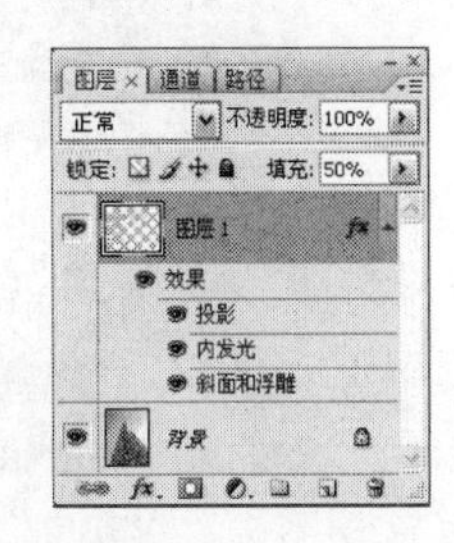

图2-3-23

为了更好地理解填充值与不透明度的区别，将“图层1”的不透明度设置为50%，填充值设置为100%，得到的图像效果如图2-3-24所示。从图中可以发现，图像的不透明度和图层样式的不透明度均发生了变化。

图2-3-24

Effect 03 利用混合模式美化风景照片

01 “叠加”模式修正照片发灰、发暗

02 【色阶】调整图层调整图像效果

03 学习使用盖印图像

04 【高斯模糊】滤镜结合“强光”混合模式柔化照片

STEP 01 执行【文件】/【打开】命令（Ctrl+O），弹出“打开”对话框，选择素材图像，选择完毕后单击“打开”按钮，得到的图像效果如图2-3-25所示。

图2-3-25

STEP 02 将“背景”图层拖曳至“图层”面板上创建新图层按钮，得到“背景副本”，将“背景副本”图层的混合模式设置为“叠加”，“图层”面板如图2-3-26所示，得到的图像效果如图2-3-27所示。

图2-3-26　　图2-3-27

STEP 03 单击“图层”面板上的创建新的填充或调整按钮，在弹出的下拉菜单中选择“色阶”，弹出“色阶”对话框，分别设置“红”通道、“绿”通道和“蓝”通道的参数。如图2-3-28、图2-3-29和图2-3-30所示，设置完毕后单击“确定”按钮，将调整图层的填充值设置为60%，得到的图像效果如图2-3-31所示。

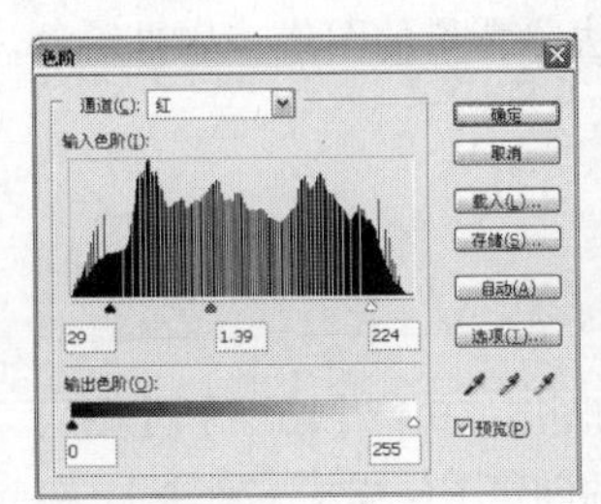

图2-3-28

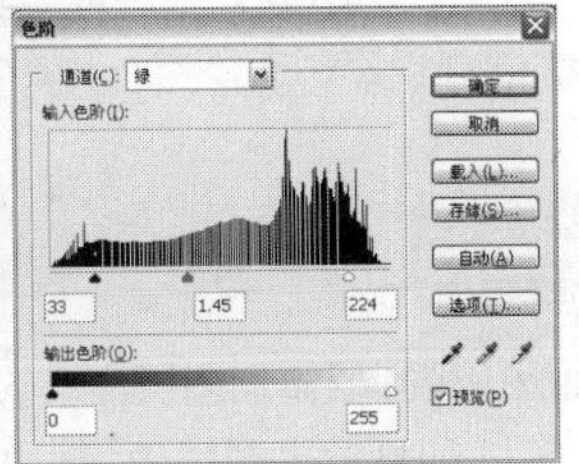

图2-3-29

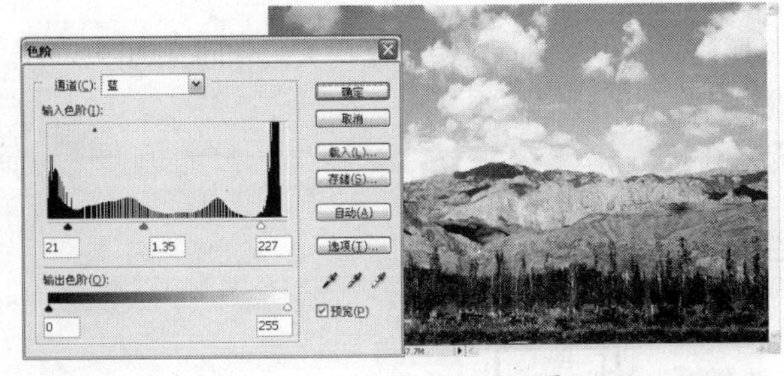

图2-3-30　　图2-3-31

STEP 04 选择“色阶1”调整图层，按快捷键Ctrl+Alt+Shift+E盖印图像，得到“图层1”，“图层”面板如图2-3-32所示。

图2-3-32

STEP 05 将“图层1”拖曳至“图层”面板上创建新图层按钮，得到“图层1副本”。执行【滤镜】/【模糊】/【高斯模糊】命令，弹出“高斯模糊”对话框，具体设置如图2-3-33所示，设置完毕后单击“确定”按钮，将“图层1副本”的混合模式设置为“强光”，“图层”面板如图2-3-34所示，得到的图像效果如图2-3-35 所示。

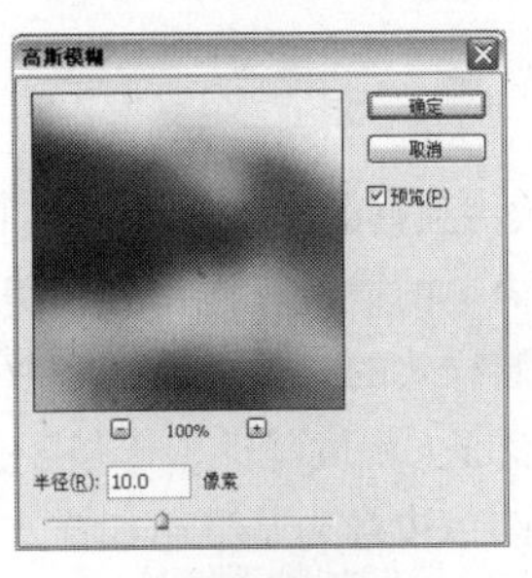

图2-3-33

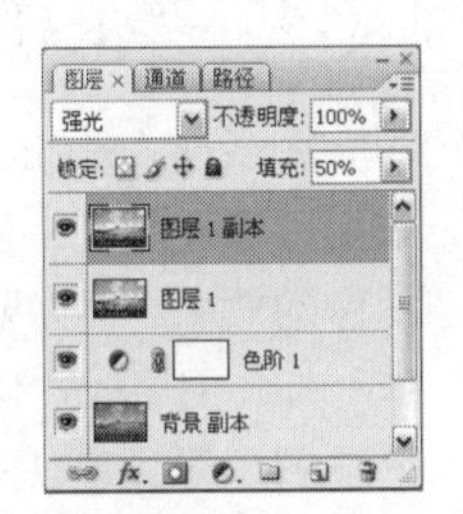

图2-3-34

图2-3-35

步骤提示技巧

【高斯模糊】滤镜是Photoshop最常用的滤镜之一，该滤镜可以通过参数调整快速模糊选区，对图像进行模糊处理，产生朦胧的效果。

STEP 06 选择“图层1副本”，单击图层”面板上创建新的填充或调整按钮，在弹出的下拉菜单中选择“可选颜色”，弹出“可选颜色选项”对话框，具体参数设置图2-3-36所示。设置完毕后单击“确定”按钮，得到的图像效果如图2-3-37所示。

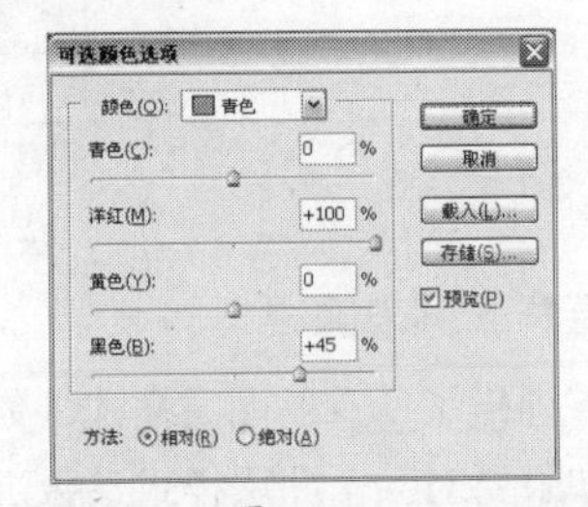

图2-3-36

图2-3-37

2.4 图层样式

图层样式是Photoshop软件独具的图像效果制作工具，图层样式可以在图像中快速添加一些特殊效果，例如阴影和浮雕等，只需几个简单的设置就能得到精美、真实的图像效果。图层样式最大的好处在于不影响原图像的效果，不需要使用图层样式的时候可以随时取消或者屏蔽图层样式并将图像恢复到原始状态。除“动作”外，图层样式是第二个能够大幅度降低工作强度、提高工作效率的功能。

图层样式是以图层中的图像边缘为基准添加样式的。如果要给图像中的文字添加图层样式，那么图层样式就会以文字边缘为基准添加。所以，要添加图层样式的图像最好是文字层或是去除背景的图像。如果给没有去除背景的图像添加图层样式，则图层样式会应用于整个背景。

2.4.1 “图层样式”对话框

为图像添加图层样式有3种方式：一种是在“图层”面板中选择要添加图层样式的图层，执行【图层】/【图层样式】命令，在弹出的子菜单中选择要添加的图层样式；另一种是单击图层面板上的创建图层样式按钮 fx，在弹出的子菜单中选择要添加的图层样式；还有一种是直接在“图层”面板中用鼠标左键双击要添加图层样式图层的缩览图，这样可以直接弹出“图层样式”对话框。

在“图层样式”对话框中共集成了10个各具特色的图层样式，但该对话框总体结构大致相同，如图2-4-1所示为“投影”图层样式对话框，以此为例讲解图层样式对话框的大致结构。

从图中可以发现，“图层样式”对话框在结构上分为3个区域。

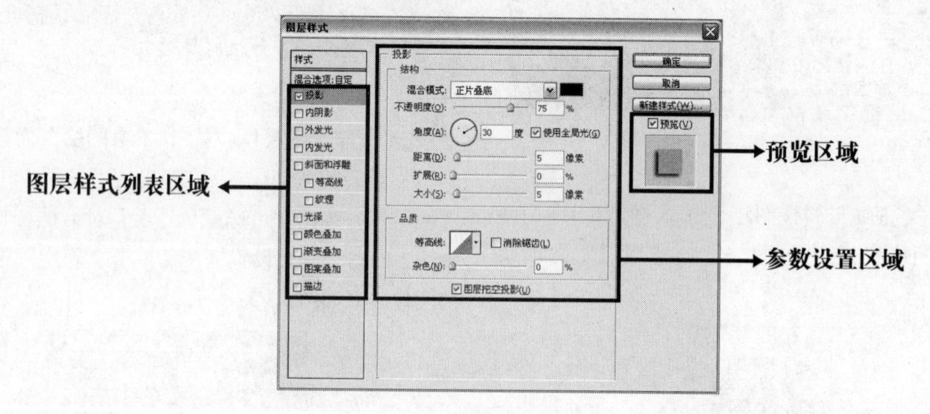

图2-4-1

图层样式列表区域

在该区域列出了所有的图层样式，如果需要同时应用多个图层样式，只需要勾选图层样式名称左侧的复选框即可。如果要对某个图层样式参数进行编辑，则直接单击该图层样式的名称即可在对话框中间的参数控制区域显示出其参数。

参数设置区域

在选择不同图层样式的情况下，该区域会显示出与之相对应的参数选项，修改这些参数可以改变图层样式的效果。

预览区域

在该区域中可以预览当前所设置的所有图层样式叠加在一起的效果。

2.4.2 “图层样式”选项

“图层样式”在数码照片中的应用主要体现在制作精美边框、为添加的文字增效和制作一些特殊的效果，本节将逐一讲解10种图层样式的使用方法。

投影选项

“投影”选项是最常用的图层样式之一，执行【图层】/【图层样式】/【投影】命令或单击“图层”面板上的添加图层样式按钮 fx，在弹出的菜单中选择“投影”命令，弹出如图2-4-2所示的对话框。

在“图层样式”对话框中进行适当的设置，即可得到需要的投影效果。对话框中各参数意义如下。

混合模式：在此下拉菜单中，可以为投影选择不同的混合模式，从而得到不同的投影效果。单击右侧颜色块，可在弹出的“拾色器”对话框中为投影设置颜色。

不透明度：在此可以输入一个数值定义投影的不透明度，数值越大投影的效果越清晰，反之越模糊。

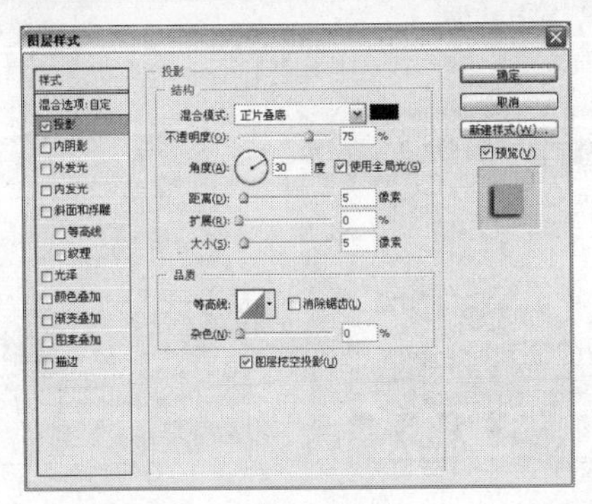

图2-4-2

步骤提示技巧

在图层样式的各个选项中，“混合模式”和“不透明度”是每个图层样式必备的选项。对这两个选项进行设置，图层效果将以设置的不透明度和混合模式与下层图像混合。

角度：在此输入数值或拨动角度轮盘的指针，可以定义投影的投射方向。如果勾选“使用全局光”复选框，则投影使用全局性设置，反之可以自定义角度。

距离：决定投影偏移图像的量，变化范围是0 ~ 30000，这个数值越大，那么投影离图像就越远。在图像编辑窗口中，可以用鼠标拖移投影，直接改变它的位置。但在拖移的同时，不但距离，就连投影的角度也会随之改变。

扩展：该选项控制了投影像素到完全透明边缘间的模糊程度，变化值是0% ~ 100%。一般的投影扩展为0%，边缘柔和过渡到完全透明；在扩展量为100%时，会产生特殊效果。

大小：此参数控制投影的柔化程度大小，数值越大则投影的柔化效果越大，反之越清晰。

等高线：使用等高线可以定义图层样式的外观效果，其原理类似于执行【图像】/【调整】/【曲线】命令中曲线对图像的调整原理。单击此下拉菜单扩展按钮，弹出如图2-4-3所示的“等高线编辑器”对话框，在面板中可选择数种Photoshop CS3默认的等高线类型。单击右上角的扩展按钮，可以调出相关菜单，包括载入、复位默认等高线命令。单击等高线缩览图可弹出“等高线编辑器”，如图2-4-4所示。

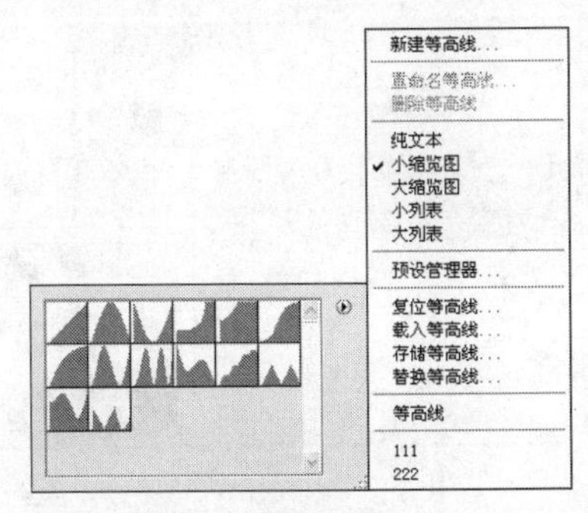

图2-4-3

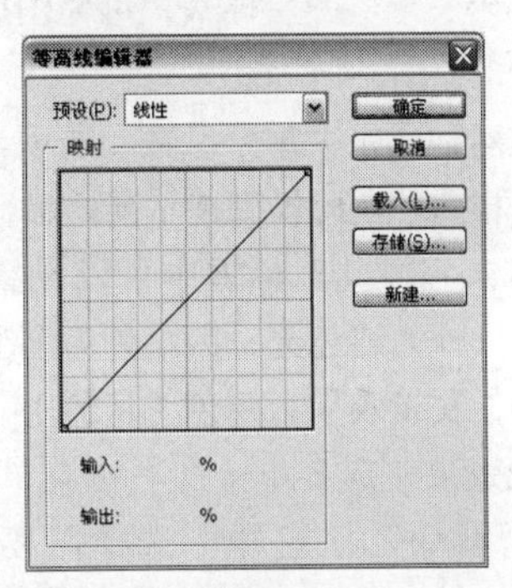

图2-4-4

消除锯齿：选择此复选框，可以使应用等高线后的投影更细腻。

杂色：该选项的作用相当于图层混合模式中的“溶解”，也可以把它理解成“添加杂色”命令，使用这个选项会在阴影区域产生一些随机的颗粒，使图像出现特殊的效果。

在处理数码照片时，有时候需要给照片添加边框。在这种情况下经常会使用“投影”图层样式，如图2-4-5所示的素材文档中，“图层1”为制作好边框的数码照片，单击“图层”面板上的添加图层样式按钮，在弹出的菜单中选择“投影”命令，弹出“图层样式”对话框。具体设置如图2-4-6所示，设置完毕后单击“确定”按钮，得到的图像效果如图2-4-7所示。

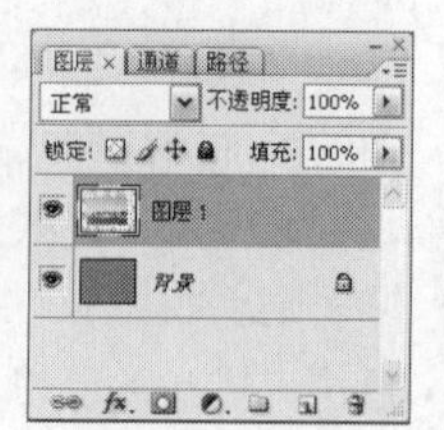

图2-4-5

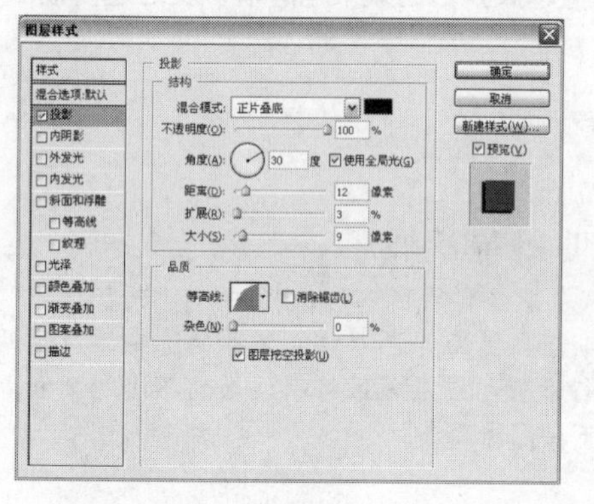

图2-4-6

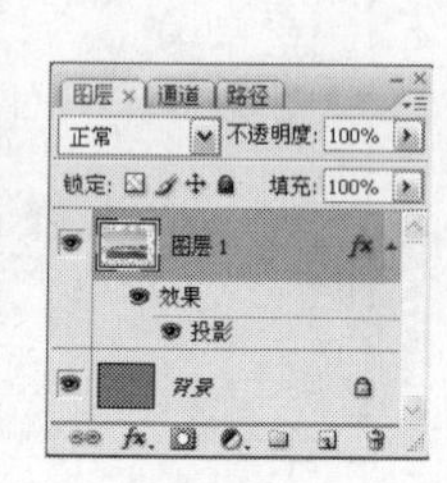

图2-4-7

对比两幅图像可以发现，添加了“投影”图层样式的图像效果更加生动。

内阴影选项

“内阴影”图层样式和“投影”图层样式基本相同，不过投影是从对象边缘向外，而内阴影是从边缘向内。投影效果的“扩展”选项在这里变为了“阻塞”，它们的原理相同，不过“扩展”选项起扩大作用，而“阻塞”选项起收缩作用。

步骤提示技巧

除了“斜面和浮雕”图层样式可以创建立体效果外，“内阴影”也可以立体效果。如果配合“投影”图层样式，那么立体效果会更加生动。

外发光选项

使用“外发光”图层样式，可为图层增加发光效果，其对话框如图2-4-8所示。

由于此对话框中大部分参数、选项与“投影”图层样式效果相同，在此仅讲述不同的参数选项。

发光方式：在此对话框中可以设置两种不同的发光方式：一种为纯色光；另一种为渐变式光。在默认的情况下，发光效果为纯色（黄色）。如果要得到渐变式发光效果，需要单击此下拉菜单扩展按钮，在弹出的“渐变”拾色器中选择需要的渐变。如图2-4-9所示。

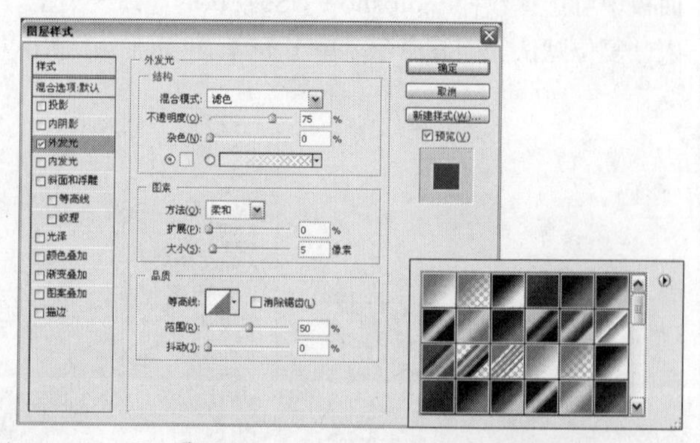

图2-4-8　　图2-4-9

方法：在该下拉菜单中可以设置发光的方法，选择“柔和”，所发出光线边缘柔和；选择“精确”，光线按照实际大小及扩展度表现。

范围：确定等高线作用范围的选项，范围越大等高线处理的区域就越大。

抖动：可以在使用渐变颜色时，使发光颗粒化。

在处理数码照片时，有时候需要给照片添加星光效果，在这种情况下经常会使用“外发光”图层样式。如图2-4-10所示的素材文档中，“星光”图层为制作好的星光，单击“图层”面板上的添加图层样式按钮 fx.，在弹出的菜单中选择“外发光”选项，弹出“图层样式”对话框。具体设置如图2-4-11所示，设置完毕后单击“确定”按钮，得到的图像效果如图2-4-12所示。

图2-4-10

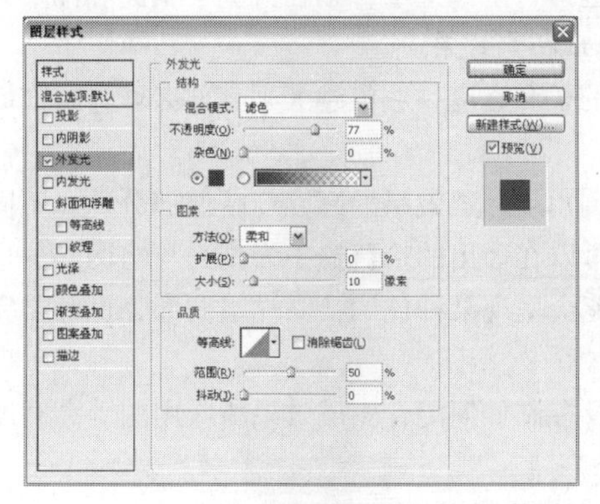

图2-4-11

图2-4-12

如果需要设置渐变发光效果，单击设置发光颜色右侧下拉菜单扩展按钮，在弹出的“渐变”拾色器中选择需要的渐变，如图2-4-13所示。渐变类型如图2-4-14所示。设置完毕后单击“确定”按钮，得到的图像效果如图2-4-15所示。

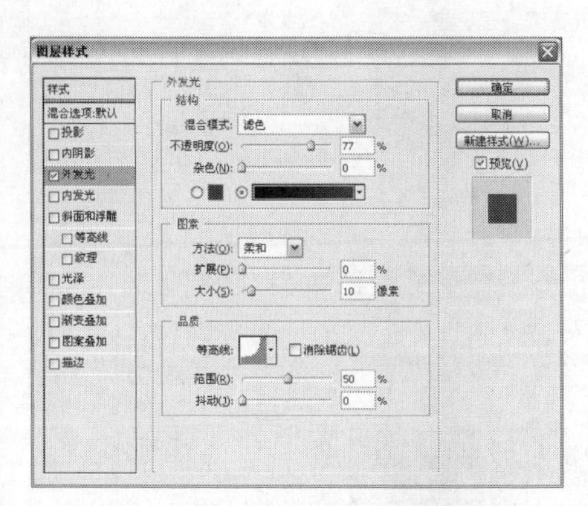

图2-4-13

图2-4-14

图2-4-15

内发光选项

“内发光”效果和“外发光”效果选项基本相同，除了将“扩展”变为“阻塞”外，只是在“图索”部分多了对光源位置的选择。如果选择“居中”，那么发光就从图层内容的中心开始，直到距离对象边缘设定的数值为止；选择边缘的话，就是颜色对象的边缘向内。

步骤提示技巧

一般情况下，“内发光”图层样式是为图层添加发光效果的，但是，只要将其“混合模式”设置为“正片叠底”，发光颜色设置为黑色，一样可以制作出逼真的浮雕立体效果。

斜面和浮雕选项

“斜面和浮雕”主要是对图层内容添加立体效果。在众多图层样式中，“斜面和浮雕”是使用最频繁的一项。在制作立体效果时，一般选择这个图层样式。

样式：选择“样式”中各选项可以设置各种不同的效果。分别为外斜面、内斜面、浮雕效果、枕状浮雕、描边浮雕5种效果，经常用到外斜面、内斜面2种效果。

方法：选择“方法”中的各个选项，可以得到3种不同的倒角效果。

深度：此参数值控制斜面和浮雕效果的深度，数值越大效果越明显。

方向：在此可以选择斜面和浮雕效果的视觉方向，如果选择“上”选项，则在视觉上斜面和浮雕效果呈现凸起效果；选择“下”选项，则在视觉上斜面和浮雕效果呈现凹陷效果。

软化：此参数控制斜面和浮雕效果亮部区域与暗部区域的柔和程度，数值越大则亮部区域与暗部区域越柔和。

高光模式和暗调模式：在两个下拉菜单中，可以为形成倒角或浮雕效果的高光与暗调部分选择不同的混合模式，从而得到不同的效果。如果分别单击左侧颜色块，可以在弹出的拾色器中为高光与暗调部分选择不同的颜色，因为在某些情况下，高光部分并非完全白色，可能会呈现某种色调；同样暗调部分也并非完全为黑色。

等高线：该选项包括了当前所有可用的等高线类型，以及控制如何混合图层效果所应用的等高亮度或颜色的“范围”选项。范围越大，等高线所施用的区域越大。

纹理：该选项可以为图层内容添加透明的纹理。这里所用的图案同图案文件夹中所存储的文件一致。不过这里的图案都以灰度模式显示。也就是说，纹理不包括色彩，所采用的只是图案文件的亮度信息。

处理数码照片时，有时候需要给照片添加文字，在这种情况下经常会使用“斜面和浮雕”图层样式。打开如图2-4-16所示的素材文档，“图层1”为栅格化后的文字图层，单击“图层”面板上的添加图层样式按钮 fx，在弹出的菜单中选择“斜面和浮雕”选项，弹出“图层样式”对话框，具体参数设置如图2-4-17、图2-4-18和图2-4-19所示，设置完毕后单击“确定”按钮，得到的图像效果如图2-4-20所示。

图2-4-16

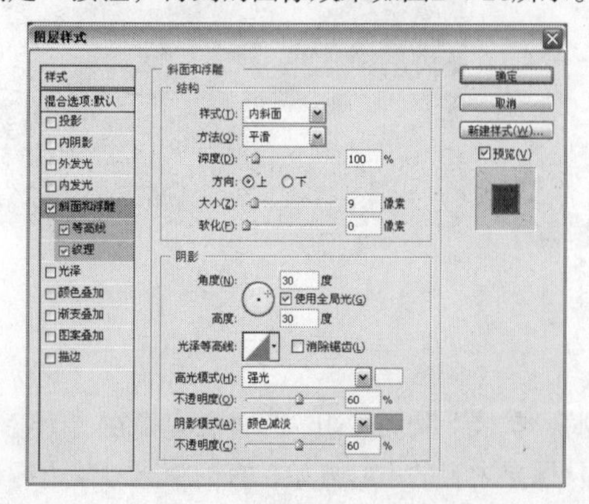

图2-4-17

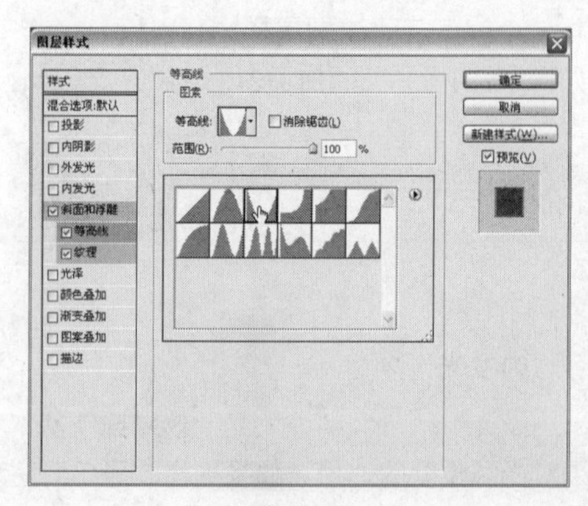

图2-4-18

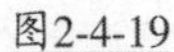

图2-4-19

图2-4-20

光泽选项

使用“光泽”图层样式，可以在图层内部根据图层的形状应用投影，通常用于创建光滑的磨光及金属效果，其对话框中的选项与前面介绍过的选项相同。

颜色叠加选项

选择“颜色叠加”图层样式，可以为图层叠加某种颜色。此样式的对话框非常简单，在其中设置一种颜色，并选择所需要的混合模式及不透明度即可。

渐变叠加选项

使用“渐变叠加”图层样式，可以为图层叠加渐变效果。这里添加的渐变和工具箱中的渐变工具是一样的，使用的是同一个渐变库。

图案叠加选项

使用“图案叠加”图层样式可以为图层添加图案效果。这里添加的图案和使用工具箱中的油漆桶工具添加的图案一样，使用的也是同一个图案库。

描边选项

使用“描边”样式，可以用颜色、渐变或图案三种方式沿图层图像边缘进行描边。其中“大小”选项用以控制描边的宽度。

处理数码照片时，“颜色叠加”、“渐变叠加”、“图案叠加”和“描边”图层样式常常被用作为数码照片添加的文字制作特效。打开如图2-4-21所示的素材文档，选择“Love”文字图层，单击“图层”面板上的添加图层样式按钮，在弹出的菜单中选择“描边”选项，弹出“图层样式”对话框，具体参数设置如图2-4-22所示。在“渐变拾色器”中选择如图2-4-23所示的渐变。设置完毕后单击“确定”按钮，得到的图像效果如图2-4-24所示。

虽然上述任何一种图层样式都可以获得非常确定的效果，但是在实际应用中通常同时使用数种图层样式。如图2-4-25所示为添加了多种图层样式后得到的图像效果。

图2-4-21

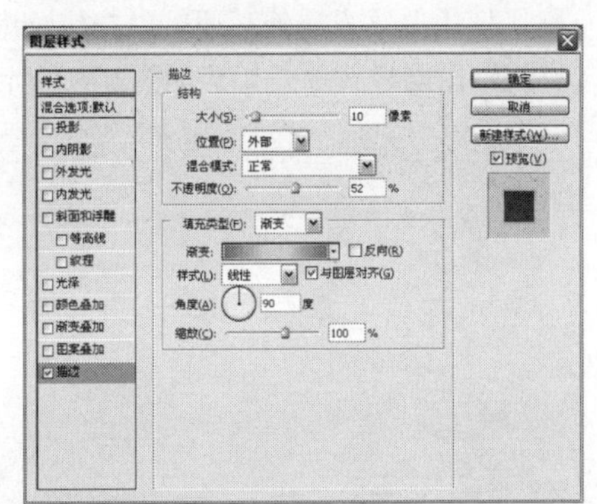

图2-4-22

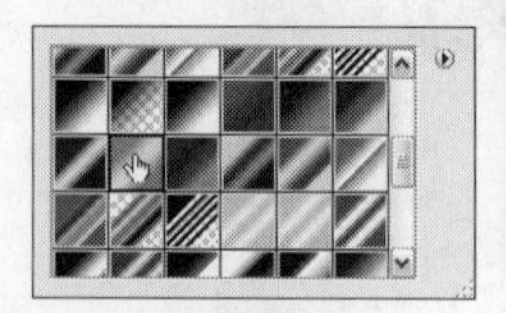

图2-4-23

图2-4-24

图2-4-25

步骤提示技巧

在同时使用“颜色叠加”、“渐变叠加”和“图案叠加”图层样式时，如果填充不透明度都为100％，那么只有最上方的图层样式可见。

2.4.3 图层样式应用于图层

除了执行【图层】/【图层样式】命令下的子命令可以使图层样式应用于图层之外，还可以复制和粘贴图层样式、使用系统自带的样式或存储的样式、删除或隐藏图层样式、保存图层样式和创建图层样式的缩放效果。

复制和粘贴图层样式

如果两个图层需要设置同样的图层样式，可以通过复制和粘贴图层样式进行操作。复制和粘贴图层样式的方法是：

在“图层”面板中选择包含要复制的图层样式的图层如图2-4-26所示的“图层1”，执行【图层】/【图层样式】/【拷贝图层样式】命令（或在该图层上单击右键，在弹出的下拉菜单中选择“拷贝图层样式”选项），在“图层”面板上选择需要粘贴图层样式的目标图层；如图2-4-27所示的“图层2”，执行【图层】/【图层样式】/【粘贴图层样式】命令（或在该图层上单击右键，在弹出的下拉菜单中选择“粘贴图层样式”选项）。操作完毕后，“图层2”得到与“图层1”相同的图层样式，“图层”面板如图2-4-28所示。

图2-4-26

图2-4-27

图2-4-28

除了使用上述方法外，还可以按住Alt键将图层效果直接拖至目标图层，如图2-4-29和图2-4-30所示，也可以起到复制图层样式的效果，如图2-4-31所示。

图2-4-29

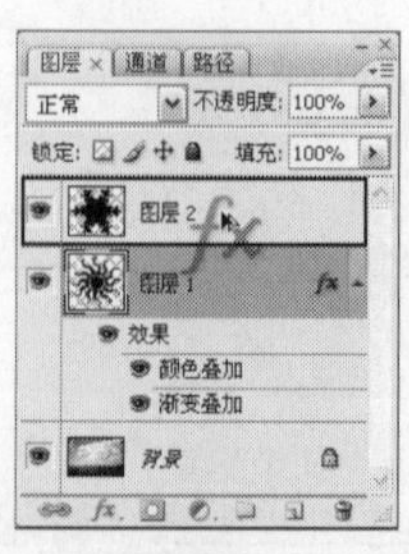

图2-4-30

图2-4-31

步骤提示技巧

如果没有按Alt键直接拖动图层样式，则相当于将原图层中的样式剪切至目标图层中。

隐藏图层样式

通过隐藏图层样式，可以隐藏应用于图层的图层样式效果。此类操作分为隐藏一个图层样式和隐藏所有图层样式两种。

要隐藏一个图层样式，可以在“图层”面板中单击其左侧的切换单一效果可见性按钮，将其隐藏，如图2-4-32所示为将“图层1”中“颜色叠加”图层样式隐藏后“图层”面板的状态。除此之外，也可以按Alt键单击“图层”面板上的添加图层样式按钮，在弹出的下拉菜单中选择需要隐藏的图层样式选项。

要隐藏一个图层的所有图层样式，可以单击“图层”面板中该图层下方“效果”左侧切换所有图层效果可见性按钮，将其隐藏。如图2-4-33所示为将“图层1”中所有图层样式全部隐藏之后的“图层”面板状态。

图2-4-32

图2-4-33

删除图层样式

删除图层样式将使图层样式不再作用于图层，同时降低图像文件的大小。此类操作分为删除一个图层样式和删除所有图层样式两种。

要删除一个图层样式，可以将鼠标移动至“图层”面板中该图层样式处，拖曳其至“图层”面板上的删除图层按钮上，即可删除此图层样式，如图2-4-34所示。

要删除某个图层上的所有图层样式，可以在“图层”面板中选中该图层，并执行【图层】/【图层样式】/【清除图层样式】命令，也可以在“图层”面板中选择图层下方的“效果”将其拖曳至“图层”面板上的删除图层按钮上，如图2-4-35所示。

图2-4-34

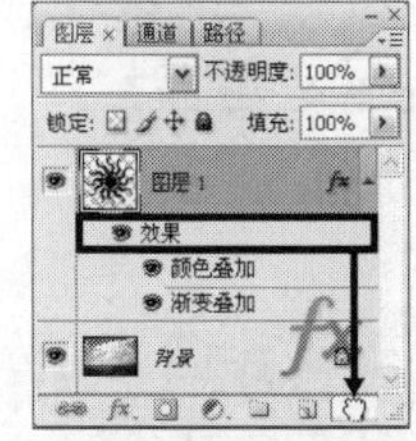

图2-4-35

使用系统自带的图层样式

在Photoshop CS3中使用系统自带的样式创建特殊的图像效果，使原本复杂的操作变得更加简单。使用系统自带图层样式的方法是，选择需要添加样式的图层，执行【窗口】/【样式】命令，在打开的“样式”面板中单击需要的样式即可。

打开如图2-4-36所示的素材文档，选择“Blue”文字图层，执行【窗口】/【样式】命令，打开“样式”面板，单击如图2-4-37所示的样式，得到的图像效果如图2-4-38所示。

图2-4-36

图2-4-37

步骤提示技巧

如果对已经存在图层样式的图层再次应用样式，新样式的效果将覆盖原来样式的效果；如果按Shift键将新样式拖动到已经应用样式的图层中，则可以在保留原来图层样式效果下，增加新的样式效果。

新建图层样式

一个漂亮的图层效果制作很不容易，所以在制作出好的图层样式效果后，可以将其定义为一个样式，以备日后使用。

如图2-4-39所示“图层1”为含有图层样式的图层，单击“样式”面板右上角的扩展按钮，在弹出的下拉菜单中选择“新建样式”选项，选择完毕后弹出“新建样式”对话框。如图2-4-40所示在此对话框中可以对即将新建的样式命名，设置完毕后单击“确定”按钮即可在“样式”面板中找到新建的样式，如图2-4-41所示。

图2-4-38

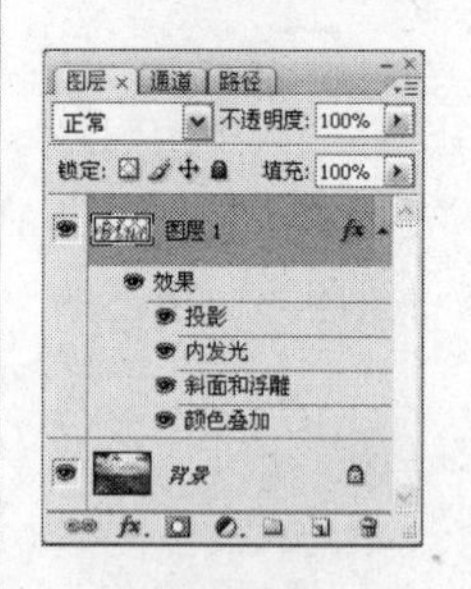

图2-4-39

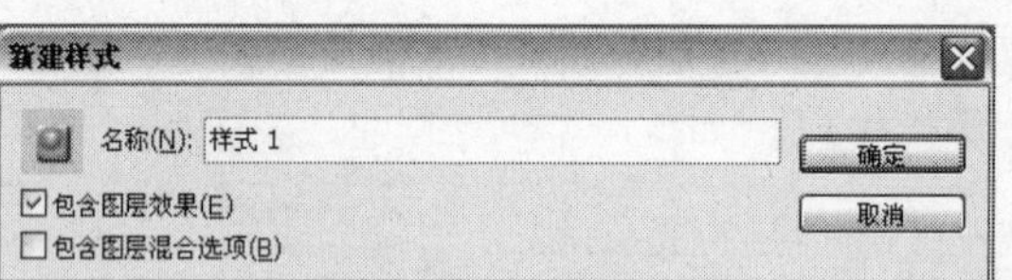

图2-4-40

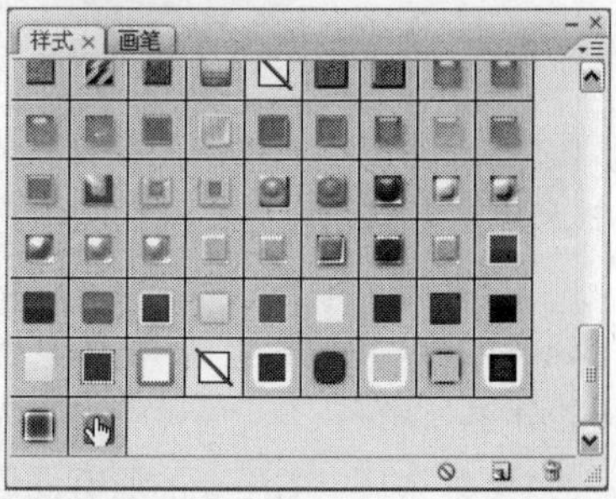

图2-4-41

步骤提示技巧

新建样式还可以在选择有图层样式图层的前提下，单击“样式”面板下的创建新样式按钮，弹出“新建样式”对话框，单击“确定”按钮即可新建样式。

缩放图层样式

由于样式面板中的图层样式设置是固定的，所以并不适用于所有图像，会出现图层样式中的数值设置过大或过小的情况，若要缩放图层样式，可以选择需要缩放的图层，执行【图层】/【图层样式】/【缩放效果】命令，在弹出的“缩放图层样式”对话框内对图层样式进行缩放修改。

如图2-4-42所示“图层1”的图层样式过大，选择文字图层，执行【图层】/【图层样式】/【缩放效果】命令，弹出的“缩放图层效果”对话框。具体参数设置如图2-4-43所示，设置完毕后单击“确定”按钮，得到的图像效果如图2-4-44所示。

步骤提示技巧

如果需要改变图层样式中细节设置，如角度、距离、颜色、图层混合模式等参数，可在“图层”面板中选择该图层，双击样式图标，弹出“图层样式”对话框，对参数进行具体设置，设置完毕后单击“确定”按钮即可。

图2-4-42

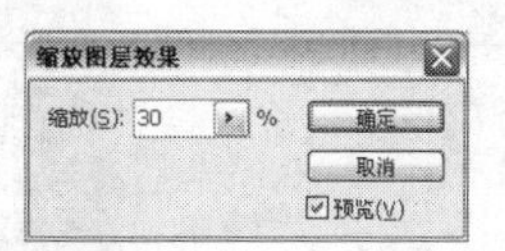
图2-4-43

图2-4-44

Effect 04 为数码照片制作艺术边框

01 为数码相片边框添加图层样式

02 为文字添加图层样式

03 将素材图片定义图案

04 使用定义的图案填充图层并添加图层样式制作艺术边框

STEP 01 执行【文件】/【新建】命令（Ctrl+N），弹出“新建”对话框，具体设置如图2-4-45所示。设置完毕后单击“确定”按钮。将前景色的色值设置为R114、G52、B42，按快捷键Alt+Delete填充前景色。

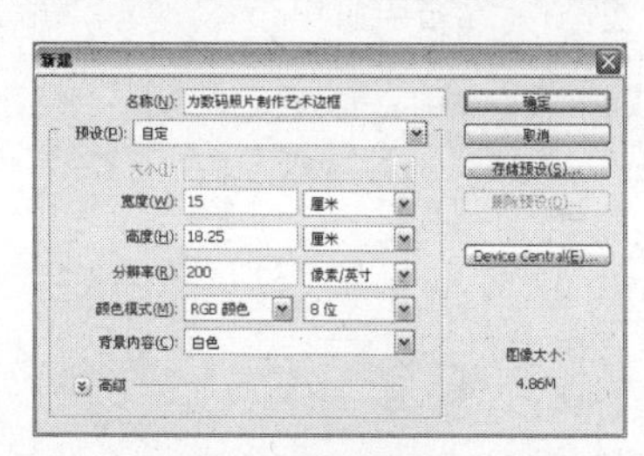
图2-4-45

STEP 02 执行【文件】/【打开】命令（Ctrl+O），弹出“打开”对话框，选择素材图像，选择完毕后单击“打开”按钮，得到的图像效果如图2-4-46所示。选择工具箱中的移动工具，将其置入新建的文档中，生成“图层1”，按快捷键Ctrl+T调整其大小，调整完毕后按Enter键结束操作，得到的图像效果如图2-4-47所示。“图层”面板状态如图2-4-48所示。

图2-4-46

图2-4-47

图2-4-48

STEP 03 选择“图层1”，单击“图层”面板上的添加图层样式按钮，在弹出的下拉菜单中选择“描边”选项，弹出“图层样式”对话框，具体参数设置如图2-4-49所示。设置完毕后单击“确定”按钮，得到的图像效果如图2-4-50所示。

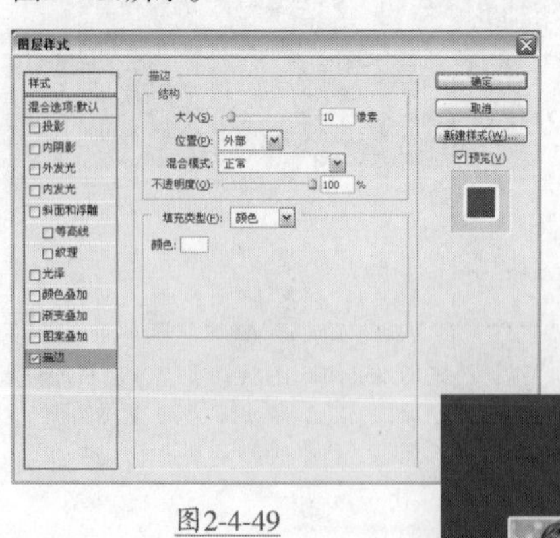

图2-4-49

图2-4-50

STEP 04 单击“图层”面板上的创建新图层按钮，新建“图层2”，将“图层2”置于“图层1”的下方。选择工具箱中的矩形选框工具，在图像中绘制如图2-4-51所示的矩形选区，将前景色色值设置为R213、G198、B143，按快捷键Alt+Delete填充前景色，填充完毕后按Ctrl+D取消选择，得到的图像效果如图2-4-52所示。

图2-4-51

图2-4-52

STEP 05 选择工具箱中的椭圆选框工具，在其工具选项栏中单击添加到选区按钮，按住Shift键在图像中连续绘制圆形选区，如图2-4-53所示。选择“图层2”，按Delete键删除选区内图像，删除完毕后按快捷键Ctrl+D取消选择，得到的图像效果如图2-4-54所示。

图2-4-53

图2-4-54

STEP 06 选择“图层2”，单击“图层”面板上的添加图层样式按钮，在弹出的下拉菜单中选择“投影”选项，弹出“图层样式”对话框，具体参数设置如图2-4-55所示。

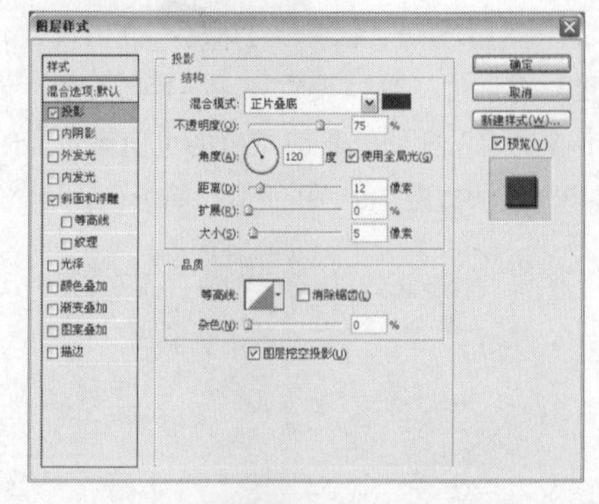

图2-4-55

STEP 07 设置完毕后继续勾选“斜面和浮雕”选项，具体参数设置如图2-4-56所示，设置完毕后单击“确定”按钮，将“图层2”的填充值设置为70%，得到的图像效果如图2-4-57所示。按Ctrl键单击“图层1”，将其和“图层2”全部选中，按快捷键Ctrl+T调整图像方向，得到的图像效果如图2-4-58所示。

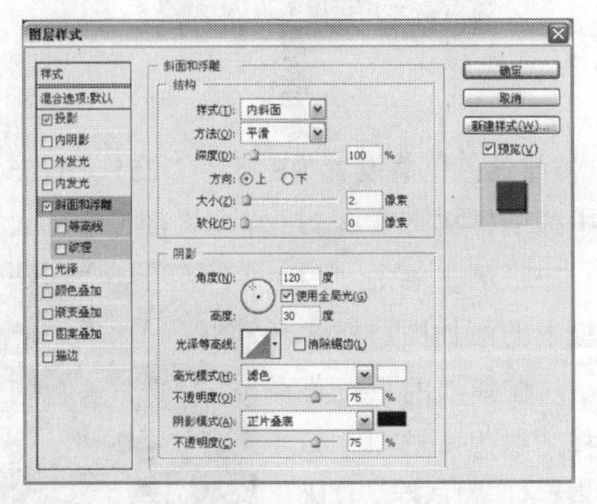

图2-4-56

图2-4-57

图2-4-58

STEP 08 将前景色色值设置为R170、G111、B40，选择工具箱中的横排文字工具T，单击在图像中输入文字，如图2-4-59所示。将文字图层移动至“图层2”的下方。按Alt键拖动文字图层，复制并移动图层，并将复制得到的图层的不透明度设置为50%，得到的图像效果如图2-4-60所示。

图2-4-59

图2-4-60

STEP 09 按Ctrl键单击2个文字图层，将其全部选中，选择工具箱中的移动工具，按Alt+Shift键向下拖动图像3次，复制图像，得到的图像效果如图2-4-61所示。执行【文件】/【打开】命令（Ctrl+O），弹出“打开”对话框，选择素材图像，选择完毕后单击“确定”按钮，得到的图像效果如图2-4-62所示。

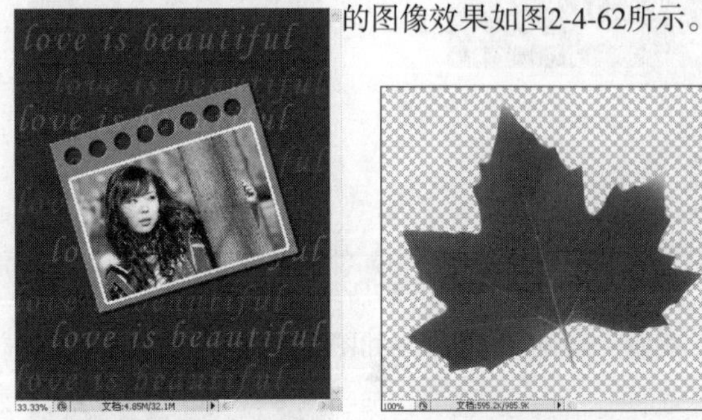

图2-4-61

图2-4-62

STEP 10 选择工具箱中的移动工具，将其置入新建的文档中，生成“图层3”，将“图层3”置于“图层1”的上方，按快捷键Ctrl+T调整其大小，调整完毕后按Enter键结束操作，得到的图像效果如图2-4-63所示。

图2-4-63

STEP 11 选择“图层3”，单击“图层”面板上的添加图层样式按钮fx，在弹出的下拉菜单中选择“投影”选项，弹出“图层样式”对话框，具体参数设置如图2-4-64所示，设置完毕后单击“确定”按钮，得到的图像效果如图2-4-65所示。将“图层3”拖曳至“图层”面板上创建新图层按钮，得到“图层3副本”图层，选择工具箱中的移动工具，将其移动至“相框”的左上角，按快捷键Ctrl+T调整其方向，得到的图像效果如图2-1-66所示。

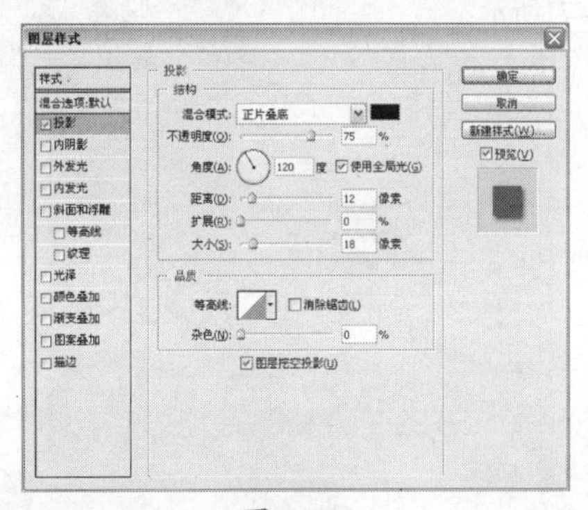

图2-4-64

图2-4-65

图2-4-66

STEP 12 选择“图层3副本”，执行【图像】/【调整】/【色相/饱和度】命令（Ctrl+U），弹出“色相/饱和度”对话框。具体参数设置如图2-4-67所示，设置完毕后单击“确定”按钮，得到的图像效果如图2-4-68所示。

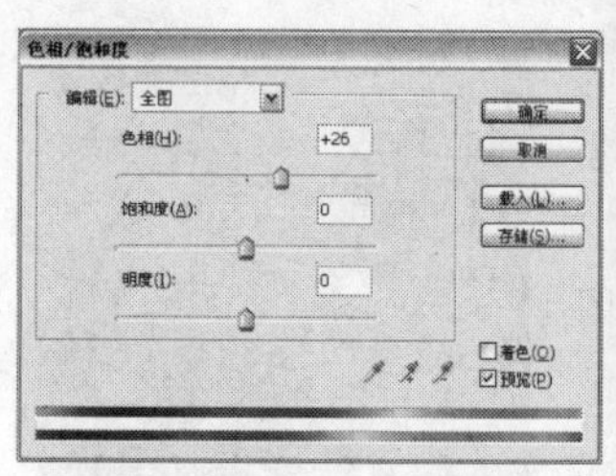
图2-4-67

图2-4-68

STEP 13 将前景色色值设置为R255、G154、B141，选择工具箱中的横排文字工具T，单击在图像中输入文字，如图2-4-69所示。单击“图层”面板上的添加图层样式按钮fx，在弹出的下拉菜单中选择“描边”选项，弹出“图层样式”对话框，具体参数设置如图2-4-70所示，设置完毕后单击“确定”按钮。得到的图像效果如图2-4-71所示。

图2-4-69

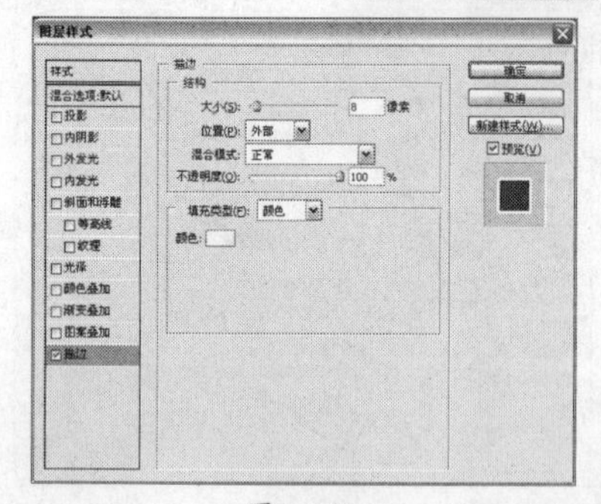
图2-4-70

图2-4-71

STEP 14 将前景色色值设置为R255、G251、B155，选择工具箱中的横排文字工具T，单击在图像中输入文字，如图2-4-72所示。单击“图层”面板上的添加图层样式按钮fx，在弹出的下拉菜单中选择“描边”选项，弹出“图层样式”对话框，具体参数设置如图2-4-73所示。设置完毕后单击“确定”按钮，得到的图像效果如图2-4-74所示。

图2-4-72

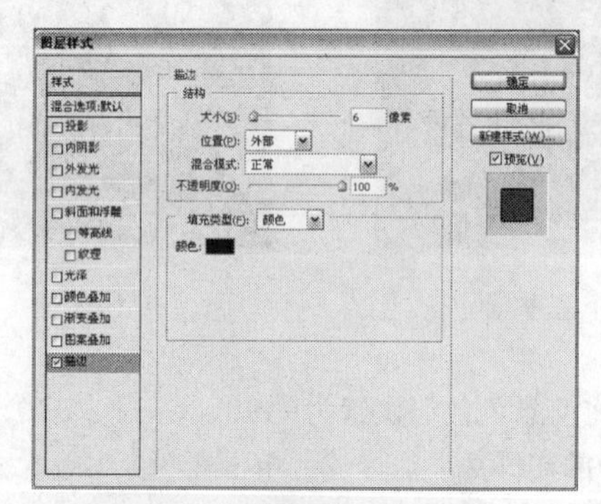
图2-4-73

图2-4-74

STEP 15 执行【文件】/【打开】命令（Ctrl+O），弹出“打开”对话框，选择素材图像，选择完毕后单击“确定”按钮，得到的图像效果如图2-4-75所示。执行【编辑】/【定义图案】命令，弹出“图案名称”对话框，直接单击“确定”按钮。

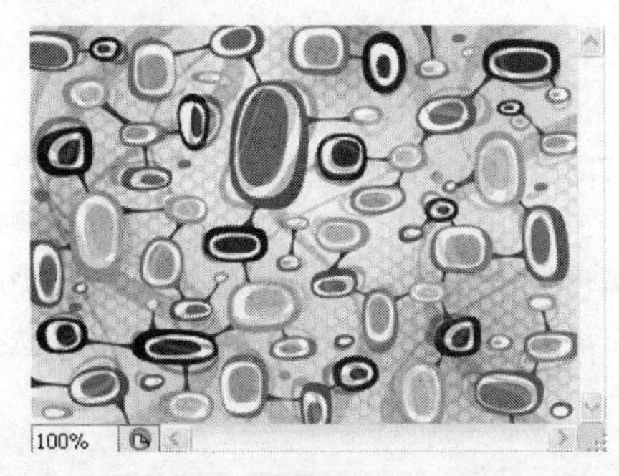

图2-4-75

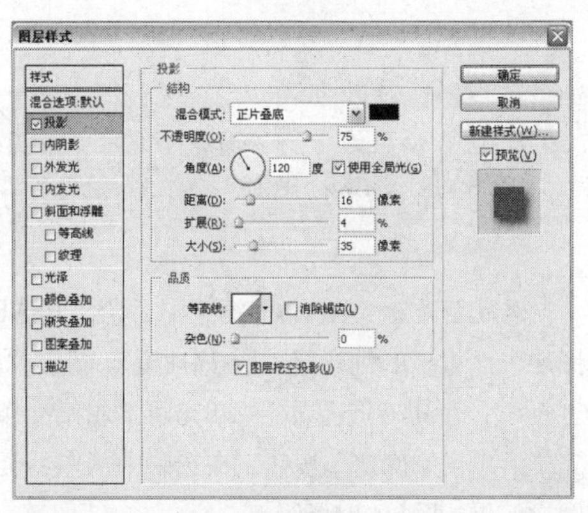

图2-4-78

STEP 16 切换至前面的文档，单击“图层”面板上的创建新图层按钮，新建“图层4”，将“图层4”置于“图层”面板的顶端，执行【编辑】/【填充】命令，在弹出的“填充”对话框中选择前面定义的图案，单击“确定”按钮，得到的图像效果如图2-4-76所示。

图2-4-76

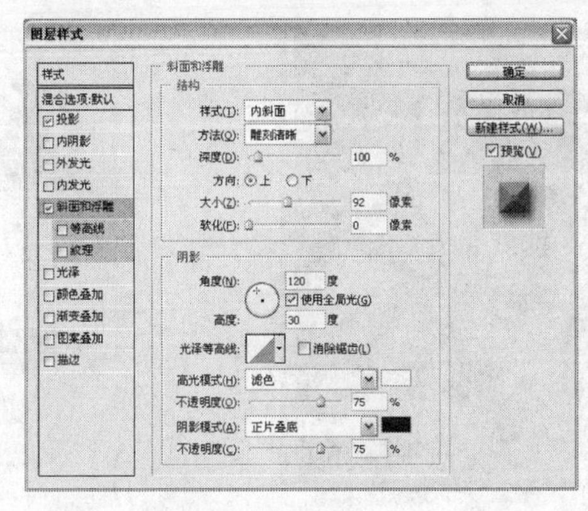

图2-4-79

STEP 17 选择工具箱中的矩形选框工具，在图像中绘制矩形选区，按Delete键删除选区内的图像，得到的图像效果如图2-4-77所示。删除完毕后按快捷键Ctrl+D取消选择。

图2-4-77

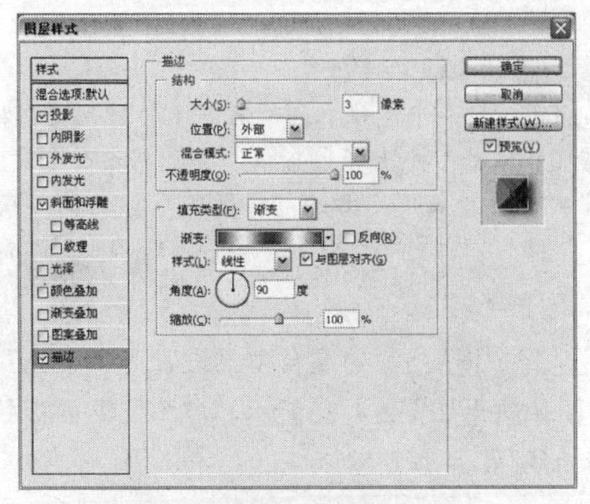

图2-4-80

STEP 18 选择“图层4”，单击“图层”面板上的添加图层样式按钮，在弹出的下拉菜单中选择“投影”选项，弹出“图层样式”对话框，具体参数设置如图2-4-78所示。设置完毕后不关闭对话框，继续勾选“斜面和浮雕”选项，具体参数设置如图2-4-79所示。继续勾选“描边”选项，具体参数设置如图2-4-80所示。设置完毕后单击“确定”按钮，得到的图像效果如图2-4-81所示。

图2-4-81

步骤提示技巧

在上一步操作中，“描边”选项中渐变颜色色值由左至右分别设置为R83、G91、B94，R255、G255、B255，R74、G81、B84，R255、G255、B255，R83、G91、B94。

STEP 19 按Ctrl键单击“图层4”缩览图，调出其选区，按快捷键Ctrl+Shift+I反选，得到的图像效果如图2-4-82所示。单击“图层”面板上的创建新图层按钮，新建“图层5”，将“图层5”置于“图层”面板的顶端，选择工具箱中的渐变工具，在其工具选项栏中单击可编辑渐变条，弹出的“渐变编辑器”对话框，具体参数设置如图2-4-83所示。设置完毕后单击“确定”按钮，在选区中从左上至右下拖动鼠标填充渐变，填充完毕后按快捷键Ctrl+D取消选择，得到的图像效果如图2-4-84所示。

图2-4-82

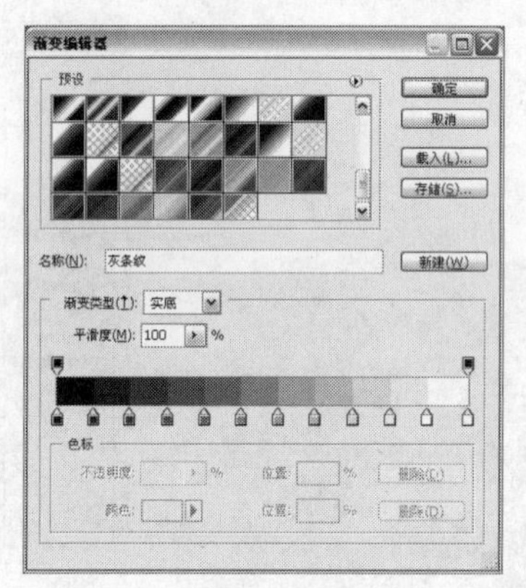

图2-4-83

图2-4-84

步骤提示技巧

在上一步操作中，“渐变编辑器”对话框中的渐变为Photoshop CS3自带的渐变。在系统默认状态下，“渐变编辑器”中并不包含该渐变。将这种渐变调出的方法是，单击“渐变编辑器”对话框中的可扩展按钮，在弹出的下拉菜单中选择“特殊效果”选项，在弹出的对话框中单击“追加”按钮。选择完毕后在“渐变编辑器”中的“预设”选项最下方选择名称为“灰条纹”的渐变。

STEP 20 将“图层5”的混合模式设置为“柔光”，得到的图像效果如图2-4-85所示。“图层”面板状态如图2-4-86所示。

图2-4-85

图2-4-86

Chapter 03 通道功能解析

3.1 通道的操作及其应用

通道是Photoshop CS3最重要的功能之一，它主要用于保存颜色和选区信息，在需要的时候，可以调出颜色或选区的相关信息进行调整或重新保存。使用通道功能可以使图像操作更加简便。

3.1.1 通道的分类

通道可以分为保存图像颜色信息的颜色通道，如图3-1-1A所示；保存选区的Alpha通道，如图3-1-1B所示；打印时在图像中应用其他颜色的专色通道，如图3-1-1C所示。下面将逐一介绍这几种通道。

颜色通道

颜色通道记录了图像中的打印颜色和显示颜色。在对图像进行调整、绘画或应用滤镜时，如果指定了某一颜色通道，那么操作将改变当前通道中的颜色信息；如果没有指定通道，操作将影响所有通道。

如图3-1-2所示为原素材图像，执行【色阶】命令调整“蓝”通道时，如图3-1-3所示，得到的图像效果如图3-1-4所示。执行【色阶】命令调整复合通道时，如图3-1-5所示，得到的图像效果如图3-1-6所示。对比图中的“通道”面板可以发现调整“蓝”通道时，在“通道”面板中，只改变了有“蓝”通道中的颜色信息，而调整复合通道时，改变了所有通道中的颜色信息。

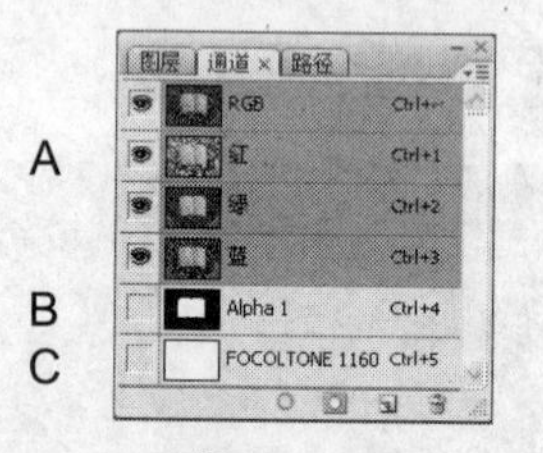

图3-1-1

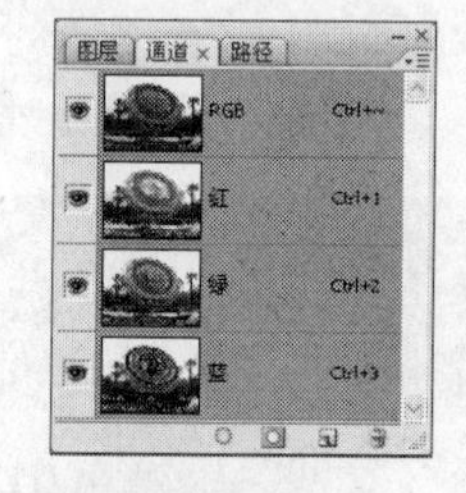

图3-1-2

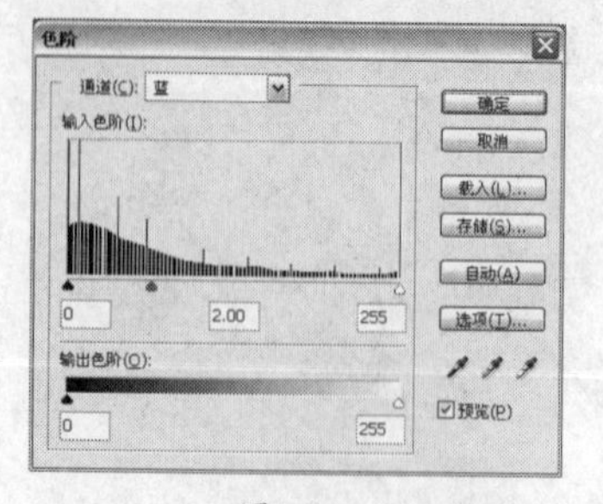

图3-1-3

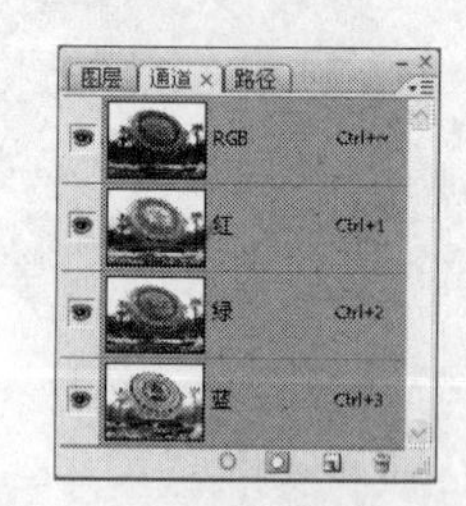

图3-1-4

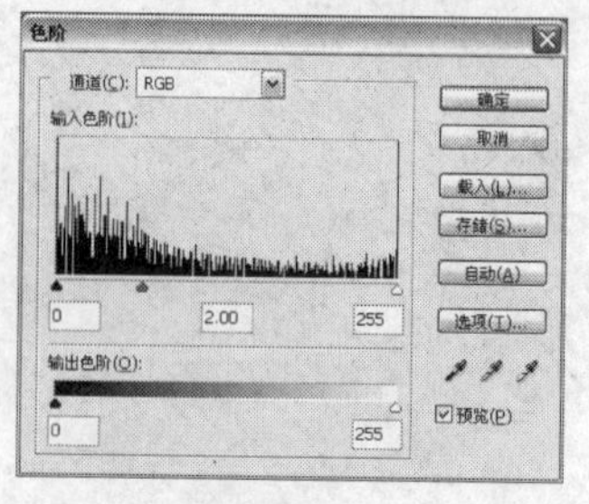

图3-1-5

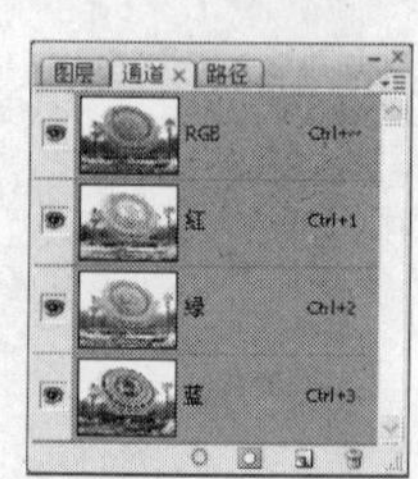

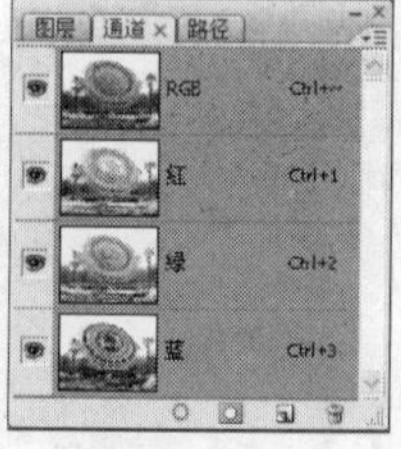

图3-1-6

Alpha通道

Alpha通道主要用于保存选区，Alpha通道中的白色区域可以作为选区载入，黑色区域不能为载入的区域，灰色区域载入后的选区带有羽化效果。载入Alpha通道的选区只需要按住Ctrl键单击该Alpha通道缩览图即可。如图3-1-7和图3-1-8所示为载入不同的Alpha通道时得到的选区效果。

图3-1-7

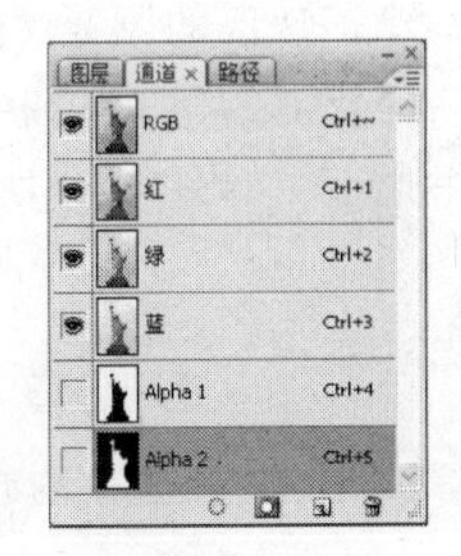

图3-1-8

专色通道

专色通道是一类用于存储专色的特殊通道。专色是特殊的预混油墨，例如金属质感的油墨，它用来替代或补充印刷色（CMYK）油墨。在印刷时，每种专色都要求专用的印版，如果要印刷带有专色的图像，则需要创建存储这些颜色的专色通道。

步骤提示技巧

图像的颜色模式决定了所创建的颜色通道的数目，在默认状态下，RGB图像包含3个通道（红、绿、蓝），以及一个用于编辑图像的复合通道；CMYK图像包含4个通道（青色、洋红、黄色、黑色）和一个复合通道；Lab图像包含3个通道（明度、a、b）和一个复合通道；位图、灰度、双色调和索引颜色图像只有一个通道，如下图所示（从左至右分别为RGB模式、CMYK模式、Lab模式和灰度模式）为在各种颜色模式下“通道”面板的状态。

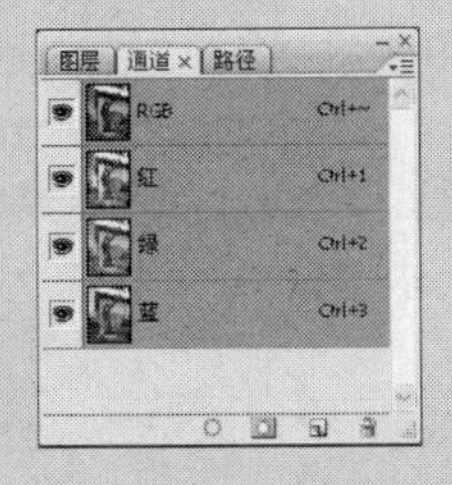

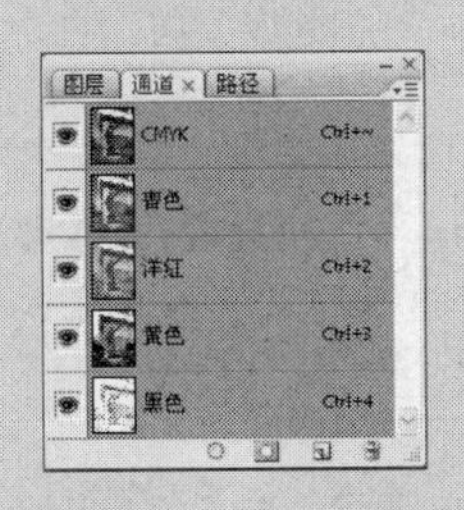

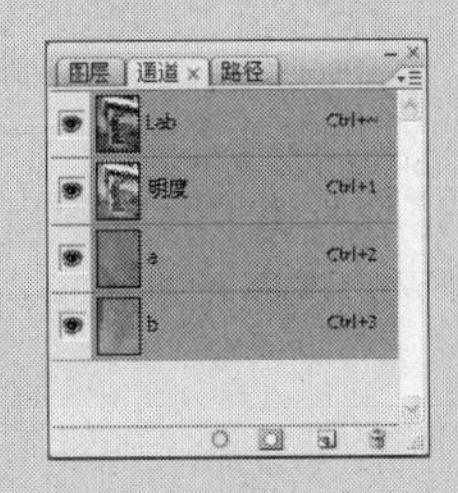

3.1.2 通道的基本应用

创建Alpha通道

单击“通道”面板上的创建新通道按钮，即可新建一个Alpha通道，按住Alt键单击创建新通道按钮，可弹出如图3-1-9所示的“新建通道”对话框，在对话框中可以设置通道的名称、蒙版的显示选项、颜色和不透明度。

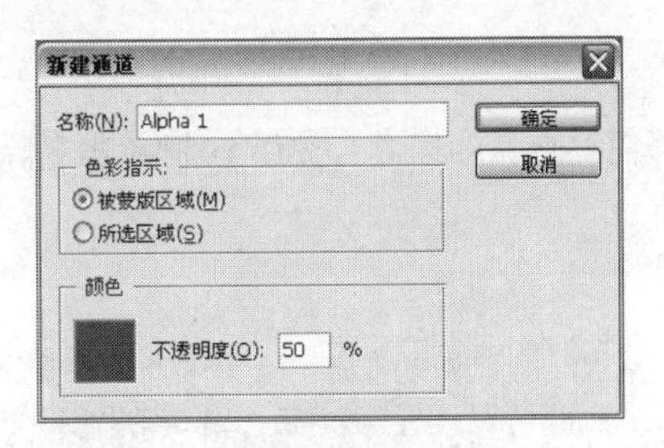

图3-1-9

步骤提示技巧

修改图层蒙版的颜色和不透明度仅改变通道的预览效果，而不会对图像产生影响。

如果在图像中创建了选区，单击“通道”面板中将选区存储为通道按钮，也可以将选区保存在Alpha通道中，或者执行【选择】/【存储选区】命令，在弹出的对话框中将其设置为新建的Alpha通道或添加到原有的Alpha通道中。如图3-1-10所示为创建了选区的原素材图像，单击“通道”面板中将选区存储为通道按钮，“通道”面板上创建Alpha通道，如图3-1-11所示。

图3-1-10

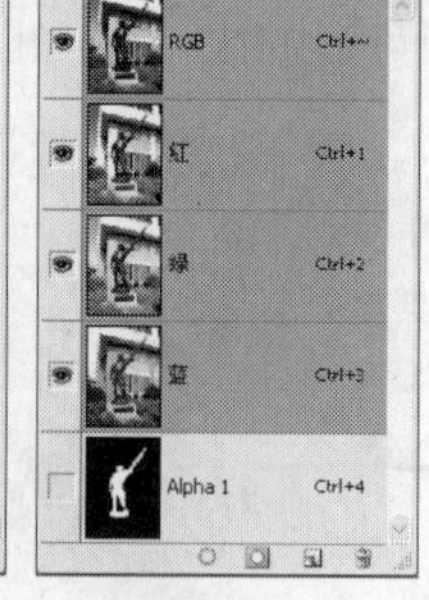

图3-1-11

复制通道

将需要复制的通道拖曳至“通道”面板上的创建新通道按钮上，即可复制该通道。

选择通道

单击通道名称即可选择一个通道，按住Shift键单击可选择或取消选择多个通道。

返回到默认通道

当编辑完一个或多个通道后，单击复合通道可以返回到面板默认的状态，以查看所有默认通道。只要所有颜色通道均可见，就会显示复合通道。图3-1-12所示为编辑“蓝”通道时“通道”面板状态，图3-1-13所示为单击复合通道后，“通道”面板状态。

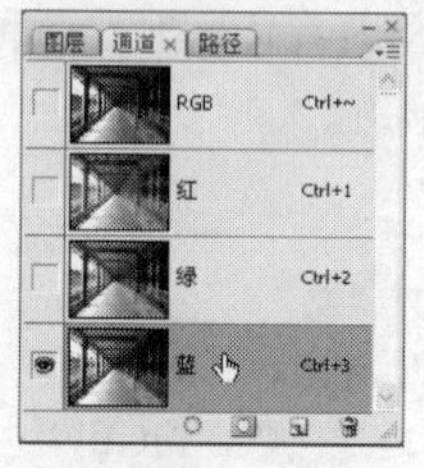

图3-1-12

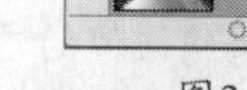

图3-1-13

显示和隐藏通道

单击某一通道左侧的指示通道可见性按钮，即可显示或隐藏通道。

创建专色通道

单击“通道”面板右上角扩展按钮，在弹出的下拉菜单中选择“新建专色通道”选项，弹出“新建专色通道”对话框，如图3-1-14所示。在对话框中可以设定油墨的颜色和密度，设置完毕后单击“确定”按钮，即可新建专色通道。

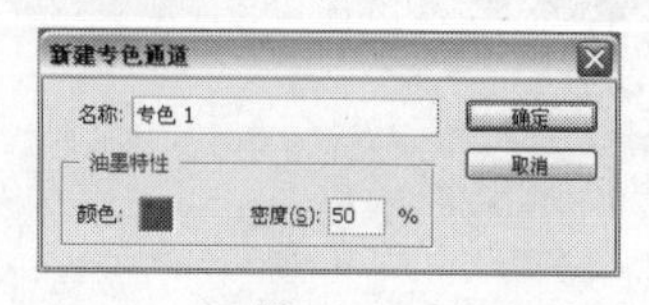

图3-1-14

> **步骤提示技巧**
>
> “密度”选项和颜色选项只影响屏幕预览和复合印刷，不影响印刷的分离效果。尽量不要修改专色的名称，以便其他程序能够识别，否则可能无法打印此文件。

删除通道

选择需要删除的通道，按住Alt键单击删除通道按钮，或者直接将通道拖曳至删除通道按钮上均可删除通道。

> **步骤提示技巧**
>
> 当删除的通道是某一颜色通道时，系统会拼合图像中的可见图层并丢弃隐藏图层。这是因为删除颜色通道后，图像会转换为多通道模式，而该模式不支持图层。

3.1.3 曲线与通道

在“曲线”对话框中包含通道选项，在该选项中可以选择不同的颜色通道进行调整，如图3-1-15所示。选择如图3-1-16所示的素材图像，打开“曲线”对话框后选择“红”通道，上扬曲线可将图像的整体颜色向红色转化，如图3-1-17和图3-1-18所示。下降曲线可将图像的整体颜色向青色转换，如图3-1-19和图3-1-20所示。

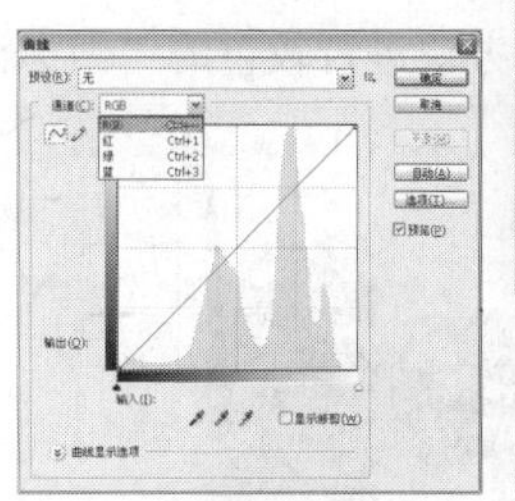

图3-1-15

图3-1-16

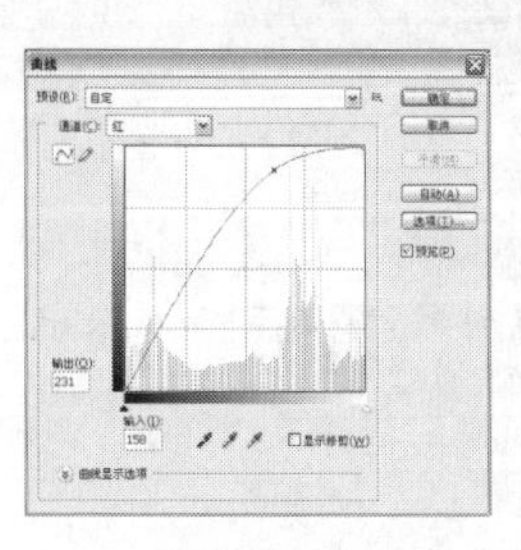

图3-1-17

图3-1-18

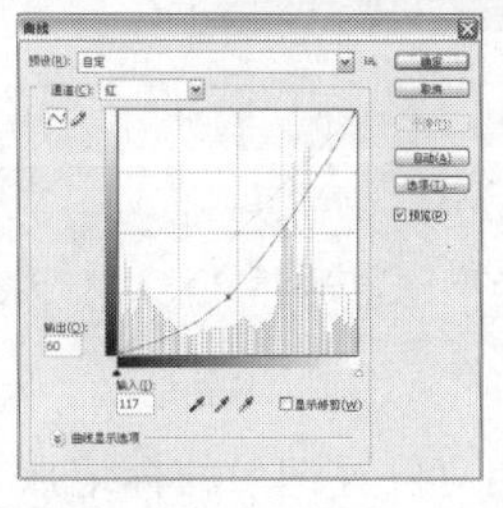

图3-1-19

图3-1-20

选择“绿”通道时，上扬曲线可将图像的整体颜色向绿色转化，如图3-1-21和图3-1-22所示。下降曲线可将图像的整体颜色向洋红转换，如图3-1-23和图3-1-24所示。

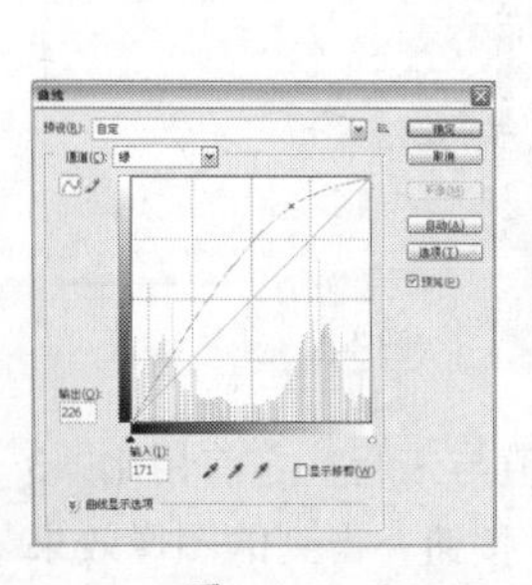

图3-1-21

图3-1-22

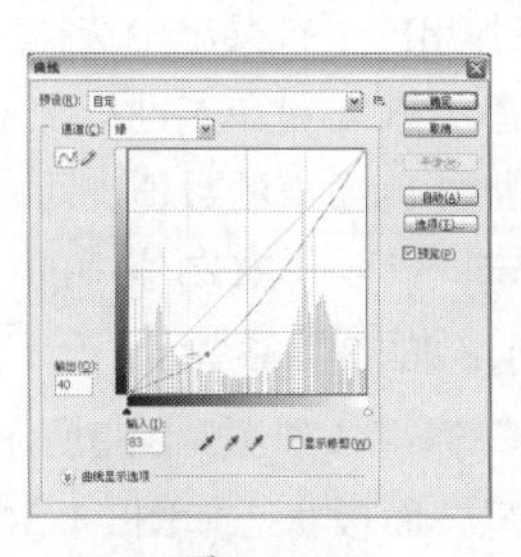

图3-1-23

图3-1-24

选择“蓝”通道时，上扬曲线可将图像的整体颜色向蓝色转化，如图3-1-25和图3-1-26所示。下降曲线可将图像的整体颜色向黄色转换，如图3-1-27和图3-1-28所示。

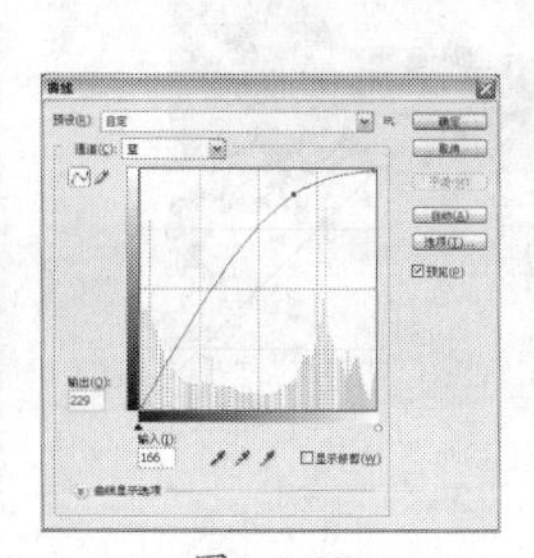

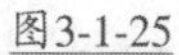

图3-1-25

图3-1-26

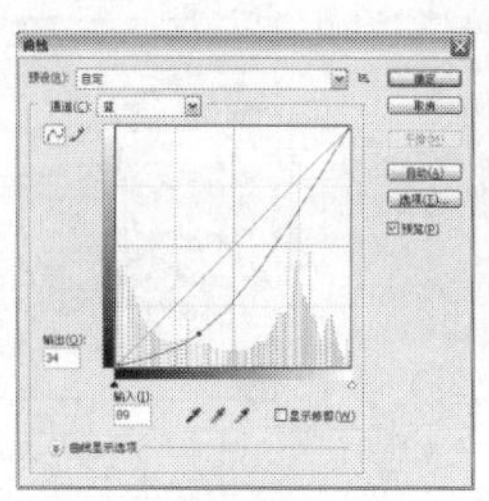

图3-1-27

图3-1-28

在处理数码照片时，曲线通道可以用来校正照片中的色温偏差。打开如图3-1-29所示的素材图像，从图中可以发现图像整体色调是偏冷的蓝色，接下来将通过调整曲线通道来解决这一问题。

执行【窗口】/【信息】命令，调出“信息”面板，选择工具箱中的吸管工具，在图像中做标记，通过“信息”面板来观察标记处的通道值变化，也就是靠信息面板来进行调色。按住Shift键单击图像中某一点（比如湖水，也就是能体现出这张图片偏色问题的区域，但不要选择纯黑色或者纯白色，那样调整前后RGB通道值几乎是一样的，是没有办法进行较色的）做标记，如图3-1-30所示。

图3-1-29

图3-1-30

步骤提示技巧

通常调色完全靠个人的感觉，这样只能进行大致的调整，不够精确，应该合理地利用“信息”面板来进行校色，这样在校色的过程中就有了准则。

观察“信息”面板，在相应位置记录的标记点的RGB值，如图3-1-31所示，此时该点的RGB值为171/176/241。由此可以发现“红”通道和“绿”通道的值比较小，造成了图像的偏色，通过这个比较就可以对图像进行调整了。单击“图层”面板上的创建新的填充或调整图层按钮，在弹出的下拉菜单中选择“曲线”选项，选择“红”通道，按Ctrl键单击曲线上任意位置，向上拖动曲线，增加红色通道的数值，可以通过观察“信息”面板来确定，只要与RGB值中的B值近似即可，不需要完全相同，如图3-1-32所示。

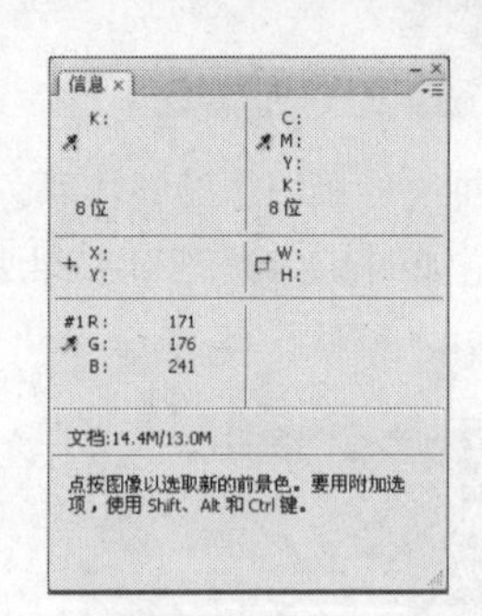

图3-1-31

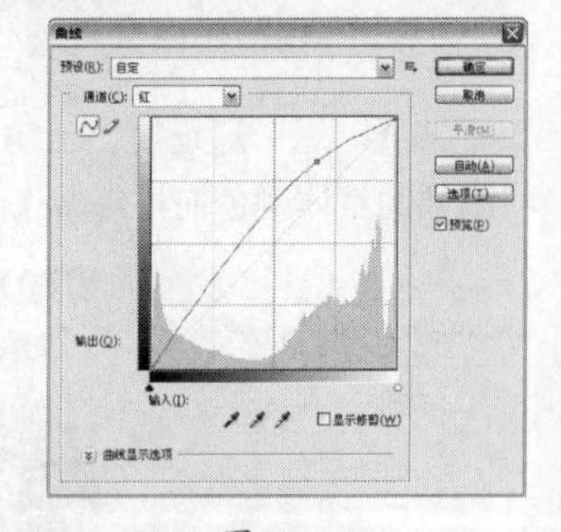

图3-1-32

使用同样的方法调整“绿”通道，如图3-1-33所示。此时“信息”面板上RGB数值与未调整之前相比，3个通道的数值已经接近，“信息”面板状态如图3-1-34所示。调整完毕后单击“确定”按钮，得到的图像效果如图3-1-35所示。

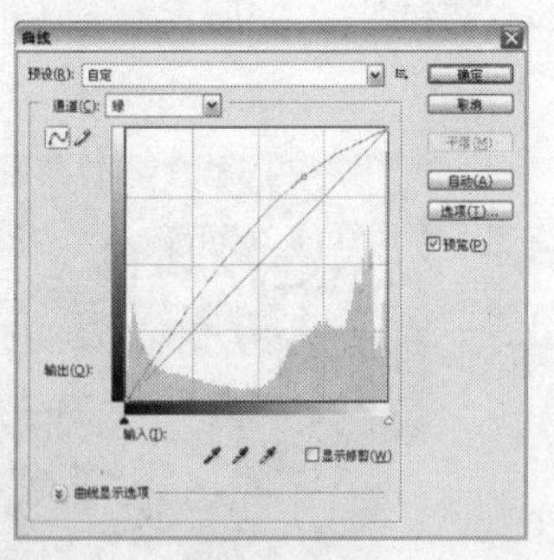

图3-1-33

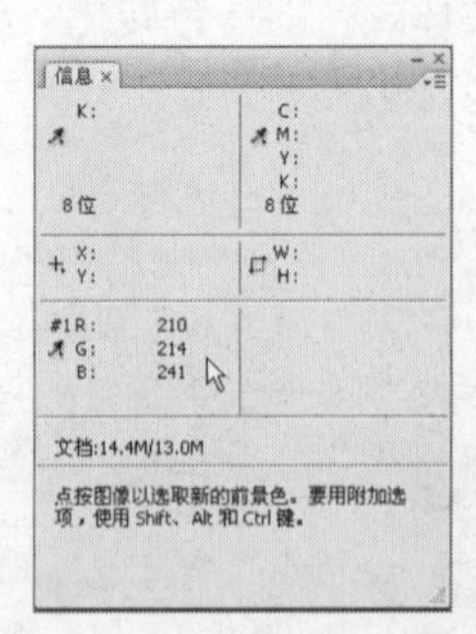

图3-1-34

图3-1-35

3.1.4 色阶与通道

色阶在通道中的运用主要体现在3个方面。通过调整通道的亮度和对比度可增强图像主体对象与背景之间的差别，以便于进行选取。通过选择一个或者多个通道进行调整来增强或减弱图像的某些颜色，从而达到调整图像的目的。通过调整选区的亮度创建浮雕、金属和裂纹效果。

数码照片一般都是RGB模式的图像，因此对RGB模式的图像调整最为常用。RGB模式是用R（红）、G（绿）和B（蓝）三种光线创建图像，R（红）和G（绿）混合可产生黄色光，R（红）和B（蓝）混合可产生洋红色光，G（绿）和B（蓝）混合可产生青色光。

打开如图3-1-36所示的RGB模式的图像文件，观察“通道”面板可以发现，各个通道颜色的亮度是有差别的，较亮的通道表示图像中包含大量的该颜色信息（图中“绿”通道），而较暗的通道则表示图像中缺少该颜色信息（图中“蓝”通道）。了解以上原理后就可以通过调整光线的强度来修改图像的颜色了，当需要在图像中增加某种颜色时，可以将相应的通道调亮；当需要减少某种颜色时，可将相应的通道调暗。

从图中可以发现，“通道”面板中的“绿”通道最亮，因此图像的整体色调以绿色为主。如果调暗“绿”通道和“蓝”通道而调亮“红”通道，就可以增加图像中的黄色，使绿色的树叶变为枯黄的树叶。

执行【图像】/【调整】/【色阶】命令，弹出“色阶”对话框，在“通道”下拉菜单中选择“红”通道，向左拖动中间灰色滑块，如图3-1-37所示。增强图像中的红色，得到的图像效果如图3-1-38所示。

图3-1-36

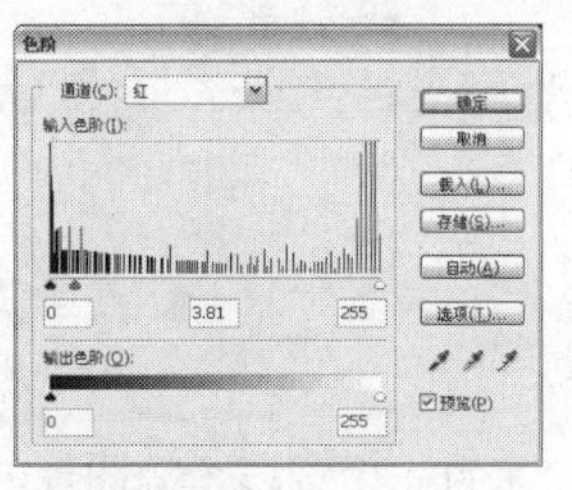

图3-1-37

图3-1-38

继续在“通道”下拉菜单中选择“绿”通道，向右拖动中间灰色滑块，如图3-1-39所示，减少图像中的绿色，得到的图像效果如图3-1-40所示。

继续在“通道”下拉菜单中选择“蓝”通道，向右拖动中间灰色滑块，如图3-1-41所示，减少图像中的蓝色，得到的最终图像效果如图3-1-42所示。

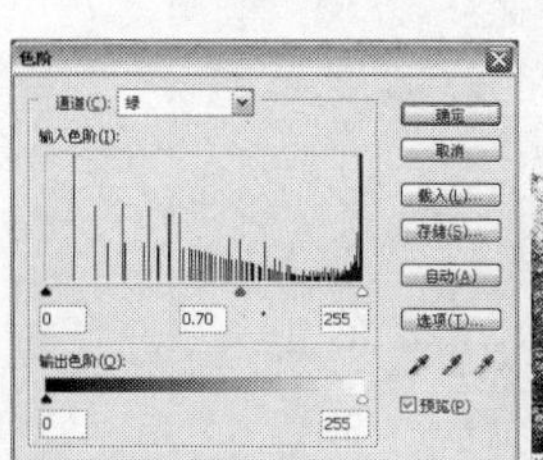

图3-1-39

图3-1-40

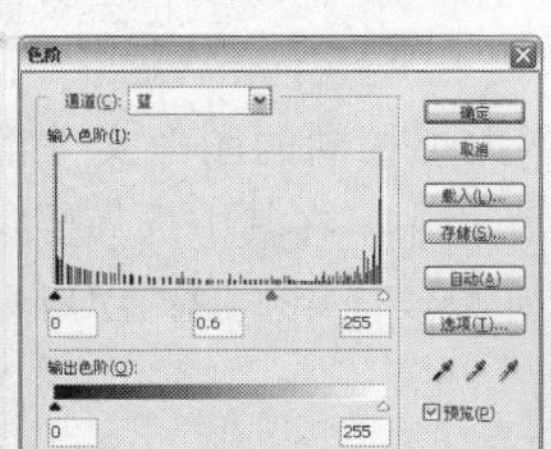

图3-1-41

图3-1-42

对比调整前的“通道”面板（如图3-1-43所示）和调整后的“通道”面板（如图3-1-44所示）可以发现，调整后，“红”通道已经变为“通道”面板中最亮的通道，“绿”通道比“红”通道稍微暗一些，这说明图像中包含大量的红色和绿色，而红色光和绿色光混合后可以产生黄色，因此图像的总体颜色以红色和黄色为主。

图3-1-43

图3-1-44

在处理数码照片时，色阶通道还可以调整色调发灰的图像。照片“发灰”是指照片的层次不够鲜明，大多数图像处于中间亮度，而亮部和暗部的层次却不足。通过调整“色阶”命令中的通道选项，可以解决这一问题。

如图3-1-45所示为一张色调发灰的数码照片，执行【图像】/【调整】/【色阶】命令，弹出“色阶”对话框，分别调整“通道”下拉菜单中的“红”通道、“绿”通道和“蓝”通道，如图3-1-46、图3-1-47和图3-1-48所示，设置完毕后单击“确定”按钮，得到的图像效果如图3-1-49所示。从图中可以发现，通过分别调整3个颜色通道，可以分层次解决像素过多集中在中间调部分而高光和暗调缺乏像素的情况。

图3-1-45

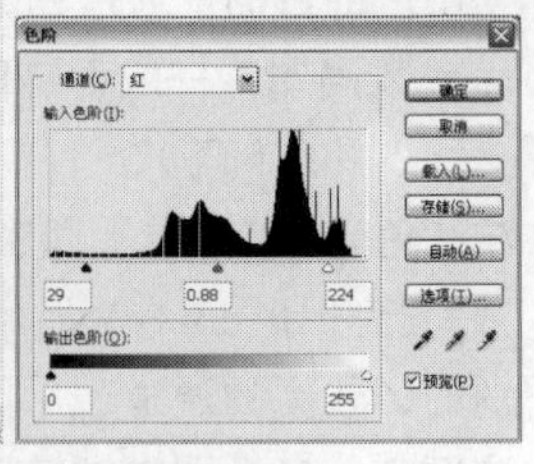

图3-1-46

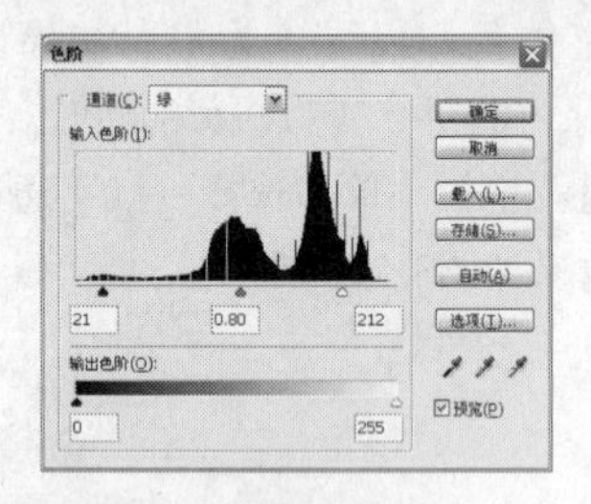

图3-1-47

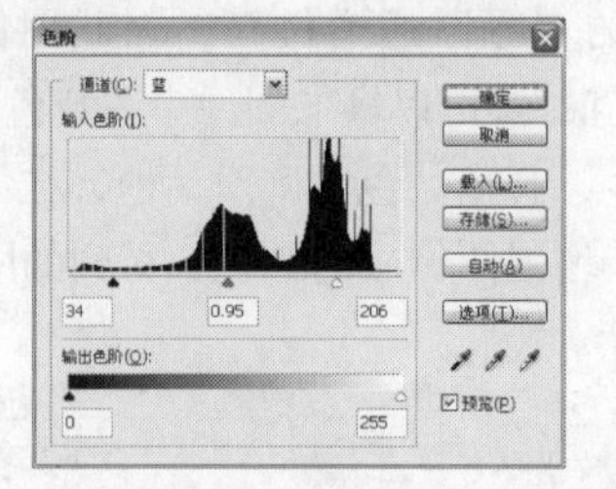

图3-1-48

图3-1-49

3.1.5 通道计算

“计算”命令常用于混合两个来自一个或多个源图像的单个通道，然后可以将结果应用到新图像或新通道或图像的选区中。通过“计算”命令可以创建新的通道和选区，以便对图像进行局部调整，也可以创建新的黑白图像文件，但是不能生成彩色的图像。

“计算”命令中的选项

执行【图像】/【计算】命令可以弹出“计算”对话框，如图3-1-50所示。“计算”命令的各个选项含义如下。

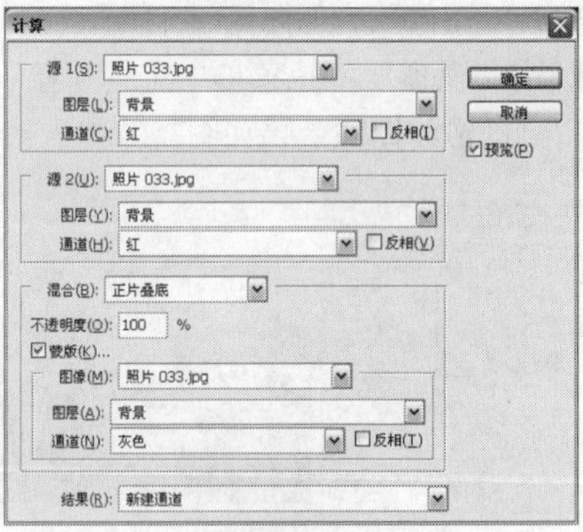

图3-1-50

源：与当前活动文件像素大小相同的图像文件都会出现在“源1”和“源2”下拉菜单中，在其中选择要参与混合的源图像、图层和通道。如果要使用源图像中所有图层，则选择“合并图层”选项。

反相：在计算中使用通道内容的负片，然后再进行计算。

混合：在下拉菜单中选择一种混合模式。

不透明度：在文本框中输入所需的不透明度数值可以指定效果的强度。

蒙版：如果要通过蒙版应用混合，则勾选“蒙版”。然后在该栏中选择包含蒙版的图像和图层。对于“通道”，可以选择任何颜色通道或者Alpha通道以用作蒙版。也可以使用基于当前选区或选中图层“透明区域”边界的蒙版。勾选“反相”将反转通道的蒙版区域和未蒙版区域。

结果：在下拉菜单中可指定是将混合结果放入新文档、新通道还是当前图像中的选区。

通道计算的操作方法

“计算”命令的具体应用过程如下。

1.首先设置参与计算的图像，在对话框“源1”和“源2”中选择一个或两个打开的文件，然后指定参与计算的图层、通道、选区或透明区域。

2.设置完参与计算的图像后，便可以设置混合方式（包括混合模式、不透明度和蒙版）。

3.最后是设置计算的结果，可在“结果”选项下拉菜单中进行设置，包括“新建通道”、“新建文档”和“选区”。

步骤提示技巧

复合通道不能应用“计算”命令。如果使用多个源图像，需要将这些图像的像素大小设置为相同值。

通道计算精确调整图像的高光区域

在处理数码照片时经常会遇到由于曝光过度使照片高光区域过于饱和的情况，如图3-1-51所示人物的脸部，而照片的中间调和暗调并没有过曝，因此只需要调整图像的高光区域，如何选择图像的高光区域就需要通道计算这一功能来实现，下面将介绍如何选择图像的高光区域。

图3-1-51

执行【图像】/【计算】命令，弹出“计算”对话框，具体设置如图3-1-52所示。设置完毕后单击“确定”按钮，得到的图像效果如图3-1-53所示。此时“通道”面板上生成“Alpha1”通道，“通道”面板状态如图3-1-54所示。

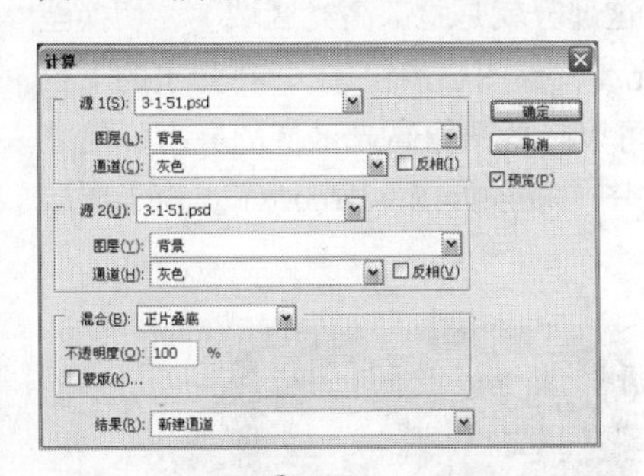

图3-1-52

图3-1-53

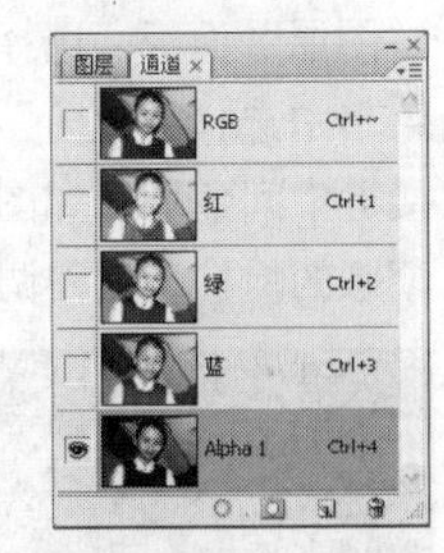

图3-1-54

步骤提示技巧

“源1”和“源2”都选择灰色通道，混合模式选择“正片叠底”，能够把连续色调图像的高光部分从图像中孤立出来。得到的“Alpha1”通道图像比“灰色”通道的图像暗是由于使用了“正片叠底”的缘故。

从图中可以发现，图像高光区域并不明显。继续执行【图像】/【计算】命令，弹出“计算”对话框，具体设置如图3-1-55所示。设置完毕后单击“确定”按钮，得到的图像效果如图3-1-56所示。此时“通道”面板上生成“Alpha2”通道，“通道”面板状态如图3-1-57所示。

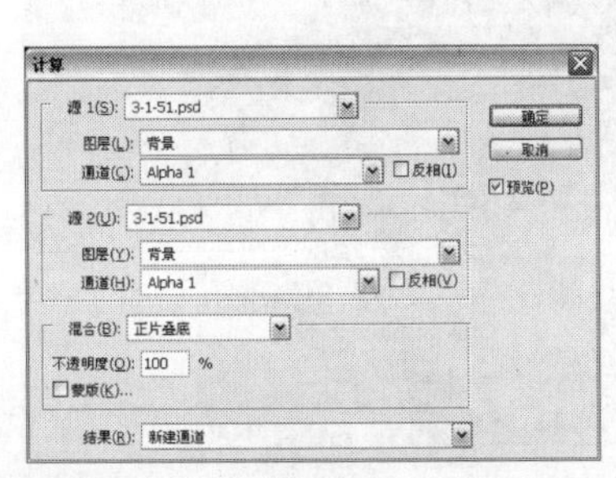

图3-1-55

图3-1-56

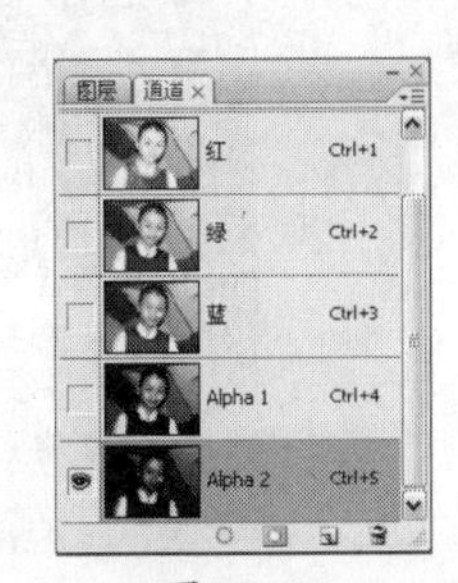

图3-1-57

步骤提示技巧

“计算”命令的强大之处在于，并不只是图像的几个颜色通道可以参与混合。在前面生成的“Alpha2”通道同样可以参与到计算中，因此可以通过不断计算，最终得到自己满意的效果。

继续执行【图像】/【计算】命令，弹出“计算”对话框，具体设置如图3-1-58所示。设置完毕后单击“确定”按钮，得到的图像效果如图3-1-59所示。此时“通道”面板上生成“Alpha3”通道，“通道”面板状态如图3-1-60所示。

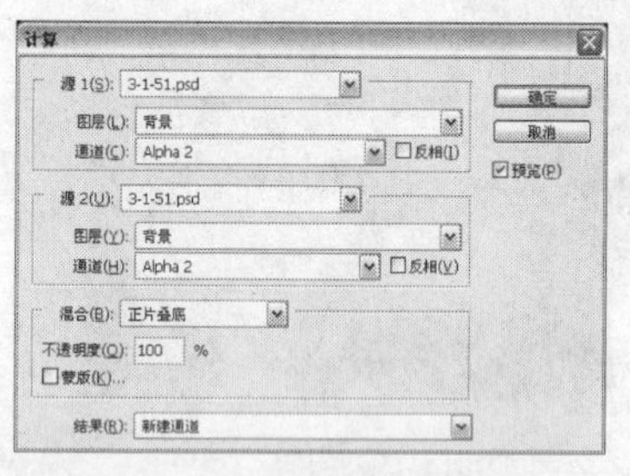
图3-1-58

图3-1-59

图3-1-60

从图中可以发现，得到的通道“Alpha3”大部分区域都被湮没在黑暗中，由于只需要调整人物脸部曝光过度，因此选择工具箱中的画笔工具，将前景色设置为黑色，在除人物脸部以外区域涂抹，得到的图像效果如图3-1-61所示。按Ctrl键单击“Alpha3”通道缩览图，调出其选区（这部分就是脸部高光区域），切换至“图层”面板，选择“背景”图层，单击“图层”面板上的创建新的填充或调整图层按钮，在弹出的下拉菜单中选择“色阶”命令，弹出“色阶”对话框，向右拖动中间滑块，可以降低图像高光区域的亮度，使之接近中间色调，如图3-1-62所示。设置完毕后单击“确定”按钮，得到的图像效果如图3-1-63所示。由于图层蒙版的保护，这种调整不会影响到图像的中间调和暗调区域。

图3-1-61

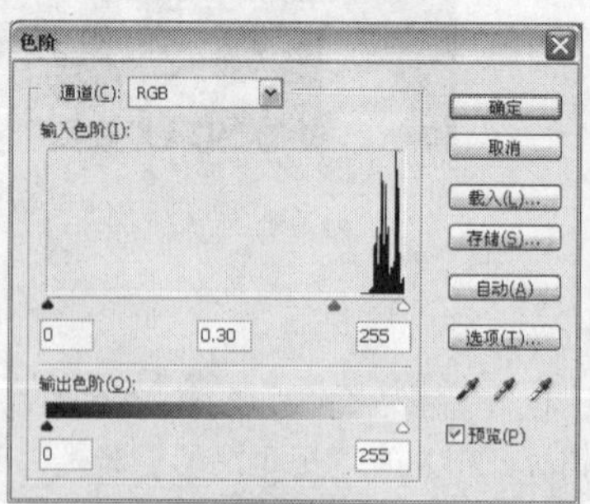
图3-1-62

图3-1-63

放大人物脸部对比调整前和调整后的图像，如图3-1-64和图3-1-65所示。从图中可以发现人物脸部的高光部分被减弱，人物脸部恢复正常。

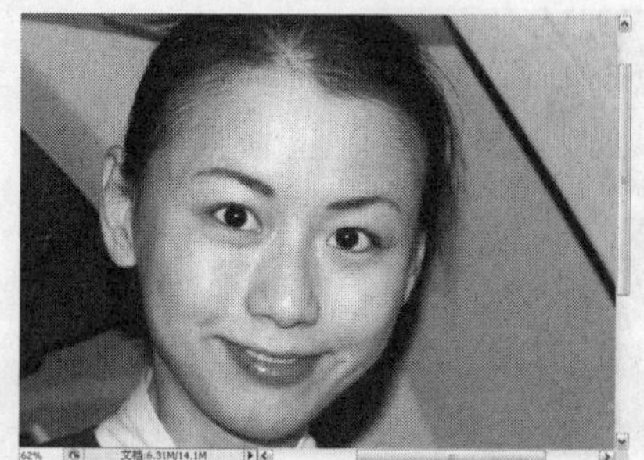
图3-1-64

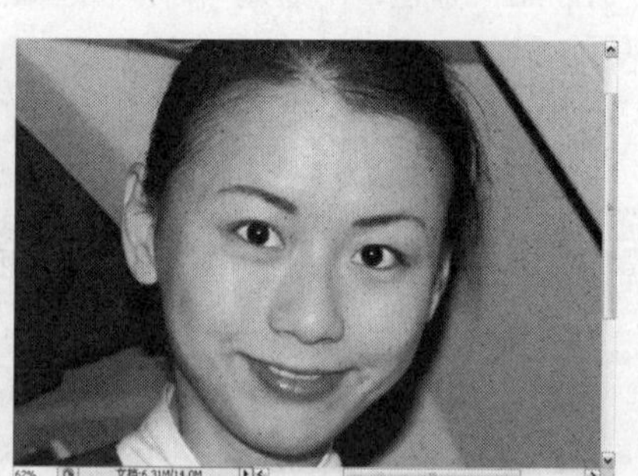
图3-1-65

3.1.6 【应用图像】命令

利用“应用图像”命令可以将图像的图层和通道（源）与当前所用图像（目标）的图层和通道混合，从而制作出单个调整命令无法作出的特殊效果。虽然可以通过将通道复制到“图层”面板中的图层以创建通道的新组合，但是采用“应用图像”命令来混合通道信息会更加迅速有效。

应用图像命令参数详解

执行【图像】/【应用图像】命令，弹出“应用图像”对话框，如图3-1-66所示。

源：在其下拉菜单中选择所需的源图像，当前窗口中所有打开的并且像素相同的文件都将显示在下拉菜单中，在刚打开对话框时源文件为当前所选文件。

图层：在其下拉菜单中选择要与目标图像（也就是当前所选图像）混合的图层，如果选择“合并图层”则表示要使用源图像中的所有图层。

通道：在其下拉菜单中选择要与目标图像混合的通道，可以是单色通道，也可以是复合通道。

目标：在此显示当前（目标）图像的名称、所在图层和颜色模式。

混合：在其下拉菜单中选择图层和通道的混合模式。其中特别提供了“相加”和“相减”两种混合模式，而这两种混合模式只有在“应用图像”和“计算”命令中才有。

保留透明区域：勾选该项后只能将效果应用到结果图层的不透明区域。

蒙版：要通过蒙版应用混合则需勾选蒙版，该选项可在对话框中显示有关蒙版的选项，然后选择包含蒙版的图像和图层，如图3-1-67所示。在“通道”下拉菜单中可以选择任何颜色通道和Alpha通道以用作蒙版，也可以基于现用选区或选中图层（透明区域）边界的蒙版。选择“反相”反转通道的蒙版区域和未蒙版区域。

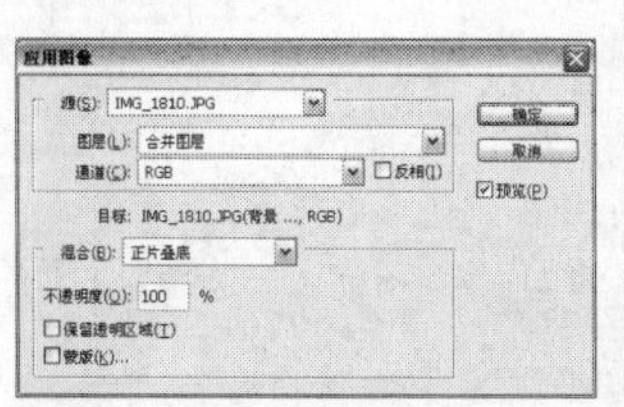

图3-1-66

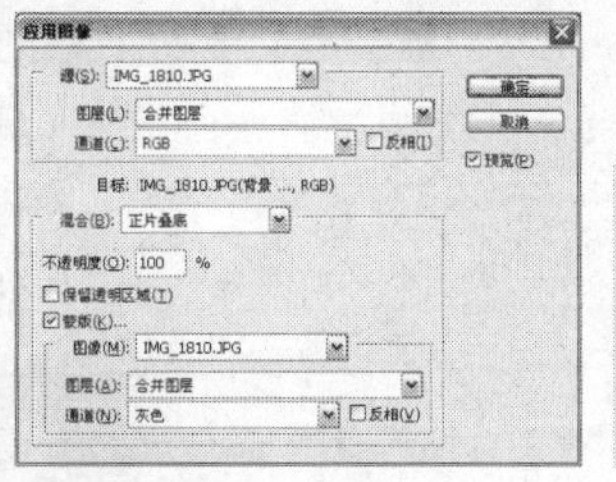

图3-1-67

步骤提示技巧

在使用该命令时，要确保所打开的源图像与目标图像的图像大小相同。如果不相同可以使用【图像】/【图像大小】命令进行调整。

使用“应用图像”命令抠取图像

利用“应用图像”命令可以解决人物照片中的抠图问题。人物照片一般都会有头发的，对付发丝这样微细的图像魔棒工具就不一定能胜任了，而使用路径工具进行抠图也是非常不实际的。接下来介绍一种使用“应用图像”命令抠图的方法，一般用于毛发较多、背景较单一的图像抠图。

打开如图3-1-68所示的素材图像，切换至“通道”面板，将“蓝”通道拖曳至“通道”面板上的创建新通道按钮上，得到“蓝副本”通道。“通道”面板如图3-1-69所示，选择“蓝通道”，按快捷键Ctrl+I反相图像，得到的图像效果如图3-1-70所示。

图3-1-68

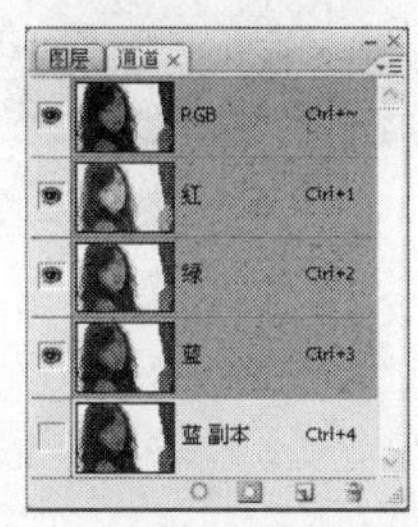

图3-1-69

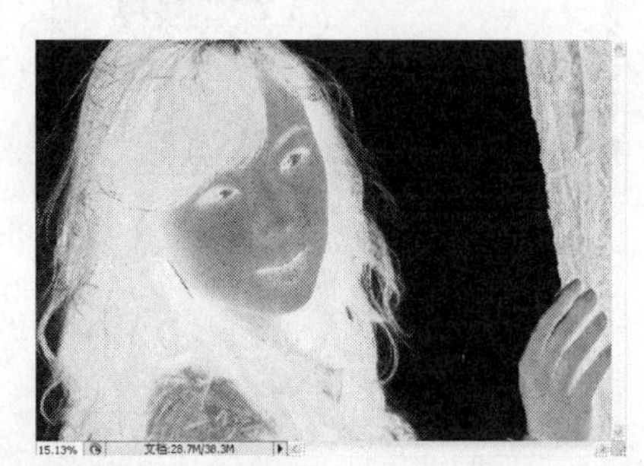

图3-1-70

执行【图像】/【应用图像】命令，弹出“应用图像”对话框，具体设置如图3-1-71所示，设置完毕后单击“确定”按钮，得到的图像效果如图3-1-72所示。继续执行【图像】/【应用图像】命令，参数不变，单击“确定”按钮，得到的图像效果如图3-1-73所示。

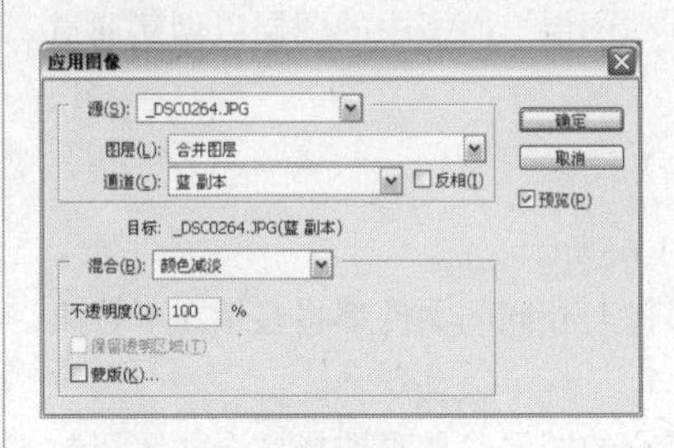

图3-1-71

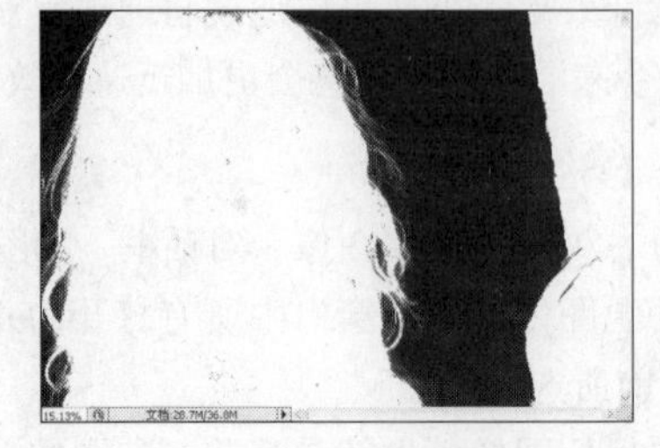

图3-1-72

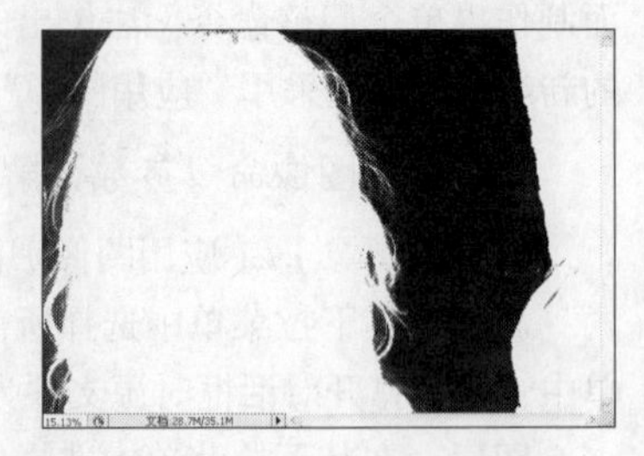

图3-1-73

执行【图像】/【调整】/【色阶】命令，弹出“色阶”对话框，具体参数设置如图3-1-74所示。设置完毕后单击“确定”按钮，得到的图像效果如图3-1-75所示。

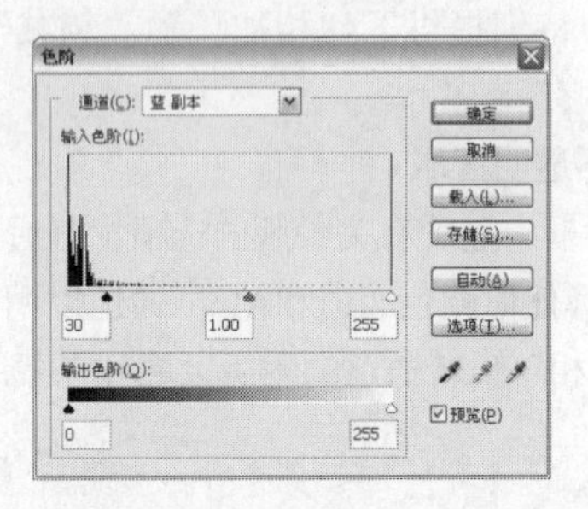

图3-1-74

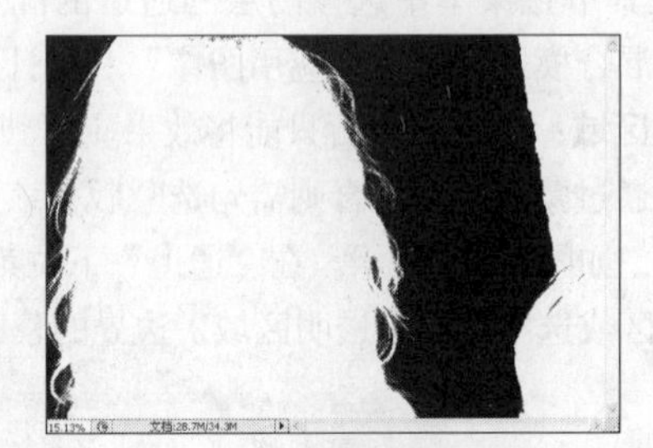

图3-1-75

步骤提示技巧

使用“应用图像”命令在通道中制作选区抠图，就是要使需要选择的图像变为白色，不需要选择的图像变为黑色，下面使用画笔工具修改一些需要选择而没有变白的图像区域。

选择工具箱中的画笔工具，将前景色设置为白色，在图像中人物区域未变白的区域涂抹（如手指），得到的图像效果如图3-1-76所示。按Ctrl单击“蓝副本”通道缩览图，调出其选区，切换至“图层”面板，复制“背景”图层，得到“背景副本”图层，单击“图层”面板上的创建图层蒙版按钮，隐藏“背景”图层，得到的图像效果如图3-1-77所示。“图层”面板如图3-1-78所示。

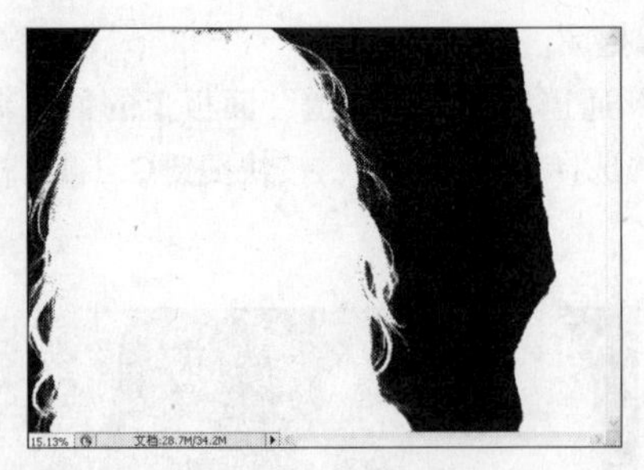

图3-1-76

图3-1-77

图3-1-78

Effect 01 制作反转负冲效果

01 【应用图像】命令调整各个通道色值

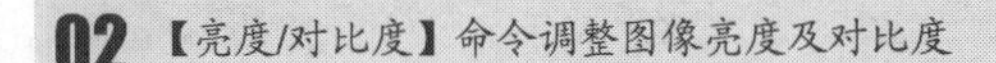

02 【亮度/对比度】命令调整图像亮度及对比度

03 【色相/饱和度】命令调整图像饱和度

STEP 01 执行【文件】/【打开】命令（Ctrl+O），弹出“打开”对话框，选择需要的素材图片，选择完毕后单击“打开”按钮，得到的图像效果如图3-1-79所示。将“背景”图层拖曳至“图层”面板上创建新图层按钮，得到“背景副本”图层。“图层”面板状态如图3-1-80所示。

图3-1-79

图3-1-80

步骤提示技巧

反转负冲效果，实际就是指正片使用了负片的冲洗工艺得到的照片效果。反转胶片经过负冲后色彩艳丽，反差偏大，景物的红、蓝、黄三色特别夸张。反转片负冲的效果比普通的负片负冲效果在色彩方面更具表现力，其色调的夸张表现是彩色负片无法达到的。

STEP 02 切换至“通道”面板，选择“蓝”通道，执行【图像】/【应用图像】命令，弹出“应用图像”对话框，具体设置如图3-1-81所示。设置完毕后单击“确定”按钮，得到的图像效果如图3-1-82所示。

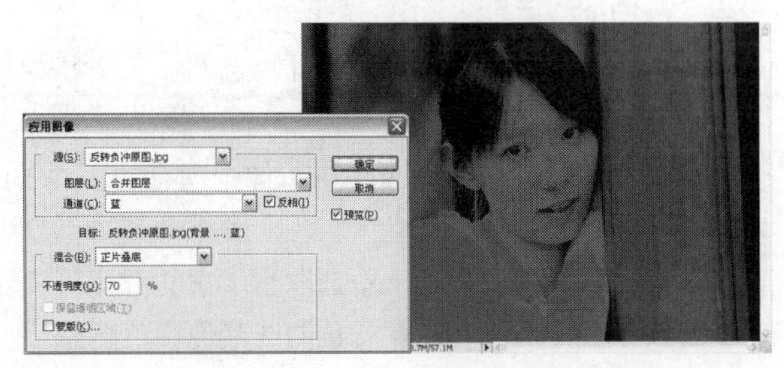

图3-1-81　图3-1-82

STEP 03 选择“绿”通道，执行【图像】/【应用图像】命令，弹出“应用图像”对话框，具体设置如图3-1-83所示。设置完毕后单击“确定”按钮，得到的图像效果如图3-1-84所示。

图3-1-83　图3-1-84

STEP 04 选择“红”通道，执行【图像】/【应用图像】命令，弹出“应用图像”对话框，具体设置如图3-1-85所示。设置完毕后单击“确定”按钮，得到的图像效果如图3-1-86所示。

图3-1-85　　图3-1-86

STEP 05 切换至“图层”面板，执行【图像】/【调整】/【亮度/对比度】命令，弹出“亮度/对比度”对话框，具体参数设置如图3-1-87所示。设置完毕后单击“确定”按钮，得到的图像效果如图3-1-88所示。

图3-1-87　　图3-1-88

步骤提示技巧

反转负冲主要适用于人像摄影和部分风光照片，这两种拍摄题材在反转片负冲的表现下，反差强烈，主体突出，色彩艳丽，使照片具有了独特的魅力。

STEP 06 执行【图像】/【调整】/【色相/饱和度】命令，弹出“色相/饱和度”对话框，具体设置如图3-1-89所示。设置完毕后单击“确定”按钮，得到的图像效果如图3-1-90所示。

图3-1-89　　图3-1-90

3.2 通道混合器

“通道混合器”命令可使用图像中现有的（源）颜色通道的混合来修改目标（输出）颜色通道，它主要有以下功能：

1. 通过从每个颜色通道中选取它所占的百分比来创建高品质的灰度图像。
2. 可以创建高品质的棕褐色调或其他彩色图像。
3. 可以修改颜色通道并进行使用其他颜色调整工具不易实现的色彩调整和创意颜色调整。

下面对“通道混合器”的不同功能进行详细分析。

3.2.1 调整图像颜色

执行【图像】/【调整】/【通道混合器】命令（或者添加“通道混合器”调整图层），可以弹出“通道混合器”对话框，如图3-2-1所示。在对话框的“通道”选项下拉菜单中可以选择红、绿和蓝（RGB模式的图像）通道进行调整，选取某个输出通道会将该通道的源滑块设置为100%，并将所有其他通道设置为0%。例如，如果选取“蓝”通道作为输出通道，则会将“源通道”中的“蓝色”滑块设置为100%，并将“红色”和绿色的滑块设置为0%，如图3-2-2所示。

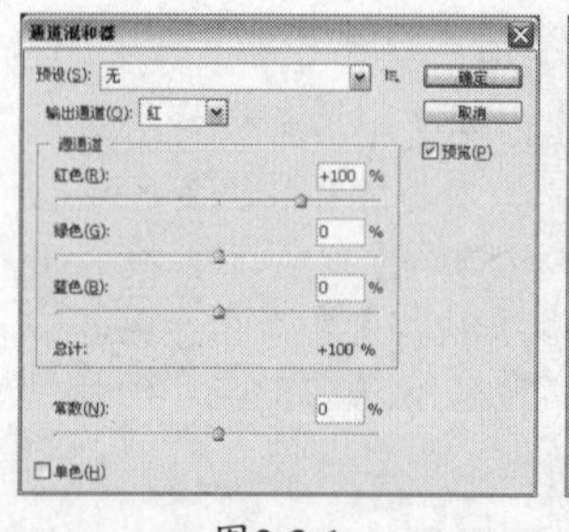

图3-2-1

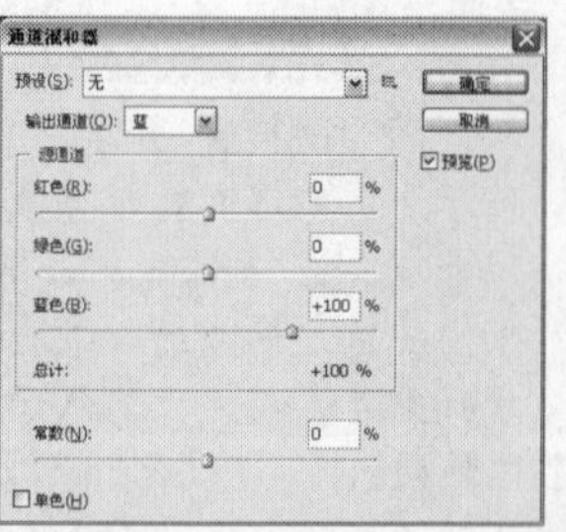

图3-2-2

将任何源通道的滑块向右拖动可以增加该通道在输出通道中所占的百分比，向左拖动可减小该百分比。在RGB模式的图像中，向右移动滑块可增加输出通道的光线，向左移动可以减少光线；对于CMYK模式的图像来说，向右移动滑块可增加油墨，从而加深通道的颜色，向左移动可减少油墨，从而提高通道的亮度。如图3-2-3所示为一个RGB模式的图像，如图3-2-4所示向右拖动“红”通道滑块时，得到的图像效果如图3-2-5所示。

图3-2-3

图3-2-4

图3-2-5

如图3-2-6所示向左拖动“红”通道滑块时，得到的图像效果如图3-2-7所示。对比“通道”面板中“红”通道的变化可以发现，向右拖动滑块，“红”通道变亮；向左拖动滑块，“红”通道变暗。

图3-2-6

图3-2-7

如图3-2-8所示的素材图像色彩是均衡的，但是没有暖和的阳光照射的效果。一种方法是使用“曲线”调整图像的整体色彩平衡，然而，“通道混合器”提供了一种完全不同的方法，操作后能够混合颜色通道的内容。

图3-2-8

执行【图像】/【调整】/【通道混合器】命令，弹出“通道混合器”对话框，具体设置如图3-2-9、图3-2-10和图3-2-11所示。从设置中可以发现，主要的颜色调整是在红色通道中进行的，将红色通道提高到

145%，混合少量的绿色通道，并减去78%的蓝色通道，在绿色和蓝色通道中所作的调整非常小，但是红色、绿色和蓝色通道的混合比例之和总是接近100%。调整之后得到的图像效果如图3-2-12所示。

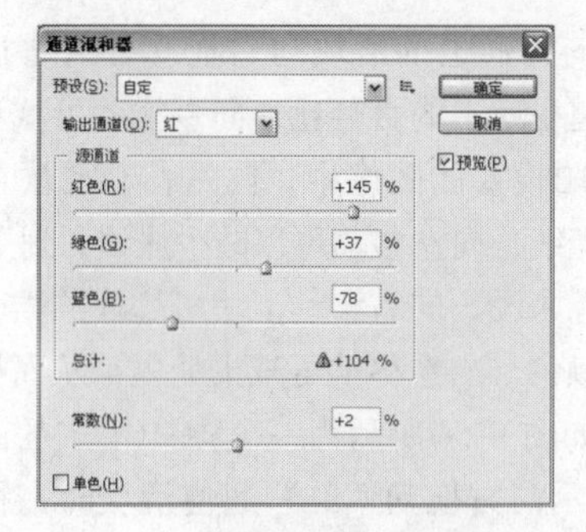

图3-2-9

图3-2-10

图3-2-11

图3-2-12

3.2.2 创建双色调图像

“通道混合器”是通过源通道向目标通道加减灰度数据来进行颜色调整的。双色调图像在印刷中只使用两种油墨，因此可以更好地节约印刷成本，如果通过转换图像的模式来创建双色调图像（将图像转换为灰度模式，然后再转换为双色调模式），在转换的过程中是无法调整图像亮度和对比度的，并且图像的颜色很难精确地控制。接下来介绍如何使用“通道混合器”创建双色调图像。

打开如图3-2-13所示的CMYK模式的图像，使用“通道混合器”保留图像中的黄色和黑色，清除其他颜色，可创建一幅用于印刷输出的双色调图像。

执行【图像】/【调整】/【通道混合器】命令，弹出“通道混合器”对话框，将“输出通道”下拉菜单中选择“青色”通道和“洋红”通道中青色滑块和洋红滑块拖动到最左侧，清除图像中的青色和洋红色，如图3-2-14和图3-2-15所示，得到的图像效果如图3-2-16所示。

图3-2-13

图3-2-14

图3-2-15

图3-2-16

此时图像中只保留了黑色和黄色，由于清除了青色和洋红，使图像的颜色过浅，缺乏对比度，这个问题可以通过调整黑色通道进行弥补。在“输出通道”下拉菜单中选择“黑色”通道，向右侧拖动青色和洋红色滑块增加图像对比度，如图3-2-17所示。设置完毕后单击“确定”按钮，得到的图像效果如图3-2-18所示。

图3-2-17　　图3-2-18

步骤提示技巧

在调整过程中可以选择对话框中的“预览”选项，切换观察调整前后图像的对比效果，当调整后的亮度与原图像的亮度接近时即可确认操作。

切换至“通道”面板并观察，发现青色通道和洋红通道都变为白色，这说明这两个通道中没有任何颜色信息，如图3-2-19所示。将其拖曳至通道面板上的删除通道按钮，删除后图像转换为多通道模式，“通道”面板状态如图3-2-20所示。双击“黄色”通道缩览图，弹出“专色通道选项”，如图3-2-21所示，单击“颜色”选项，弹出“拾色器”对话框，将色值设置为R255、G196、B0，设置完毕后单击“确定”按钮，得到的图像效果如图3-2-22所示。

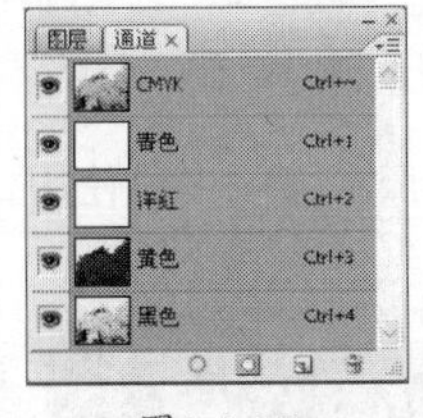

图3-2-19

图3-2-20

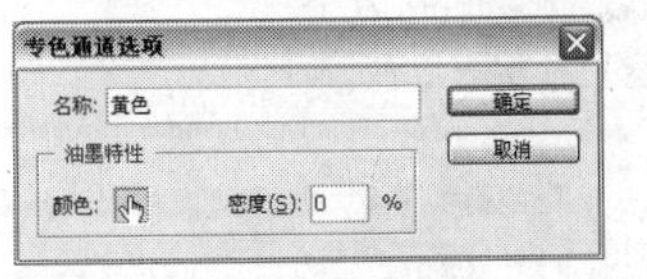

图3-2-21

图3-2-22

执行【图像】/【调整】/【色阶】命令，弹出“色阶”对话框，单击在图像中取样并设置白场按钮，如图3-2-23所示，在图像上方空白处单击，设置完毕后单击“确定”按钮，得到的图像效果如图3-2-24所示。如图3-2-25所示为使用转换图像模式的方法（使用了与通道颜色相同的黑色和黄色）创建的双色调模式，很明显“通道混合器”创建的双色调模式要更好一些。

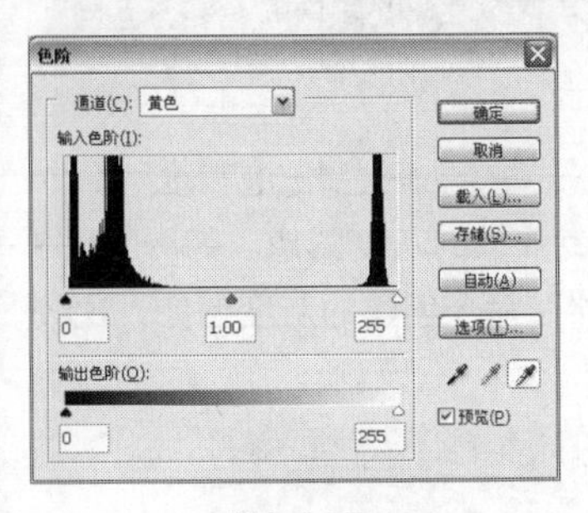

图3-2-23

图3-2-24

图3-2-25

3.2.3 创建灰度图像

使用“通道混合器”还可以创建高质量的灰度图像。如图3-2-26所示为一幅RGB模式的图像，执行【图像】/【调整】/【通道混合器】命令，弹出“通道混合器”对话框，勾选“单色”选项可将“灰色”设置为输出通道，拖动“源通道”中的滑块控制图像的细节的数量和对比度，如图3-2-27所示。设置完毕后单击“确定”按钮，得到的图像效果如图3-2-28所示。

图3-2-26

图3-2-27

图3-2-28

步骤提示技巧

在调整源通道的百分比时，当滑块数值的综合达到或者接近100%时，调整的结果与原图像的亮度最接近，通常可以得到最佳效果。

拖动“常数”选项的滑块可以调整输出通道的灰度值，该值为正值时会增加更多的白色，如图3-2-29所示，得到的图像效果如图3-2-30所示；该值为负值时会增加更多的黑色，如图3-2-31所示，得到的图像效果如图3-2-32所示。

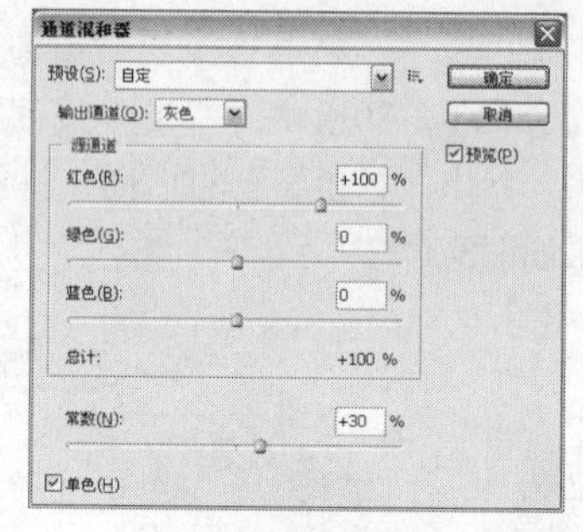

图3-2-29

步骤提示技巧

当该值为“-200%”时会使输出通道成为全黑，当该值为“200%”时会使输出通道成为全白。

图3-2-30

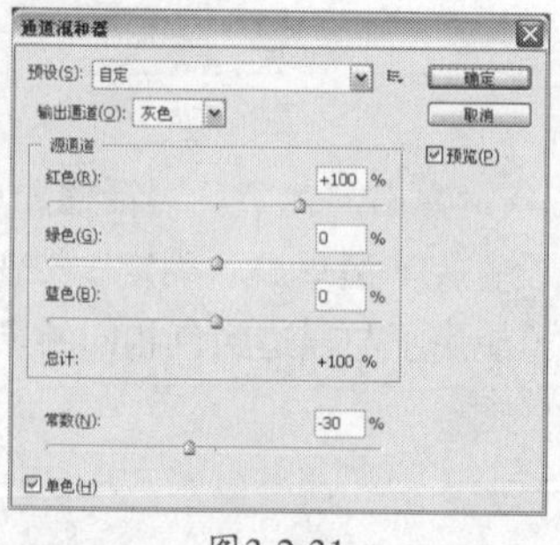

图3-2-31

图3-2-32

在Photoshop CS3中，可以使用多种方法创建灰度图像，例如使用“去色”命令、“色相/饱和度”命令等。相对于其他方法，“通道混合器”在调整方式上更加灵活，可以用于制作专业级的灰度图像。如图3-2-33所示为使用“去色”命令创建的灰度图像，如图3-2-34所示为使用“通道混合器”命令创建的灰度图像，比较两幅图像可以发现，使用“通道混合器”创建的图像可显示更多的细节。

图3-2-33

图3-2-34

3.2.4 创意图像色彩

使用“通道混合器”可以调整出其他颜色调整工具不易实现的色彩。下面将通过“通道混合器”将照片创建为类似3D渲染效果。

Effect 02 创意图像色彩

使用“通道混合器”命令调整图像颜色

STEP 01 执行【文件】/【打开】命令（Ctrl+O），弹出“打开”对话框，选择素材图片，选择完毕后单击“确定”按钮，得到的图像效果如图3-2-35所示。

图3-2-35

STEP 02 执行【图像】/【调整】/【通道混合器】命令，弹出“通道混合器”对话框，勾选“单色”选项，具体参数设置如图3-2-36所示。设置完毕后取消勾选“单色”选项，得到的图像效果如图3-2-37所示。

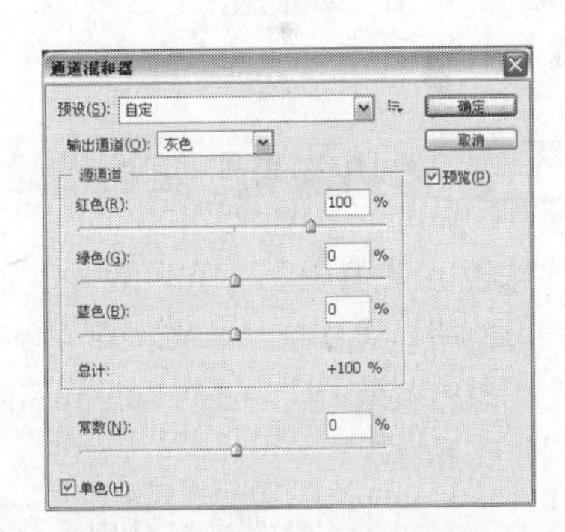

图3-2-36

图3-2-37

STEP 03 继续设置各个颜色通道的参数，如图3-2-38、图3-2-39和图3-2-40所示，设置完毕后单击“确定”按钮，得到的图像效果如图3-2-41所示。

图3-2-38

图3-2-39

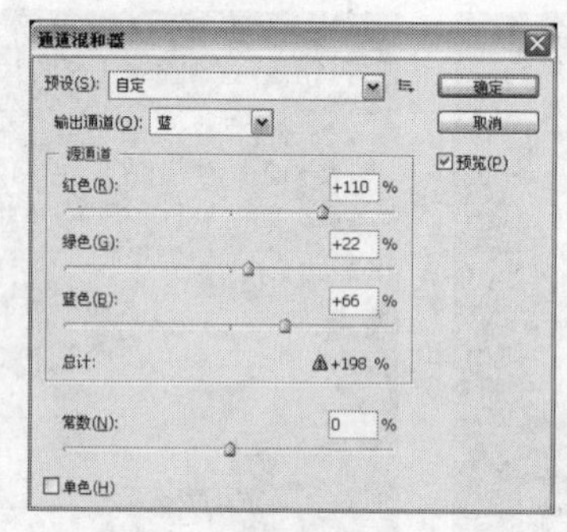

图3-2-40

图3-2-41

3.3 滤镜与通道

在使用滤镜处理数码照片时，可以发现一些滤镜中包含有“通道”选项，如“光照效果”滤镜、“镜头模糊”滤镜、“锐化”滤镜和“半色调”滤镜，这些滤镜均可以通过通道来创建一些特殊的效果，下面将分析滤镜与通道的关系。

3.3.1 “光照效果”滤镜与通道

执行【滤镜】/【渲染】/【光照效果】命令，可弹出“光照效果”对话框，如图3-3-1所示。该命令通常与通道相结合使用，通过在“光照效果”命令对话框中设置17种光照样式、3种光照类型和4套光照属性，在图像上产生光照的效果的同时还可以得到不同的凸起、凹陷及纹理效果。接下来，使用“光照效果”滤镜将数码照片制作成手绘效果。

执行【文件】/【打开】命令，弹出“打开”对话框，选择素材图片，选择完毕后单击“确定”按钮，得到的图像效果如图3-3-2所示。执行【滤镜】/【渲染】/【光照效果】命令，弹出“光照效果”对话框。具体参数设置如图3-3-3所示，设置完毕后单击如图3-3-4所示位置选择中间光源，并设置与图3-3-3所示相同参数设置，使用同样的方法设置右侧光源，设置完毕后单击“确定”按钮，得到图像效果如图3-3-5所示。

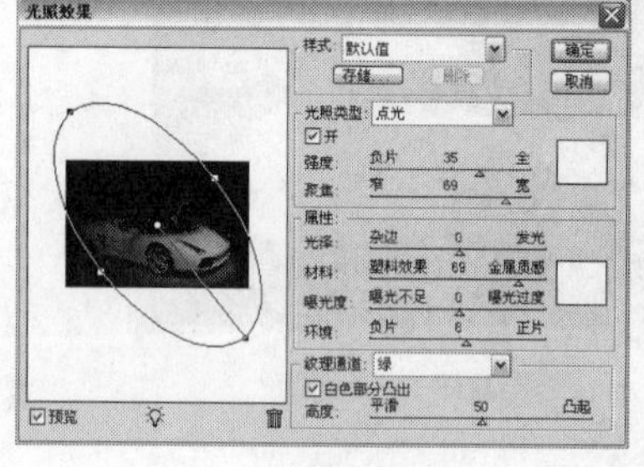

图3-3-1

图3-3-2

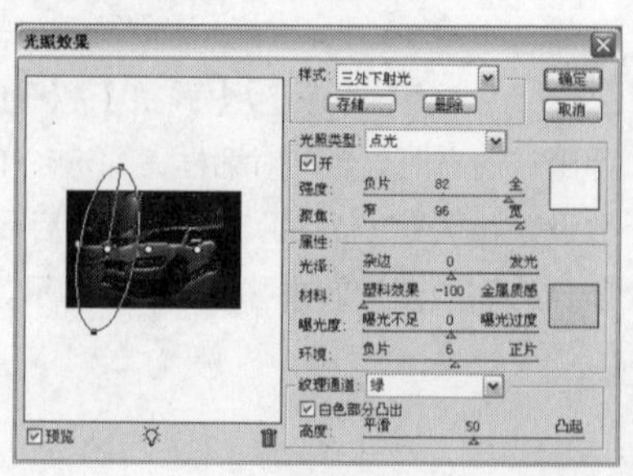

图3-3-3

步骤提示技巧

“光照效果”滤镜不能应用于CMYK模式的图像。

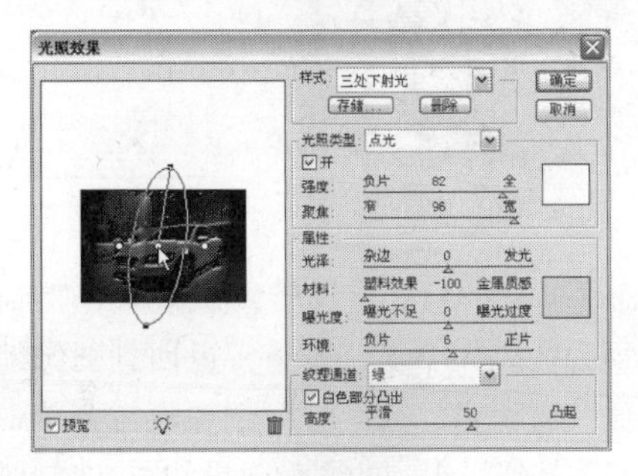

图3-3-4

图3-3-5

步骤提示技巧

“光照效果”对话框种的“白色部分凸起”选项可控制通道中产生的凸起区域，勾选该选项可使通道的白色部分凸出表面，取消勾选则凸出黑色部分。确定凸出的区域后，可以拖动“高度”滑块控制凸起的程度。

从最终的效果可以发现，绿色通道中的灰度图像对光照效果产生了影响，从而创建了类似手绘效果的图像。

3.3.2 “镜头模糊”滤镜与通道

“镜头模糊”滤镜可以模拟典型的摄影技巧来创建景深效果，它是通过图像的Alpha通道或图层蒙版的深度值来映射图像中像素的位置，使图像中的一些对象在焦点内；而另一些区域变模糊，从而产生镜头景深的模糊效果。在使用“镜头模糊”滤镜时，可以通过Alpha通道有效地控制模糊的范围，并利用通道调整特定范围内“镜头模糊”滤镜的强度。下面介绍如何制作数码照片中的景深效果。

执行【文件】/【打开】命令，弹出“打开”对话框，选择素材图片，选择完毕后单击“确定”按钮，得到的图像效果如图3-3-6所示。选择工具箱中的多边形套索工具，将图像中人物选取出来，如图3-3-7所示。

图3-3-6

图3-3-7

切换至“通道”面板，单击“通道”面板中的将选区存储为通道按钮，将选区保存为Alpha通道，按快捷键Ctrl+D取消选择，选择Alpha1通道，得到的图像效果如图3-3-8所示。“通道”面板如图3-3-9所示。单击RGB复合通道前的指示通道可见性按钮，此时系统会显示原图像并以50%的红色代替Alpha通道的灰度图像，将前景色设置为白色，选择工具箱中的画笔工具，设置柔角笔刷，在人物头发边缘涂抹（在涂抹的过程中可根据需要随时切换前景色和背景色），扩大蒙版范围并使蒙版的边缘模糊，如图3-3-10所示。“通道”面板状态如图3-3-11所示。

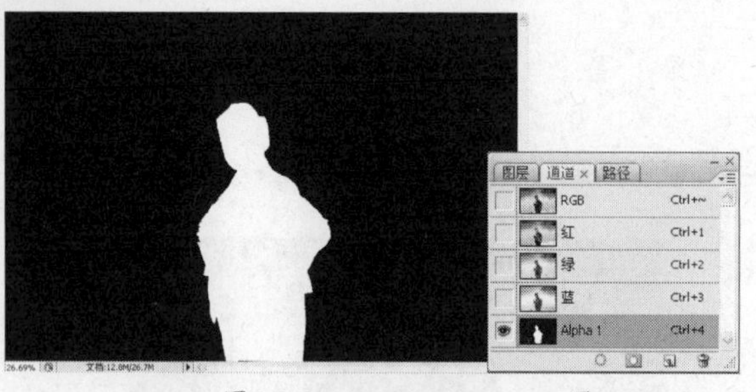

图3-3-8　　图3-3-9

图3-3-10　　图3-3-11

选择“Alpha1”通道，执行【图像】/【调整】/【反相】命令（Ctrl+I），反转蒙版效果，得到的图像效果如图3-3-12所示。隐藏“Alpha1”通道，单击“通道”面板中的RGB复合通道，返回到图像编辑状态。执行【滤镜】/【模糊】/【镜头模糊】命令，弹出“镜头模糊”对话框，在“源”选项下拉菜单中选择“Alpha1”，具体参数设置如图3-3-13所示。设置完毕后单击“确定”按钮，得到的图像效果如图3-3-14所示。

图3-3-12

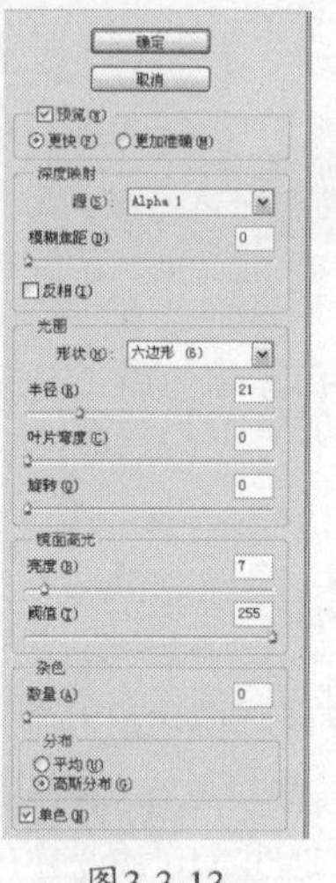

图3-3-13

图3-3-14

从模糊后的图像中可以发现，Alpha通道中的黑色保护了人物，通道中的白色区域（背景）被模糊处理了，而使用柔角笔刷涂抹的灰色区域（人物头发边缘部位），则显示出了一定程度的模糊效果。使用通道控制镜头模糊可以利用通道中的灰色在一定范围内产生淡入淡出的效果，因此制作出的镜头模糊效果也更加真实。

步骤提示技巧

在Photoshop CS3中，可以将滤镜应用于单个通道，还可以对每个颜色通道应用不同的滤镜，或应用具有不同设置的同一滤镜。

3.3.3 “锐化”滤镜与通道

“锐化”滤镜通过增加相邻像素的对比度来聚焦模糊的图像。对于专业色彩校正，可以使用“USM锐化”滤镜调整图像边缘细节的对比度，并在边缘的每侧生成一条亮线和一条暗线。此过程将使边缘突出，造成图像更加清晰的错觉。

最常用的“锐化”方法是在“RGB颜色”模式或“CMYK颜色”模式下直接对图像进行锐化，但实际上这种方法不十分正确。正确的方法是先将图像转换到“Lab颜色”模式，在“明度”通道内对图像进行锐化，最后再将图像的模式转换为“RGB颜色”模式或者“CMYK颜色”模式。

执行【文件】/【打开】命令，弹出“打开”对话框，选择素材图片，选择完毕后单击“打开”按钮，得到的图像效果如图3-3-15所示。执行【图像】/【模式】/【Lab颜色】命令，将当前图像转换成为Lab模式的图像。切换至“通道”面板，选择“明度”通道，如图3-3-16所示。执行【滤镜】/【锐化】/【USM锐化】，弹出“USM锐化”对话框，具体设置如图3-3-17所示。设置完毕后单击“确定”按钮，按快捷键Ctrl+F重复上一步“USM锐化”滤镜操作，得到的图像效果如图3-3-18所示，选择“Lab”复合通道，切换至“图层”面板，执行【图像】/【模式】/【RGB颜色】命令，得到的图像效果如图3-3-19所示。

图3-3-15

图3-3-16

图3-3-17

图3-3-18

图3-3-19

3.3.4 “彩色半调”滤镜与通道

将选区保存为Alpha通道后，可以使用滤镜编辑Alpha通道，从而得到使用其他方法无法得到的Alpha通道，最终得到需要的选区。

下面将通过实例讲解在Alpha通道中如何通过应用“彩色半调”滤镜制作当前非常流行的制作网状边缘效果。

Effect 03 使用通道和滤镜制作网点效果

01 使用磁性套索工具选择人物

03 【彩色半调】滤镜创建网点效果

02 【最大值】滤镜扩大Alpha通道中白色区域

04 【径向模糊】滤镜创建径向模糊效果

STEP 01 执行【文件】/【打开】命令（Ctrl+O），弹出“打开”对话框，选择需要的素材图片，选择完毕后单击“打开”按钮，得到的图像效果如图3-3-20所示。选择工具箱中的磁性套索工具，沿人物边缘移动鼠标创建选区，如图3-2-21所示。

图3-3-20

图3-3-21

STEP 02 按快捷键Ctrl+J复制选区内的图像至新图层，得到“图层1”，单击“图层”面板上的创建新图层按钮，新建“图层2”，将“图层2”置于“图层1”的下方，得到的图像效果如图3-2-22所示。按Ctrl键单击“图层1”缩览图调出其选区，如图3-2-23所示。

图3-3-22

图3-3-23

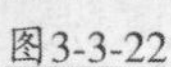
步骤提示技巧

按住Ctrl键单击“图层”面板上的创建新图层按钮，即可在当前图层下方创建新图层。

STEP 03 切换至“通道”面板，单击“通道”面板中的将选区存储为通道按钮，将选区保存为Alpha通道，按快捷键Ctrl+D取消选择，选择Alpha1通道，得到的图像效果如图3-3-24所示。“通道”面板如图3-3-25所示。

图3-3-24

图3-3-25

STEP 04 执行【滤镜】/【其它】/【最大值】命令，弹出“最大值”对话框，具体参数设置如图3-3-26所示。设置完毕后单击“确定”按钮，得到的图像效果如图3-3-27所示。

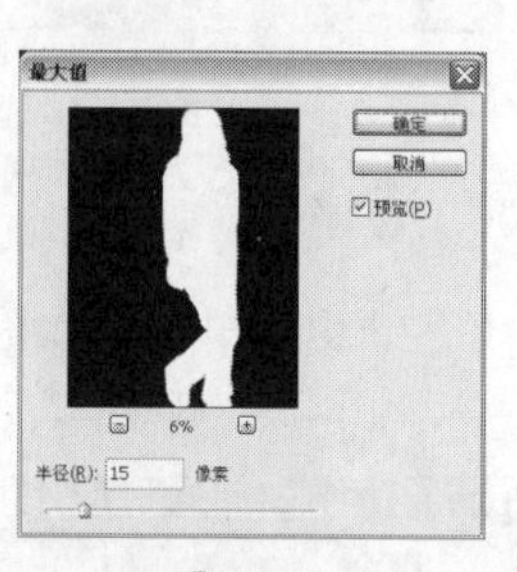

图3-3-26

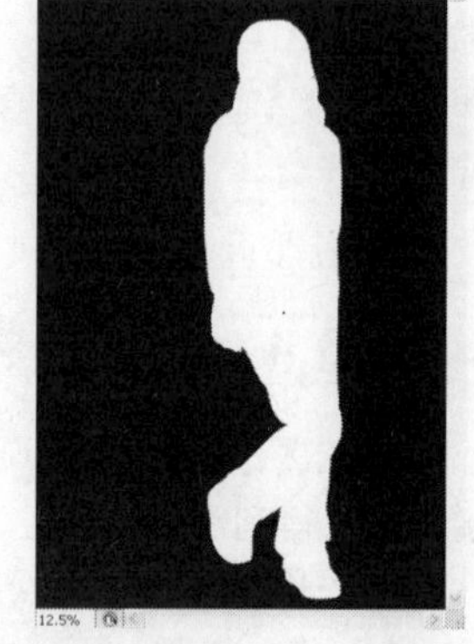
图3-3-27

步骤提示技巧

“最大值”滤镜通过提高暗区边缘的像素将图像中的亮区放大，消减暗区。“半径”值决定提高边缘像素的多少。

STEP 05 执行【滤镜】/【模糊】/【高斯模糊】命令，弹出“高斯模糊”对话框，具体参数设置如图3-3-28所示。设置完毕后单击“确定”按钮，得到的图像效果如图3-3-29所示。

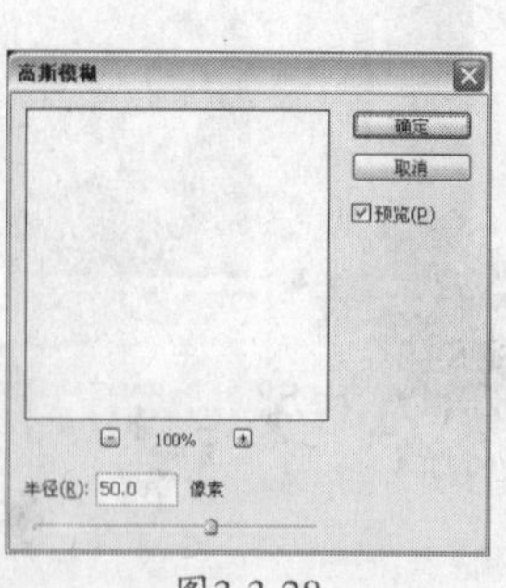

图3-3-28

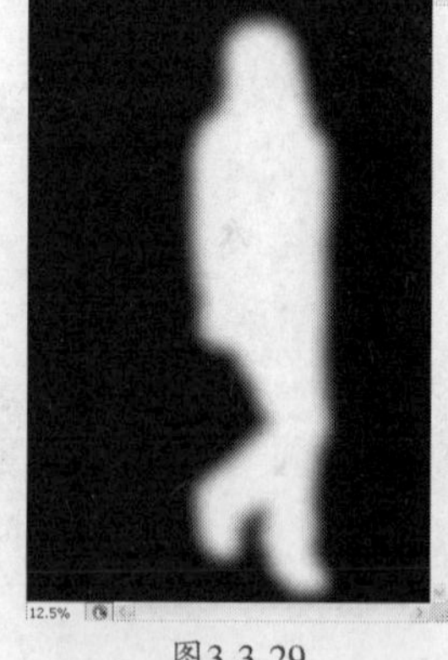
图3-3-29

步骤提示技巧

“高斯模糊”滤镜是Photoshop中经常使用的滤镜之一，它是根据高斯曲线调整图像像素值的。“半径”值用来控制模糊的程度，数值越大，图像越模糊。

STEP 06 执行【图像】/【调整】/【反相】命令（Ctrl+I），反转图像。执行【滤镜】/【像素化】/【彩色半调】命令，弹出“彩色半调”对话框，具体设置如图3-3-30所示。设置完毕后单击“确定”按钮，得到的图像效果如图3-3-31所示。

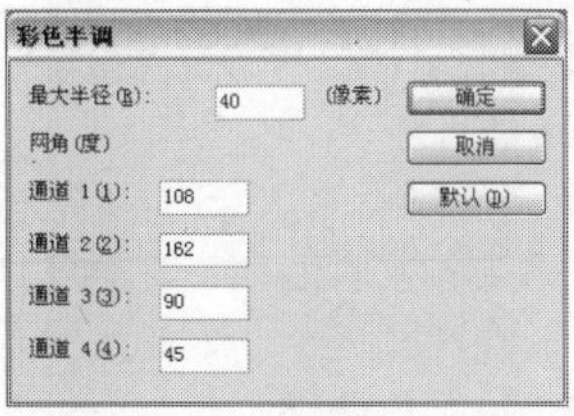

图3-3-30

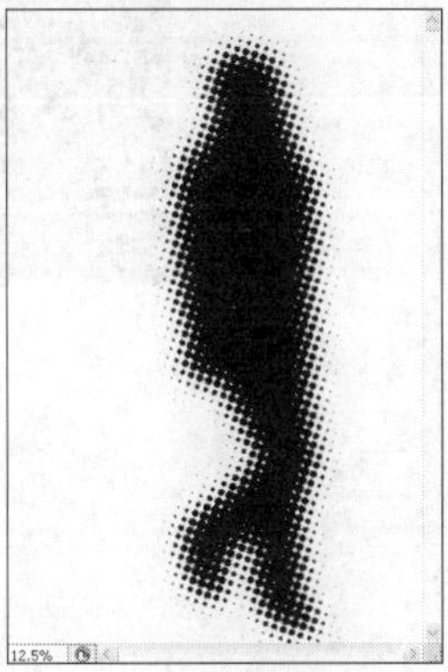

图3-3-31

步骤提示技巧

“彩色半调”滤镜模拟在图像的每个通道上使用放大的半调网屏的效果。对于每个通道，滤镜将图像划分为矩形，并用圆形替换每个矩形。圆形的大小与矩形的亮度成比例。

STEP 07 执行【图像】/【调整】/【反相】命令（Ctrl+I），反转图像。按Ctrl键单击“Alpha1”通道缩览图，调出其选区，如图3-3-32所示。切换至“图层”面板，选择“图层1”，按Ctrl键单击“图层”面板上的创建新图层按钮，在“图层1”下方新建“图层3”，将前景色设置为白色，按快捷键Alt+Delete填充前景色。填充完毕后按快捷键Ctrl+D取消选择，得到的图像效果如图3-3-33所示。“图层”面板状态如图3-3-34所示。

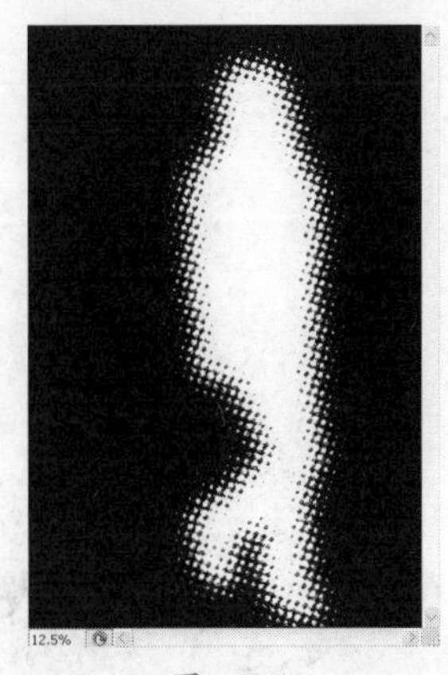

图3-3-32

图3-3-33

图3-3-34

STEP 08 执行【文件】/【打开】命令（Ctrl+O），弹出“打开”对话框，选择需要的素材图片，选择完毕后单击“确定”按钮，得到的图像效果如图3-3-35所示。选择工具箱中的矩形选框工具，在图像中绘制矩形选区，如图3-2-36所示。

图3-3-35

图3-3-36

STEP 09 选择工具箱中的移动工具，将选区内图像移动至前面的文档中生成“图层4”，将“图层4”置于“图层3”的下方，并调整其大小和位置，得到的图像效果如图3-3-37所示。

图3-3-37

STEP 10 选择“图层4”，执行【滤镜】/【模糊】/【径向模糊】命令，弹出“径向模糊”对话框，具体设置如图3-3-38所示。设置完毕后单击“确定”按钮，得到的图像效果如图3-3-39所示。

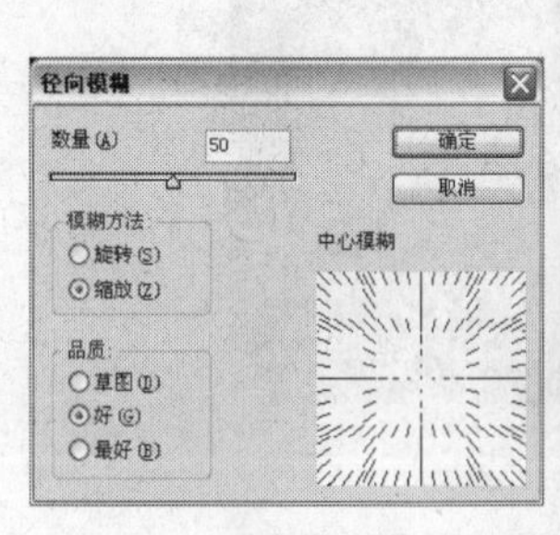

图3-3-38

图3-3-39

STEP 11 选择工具箱中的直排文字工具T，单击在图像中输入文字，并调整文字大小和位置，得到的图像效果如图3-3-40所示。

图3-3-40

Chapter 04 调整功能解析

4.1 图像简单调整命令

在处理数码相片时，颜色校正是调整步骤中不可缺少的一个环节。颜色校正工具位于【图像】/【调整】菜单中，并且多数也可以作为调整图层应用。

在【图像】/【调整】菜单中，“色阶”、“曲线”、“色相/饱和度”、“色彩平衡”和“替换颜色”等命令是最为常用的图像调整命令，而“可选颜色”、“通道混合器”、“匹配颜色”和“渐变映射”等命令是图像调整的高级命令。

如图4-1-1所示为素材图像，由于受天气环境影响较大，因此图像的整体色调较暗，在应用“曲线”命令对其进行调整后，图像中的草地和蓝天变得富有生机，而暗部区域也没有因为调整而过于明亮，如图4-1-2所示。

图4-1-1

图4-1-2

在对图像进行调整时，简单的调整命令多为提高图像对比度、使灰暗的相片变得更亮或调整图像整体颜色等。在如图4-1-3所示的素材图像中，由于拍摄中的问题，图像失去了应用的细节部分。针对该类图像可执行【图像】/【编辑】/【色阶】命令，并进行合适的参数设置提高图像的对比度，调整后的图像效果如图4-1-4所示。

图4-1-3

图4-1-4

步骤提示技巧

在对图像进行颜色校正时需要注意，由于调整命令不具备与调整图层相同的特性，不可以建立单独的调整图层，因此在使用调整命令对相片进行调整时，应为所修改相片创建副本图层，使所作调整应用在其副本图层上。如右图所示，图例分别为直接应用调整命令后的“图层”面板和应用调整图层对图像进行颜色校正后的“图层”面板。

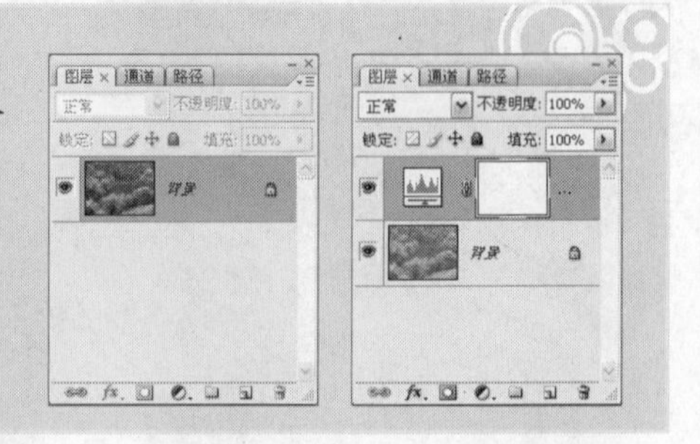

在应用图像的调整命令时，大部分的颜色调整工具都有一些共性。例如，在对调整命令的对话框设置参数时，按住Alt键的情况下单击“取消”按钮，可以使其变为“复位”按钮，“复位”按钮的作用是在不关闭对话框的前提下，撤销所作的修改。大部分的调整命令都拥有属于其自身相对应的对话框，在对图像进行

颜色校正时，勾选对话框中“预览”复选框，可以查看图像在进行调整后的效果，并且通过在选中和不选中“预览”复选框之间快速切换以达到查看修改前后图像效果的目的。

4.2 常用图像调整命令

常用的图像调整命令包括“色阶”、“曲线”、“色彩平衡”、“色相/饱和度”、“替换颜色”和“照片滤镜”等，该类命令是Photoshop CS3中最为常用的调整工具，也被广泛应用于对数码照片的调整上。

4.2.1 色阶

“色阶”和“曲线”是所有颜色校正工具中应用最为广泛的工具。在对图像进行整体颜色校正时，通过“色阶”对话框可以清楚地观察到图像中数据的直方图，并且对图像的高光和阴影值、整体亮度和对比度以及色彩平衡进行精确地调整。

执行【图像】/【调整】/【色阶】命令（Ctrl+L），弹出“色阶”对话框，如图4-2-1所示。

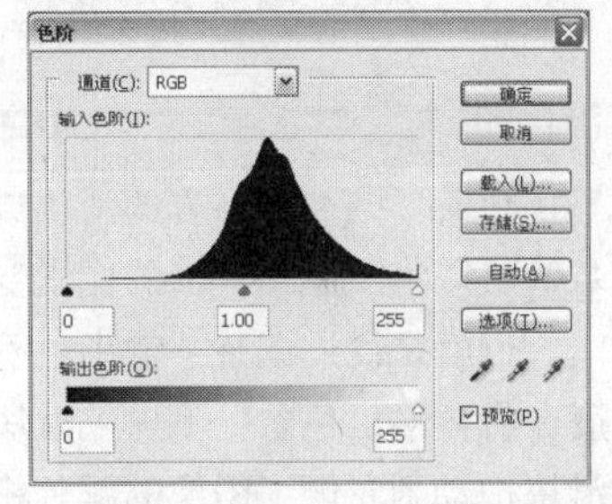

图4-2-1

“通道”选项

以RGB模式图像为例，该选项内包括“RGB”、“红”、“绿”、“蓝”4个通道，当选择“RGB”通道时，代表调整图像的全部色调；若单选其中一个单色通道，则代表只调整该色调范围内的图像。

步骤提示技巧

若要同时编辑一组颜色通道，可在选取“色阶”命令之前，按住 Shift 键在“通道”调板中选择这些通道。然后，“通道”菜单会显示目标通道的缩写，例如，CM 表示青色和洋红。该菜单还包含所选组合的个别通道。用户必须分别编辑专色通道和 Alpha 通道。需要注意的是，此方法对于“色阶”调整图层不适用。

输出色阶

设置“输出色阶”选项栏中的参数或移动其对应滑块可以增加图像的对比度。在“色阶”对话框中，“输入色阶”分为直方图滑块部分和数值栏部分，调整任意部分的参数值，相对应的另一部分也将发生改变。其中，“色阶”直方图常被用作调整图像基本色调的调整参考。

打开如图4-2-2所示的素材图像，执行【图像】/【调整】/【色阶】命令，在弹出的“色阶”对话框中将“输入色阶”左侧黑色滑块向右移动可使图像变暗，“色阶”对话框如图4-2-3所示，图像效果如图4-2-4所示；将右侧的白色滑块向左移动可使图像变亮，如图4-2-5和图4-2-6所示；当移动中间的灰色滑块可以使图像像素重新分布，其中向左移动滑块使图像变亮，向右移动滑块使图像变暗。

图4-2-2

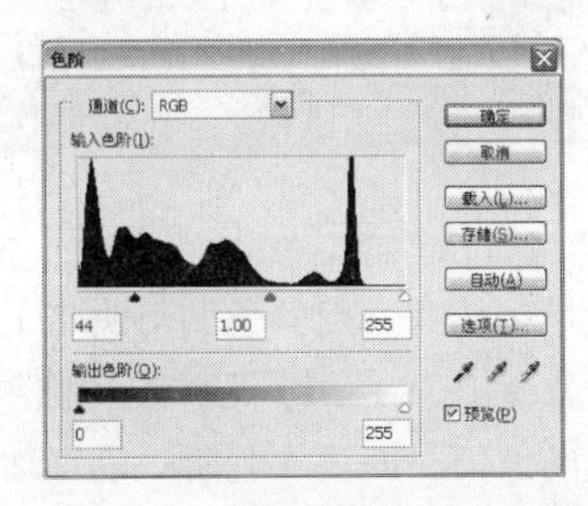

图4-2-3

图4-2-4

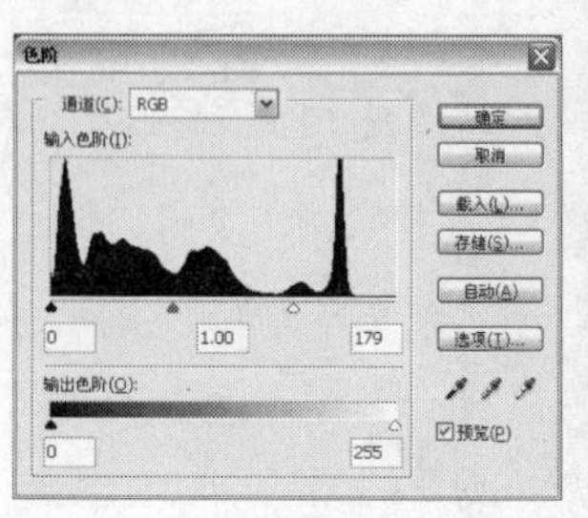

图4-2-5

图4-2-6

步骤提示技巧

通过观察可以发现，在调节左上角和右上角的滑块时，中间滑块也会移动。这是因为在移动过程中，Photoshop CS3要保持中间滑块与两端滑块之间的相对位置不变。因此，如果中间滑块位于其他两个滑块的中央位置时，任意移动两个滑块其中一个，中间滑块都要保持其中央位置。

- 输出色阶

调整“输出色阶”渐变条下方的滑块或滑块所对应的文本框数值可以将图像中最暗的像素变亮或将最亮的像素变暗。也就是说，调整“输出色阶”可以降低图像对比度。将“输出色阶”下黑色滑块拖动到右侧，将白色滑块拖动到左侧，图像的颜色将被反转，“色阶”对话框如图4-2-7所示，图像效果如图4-2-8所示。

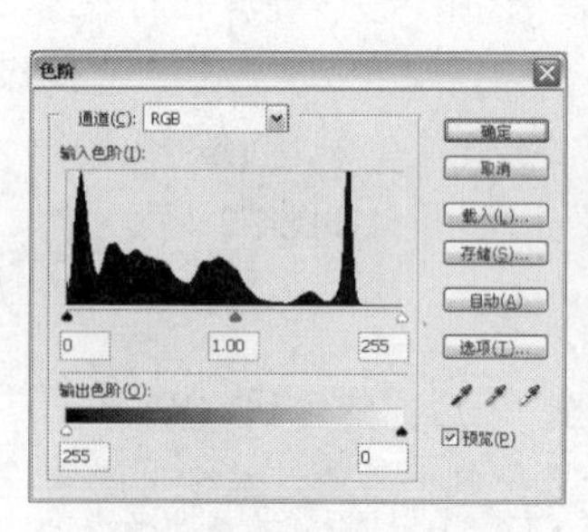

图4-2-7

图4-2-8

- 吸管工具

在“色阶”对话框中，使用吸管工具可以更方便地校正图像的色调，即从过量的颜色中移去不需要的色调。使用设置黑场吸管工具在图像中单击，可将其单击的位置定义为图像中最暗的区域；使用设置白场吸管工具在图像中单击，可将其单击的位置定义为图像中最亮的区域；使用设置灰场吸管工具在图像中单击，可用于校正图像中的偏色。需要注意的是，当处理的图像为灰度图像时，该工具不可用。

- 隐藏“阈值模式”

在“色阶”对话框中，Photoshop CS3隐藏了一项较为重要的功能，即“阈值模式”。当移动色阶对话框中输入色阶左侧或右侧的滑块时，按住Alt键即可激活该项隐藏功能。通过使用“阈值模式”处理图像，可以在不损失细节的情况下获得最大图像对比度。因此在对图像进行调整时，使用该功能可以更加准确地调整图像对比度。

步骤提示技巧

由于“色阶”对话框中包括直方图显示功能，因此非常适合在拍摄数码相片或图像扫描后对图像的整体颜色进行校正。

4.2.2 曲线

【曲线】命令与【色阶】命令的调整方法相同，使用【曲线】命令可以调整图像的色调与明暗度，并且可以精确地调整高光、阴影和中间调区域中任意一点的色调与明暗。

执行【图像】/【调整】/【曲线】命令（Ctrl+M），弹出“曲线”对话框，如图4-2-9所示。在“曲线”对话框中，曲线的水平轴表示像素原来的色值，即输入色阶；垂直轴表示调整后的色值，即输出色阶。

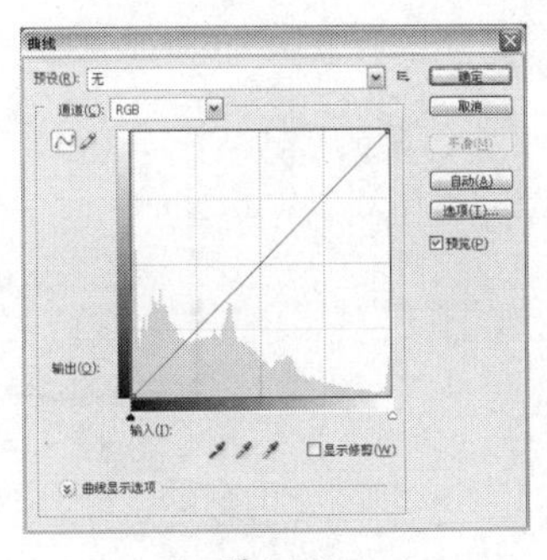
图4-2-9

步骤提示技巧

在“曲线”对话框中，按Alt键在网格内单击，可以增加或减少曲线中网格的数量。常用于调整更精细的曲线值时使用。

“预设”

在曲线的预设中，选择不同的预设所对应的曲线形状也不同，得到图像效果自然不同。当选择“预设”栏中Photoshop CS3自带的预设选项时，图像与曲线形状随着所选选项的设置而发生改变；当“预设”显示“无”时，表示曲线未被改变；当“预设”显示为“自定”时，表示可对当前曲线进行自定义编辑。单击“预设”选项旁曲线预设扩展按钮即可在其下拉菜单中选择曲线的预设。

“通道”

“通道”选项用于设置图像进行色调调节时的颜色通道。当选择“RGB”通道对图像进行曲线调整时，图像中的复合通道受到影响，导致图像整体效果发生改变；当选择任意单色通道进行调整时，被调整的对象仅为当前所选通道。通过单色通道调整曲线常常会使图像获得特殊的效果。

打开如图4-2-10所示的素材图像，当单独对“红”通道进行“曲线”调整时，“曲线”对话框如图4-2-11所示，图像效果如图4-2-12所示。

图4-2-10

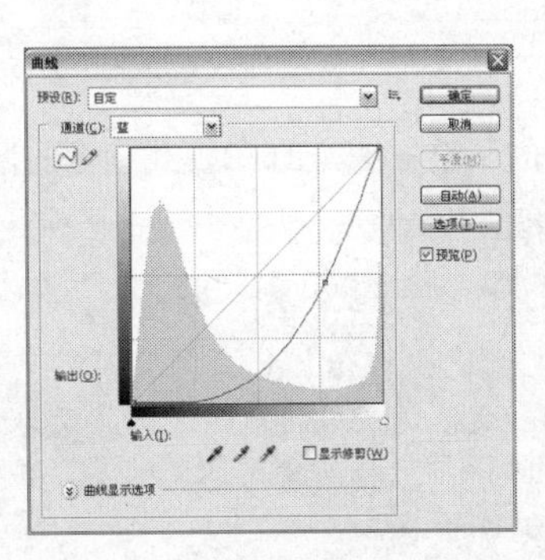
图4-2-11

图4-2-12

吸管工具

在“曲线”对话框中，吸管工具是一项非常重要的辅助调整工具。当打开“曲线”对话框后，使用吸管工具可以使图像的调整工作更加有针对性。

按快捷键Ctrl+M打开“曲线”对话框，当所有吸管工具都处于非活动状态时，将鼠标移动到图像窗口中，单击素材图像中的任意点并按住鼠标，在“曲线”对话框中将显示当前所单击点的输出值和输入值，并且以空心矩形的形式显示在曲线上，如图4-2-13和图4-2-14所示。需要注意的是，该点将在鼠标移走后取消显示；当按Ctrl键在图像窗口中单击时，Photoshop CS3将在“曲线”对话框内曲线的相应位置上放置控制点，如图4-2-15所示。

图4-2-13

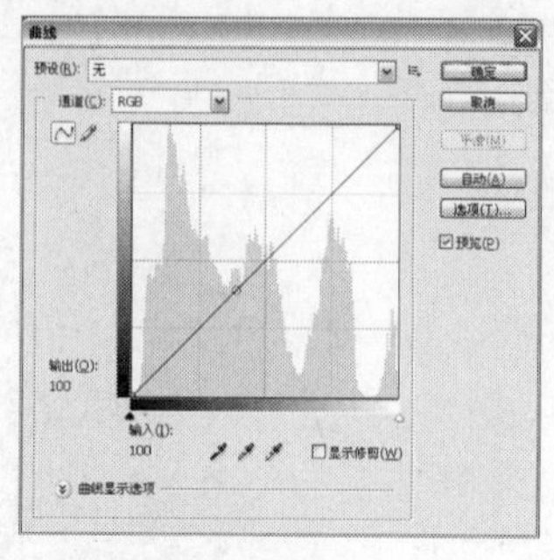
图4-2-14

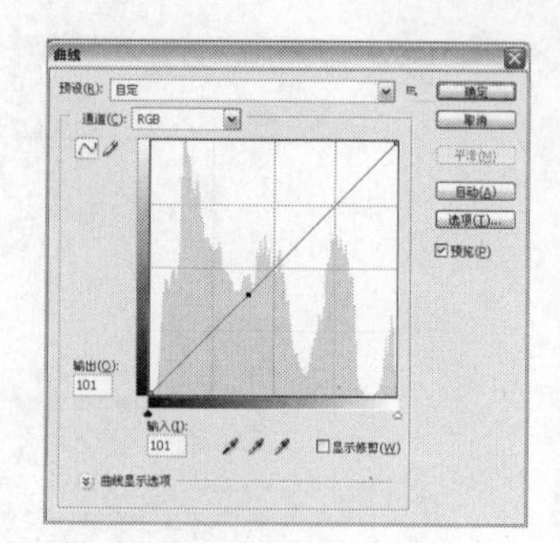
图4-2-15

调整图像亮度

“曲线”调整在调整图像亮度方面较为简单。以RGB模式图像为例，在如图4-2-16所示的素材图像中，将曲线向上移动，意味着光线加强。此时图像变亮，“曲线”对话框如图4-2-17所示，图像效果如图4-2-18所示；相对应地将曲线向下移动，意味着光线变暗，图像也随之变暗。

图4-2-16

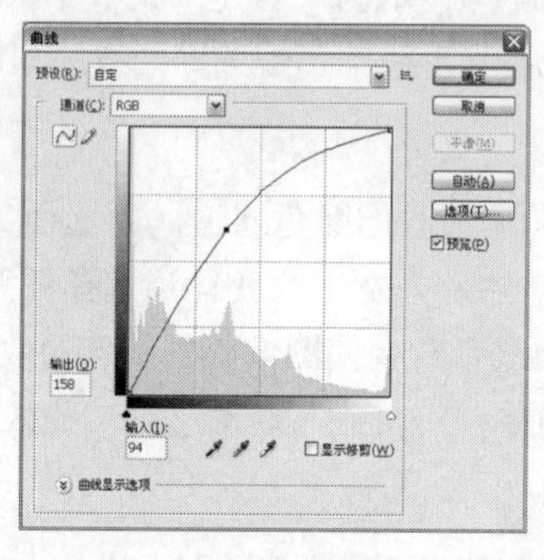
图4-2-17

图4-2-18

当图像为CMYK模式时，图像亮度的调整方法与RGB模式图像的调整方法相反。在调整图像亮度时，对曲线的调整不当会导致图像出现偏色现象。

步骤提示技巧

当图像为RGB模式时，对话框中渐变条所使用的是光线，显示为上方是白色，因此意味着曲线越向上图像越亮；当图像为CMYK模式时，对话框中的渐变条所使用的是油墨，显示为上方是黑色，意味着曲线越向上图像使用油墨越多。

增加图像对比度

在曲线上，比较平缓的部分代表对比度较低的区域，比较陡直的部分代表图像中对比度较高的区域。对图像进行对比度调整时，创建“S”形曲线可以提高图像的反差，可以使高光区域变亮、阴影区域变暗。

打开如图4-2-19所示的素材图像，按快捷键Ctrl+M打开“曲线”对话框，在曲线上单击鼠标，创建三个控制点，在保持中间点不变的情况下将另外两个点分别向左上和右下两端移动，得到如图4-2-20所示的“S”形曲线。由于“S”形曲线可以扩大图像中亮调和暗调的空间范围，并压缩中间调的空间，因此图像的对比度得到增强，如图4-2-21所示。

图4-2-19

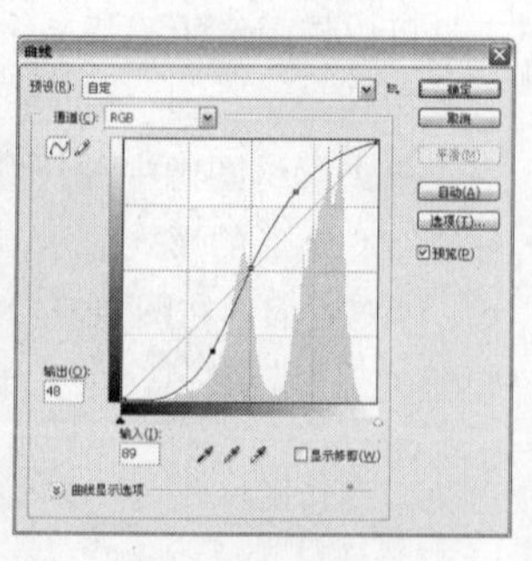
图4-2-20

图4-2-21

步骤提示技巧

在对RGB图像应用“曲线”调整图层进行调整时，经常会导致轻微的颜色变化，因此为了消除色偏，并确保只对图像的亮度进行调整，可将“曲线”调整图层的混合模式设置为“亮度”。

4.2.3 色彩平衡

【色彩平衡】命令是一个操作直观方便的色彩调整工具，使用该命令可以对图像进行一般的色彩调整，并使图像的各种色彩达到平衡。由于【色彩平衡】命令只作用于复合颜色通道，因此可以在彩色图像中选择复合通道并改变颜色的混合。

执行【图像】/【调整】/【色彩平衡】命令（Ctrl+B），弹出“色彩平衡”对话框，如图4-2-22所示。

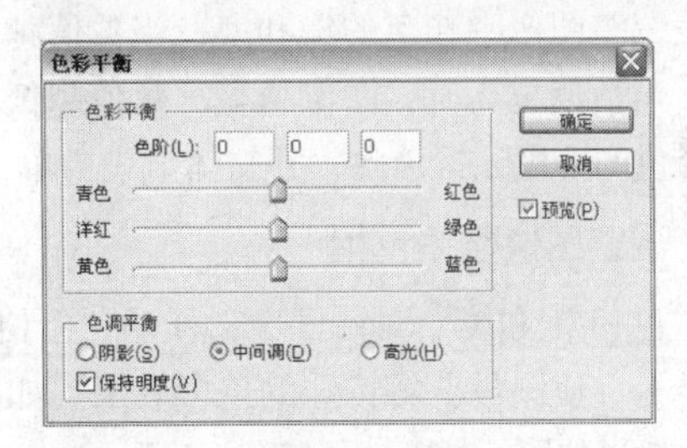

图4-2-22

“色彩平衡”对话框主要包括“色彩平衡”和“色调平衡”两部分。

色彩平衡

色彩平衡栏中主要包括“色阶”和“颜色条”两部分。当修改“色阶”文本框中的参数时，“颜色条”中的滑块位置也会随之而产生变化。其中“颜色条”中包含的3个数据框分别代表R、G、B通道的颜色变化。在“色彩平衡”栏中，将滑块拖向要在图像中增加的颜色；或将滑块拖离要在图像中减少的颜色可以对图像中的色彩进行调整。

在如图4-2-23所示的素材图像中，按快捷键Ctrl+B打开“色彩平衡”对话框，具体设置如图4-2-24所示，设置完毕后单击“确定”按钮，得到的图像效果如图4-2-25所示。此时图像的颜色被调整为偏绿色调，因此也可以说明，【色彩平衡】命令多用于对图像的色相调整。

图4-2-23

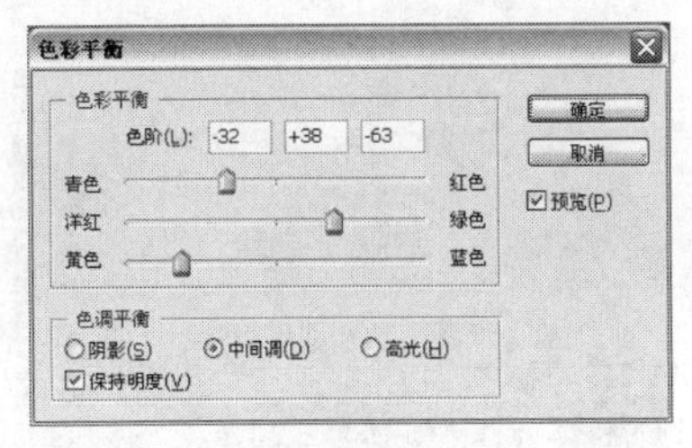

图4-2-24

图4-2-25

色调平衡

在“色调平衡”栏中包括“阴影”、“中间调”、“高光”和“保持亮度”复选项。其中通过选择“阴影”、“中间调”或“高光”复选项，可以选择要着重更改的色调范围。勾选“保持亮度”复选框可以保持图像的色调平衡，防止图像的亮度值随颜色的更改而改变。

4.2.4 色相/饱和度

【色相/饱和度】命令在图像调整时应用得十分广泛，使用该命令可以调整整个图像的色相、对比度和明度，也可以挑选图像中的单个颜色成分进行调整。

执行【图像】/【调整】/【色相/饱和度】命令（Ctrl+U），弹出“色相/饱和度”对话框，如图4-2-26所示。

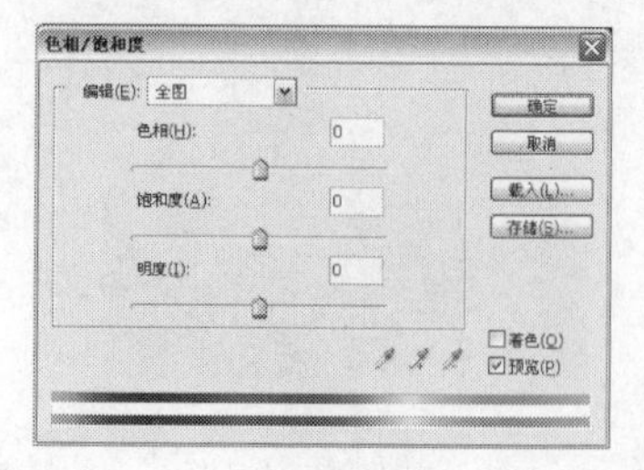

图4-2-26

在“色相/饱和度”对话框中，“色相”代表调整整个图像各个色值的色相，拖动滑块或直接在对应的文本框内输入数值可对图像的颜色进行调整；“饱和度”代表调整图像中颜色的饱和度，当数值越高颜色越浓，数值越低颜色越浅；“明度”代表调整图像的明暗程度，当数值越高时，图像越亮，数值越低，图像越暗；当“着色”复选框处于勾选状态时，可将图像中黑白或彩色的多色元素消除，并整体渲染为单色效果。

调整图像整体色相

在“色相/饱和度”对话框中，移动“色相”所对应的滑块或直接修改文本框内的数值可以调整图像的整体色相显示，使图像获得特殊的色彩效果。如图4-2-27所示素材图像，应用【色相/饱和度】命令调整后，得到的图像效果如图4-2-28和图4-2-29所示。

图4-2-27

图4-2-28

图4-2-29

增减图像的色彩浓度

在“色相/饱和度”对话框中，“饱和度”可以控制图像的色彩浓度，当改变该选项所对应的滑块位置或文本框内数值时，图像的浓度程度会随之发生改变。当饱和度为-100时，图像效果如图4-2-30所示；当饱和度为-50时，图像效果如图4-2-31所示；当饱和度为0时，图像的色彩浓度不发生改变；当饱和度为+100时，图像效果如图4-2-32所示。

图4-2-30

图4-2-31

图4-2-32

将图像处理为单色

在“色相/饱和度”对话框中，“着色”复选框的作用是将图像改变为同一种颜色的效果。在对数码相片进行处理时，使用该命令可以将普通的相片调整为单色的艺术效果照片，通过移动“色相”选项所对应的滑块可以对图像的整体颜色进行控制调整，如图4-2-33、图4-2-34和图4-2-35所示。

图4-2-33

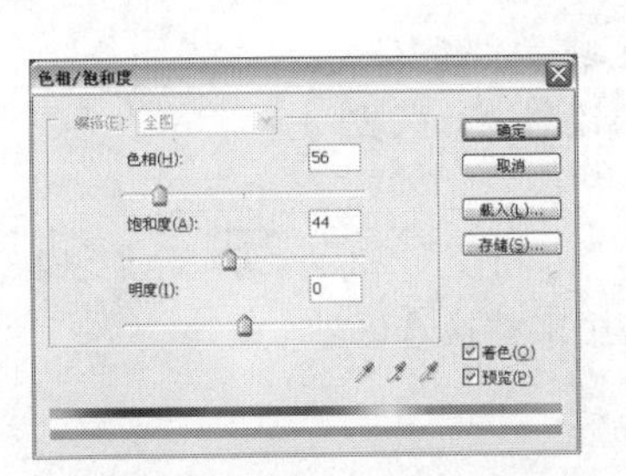

图4-2-34

图4-2-35

步骤提示技巧

在“色相/饱和度”对话框内勾选“着色”复选框后，如果前景色是黑色或白色，则图像会转换成红色色相；如果前景色不是黑色或白色，则会将图像转换成当前前景色的色相，并且每个像素的明度值不改变。

选择性改变图像色相

在使用【色相/饱和度】命令对图像进行编辑时，不仅可以对整个图像的色相进行调整，也可以针对某一颜色进行选择性修改。

如图4-2-36所示为素材图像，按快捷键Ctrl+U，打开“色相/饱和度”对话框，当需要将图像中红色的花瓣调整为其他颜色时，可在“色相/饱和度”对话框的编辑栏中选择“红色”选项，并调整“色相”所对应的滑块，如图4-2-37所示。调整完毕后单击“确定”按钮，得到的图像效果如图4-2-38所示。通过观察可以发现，由于限定了图像中需要调整的颜色范围，因此在调整后只有红色花瓣区域发生变化，而其他区域的颜色仍保持初始状态。

图4-2-36

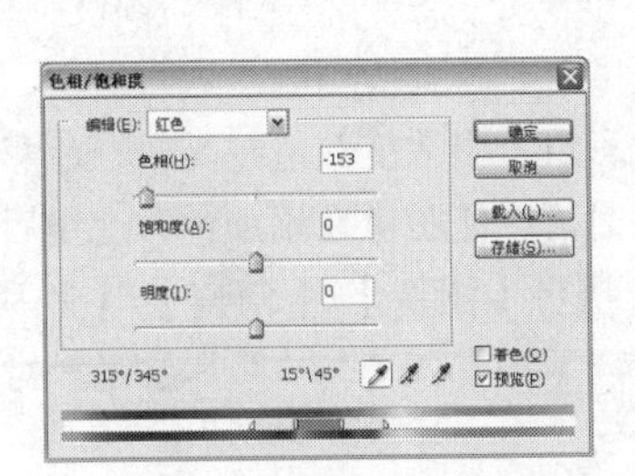

图4-2-37

图4-2-38

4.2.5 替换颜色

使用【替换颜色】命令可以对图像中某个特定范围的颜色进行替换，也就是将所选颜色替换为其他颜色。【替换颜色】命令同时具备了与【色彩范围】命令和【色相/饱和度】命令相同的功能。因此，在替换颜色过程中，可以根据不同的图像需要设置选定区域的色相、饱和度和亮度。

执行【图像】/【调整】/【替换颜色】命令，弹出“替换颜色”对话框，如图4-2-39所示。

颜色吸取：使用吸管工具在图像中单击可选择需要替换的颜色；使用“添加到取样”吸管工具连续取色可以增加选区范围；使用“从取样中减去”吸管工具连续取色可以减少选区范围。

颜色：颜色框显示当前所选中的颜色。单击颜色框可以打开“拾色器”对话框对其进行修改。

颜色容差：用于设置颜色的差值，当数值越大时，所选取的颜色范围越大，调整图像颜色的效果也越明显。

替换：当设置好需要替换的颜色区域后，调整该区域内的滑块或修改相对应的参数值可以对选择区域的“色相”、“饱和度”和“明度”进行调节。

结果色：通过调整“色相”、“饱和度”和“明度”选项后得到的颜色，也就是用来替换选区色的颜色。

图4-2-39

步骤提示技巧

在图像或预览框中使用吸管工具单击可以选择由蒙版显示的区域。按住 Shift 键并单击或使用“添加到取样”吸管工具则添加区域；按住 Alt 键单击或使用“从取样中减去”吸管工具则移去区域。

4.2.6 照片滤镜

【照片滤镜】命令是针对相片进行色相调整的一个色彩调整命令，该命令相当于把有颜色的滤镜放置在照相机前方来调整穿过镜头曝光光线的色彩平衡和色温的技术。简单地说，【照片滤镜】命令是通过预设的色彩选项，对照片进行的自定义色彩调整。

执行【图像】/【调整】/【照片滤镜】命令，弹出“照片滤镜”对话框，如图4-2-40所示。

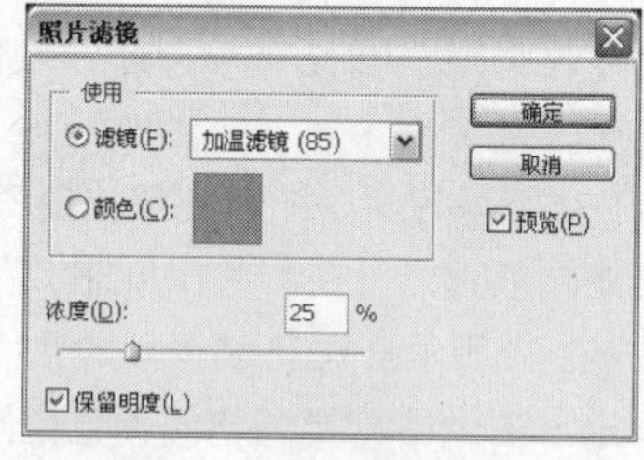

图4-2-40

在“照片滤镜”对话框中，单击“滤镜”复选项的下拉按钮，在弹出的下拉菜单中可选择需要的滤镜选项；当“滤镜”复选项中的默认滤镜不能满足需求时，选择“颜色”复选项，单击右侧“自定滤镜颜色”图标，打开“拾色器”对话框，可重新选择需要的滤镜颜色。

“浓度”选项可以调整图像中的色彩量，当浓度数值越高时，色彩越浓，颜色调整幅度越大。

“保留明度”复选框处于勾选状态时可以使图像在添加色彩滤镜后保持明度不变。

打开如图4-2-41所示的素材图像，执行【图像】/【调整】/【照片滤镜】命令，弹出“照片滤镜”对话框，当设置“滤镜”复选项为“冷却滤镜（80）”时，“照片滤镜”对话框如图4-2-42所示，得到的图像效果如图4-2-43所示。

图4-2-41

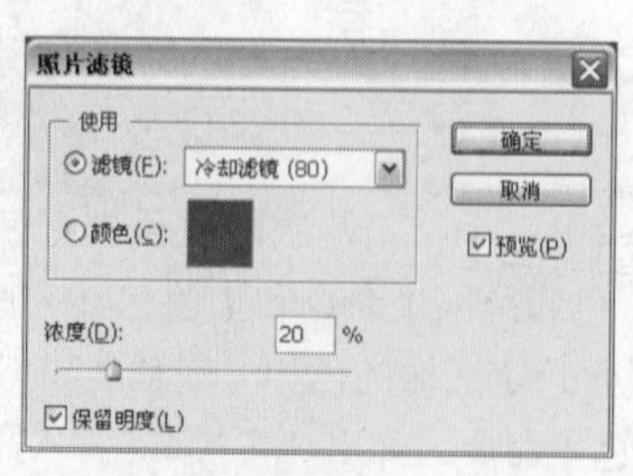

图4-2-42

图4-2-43

当设置“滤镜”复选项为“黄色”，浓度为75%时，“照片滤镜”对话框如图4-2-44所示，得到的图像效果如图4-2-45所示。通过观察可以发现，当浓度值增加后，滤镜应用图像的颜色也会随时增加，“照片滤镜”的调整效果更明显。

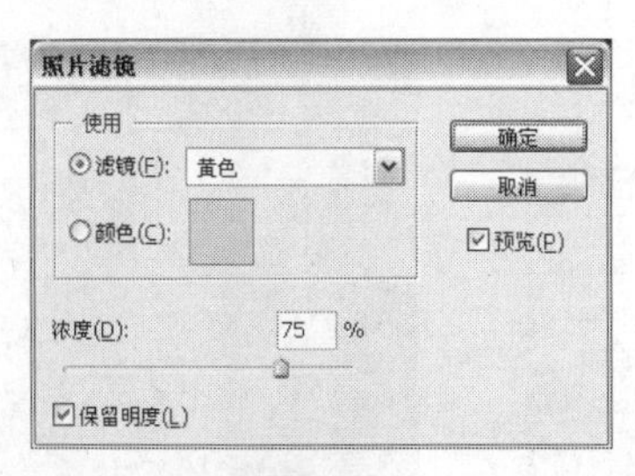

图4-2-44

图4-2-45

Effect 01 使用【照片滤镜】命令制作创意风景效果

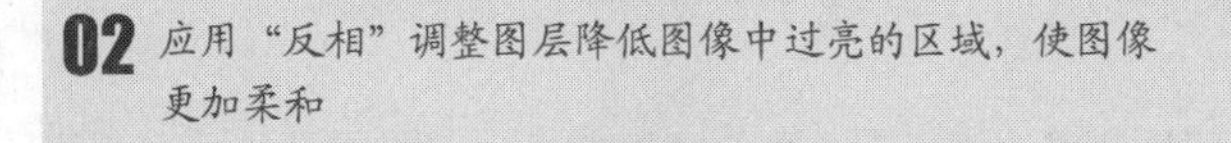

01 应用“色相/饱和度”调整图层和“通道混合器”调整图层为图像创建充满暖色气息的图像效果

02 应用“反相”调整图层降低图像中过亮的区域，使图像更加柔和

03 巧妙地使用图层混合模式为图像添加装饰效果，使图像整体得到饱满而丰富的视觉效果

STEP 01 执行【文件】/【打开】命令（Ctrl+O），弹出“打开”对话框，选择需要的素材文件，单击“打开”按钮，如图4-2-46所示。将“背景”图层拖曳至“图层”面板上创建新图层按钮，得到“背景副本”图层，如图4-2-47所示。

图4-2-46

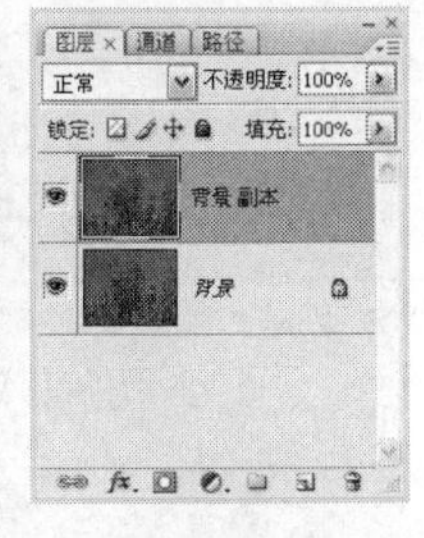

图4-2-47

STEP 02 选择工具箱中的矩形选框工具，在图像中绘制如图4-2-48所示的选区。选择“背景副本”图层，执行【图像】/【调整】/【照片滤镜】命令，弹出“照片滤镜”对话框，具体设置如图4-2-49所示，设置完毕后单击“确定”按钮，得到的图像效果如图4-2-50所示。

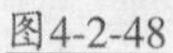
图4-2-48

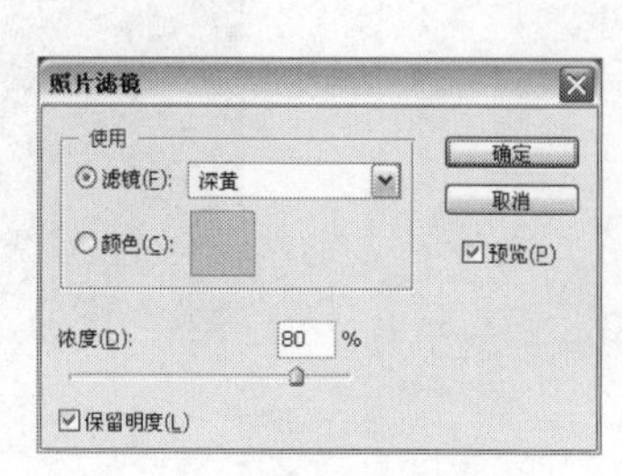

图4-2-49

图4-2-50

STEP 03 在图像中拖曳矩形选区，将其移动至如图4-2-51所示的位置，执行【图像】/【调整】/【照片滤镜】命令，弹出“照片滤镜”对话框，具体设置如图4-2-52所示，设置完毕后单击“确定”按钮，得到的图像效果如图4-2-53所示。

图4-2-51

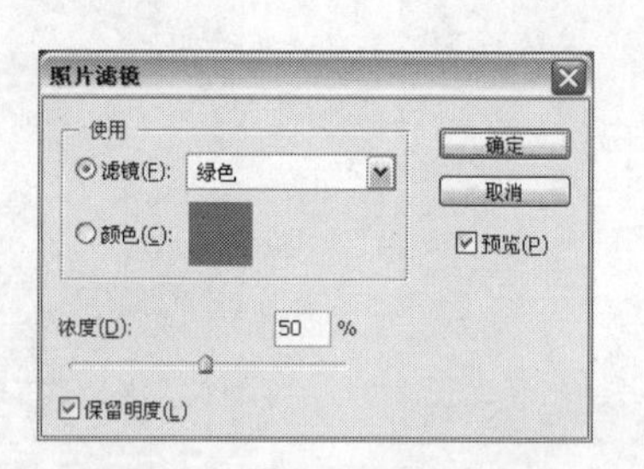

图4-2-52

图4-2-53

步骤提示技巧

在移动选区时，若当前所选工具为矩形选框工具或套索工具时，鼠标指针将变为图标，表示进行移动时仅对选区产生作用；若当前所选工具为移动工具时，将鼠标移动至选区内，则鼠标指针将变为图标，表示进行移动时将剪切选区内容。

STEP 04 在图像中拖曳矩形选区，将其移动至如图4-2-54所示的位置，执行【图像】/【调整】/【照片滤镜】命令，弹出“照片滤镜”对话框，具体设置如图4-2-55所示，设置完毕后单击“确定”按钮，按快捷键Ctrl+D取消选择，得到的图像效果如图4-2-56所示。

图4-2-54

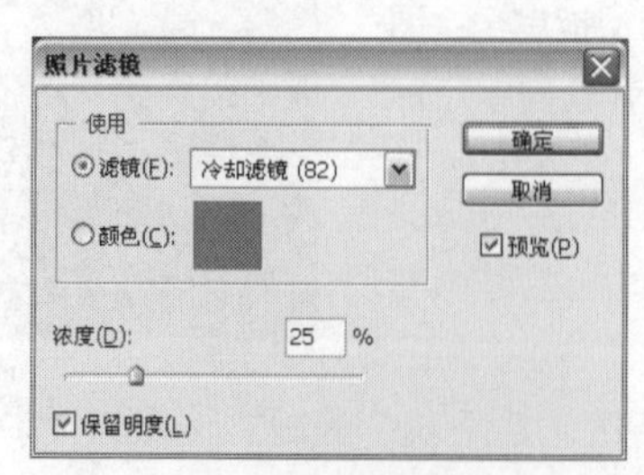

图4-2-55

图4-2-56

STEP 05 选择“背景副本”图层，按快捷键Ctrl+Shift+Alt+E盖印可见图层，生成“图层1”，“图层”面板如图4-2-57所示。选择“图层1”，执行【滤镜】/【风格化】/【查找边缘】命令，得到的图像效果如图4-2-58所示。

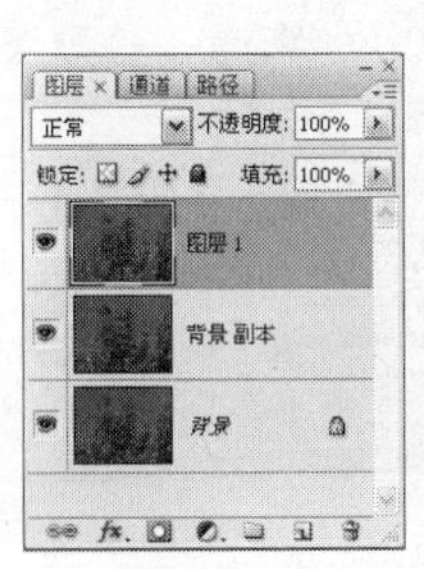

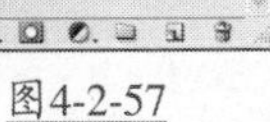

图4-2-57

图4-2-58

STEP 06 在“图层”面板上将“图层1”的图层混合模式设置为“颜色加深”，不透明度为60%，“图层”面板如图4-2-59所示，得到的图像效果如图4-2-60所示。

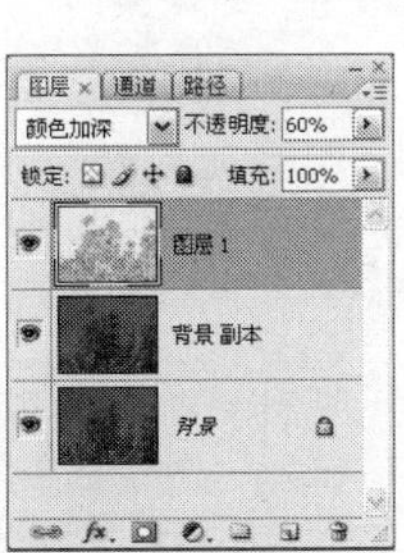

图4-2-59

图4-2-60

4.3 图像调整高级命令

图像调整高级命令包括【可选颜色】、【通道混合器】、【匹配颜色】、【渐变映射】等命令，在对图像进行较深入的调整时，该类命令应用得较为广泛。因此，熟练掌握调整的高级命令可以使图像调整更加得心应手。

4.3.1 可选颜色

从理论上来讲，可选颜色是通过在图像每个加色和减色的原色分量中增加和减少印刷色用来改变图像效果。在使用【可选颜色】命令在进行调整时，图像的其他颜色不会受到影响。

执行【图像】/【调整】/【可选颜色】命令，弹出“可选颜色”对话框，如图4-3-1所示。

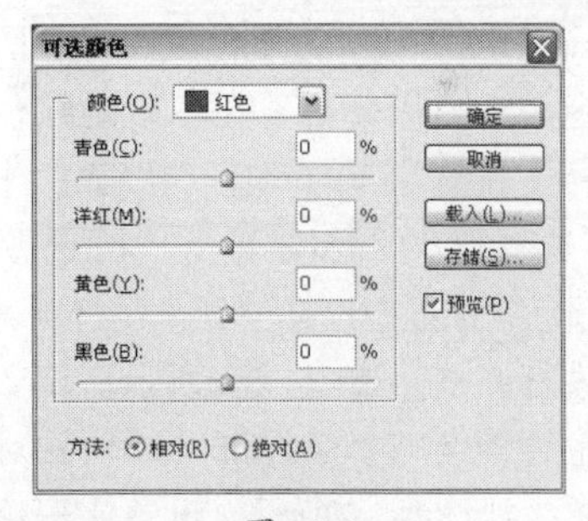

图4-3-1

“颜色”选项栏的下拉菜单中提供可以选择的调整颜色。

“青色”、“洋红”、“黄色”、“黑色”代表在其对应的数值栏中输入数值或拖动每个颜色对应的滑块，可以增加或减少该种颜色在图像中的占有量。

“相对”复选项被勾选后，在对话框中所作的调整将按照总量的百分比来更改图像颜色，该选项不能调整纯反白光，因为它不包含颜色成分。

“绝对”复选项被勾选后将采用绝对值调整颜色。

校正图像颜色

【可选颜色】命令属于图像的高级调整范围，由于不如“曲线”、“色阶”和“色相/饱和度”等调整图层常用，因此经常被Photoshop的初学者所遗忘。实际上，该命令在校正图像颜色上有着非常强大的作用。

打开如图4-3-2所示的素材图像，通过观察可以发现，由于拍摄时的光线问题，女孩的脸部肤色较暗。为了解决该问题可在图像中添加少量的红色，执行【图像】/【调整】/【可选颜色】命令，弹出“可选颜色”对话框。具体参数设置如图4-3-3所示，设置完毕后单击“确定”按钮，得到的图像效果如图4-3-4所示。

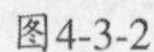
图4-3-2

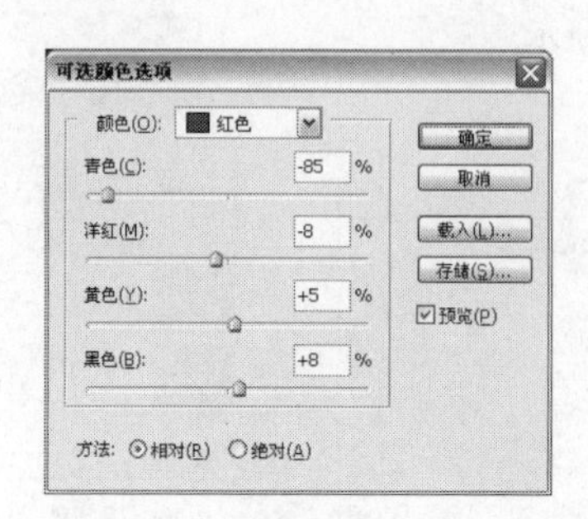

图4-3-3

图4-3-4

步骤提示技巧

在“可选颜色”对话框中，“青色”、“洋红”、“黄色”和“黑色”分别是CMYK模式中的4种颜色，代表该调整将使用CMYK颜色对图像进行调整。即使“可选颜色”使用 CMYK 颜色来校正图像，在 RGB 图像中也可以使用它对图像进行调整。

【可选颜色】命令不仅可应用于对图像的微调，也可以校正图像中偏色较重的颜色。由于“可选颜色”的可选择优点，因此在对图像进行校正时，可以在不改变其他颜色的情况下针对所选择颜色进行调整，从而达到图像颜色校正的目的。

打开如图4-3-5所示的素材图像，在图像中由于花瓣的颜色较淡，因此需要在不影响绿色叶子的情况下，选择性调整花瓣的颜色。执行【图像】/【调整】/【可选颜色】命令，弹出“可选颜色”对话框，在“颜色”选项中选择“红色”选项并对其相对应的滑块进行调整，如图4-3-6所示。调整完毕后不关闭对话框，继续选择“洋红”选项并对其相应滑块进行调整，如图4-3-7所示。设置完毕后单击“确定”按钮，得到的图像效果如图4-3-8所示。

图4-3-5

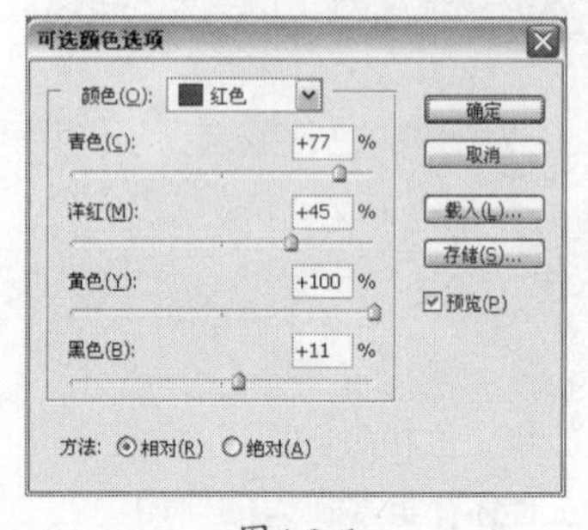

图4-3-6

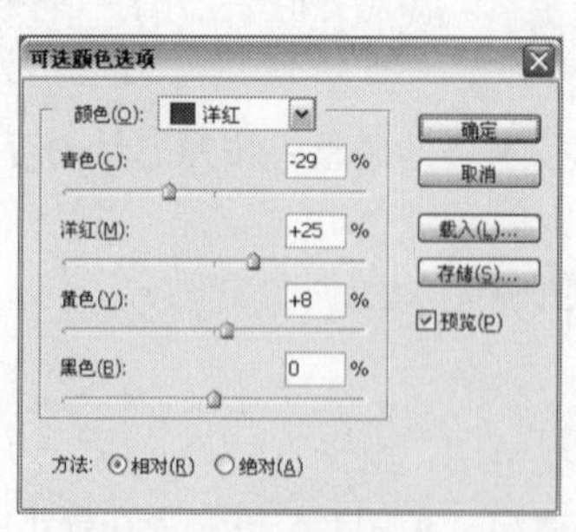

图4-3-7

图4-3-8

使用【可选颜色】命令校正灰暗图像

在对图像进行校正过程中，如果只针对“可选颜色”对话框中“白色”选项、“中性色”选项和“黑色”选项进行调整时，图像所受到的颜色影响较小，因此使用该命令可以在确保图像其他颜色不受影响的情况下校正灰暗图像。打开如图4-3-9所示的素材图像，并分别调整“可选颜色”对话框中“白色”选项、“中性色”选项和“黑色”选项，具体设置如图4-3-10、图4-3-11和图4-3-12所示。设置完毕后单击“确定”按钮，得到的图像效果如图4-3-13所示。

图4-3-9

步骤提示技巧

在应用【可选颜色】命令时，需要确保在“通道”面板中选择了复合通道，因为只有在查看复合通道时，该命令才可用。

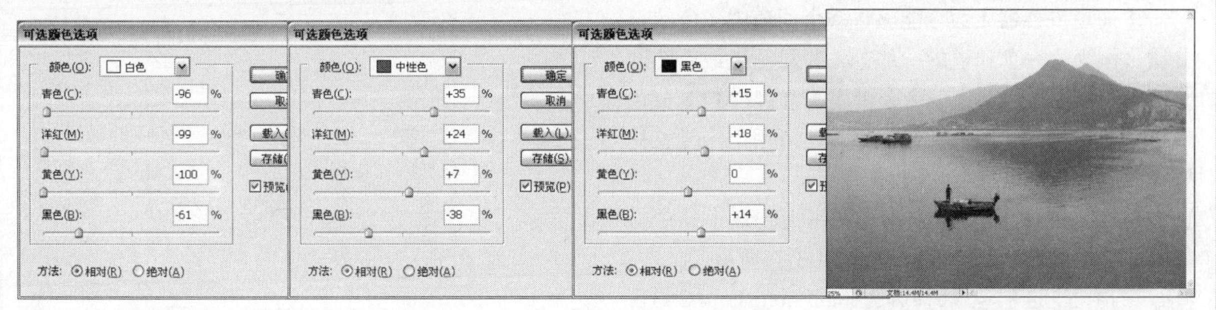

图4-3-10　图4-3-11　图4-3-12　图4-3-13

转换图像中的黑色

【可选颜色】命令的另一个优点就是可以将图像中的黑色转换为带有其他色调的颜色。其操作步骤为，在颜色下拉菜单中选择“黑色”，并先向左移动黑色滑块以加亮区域，再向右移动任意一个需要使用的颜色滑块，从而将颜色添加到黑色区域中。在如图4-3-14所示的素材图像中，由于图像中黑色信息较多，因此可将黑色区域的颜色转换为其他颜色使图像中的色彩更加丰富。选择素材图像，执行【图像】/【调整】/【可选颜色】命令，弹出“可选颜色”对话框，具体参数设置如图4-3-15所示，设置完毕后单击“确定”按钮，得到的图像效果如图4-3-16所示。

图4-3-14

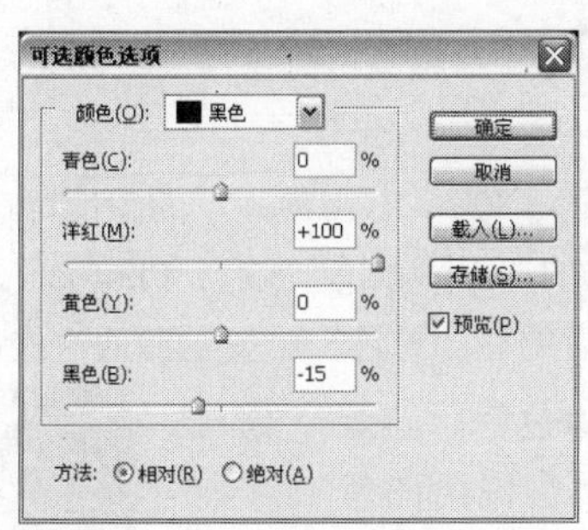

图4-3-15

图4-3-16

改善光泽度

在使用【可选颜色】命令时，向左调整对话框内“颜色”下拉菜单中“白色”选项的各项参数，可以加亮图像中的高光区域，使物体的最亮区域变为纯白色，从而提高物体的整个光泽度。如图4-3-17所示为素材图像，对其应用【可选颜色】命令进行调整后，得到的图像效果如图4-3-18所示。

图4-3-17

图4-3-18

4.3.2 通道混合器

【通道混合器】命令能够将一个通道中颜色的百分比，作为另一个通道的一部分，并对图像最后的调整起影响作用。因此，该命令可用于改善CMYK分色或从彩色图像创建黑白图像效果，还可用于修复胶片感光图层未正确曝光或受损的图像。

图4-3-19

执行【图像】/【调整】/【通道混合器】命令，弹出“通道混合器”对话框，如图4-3-19所示。

“预设”选项包含6种可选择的Photoshop CS3自带通道混合器预设。当需要创建灰度图像时，可在该对话框内选择任意预设通道混合选项。如图4-3-20所示素材图像，当选择“通道混合器”对话框内“使用红色滤镜的黑白”预设选项时，“通道混合器”对话框如图4-3-21所示，得到的图像效果如图4-3-22所示。

图4-3-20

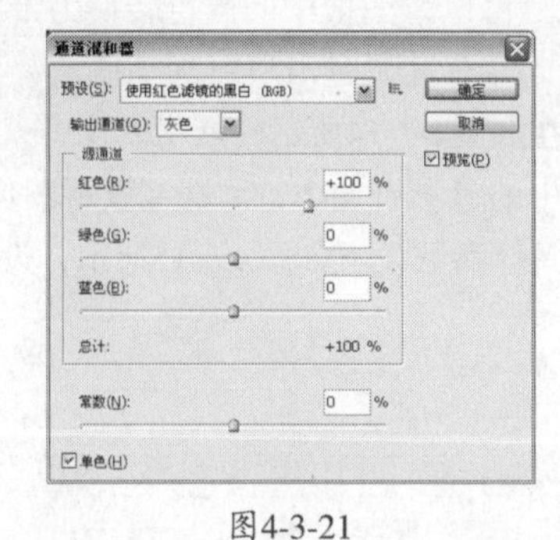

图4-3-21

图4-3-22

“输出通道”选项指的是需要调整的通道，RGB模式下的图像可选择红、绿和蓝通道；CMYK模式下的图像可选择青、洋红、黄和黑色通道。选择一个输出通道后，Photoshop CS3会自动将该通道的源滑块设置为100%，其他通道则设置为0%，并在最后的在“总计”中显示源通道的总计值。

“源通道”中包括“红色”、“绿色”、“蓝色”和“总计”4项，该区域中的选项会因为图像模式的不同而改变。拖动滑块或修改滑块所对应文本框中的数值可以改变当前所选择的输出通道在图像中所占的像素比例。也就是说，“通道混合器”的调整是在源通道中进行不同百分比的加减运算，最后，得到的结果便是调整后的图像效果，如图4-3-23和图4-3-24所示。

图4-3-23

图4-3-24

步骤提示技巧

在“通道混合器”对话框中，“总计”显示源通道内各通道相加的总计值。一般而言，在“总计”数值显示为100%时，表示调整的结果与原图的亮度值最为接近，此时图像效果可达到最佳。

“常数”选项通过拖动滑块或修改滑块所对应的文本框中的参数可以调整输出通道的灰度值。在该选项栏中，负值代表图像中将增加更多的黑色，正值代表图像中将增加更多的白色。

“单色”复选框为可勾选选项，当该复选框处于勾选状态时，将创建仅包含灰度值的彩色图像，并且在“输出通道”下拉菜单中只有“灰度”选项可以选择。通过使用该选项可以创建质量较高的灰度图像。

在对图像进行色彩调整时，【通道混合器】命令可以分别调整每个颜色通道，并对图像进行颜色调整使其得到特殊的图像效果，也可以用于创建高品质的灰度图像、棕褐色调图像或其他色调图像，因此通道混合器在图像的颜色调整中应用得较为广泛。

创建高品质的灰度图像

在对数码相片进行调整时，可将其调整为高品质的黑白相片，并产生特殊的艺术效果。在调整命令中，创建黑白相片可应用【图像】/【调整】/【去色】命令，如图4-3-25所示为素材图像，图4-3-26所示为应用【去色】命令调整后的图像效果。

图4-3-25

图4-3-26

通过观察可以发现，由于【去色】命令为直接执行命令，在应用该命令时不会弹出相关对话框，因此相片得不到更深入的调节，转换为黑白相片后图像效果较灰暗。为了避免该现象的产生，可对素材图像应用【通道混合器】命令。由于该命令的可控制调整选项较多，因此在创建单色相片时，可以获得较清晰的黑白图像效果。

选择素材图像，执行【图像】/【调整】/【通道混合器】命令，弹出“通道混合器”对话框，勾选“单色”复选框，并分别调整对话框中的滑块或所对应文本框中的数值，具体设置如图4-3-27所示，设置完毕后单击“确定”按钮，得到的图像效果如图4-3-28所示。

图4-3-27

图4-3-28

在勾选“单色”复选框后，可以观察到对话框中的“输出通道”仅有“灰色”可供选择，当取消该复选框的选中状态后，仍会保持之前对图像进行的灰度调整，但是可以再次选择各个输出通道为图像着色，如图4-3-29所示。

图4-3-29

消除红眼

红眼是由于照相机的闪光进入瞳孔中，然后从视网膜反射回来导致的，为了消除该现象，可使用【通道混合器】命令对该类相片进行校正。

打开如图4-3-30所示的素材图像，切换至“通道”面板，分别观察“红”、“绿”、“蓝”3个单色通道，如图4-3-31、图4-3-32和图4-3-33所示。通过观察可以发现，“红”通道受红眼的影响最严重，而“绿”通道和“蓝”通道都较正常，因此可选择性地对“红”通道进行调整。

图4-3-30

图4-3-31

图4-3-32

图4-3-33

切换回“图层”面板，选择工具箱中的椭圆选框工具，为人物一处的红眼区域创建选区，并按Shift键在另外一只眼睛的红眼区域创建选区，如图4-3-34所示。执行【选择】/【修改】/【羽化】命令（Alt+Ctrl+D），在弹出的“羽化”对话框中设置羽化半径为5，柔化选区。执行【图像】/【调整】/【通道混合器】命令，弹出“通道混合器”对话框，具体参数设置如图4-3-35所示，设置完毕后单击“确定”按钮，按快捷键Ctrl+D取消选择，得到的图像效果如图4-3-36所示。

图4-3-34

图4-3-35

图4-3-36

步骤提示技巧

在使用工具箱中的椭圆选框工具或矩形选框工具创建选区时，按Shift键可在创建的选区上添加新的选区，按Alt键可从选区中减去。

4.3.3 匹配颜色

【匹配颜色】命令可以在相同或不同的图像之间进行颜色匹配，也就是使目标图像具有与源图像相同的色调。当需要将两张拍摄于不同环境的人物照片合成一张拼贴图像时，由于光线、环境等差异因此会导致人物肤色不一致。因此使用【匹配颜色】命令可以更好地协助图像完成多种有创意的拼贴效果。

执行【图像】/【调整】/【匹配颜色】命令，弹出“匹配颜色”对话框，如图4-3-37所示。

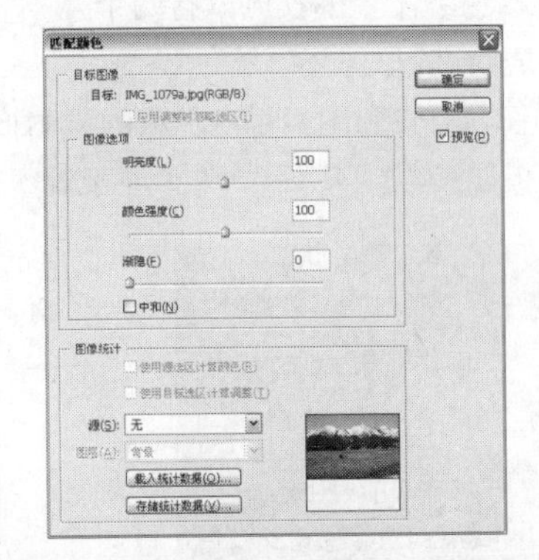

图4-3-37

“目标”显示为自动默认执行【匹配颜色】命令时处于活动状态不可改变的图像或图层。当目标图像中包含选区时，“应用调整时忽略选区”选项将处于激活状态，对其勾选或取消勾选可直接影响图像接受匹配颜色的区域。

“亮度”选项可以增加或降低目标图像的亮度，数值越大时，得到的图像亮度也越高，反之则越低。

“颜色强度”选项可增加或降低目标图像的饱和度，数值越大，得到的图像所匹配的颜色饱和度越大，反之则越低。

“渐隐”选项可以增加或降低从不变的目标图像中取出的颜色元素，当该选项对应的参数值为100时表示完全匹配应用“匹配颜色”之前的图像。

“中和”复选框被勾选后，可自动去除目标图像中的色痕。

“使用源选区计算颜色”表明在匹配颜色时仅计算源文件选区中的图像，选区外图像的颜色不计算在内。

“使用目标选区计算调整”表明在匹配颜色时仅计算目标文件选区中的图像，选区外图像的颜色不计算在内。

“源”选项的下拉菜单中提供可以选择需要进行匹配颜色的源图像，当选择“无”时，目标图像与源图像相同。

“图层”选项的下拉菜单中包括源图像文件中所有的图层，当选择“合并的”选项时，系统会将源图像文件中的所有图层合并起来，再进行匹配颜色。

匹配两个图像之间的颜色

打开如图4-3-38和图4-3-39所示的素材图像，将图4-3-38作为目标图像，执行【图像】/【调整】/【匹配颜色】命令，弹出“匹配颜色”对话框，具体参数设置如图4-3-40所示，设置完毕后单击“确定”按钮，得到的图像效果如图4-3-41所示。

图4-3-38

图4-3-39

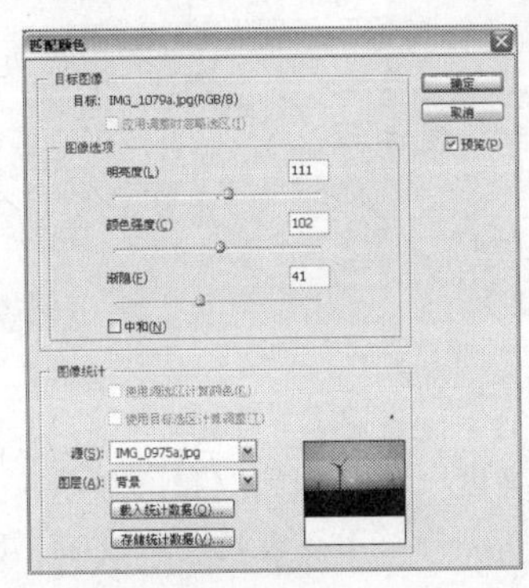

图4-3-40

图4-3-41

匹配同一图像中两个图层之间的颜色

【匹配颜色】命令不仅可以将两个互不相干的图像进行颜色匹配，也可以将同一图像中不同的两个图层或多个图层之间进行匹配。

打开如图4-3-42和图4-3-43所示的素材图像，将图4-3-43所示的素材图像拖曳至图4-3-42所示图像中，“图层”面板如图4-3-44所示。为了便于观察，“图层1”将作为目标图层为“背景”图层进行颜色匹配。

图4-3-42

图4-3-43

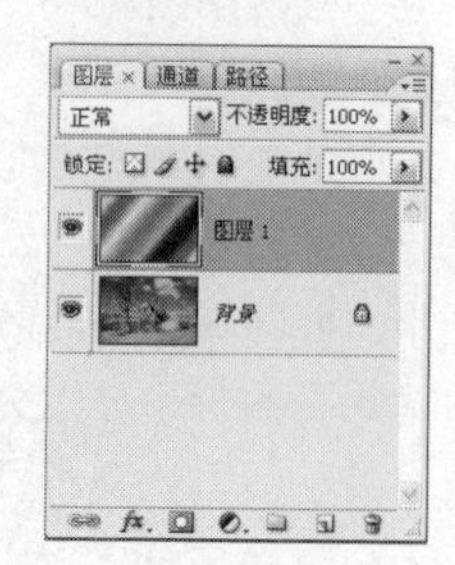

图4-3-44

单击“图层1”缩览图前指示图层可见性按钮，将其隐藏。选择“背景”图层，执行【图像】/【调整】/【匹配颜色】命令，弹出“匹配颜色”对话框。在“源”选项的下拉菜单中选择图像名称，并在“图层”选项的下拉菜单中选择“图层1”，如图4-3-45所示进行参数设置。设置完毕后单击“确定”按钮，得到的图像效果如图4-3-46所示。

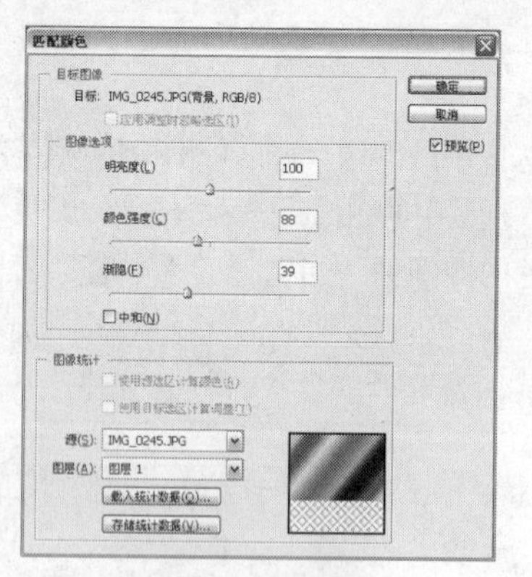

图4-3-45

图4-3-46

步骤提示技巧

在对同一图像两个图层之间使用【匹配颜色】命令后，所产生的匹配效果将直接应用到当前所选图层上，而源图层不受影响，因此在执行【匹配颜色】命令时，应先将需要进行匹配的目标图层进行复制，并在创建的该图层的副本图层上应用【匹配颜色】命令。应用【匹配颜色】命令前与应用后“图层”面板的比较如右图所示。

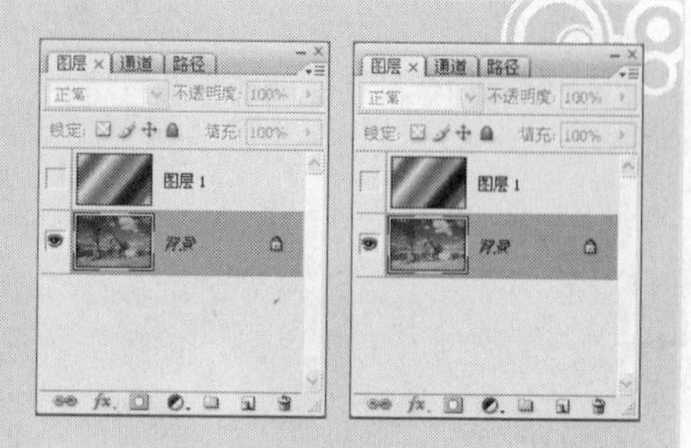

用【匹配颜色】命令移去色调

【匹配颜色】命令可以调整图像的亮度、色彩饱和度和色彩平衡。因此该命令中的高级算法能够更好地控制图像的亮度和颜色成分。当应用【匹配颜色】命令移去色调时，调整对象为单个图像中的颜色，而不是匹配两个图像之间的颜色，因此所校正的图像既是源图像又是目标图像。

打开如图4-3-47所示的素材图像，执行【图像】/【调整】/【匹配颜色】命令，弹出“匹配颜色”对话框，在“源”选项中选择“无”，以指定源图像与目标图像相同，并调整其“明亮度”，具体设置如图4-3-48所示，设置完毕后单击“确定”按钮，得到的图像效果如图4-3-49所示。通过观察可以发现，在单独调整图像的“明亮度”而不修改其他参数后，图像仅有明亮度得到了提高。

图4-3-47

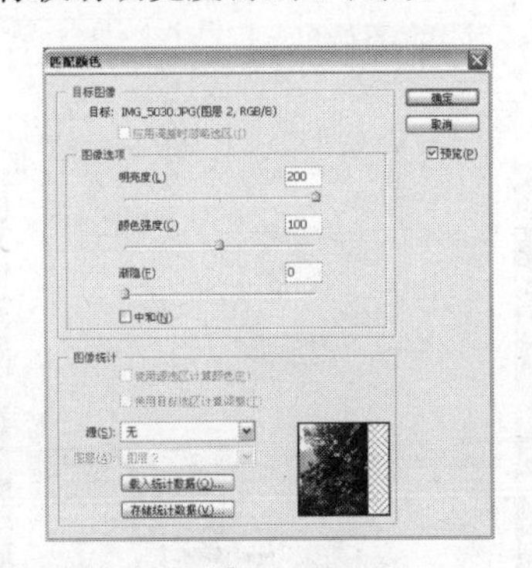

图4-3-48

图4-3-49

继续在原素材图像上执行【图像】/【调整】/【匹配颜色】命令，在弹出的“匹配颜色”对话框中进行编辑，当设置“颜色强度”为20时，具体参数设置和得到的图像效果如图4-3-50和图4-3-51所示；当设置“颜色强度”为200时，具体参数设置和得到的图像效果如图4-3-52和图4-3-53所示。通过观察可以发现，在单独调整图像的“颜色强度”滑块参数而不修改其他参数后，图像只有饱和度发生了改变，而明亮度未被改变。

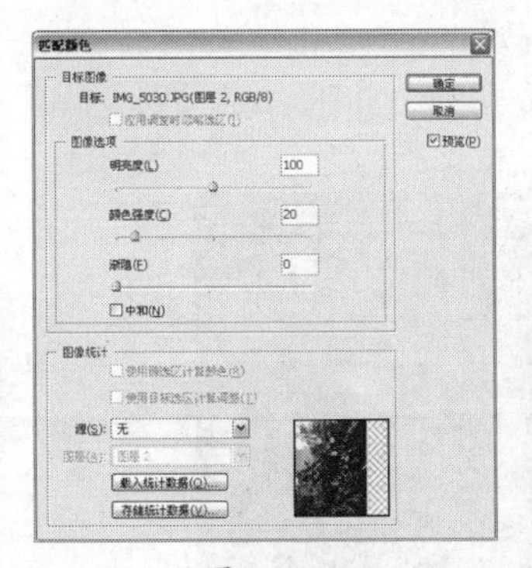

图4-3-50

图4-3-51

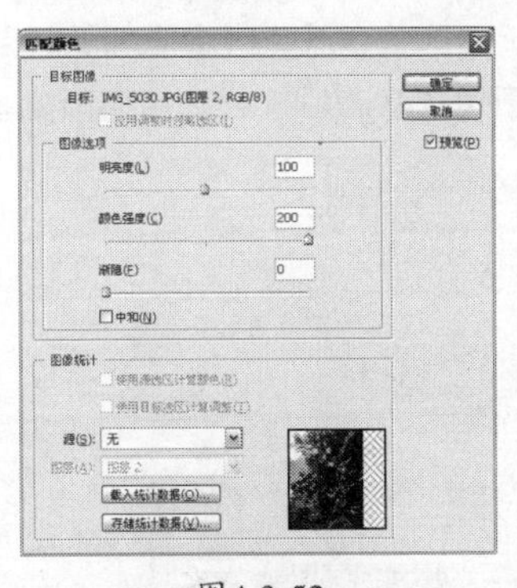

图4-3-52

图4-3-53

应用【匹配颜色】命令可以对图像分别进行单个校正。例如，可以只调整“明亮度”滑块以使图像变亮或变暗，而不影响颜色；也可以根据所进行的色彩校正的不同使用不同组合的调整参数。

步骤提示技巧

在“匹配颜色”对话框的“图像统计”区域中，单击“存储统计数据”按钮，可将当前的预设调整命名并存储设置；单击“载入统计数据”按钮，可找到并载入已存储的设置文件。

4.3.4 渐变映射

【渐变映射】命令将图像转换为灰度，再用渐变条中显示的不同颜色来替换图像中的各级灰度，形成渐变的图像效果。在对数码相片进行色彩处理时，【渐变映射】命令多用于创建多种特殊的图像效果。

执行【图像】/【调整】/【渐变映射】命令，弹出“渐变映射”对话框，如图4-3-54所示。

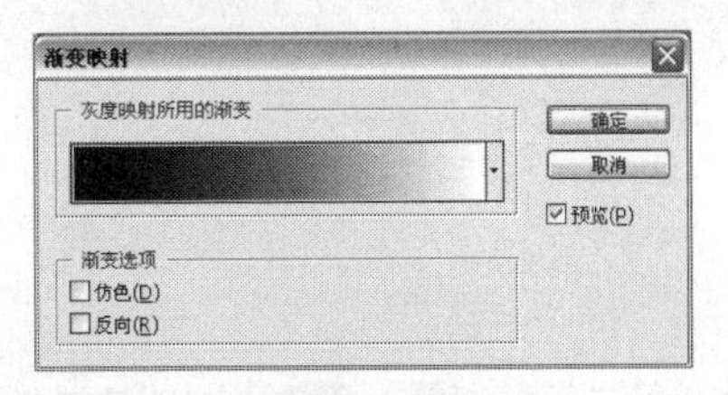

图4-3-54

在“渐变映射”对话框中，“灰度映射所用的渐变条”所对应的渐变条默认为前景色至背景色的渐变类型。当单击渐变条右侧的下拉按钮后，可打开渐变预设栏，如图4-3-55所示。通过选择不同的渐变预设替换原始图像中的灰度层次，可以获得不同的图像效果，如图4-3-56至图4-3-59所示。

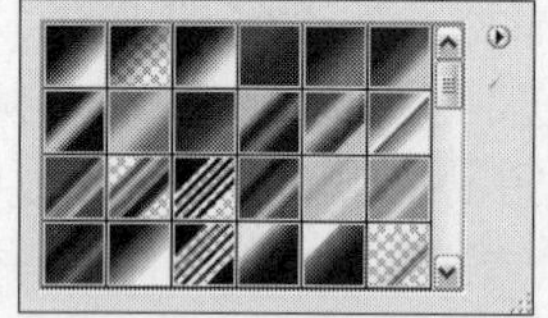

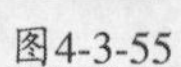

图4-3-55

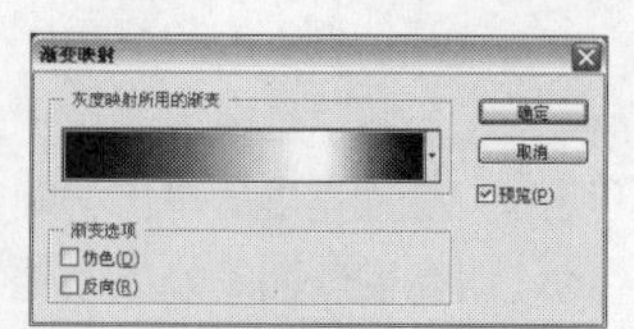

图4-3-56

图4-3-57

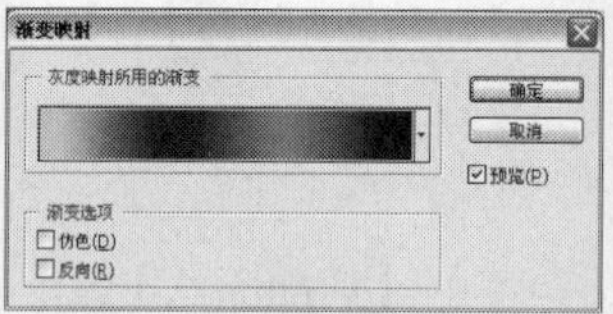

图4-3-58

图4-3-59

在“渐变映射”对话框中的双击渐变条，可打开“渐变编辑器”对话框，通过调整该对话框中的设置可以自定义所应用在【渐变映射】命令的渐变类型，创建新的填充。

“仿色”复选框处于勾选状态后，将会添加随机杂色用来平滑渐变填充的外观并减少宽带效果。

“反向”复选框处于勾选状态后，将会切换渐变填充的方向，从而反向渐变映射，如图4-3-60和图4-3-61所示。

图4-3-60

图4-3-61

步骤提示技巧

应用【渐变映射】命令时，很容易在整幅图像范围内产生明亮的颜色，从而破坏图像的对比度。因此，为了防止该问题的出现，可为图像创建“渐变映射”调整图层，并将该调整图层的混合模式设置为“颜色”即可。

Effect 02 使用【渐变映射】命令制作创意海报

01 使用【曲线】命令对原素材相片进行基础调整

02 使用【渐变映射】命令对数码相片添加特殊的色彩效果，使图像呈现海报特效

03 为多图层创建图层组，并通过添加图层蒙版及调整图层混合模式对图像整体进行编辑，完善海报中素材点缀效果

STEP 01 执行【文件】/【打开】命令（Ctrl+O），弹出“打开”对话框，选择需要的素材文件，单击“打开”按钮，如图4-3-62所示。将“背景”图层拖曳至“图层”面板上的创建新图层按钮上，得到“背景副本”图层，如图4-3-63所示。

STEP 02 选择“背景副本”图层，执行【图像】/【调整】/【曲线】命令（Ctrl+M），弹出“曲线”对话框。具体参数设置如图4-3-64所示，设置完毕后单击“确定”按钮，得到的图像效果如图4-3-65所示。

图4-3-62

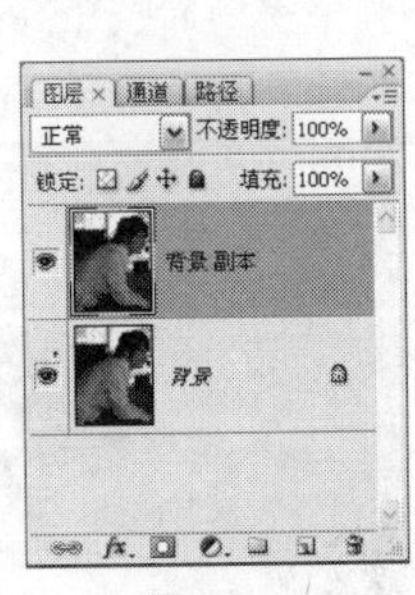

图4-3-63

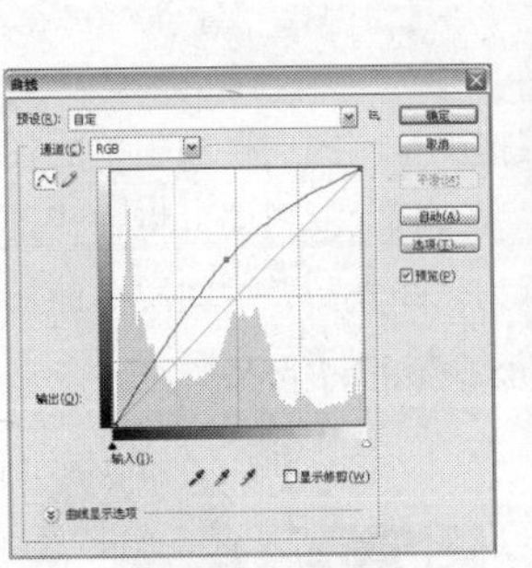

图4-3-64

图4-3-65

步骤提示技巧

在对图层进行复制操作时，可将需要进行复制的图层拖曳至“图层”面板上的创建新图层按钮上，得到该图层的副本图层；也可执行【图层】/【复制图层】命令，并输入图层的名称，单击“确定”按钮即可。

STEP 03 执行【图像】/【调整】/【渐变映射】命令，弹出“渐变映射”对话框。单击渐变条打开“渐变编辑器”对话框，具体设置如图4-3-66所示，设置完毕后单击“确定”按钮，返回“渐变映射”对话框，如图4-3-67所示。设置完毕后单击“确定”按钮，“图层”面板如图4-3-68所示，得到的图像效果如图4-3-69所示。

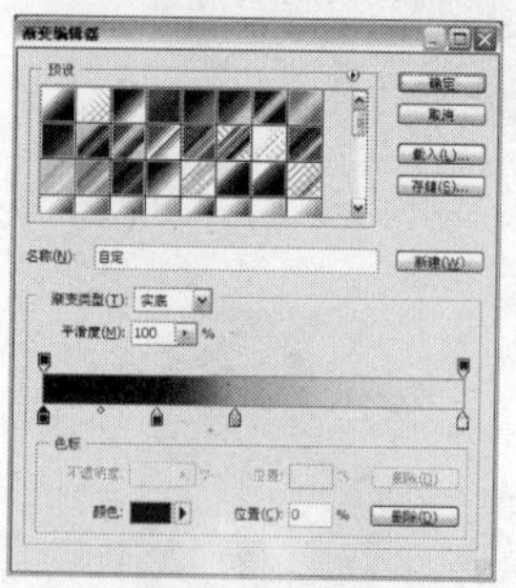

图4-3-66

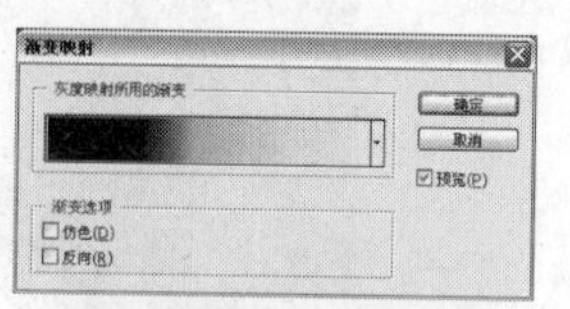

图4-3-67

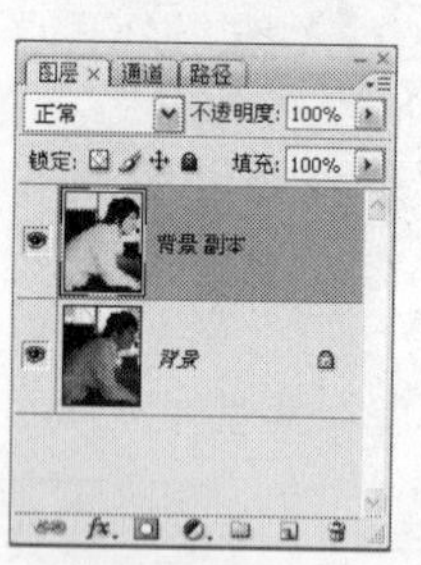

图4-3-68

图4-3-69

步骤提示技巧

“渐变编辑器”中的颜色色值由左至右依次是R0、G0、B0，R42、G19、B1，R214、G177、B125，R254、G239、B198。

STEP 04 将“背景副本”图层拖曳至“图层”面板上的创建新图层按钮，得到“背景副本2”图层。将“背景副本2”图层的混合模式设置为“强光”，“图层”面板如图4-3-70所示，得到的图像效果如图4-3-71所示。

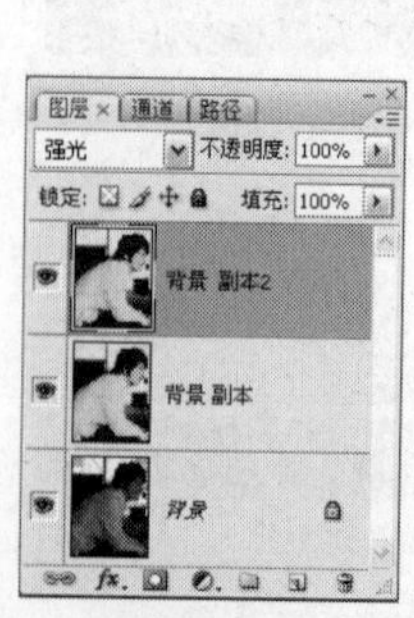

图4-3-70

图4-3-71

STEP 05 执行【文件】/【打开】命令（Ctrl+O），弹出“打开”对话框，选择需要的素材文件，单击“打开”按钮，如图4-3-72所示。选择工具箱中的多边形套索工具，在图像中创建如图4-3-73所示的选区。选择工具箱中的移动工具，将该选区中图像拖曳至主文档，生成“图层1”。

图4-3-72

图4-3-73

步骤提示技巧

使用多边形套索工具时，若要绘制手绘线段可按Alt键并拖动鼠标进行绘制；若要取消最近绘制的直线段可按Delete键进行删除；若要删除全部所创建的线段或选区可直接按Esc键即可。

STEP 06 选择“图层1”，执行【编辑】/【自由变换】命令（Ctrl+T），调出自由变换框对图像进行变换，调整完毕后按Enter键确认变换，图像效果如图4-3-74所示。在“图层”面板上，将“图层1”的混合模式设置为“差值”，如图4-3-75所示，得到的图像效果如图4-3-76所示。

图4-3-74

图4-3-75

图4-3-76

STEP 07 选择工具箱中的多边形套索工具，在打开的素材图像中创建如图4-3-77所示的选区。选择工具箱中的移动工具，将该选区中的图像拖曳至主文档，生成“图层2”。按快捷键Ctrl+T对图像进行变换，得到的图像效果如图4-3-78所示。

图4-3-77

图4-3-78

STEP 08 执行【文件】/【打开】命令（Ctrl+O），弹出“打开”对话框，选择需要的素材文件，单击“打开”按钮，如图4-3-79所示。选择工具箱中的矩形选框工具，在图像中创建如图4-3-80所示的选区。选择工具箱中的移动工具，将该选区中图像拖曳至主文档，生成“图层3”。按快捷键Ctrl+T对图像进行变换，并调整至合适位置。

图4-3-79

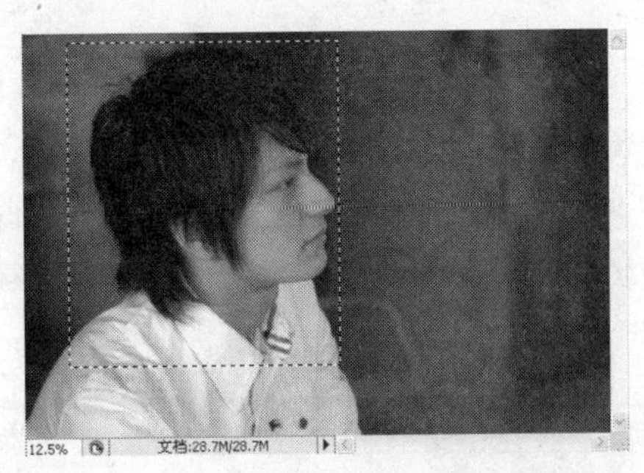

图4-3-80

STEP 09 将“图层3”的混合模式设置为“颜色加深”，“图层”面板如图4-3-81所示，得到的图像效果如图4-3-82所示。

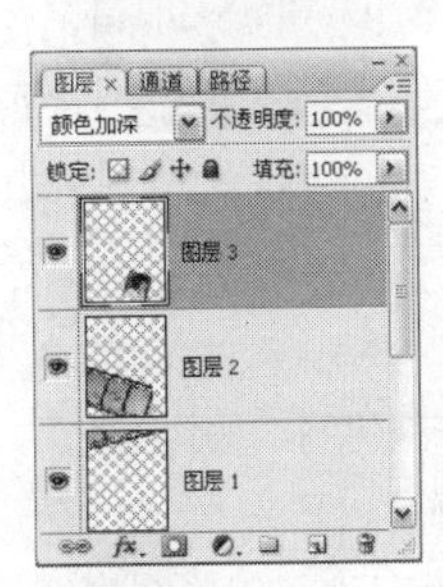

图4-3-81

图4-3-82

STEP 10 执行【文件】/【打开】命令（Ctrl+O），弹出“打开”对话框，选择需要的素材文件，单击“打开”按钮，如图4-3-83所示。选择工具箱中的矩形选框工具，在图像中创建选区。选择工具箱中的移动工具将该选区中图像拖曳至主文档，生成“图层4”。按快捷键Ctrl+T对图像进行变换，并调整至合适位置。将“图层4”的混合模式设置为“亮光”，“图层”面板如图4-3-84所示，得到的图像效果如图4-3-85所示。

图4-3-83

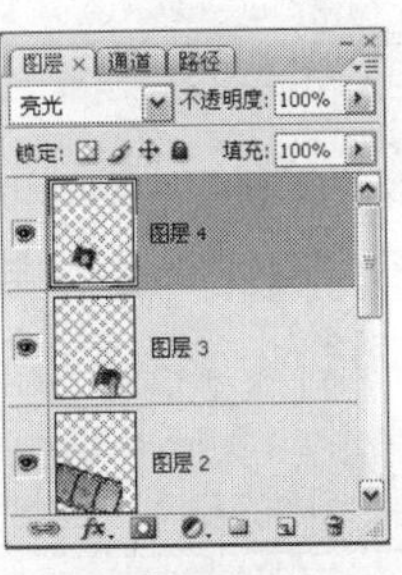

图4-3-84

图4-3-85

STEP 11 按快捷键Ctrl+O，打开如图4-3-86所示的素材图像。选择工具箱中的矩形选框工具，在图像中创建选区，并将其拖曳至主文档，生成“图层5”。将“图层5”的混合模式设置为“强光”，得到的图像效果如图4-3-87所示。

图4-3-86

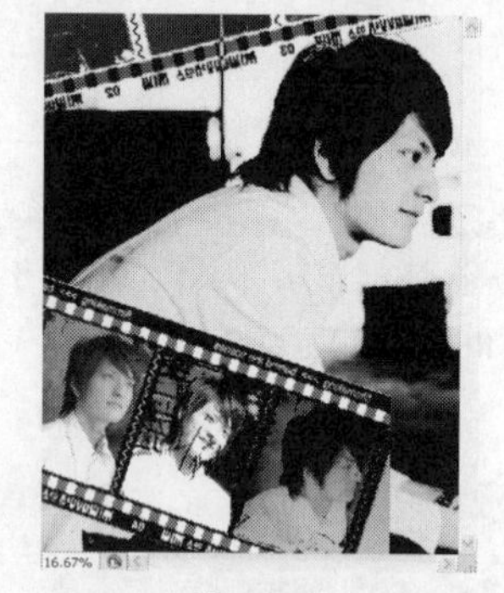
图4-3-87

STEP 12 按Shift键选择“图层2”至“图层5”之间的图层，并将其拖曳至“图层”面板上的创建新组按钮，得到“组1”，如图4-3-88所示。选择“组1”，单击“图层”面板上的添加图层蒙版按钮，为其创建图层蒙版。将前景色设置为黑色，选择工具箱中的画笔工具，在其工具选项栏中设置画笔为柔角，并在图层蒙版中进行绘制，“图层”面板如图4-3-89所示，得到的图像效果如图4-3-90所示。将“组1”的混合模式设置为“溶解”，得到的图像效果如图4-3-91所示。

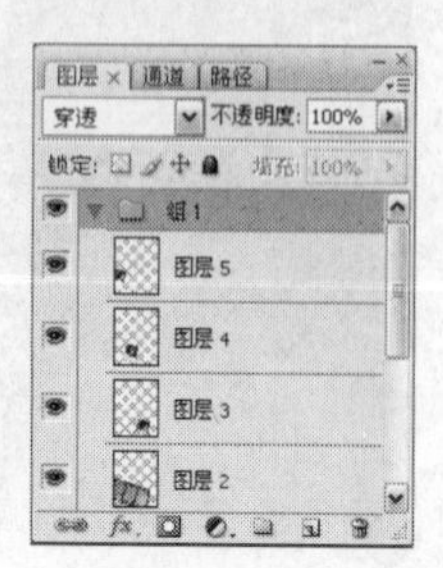

图4-3-88

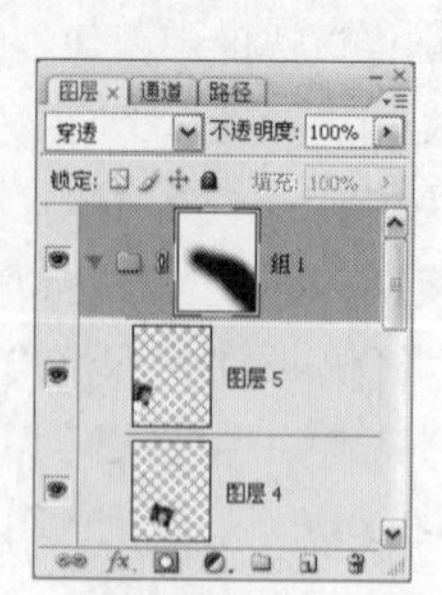

图4-3-89

图4-3-90

图4-3-91

STEP 13 单击“图层”面板上的创建新的填充或调整图层按钮，在弹出的下拉菜单中选择“渐变映射”选项，弹出“渐变映射”对话框，具体设置如图4-3-92所示，设置完毕后单击“确定”按钮。将“渐变映射1”调整图层的不透明度设置为7%，单击“图层”面板上的添加图层蒙版按钮，为该调整图层创建图层蒙版。将前景色设置为黑色，选择工具箱中的画笔工具，在其工具选项栏中设置不透明度为50%，并在图层蒙版中进行绘制，“图层”面板如图4-3-93所示，得到的图像效果如图4-3-94所示。

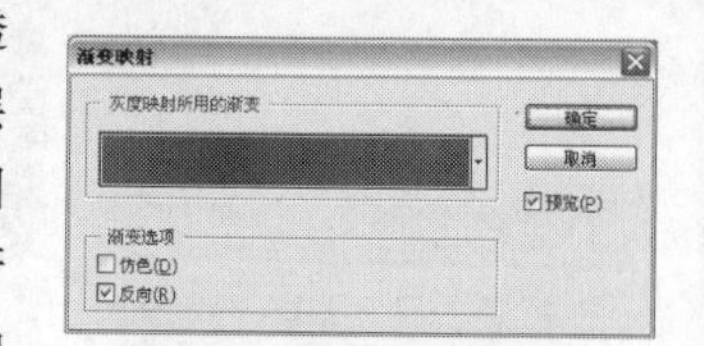

图4-3-92

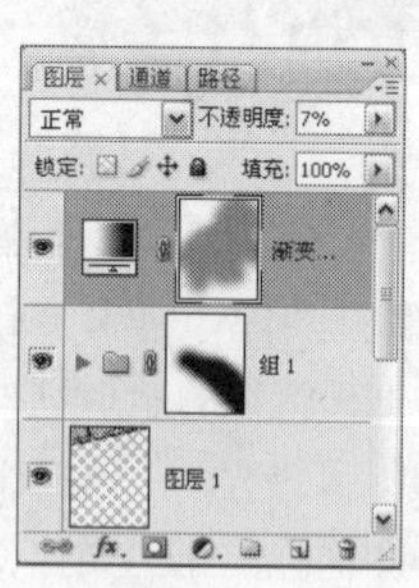

图4-3-93

图4-3-94

4.4 填充/调整图层

填充/调整图层为数码相片的修改提供了一种非破坏性的图像调整方式，该命令可以在不破坏图像原始数据的基础上进行颜色与色调的调整，并且可以随时修改所设置的调整参数，或删除调整图层将图像恢复为未调整前的效果。因此熟练掌握【填充】/【调整图层】命令可以使数码相片的调整工作更加容易。

4.4.1 调整图层的可修改性

在对图像的调整中，调整图层与调整命令相比具有更强的灵活性。其区别在于，对图像应用调整命令后，该命令将调整直接应用至图像中，并且很难对调整的结果进行修改。

打开如图4-4-1所示的素材图像，执行【图像】/【调整】/【色彩平衡】命令，在弹出的“色彩平衡”对话框中进行参数设置。设置完毕后单击“确定”按钮，此时“图层”面板如图4-4-2所示，得到的图像效果如图4-4-3所示。通过观察可以发现，应用调整命令后，“背景”图层也随之发生改变，而在一般情况下调整命令不具备可修改性。

图4-4-1

图4-4-2

图4-4-3

若选择同一个素材图像，单击“图层”面板上的创建新的填充或调整图层按钮，在弹出的下拉菜单中选择“色彩平衡”选项，并对其设置相同的参数。设置完毕后单击“确定”按钮，“图层”面板如图4-4-4所示，得到的图像效果如图4-4-5所示。

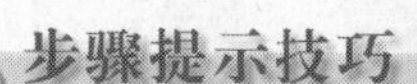

步骤提示技巧

在对图像应用调整图层后，图像大小会随之增加。当需要处理多个图层时，可以通过将调整图层合并为像素内容来缩小文件的大小。

图4-4-4

图4-4-5

- 改变调整图层的图层参数值

在创建填充/调整图层后，调整图层保留了创建图层时在对话框中设置的所有参数值，当需要重新对调整结果进行修改时可双击调整图层在“图层”面板中的缩览图，即可弹出该调整图层相应的对话框，可对其进行参数调整；或选择需要进行参数修改的调整图层，执行【图层】/【图层内容选项】命令，可以打开当前调整图层的对话框，对该对话框中的数值进行修改可以达到修改调整图层参数的目的。在对图像进行调整时，不断修改所创建调整图层的参数，可使图像获得最佳调整效果。

- 改变调整图层的类型

选择需要进行修改的调整图层，执行【图层】/【更改图层内容】命令，在打开的下拉菜单中选择需要进行修改的调整图层类型，即可将当前所选图层转换为其他调整图层。例如，可以将“曲线”调整图层转换为“色阶”调整图层。在进行转换时需要注意，转换后调整图层将被替换，并且原参数设置不会保留。如图4-4-6所示，将“图层”面板中的“色彩平衡”调整图层替换为“曝光度”调整图层后，“图层”面板如图4-4-7所示，得到的图像效果如图4-4-8所示。

图4-4-6

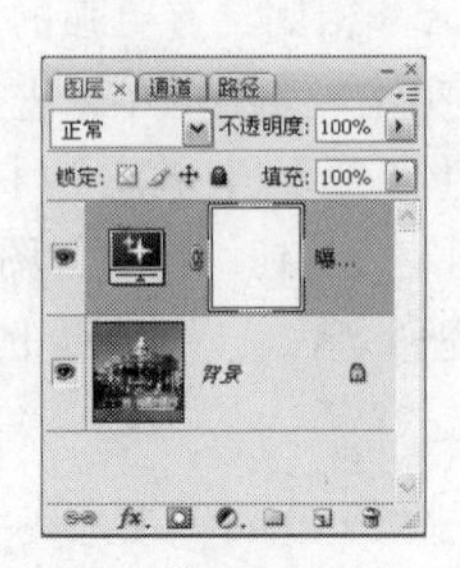
图4-4-7

图4-4-8

4.4.2 调整图层的蒙版编辑

在“图层”面板中，由于调整图层的调整范围是其下方所有图层，因此对调整图层进行蒙版编辑可以更好地限定调整图层的调整范围，使数码相片获得更好的调整效果。

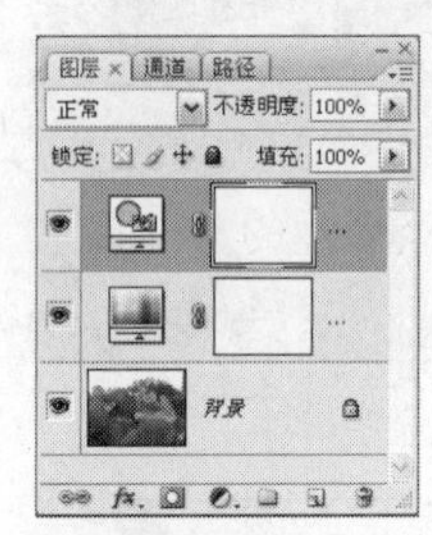
图4-4-9

通过图层蒙版限定调整范围

在创建新的调整图层时，每个调整图层都带有可对该图层进行编辑控制的图层蒙版，如图4-4-9所示。调整图层中的图层蒙版与普通图层的图层蒙版作用相同，在蒙版中白色区域为接受调整的区域，而黑色区域则代表不接受调整图层编辑区域。

步骤提示技巧

在Photoshop CS3中，蒙版是用于控制图像中需要显示或者操作的区域，也可以说是用于控制需要隐藏或不受操作影响的图像区域。

打开如图4-4-10所示的素材图像，当直接对该图像应用“色相/饱和度”调整图层时，“图层”面板中的蒙版为默认白色，如图4-4-11所示。此时代表调整图层对图像所进行的调整被完全应用，如图4-4-12所示。

图4-4-10

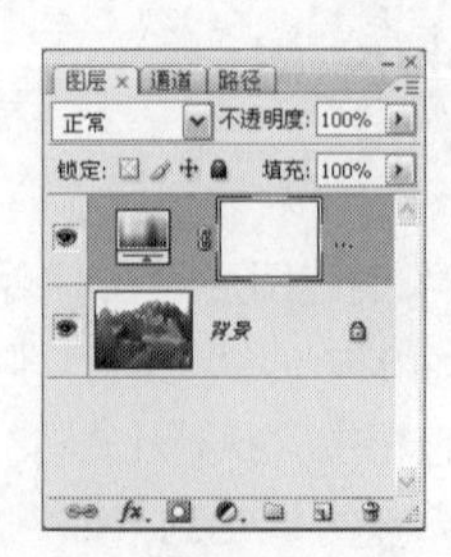
图4-4-11

图4-4-12

将前景色设置为黑色，选择工具箱中的画笔工具，在“色相/饱和度”调整图层的图层蒙版中进行绘制，“图层”面板如图4-4-13所示，得到的图像效果如图4-4-14所示。通过观察可以发现，对蒙版编辑后黑色所对应的区域为未应用调整图层的区域，蒙版中白色所对应的区域为应用调整图层的区域。因此，对图层蒙版进行编辑可以控制调整图层的调整范围。

将前景色设置为黑色，背景色设置为白色，选择工具箱中的渐变工具，在其工具选项栏中设置由前景到背景色的渐变类型，并单击径向渐变按钮，在蒙版中由中心向外拖动鼠标填充渐变，“图层”面板如图

4-4-15所示，得到的图像效果如图4-4-16所示。通过观察可以发现，由于渐变使用了不同等级的灰度，因此图像所接受的调整图层的调整强度也有所不同。

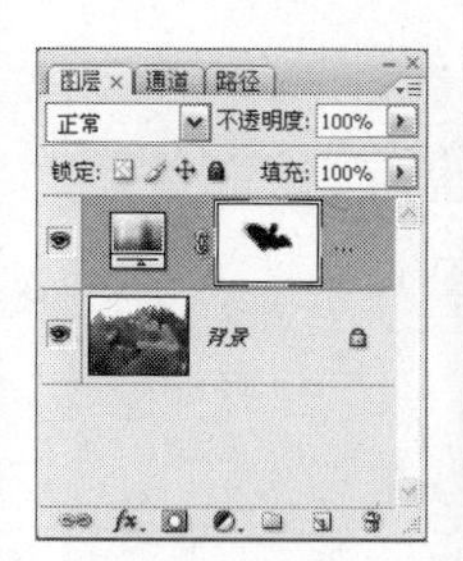
图4-4-13

图4-4-14

图4-4-15

图4-4-16

步骤提示技巧

当图像上没有任何选区和路径时，调整图层会自动建立一个“显示全部”的图层蒙版；当选区存在时，会自动建立一个“当前选区”的图层蒙版。

打开如图4-4-17所示的素材图像，单击“图层”面板上的创建新的填充或调整图层按钮，在弹出的下拉菜单中选择“渐变映射”选项，在弹出的“渐变映射”对话框中进行具体设置。设置完毕后单击“确定”按钮，“图层”面板如图4-4-18所示，得到的图像效果如图4-4-19所示。

图4-4-17

图4-4-18

图4-4-19

将前景色设置为黑色，选择工具箱中的画笔工具，在“渐变映射”调整图层的图层蒙版中进行绘制，“图层”面板如图4-4-20所示，得到的图像效果如图4-4-21所示。

图4-4-20

图4-4-21

步骤提示技巧

通过使用图层蒙版可以方便地对调整图层的调整范围进行控制。当图像中存在选区时，创建新的调整图层，则所作调整将只对选区内图像进行调整。

通过剪贴蒙版限定调整范围

当需要对图层上不透明区域的像素进行调整时，可使用剪贴蒙版对应用的调整图层的调整范围进行限制。为调整图层创建剪贴蒙版与在图层上创建剪贴蒙版的方法相同，当调整图层与被调整图层相邻时，将鼠标移动至调整图层与被调整图层的交界处，按Alt键创建剪贴蒙版，如图4-4-22所示。

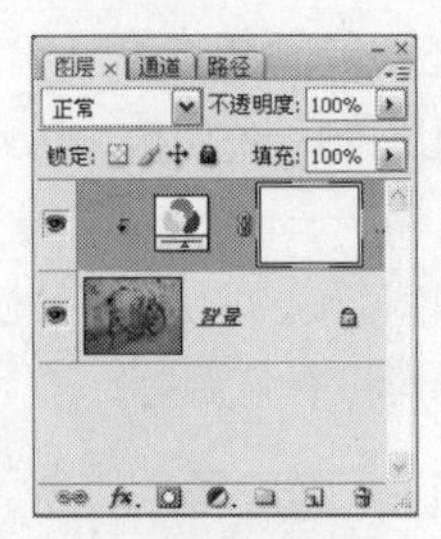

图4-4-22

使用剪贴蒙版的优点在于，创建蒙版后调整图层的调整效果将只作用于被调整图层，而不会影响其他图层。

4.4.3 调整图层的图层属性设置

调整图层具有许多与其他图层相同的特性。在对调整图层进行编辑时，可以调整其不透明度和混合模式，并可以将其编组以便将调整应用于特定图层；也可以启用和禁用调整的可见性，以便应用效果或预览效果。

设置调整图层的不透明度

通过设置图层的不透明度可以确定它遮蔽或显示其下方图层的程度。当不透明度为 0% 时，该图层为透明图层，对其下方的图层不产生影响作用；当不透明度为 100%时， 该图层为不透明图层，对其下方图层产生影响作用，当所设置的不透明参数不同时，所获得的图像效果也不同。因此，通过该特性设置调整图层的不透明度可以控制调整图层的强度。如图4-4-23、图4-4-24、图4-4-25和图4-34-26所示为分别将图层不透明度设置为0%、30%、70%、100%时的图像效果。

图4-4-23

图4-4-24

图4-4-25

图4-4-26

通过观察可以发现，在不断提高调整图层的不透明度的同时，图像受到的调整效果也越来越强烈。

步骤提示技巧

在修改调整图层的不透明度时，若当前所选择的工具为移动工具，那么在保持该调整图层的选择状态后，按键盘中的数字键即可修改该调整图层的不透明度，如按下数字“1”，调整图层的不透明度为“10”，依次类推。

设置调整图层的基本属性

调整图层与图层拥有相同的图层基本属性，因此对其设置方法也是相同的。选择需要进行设置的调整图层，“图层”面板如图4-4-27所示。单击鼠标右键，在弹出的下拉菜单中选择“图层属性”选项，弹出“图层属性”对话框，如图4-4-28所示，修改“名称”文本框中的文字可修改该调整图层的名称，单击“颜色”选项对应的扩展按钮，可设置该调整图层的颜色，如图4-4-29所示。

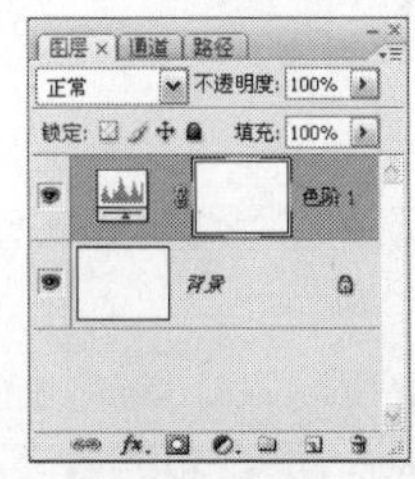

图4-4-27

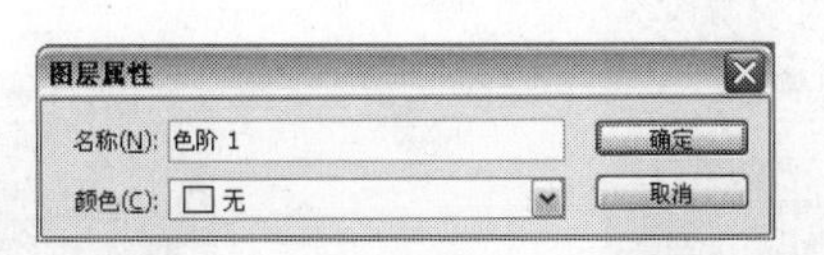

图4-4-28

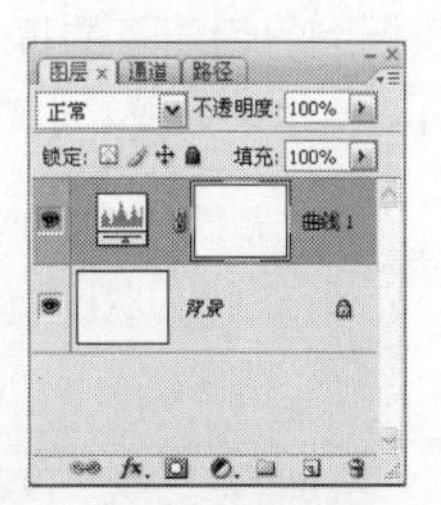

图4-4-29

4.4.4 调整图层的混合模式

在对图像进行调整时，混合模式多用来控制图层的混合效果，例如制作合成图像、创建特殊效果或增强和改善图像效果等。因此，使用混合模式对调整图层进行设置也可以改善其调整效果，获得特殊的图像效果。

在“图层”面板上，如图4-4-30所示单击扩展按钮，在弹出的扩展菜单上选择需要应用的选项，即可设置调整图层的混合模式。

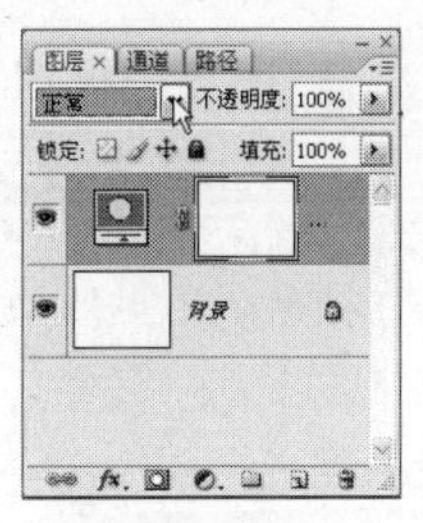

图4-4-30

打开如图4-4-31所示的素材图像，为其添加“曝光度”调整图层，“图层”面板如图4-4-32所示，得到的图像效果如图4-4-33所示。

图4-4-31

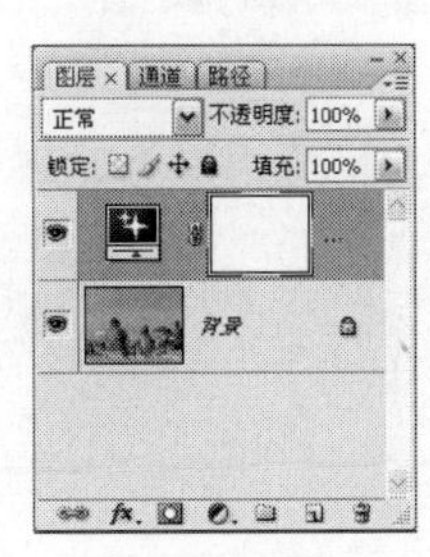

图4-4-32

图4-4-33

通过观察可以发现，在添加“曝光度”调整图层后，图像的整体效果偏亮，产生较明显的失真情况。尝试将“曝光度”调整图层的图层混合模式设置为“正片叠底”，“图层”面板如图4-4-34所示，得到的图像效果如图4-4-35所示。

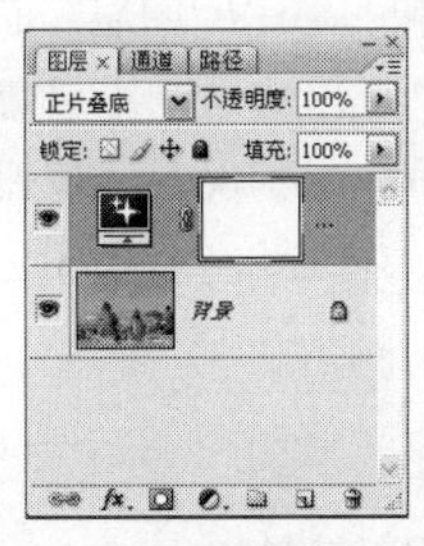

图4-4-34

图4-4-35

使用调整图层的混合模式校正相片

在日常拍摄中，因为室内或室外光线的问题，经常会导致所拍摄的相片较暗，因此就需要使用调整图层或调整命令对该类相片进行调整，使其获得更好的效果。当调整图层不能完全满足所需要的调整时，继续设置该调整图层的混合模式也可以使图像获得更好的图像效果。

如图4-4-36所示为素材图像，从整体观察，该图像较暗，因此需要对其进行调整。选择素材图像，单击“图层”面板上的创建新的填充或调整图层按钮，在弹出的下拉菜单中选择“曲线”选项，对其进行设置，得到的调整结果如图4-4-37所示。

图4-4-36

图4-4-37

步骤提示技巧

通过在“曲线”对话框中更改曲线的形状，可以调整图像的色调和颜色。将曲线向上或向下移动将会使图像变亮或变暗，具体情况取决于对话框是设置为显示色阶还是显示百分比。曲线中较陡的部分表示对比度较高的区域；曲线中较平的部分表示对比度较低的区域。

当使用“曲线”调整图层调整不当时，则会造成曝光度过强，图像效果过亮，如图4-4-38所示，此时对该“曲线”调整图层的混合模式进行设置可以改善图像的调整效果，将调整图层的图层混合模式设置为“柔光”，“图层”面板如图4-4-39所示，得到的图像效果如图4-4-40所示。

图4-4-38

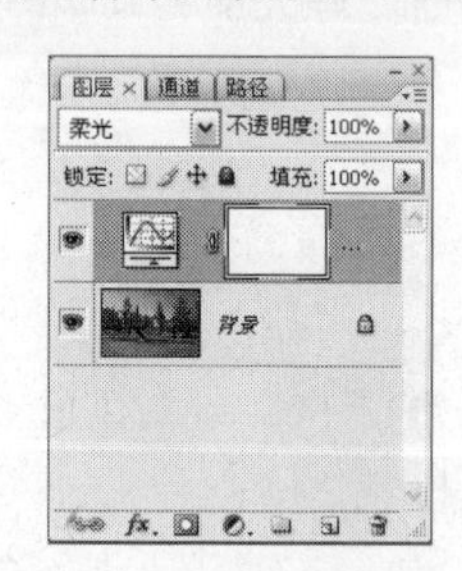

图4-4-39

图4-4-40

使用混合模式制作相片特效

在普通图像中，使用调整图层并为其设置图层混合模式可以制作出多种特殊的相片特效。

打开如图4-4-41所示的素材图像，单击“图层”面板上的创建新的填充或调整图层按钮，在弹出的下拉菜单中选择“色彩平衡”选项，弹出的“色彩平衡”对话框，分别设置其“阴影”、“中间调”和“高光”复选框中的参数，设置完毕后单击“确定”按钮，“图层”面板如图4-4-42所示，得到的图像效果如图4-4-43所示。

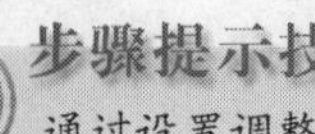

步骤提示技巧

通过设置调整图层的图层混合模式不仅可以改善图像的调整效果，还可以创建出许多特殊的图像效果。

图4-4-41

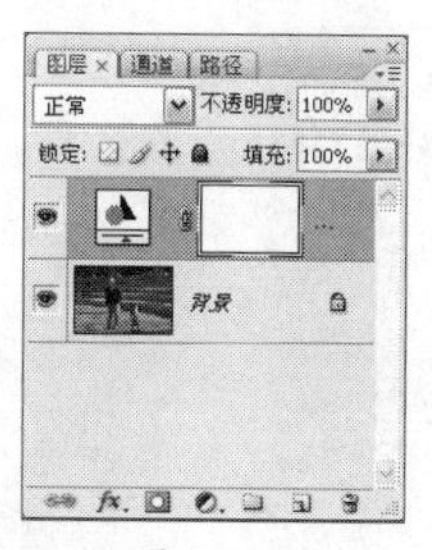

图4-4-42

图4-4-43

选择“色彩平衡”调整图层，将其图层混合模式设置为“叠加”，“图层”面板如图4-4-44所示，得到的图像效果如图4-4-45所示。

当改变该调整图层的不透明度并将调整图层的图层混合模式设置为“溶解”时，图像将获得拥有少量杂点的报纸图像特效，“图层”面板如图4-4-46所示，得到的图像效果如图4-4-47所示。

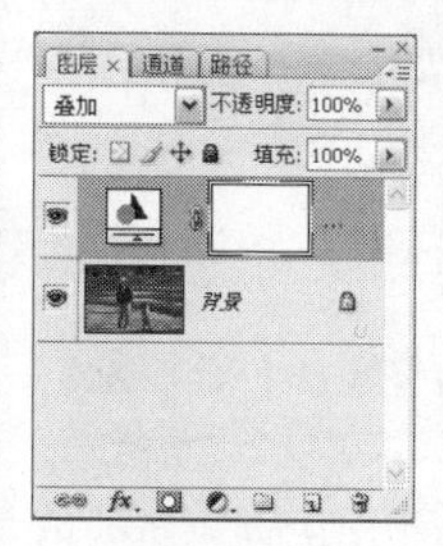

图4-4-44

图4-4-45

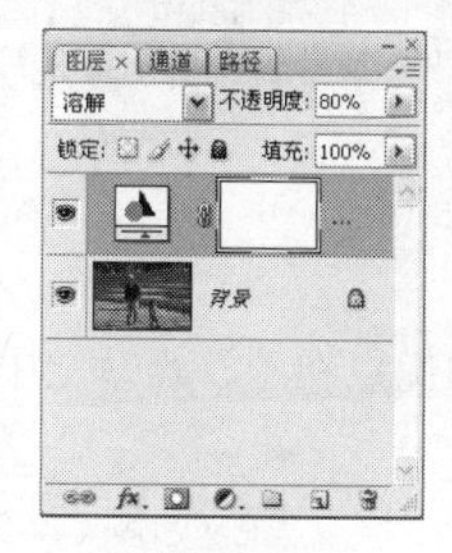

图4-4-46

图4-4-47

将该调整图层的图层混合模式分别设置为“颜色减淡”和“变亮”，得到的图像效果如图4-4-48和图4-4-49所示。

当该调整图层的图层混合模式被设置为“明度”时，图像的整体色调没有发生改变，而图像的亮度与未调整前的素材图像相比，得到了提高，如图4-4-50所示。因此，适当使用“明度”混合模式可以改善相片的整体效果。

图4-4-48

图4-4-49

图4-4-50

4.4.5 调整图层的创建剪贴蒙版

在使用调整图层创建剪贴蒙版时，调整图层通常作为内容层出现在剪贴蒙版中，因此对其创建剪贴蒙版后，调整图层将仅针对基层中的图像进行调整。

如图4-4-51所示，在“图层”面板中，“背景”图层与图像中的云彩图层在两个图层内，图像效果如图4-4-52所示。当对该图像添加“渐变映射”调整图层后，“图层”面板如图4-4-53所示，得到的图像效果如图4-4-54所示，此时图像整体都受到调整图层的影响。因此，为了使调整图层的调整效果仅作用于图像中的云彩，可对该调整图层创建剪贴蒙版，“图层”面板如图4-4-55所示，得到的图像效果如图4-4-56所示。

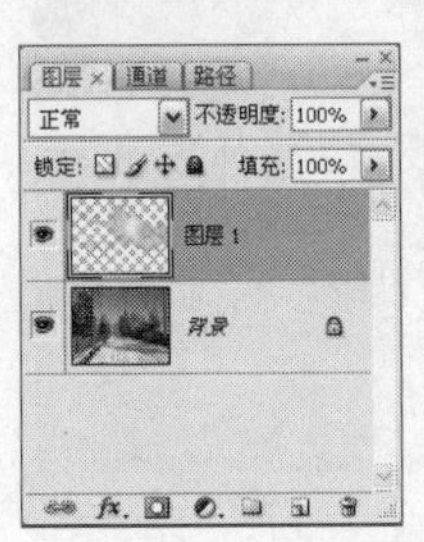

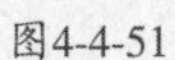
图4-4-51

图4-4-52

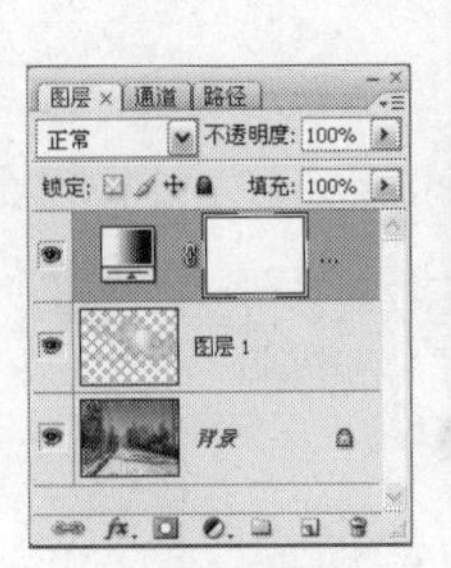

图4-4-53

图4-4-54

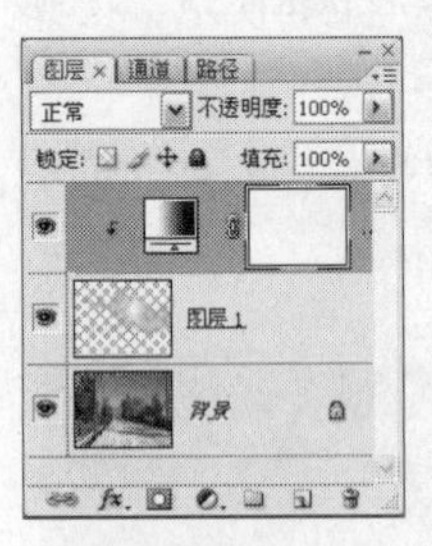

图4-4-55

图4-4-56

步骤提示技巧

当需要将调整图层的调整效果限定在一组图层内的时候，可创建由这些图层组成的剪贴蒙版，然后将调整图层放置到该剪贴蒙版内，此时所产生的调整将被限制在该组中的图层内。

使用调整图层创建剪贴蒙版的优点在于，当基层中的图像大小或位置发生改变后，调整图层对其添加的调整效果不受影响。

打开素材图像，图像效果和“图层”面板如图4-4-57和图4-4-58所示。单击“图层”面板上的创建新的填充或调整图层按钮，在弹出的下拉菜单中选择“色相/饱和度”选项，为该图像添加调整图层，“图层”面板如图4-4-59所示，得到的图像效果如图4-4-60所示。通过观察可以发现，由于没有对该调整图层作任何限制，因此调整范围为整个图像。

图4-4-57

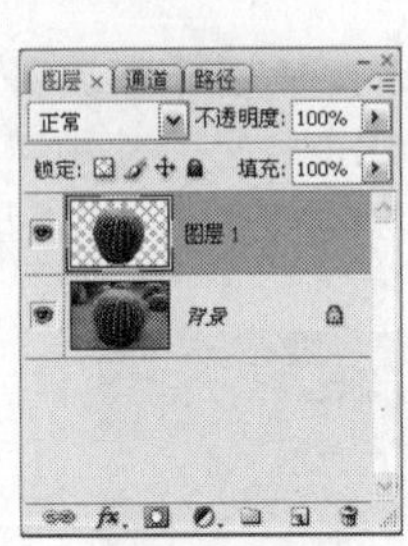

图4-4-58

图4-4-59

图4-4-60

选择“色相/饱和度”调整图层，执行【图层】/【创建矢量蒙版】命令（Alt+Ctrl+G），为调整图层创建剪贴蒙版，“图层”面板如图4-4-61所示，得到的图像效果如图4-4-62所示。

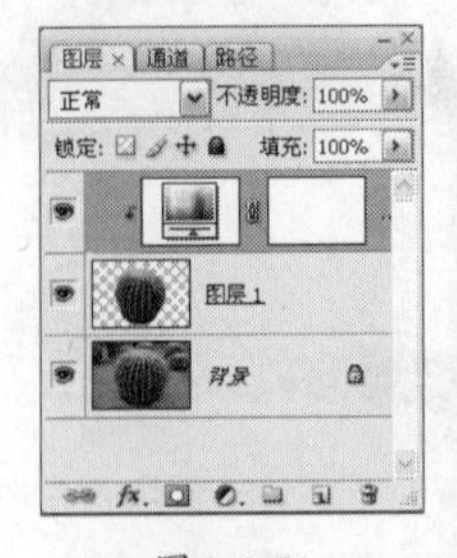

图4-4-61

图4-4-62

步骤提示技巧

创建剪贴蒙版时，可将鼠标放在“图层”面板上用于分隔要在剪贴蒙版中包含的基底图层和其上方的第一个图层的线上，当鼠标变为两个交叠的圆时单击即可生成剪贴蒙版。

为调整图层添加图层蒙版或创建剪贴蒙版所得到的效果相同，如图4-4-63和图4-4-64所示。需要注意的是，在添加图层蒙版后应将调整图层与其下方的图层进行链接，否则当移动调整图层或其下方图像时，由于存在图层蒙版，会导致最终得到的效果出现偏离，如图4-4-65所示。

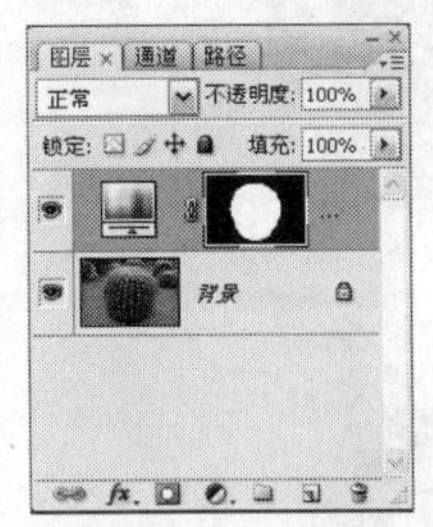

图4-4-63

图4-4-64

图4-4-65

Effect 03 使用调整图层为人物添加自然彩妆

01 使用修补工具对素材相片进行基础调整，使人物皮肤得到基本的美化

02 通过设置图层混合模式、编辑单色通道以及应用【高斯模糊】滤镜使图像中人物皮肤得到美白效果

03 使用"渐变映射"调整图层创建人物唇部高光区域，并为女孩嘴唇添加唇彩效果

04 使用"色相/饱和度"调整图层并修改该调整图层的混合模式为人物眼睛区域添加眼影效果

STEP 01 执行【文件】/【打开】命令（Ctrl+O），弹出"打开"对话框，选择需要的素材文件，单击"打开"按钮，如图4-4-66所示。将"背景"图层拖曳至"图层"面板上的创建新图层按钮，得到"背景副本"图层，如图4-4-67所示。

图4-4-66

图4-4-67

STEP 02 选择“背景副本”图层，选择工具箱中的修补工具，将图像中人物面部的瑕疵区域圈选，并直接拖曳该选区至皮肤纹理较细腻的区域，如图4-4-68所示。使用该方法继续对人物面部皮肤进行调整，直至得到如图4-4-69所示的图像效果。

图4-4-68

图4-4-69

STEP 03 将“背景副本”图层拖曳至“图层”面板上的创建新图层按钮上，得到“背景副本2”图层。将“背景副本2”图层的混合模式设置为“滤色”，“图层”面板如图4-4-70所示，得到的图像效果如图4-4-71所示。

图4-4-70

图4-4-71

步骤提示技巧

在对图层进行复制后，将处于上层的图层混合模式设置为“滤色”，可使人物的肤色得到简单美白的效果。

STEP 04 切换至“通道”面板，按Ctrl键单击“蓝”通道缩览图，调出其选区，如图4-4-72所示。切换回“图层”面板，执行【图层】/【新建】/【通过拷贝的图层】命令（Ctrl+J），得到“图层1”，得到的图像效果如图4-4-73所示。

图4-4-72

图4-4-73

STEP 05 选择“图层1”，执行【滤镜】/【模糊】/【高斯模糊】命令，弹出“高斯模糊”对话框，具体参数设置如图4-4-74所示，得到的图像效果如图4-4-75所示。

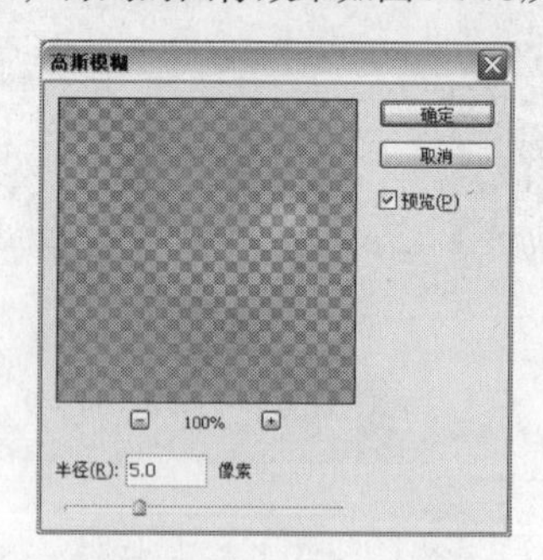

图4-4-74

图4-4-75

STEP 06 选择“图层1”，单击“图层”面板上的添加图层蒙版按钮，为该图层添加图层蒙版。将前景色设置为黑色，选择工具箱中的画笔工具，在图层蒙版上进行绘制，“图层”面板如图4-4-76所示，得到的图像效果如图4-4-77所示。

图4-4-76

图4-4-77

步骤提示技巧

在对“图层1”的图层蒙版进行编辑时，需要随时设置笔刷的软硬程度及笔刷大小。在笔刷工具被选择的前提下，按[键可使其直径变小，按]键可使其直径变大。

STEP 07 选择工具箱中的钢笔工具，在人物的嘴唇处绘制如图4-4-78所示的路径，按快捷键Ctrl+Enter将路径转换为选区。执行【选择】/【修改】/【羽化】命令，弹出“羽化选区”对话框，具体参数设置如图4-4-79所示，设置完毕后单击“确定”按钮，得到的图像效果如图4-4-80所示。

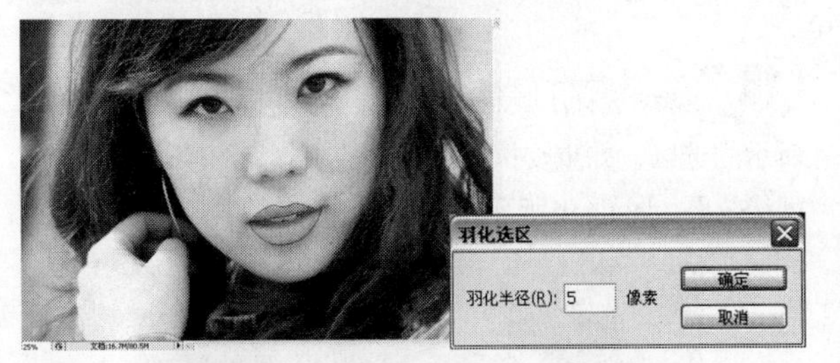

图4-4-78　图4-4-79

图4-4-80

STEP 08 单击“图层”面板上的创建新的填充或调整图层按钮，在弹出的下拉菜单中选择“色相/饱和度”选项，弹出“色相/饱和度”对话框。具体设置如图4-4-81所示，设置完毕后单击“确定”按钮，得到的图像效果如图4-4-82所示，“图层”面板如图4-4-83所示。

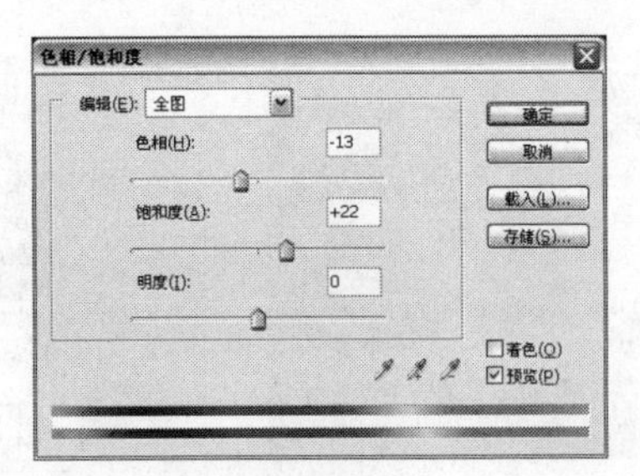

图4-4-81

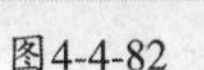

图4-4-82　图4-4-83

STEP 09 单击“图层”面板上的创建新的填充或调整图层按钮，在弹出的下拉菜单中选择“渐变映射”选项，弹出“渐变映射”对话框，具体设置如图4-4-84所示，设置完毕后单击“确定”按钮，得到的图像效果如图4-4-85所示。

图4-4-84　图4-4-85

步骤提示技巧

在设置“渐变映射”对话框中的渐变时，需要随时注意人物唇部区域的高光效果，使唇部的高光达到较柔和自然的效果。不同的相片所设置的渐变效果不同。

STEP 10 按Ctrl键单击“色相/饱和度”调整图层的图层蒙版缩览图，调出人物嘴唇的选区，按快捷键Ctrl+Shift+I将选区反向，图像效果如图4-4-86所示。将前景色设置为黑色，选择“渐变映射”调整图层的图层蒙版，按快捷键Alt+Delete填充前景色。填充完毕后按快捷键Ctrl+D取消选择，将该调整图层的图层混合模式设置为“变亮”，“图层”面板如图4-4-87所示，得到的图像效果如图4-4-88所示。

图4-4-86

图4-4-87

图4-4-88

STEP 11 选择工具箱中的套索工具，绘制如图4-4-89所示的选区，执行【选择】/【修改】/【羽化】命令，弹出“羽化选区”对话框，具体参数设置如图4-4-90所示，设置完毕后单击“确定”按钮，单击“图层”面板上的创建新的填充或调整图层按钮，在弹出的下拉菜单中选择“色相/饱和度”选项，弹出“色相/饱和度”对话框。具体设置如图4-4-91所示，设置完毕后单击“确定”按钮。

图4-4-89

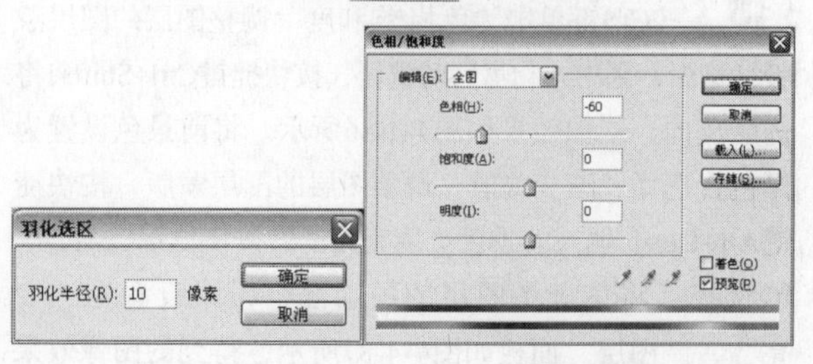

图4-4-90　图4-4-91

STEP 12 将“色相/饱和度2”调整图层的图层混合模式设置为“变暗”，“图层”面板如图4-4-92所示，得到的图像效果如图4-4-93所示。

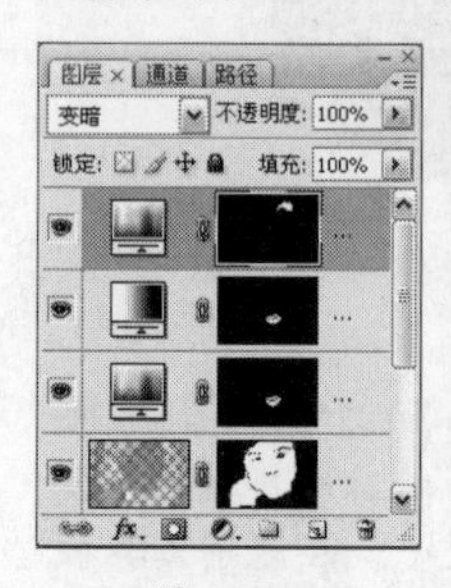

图4-4-92

图4-4-93

步骤提示技巧

在创建新的调整图层时，若图像中不存在选区，则调整图层的调整效果将针对该调整图层下方的图像；当选区存在时创建调整图层，则调整图层的调整结果将只针对选区内图像，并且在其图层上将自动形成蒙版，如右图所示。

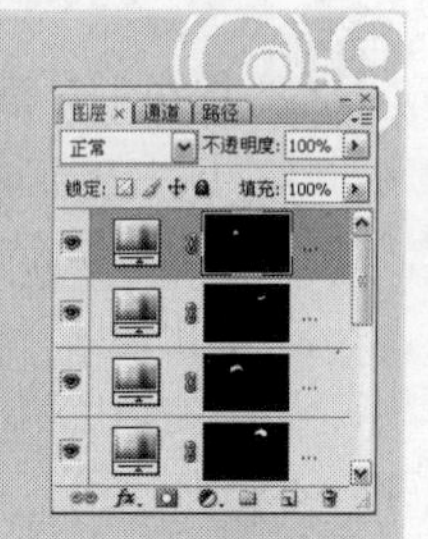

STEP 13 继续选择工具箱中的套索工具，绘制如图4-4-94所示的选区，并重复执行步骤11和步骤12的操作，得到的图像效果如图4-4-95所示。

图4-4-94

图4-4-95

步骤提示技巧

选择套索工具后可在其工具选项栏中勾选“消除锯齿”选项，该选项的作用在于通过软化边缘像素与背景像素之间的颜色过渡效果，使选区的锯齿状边缘平滑。需要注意的是，在使用套索工具之前必须指定该选项，否则当建立选区后，将无法添加消除锯齿功能。

STEP 14 选择工具箱中的套索工具，在其工具选项栏中设置其羽化值为10，绘制如图4-4-96所示的选区。单击“图层”面板上的创建新的填充或调整图层按钮，在弹出的下拉菜单中选择“色相/饱和度”选项，弹出“色相/饱和度”对话框，具体设置如图4-4-97所示，设置完毕后单击“确定”按钮，得到的图像效果如图4-4-98所示。

图4-4-96

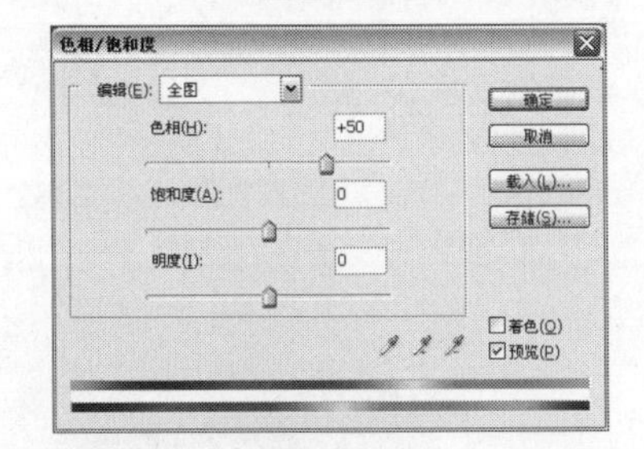

图4-4-97

图4-4-98

STEP 15 继续选择工具箱中的套索工具，绘制如图4-4-99所示的选区，并重复执行步骤14的操作，得到的图像效果如图4-4-100所示。

图4-4-99

图4-4-100

STEP 16 选择工具箱中的套索工具，绘制如图4-4-101所示的选区。单击“图层”面板上的创建新的填充或调整图层按钮，在弹出的下拉菜单中选择“色相/饱和度”选项，弹出“色相/饱和度”对话框。具体设置如图4-4-102所示，设置完毕后单击“确定”按钮。

图4-4-101

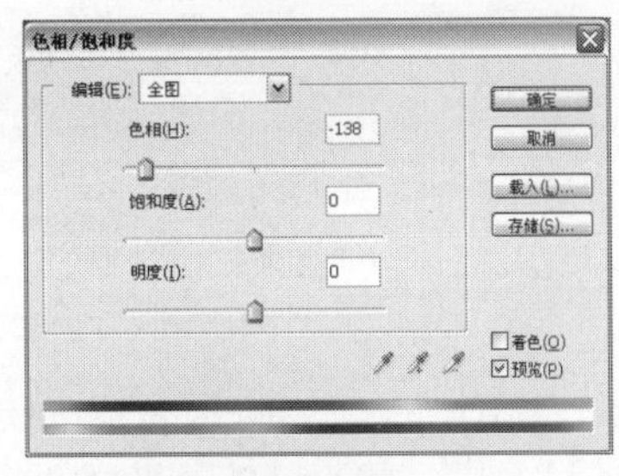

图4-4-102

STEP 17 将“色相/饱和度4”调整图层的图层混合模式设置为“线性加深”，“图层”面板如图4-4-103所示，得到的图像效果如图4-4-104所示。继续使用套索工具，在另一只眼睛上方绘制选区，并执行相同操作，得到的图像效果如图4-4-105所示。

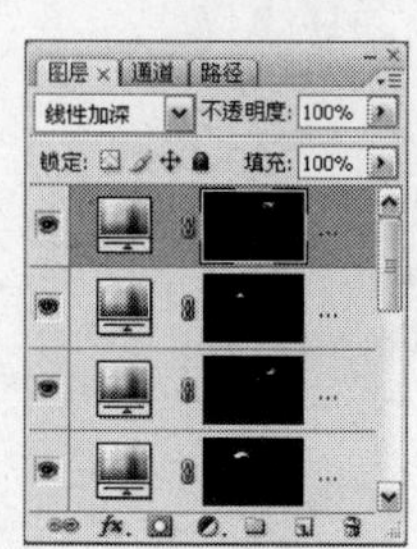

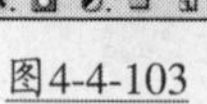
图4-4-103

图4-4-104

图4-4-105

Chapter 05 数码照片的矫正技巧

Effect 01

调整照片的尺寸

01 通过改变图像的分辨率将过大的照片调整为适合网页或印刷的尺寸

02 通过更改图像的尺寸定制图像的大小

STEP 01 执行【文件】/【打开】命令（Ctrl+O），弹出“打开”对话框，如图5-1-1所示，选择如图5-1-2所示图像素材，单击“打开”按钮，打开图像。

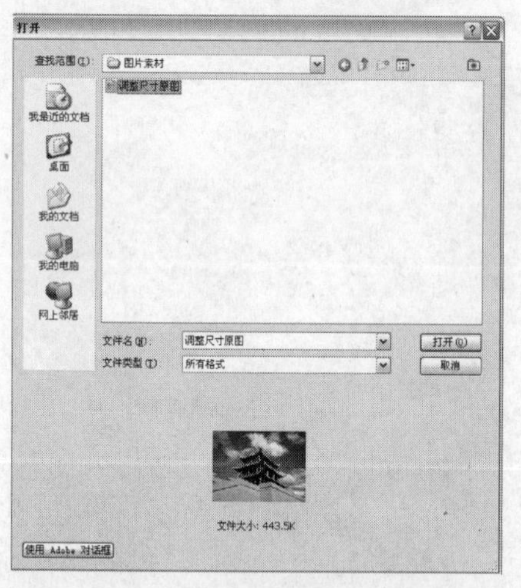

图5-1-1

图5-1-2

STEP 02 执行【图像】/【图像大小】命令（Alt+Ctrl+I），弹出“图像大小”对话框，如图5-1-3所示，在分辨率文本框中如图5-1-4所示设置各项参数。设置完毕后单击“确定”按钮，得到的图像将按照设定的分辨率和尺寸改变大小。

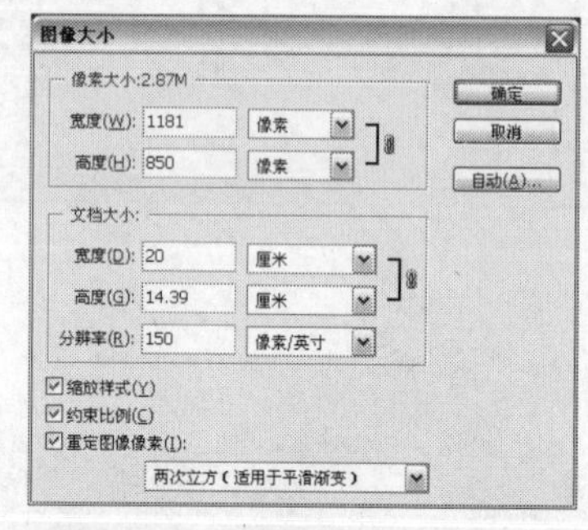

图5-1-3

图像大小
像素大小:381.2K(之前为2.46M)
宽度(W): 425 像素
高度(H): 306 像素
确定
取消
自动(A)...
文档大小:
宽度(D): 15 厘米
高度(G): 10.8 厘米
分辨率(R): 72 像素/英寸
缩放样式(Y)
约束比例(C)
重定图像像素(I):
两次立方（适用于平滑渐变）

图5-1-4

步骤提示技巧

改变时注意勾选“约束比例”复选框，可以不改变图像的长宽比。

Effect 02 调整照片的精度

通过控制图像的分辨率和像素总量来调整图像的精度，以保证图像在应用于打印等输出时的质量

STEP 01 执行【文件】/【打开】命令（Ctrl+O），弹出“打开”对话框，打开素材图像。如图5-2-1所示在图像窗口标题栏上单击右键，在弹出的下拉菜单中选择“图像大小”选项。同样能够弹出“图像大小”对话框，从中可以看出图像现在的大小，如图5-2-2所示。

图5-2-1

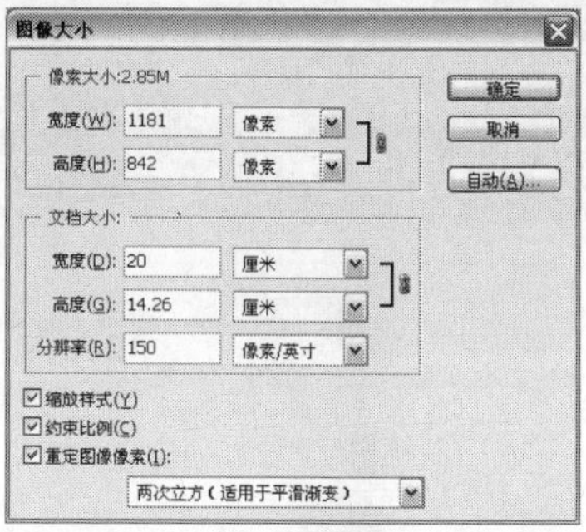

图像大小
像素大小:2.85M
宽度(W): 1181 像素
高度(H): 842 像素
文档大小:
宽度(D): 20 厘米
高度(G): 14.26 厘米
分辨率(R): 150 像素/英寸
☑缩放样式(Y)
☑约束比例(C)
☑重定图像像素(I):
两次立方（适用于平滑渐变）
确定 取消 自动(A)...

图5-2-2

STEP 02 若要更改分辨率而不改变像素的大小，则需要在更改分辨率之前取消对“重定图像像素”复选框的勾选。此时图片文件的大小不变，如图5-2-3所示。

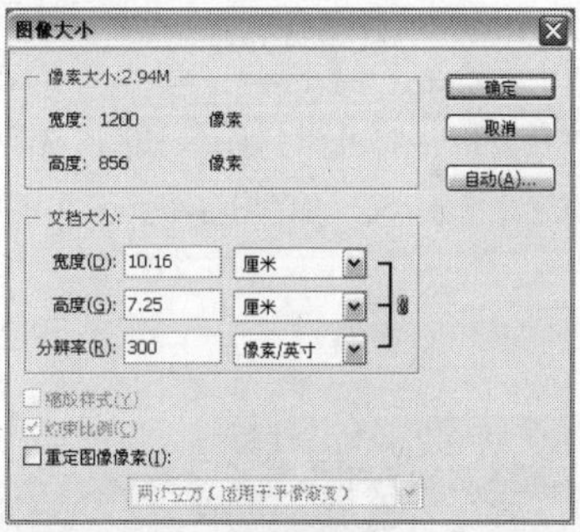

图像大小
像素大小:2.94M
宽度: 1200 像素
高度: 856 像素
文档大小:
宽度(D): 10.16 厘米
高度(G): 7.25 厘米
分辨率(R): 300 像素/英寸
□缩放样式(Y)
☑约束比例(C)
□重定图像像素(I):
两次立方（适用于平滑渐变）
确定 取消 自动(A)...

图5-2-3

步骤提示技巧

在不勾选“重定图像像素”复选框时，对尺寸和分辨率进行修改都对图像文档的大小不产生影响。如图所示为再次对图像大小进行修改的“图像大小”对话框。

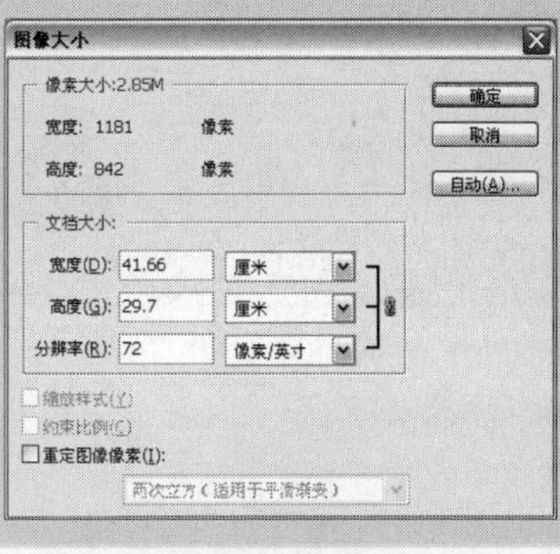

图像大小
像素大小:2.85M
宽度: 1181 像素
高度: 842 像素
文档大小:
宽度(D): 41.66 厘米
高度(G): 29.7 厘米
分辨率(R): 72 像素/英寸
□缩放样式(Y)
□约束比例(C)
□重定图像像素(I):
两次立方（适用于平滑渐变）
确定 取消 自动(A)...

Effect 03

矫正倾斜的照片

01 使用工具箱中的度量工具沿图像中的水平线进行度量以确定图片倾斜的角度

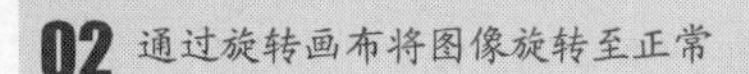

02 通过旋转画布将图像旋转至正常

03 利用裁剪工具将图像中多余的部分裁剪

STEP 01 执行【文件】/【打开】命令（Ctrl+O），弹出“打开”对话框，打开素材图像如图5-3-1所示。选择工具箱中的度量工具，如图5-3-2所示在图像中沿岸边绘制直线。

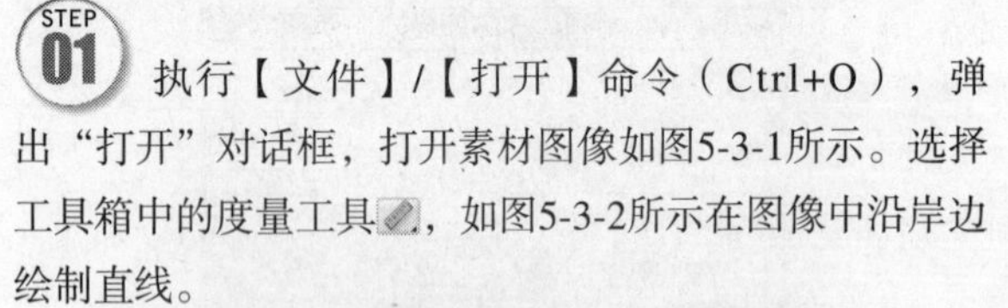

图5-3-1

图5-3-2

STEP 02 执行【图像】/【旋转画布】/【任意角度】命令，弹出“旋转画布”对话框，如图5-3-3所示，其中的参数为默认参数，与之前的度量工具倾斜角度相关。单击“确定”按钮，得到的图像效果如图5-3-4所示。

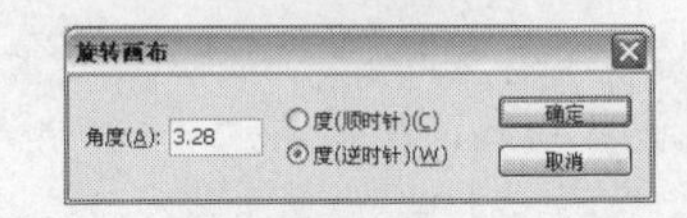

图5-3-3

图5-3-4

步骤提示技巧

图像外面的黑色部分是画布颜色，可以执行【图像】/【画布大小】命令，在弹出的“画布大小”对话框中设置画布颜色。

STEP 03 选择工具箱中的裁剪工具，如图5-3-5所示在图像中绘制裁剪区域。绘制完毕后单击Enter键，得到的图像效果如图5-3-6所示。

图5-3-5

图5-3-6

Effect 04 调整透视变形的照片

01 通过执行【编辑】/【自由变换】命令调出自由变换框

02 按Ctrl键拖动自由变换框调整图像的透视

STEP 01 执行【文件】/【打开】命令（Ctrl+O），弹出“打开”对话框，打开素材图像如图5-4-1所示。将“背景”图层拖曳至“图层”面板上的创建新图层按钮上，得到“背景副本”图层。

图5-4-1

STEP 02 选择“背景副本”图层，执行【编辑】/【自由变换】命令（Ctrl+T），出现自由变换框，将图像文件窗口视图放大，如图5-4-2所示。

图5-4-2

STEP 03 按Ctrl键分别拖动左上角和右上角的自由变换框，改变图像透视，如图5-4-3所示。

图5-4-3

STEP 04 变换完毕后单击Enter键确认变换，执行【视图】/【按屏幕大小缩放】命令，得到的图像效果如图5-4-4所示。

图5-4-4

Effect 05 数码照片的构图艺术

通过工具箱中的裁剪工具将构图不合理的图像进行裁剪，得到能够突出主体的图像

STEP 01 执行【文件】/【打开】命令（Ctrl+O），弹出"打开"对话框，打开素材图像如图5-5-1所示。

步骤提示技巧

在打开文件的时候，可以双击Photoshop CS3界面中的灰色部分，同样能够弹出"打开"对话框。

图5-5-1

STEP 02 选择工具箱中的裁剪工具，如图5-5-2所示绘制裁剪区域。绘制完毕后按Enter键确认裁剪，得到的图像效果如图5-5-3所示。

图5-5-2

图5-5-3

STEP 03 执行【文件】/【打开】命令（Ctrl+O），弹出“打开”对话框，打开素材图像如图5-5-4所示。

图5-5-4

步骤提示技巧

可以看出图像效果很普通，裁剪掉多余的部分能够突出重点。使食品看起来更加诱人。

STEP 04 选择工具箱中的裁剪工具，如图5-5-5所示绘制裁剪区域。绘制完毕后按Enter键确认裁剪，得到的图像效果如图5-5-6所示。

图5-5-5

图5-5-6

步骤提示技巧

图像中人物主体的表情动作都很好，但是背景中多余的人和物过多，经过裁剪能够将主体人物部分突出。

STEP 05 执行【文件】/【打开】命令（Ctrl+O），弹出“打开”对话框，打开素材图像如图5-5-7所示。

图5-5-7

STEP 06 选择工具箱中的裁剪工具，如图5-5-8所示绘制裁剪区域。绘制完毕后按Enter键确认裁剪，得到的图像效果如图5-5-9所示。

图5-5-8

图5-5-9

Effect 06 消除照片中多余的人物

01 通过使用套索工具和羽化命令相结合绘制选区，并遮盖住人物部分

02 选择工具箱中的修补工具能够更加方便地为需要修补的部分找到合适的替换部分

STEP 01 执行【文件】/【打开】命令（Ctrl+O），弹出“打开”对话框，打开素材图像如图5-6-1所示。

图5-6-1

STEP 02 选择工具箱中的缩放工具将图像放大，选择工具箱中的套索工具，在图像中如图5-6-2所示绘制选区。

图5-6-2

STEP 03 执行【选择】/【修改】/【羽化】命令，弹出“羽化”对话框，具体设置如图5-6-3所示，设置完毕后单击确定按钮。选择工具箱中的移动工具，将鼠标指针放置在选区范围内，按住左键并按Alt+Ctrl键向人物方向拖动，释放鼠标后再次单击拖动，直至人物部分被遮盖住，得到的图像效果如图5-6-4所示。

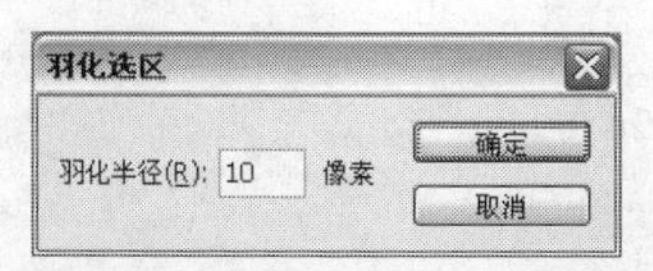

图5-6-3

图5-6-4

STEP 04 再继续从颜色相近的位置绘制选区，采用同样的步骤继续将图像中的人物用周围像素遮盖，分别如图5-6-5和图5-6-6所示。

图5-6-5

图5-6-6

STEP 05 选择工具箱中的修补工具，在图像中人物的下部绘制选区，如图5-6-7所示在选区中拖动鼠标直至选区位置的图像与周围无明显衔接痕迹时释放鼠标。

图5-6-7

STEP 06 同样的步骤将人物剩余的部分用另一部分的像素覆盖，如图5-6-8所示。

图5-6-8

STEP 07 执行【视图】/【按屏幕大小缩放】命令，得到的图像最终效果如图5-6-9所示。

图5-6-9

步骤提示技巧

在遮盖大面积的图像时，可以使用用套索工具和用修补工具修补相结合的方法。用套索工具将需要遮盖的图像分为几部分，再使用修补工具将其用周围的像素遮盖。

Effect 07 消除照片中多余的取景

01 通过使用仿制图章工具将图像中杂乱的电线清除

02 选择工具箱中的修补工具将整块的需要清除的部分清除

STEP 01 执行【文件】/【打开】命令（Ctrl+O），弹出“打开”对话框，打开素材图像如图5-7-1所示。

图5-7-1

STEP 02 选择工具箱中的缩放工具将图像放大，选择工具箱中的仿制图章工具，设置合适大小的笔刷，如图5-7-2所示在电线的附近按住Alt键单击以定制作为仿制源的点，如图5-7-3所示在图像中沿电线位置拖动鼠标。

图5-7-2

图5-7-3

STEP 03 同样的方法在其他电线附近按住Alt键单击定制仿制源并在电线上进行绘制，需要多次定义仿制源点，以使得仿制区域更加真实，如图5-7-4所示。

图5-7-4

STEP 04 将延伸出来的电线大致处理完毕后，选择工具箱中的修补工具，如图5-7-5所示将左边杂乱处绘制为选区并拖动鼠标，至合适的位置释放鼠标，按快捷键Ctrl+D取消选择，执行【视图】/【按屏幕大小缩放】命令，得到的图像最终效果如图5-7-6所示。

图5-7-5

图5-7-6

步骤提示技巧

图像中原有的电线破坏整个画面的气氛经过处理后，图像中杂乱的效果得到了缓解，能够使图像更加完善。

Effect 08 消除照片中杂乱的背景

01 选择工具箱中的修补工具将背景中露出的楼房部分用树木将其遮盖

02 用套索工具结合自由变换命令，将探照灯部分用其周围的像素遮盖

STEP 01 执行【文件】/【打开】命令（Ctrl+O），弹出“打开”对话框，打开素材图像如图5-8-1所示。

步骤提示技巧

从图像中可以看出，图像的背景由于树木并没有把楼房完全遮盖住，而显得有些杂乱，下面的探照灯也使图像给人以杂乱的感觉，通过Photoshop CS3能够很容易地解决这类问题。

图5-8-1

STEP 02 选择工具箱中的修补工具，在图像中将背景部分露出的楼房部分选中，拖动鼠标至下方树木密集的部分，如图5-8-2所示。释放鼠标后按快捷键Ctrl+D取消选择，得到的图像效果如图5-8-3所示。

图5-8-2

图5-8-3

STEP 03 如图5-8-4和图5-8-5所示继续使用工具箱中的修补工具，将其余的部分修补干净，按快捷键Ctrl+D取消选择，得到的图像效果如图5-8-6所示。

图5-8-4

图5-8-5

图5-8-6

步骤提示技巧

将图像放大后可以按住空格键，当鼠标指针变成小手模样时拖动鼠标，能够拖动观察图像的各个位置。

STEP 04 选择工具箱中的缩放工具将图像放大至一个探照灯的位置，选择工具箱中的套索工具，在探照灯旁边绘制选区，并按快捷键Ctrl+J复制选区中的图像到新的图层，"图层"面板如图5-8-7所示，选区效果如图5-8-8所示。

图5-8-7

图5-8-8

STEP 05 选择"图层1"，执行【编辑】/【自由变换】命令，如图5-8-9所示，按Ctrl键拖动自由变换框，直至与背景部分重合。

图5-8-9

STEP 06 按Enter键确认变换，执行【图层】/【合并图层】命令（Ctrl+E）将图层合并，"图层"面板如图5-8-10所示，得到的图像效果如图5-8-11所示。

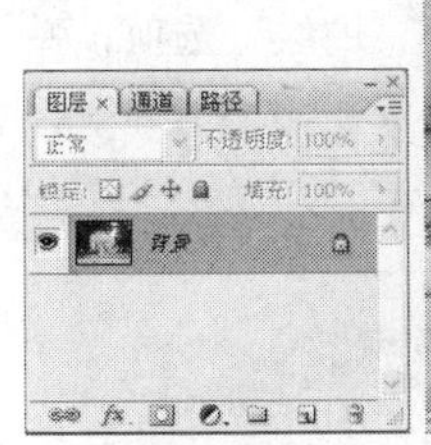

图5-8-10

图5-8-11

步骤提示技巧

合并图层就是将几个图层合并为一个图层。

STEP 07 继续将图像中其余部分的探照灯也修补干净，得到的图像最终效果如图5-8-12所示。

图5-8-12

Effect 09 淡化照片中的次要背景

01 通过【高斯模糊】滤镜将图像模糊

02 利用蒙版将图像中的雕塑显露出来

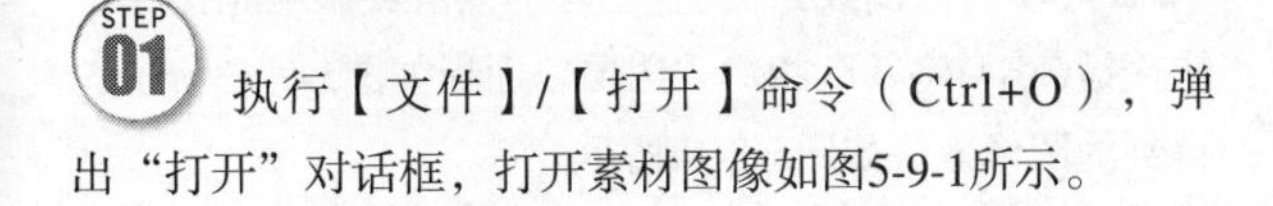

STEP 01 执行【文件】/【打开】命令（Ctrl+O），弹出“打开”对话框，打开素材图像如图5-9-1所示。

图5-9-1

STEP 02 将“背景”图层拖曳至“图层面板”上创建新图层按钮，得到“背景副本”图层，选择“背景副本”图层，执行【滤镜】/【模糊】/【高斯模糊】命令，弹出“高斯模糊”对话框，具体设置如图5-9-2所示，设置完毕后单击“确定”按钮，得到的图像效果如图5-9-3所示。

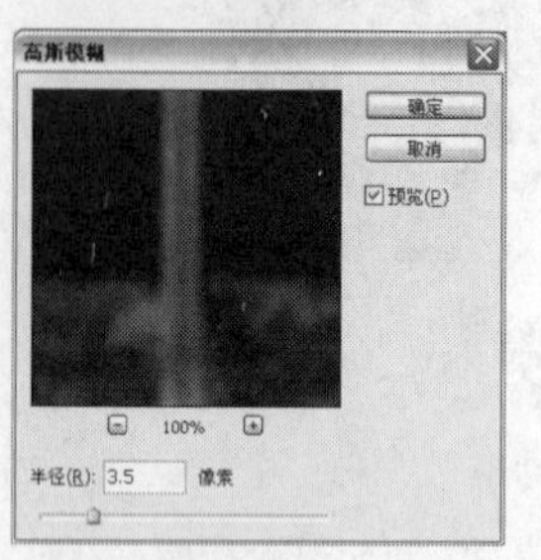

图5-9-2

图5-9-3

STEP 03 单击“图层”面板上的添加图层蒙版按钮，选择工具箱中的画笔工具，设置合适的笔刷，将前景色设置为黑色，在图像中雕塑部分涂抹，“图层”面板如图5-9-4所示，得到的图像效果如图5-9-5所示。

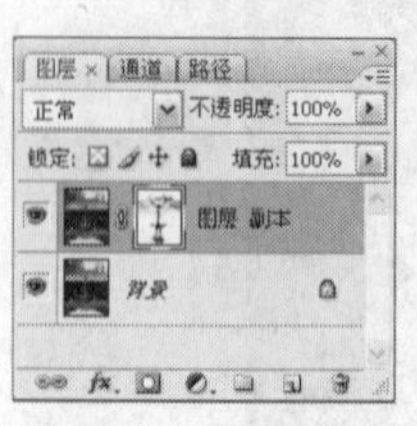
图5-9-4

图5-9-5

STEP 04 选择工具箱中的渐变工具，在其工具栏中单击可编辑渐变条，设置“黑色、白色”渐变类型，并单击径向渐变按钮，将模式设为“正片叠底”，不透明度设为50%，在图像中由中间向上方拖动鼠标绘制渐变填充，“图层”面板如图5-9-6所示，得到的图像效果如图5-9-7所示。

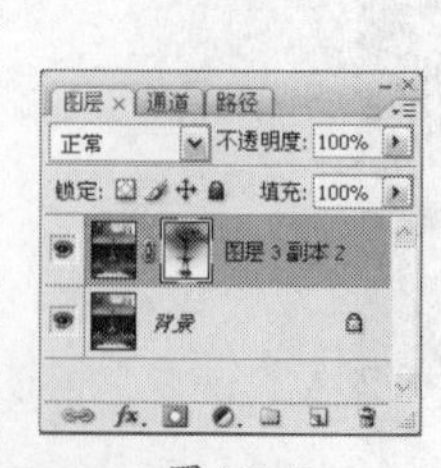
图5-9-6

图5-9-7

STEP 05 单击“图层”面板上的创建新的填充或调整图层按钮，在弹出的下拉菜单中选择“曲线”选项，弹出“曲线”对话框，具体设置如图5-9-8所示，设置完毕后单击“确定”按钮，得到的图像效果如图5-9-9所示。

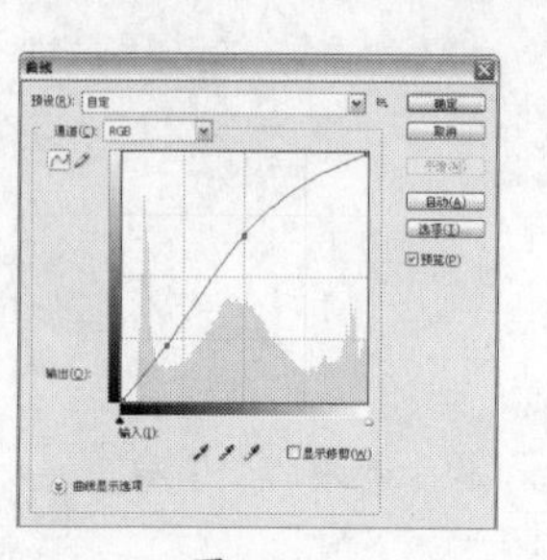
图5-9-8

图5-9-9

步骤提示技巧

在“曲线”对话框中，将曲线调整成为上凸的形状能够使图像较自然地变得明亮。

STEP 06 单击“背景副本”图层蒙版缩览图，按Alt键拖动至“曲线1”调整图层的蒙版缩览图处释放鼠标，弹出如图5-9-10所示对话框，单击“确定”按钮，“图层”面板如图5-9-11所示，得到的图像效果如图5-9-12所示。

图5-9-10

图5-9-11

图5-9-12

STEP 07 单击“曲线1”调整图层的图层蒙版缩览图，按快捷键Ctrl+I将其反相，“图层”面板如图5-9-13所示，得到的图像效果如图5-9-14所示。

图5-9-13

图5-9-14

STEP 08 单击“图层”面板上的创建新的填充或调整图层按钮 fx.，在弹出的下拉菜单中选择“色彩平衡”选项，在弹出的“色彩平衡”对话框中如图5-9-15所示进行设置，设置完毕后单击“确定”按钮，得到的图像效果如图5-9-16所示。

图5-9-15

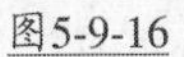

图5-9-16

STEP 09 单击“曲线1”图层蒙版缩览图，按Alt键拖动至“色彩平衡1”调整图层的蒙版缩览图处释放鼠标，“图层”面板如图5-9-17所示，得到的图像最终效果如图5-9-18所示。

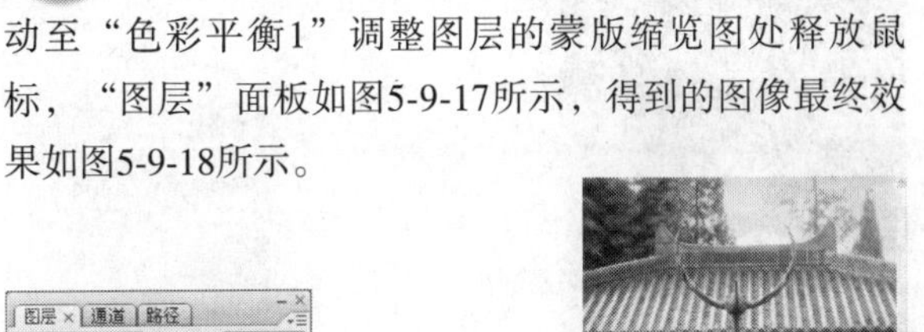

图5-9-17

图5-9-18

步骤提示技巧

在“色彩平衡”对话框中，单击下方的暗调、中间调或亮调，能够分别对该色调的图像像素进行颜色调整，本案例中只对中间调进行了部分调整。

Effect 10 消除人物多余的发梢

01 利用工具箱中仿制图章工具将图像中多余的头发去除

02 调整图像曲线，增强图像对比度

STEP 01 执行【文件】/【打开】命令（Ctrl+O），弹出“打开”对话框，打开素材图像如图5-10-1所示。将“背景”图层拖曳至“图层”面板上的创建新图层按钮，得到“背景副本”图层，“图层”面板如图5-10-2所示。

步骤提示技巧

切换至“路径”面板，右键单击“工作路径”，在弹出的下拉菜单中选择“建立选区”选项，弹出“建立选区”对话框，在其中也能够将路径转化为选区并设置羽化值。

图5-10-1

图5-10-2

STEP 02 选择工具箱中的缩放工具，在图像中单击将图像放大，选择工具箱中的钢笔工具沿人物额头部分绘制路径，如图5-10-3所示，绘制完毕后按快捷键Ctrl+Enter将路径变换为选区，如图5-10-4所示。

图5-10-3

图5-10-4

STEP 03 执行【选择】/【修改】/【羽化】命令（Alt+Ctrl+D），在弹出的“羽化”对话框中如图5-10-5所示进行设置，设置完毕后单击“确定”按钮，得到的选区效果如图5-10-6所示。

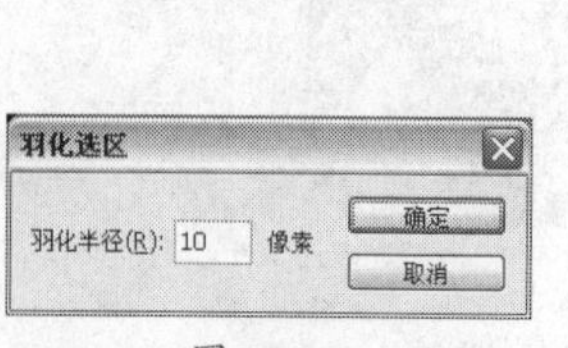

图5-10-5

图5-10-6

STEP 04 选择工具箱中的仿制图章工具，设置柔角笔刷，在图像中没有头发的位置按Alt键单击定义源点，放开Alt键后在被遮挡的位置单击，如图5-10-7所示，反复进行相同的操作，按快捷键Ctrl+D取消选区，得到的图像效果如图5-10-8所示。

图5-10-7

图5-10-8

STEP 05 将图像继续放大并将仿制图章工具的笔刷缩小，在图像中干净的皮肤部分按Alt键单击定义仿制源，放开Alt键后在被遮挡的位置单击，如图5-10-9所示，反复进行相同的操作后得到的图像效果如图5-10-10所示。

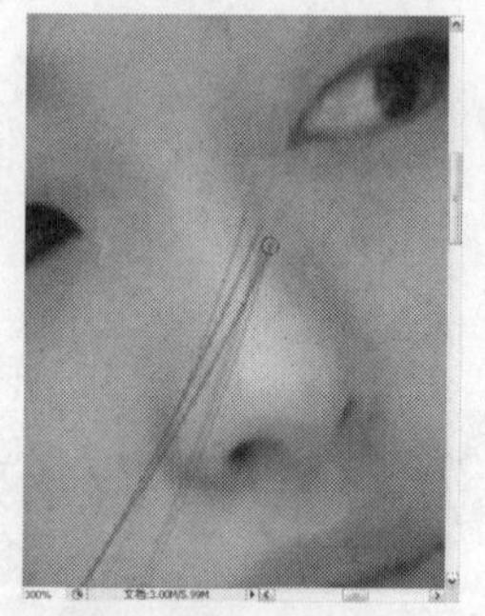

图5-10-9

图5-10-10

STEP 06 选择“背景副本”图层，执行【图像】/【调整】/【曲线】命令，弹出“曲线”对话框，具体设置如图5-10-11所示。设置完毕后单击“确定”按钮，得到的图像最终效果如图5-10-12所示。

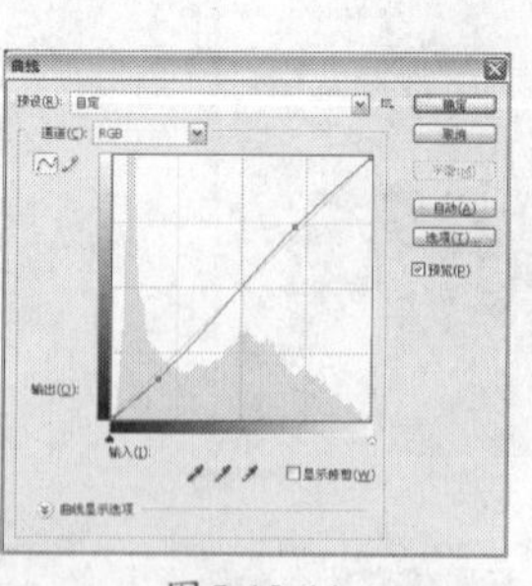

图5-10-11

图5-10-12

步骤提示技巧

在“曲线”对话框中将曲线调整成“S”形，能够将亮调部分变亮，暗调部分变暗，增强图像的对比度。

Chapter 06 数码照片的润饰技巧

Effect 01 弥补模糊照片的拍摄缺陷

01 通过使用“叠加”图层混合模式使图像的明暗区分明显，画面中的建筑轮廓变得清晰

02 通过使用图层蒙版使图像中人物等本来清晰的部分不发生改变

STEP 01 执行【文件】/【打开】命令（Ctrl+O），弹出“打开”对话框，选择如图6-1-1所示的素材图片，单击“打开”按钮。

图6-1-1

STEP 02 将“背景”图层拖曳至“图层”面板上的创建新图层按钮，上，得到“背景副本”图层，“图层”面板如图6-1-2所示。

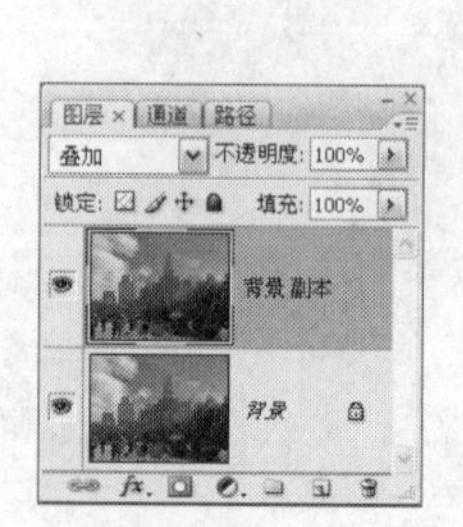

图6-1-2

步骤提示技巧

“叠加”混合模式能够在图像中的暗部部分以“正片叠底”模式混合，亮部部分用“滤色”模式混合，能够显示出更加清晰的效果。

STEP 03 选择“背景副本”图层，将其图层混合模式设置为“叠加”，“图层”面板如图6-1-3所示，得到的图像效果如图6-1-4所示。

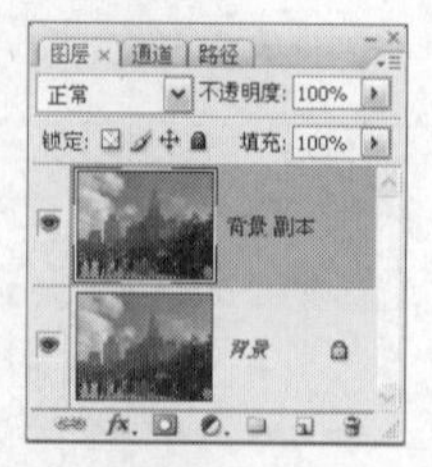

图6-1-3

图6-1-4

STEP 04 选择“背景副本”图层，单击“图层”面板上的添加图层蒙版按钮，为“背景副本”图层添加图层蒙版，“图层”面板如图6-1-5所示。

图6-1-5

STEP 05 将前景色设置为黑色，选择工具箱中的画笔工具，设置柔角的笔刷，在图像中人物及树枝处进行涂抹，如图6-1-6所示。

图6-1-6

STEP 06 经过多次涂抹，“图层”面板如图6-1-7所示，得到的图像效果如图6-1-8所示。

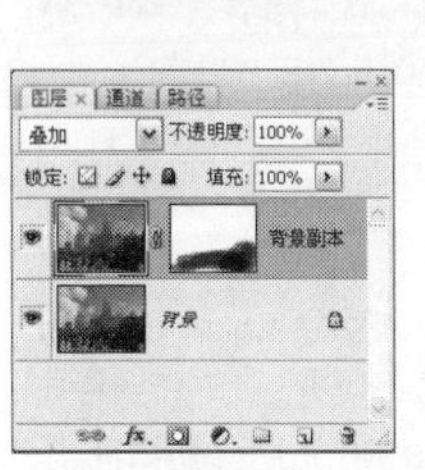

图6-1-7

图6-1-8

STEP 07 选择“背景副本”图层，单击“图层”面板上的创建新的填充或调整图层按钮，在弹出的下拉菜单中选择“曲线”选项，弹出“曲线”对话框，具体设置如图6-1-9所示。设置完毕后单击“确定”按钮，并执行【图层】/【创建剪贴蒙版】命令（Alt+Ctrl+G），“图层”面板如图6-1-10所示，得到的图像最终效果如图6-1-11所示。

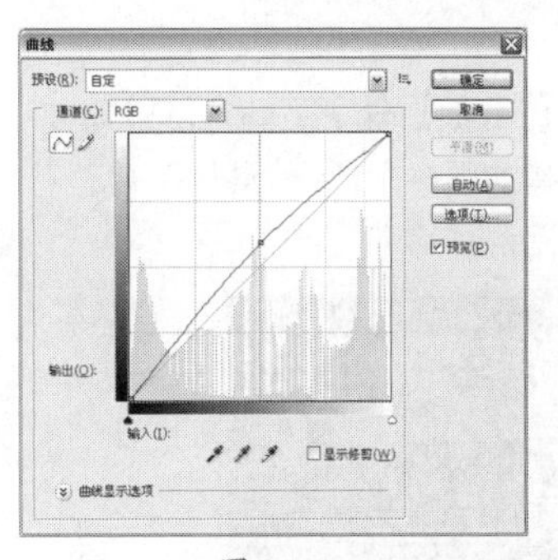

图6-1-9

图6-1-10

图6-1-11

步骤提示技巧

由于图像中的人物和街道部分并不模糊，通过使用图层蒙版将其叠加的部分遮盖，能露出原图部分。

Effect 02 调整曝光过度的照片

01 通过将“背景副本”图层使用“正片叠底”图层混合模式与“背景”图层混合使图像整体变暗

02 将通道中的蓝色通道作为图层蒙版来控制图像中变暗的区域

STEP 01 执行【文件】/【打开】命令（Ctrl+O），弹出“打开”对话框，选择如图6-2-1所示素材图片，单击“打开”按钮。

图6-2-1

STEP 02 将“背景”图层拖曳至“图层”面板上的创建新图层按钮 上，得到“背景副本”图层，“图层”面板如图6-2-2所示。

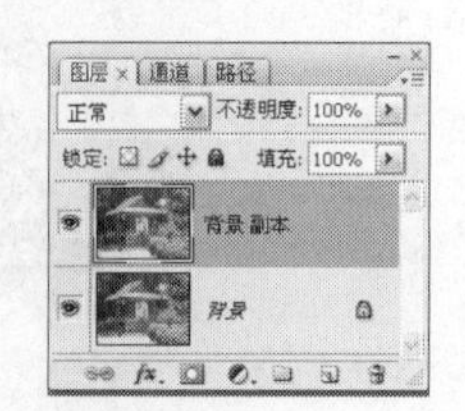

图6-2-2

STEP 03 切换至“通道”面板，按Ctrl键单击“蓝”通道缩览图，如图6-2-3所示，得到的选区如图6-2-4所示。

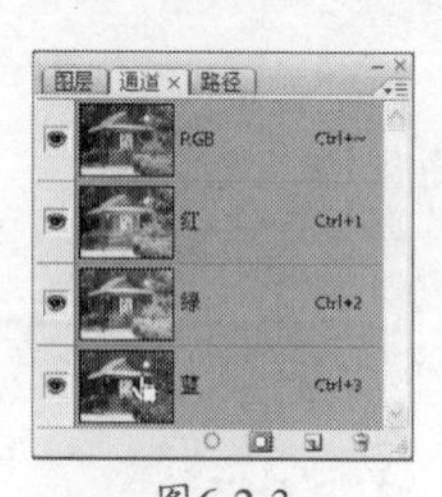

图6-2-3

图6-2-4

STEP 04 切换回“图层”面板，选择“背景副本”图层，单击“图层”面板上的添加图层蒙版按钮 ，并将其图层混合模式设为“正片叠底”，“图层”面板如图6-2-5所示，得到的图像效果如图6-2-6所示。

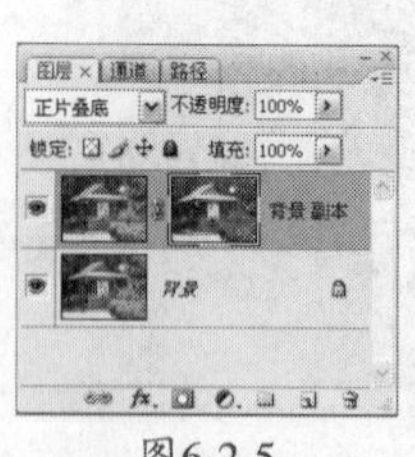

图6-2-5

图6-2-6

STEP 05 将“背景副本”图层拖曳至“图层”面板上的创建新图层按钮 上，得到“背景副本2”图层，将其不透明度设置为50%，“图层”面板如图6-2-7所示，得到的图像效果如图6-2-8所示。

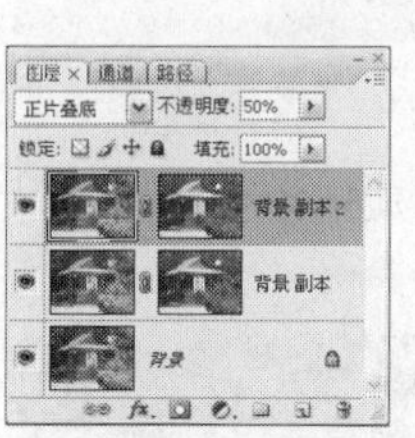

图6-2-7

图6-2-8

步骤提示技巧

曝光过度的主要表现是高光部分过亮，导致高光部分的阶调不明显，而“正片叠底”图层混合模式能够将图像中基色与混合色进行正片叠底。结果色总是较暗的颜色。

STEP 06 选择“背景副本2”图层，单击“图层”面板上的创建新的填充或调整图层按钮 ，在弹出的下拉菜单中选择“曲线”选项，弹出“曲线”对话框，具体设置如图6-2-9所示。设置完毕后单击“确定”按钮，“图层”面板如图6-2-10所示，得到的图像最终效果如图6-2-11所示。

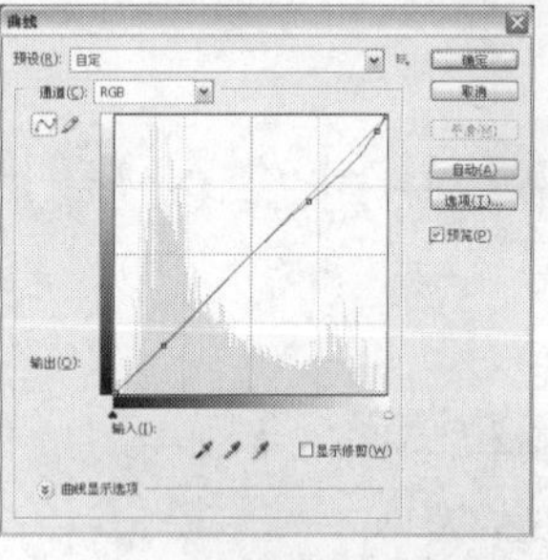

图6-2-9

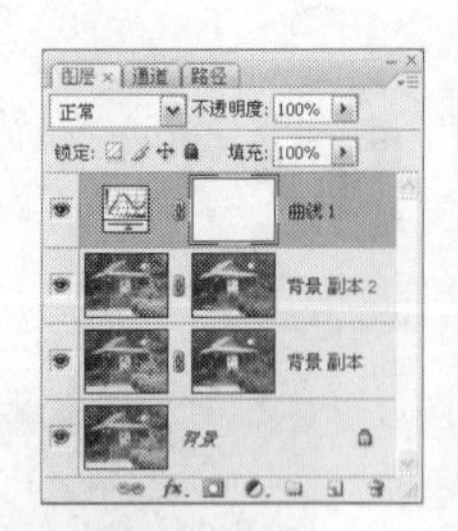

图6-2-10

图6-2-11

Effect 03

调整曝光不足的照片

01 通过将“背景副本”图层使用“滤色”图层混合模式与“背景”图层混合使图像整体变亮

02 使用“色阶”命令调整图像的高光、中间调和暗调的分布，从而使图像明暗分布均匀

STEP 01 执行【文件】/【打开】命令（Ctrl+O），弹出“打开”对话框，选择如图6-3-1所示素材图片，单击“打开”按钮。

图6-3-1

STEP 02 将“背景”图层拖曳至“图层”面板上的创建新图层按钮上，得到“背景副本”图层，并将其图层混合模式设为“滤色”，不透明度设为50%，“图层”面板如图6-3-2所示，得到的图像效果如图6-3-3所示。

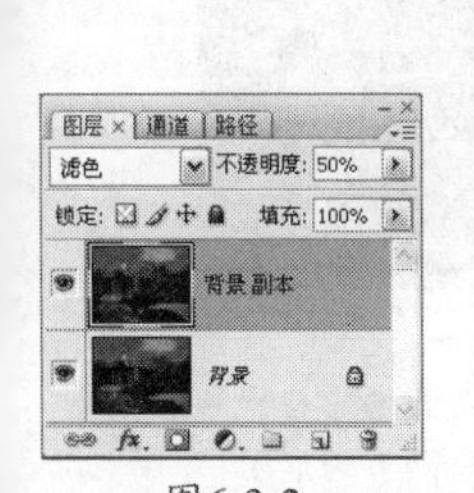

图6-3-2

图6-3-3

步骤提示技巧

“滤色”混合模式查看每个通道的颜色信息，并将混合色的互补色与基色进行正片叠底。结果色总是较亮的颜色。用黑色过滤时颜色保持不变。用白色过滤将产生白色。此效果类似于多个摄影幻灯片在彼此之上投影。用“背景副本”图层与“背景”图层通过“滤色”混合模式进行混合，会将图像整体变亮。

STEP 03 选择“背景副本”图层，单击“图层”面板上的创建新的填充或调整图层按钮，在弹出的下拉菜单中选择“色阶”选项，弹出“色阶”对话框，具体设置如图6-3-4所示，设置完毕后单击“确定”按钮，“图层”面板如图6-3-5所示，得到的图像效果如图6-3-6所示。

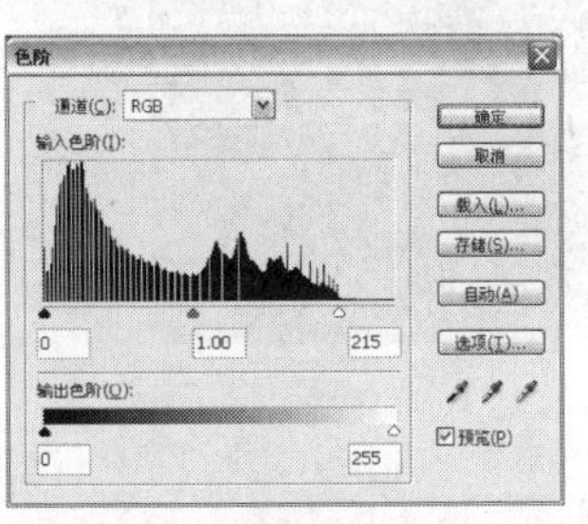

图6-3-4

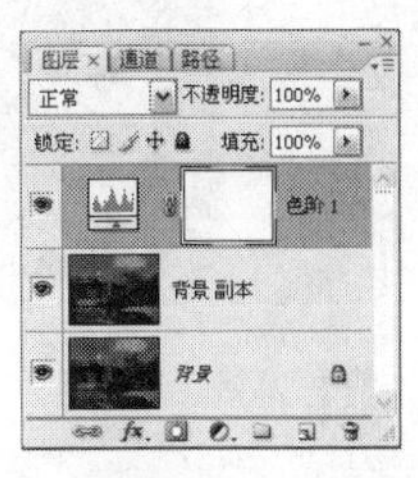

图6-3-5

图6-3-6

STEP 04 选择“色阶1”调整图层，将其拖曳至“图层”面板上的创建新图层按钮，得到“色阶1副本”调整图层，“图层”面板如图6-3-7所示。

图6-3-7

步骤提示技巧

通过复制得到的图层和原图层完全相同，包括图层混合模式以及不透明度等各项参数。

STEP 05 单击“色阶1”调整图层的图层蒙版缩览图，执行【图像】/【应用图像】命令，弹出“应用图像”对话框，具体设置如图6-3-8所示，设置完毕后单击“确定”按钮，“图层”面板如图6-3-9所示，得到的图像效果如图6-3-10所示。

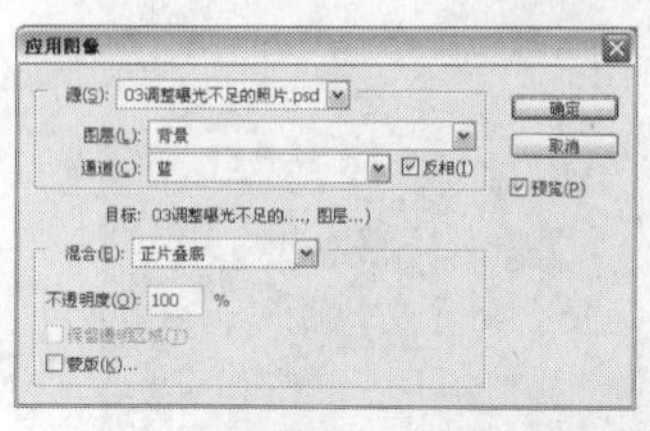

图6-3-8

图6-3-9

图6-3-10

Effect 04 调节逆光照片

01 通过“曲线”调整图层使图像逆光部分变亮，使用“色相/饱和度”调整图层调整图像饱和度

02 通过计算命令将图像中石碑部分与背景分离开来，并将得到的通道建立图层蒙版控制曲线调节的范围

STEP 01 执行【文件】/【打开】命令（Ctrl+O），弹出“打开”对话框，选择如图6-4-1所示素材图片，单击“打开”按钮。

图6-4-1

步骤提示技巧

添加调整图层能够在不影响图像像素的情况下对图像进行调整。

STEP 02 选择“背景”图层，单击“图层”面板上的创建新的填充或调整图层按钮，在弹出的下拉菜单中选择“曲线”选项，弹出“曲线”对话框。具体设置如图6-4-2所示，设置完毕后单击“确定”按钮，“图层”面板如图6-4-3所示，得到的图像效果如图6-4-4所示。

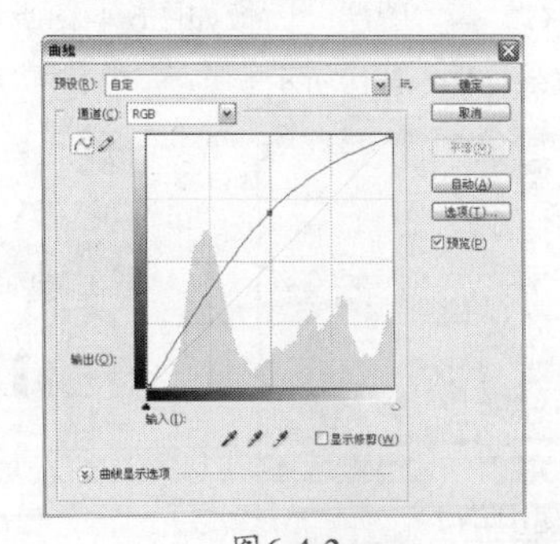

图6-4-2

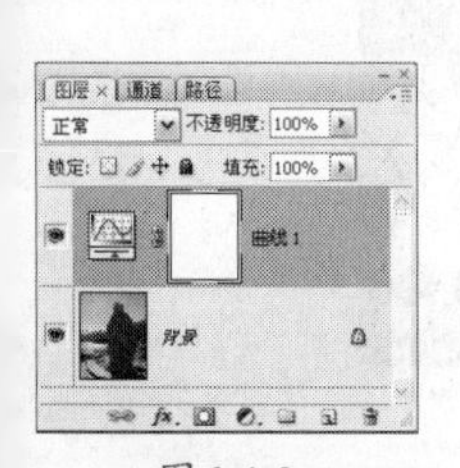

图6-4-3

图6-4-4

STEP 03 执行【图像】/【计算】命令，弹出“计算”对话框，具体设置如图6-4-5所示，设置完毕后单击“确定”按钮，得到的图像效果如图6-4-6所示。

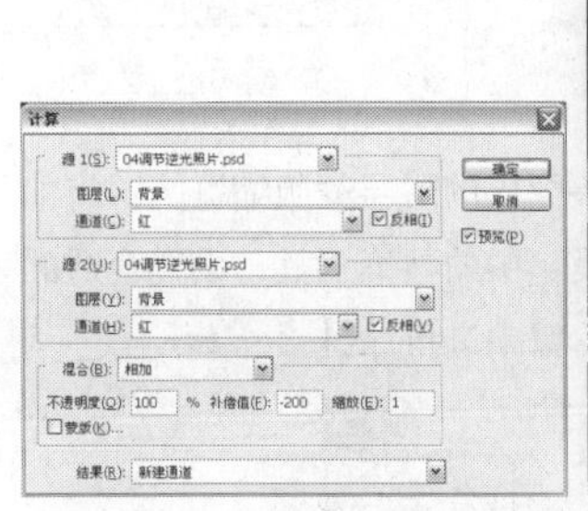

图6-4-5

图6-4-6

步骤提示技巧

在本实例中，将图像中石碑部分选择出来是用的【图像】/【计算】命令，还可以使用诸如套索工具、钢笔工具等工具将图像中的石碑部分单独分离出来。

STEP 04 单击“曲线1”调整图层的图层蒙版缩览图，执行【图像】/【应用图像】命令，弹出“应用图像”对话框，具体设置如图6-4-7所示。设置完毕后单击“确定”按钮，“图层”面板如图6-4-8所示。

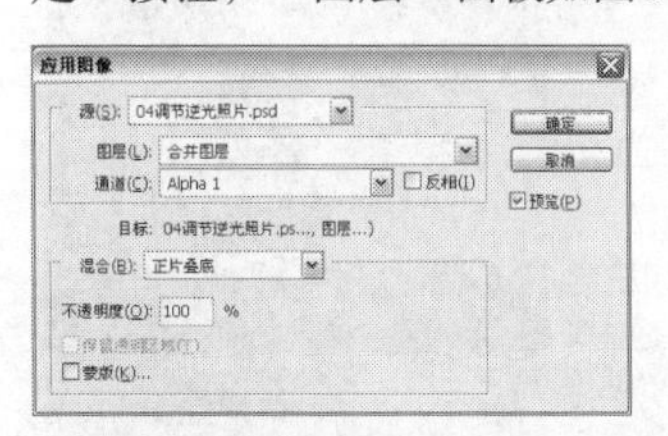

图6-4-7

图6-4-8

步骤提示技巧

在图层蒙版中白色的部分是显示的部分，黑色部分是遮盖的部分，灰色部分是根据其灰度程度将图像进行部分的遮盖，越接近黑色，遮盖的程度越严重。从图像中可以看出，“曲线1”调整图层的图层蒙版中对比不明显，需要执行【图像】/【调整】/【色阶】命令，将其图像的黑白灰分布情况进行处理。

STEP 05 单击“曲线1”调整图层的图层蒙版缩览图，执行【图像】/【调整】/【色阶】命令，弹出“色阶”对话框，具体设置如图6-4-9所示。设置完毕后单击“确定”按钮，“图层”面板如图6-4-10所示。

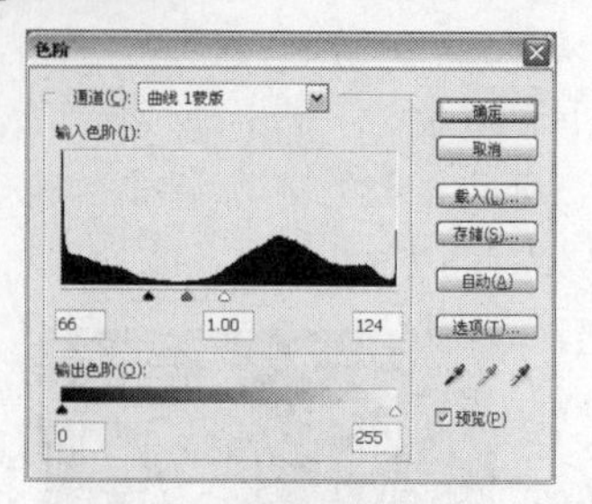

图6-4-9

图6-4-10

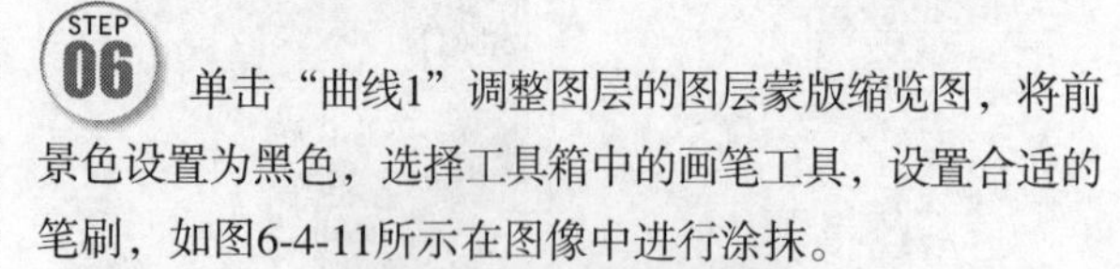

STEP 06 单击“曲线1”调整图层的图层蒙版缩览图，将前景色设置为黑色，选择工具箱中的画笔工具，设置合适的笔刷，如图6-4-11所示在图像中进行涂抹。

图6-4-11

STEP 07 绘制完毕后“图层”面板如图6-4-12所示，得到的图像效果如图6-4-13所示。

图6-4-12

图6-4-13

STEP 08 选择“曲线1”调整图层，单击“图层”面板上的创建新的填充或调整图层按钮，在弹出的下拉菜单中选择“曲线”选项，弹出“曲线”对话框，具体设置如图6-4-14所示。设置完毕后单击“确定”按钮，执行【图层】/【创建剪贴蒙版】命令（Alt+Ctrl+G），“图层”面板如图6-4-15所示，得到的图像效果如图6-4-16所示。

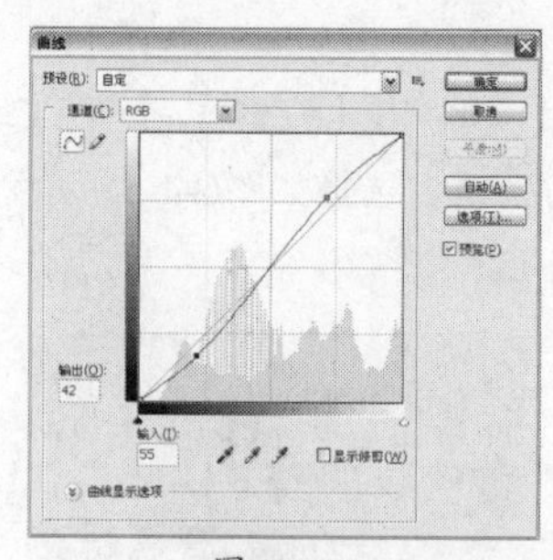

图6-4-14

图6-4-15

图6-4-16

STEP 09 选择“曲线2”调整图层，单击“图层”面板上的创建新的填充或调整图层按钮，在弹出的下拉菜单中选择“色相/饱和度”选项，弹出“色相/饱和度”对话框，具体设置如图6-4-17所示。设置完毕后单击“确定”按钮，执行【图层】/【创建剪贴蒙版】命令（Alt+Ctrl+G），“图层”面板如图6-4-18所示，得到的图像最终效果如图6-4-19所示。

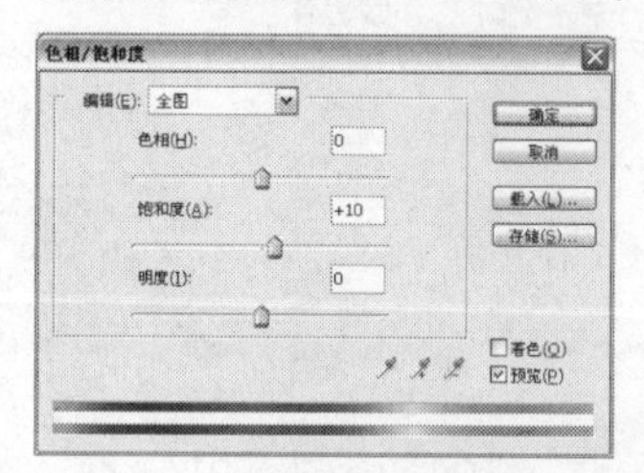

图6-4-17

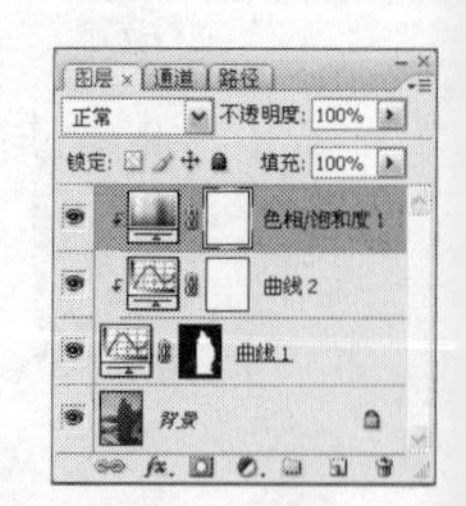

图6-4-18

图6-4-19

Effect 05

修正强光下拍摄的照片

01 通过“曲线”调整图层和“色阶”调整图层使图像整体变暗，并且增加对比度

02 通过使用“柔光”混合模式和将图像反相将图像亮部制作出阶调变化

STEP 01 执行【文件】/【打开】命令（Ctrl+O），弹出“打开”对话框，选择如图6-5-1所示素材图片，单击“打开”按钮。

图6-5-1

步骤提示技巧

实例中的照片是在强烈的太阳光下拍摄的，由于没有调整好曝光量，导致照片过于明亮而且缺乏明暗等阶调的对比。下面将通过添加调整图层使图像明度降低，阶调明显。

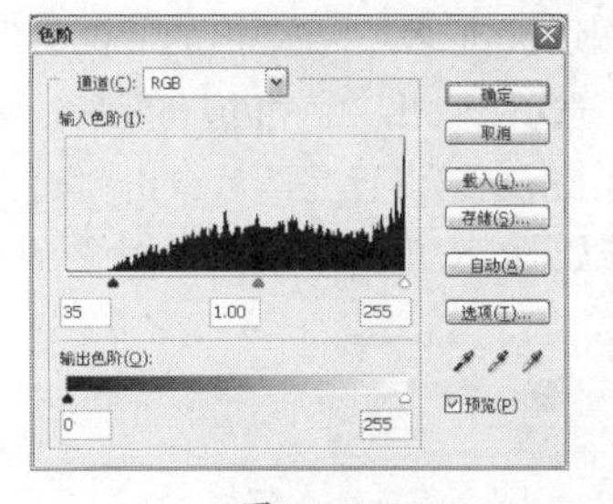

图6-5-2

图6-5-3

图6-5-4

STEP 02 选择“背景”图层，单击“图层”面板上的创建新的填充或调整图层按钮，在弹出的下拉菜单中选择“色阶”选项，弹出“色阶”对话框。具体设置如图6-5-2所示，设置完毕后单击“确定”按钮，“图层”面板如图6-5-3所示，得到的图像效果如图6-5-4所示。

STEP 03 选择“色阶1”调整图层，单击“图层”面板上的创建新的填充或调整图层按钮，在弹出的下拉菜单中选择“曲线”选项，弹出“曲线”对话框，具体设置如图6-5-5所示。设置完毕后单击“确定”按钮，“图层”面板如图6-5-6所示，得到的图像效果如图6-5-7所示。

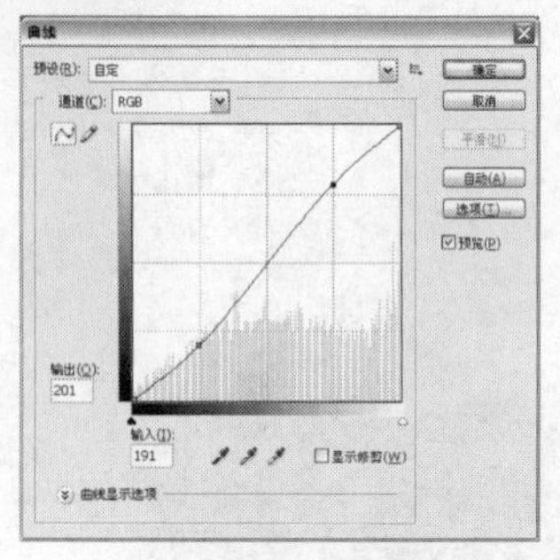

图6-5-5

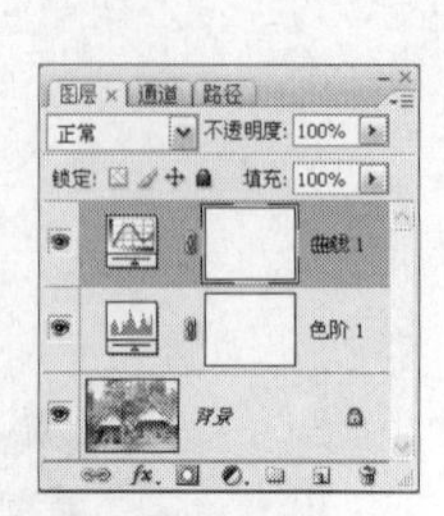

图6-5-6

图6-5-7

STEP 04 选择“曲线1”调整图层，单击“图层”面板上的创建新的填充或调整图层按钮，在弹出的下拉菜单中选择“色相/饱和度”选项，弹出“色相/饱和度”对话框。具体设置如图6-5-8所示，设置完毕后单击“确定”按钮，“图层”面板如图6-5-9所示，得到的图像效果如图6-5-10所示。

图6-5-8

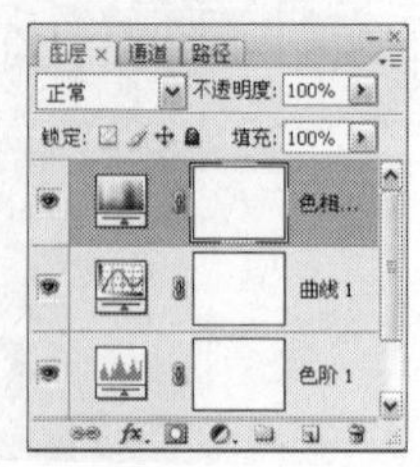

图6-5-9

图6-5-10

STEP 05 选择“色相/饱和度1”调整图层，按快捷键Alt+Ctrl+Shift+E盖印所有可见图层至新图层，得到“图层1”，“图层”面板如图6-5-11所示。

图6-5-11

STEP 06 选择“图层1”，执行【图像】/【调整】/【反相】命令，并将图层混合模式设置为“柔光”，“图层”面板如图6-5-12所示，得到的图像效果如图6-5-13所示。

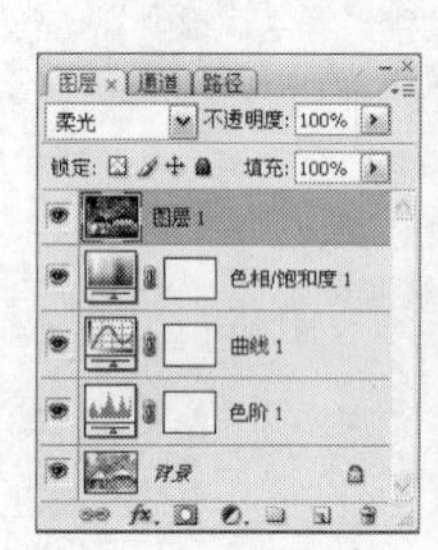

图6-5-12

图6-5-13

STEP 07 切换至“通道”面板，如图6-5-14所示按住Ctrl键单击“蓝”通道，调出其选区，切换回“图层”面板，选择“图层1”，单击“图层”面板上的添加图层蒙版按钮，为“图层1”添加图层蒙版。“图层”面板如图6-5-15所示，得到的图像效果如图6-5-16所示。

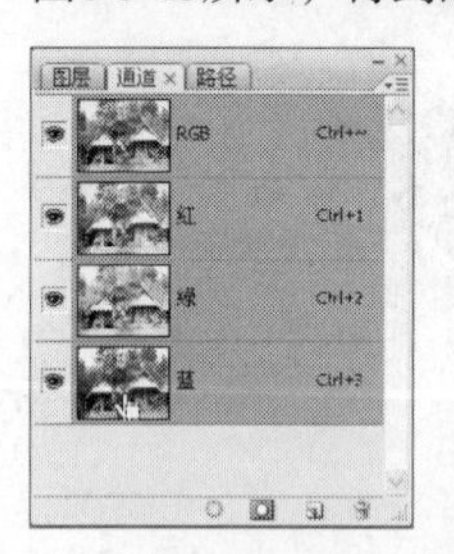

图6-5-14

图6-5-15

图6-5-16

STEP 08 单击“图层1”图层蒙版缩览图，执行【图像】/【调整】/【色阶】命令（Ctrl+L），弹出“色阶”对话框，具体设置如图6-5-17所示，设置完毕后单击“确定”按钮，得到的图像最终效果如图6-5-18所示。

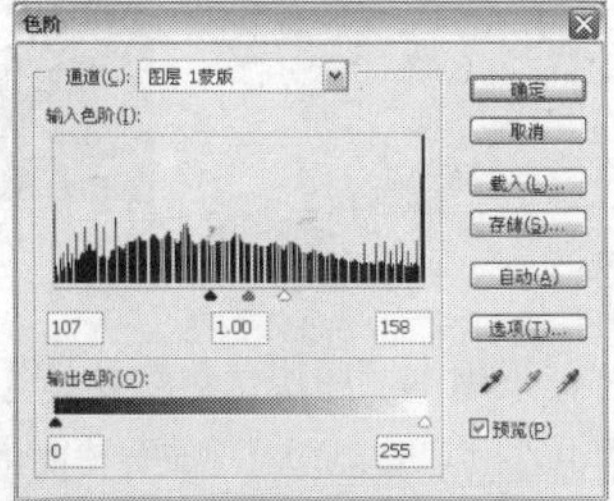

图6-5-17

图6-5-18

步骤提示技巧

通过调整图层蒙版能够控制图像中显露和遮盖的部分，从而控制图像效果。

Effect 06 精确调整人像照片

01 通过“曲线”调整图层使图像中人物的轮廓更加清晰，五官突出，增强面部立体感

02 通过“曲线”调整图层分颜色进行调整，改变图像中偏黄偏红的状态，使人物肤色显得更加健康

STEP 01 执行【文件】/【打开】命令（Ctrl+O），弹出“打开”对话框，选择如图6-6-1所示素材图片，单击“打开”按钮。将“背景”图层拖曳至“图层”面板上的创建新图层按钮，得到“背景副本”图层，“图层”面板如图6-6-2所示。

图6-6-1

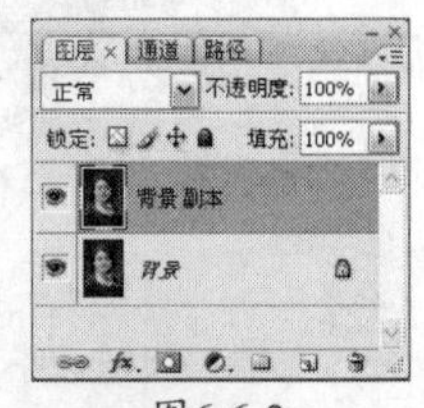

图6-6-2

STEP 02 选择“背景副本”图层，执行【图像】/【调整】/【曲线】命令（Ctrl+M），弹出“曲线”对话框，选择“红”通道，按Ctrl键在图像中人物的面部阴影处、丝巾的阴影部分、头发的中间色调部分等需要调整部分单击，在“曲线”对话框中即能够出现相应的节点，微调这些节点。具体设置如图6-6-3所示，设置完毕后单击“确定”按钮，得到的图像效果如图6-6-4所示。

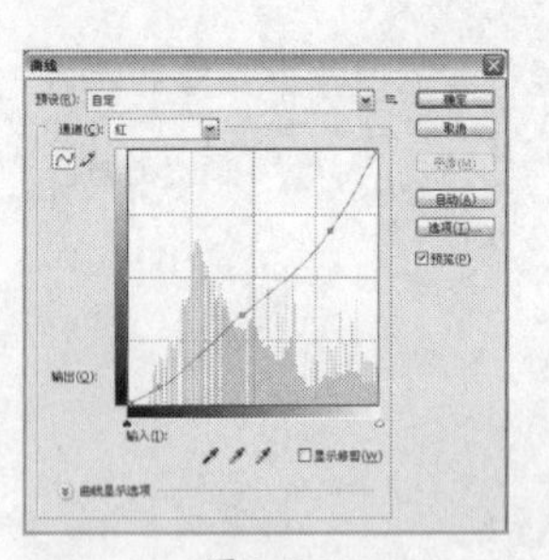
图6-6-3

图6-6-4

STEP 03 选择“背景副本”图层，再次执行【图像】/【调整】/【曲线】命令（Ctrl+M），弹出“曲线”对话框，在对话框中选择“蓝”通道，具体设置如图6-6-5所示，设置完毕后单击“确定”按钮，得到的图像效果如图6-6-6所示。

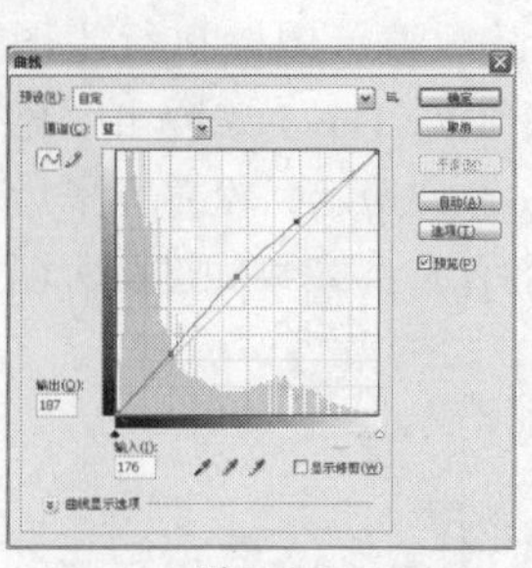
图6-6-5

图6-6-6

STEP 04 选择“背景副本”图层，再次执行【图像】/【调整】/【曲线】命令（Ctrl+M），弹出“曲线”对话框，具体设置如图6-6-7所示。设置完毕后单击“确定”按钮，得到的图像效果如图6-6-8所示。

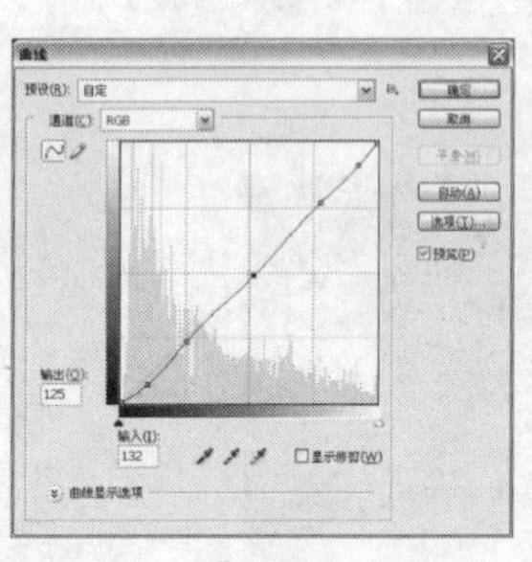
图6-6-7

图6-6-8

步骤提示技巧

在“曲线”对话框中，可以通过调节不同通道的曲线来调整整个图像中各个颜色所占的比例，从而调整图像的颜色。

Effect 07 修复白平衡错误的照片

01 利用“色阶”对话框中的设置灰场工具在图像中应该呈现中性灰的部分单击，以修复图像的偏色现象

02 通过调整“色相/饱和度”使图像中颜色的饱和度增加，色彩更加鲜艳饱满

STEP 01 执行【文件】/【打开】命令（Ctrl+O），弹出“打开”对话框，选择如图6-7-1所示素材图片，单击“打开”按钮。将“背景”图层拖曳至“图层”面板上的创建新图层按钮，得到“背景副本”图层。

图6-7-1

STEP 02 选择“背景副本”图层，执行【图像】/【调整】/【色阶】命令（Ctrl+L），弹出“色阶”对话框，如图6-7-2所示单击设置灰场按钮。在图像中如图6-7-3所示位置单击，得到的图像效果如图6-7-4所示。

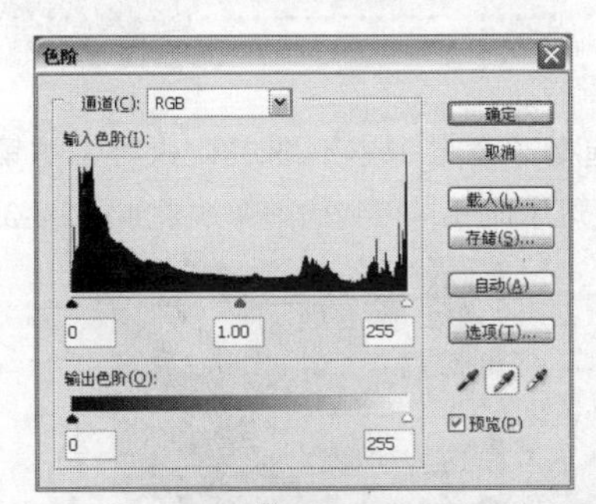

图6-7-2

图6-7-3

图6-7-4

STEP 03 选择“背景副本”图层，执行【图像】/【调整】/【色相/饱和度】命令，弹出“色相/饱和度”对话框，具体设置如图6-7-5所示，设置完毕后单击“确定”按钮，得到的图像效果如图6-7-6所示。

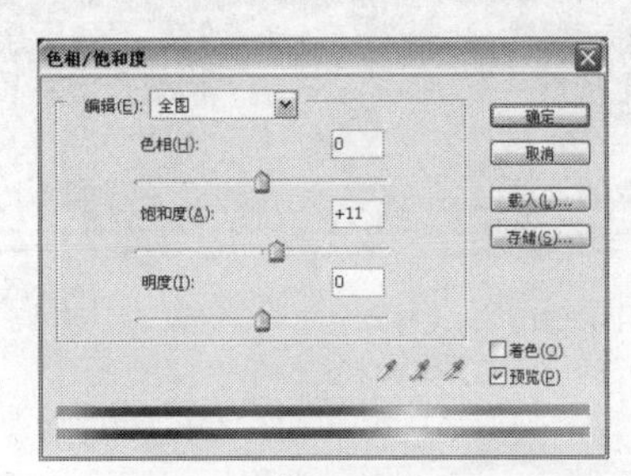

图6-7-5

图6-7-6

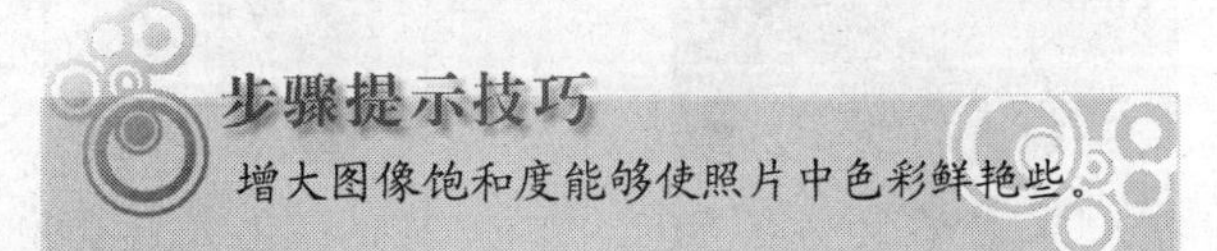

步骤提示技巧

增大图像饱和度能够使照片中色彩鲜艳些。

Effect 08

去除照片中的噪点

01 利用【去斑】滤镜将图像中的杂点去除，并使用【高斯模糊】滤镜将图像中的杂点模糊

02 通过【锐化】命令将图像中被模糊的部分变得清晰，并使用曲线等命令调节图像整体色调

STEP 01 执行【文件】/【打开】命令（Ctrl+O），弹出“打开”对话框，选择如图6-8-1所示素材图片，单击“打开”按钮。将“背景”图层拖曳至“图层”面板上的创建新图层按钮，得到“背景副本”图层，“图层”面板如图6-8-2所示。

图6-8-1

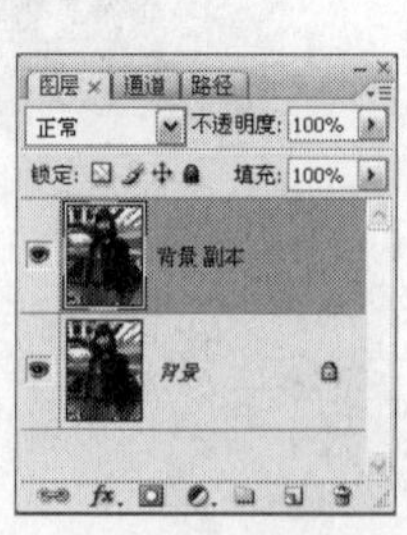

图6-8-2

步骤提示技巧

噪点的形成是因为在拍摄时感光度不够造成的，放大照片时能够发现照片中存在杂色的亮点，十分影响照片的整体效果，需要对其进行调整。

STEP 02 选择“背景副本”图层，执行【滤镜】/【杂色】/【去斑】命令，得到的图像效果如图6-8-3所示。

图6-8-3

STEP 03 将“背景副本”图层拖曳至“图层”面板上的创建新图层按钮，得到“背景副本2”图层，“图层”面板如图6-8-4所示。执行【滤镜】/【模糊】/【高斯模糊】命令，弹出“高斯模糊”对话框，具体设置如图6-8-5所示。设置完毕后单击“确定”按钮，得到的图像效果如图6-8-6所示。

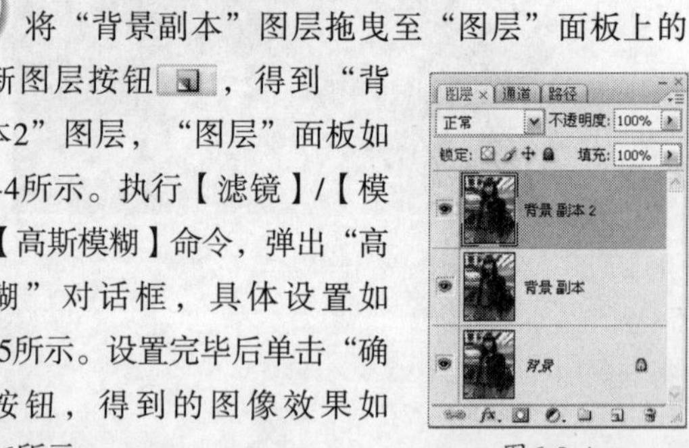

图6-8-4

图6-8-5

图6-8-6

STEP 04 选择“背景副本2”图层，将其不透明度设置为50%，图层混合模式设置为“柔光”，“图层”面板如图6-8-7所示。

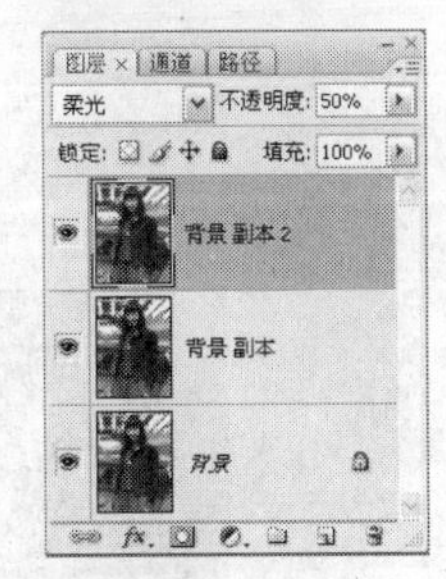
图6-8-7

STEP 05 将“背景副本2”图层拖曳至“图层”面板上的创建新图层按钮上，得到“背景副本3”图层，并将其不透明度恢复为100%，图层混合模式设置为“正常”。为“背景副本3”图层添加图层蒙版，选择工具箱中的画笔工具，设置柔角的笔刷，将前景色设置为黑色，在图像中人物五官处绘制，“图层”面板如图6-8-8所示，得到的图像放大效果如图6-8-9所示。

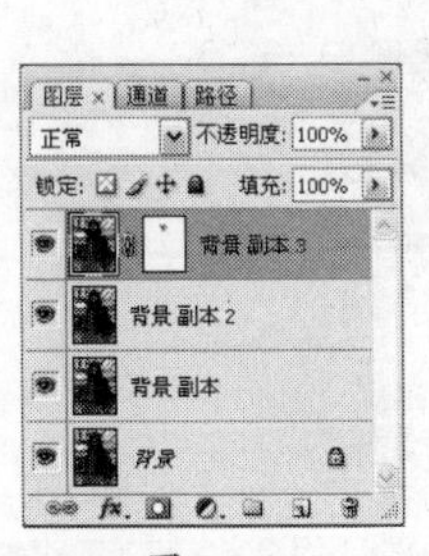
图6-8-8

图6-8-9

STEP 06 选择“背景副本3”图层，执行【滤镜】/【锐化】/【智能锐化】命令，弹出“智能锐化”对话框，具体设置如图6-8-10所示，设置完毕后单击“确定”按钮，得到的图像效果如图6-8-11所示。

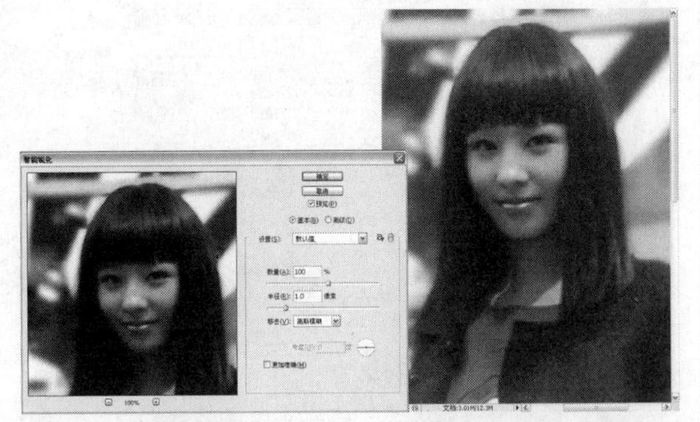
图6-8-10　图6-8-11

STEP 07 选择“背景副本3”图层，单击“图层”面板上的创建新的填充或调整图层按钮，在弹出的下拉菜单中选择“曲线”选项，弹出“曲线”对话框，具体设置如图6-8-12所示，设置完毕后单击“确定”按钮，“图层”面板如图6-8-13所示，得到的图像效果如图6-8-14所示。

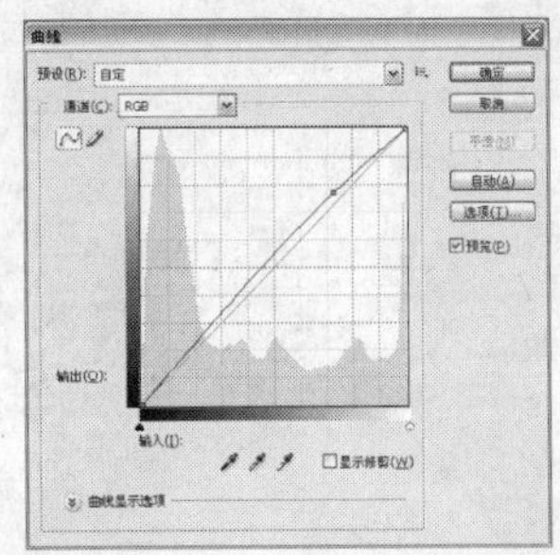
图6-8-12

图6-8-13

图6-8-14

STEP 08 选择“曲线1”调整图层，单击“图层”面板上的创建新的填充或调整图层按钮，在弹出的下拉菜单中选择“色彩平衡”选项，弹出“色彩平衡”对话框，具体设置如图6-8-15所示，设置完毕后单击“确定”按钮，得到的图像效果如图6-8-16所示。

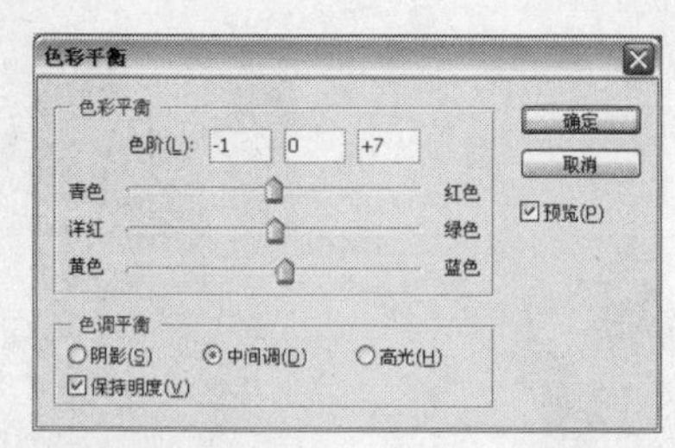

图6-8-15

图6-8-16

步骤提示技巧

色彩平衡能够整体地纠正图像的偏色。

Effect 09 修正人物面部阴影

01 利用【色彩范围】命令选择出人物面部阴影部分，并将选区羽化

02 通过建立“曲线”调整图层将选区调亮

STEP 01 执行【文件】/【打开】命令（Ctrl+O），弹出“打开”对话框，选择如图6-9-1所示素材图片，单击“打开”按钮。将“背景”图层拖曳至“图层”面板上的创建新图层按钮上，得到“背景副本”图层，“图层”面板如图6-9-2所示。

图6-9-1

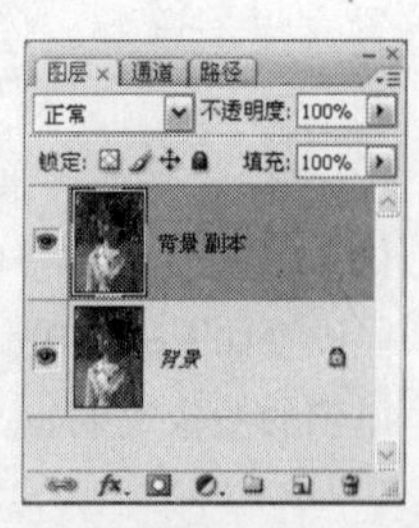

图6-9-2

STEP 02 选择“背景副本”图层，执行【选择】/【色彩范围】命令，弹出“色彩范围”对话框，单击添加到取样点按钮，在图像中人物面部阴影处单击，具体设置如图6-9-3所示，得到的选区效果如图6-9-4所示。

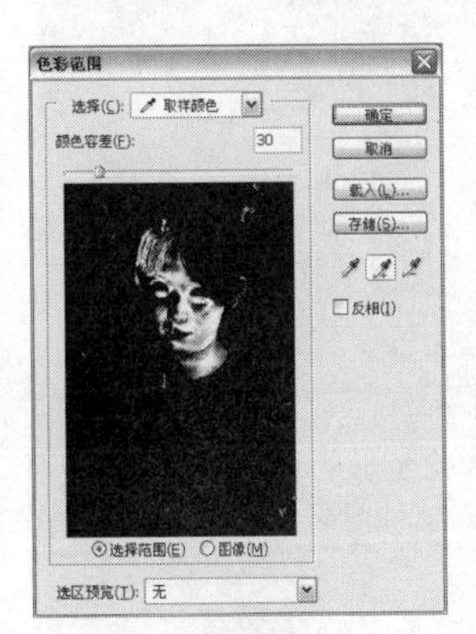

图6-9-3

图6-9-4

STEP 03 执行【选择】/【修改】/【羽化】命令，弹出“羽化”对话框，具体设置如图6-9-5所示，设置完毕后单击“确定”按钮，得到的选区效果如图6-9-6所示。

羽化选区

羽化半径(R): 10 像素　确定　取消

图6-9-5

图6-9-6

STEP 04 单击“图层”面板上的创建新的填充或调整图层按钮，在弹出的下拉菜单中选择“曲线”选项，弹出“曲线”对话框，具体设置如图6-9-7所示。设置完毕后单击“确定”按钮，“图层”面板如图6-9-8所示，得到的图像效果如图6-9-9所示。

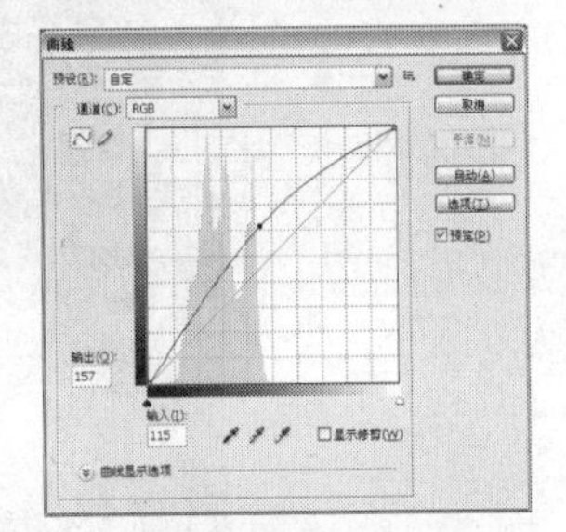

图6-9-7

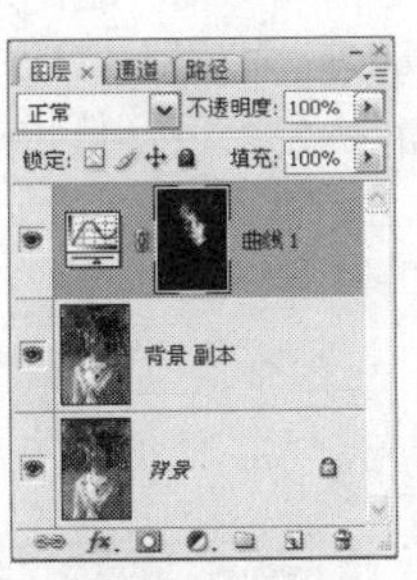

图6-9-8

图6-9-9

步骤提示技巧

从图像中可以看出，用“曲线”调整图层调整过的人物面部还有十分不均匀的暗色色块。在“曲线1”调整图层的图层蒙版中白色的部分是用曲线修改的部分，使用画笔工具在图层蒙版中暗色的部分用画笔涂抹，则能够使该部分变亮。

STEP 05 单击“曲线1”调整图层的图层蒙版缩览图，选择工具箱中的画笔工具，将前景色设置为白色，设置柔角的笔刷，在其工具选项栏中将不透明度和流量均设为50%，在图像中人物面部阴影处绘制，“图层”面板如图6-9-10所示，得到的图像效果如图6-9-11所示。

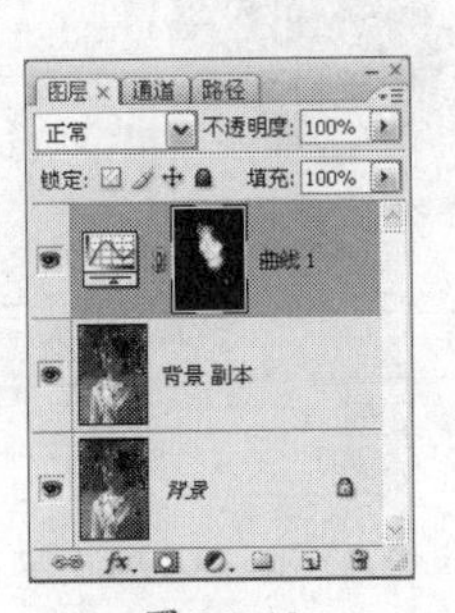

图6-9-10

图6-9-11

步骤提示技巧

调整后发现图像中人物面部有些发红，则需要使用【色彩平衡】命令将其进行微调。

STEP 06 选择“曲线1”调整图层，单击“图层”面板上的创建新的填充或调整图层按钮，在弹出的下拉菜单中选择“色彩平衡”选项，弹出“色彩平衡”对话框，具体设置如图6-9-12所示，设置完毕后单击“确定”按钮，得到的图像效果如图6-9-13所示。

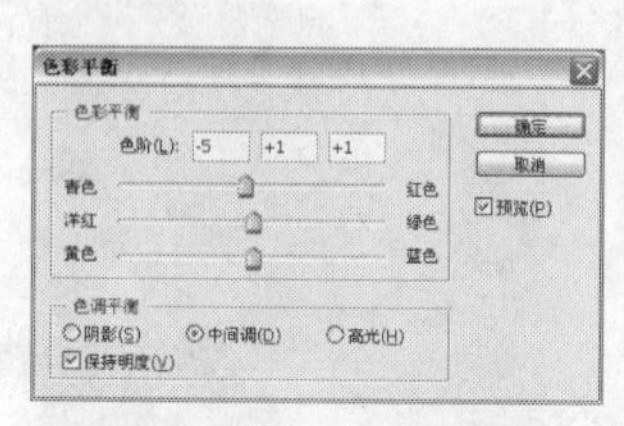

图6-9-12

图6-9-13

Effect 10 去除照片中多余的投影

01 利用“曲线”调整图层结合图层蒙版将图像中的阴影部分提亮

02 通过“色相/饱和度”调整图层结合图层蒙版使阴影部分颜色与其他部分相同

STEP 01 执行【文件】/【打开】命令（Ctrl+O），弹出“打开”对话框，选择如图6-10-1所示素材图片，单击“打开”按钮。将“背景”图层拖曳至“图层”面板上的创建新图层按钮上，得到“背景副本”图层。

图6-10-1

STEP 02 选择“背景副本”图层，单击“图层”面板上的创建新的填充或调整图层按钮，在弹出的下拉菜单中选择“曲线”选项，弹出“曲线”对话框，具体设置如图6-10-2所示，设置完毕后单击“确定”按钮，得到的图像效果如图6-10-3所示。

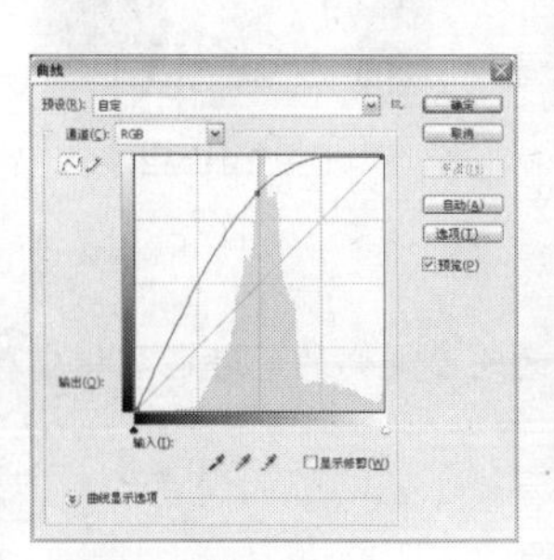
图6-10-2

图6-10-3

STEP 03 选择工具箱中的魔棒工具，在其工具选项栏中单击添加到选区按钮，在图像中的阴影部分单击，得到的选区效果如图6-10-4所示，执行【选择】/【修改】/【羽化】命令，弹出“羽化”对话框，具体设置如图6-10-5所示，设置完毕后单击“确定”按钮。

图6-10-4

图6-10-5

STEP 04 按快捷键Shift+Ctrl+I将选区反选，单击“曲线1”调整图层的图层蒙版缩览图，将前景色设置为黑色，按快捷键Alt+Delete填充前景色，“图层”面板如图6-10-6所示，按快捷键Ctrl+D取消选择，得到的图像效果如图6-10-7所示。

图6-10-6

图6-10-7

STEP 05 选择工具箱中的画笔工具，单击“曲线1”调整图层的图层蒙版缩览图，将前景色设置为白色，在其工具选项栏中将不透明度和流量均设置为50%，设置柔角的笔刷，在图像中阴影边缘位置绘制，得到的图像效果如图6-10-8所示，“图层”面板如图6-10-9所示。

图6-10-8

图6-10-9

STEP 06 按Ctrl键单击“曲线1”调整图层的蒙版缩览图，调出其选区，单击“图层”面板上的创建新的填充或调整图层按钮，在弹出的下拉菜单中选择“色相/饱和度”选项，弹出“色相/饱和度”对话框，具体设置如图6-10-10和图6-10-11所示。设置完毕后单击“确定”按钮，“图层”面板如图6-10-12所示，得到的图像效果如图6-10-13所示。

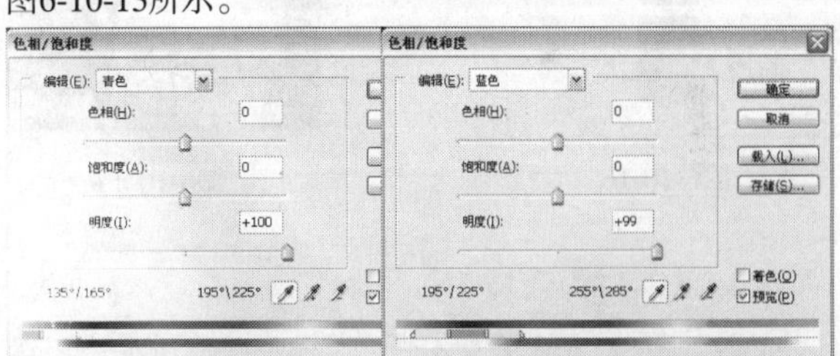

图6-10-10

图6-10-11

图6-10-12

图6-10-13

STEP 07 选择“色相/饱和度1”调整图层，单击“图层”面板上的创建新的填充或调整图层按钮，在弹出的下拉菜单中选择“曲线”选项，弹出“曲线”对话框，具体设置如图6-10-14所示，设置完毕后单击“确定”按钮，得到的图像效果如图6-10-15所示。

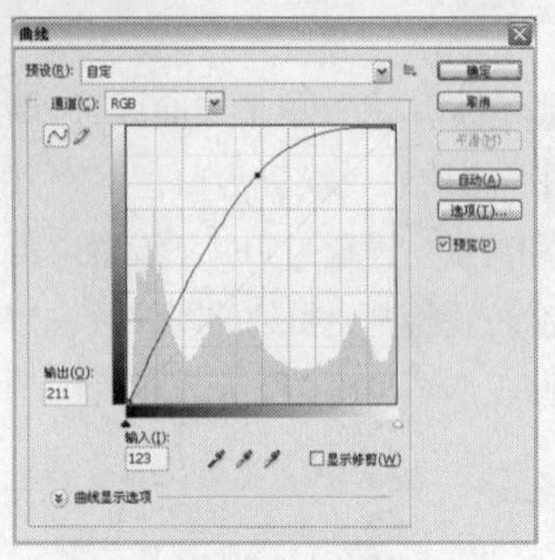

图6-10-14

图6-10-15

STEP 08 单击“曲线2”调整图层的图层蒙版缩览图，将前景色设置为黑色，按快捷键Alt+Delete填充前景色，选择工具箱中的画笔工具，将前景色设置为白色，在其工具选项栏中将不透明度和流量均设置为50%，设置柔角的笔刷，在图像中人物面部绘制，“图层”面板如图6-10-16所示，得到的图像效果如图6-10-17所示。

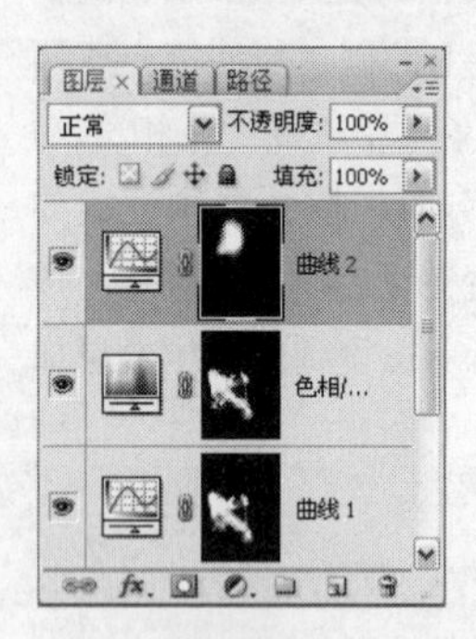

图6-10-16

图6-10-17

步骤提示技巧

观察人物面部可发现，虽然亮度有所提高，但是颜色还是过深，偏向红色和黄色比较严重。

STEP 09 按Ctrl键单击“曲线2”调整图层的蒙版缩览图，调出其选区，单击“图层”面板上的创建新的填充或调整图层按钮，在弹出的下拉菜单中选择“色相/饱和度”选项，弹出“色相/饱和度”对话框，具体设置如图6-10-18所示，设置完毕后单击“确定”按钮，得到的图像效果如图6-10-19所示。

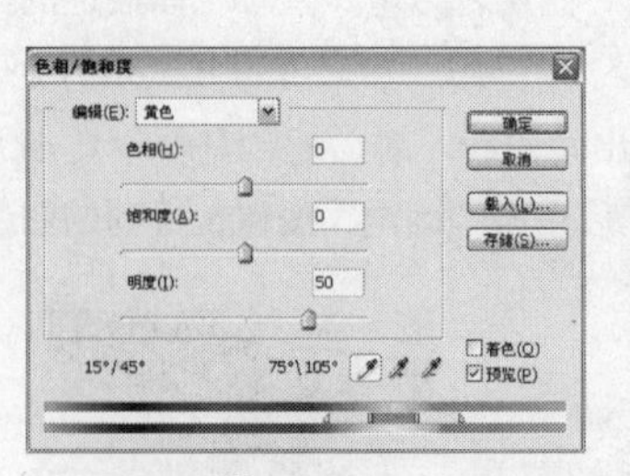

图6-10-18

图6-10-19

步骤提示技巧

将图像中某种颜色的明度提高的同时也就相应地降低了其饱和度。

Effect 11 去除人物红眼

01 利用“红眼工具”将人物红眼部分框选即可将红色部分去除

02 通过“曲线”调整图层调整图像的整体亮度和对比度

STEP 01 执行【文件】/【打开】命令（Ctrl+O），弹出“打开”对话框，选择如图6-11-1所示素材图片，单击“打开”按钮。将“背景”图层拖曳至“图层”面板上的创建新图层按钮，得到“背景副本”图层。

图6-11-1

步骤提示技巧

现在很多相机都有自带的防红眼功能，在黑暗处拍摄时开启此功能即可避免红眼现象的出现。

STEP 02 选择“背景副本”图层，将图像放大，选择工具箱中的红眼工具，如图6-11-2所示在图像中将红眼部分框选，释放鼠标后得到的图像效果如图6-11-3所示。

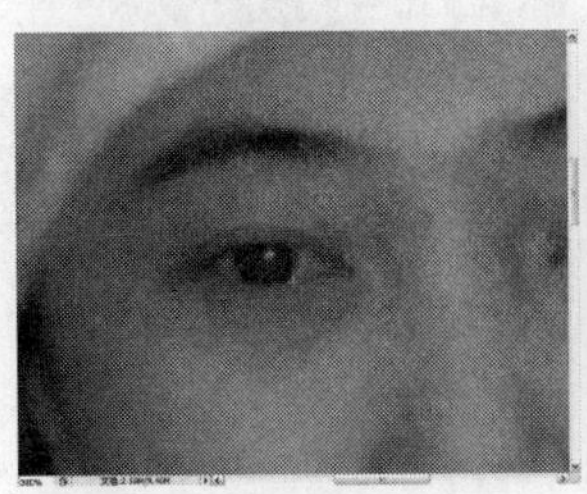

图6-11-2

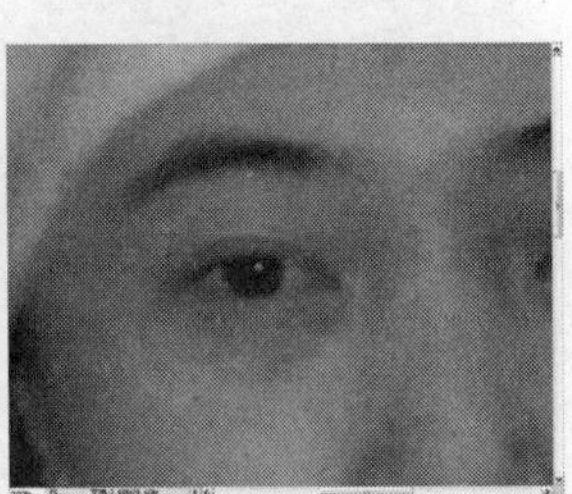

图6-11-3

STEP 03 同样的方法将另一只眼睛的红眼去除，得到的图像效果如图6-11-4所示。

图6-11-4

STEP 04 选择“背景副本”图层，单击“图层”面板上的创建新的填充或调整图层按钮，在弹出的下拉菜单中选择“曲线”选项，弹出“曲线”对话框，具体设置如图6-11-5所示。设置完毕后单击“确定”按钮，“图层”面板如图6-11-6所示，得到的图像效果如图6-11-7所示。

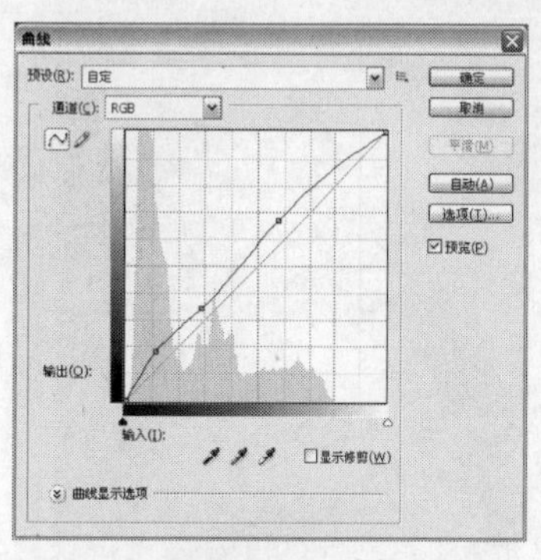

图6-11-5

图6-11-6

图6-11-7

Effect 12 修正拍摄瞬间的遗憾

01 将同一人物在相似的环境下的其他照片中的眼睛部分建立选区并将该选区拖移至闭眼的图像中

02 通过“色相/饱和度”调整图层结合图层蒙版使移植的部分与主体部分相同

STEP 01 执行【文件】/【打开】命令（Ctrl+O），弹出“打开”对话框，选择如图6-12-1所示素材图片，单击“打开”按钮。

步骤提示技巧

从图像中可以看到人物的眼睛是闭上的，需要使用另外的睁着眼睛的图像将眼睛“移植”到本图像中。

图6-12-1

STEP 02 执行【文件】/【打开】命令（Ctrl+O），弹出“打开”对话框，打开如图6-12-2所示图像，选择工具箱中的矩形选框工具，在图像中人物眼睛部分绘制选区，如图6-12-3所示。

图6-12-2

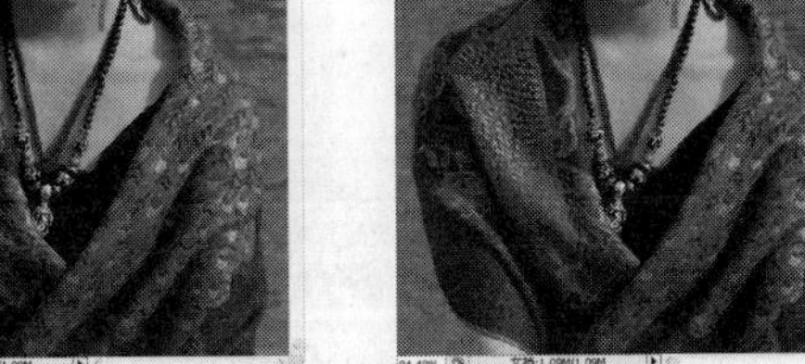

图6-12-3

STEP 03 选择工具箱中的移动工具，将选区中图像拖曳至主文档中，生成“图层1”，执行【编辑】/【自由变换】命令（Ctrl+T），按Shift键如图6-12-4所示拖动自由变换框，按Enter键确认变换，得到的图像效果如图6-12-5所示。

图6-12-4

图6-12-5

STEP 04 选择“图层1”，单击“图层”面板上的添加图层蒙版按钮，为“图层1”添加图层蒙版，选择工具箱中的画笔工具，在其工具选项栏中将不透明度和流量均设置为50%，设置柔角的笔刷，将前景色设置为黑色，在图像中有明显分界的地方拖动鼠标进行涂抹，“图层”面部如图6-12-6所示，得到的图像效果如图6-12-7所示。

图6-12-6

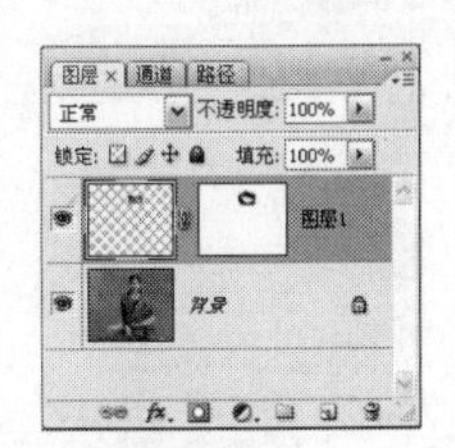

图6-12-7

步骤提示技巧

由于并不是同一张照片，所以“移植”的眼睛部分和源图像中的在颜色和亮度上都有少许的区别。

STEP 05 选择“图层1”，单击“图层”面板上的创建新的填充或调整图层按钮，在弹出的下拉菜单中选择“曲线”选项，弹出“曲线”对话框，具体设置如图6-12-8所示，设置完毕后单击“确定”按钮，执行【图层】/【创建剪贴蒙版】命令（Alt+Ctrl+G），“图层”面板如图6-12-9所示，得到的图像效果如图6-12-10所示。

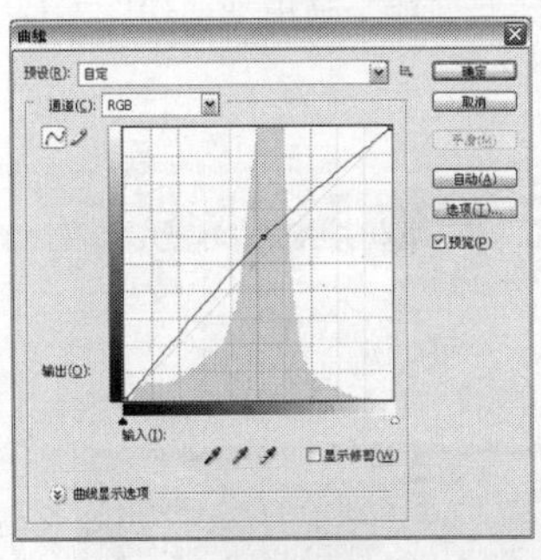

图6-12-8

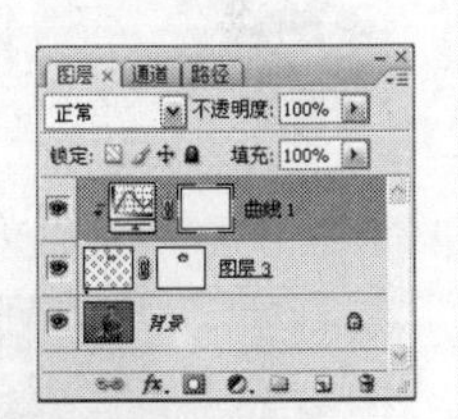

图6-12-9

图6-12-10

STEP 06 选择“曲线1”调整图层，单击“图层”面板上的创建新的填充或调整图层按钮，在弹出的下拉菜单中选择“色相/饱和度”选项，弹出“色相/饱和度”对话框，具体设置如图6-12-11所示。设置完毕后单击“确定”按钮，执行【图层】/【创建剪贴蒙板】命令（Alt+Ctrl+G），“图层”面板如图6-12-12所示，得到的图像效果如图6-12-13所示。

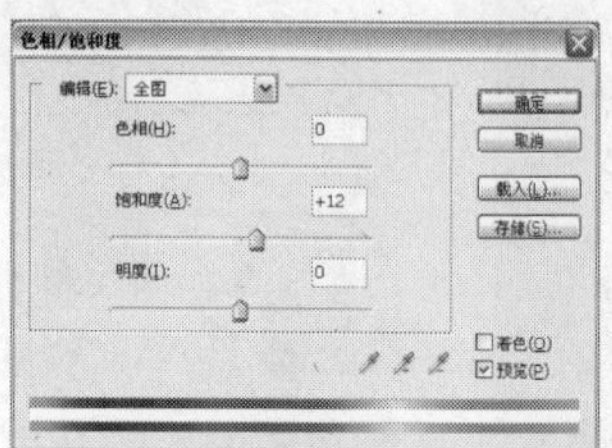
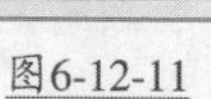

图6-12-11

图6-12-12

图6-12-13

STEP 07 选择“色相/饱和度1”调整图层，单击“图层”面板上的创建新的填充或调整图层按钮，在弹出的下拉菜单中选择“曲线”选项，弹出“曲线”对话框，具体设置如图6-12-14所示，设置完毕后单击“确定”按钮，“图层”面板如图6-12-15所示，得到的图像效果如图6-12-16所示。

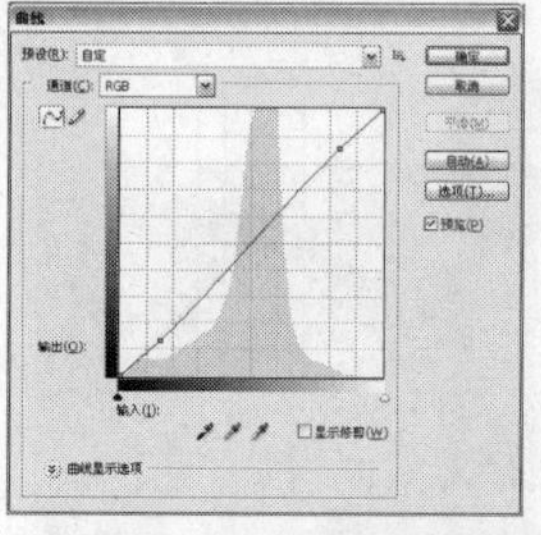

图6-12-14

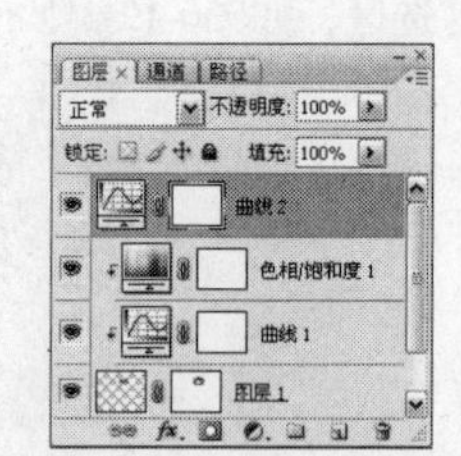

图6-12-15

图6-12-16

步骤提示技巧

一般的数码照片，都需要进行简单的调整，将其曲线调整为略呈“S”形能够使照片的效果更好。

Effect 13 修正人物脸部瑕疵

01 利用“曲线”调整图像整体效果，增强亮度和对比度，使图像更加鲜亮

02 通过仿制图章工具将面部的斑点去除，并通过调节“色相/饱和度”调节人物面部色彩倾向

STEP 01 执行【文件】/【打开】命令（Ctrl+O），弹出“打开”对话框，选择如图6-13-1所示素材图片，单击“打开”按钮。

图6-13-1

STEP 02 单击“图层”面板上的创建新的填充或调整图层按钮，在弹出的下拉菜单中选择“曲线”选项，弹出“曲线”对话框，具体设置如图6-13-2所示，设置完毕后单击“确定”按钮，“图层”面板如图6-13-3所示，得到的图像效果如图6-13-4所示。

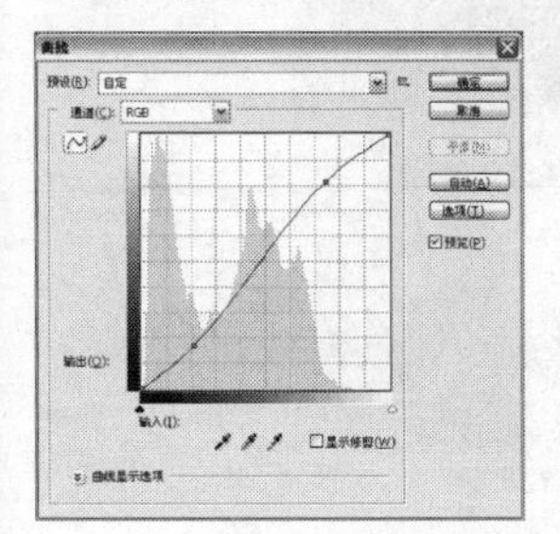

图6-13-2

图6-13-3

图6-13-4

STEP 03 选择“曲线1”调整图层，单击“图层”面板上的创建新的填充或调整图层按钮，在弹出的下拉菜单中选择“色相/饱和度”选项，弹出“色相/饱和度”对话框，分别选择“红色”和“黄色”通道，具体设置如图6-13-5和图6-13-6所示，设置完毕后单击“确定”按钮，“图层”面板如图6-13-7所示，得到的图像效果如图6-13-8所示。

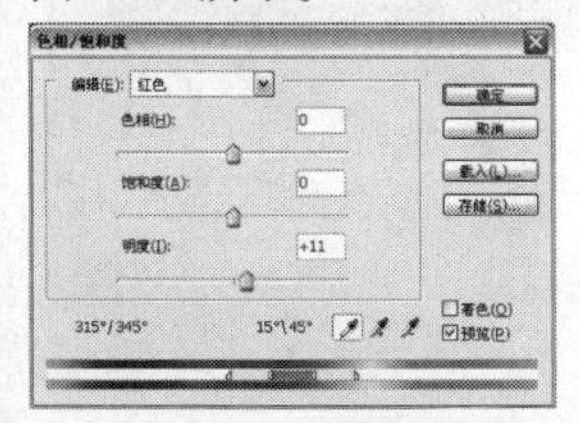

图6-13-5

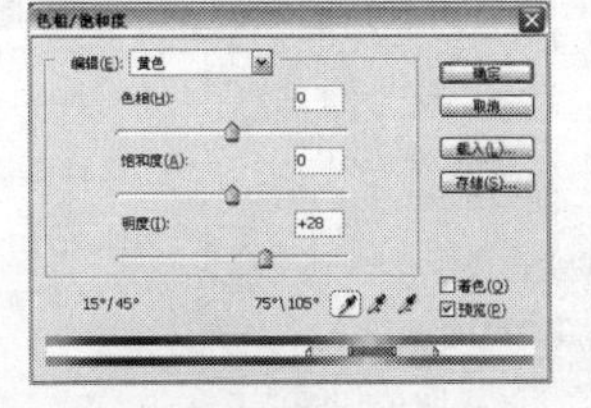

图6-13-6

图6-13-7

图6-13-8

STEP 04 按快捷键Shift+Ctrl+Alt+E盖印可见图层，得到“图层1”，“图层”面板如图6-13-9所示。

图6-13-9

STEP 05 选择工具箱中的修补工具，在人物面部有明显瑕疵的区域创建修补选区，将选区中的瑕疵拖曳至光滑的皮肤处，直到将雀斑完全修补完毕为止，得到的图像效果如图6-13-10所示。

图6-13-10

STEP 06 切换至“通道”面板，按Ctrl键单击“红”通道缩览图调出其选区。切换回“图层”面板，执行【选择】/【修改】/【羽化】命令，在弹出的“羽化”对话框中将羽化半径设置为10像素，得到的选区效果如图6-13-11所示。单击“图层”面板上的创建新图层按钮，新建“图层2”，将前景色设置为白色，按快捷键Alt+Delete填充前景色至选区，按快捷键Ctrl+D取消选择，得到的图像效果如图6-13-12所示。将“图层2”的图层混合模式设置为“柔光”，“图层”面板如图6-13-13所示，得到的图像效果如图6-13-14所示。

图6-13-11

图6-13-12

图6-13-13

图6-13-14

步骤提示技巧

因为人物面部的主要颜色是红色，所以将“红”通道作为选区载入以对面部色调进行修改，这样能够达到比较自然的效果。

Effect 14 人物牙齿美白术

01 利用“曲线”调整图像整体效果，增强亮度和对比度，使图像更加鲜亮

02 通过调节牙齿部分的“色相/饱和度”使牙齿变得洁白

STEP 01 执行【文件】/【打开】命令（Ctrl+O），弹出“打开”对话框，选择如图6-14-1所示素材图片，单击“打开”按钮。

图6-14-1

STEP 02 单击“图层”面板上的创建新的填充或调整图层按钮，在弹出的下拉菜单中选择“曲线”选项，弹出“曲线”对话框，具体设置如图6-14-2所示，设置完毕后单击“确定”按钮，“图层”面板如图6-14-3所示，得到的图像效果如图6-14-4所示。

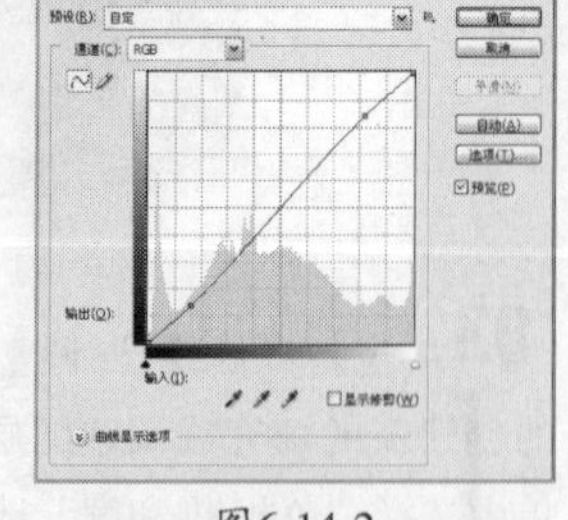
图6-14-2

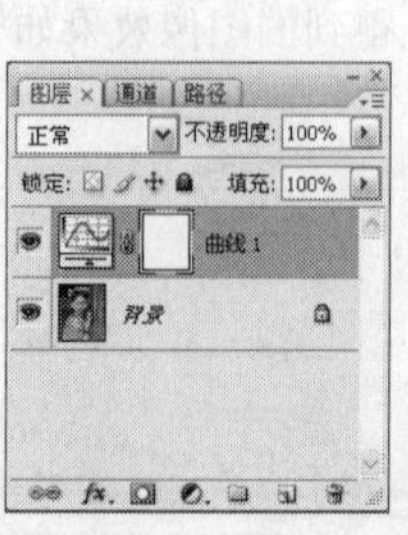
图6-14-3

图6-14-4

STEP 03 选择“曲线1”调整图层，单击“图层”面板上的创建新的填充或调整图层按钮，在弹出的下拉菜单中选择“色相/饱和度”选项，弹出“色相/饱和度”对话框，选择“红色”通道，具体设置如图6-14-5所示，设置完毕后单击“确定”按钮，“图层”面板如图6-14-6所示，得到的图像效果如图6-14-7所示。

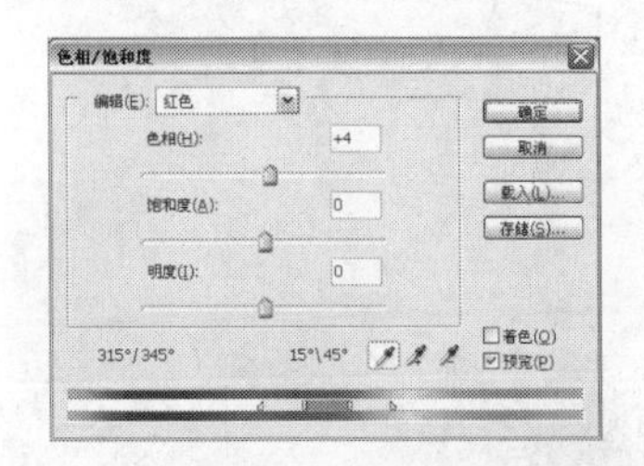

图6-14-5

图6-14-6

图6-14-7

STEP 04 按快捷键Shift+Ctrl+Alt+E盖印可见图层，“图层”面板中生成“图层1”，如图6-14-8所示。

图6-14-8

STEP 05 选择工具箱中的钢笔工具，如图6-14-9所示在牙齿部分绘制封闭的路径，绘制完毕后按快捷键Ctrl+Enter将路径转化为选区，并执行【选择】/【修改】/【羽化】命令，弹出“羽化”对话框，具体设置如图6-14-10所示，设置完毕后单击“确定”按钮，得到的选区如图6-14-11所示。

图6-14-9

羽化选区

羽化半径(R): 5 像素

确定

取消

图6-14-10

图6-14-11

STEP 06 执行【图像】/【调整】/【色相/饱和度】命令，弹出“色相/饱和度”对话框，具体设置如图6-14-12所示，设置完毕后单击“确定”按钮，得到的图像效果如图6-14-13所示。

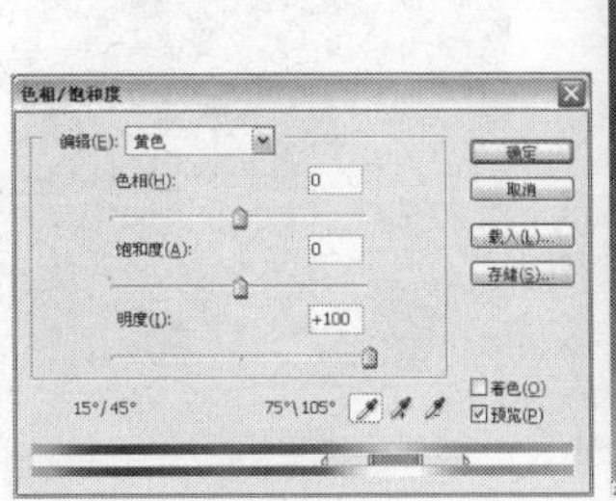

图6-14-12

图6-14-13

Effect 15 时尚妆容轻松掌握

01 通过使用【添加杂色】滤镜和图层混合模式结合制作唇彩效果

02 通过添加调整图层和图层蒙版相结合制作人物面部彩妆效果

STEP 01 执行【文件】/【打开】命令（Ctrl+O），弹出“打开”对话框，选择如图6-15-1所示素材图片，单击“打开”按钮。

图6-15-1

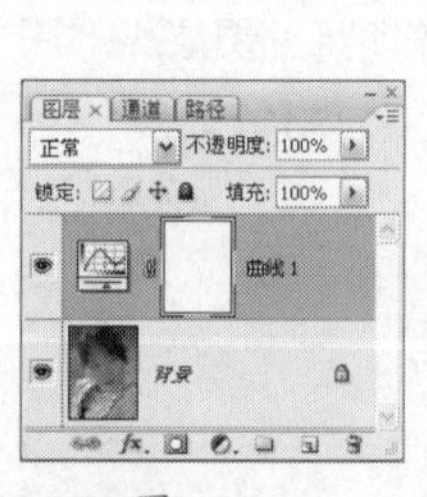

图6-15-3

图6-15-4

STEP 02 单击“图层”面板上的创建新的填充或调整图层按钮，在弹出的下拉菜单中选择“曲线”选项，弹出“曲线”对话框，具体设置如图6-15-2所示，设置完毕后单击“确定”按钮，“图层”面板如图6-15-3所示，得到的图像效果如图6-15-4所示。

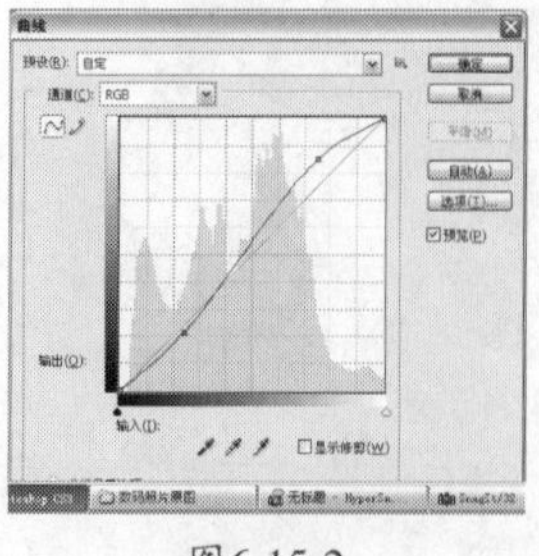

图6-15-2

STEP 03 选择“曲线1”调整图层，单击“图层”面板上的创建新的填充或调整图层按钮，在弹出的下拉菜单中选择“色相/饱和度”选项，弹出“色相/饱和度”对话框，分别选择“黄色”和“红色”通道，具体设置如图6-15-5和图6-15-6所示，设置完毕后单击“确定”按钮，“图层”面板如图6-15-7所示，得到的图像效果如图6-15-8所示。

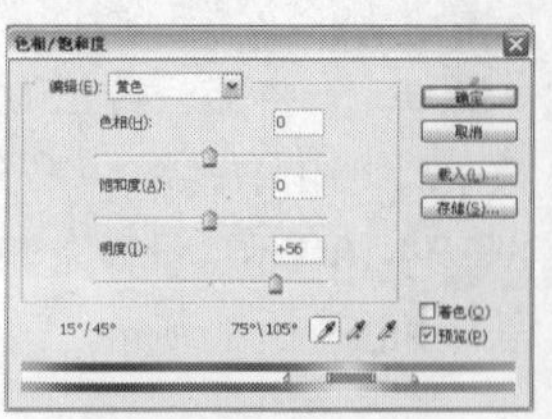

图6-15-5

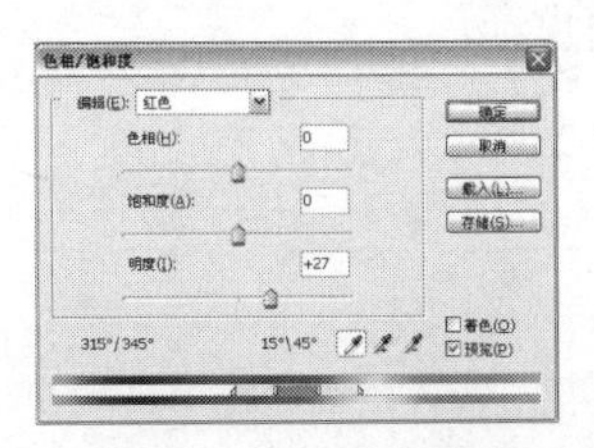

图6-15-6

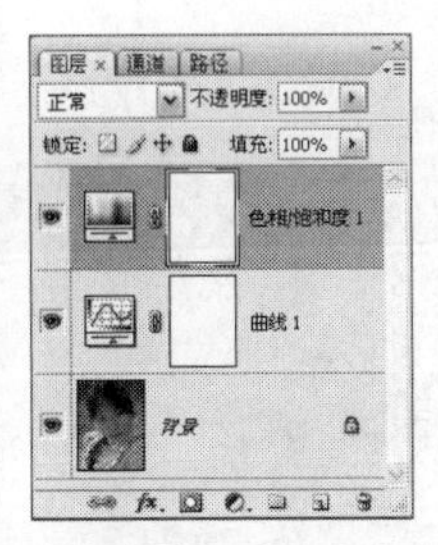

图6-15-7

图6-15-8

步骤提示技巧

将红色和黄色明度调高能够使肤色变得白皙。

STEP 04 选择“色相/饱和度1”调整图层，按快捷键Alt+Ctrl+Shift+E盖印得到新图层“图层1”，“图层”面板如图6-15-9所示。

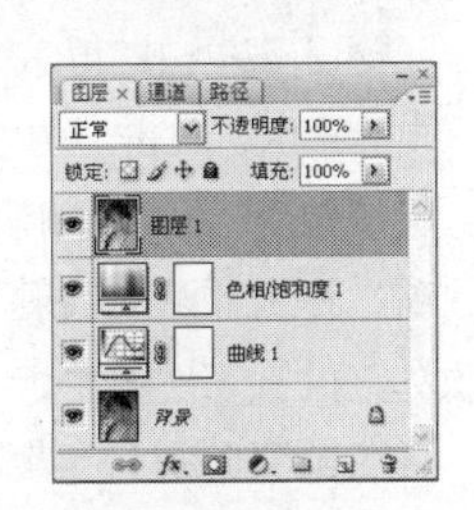

图6-15-9

STEP 05 将“图层1”拖曳至“图层”面板上的创建新图层按钮上，得到“图层1副本”图层，并将其图层混合模式设置为“滤色”，“不透明度”设置为20%，“图层”面板如图6-15-10所示，得到的图像效果如图6-15-11所示。

图6-15-10

图6-15-11

STEP 06 选择工具箱中的钢笔工具，如图6-15-12所示在嘴唇部分绘制封闭的路径，绘制完毕后按快捷键Ctrl+Enter将路径转化为选区，并执行【选择】/【修改】/【羽化】命令，在弹出“羽化”对话框中设置羽化值为5像素，设置完毕后单击“确定”按钮。

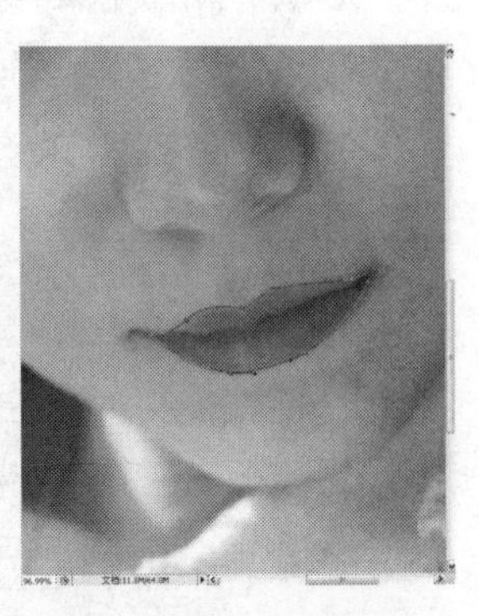

图6-15-12

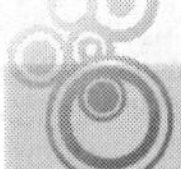

步骤提示技巧

用钢笔工具勾选嘴唇能够更加准确细致。

STEP 07 单击“图层”面板上的创建新的填充或调整图层按钮，在弹出的下拉菜单中选择“曲线”选项，弹出“曲线”对话框，具体设置如图6-15-13所示，设置完毕后单击“确定”按钮，“图层”面板如图6-15-14所示，得到的图像效果如图6-15-15所示。

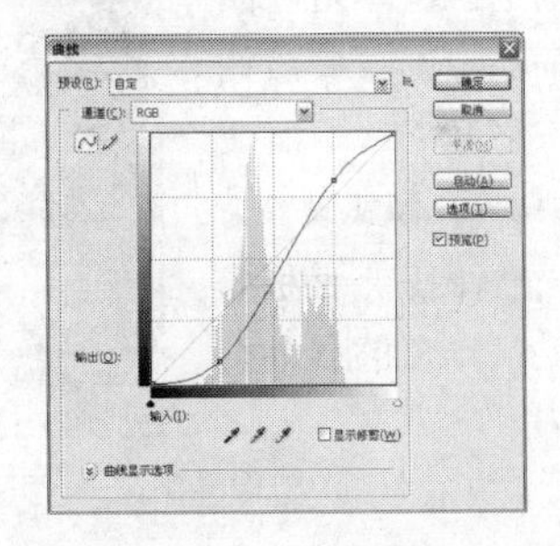

图6-15-13

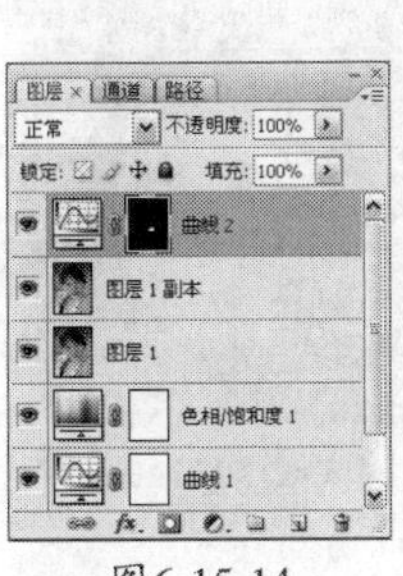

图6-15-14

图6-15-15

STEP 08 按Ctrl键单击“曲线2”调整图层的蒙版缩览图，调出其选区，单击“图层”面板上的创建新的填充或调整图层按钮，在弹出的下拉菜单中选择“色相/饱和度”选项，弹出“色相/饱和度”对话框，具体设置如图6-15-16所示，设置完毕后单击“确定”按钮，得到的图像效果如图6-15-17所示。

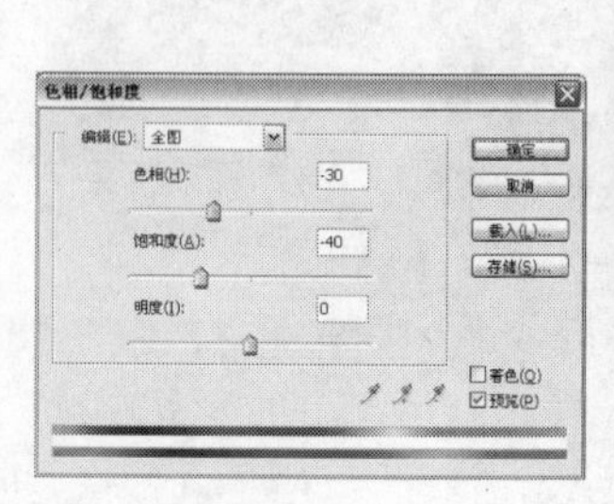
图6-15-16

图6-15-17

STEP 09 单击“图层”面板上的创建新图层按钮，新建“图层2”，将前景色色值设置为R128、G128、B128，按快捷键Alt+Delete填充前景色，执行【滤镜】/【杂色】/【添加杂色】命令，弹出“添加杂色”对话框，具体设置如图6-15-18所示，设置完毕后单击“确定”按钮。按Ctrl键单击“曲线2”调整图层的蒙版缩览图调出其选区，单击“图层”面板上的添加图层蒙版按钮，为“图层2”添加蒙版，并将其图层混合模式设置为“线性减淡”，“图层”面板如图6-15-19所示，得到的图像效果如图6-15-20所示。

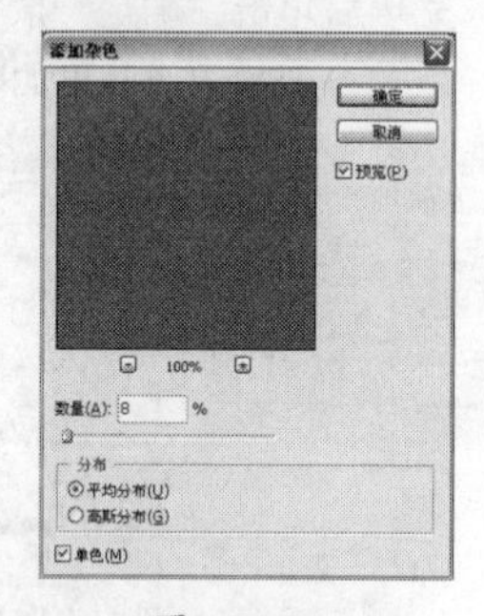
图6-15-18

图6-15-19

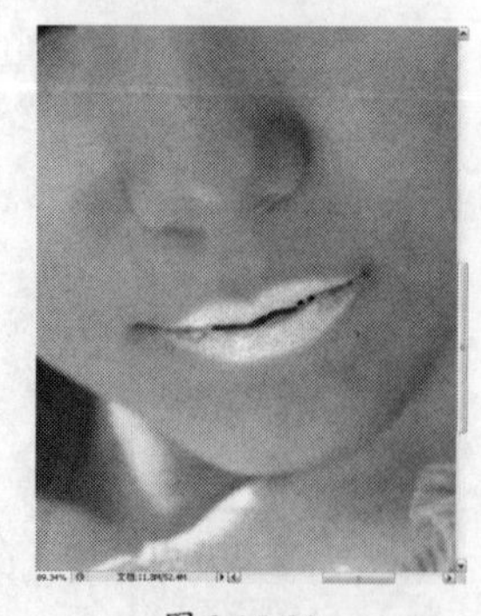
图6-15-20

STEP 10 单击“图层”面板上的创建新的填充或调整图层按钮，在弹出的下拉菜单中选择“色阶”选项，弹出“色阶”对话框，具体设置如图6-15-21所示，设置完毕后单击“确定”按钮，执行【图层】/【创建剪贴蒙版】命令，“图层”面板如图6-15-22所示，得到的图像效果如图6-15-23所示。

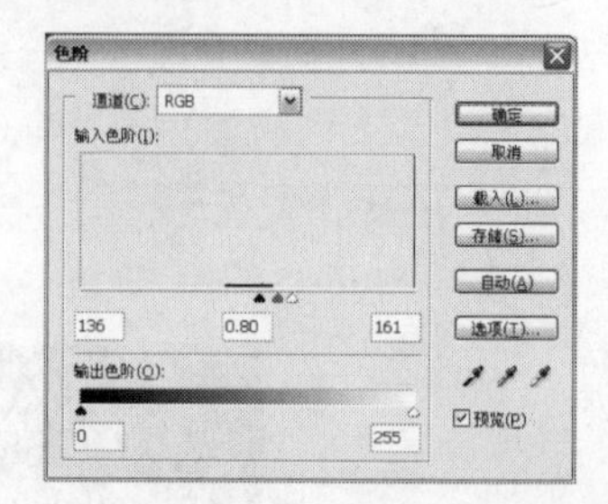
图6-15-21

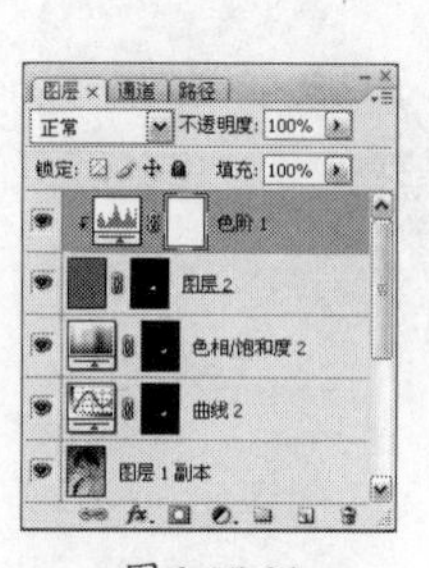
图6-15-22

图6-15-23

STEP 11 按Ctrl键单击“曲线2”调整图层的蒙版缩览图调出其选区，单击“图层”面板上的创建新的填充或调整图层按钮，在弹出的下拉菜单中选择“渐变映射”选项，弹出“渐变映射”对话框。具体设置如图6-15-24所示，设置完毕后单击“确定”按钮，在“图层”面板中将“渐变映射1”调整图层的图层混合模式设置为“滤色”，图层不透明度设置为36%，如图6-15-25所示，得到的图像效果如图6-15-26所示。

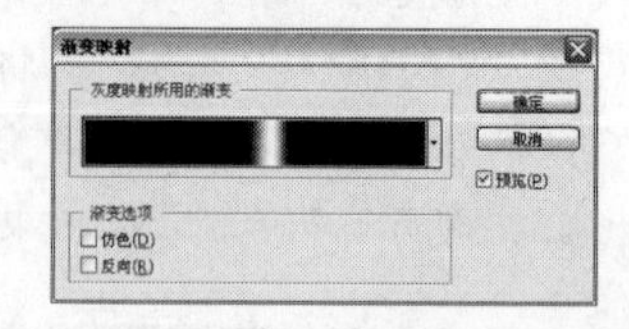
图6-15-24

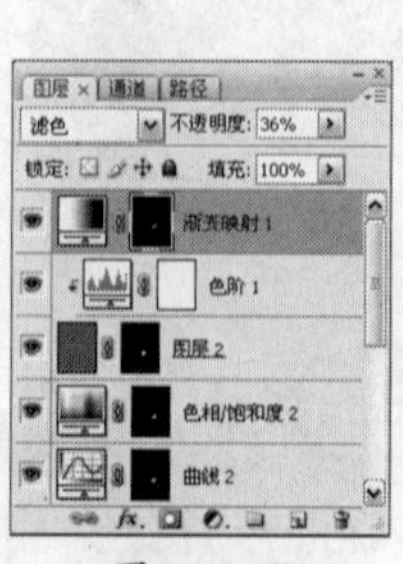
图6-15-25

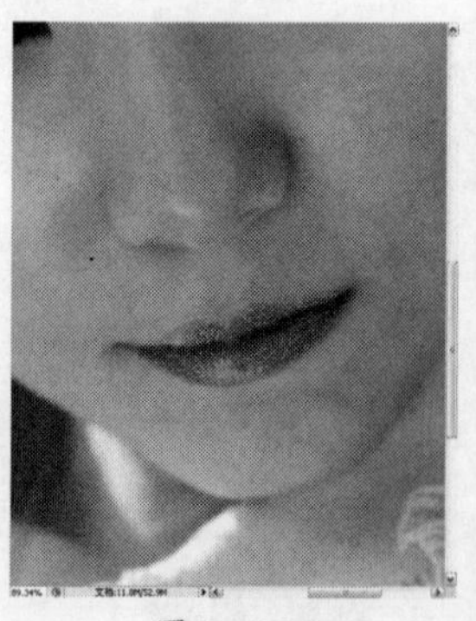
图6-15-26

STEP 12 按Ctrl键单击“曲线2”调整图层的蒙版缩览图调出其选区，单击“图层”面板上的创建新的填充或调整图层按钮，在弹出的下拉菜单中选择“曲线”选项，弹出“曲线”对话框，具体设置如图6-15-27所示。设置完毕后单击“确定”按钮，“图层”面板如图6-15-28所示，得到的图像效果如图6-15-29所示。

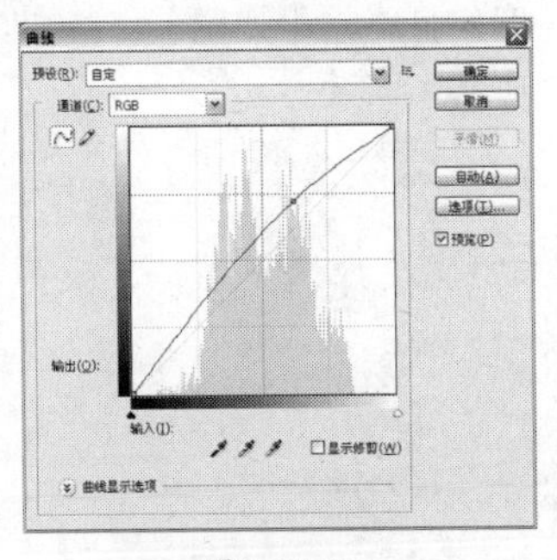

图6-15-27

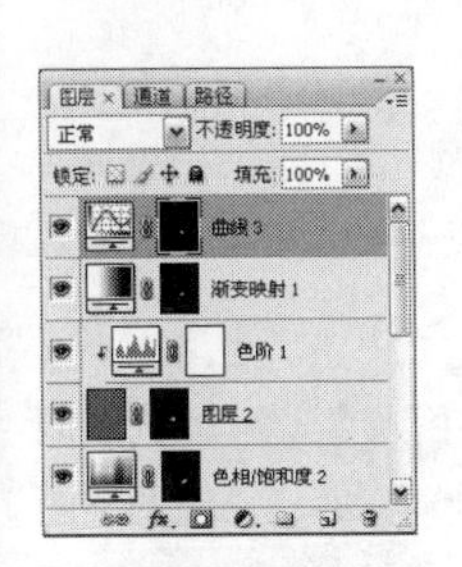

图6-15-28

图6-15-29

STEP 13 单击“图层”面板上的创建新的填充或调整图层按钮，在弹出的下拉菜单中选择“色相/饱和度”选项，弹出“色相/饱和度”对话框，勾选“着色”复选框，具体设置如图6-15-30所示。设置完毕后单击“确定”按钮，单击该调整图层的图层蒙版缩览图，将前景色设置为黑色，按快捷键Alt+Delete填充黑色至图层蒙版，将“色相/饱和度3”调整图层的图层混合模式设置为“叠加”，将前景色设置为白色，选择工具箱中的画笔工具，设置合适的笔刷，在图像中人物下眼睑处涂抹，“图层”面板如图6-15-31所示，得到的图像效果如图6-15-32所示。

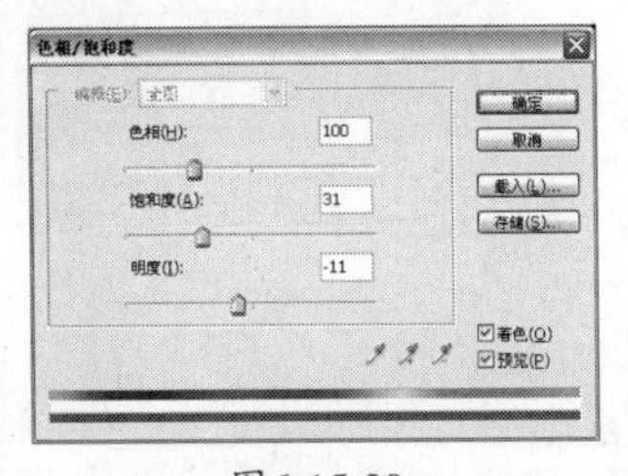

图6-15-30

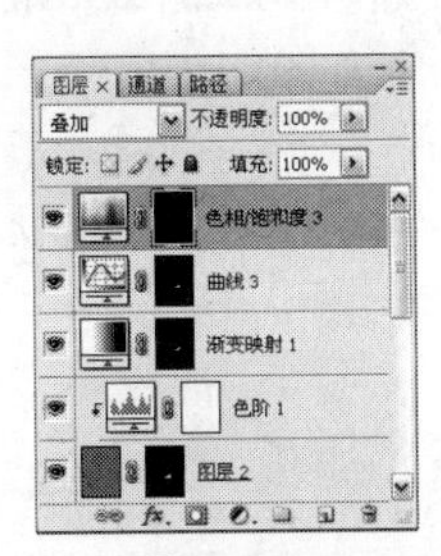

图6-15-31

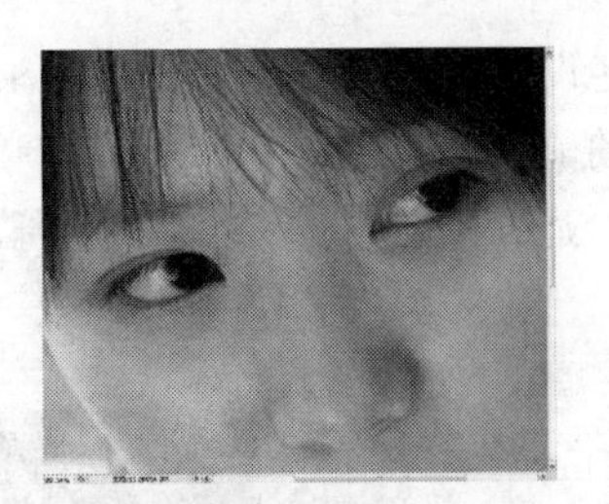

图6-15-32

STEP 14 单击“图层”面板上的创建新的填充或调整图层按钮，在弹出的下拉菜单中选择“色相/饱和度”选项，弹出“色相/饱和度”对话框，勾选“着色”复选框，具体设置如图6-15-33所示。设置完毕后单击“确定”按钮，单击该调整图层的图层蒙版缩览图，将前景色设置为黑色，按快捷键Alt+Delete填充黑色至图层蒙版，将前景色设置为白色，选择工具箱中的画笔工具，设置合适的笔刷，在图像中人物上眼睑处涂抹，得到的图像效果如图6-15-34所示。

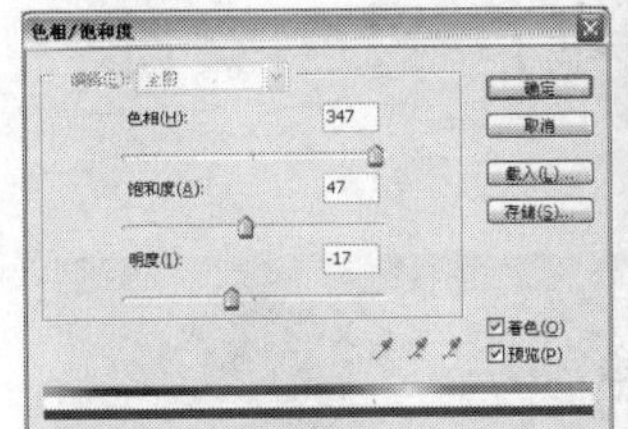

图6-15-33

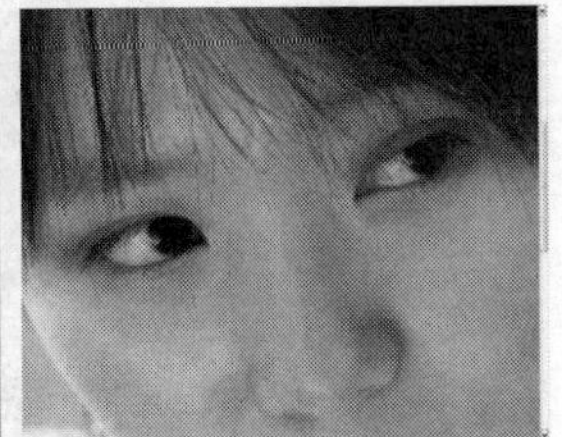

图6-15-34

STEP 15 单击“图层”面板上的创建新的填充或调整图层按钮，在弹出的下拉菜单中选择“色相/饱和度”选项，弹出“色相/饱和度”对话框，具体设置如图6-15-35所示。设置完毕后单击“确定”按钮，单击该调整图层的图层蒙版缩览图，将前景色设置为黑色，按快捷键Alt+Delete填充黑色至图层蒙版，选择工具箱中的画笔工具，设置合适的笔刷将前景色设置为白色，在图像中人物上眼睑处涂抹，得到的图像效果如图6-15-36所示。

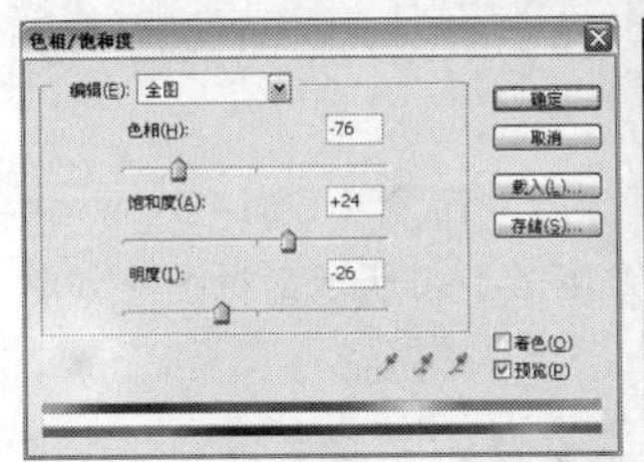

图6-15-35

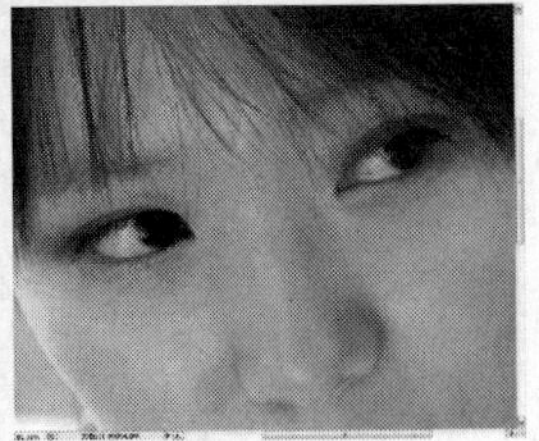

图6-15-36

STEP 16 单击“图层”面板上的创建新的填充或调整图层按钮，在弹出的下拉菜单中选择“曲线”选项，弹出“曲线”对话框，具体设置如图6-15-37所示，设置完毕后单击“确定”按钮，单击该调整图层的图层蒙版缩览图，将前景色设置为黑色，按快捷键Alt+Delete填充黑色至图层蒙版，将前景色设置为白色，选择工具箱中的画笔工具，设置合适的笔刷，在图像中人物面部需要加深体现立体感的位置涂抹，得到的图像效果如图6-15-38所示。

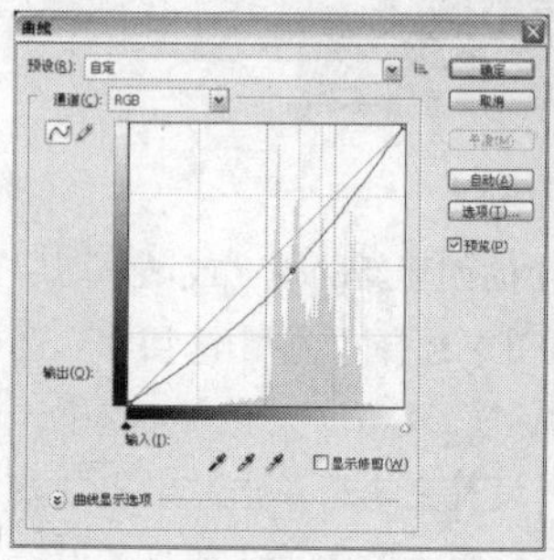
图6-15-37

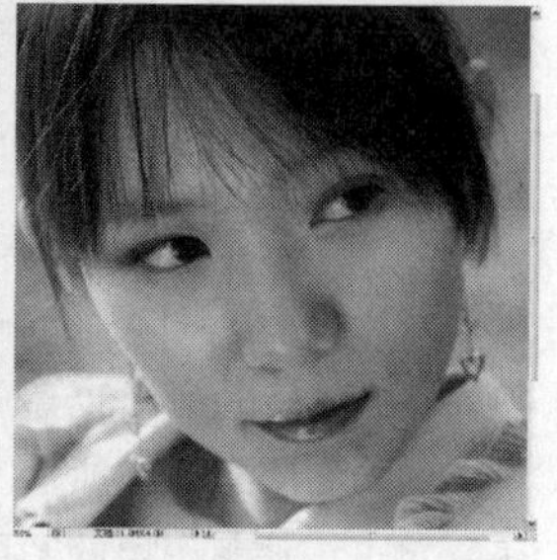
图6-15-38

STEP 17 用介绍过的方法将人物的衣物颜色改变，使之与妆容协调一致，得到的图像最终效果如图6-15-39所示。

图6-15-39

步骤提示技巧

由于人物的妆容比较浓，所以需要将衣服的颜色作适当的改变以配合图像整体效果。

Effect 16 打造杂志封面女郎

01 通过使用污点修复画笔工具将人物面部较明显的瑕疵去除

02 通过“滤色”图层混合模式和【模糊】命令将面部变得光滑白皙

STEP 01 执行【文件】/【打开】命令（Ctrl+O），弹出“打开”对话框，选择如图6-16-1所示素材图片，单击“打开”按钮。

图6-16-1

STEP 02 将“背景”图层拖曳至“图层”面板上的创建新图层按钮，得到“背景副本”图层，“图层”面板如图6-16-2所示。

图6-16-2

STEP 03 将图像放大至如图6-16-3所示大小并选择工具箱中的污点修复画笔工具，在图像中人物面部较明显的瑕疵部分单击，修复完毕后将图像恢复为正常大小显示，得到的图像效果如图6-16-4所示。

图6-16-3

图6-16-4

STEP 04 单击“图层”面板上的创建新的填充或调整图层按钮，在弹出的下拉菜单中选择“曲线”选项，弹出“曲线”对话框，具体设置如图6-16-5所示，设置完毕后单击“确定”按钮，“图层”面板如图6-16-6所示，得到的图像效果如图6-16-7所示。

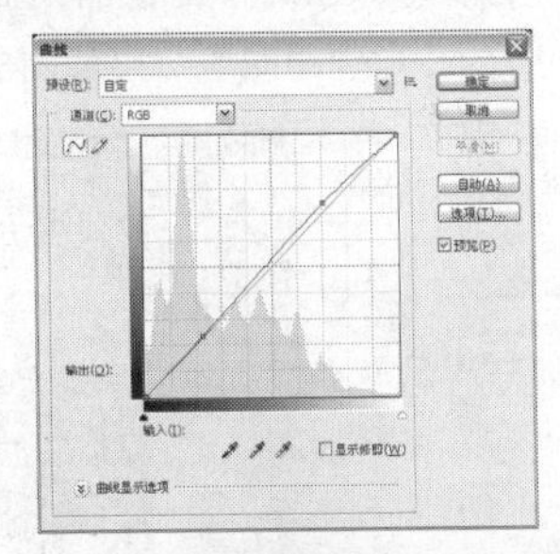

图6-16-5

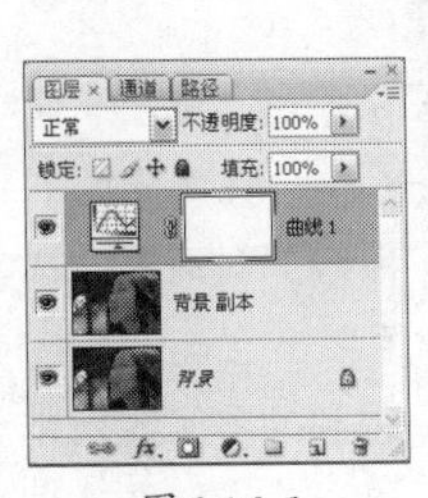

图6-16-6

图6-16-7

STEP 05 选择“曲线1”调整图层，按快捷键Alt+Ctrl+Shift+E盖印可见图层，得到“图层1”，并将“图层1”的图层混合模式设置为“滤色”，不透明度设为60%，“图层”面板如图6-16-8所示，得到的图像效果如图6-16-9所示。

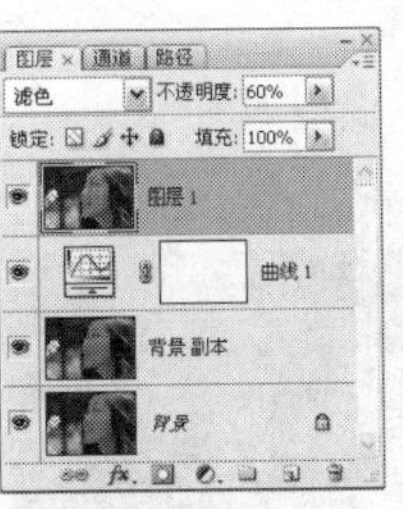

图6-16-8

图6-16-9

STEP 06 选择“图层1”，按快捷键Alt+Ctrl+Shift+E盖印可见图层，得到“图层2”，“图层”面板如图6-16-10所示。

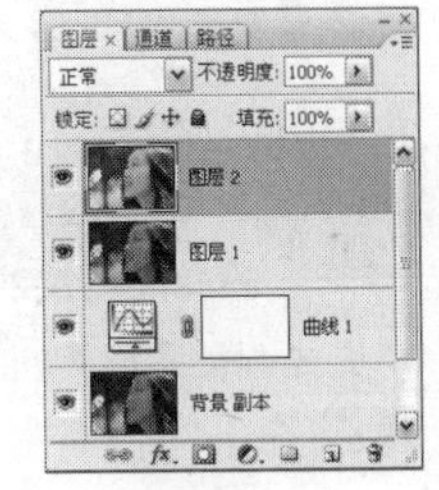

图6-16-10

STEP 07 选择“图层2”，执行【滤镜】/【模糊】/【高斯模糊】命令，弹出“高斯模糊”对话框，具体设置如图6-16-11所示，设置完毕后单击“确定”按钮，得到的图像效果如图6-16-12所示。

图6-16-11

图6-16-12

STEP 08 选择“图层2”，执行【图层】/【图层蒙版】/【隐藏全部】命令，“图层”面板如图6-16-13所示。

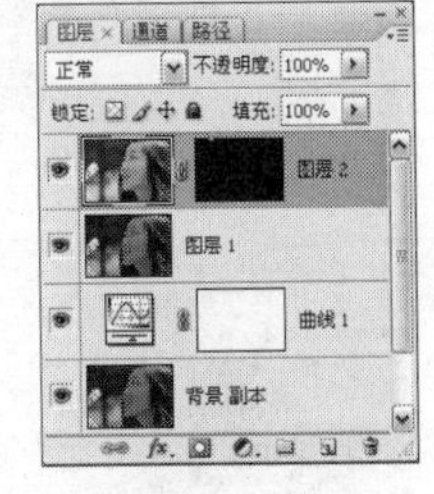

图6-16-13

步骤提示技巧

通过【高斯模糊】滤镜能够将人物的皮肤变得柔滑细致，并且可以通过图层蒙版控制模糊的部分以及模糊程度。

STEP 09 单击“图层2”的图层蒙版缩览图，将前景色设置为白色，选择工具箱中的画笔工具，在其工具选项栏中将不透明度和流量均设置为40%，设置柔角的笔刷，在图像中人物皮肤的部分涂抹，“图层”面板如图6-16-14所示，得到的图像效果如图6-16-15所示。

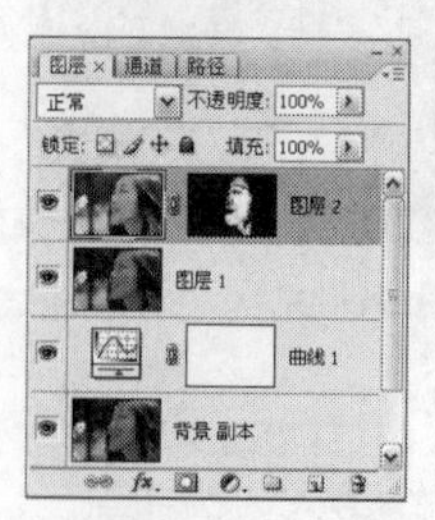
图6-16-14

图6-16-15

STEP 10 选择“图层2”，单击“图层”面板上的创建新的填充或调整图层按钮，在弹出的下拉菜单中选择“色相/饱和度”选项，弹出“色相/饱和度”对话框，选择“红色”通道，具体设置如图6-16-16所示，设置完毕后单击“确定”按钮，得到的图像效果如图6-16-17所示。

图6-16-16　图6-16-17

STEP 11 单击“色相/饱和度1”调整图层的图层蒙版缩览图，将前景色设置为黑色，按快捷键Alt+Delete填充前景色，将前景色设置为白色，选择工具箱中的画笔工具，在其工具选项栏中将不透明度和流量均设置为40%，设置柔角的笔刷，在图像中桃花、人物嘴唇和腮部涂抹，“图层”面板如图6-16-18所示，得到的图像效果如图6-16-19所示。

图6-16-18

图6-16-19

STEP 12 选择“色相/饱和度1”调整图层，单击“图层”面板上的创建新的填充或调整图层按钮，在弹出的下拉菜单中选择“色相/饱和度”选项，弹出“色相/饱和度”对话框，选择“红色”通道，具体设置如图6-16-20所示，设置完毕后单击“确定”按钮，得到的图像效果如图6-16-21所示。

图6-16-20　图6-16-21

步骤提示技巧

两次调整【色相/饱和度】都是为了将图像中人物的面部颜色进行调整。第一次是为了使桃花和嘴唇能够更加红润，第二次是使鼻翼处的红色部分消失，使其和面部整体颜色相互一致。

STEP 13 单击“色相/饱和度2”调整图层的图层蒙版缩览图，将前景色设置为黑色，按快捷键Alt+Delete填充前景色，将前景色设置为白色，选择工具箱中的画笔工具，在其工具选项栏中将不透明度和流量均设置为40%，设置柔角的笔刷，在图像中人物的鼻翼部分涂抹，“图层”面板如图6-16-22所示，得到的图像效果如图6-16-23所示。

图6-16-22

图6-16-23

STEP 14 选择“色相/饱和度2”调整图层单击“图层”面板上的创建新的填充或调整图层按钮，在弹出的下拉菜单中选择“曲线”选项，弹出“曲线”对话框，具体设置如图6-16-24所示，设置完毕后单击“确定”按钮，“图层”面板如图6-16-25所示，得到的图像效果如图6-16-26所示。

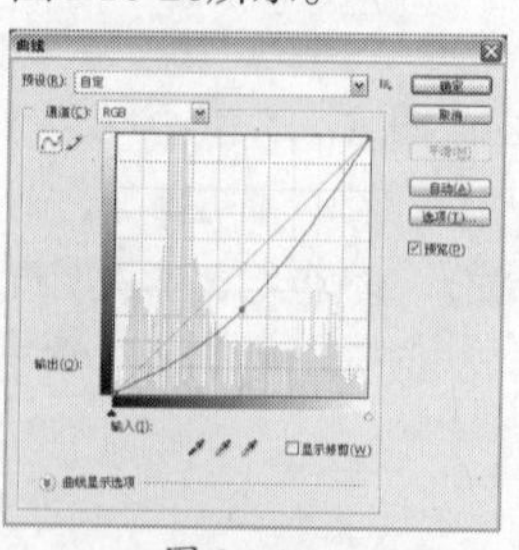
图6-16-24

图6-16-25

图6-16-26

步骤提示技巧

为了突出人像主体，所以通过“曲线”将周围景物调暗。

STEP 15 单击“曲线2”调整图层的图层蒙版缩览图，将前景色设置为黑色，选择工具箱中的画笔工具，在其工具选项栏中将不透明度和流量均设置为80%，设置柔角的笔刷，在图像中人物面部涂抹，“图层”面板如图6-16-27所示，得到的图像最终效果如图6-16-28所示。

图6-16-27

图6-16-28

Effect 17 去除脸部皱纹

01 通过使用【曲线】和【色相/饱和度】调整图层控制图像的整体效果

02 通过【高斯模糊】滤镜使人物面部的皱纹消失，再结合图层蒙版控制其需要显示的部分

STEP 01 执行【文件】/【打开】命令（Ctrl+O），弹出“打开”对话框，选择如图6-17-1所示素材图片，单击“打开”按钮。

图6-17-1

STEP 02 将“背景”图层拖曳至“图层”面板上的创建新图层按钮上，得到“背景副本”图层，“图层”面板如图6-17-2所示。

图6-17-2

STEP 03 选择“背景副本”图层，执行【滤镜】/【模糊】/【高斯模糊】命令，弹出“高斯模糊”对话框，具体设置如图6-17-3所示，设置完毕后单击“确定”按钮，得到的图像效果如图6-17-4所示。

图6-17-3　　图6-17-4

STEP 04 选择“背景副本”图层，执行【图层】/【图层蒙版】/【隐藏全部】命令，“图层”面板如图6-17-5所示。

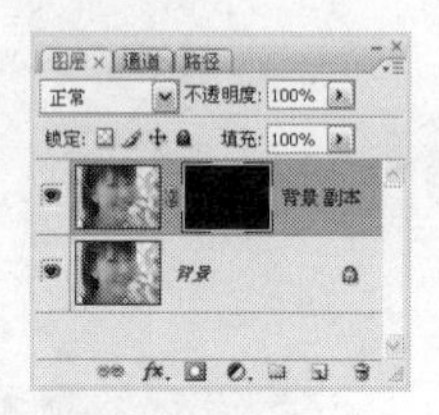

图6-17-5

STEP 05 单击“背景副本”图层的图层蒙版缩览图，将前景色设置为白色，选择工具箱中的画笔工具，在其工具选项栏中将不透明度和流量均设置为40%，设置柔角的笔刷，在图像中有皱纹的部分涂抹，“图层”面板如图6-17-6所示，得到的图像效果如图6-17-7所示。

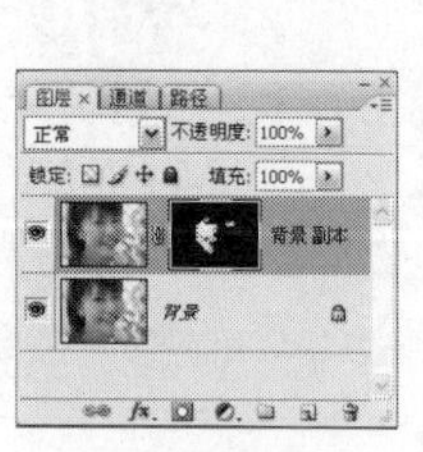

图6-17-6

图6-17-7

STEP 06 选择“背景副本”图层，单击“图层”面板上的创建新的填充或调整图层按钮，在弹出的下拉菜单中选择“曲线”选项，弹出“曲线”对话框，具体设置如图6-17-8所示。设置完毕后单击“确定”按钮，“图层”面板如图6-17-9所示，得到的图像效果如图6-17-10所示。

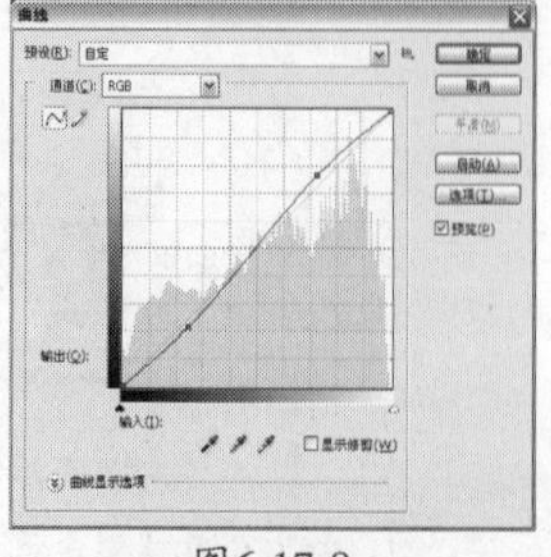

图6-17-8

图6-17-9

图6-17-10

STEP 07 选择“曲线1”调整图层，单击“图层”面板上的创建新的填充或调整图层按钮，在弹出的下拉菜单中选择“色相/饱和度”选项，弹出“色相/饱和度”对话框，分别选择“红色”和“黄色”通道，具体设置如图6-17-11和图6-17-12所示。设置完毕后单击“确定”按钮，“图层”面板如图6-17-13所示，得到的图像效果如图6-17-14所示。

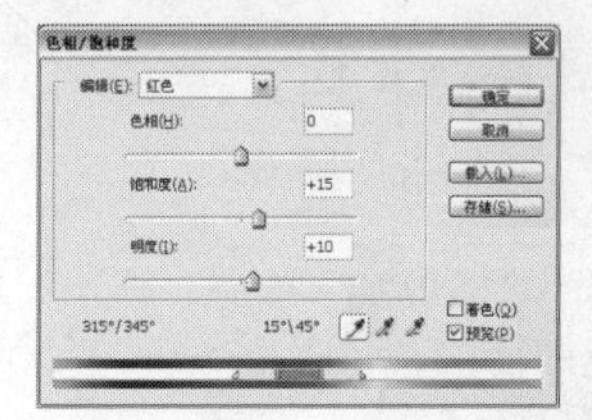

图6-17-11

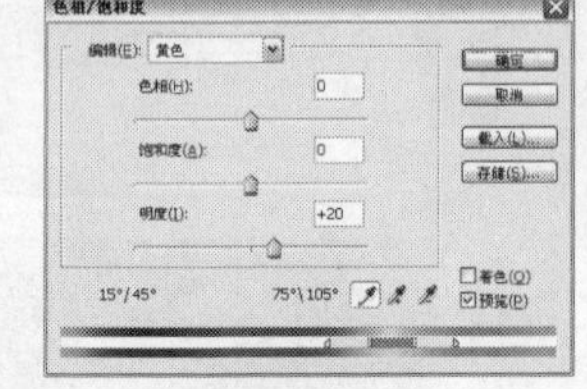

图6-17-12

图6-17-13

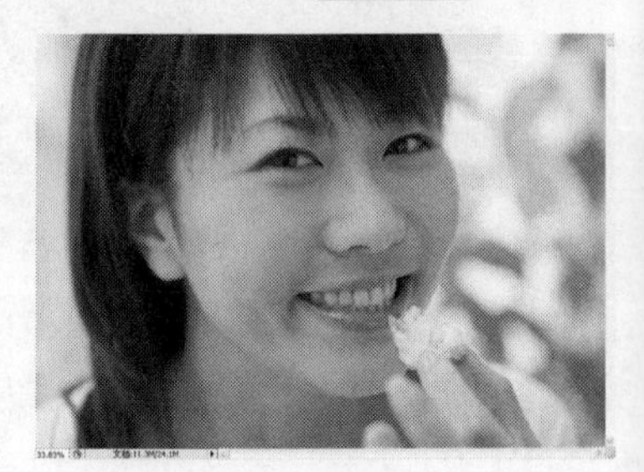

图6-17-14

步骤提示技巧

通过对“色相/饱和度”中“红色”和“黄色”通道的调整，使人物的面色接近正常颜色。

Effect 18

快速去除黑眼圈

01 通过使用【曲线】和【色相/饱和度】调整图层控制图像的整体效果

02 通过复制并粘贴新的图层将黑眼圈部分遮盖住，并改变不透明度使效果更加自然

STEP 01 执行【文件】/【打开】命令（Ctrl+O），弹出“打开”对话框，选择如图6-18-1所示素材图片，单击“打开”按钮。

图6-18-1

STEP 02 将“背景”图层拖曳至“图层”面板上的创建新图层按钮上，得到“背景副本”图层，“图层”面板如图6-18-2所示。

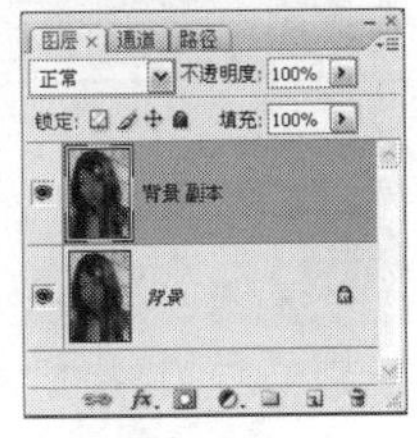

图6-18-2

STEP 03 选择“背景副本”图层，单击“图层”面板上的创建新的填充或调整图层按钮，在弹出的下拉菜单中选择“曲线”选项，弹出“曲线”对话框，具体设置如图6-18-3所示，设置完毕后单击“确定”按钮，“图层”面板如图6-18-4所示。

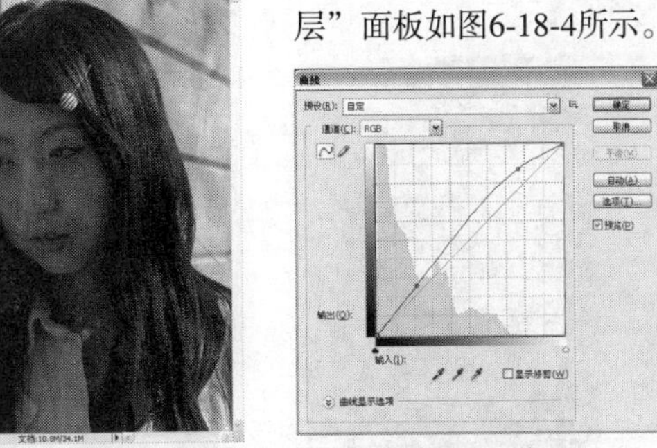

图6-18-3

图6-18-4

步骤提示技巧

由于人物面部太过黯淡，所以先通过“曲线”调节使整个图像变亮。

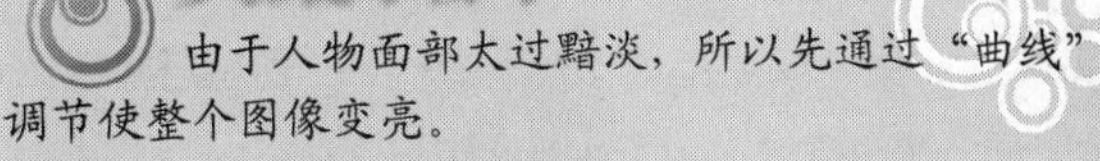

STEP 04 单击“曲线1”调整图层的图层蒙版缩览图，将前景色设置为黑色，按快捷键Alt+Delete填充前景色，将前景色设置为白色，选择工具箱中的画笔工具，在其工具选项栏中将不透明度和流量均设置为40%，设置柔角的笔刷，在图像中人物面部涂抹，“图层”面板如图6-18-5所示，得到的图像效果如图6-18-6所示。

图6-18-5

图6-18-6

STEP 05 选择“曲线1”调整图层，单击“图层”面板上的创建新的填充或调整图层按钮，在弹出的下拉菜单中选择“色相/饱和度”选项，弹出“色相/饱和度”对话框，分别选择“红色”和“黄色”通道，具体设置如图6-18-7和图6-18-8所示。设置完毕后单击“确定”按钮，“图层”面板如图6-18-9所示，得到的图像效果如图6-18-10所示。

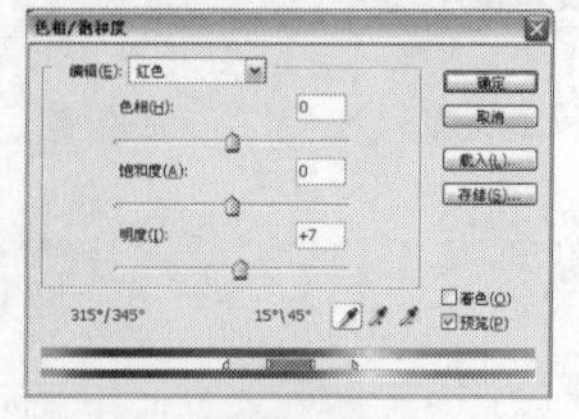

图6-18-7

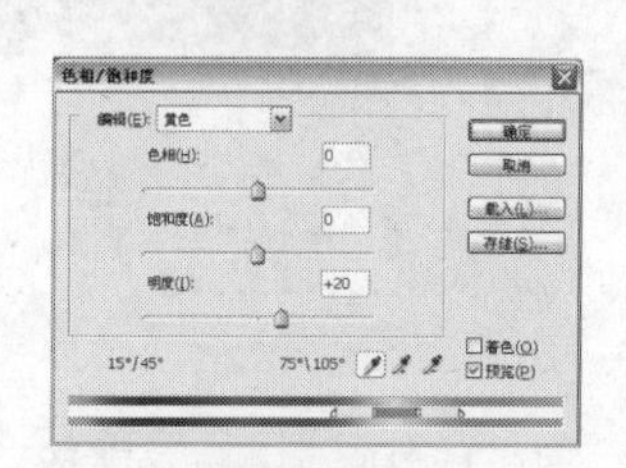

图6-18-8

图6-18-9

图6-18-10

STEP 06 选择“色相/饱和度1”调整图层，按快捷键Alt+Ctrl+Shift+E盖印可见图层，得到“图层1”，“图层”面板如图6-18-11所示。

图6-18-11

STEP 07 选择“图层1”，将图像放大至眼睛部分，选择工具箱中的套索工具，在其工具选项栏中单击新选区按钮，将羽化值设置为15像素，如图6-18-12所示绘制选区，绘制完毕后在选区内按住左键拖动选区至如图6-18-13所示位置，选择工具箱中的按快捷键Ctrl+C复制选区，按快捷键Ctlr+V粘贴选区，得到新图层“图层2”，“图层”面板如图6-18-14所示，选择“图层2”，在图像中将其拖动至黑眼圈部分，如图6-18-15所示。

图6-18-12

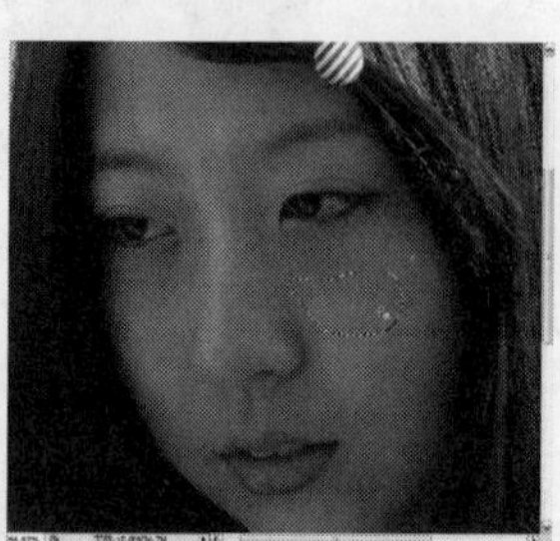

图6-18-13

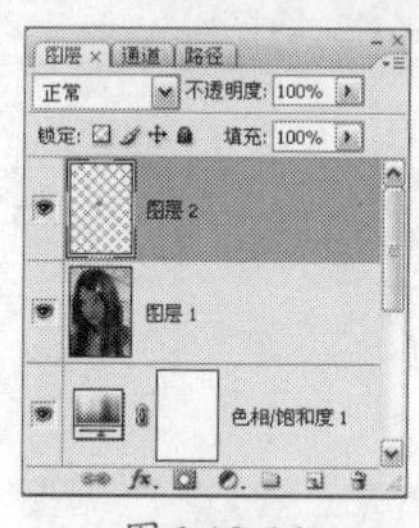

图6-18-14

图6-18-15

STEP 08 在“图层”面板中将“图层2”的不透明度设置为60%，如图6-18-16所示，得到的图像效果如图6-18-17所示。

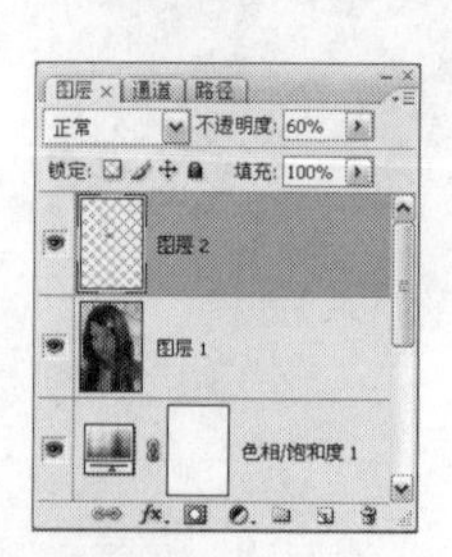

图6-18-16

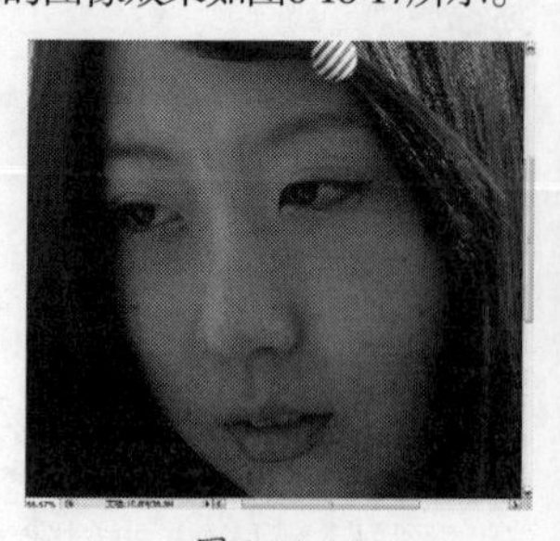

图6-18-17

STEP 09 在“图层”面板中按Ctrl键分别单击“图层1”和“图层2”，将其全部选中，按快捷键Ctrl+E将图层合并，“图层”面板如图6-18-18所示。

图6-18-18

STEP 10 选择“图层1”，将图像放大至眼睛部分，选择工具箱中的套索工具，在其工具选项栏中单击新选区按钮，将羽化值设置为15像素，如图6-18-19所示绘制选区，绘制完毕后在选区内按住左键拖动选区至如图6-18-20所示位置，按快捷键Ctrl+C复制选区，按快捷键Ctlr+V粘贴选区，得到新图层“图层3”，“图层”面板如图6-18-21所示，选择“图层3”，在图像中将其拖动至黑眼圈部分，如图6-18-22所示。

图6-18-19

图6-18-20

图6-18-21

图6-18-22

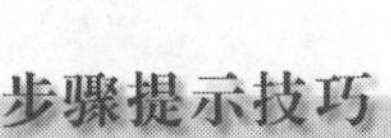

步骤提示技巧

这种类似于“植皮”的操作方法还可以应用于对各种图片的修补，而且将修补的部分新建为图层。能够使操作的空间更大，减弱修补的痕迹。

STEP 11 在“图层”面板中将“图层3”的不透明度设置为50%，如图6-18-23所示，得到的图像效果如图6-18-24所示。

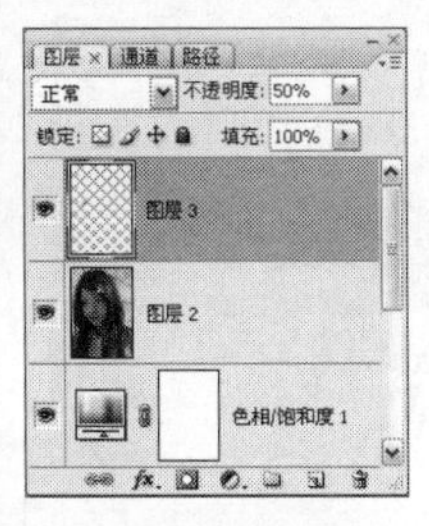

图6-18-23

图6-18-24

STEP 12 在“图层”面板中按Ctrl键分别单击“图层2”和“图层3”，将其全部选中，按快捷键Ctrl+E将图层合并，“图层”面板如图6-18-25所示。

图6-18-25

STEP 13 选择“图层3”，选择工具箱中的海绵工具，设置柔角的笔刷，在人物眼睛中眼白中的红血丝部分如图6-18-26所示涂抹，得到的图像效果如图6-18-27所示。

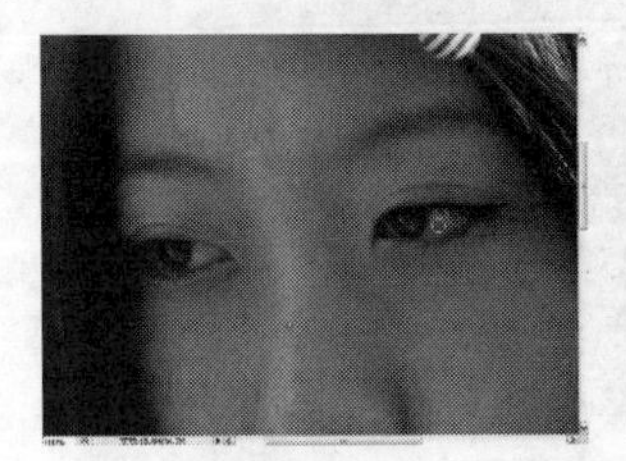

图6-18-26

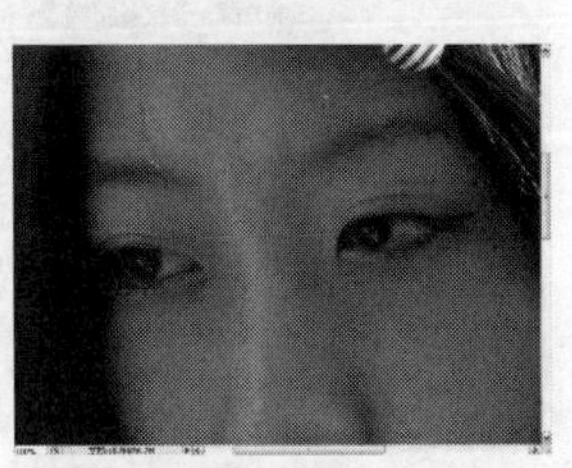

图6-18-27

STEP 14 选择工具箱中的减淡工具，在其工具选项栏中将范围设置为中间调，曝光度设置为50%，在图像中人物眼白部分的深色部分涂抹，得到的图像效果如图6-18-28所示，按快捷键Ctrl+0将图像按屏幕大小缩放，得到的图像最终效果如图6-18-29所示。

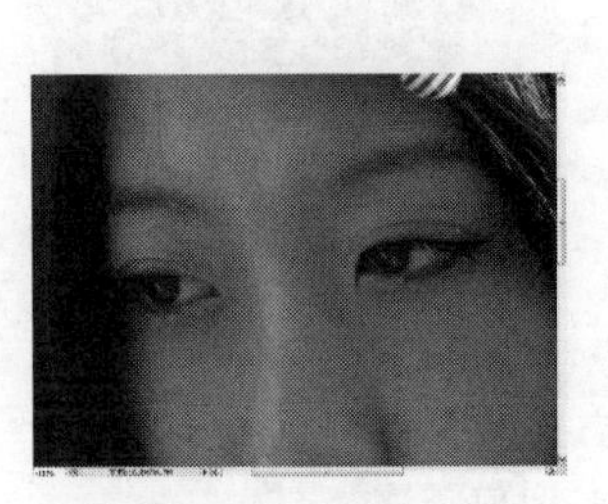

图6-18-28

图6-18-29

步骤提示技巧

通过海绵工具和减淡工具的结合能够较容易地去除眼白处的瑕疵。

Effect 19 人物快速瘦脸

01 通过使用【曲线】和【色相/饱和度】调整图层控制图像的整体效果

02 通过【液化】滤镜将脸形变瘦，使人物面庞明显减小

STEP 01 执行【文件】/【打开】命令（Ctrl+O），弹出“打开”对话框，选择如图6-19-1所示素材图片，单击“打开”按钮。

图6-19-1

STEP 02 将“背景”图层拖曳至“图层”面板上的创建新图层按钮上，得到“背景副本”图层，“图层”面板如图6-19-2所示。

图6-19-2

STEP 03 选择“背景副本”图层，执行【滤镜】/【液化】命令，弹出“液化”对话框，如图6-19-3所示将人物面颊部分向里推移，使脸部变瘦。操作完毕后单击“确定”按钮，得到的图像效果如图6-19-4所示。

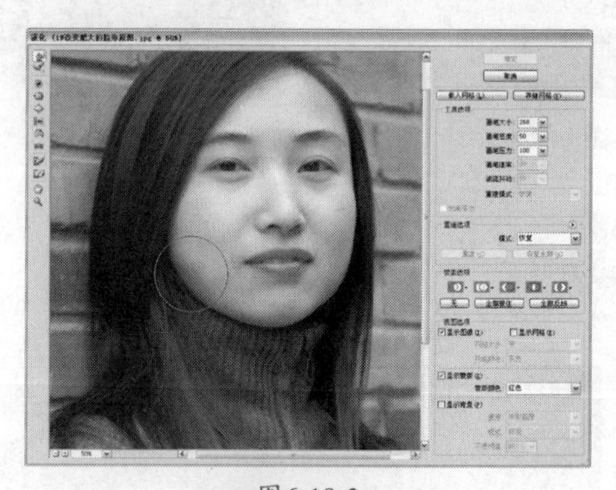

图6-19-3

图6-19-4

STEP 04 单击“图层”面板上的创建新的填充或调整图层按钮，在弹出的下拉菜单中选择“曲线”选项，弹出“曲线”对话框。具体设置如图6-19-5所示，设置完毕后单击“确定”按钮，“图层”面板如图6-19-6所示，得到的图像效果如图6-19-7所示。

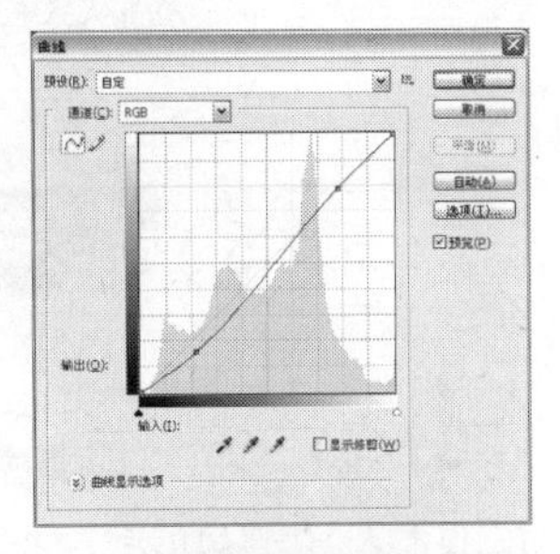

图6-19-5

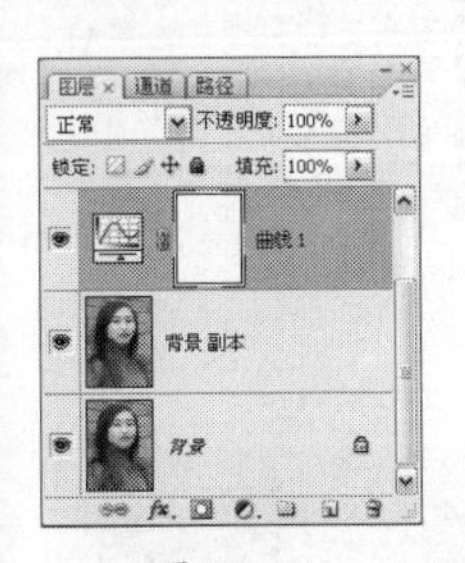

图6-19-6

图6-19-7

步骤提示技巧

应用“液化”滤镜时候应注意不要操作得过度，那样会使人物产生一种畸形的效果。

STEP 05 选择“曲线1”调整图层，单击“图层”面板上的创建新的填充或调整图层按钮，在弹出的下拉菜单中选择“色彩平衡”选项，弹出“色彩平衡”对话框。具体设置如图6-19-8所示，设置完毕后单击“确定”按钮，“图层”面板如图6-19-9所示，得到的图像效果如图6-19-10所示。

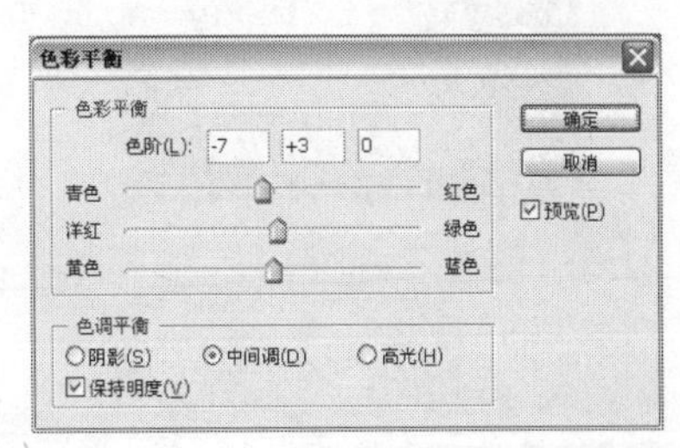

图6-19-8

图6-19-9

图6-19-10

Effect 20 打造诱人浓密长睫毛

01 通过使用【曲线】和【色相/饱和度】调整图层控制图像的整体效果

02 通过使用画笔工具中的特殊笔刷效果绘制人物眼睫毛，并采用前面讲到过的上妆方法为人物面部增色

STEP 01 执行【文件】/【打开】命令（Ctrl+O），弹出“打开”对话框，选择如图6-20-1所示素材图片，单击“打开”按钮。

图6-20-1

步骤提示技巧

应用画笔中的各种特型的笔刷，能够绘制出各种奇特的效果。

STEP 02 将“背景”图层拖曳至“图层”面板上的创建新图层按钮上，得到“背景副本”图层，“图层”面板如图6-20-2所示。

图6-20-2

STEP 03 将“背景副本”图层混合模式设置为“滤色”，并将其不透明度设置为50%，“图层”面板如图6-20-3所示，得到的图像效果如图6-20-4所示。

图6-20-3

图6-20-4

STEP 04 选择“背景副本”图层，执行【图层】/【图层蒙版】/【隐藏全部】命令，为“背景副本”图层建立隐藏全部的图层蒙版，单击该蒙版缩览图，将前景色设置为白色，选择工具箱中的画笔工具，在其工具选项栏中将不透明度和流量均设置为90%，设置柔角的笔刷，在图像中人物面部涂抹涂抹。“图层”面板如图6-20-5所示，得到的图像效果如图6-20-6所示。

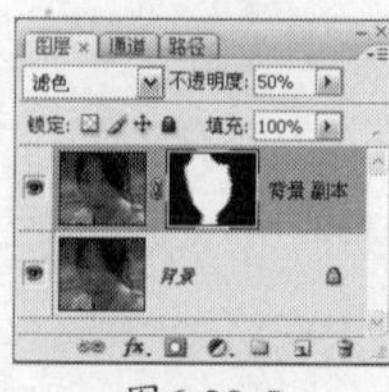
图6-20-5

图6-20-6

STEP 05 单击“图层”面板上的创建新的填充或调整图层按钮，在弹出的下拉菜单中选择“曲线”选项，弹出“曲线”对话框。具体设置如图6-20-7所示，设置完毕后单击“确定”按钮，“图层”面板如图6-20-8所示，得到的图像效果如图6-20-9所示。

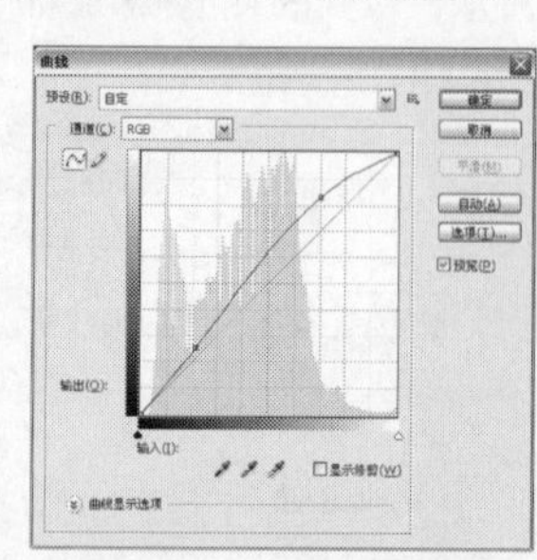
图6-20-7

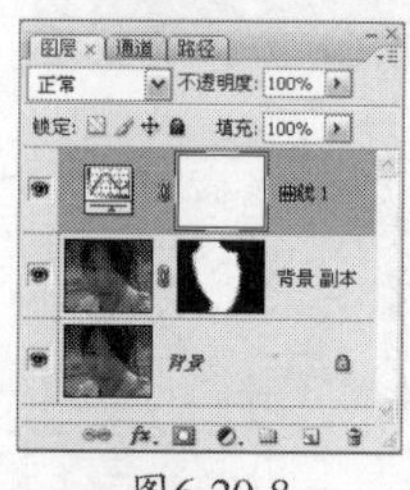
图6-20-8

图6-20-9

STEP 06 选择“曲线1”调整图层，单击“图层”面板上的创建新的填充或调整图层按钮，在弹出的下拉菜单中选择“色相/饱和度”选项，弹出“色相/饱和度”对话框，具体设置如图6-20-10所示。设置完毕后单击“确定”按钮，“图层”面板如图6-20-11所示，得到的图像效果如图6-20-12所示。

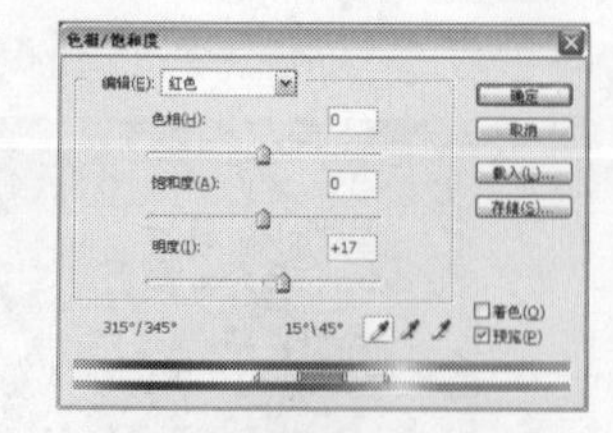
图6-20-10

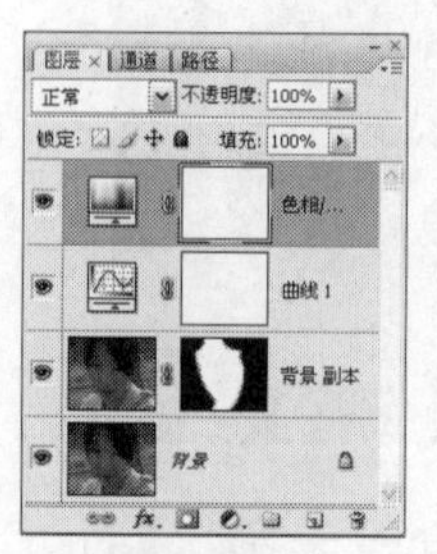
图6-20-11

图6-20-12

STEP 07 单击“图层”面板上的创建新图层按钮，新建“图层1”，“图层”面板如图6-20-13所示。

图6-20-13

STEP 08 选择工具箱中的画笔工具，打开“画笔”面板，若当前没有画笔面板显示，可执行【窗口】/【画笔】命令，在“画笔”面板中选择名为“沙丘草”的笔刷，具体设置如图6-20-14所示，在图像中如图6-20-15所示绘制长组的眼睫毛。

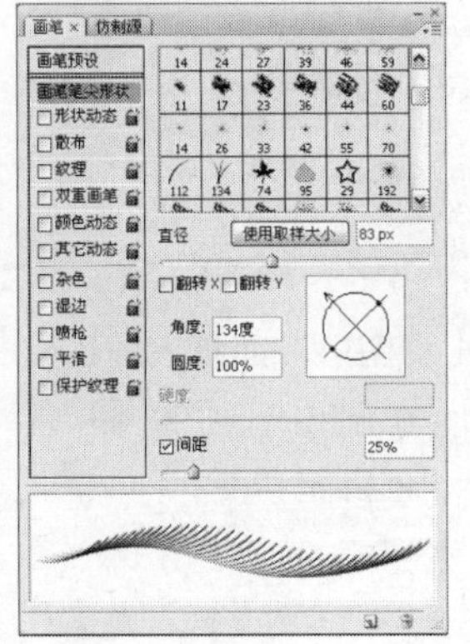

图6-20-14

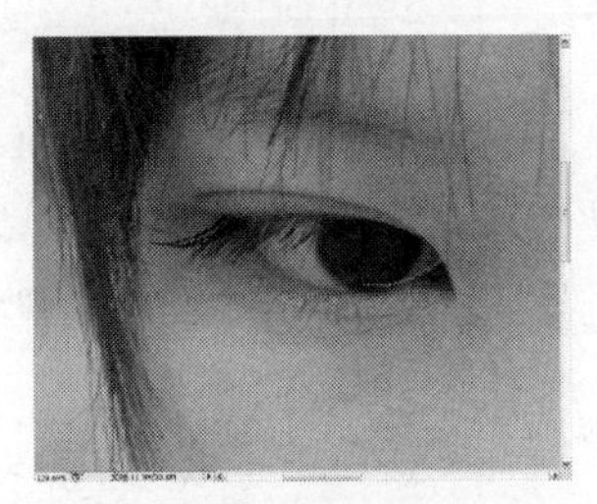

图6-20-15

STEP 09 在“画笔”面板中将旋转角度变换为151°，缩小画笔直径，具体设置如图6-20-16所示，在图像中如图6-20-17所示绘制中间组的眼睫毛。

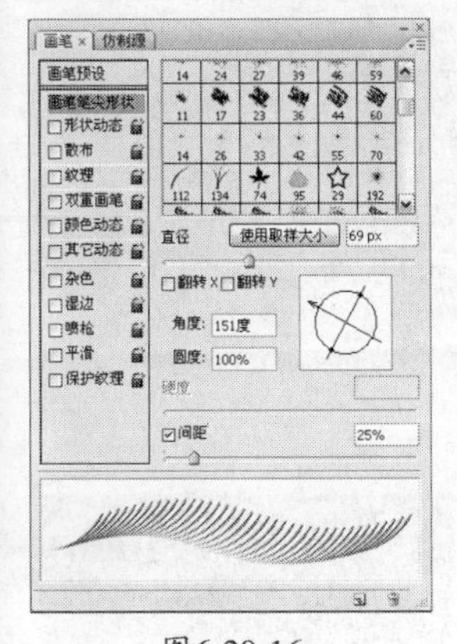

图6-20-16

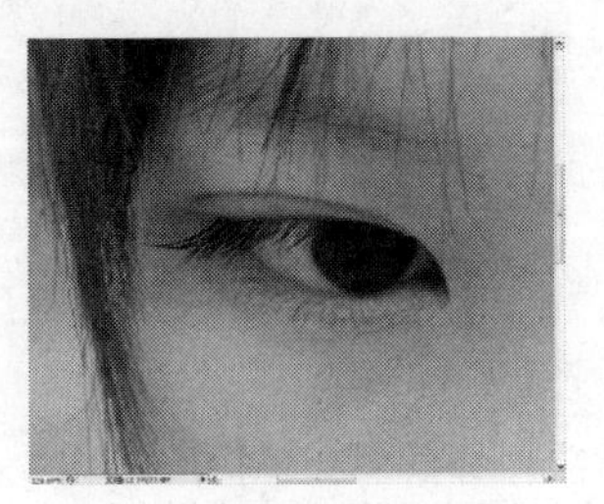

图6-20-17

STEP 10 在“画笔”面板中将旋转角度变换为127°，缩小画笔直径，具体设置如图6-20-18所示，在图像中如图6-20-19所示绘制边上卷翘的眼睫毛。

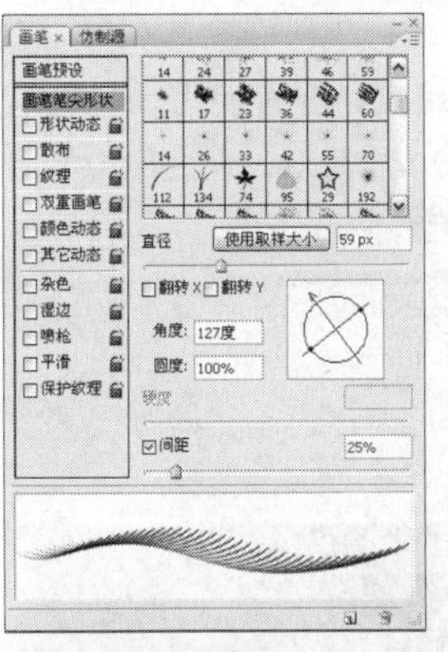

图6-20-18

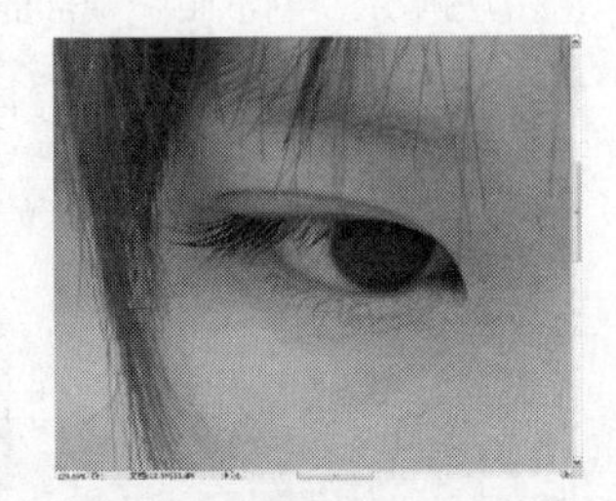

图6-20-19

STEP 11 在“画笔”面板中将旋转角度变换为165°，缩小画笔直径，具体设置如图6-20-20所示，在图像中如图6-20-21所示绘制主体部分的眼睫毛。

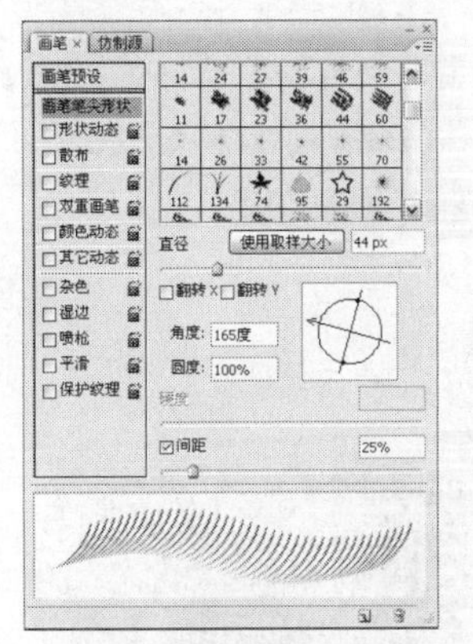

图6-20-20

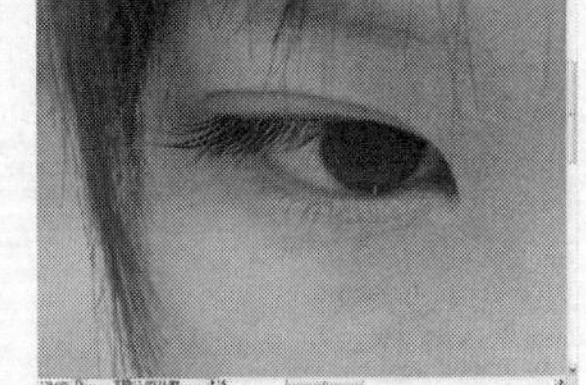

图6-20-21

STEP 12 在“画笔”面板中将旋转角度变换为98°，缩小画笔直径，勾选“翻转X”复选框，具体设置如图6-20-22所示，在图像中如图6-20-23所示绘制下眼睑的眼睫毛。

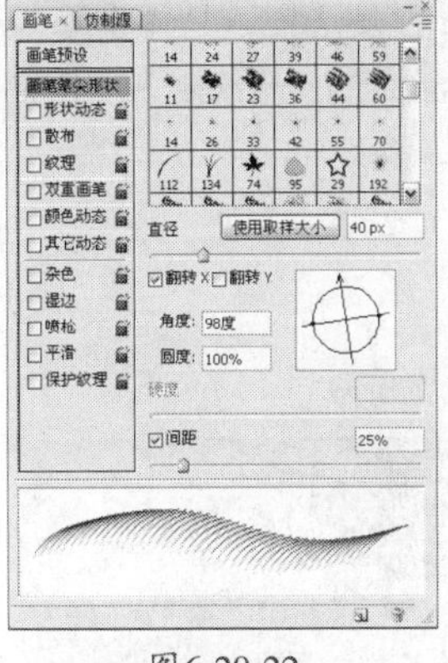

图6-20-22

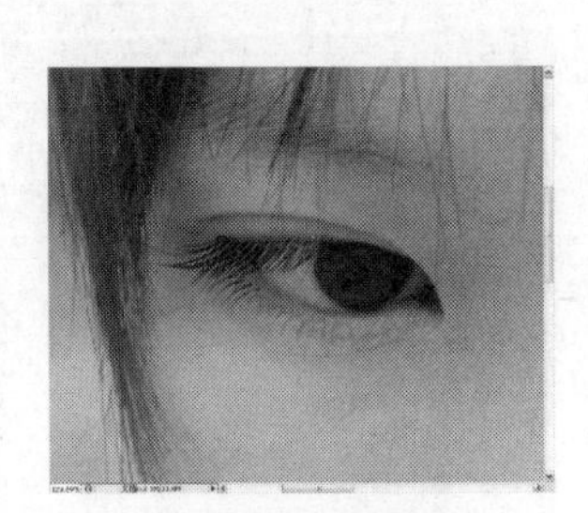

图6-20-23

STEP 13 在“画笔”面板中将旋转角度变换为104°，缩小画笔直径，具体设置如图6-20-24所示，在图像中如图6-20-25所示绘制下眼睑中部的眼睫毛。

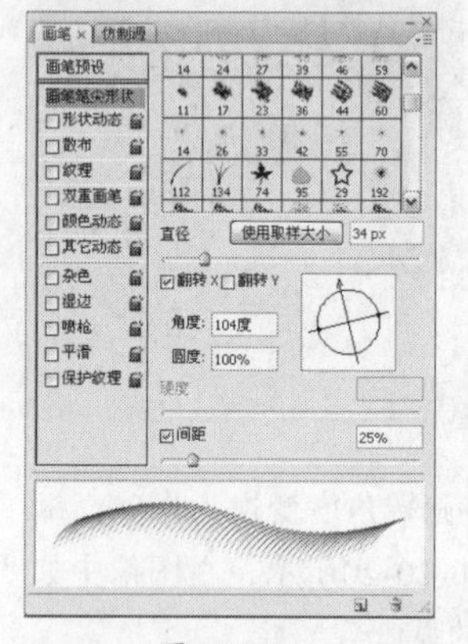

图6-20-24

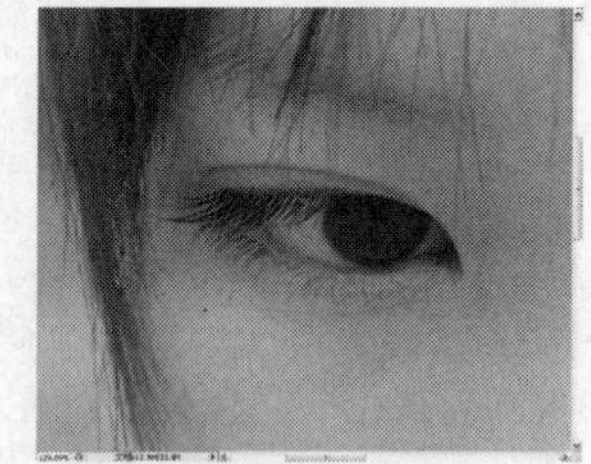

图6-20-25

STEP 14 在“画笔”面板中将旋转角度变换为115°，缩小画笔直径，具体设置如图6-20-26所示，在图像中如图6-20-27所示绘制下眼睑中部靠前方的眼睫毛。

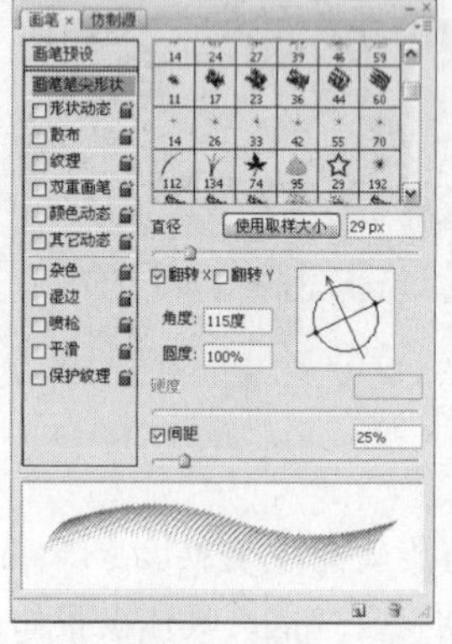

图6-20-26

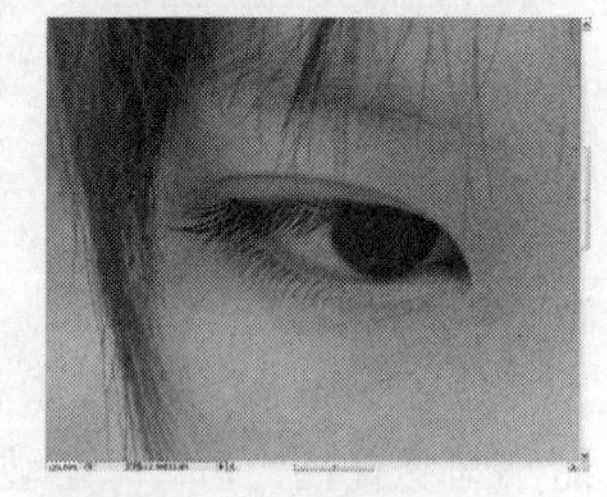

图6-20-27

STEP 15 在“画笔”面板中将旋转角度变换为115°，缩小画笔直径，勾选“翻转Y”复选框，具体设置如图6-20-28所示，在图像中如图6-20-29所示绘制下眼睑前部的眼睫毛。

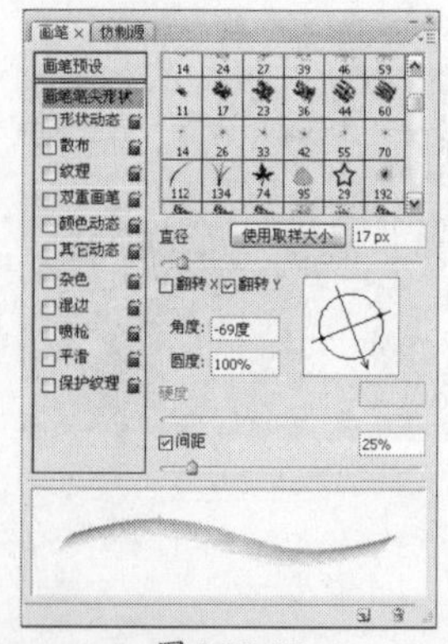

图6-20-28

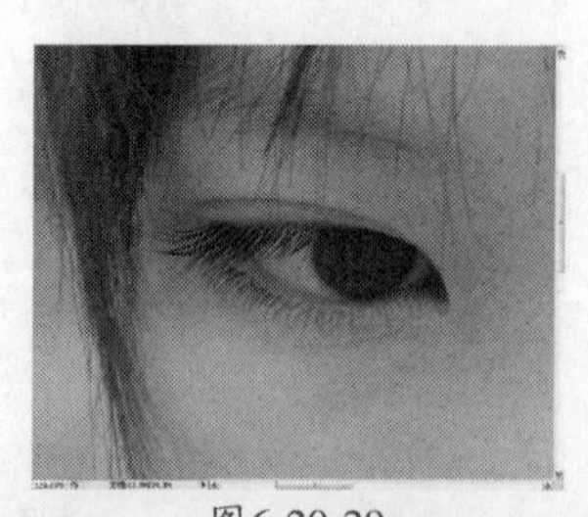

图6-20-29

STEP 16 采用同样的方法在“画笔”面板中调整笔刷角度和大小，在另一只眼睛部位绘制下眼睫毛，如图6-20-30所示。

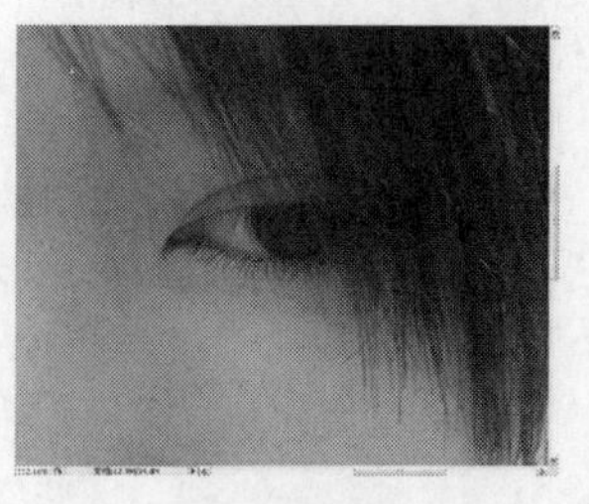

图6-20-30

STEP 17 将笔刷直径稍稍增大，改变笔刷角度，如图6-20-31所示绘制人物上眼睫毛，按快捷键Ctrl+0按屏幕大小缩放图像，得到的图像效果如图6-20-32所示。

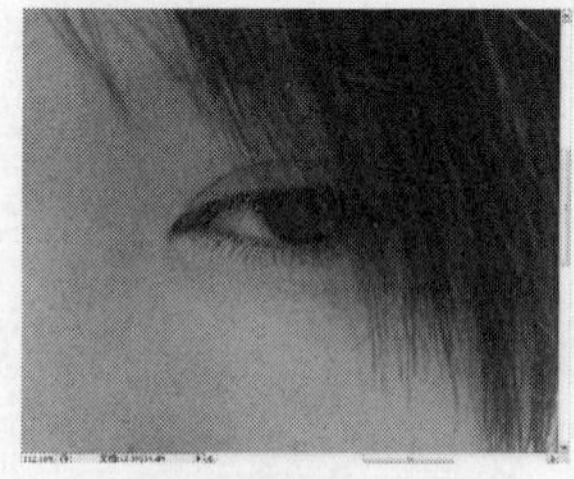

图6-20-31

图6-20-32

STEP 18 选择“图层1”，单击“图层”面板上的创建新的填充或调整图层按钮，在弹出的下拉菜单中选择“色相/饱和度”选项，弹出“色相/饱和度”对话框。具体设置如图6-20-33所示，设置完毕后单击“确定”按钮，“图层”面板如图6-20-34所示，得到的图像效果如图6-20-35所示。

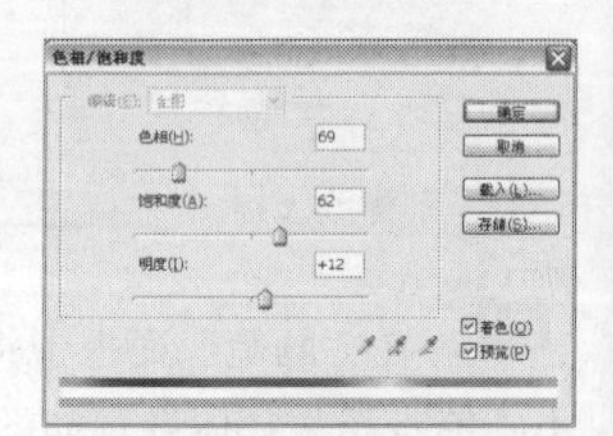

图6-20-33

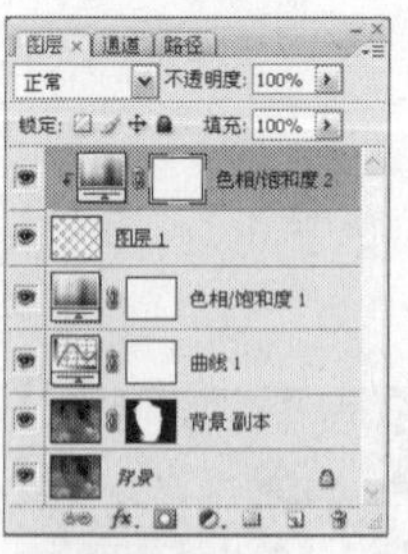

图6-20-34

图6-20-35

STEP 19 再按照前面介绍过的为人物添加彩妆效果的步骤为人物添加眼影和腮红效果，得到的图像效果如图6-20-36所示。

图6-20-36

STEP 20 按Alt键拖动“背景副本”图层的图层蒙版缩览图分别至“曲线1”调整图层缩览图和“色相/饱和度”调整图层缩览图，在弹出的对话框中单击“确定”按钮，“图层”面板如图6-20-37所示，得到的图像效果如图6-20-38所示。

图6-20-37

图6-20-38

STEP 21 单击“曲线1”图层蒙版缩览图，执行【图像】/【调整】/【曲线】命令，弹出“曲线”对话框，具体设置如图6-20-39所示，设置完毕后单击“确定”按钮，“图层”面板如图6-20-40所示，得到的图像效果如图6-20-41所示。

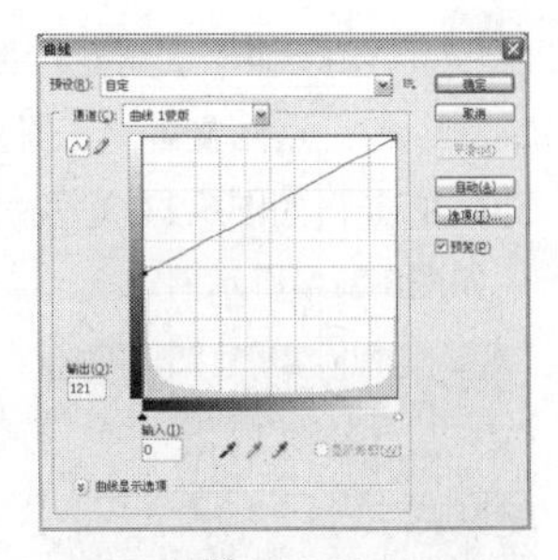
图6-20-39

图6-20-40

图6-20-41

Effect 21 清晰刻画人物五官

01 通过使用【曲线】和【色相/饱和度】调整图层控制图像的整体效果

02 使用【锐化】滤镜强调人物五官，并用模糊工具将部分皮肤模糊，使其显得更加细腻

STEP 01 执行【文件】/【打开】命令（Ctrl+O），弹出“打开”对话框，选择如图6-21-1所示素材图片，单击“打开”按钮。

图6-21-1

STEP 02 将“背景”图层拖曳至“图层”面板上的创建新图层按钮上，得到“背景副本”图层，“图层”面板如图6-21-2所示。

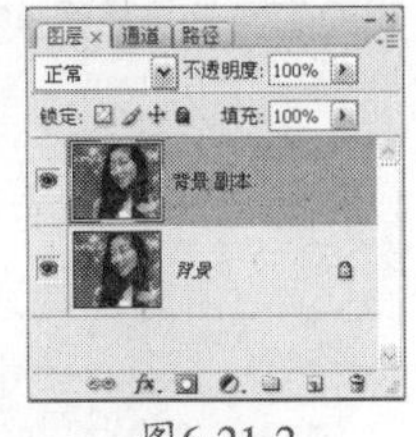
图6-21-2

STEP 03 选择“背景副本”图层，将图像放大，选择工具箱中的污点修复画笔工具，在图像中人物面部斑点部分单击，如图6-21-3所示，去斑完毕后得到的图像效果如图6-21-4所示。

图6-21-3

图6-21-4

STEP 04 选择“背景副本”图层，单击“图层”面板上的创建新的填充或调整图层按钮，在弹出的下拉菜单中选择“曲线”选项，弹出“曲线”对话框。具体设置如图6-21-5所示，设置完毕后单击“确定”按钮，“图层”面板如图6-21-6所示，得到的图像效果如图6-21-7所示。

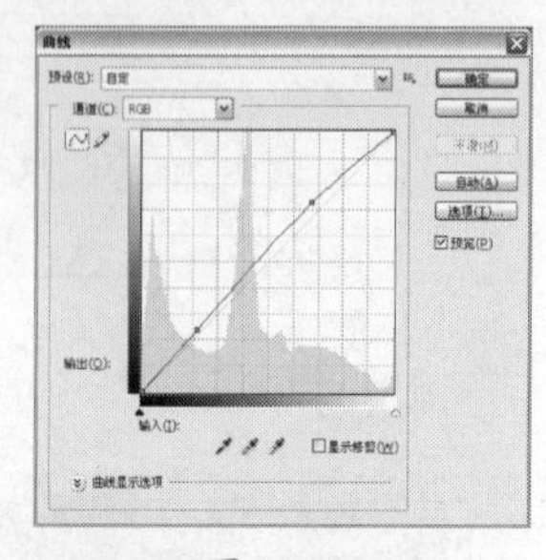

图6-21-5

图6-21-6

图6-21-7

STEP 05 选择“曲线1”调整图层，单击“图层”面板上的创建新的填充或调整图层按钮，在弹出的下拉菜单中选择“色相/饱和度”选项，弹出“色相/饱和度”对话框，选择“黄色”进行编辑，具体设置如图6-21-8所示，设置完毕后单击“确定”按钮，“图层”面板如图6-21-9所示，得到的图像效果如图6-21-10所示。

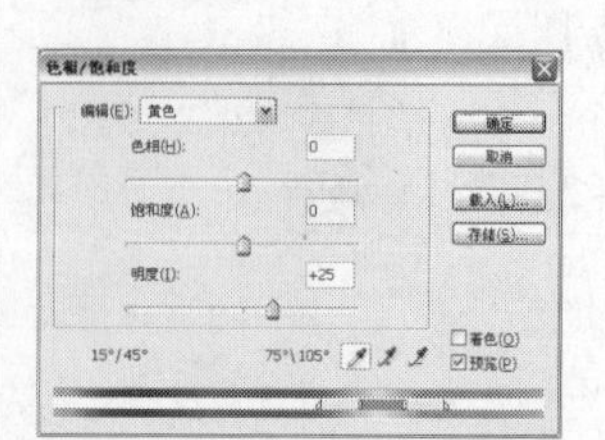

图6-21-8

图6-21-9

图6-21-10

STEP 06 选择“色相/饱和度1”调整图层，按快捷键Alt+Ctrl+Shift+E盖印可见图层至新的图层，得到“图层1”，“图层”面板如图6-21-11所示。

图6-21-11

STEP 07 选择工具箱中的套索工具，在其工具选项栏中将羽化值设置为20像素，在图像中沿人物五官绘制选区，如图6-21-12所示。

图6-21-12

STEP 08 执行【滤镜】/【锐化】/【USM锐化】命令，弹出“USM锐化”对话框，具体设置如图6-21-13所示，设置完毕后单击“确定”按钮，得到的图像效果如图6-21-14所示。

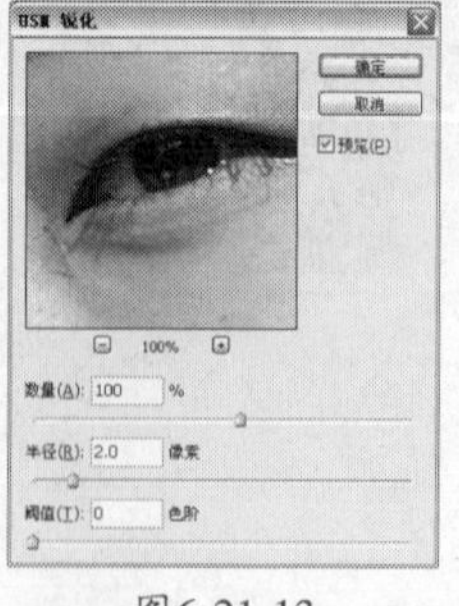

图6-21-13

图6-21-14

STEP 09 选择工具箱中的套索工具，在其工具选项栏中将羽化值设置为20像素，在图像中沿人物右眼绘制选区，如图6-21-15所示，执行【滤镜】/【锐化】/【USM锐化】命令，弹出“USM锐化”对话框，具体设置如图6-21-16所示，设置完毕后单击“确定”按钮，得到的图像效果如图6-21-17所示。

图6-21-15

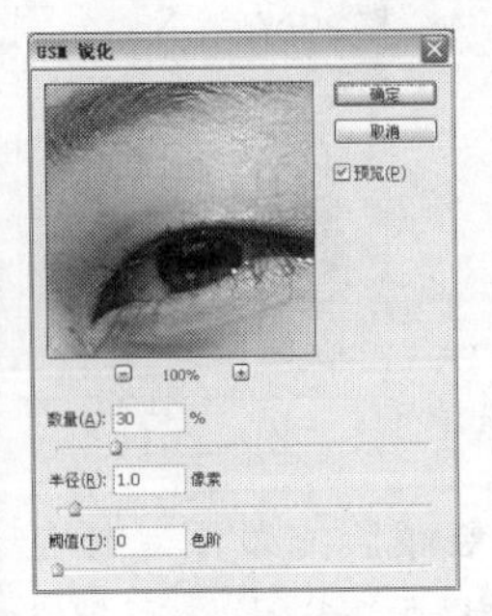

图6-21-16

图6-21-17

STEP 10 采用同样的步骤将人物的左眼进行锐化，得到的图像效果如图6-21-18所示。

图6-21-18

STEP 11 选择工具箱中的模糊工具，如图6-21-19所示在人物皮肤纹理明显的地方反复涂抹，得到的图像最终效果如图6-21-20所示。

图6-21-19

图6-21-20

Effect 22 突出照片的主体物

01 通过使用【曲线】和【色相/饱和度】调整图层控制图像的整体效果

02 使用【高斯模糊】滤镜结合图层蒙版将图像中花朵部分保留原来效果，背景部分变得模糊

STEP 01 执行【文件】/【打开】命令（Ctrl+O），弹出“打开”对话框，选择如图6-22-1所示素材图片，单击“打开”按钮。

图6-22-1

STEP 02 将“背景”图层拖曳至“图层”面板上的创建新图层按钮上，得到“背景副本”图层，“图层”面板如图6-22-2所示。

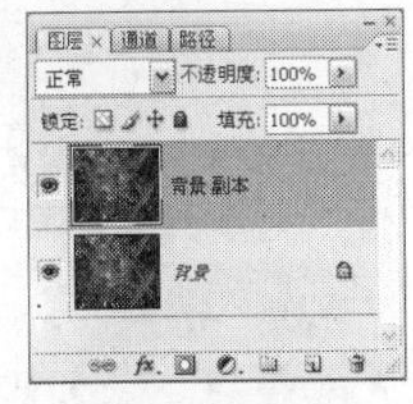

图6-22-2

STEP 03 选择“背景副本”图层，执行【滤镜】/【模糊】/【高斯模糊】命令，弹出“高斯模糊”对话框，具体设置如图6-22-3所示。设置完毕后单击“确定”按钮，得到的图像效果如图6-22-4所示。

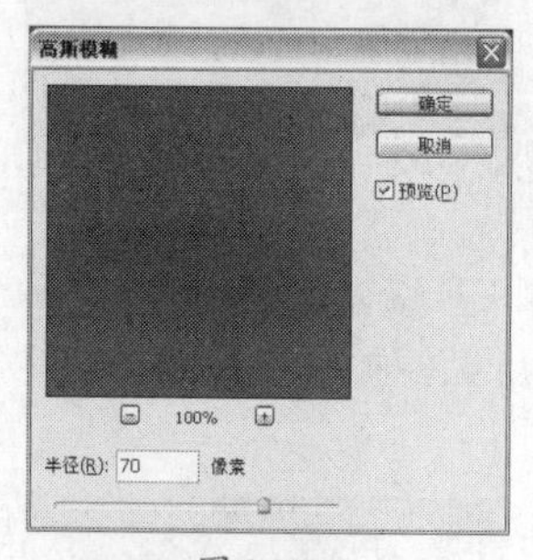

图6-22-3

图6-22-4

STEP 04 选择“背景副本”图层，单击“图层”面板上的创建图层蒙版按钮，为“背景副本”图层添加图层蒙版，“图层”面板如图6-22-5所示。

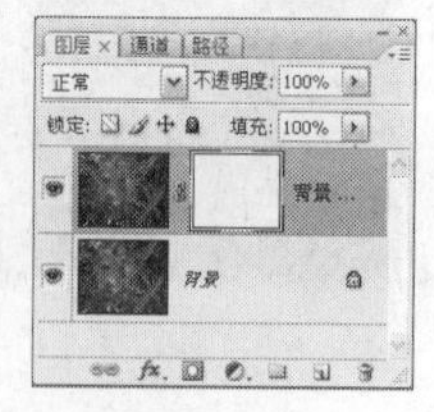

图6-22-5

STEP 05 单击“背景副本”图层蒙版缩览图，选择工具箱中的渐变工具，在其工具选项栏中单击径向渐变按钮，选择由黑色到白色的渐变类型，在图像中由花朵部分向边缘拖动鼠标绘制渐变，“图层”面板如图6-22-6所示，得到的图像效果如图6-22-7所示。

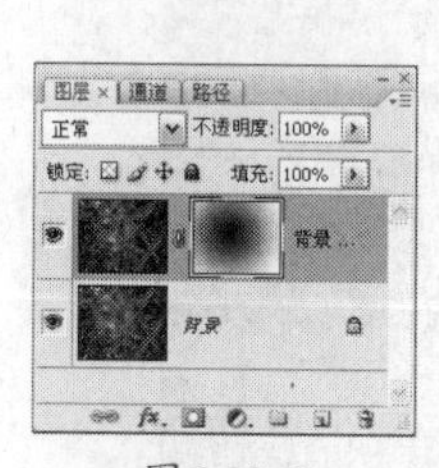

图6-22-6

图6-22-7

STEP 06 选择工具箱中的画笔工具，将前景色设置为黑色，在图像中花朵的位置涂抹，“图层”面板如图6-22-8所示，得到的图像效果如图6-22-9所示。

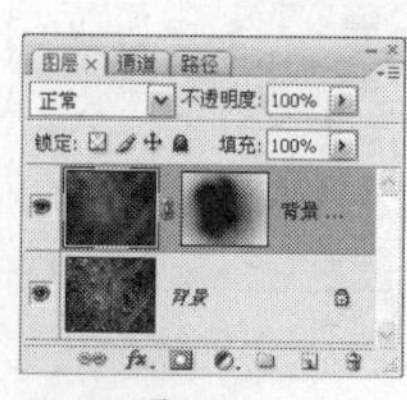

图6-22-8

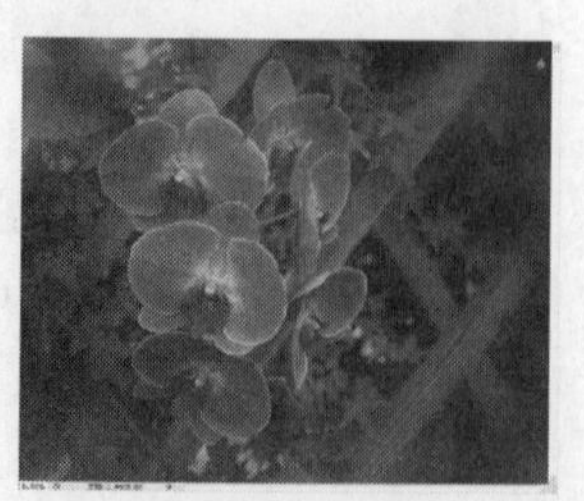

图6-22-9

STEP 07 选择“背景副本”图层，单击“图层”面板上的创建新的填充或调整图层按钮，在弹出的下拉菜单中选择“曲线”选项，弹出“曲线”对话框，具体设置如图6-22-10所示，设置完毕后单击“确定”按钮，“图层”面板如图6-22-11所示。

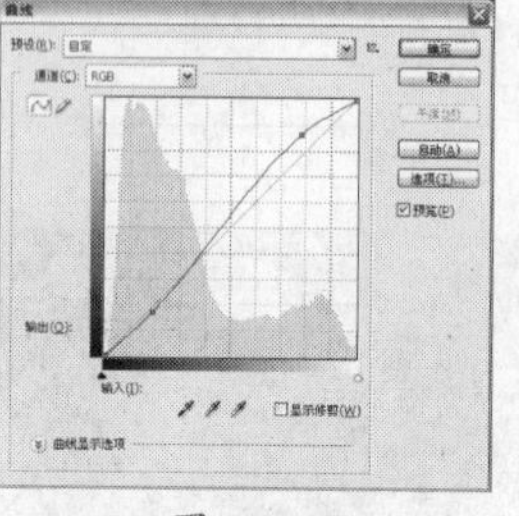

图6-22-10

图6-22-11

STEP 08 单击“背景副本”图层蒙版缩览图，按住Shift+Alt键拖动至“曲线1”图层蒙版缩览图，按快捷键Ctrl+I将图像反相，“图层”面板如图6-22-12所示，得到的图像效果如图6-22-13所示。

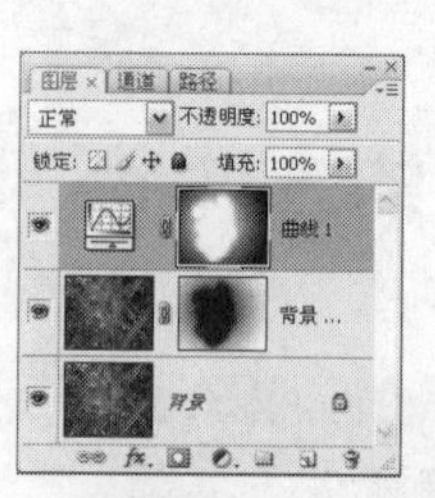

图6-22-12

图6-22-13

STEP 09 选择“曲线1”调整图层，单击“图层”面板上的创建新的填充或调整图层按钮，在弹出的下拉菜单中选择“色相/饱和度”选项，弹出“色相/饱和度”对话框，具体设置如图6-22-14所示。设置完毕后单击“确定”按钮，单击“曲线1”图层的图层蒙版缩览图，按住Alt键拖动至“色相/饱和度1”图层蒙版缩览图上。“图层”面板如图6-22-15所示，得到的图像效果如图6-22-16所示。

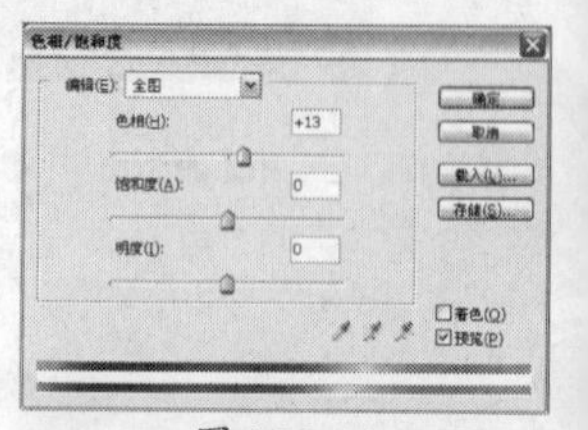

图6-22-14

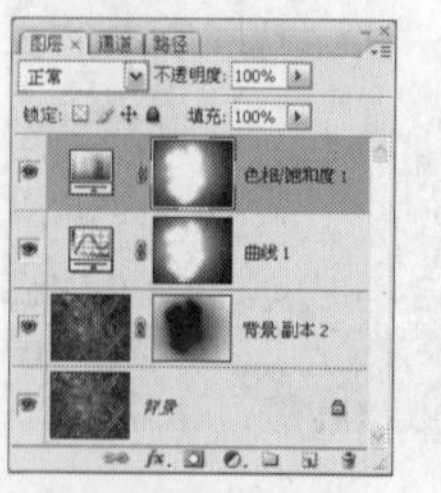

图6-22-15

图6-22-16

Chapter 07 数码照片的调色技巧

Effect 01 修正偏灰暗的照片

01 添加【色阶】调整图层调整图像的对比度

02 添加【曲线】调整图层调整各个通道的颜色

03 添加【色相/饱和度】调整图层调整图像的饱和度

04 添加【色阶】调整图层精细调整图像

STEP 01 执行【文件】/【打开】命令（Ctrl+O），弹出“打开”对话框，选择素材图像，单击“打开”按钮，得到的图像效果如图7-1-1所示。

图7-1-1

STEP 02 选择“背景”图层，单击“图层”面板上的创建新的填充或调整图层按钮，在弹出的下拉菜单中选择“色阶”选项，弹出“色阶”对话框，具体参数设置如图7-1-2所示，设置完毕后单击“确定”按钮，得到的图像效果如图7-1-3所示。

图7-1-2　图7-1-3

STEP 03 单击“图层”面板上的创建新的填充或调整图层按钮，在弹出的下拉菜单中选择“曲线”选项，弹出“曲线”对话框，具体参数设置如图7-1-4、图7-1-5、图7-1-6和图7-1-7所示，设置完毕后单击“确定”按钮，得到的图像效果如图7-1-8所示。

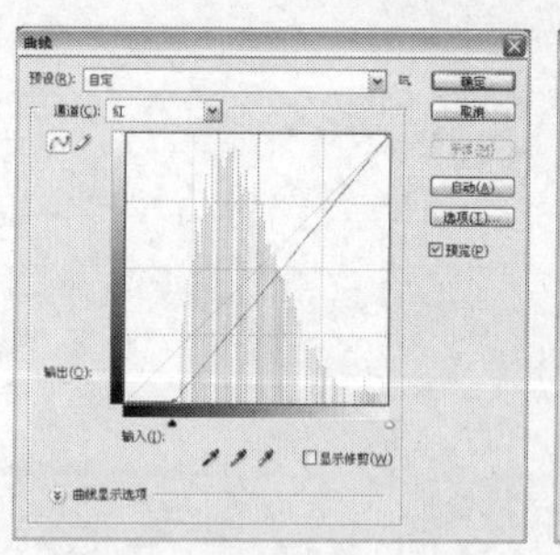

图7-1-4

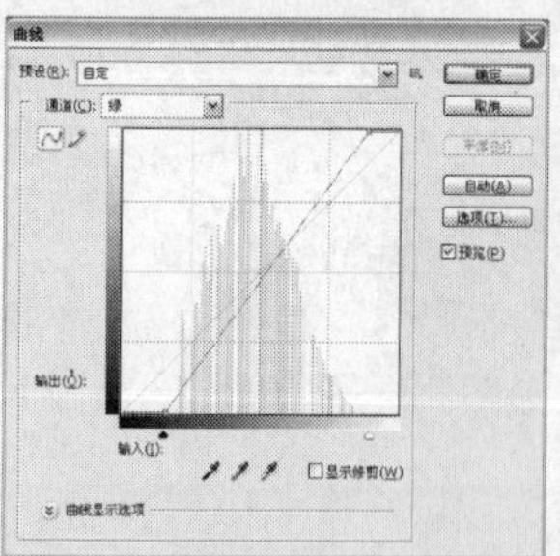

图7-1-5

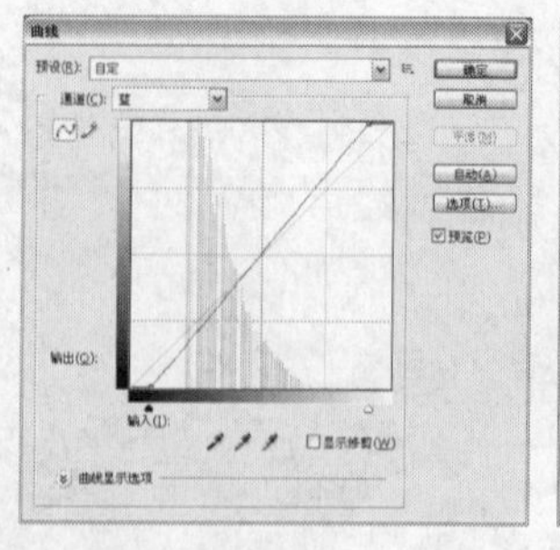

图7-1-6

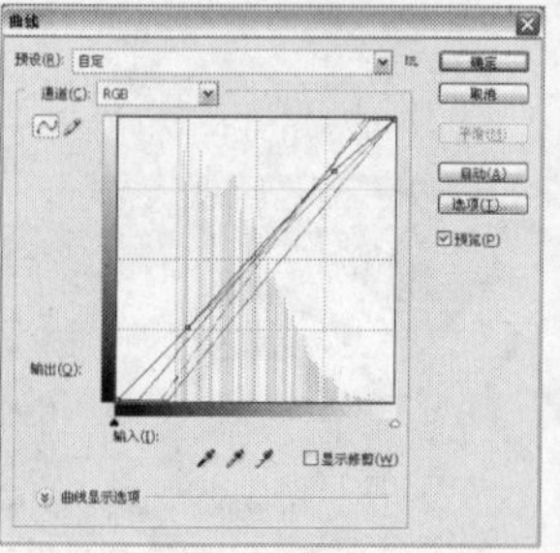

图7-1-7

图7-1-8

步骤提示技巧

使用曲线调整图层调整各个通道的颜色，使原本发灰的照片恢复原有的颜色。

STEP 04 单击“图层”面板上的创建新的填充或调整图层按钮，在弹出的下拉菜单中选择“色相/饱和度”选项，弹出“色相/饱和度”对话框，具体参数设置如图7-1-9所示，设置完毕后单击“确定”按钮，得到的图像效果如图7-1-10所示。

图7-1-9　　图7-1-10

STEP 05 单击“图层”面板上的创建新的填充或调整图层按钮，在弹出的下拉菜单中选择“色阶”选项，弹出“色阶”对话框，具体参数设置如图7-1-11、图7-1-12和图7-1-13所示。设置完毕后单击“确定”按钮，将“色阶2”调整图层的填充值设置为70%，得到的图像效果如图7-1-14所示。

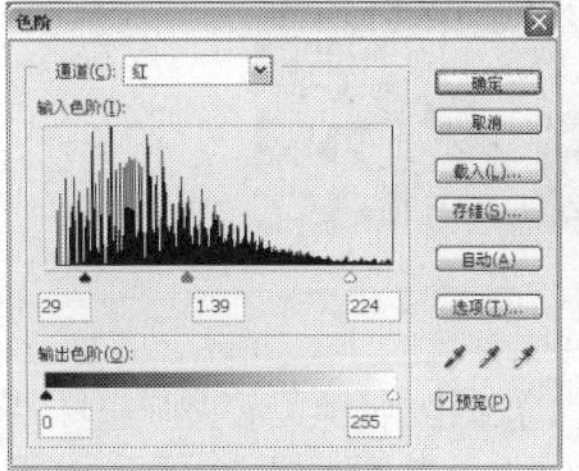

图7-1-11

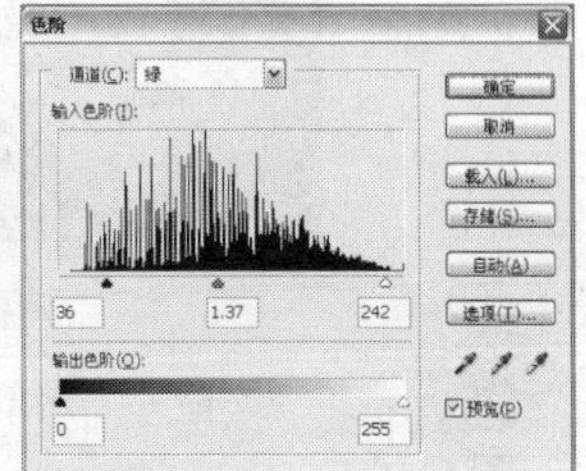

图7-1-12

图7-1-13

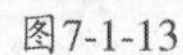

图7-1-14

Effect 02 修正偏色的照片

01 添加【色相/饱和度】调整图层调整图像整体色调

02 添加【色阶】调整图层精细调整图像色调

03 添加【曲线】调整图层调整图像细部特征

04 使用【USM锐化】滤镜使照片更加清晰

STEP 01 执行【文件】/【打开】命令（Ctrl+O），弹出“打开”对话框，选择素材图像，单击“打开”按钮，得到的图像效果如图7-2-1所示。

图7-2-1

STEP 02 单击“图层”面板上的创建新的填充或调整图层按钮，在弹出的下拉菜单中选择“色相/饱和度”选项，弹出“色相/饱和度”对话框，选择“黄色”通道，具体参数设置如图7-2-2所示，设置完毕后单击“确定”按钮，得到的图像效果如图7-2-3所示。

图7-2-2　　图7-2-3

步骤提示技巧

由于素材图片整体色调偏黄，因此在调整“色相饱和度”时，调整图像中的“黄色”即可。

STEP 03 单击“图层”面板上的创建新的填充或调整图层按钮，在弹出的下拉菜单中选择“色阶”选项，弹出“色阶”对话框，分别调整各个通道的参数，具体参数设置如图7-2-4、图7-2-5和图7-2-6所示，设置完毕后单击“确定”按钮，得到的图像效果如图7-2-7所示。

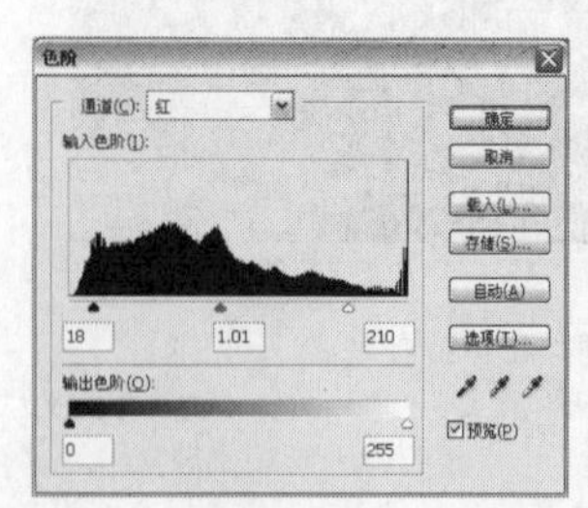

图7-2-4

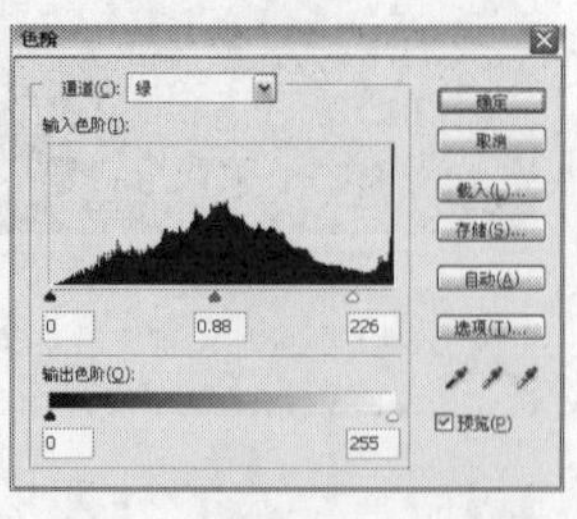

图7-2-5

图7-2-6　　图7-2-7

STEP 04 单击“图层”面板上的创建新的填充或调整图层按钮，在弹出的下拉菜单中选择“曲线”选项，弹出“曲线”对话框，具体参数设置如图7-2-8所示，设置完毕后单击“确定”按钮，得到的图像效果如图7-2-9所示。

图7-2-8　　图7-2-9

STEP 05 选择“曲线1”调整图层，按快捷键Ctrl+Alt+Shift+E盖印图像，得到“图层1”，“图层”面板状态如图7-2-10所示。

图7-2-10

STEP 06 选择“图层1”，执行【滤镜】/【锐化】/【USM锐化】命令，弹出“USM锐化”对话框，具体参数设置如图7-2-11所示，设置完毕后单击“确定”按钮，得到的图像效果如图7-2-12所示。

图7-2-11

图7-2-12

Effect 03 提高照片的鲜艳度

01 添加【可选颜色】调整图层调整颜色

02 添加【色阶】调整图层增强图像的色彩反差

03 添加【曲线】调整图层调整图像整个色调范围

04 添加【色相/饱和度】调整图层增加图像饱和度

STEP 01 执行【文件】/【打开】命令（Ctrl+O），弹出“打开”对话框，选择素材图像，单击“打开”按钮，得到的图像效果如图7-3-1所示。

图7-3-1

STEP 02 单击“图层”面板上的创建新的填充或调整图层按钮，在弹出的下拉菜单中选择“可选颜色”选项，弹出“可选颜色”对话框，分别调整各个颜色的参数。具体参数设置如图7-3-2、图7-3-3、图7-3-4和图7-3-5所示，设置完毕后单击“确定”按钮，得到的图像效果如图7-3-6所示。

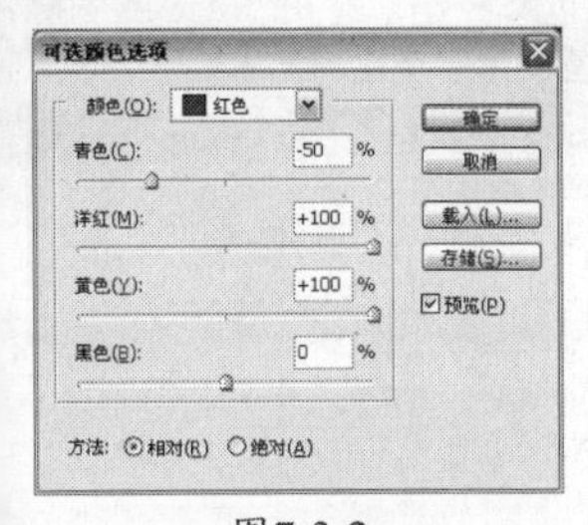

图7-3-2

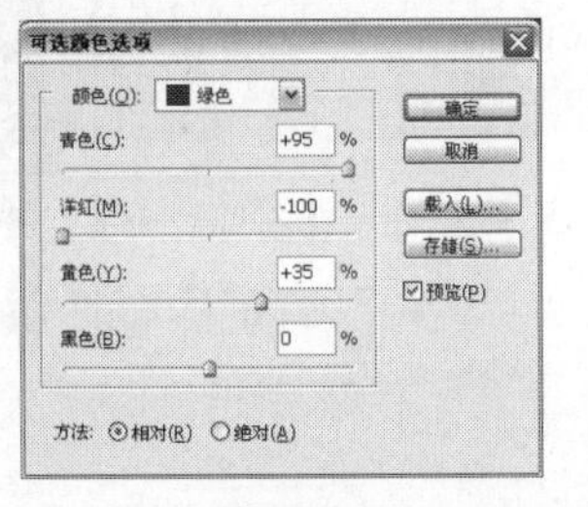

图7-3-3

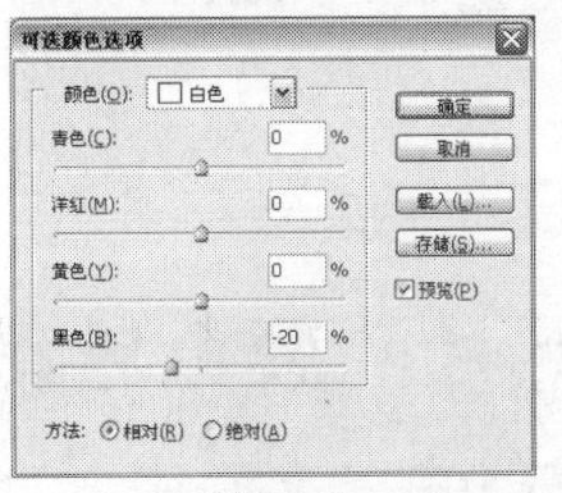

图7-3-4

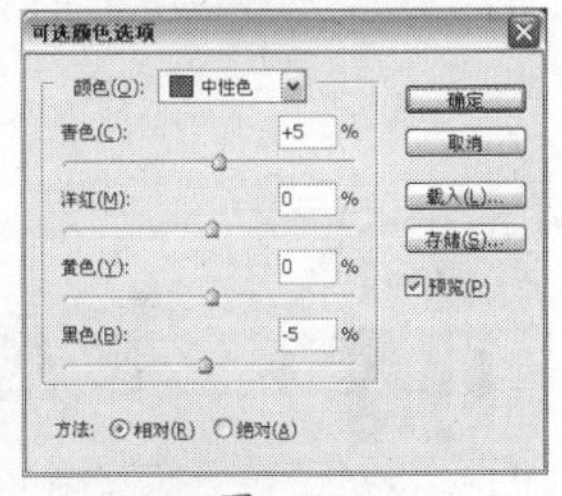

图7-3-5

图7-3-6

STEP 03 单击“图层”面板上的创建新的填充或调整图层按钮，在弹出的下拉菜单中选择“曲线”选项，弹出“曲线”对话框。具体参数设置如图7-3-7所示，设置完毕后单击“确定”按钮，得到的图像效果如图7-3-8所示。

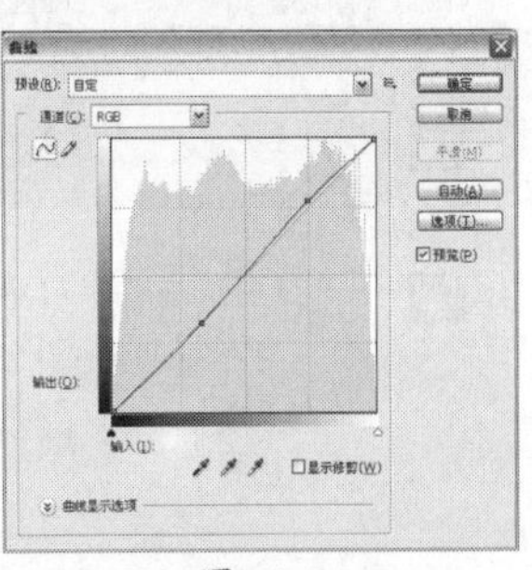

图7-3-7

图7-3-8

STEP 04 单击“图层”面板上的创建新的填充或调整图层按钮，在弹出的下拉菜单中选择“色阶”选项，弹出“色阶”对话框，具体参数设置如图7-3-9所示，设置完毕后单击“确定”按钮，得到的图像效果如图7-3-10所示。

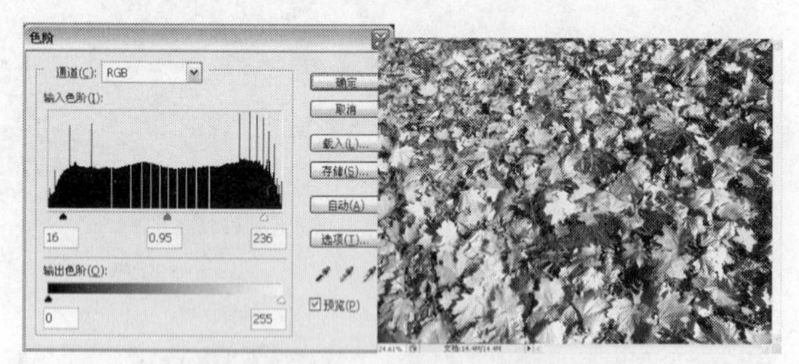

图7-3-9　　图7-3-10

STEP 05 单击“图层”面板上的创建新的填充或调整图层按钮，在弹出的下拉菜单中选择“色相/饱和度”选项，弹出“色相/饱和度”对话框，具体参数设置如图7-3-11所示，设置完毕后单击“确定”按钮，得到的图像效果如图7-3-12所示。

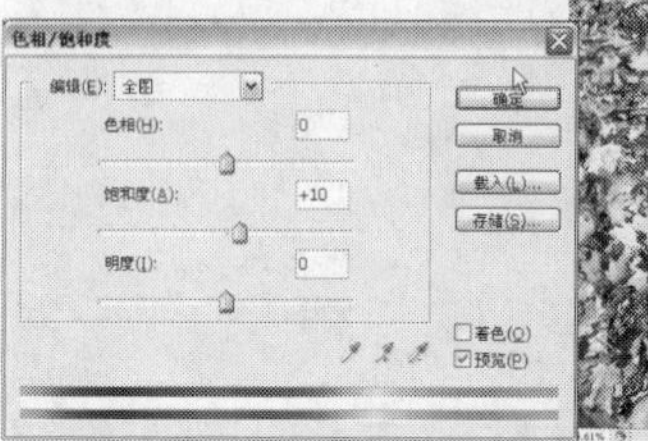

图7-3-11　　图7-3-12

步骤提示技巧

【色阶】调整图层可以对整个图像、某个选区范围、某个图层或某个颜色通道进行色调调整。

Effect 04 提高照片的颜色对比

01 添加【亮度/对比度】调整图层调整图像亮度和对比度

02 添加【可选颜色】调整图层调整图像颜色

03 添加【曲线】调整图层调整图像整个色调范围

04 添加【色相/饱和度】调整图层增加图像饱和度

STEP 01 执行【文件】/【打开】命令（Ctrl+O），弹出“打开”对话框，选择素材图像，单击“打开”按钮，得到的图像效果如图7-4-1所示。

图7-4-1

STEP 02 单击“图层”面板上的创建新的填充或调整图层按钮，在弹出的下拉菜单中选择“亮度/对比度”选项，弹出“亮度/对比度”对话框，具体参数设置如图7-4-2所示，设置完毕后单击“确定”按钮，得到的图像效果如图7-4-3所示。

图7-4-2

图7-4-3

STEP 03 单击“图层”面板上的创建新的填充或调整图层按钮，在弹出的下拉菜单中选择“曲线”选项，弹出“曲线”对话框，具体参数设置如图7-4-4所示，设置完毕后单击“确定”按钮，得到的图像效果如图7-4-5所示。

图7-4-4　图7-4-5

STEP 04 单击“图层”面板上的创建新的填充或调整图层按钮，在弹出的下拉菜单中选择“可选颜色”选项，弹出“可选颜色”对话框，分别调整各个颜色的参数，具体参数设置如图7-4-6、图7-4-7、图7-4-8和图7-4-9所示，设置完毕后单击“确定”按钮，得到的图像效果如图7-4-10所示。

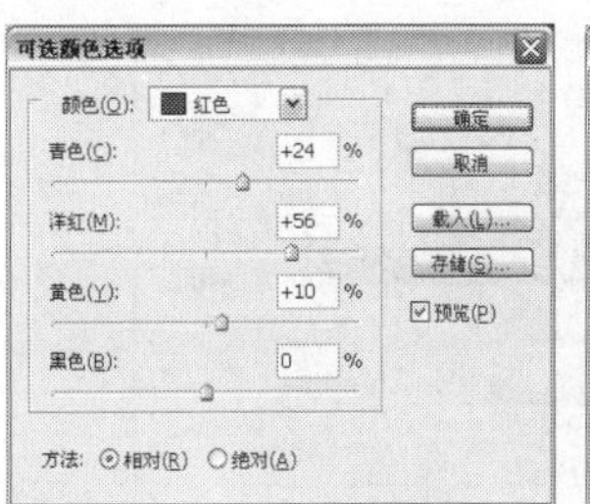
图7-4-6

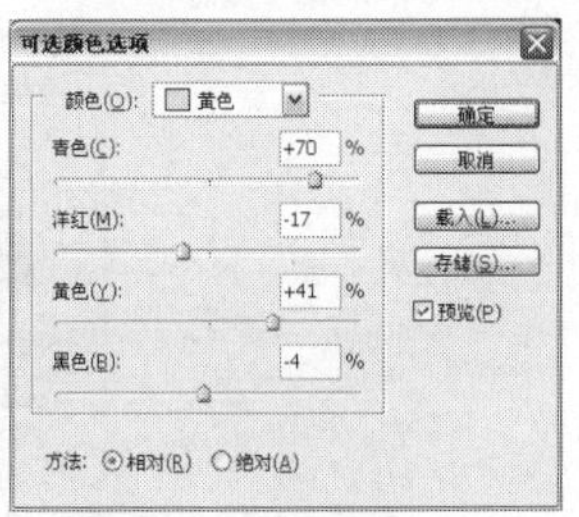
图7-4-7

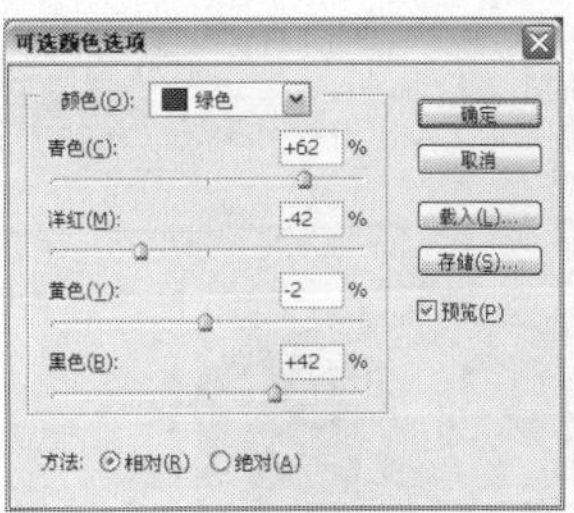
图7-4-8

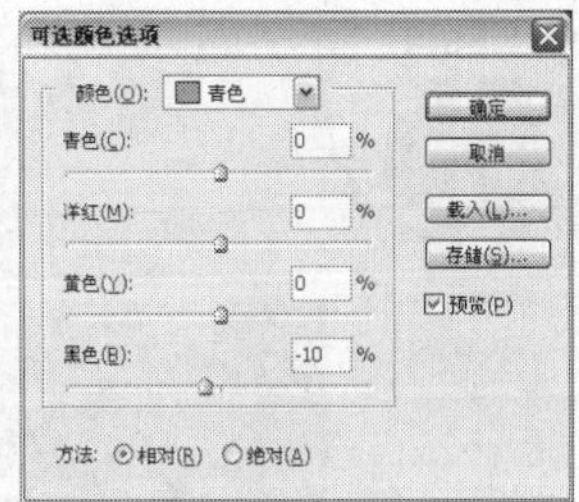
图7-4-9

图7-4-10

STEP 05 单击“图层”面板上的创建新的填充或调整图层按钮，在弹出的下拉菜单中选择“色相/饱和度”选项，弹出“色相/饱和度”对话框，具体参数设置如图7-4-11所示，设置完毕后单击“确定”按钮，得到的图像效果如图7-4-12所示。

图7-4-11　图7-4-12

STEP 06 单击“图层”面板上的创建新的填充或调整图层按钮，在弹出的下拉菜单中选择“色阶”选项，弹出“色阶”对话框，具体参数设置如图7-4-13所示，设置完毕后单击“确定”按钮，得到的图像效果如图7-4-14所示。

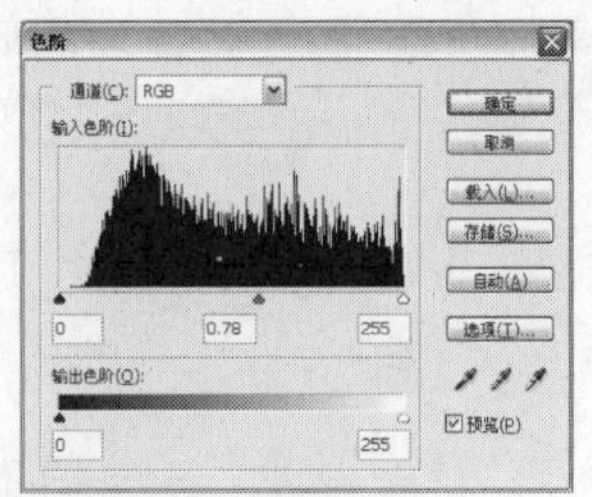

图7-4-13

图7-4-14

Effect 05

彩色照片的单色效果

01 添加【亮度/对比度】调整图层调整图像亮度和对比度

02 添加【可选颜色】调整图层调整图像颜色

03 添加【曲线】调整图层调整图像整个色调范围

04 添加【色相/饱和度】调整图层增加图像饱和度

STEP 01 执行【文件】/【打开】命令（Ctrl+O），弹出“打开”对话框，选择素材图像，单击“打开”按钮，得到的图像效果如图7-5-1所示。

图7-5-1

STEP 02 将“背景”图层拖曳至“图层”面板上的创建新图层按钮上，得到“背景副本”图层。执行【图像】/【调整】/【去色】命令（Ctrl+Shift+U），得到的图像效果如图7-5-2所示，“图层”面板如图7-5-3所示。

图7-5-2

图7-5-3

STEP 03 单击“图层”面板上的创建新的填充或调整图层按钮，在弹出的下拉菜单中选择“亮度/对比度”选项，弹出“亮度/对比度”对话框，具体参数设置如图7-5-4所示，设置完毕后单击“确定”按钮，得到的图像效果如图7-5-5所示。

图7-5-4　　图7-5-5

STEP 04 单击“图层”面板上的创建新的填充或调整图层按钮，在弹出的下拉菜单中选择“曲线”选项，弹出“曲线”对话框，对曲线各通道进行调整，具体参数设置如图7-5-6、图7-5-7、图7-5-8和图7-5-9所示，设置完毕后单击“确定”按钮，得到的图像效果如图7-5-10所示。

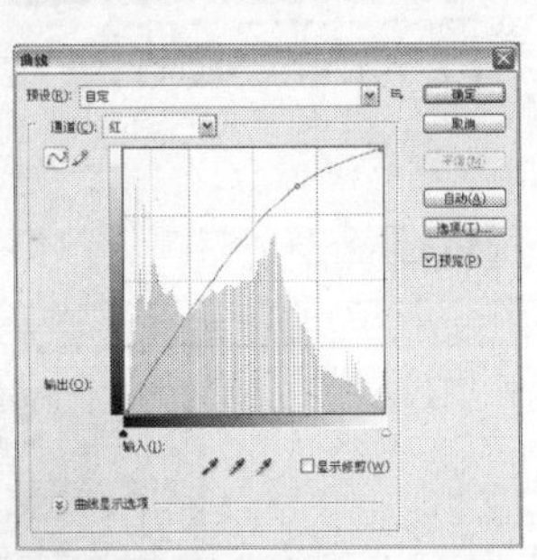

图7-5-6

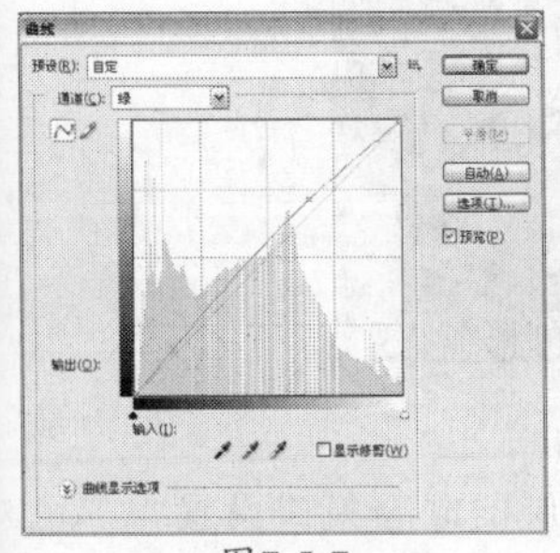

图7-5-7

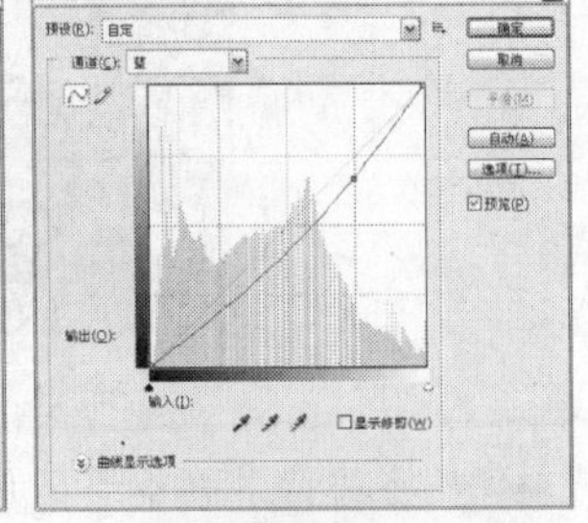

图7-5-8

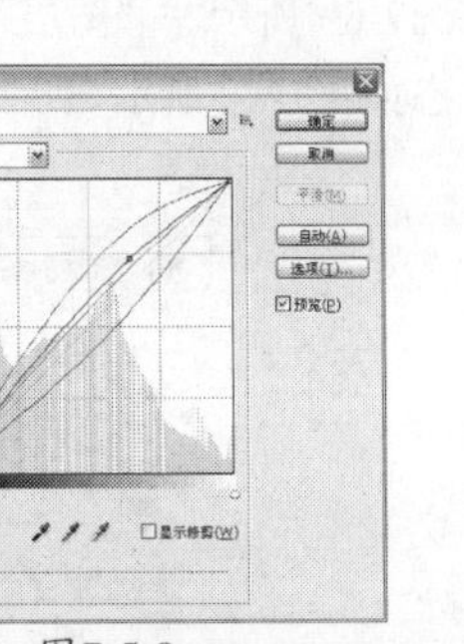

图7-5-9

图7-5-10

STEP 05 单击“图层”面板上的创建新的填充或调整图层按钮，在弹出的下拉菜单中选择“色阶”选项，弹出“色阶”对话框。具体参数设置如图7-5-11所示，设置完毕后单击“确定”按钮，得到的图像效果如图7-5-12所示。

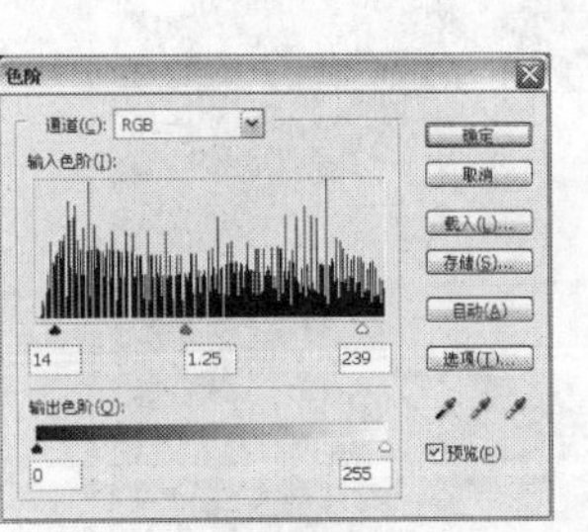

图7-5-11

图7-5-12

STEP 06 单击“图层”面板上的创建新的填充或调整图层按钮，在弹出的下拉菜单中选择“亮度/对比度”选项，弹出“亮度/对比度”对话框，具体参数设置如图7-5-13所示，设置完毕后单击“确定”按钮，得到的图像效果如图7-5-14所示。

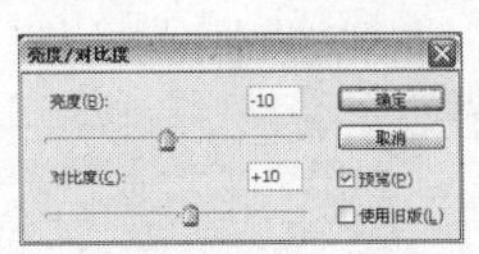

图7-5-13

图7-5-14

Effect 06 经典的黑白照片

01 使用【去色】命令，去除图像色彩

02 使用混合模式混合图像

03 将RGB颜色模式图像转化为Lab颜色模式并删除通道内的图像制作高质量的黑白照片

04 添加【色相/饱和度】调整图层增加图像饱和度

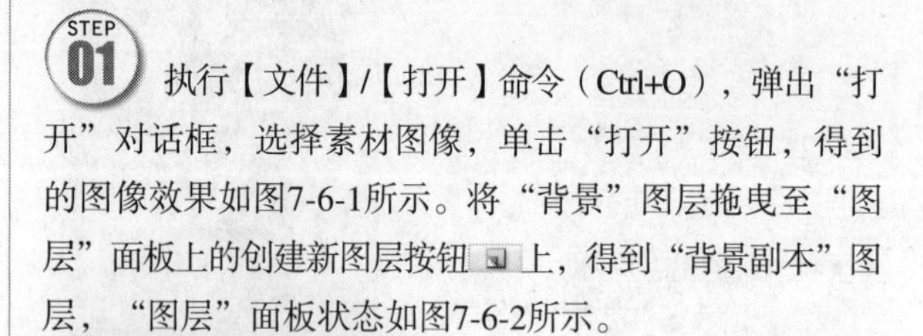

STEP 01 执行【文件】/【打开】命令（Ctrl+O），弹出“打开”对话框，选择素材图像，单击“打开”按钮，得到的图像效果如图7-6-1所示。将“背景”图层拖曳至“图层”面板上的创建新图层按钮上，得到“背景副本”图层，“图层”面板状态如图7-6-2所示。

图7-6-1

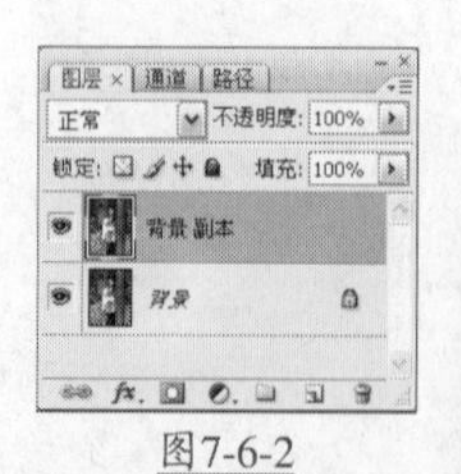

图7-6-2

STEP 02 选择“背景副本”图层，执行【图像】/【调整】/【去色】命令（Ctrl+Shift+U），得到的图像效果如图7-6-3所示。

图7-6-3

STEP 03 将“背景副本”图层的混合模式设置为“色相”，得到的图像效果如图7-6-4所示，“图层”面板状态如图7-6-5所示。

图7-6-4

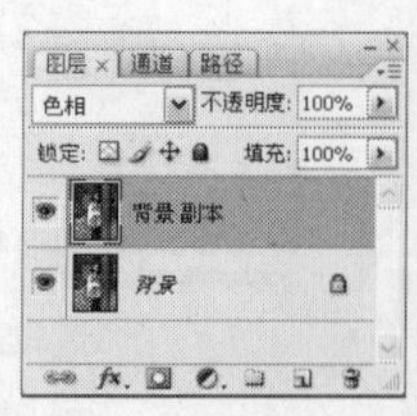

图7-6-5

步骤提示技巧

利用Photoshop CS3将一张彩色照片处理为黑白照片有很多方法，上面讲的是一种最简单的方法，下面将介绍另外一种彩色照片处理为黑白照片的方法，这种方法制作出的黑白照片质量较高。

STEP 04 重新打开前面素材图片，如图7-6-6所示。执行【图像】/【模式】/【Lab颜色】命令，将图像转换为Lab颜色模式，切换至“通道”面板，“通道”面板如图7-6-7所示。

图7-6-6

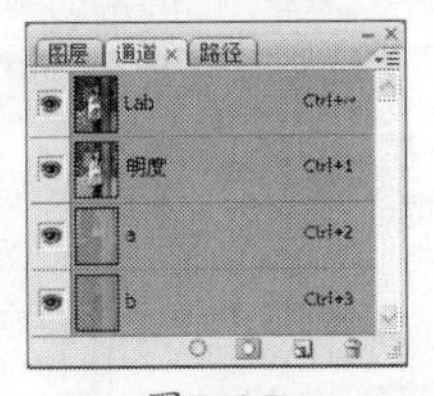

图7-6-7

STEP 05 将“a”通道拖曳至“通道”面板上的删除通道按钮上，删除“a”通道，“通道”面板状态如图7-6-8所示。将“Alpha2”通道拖曳至“通道”面板上删除通道按钮，删除“Alpha2”通道，“通道”面板状态如图7-6-9所示，得到的图像效果如图7-6-10所示。

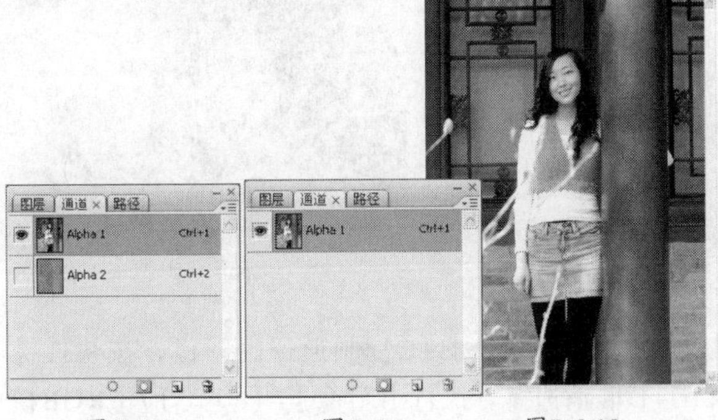

图7-6-8　图7-6-9　图7-6-10

Effect 07 调出素雅大方的色调

01 将RGB模式转换为Lab模式制作黑白图像

02 添加【色彩平衡】调整图层调整图像颜色

03 添加【色相/饱和度】调整图层增加图像饱和度

04 添加【照片滤镜】调整图层为图像加温

STEP 01 执行【文件】/【打开】命令（Ctrl+O），弹出“打开”对话框，选择素材图像，单击“打开”按钮，得到的图像效果如图7-7-1所示。

图7-7-1

STEP 02 执行【图像】/【模式】/【Lab颜色】命令，将图像转换为Lab颜色模式，切换至“通道”面板，单击“明度”通道，“通道”面板如图7-7-2所示，按快捷键Ctrl+A全选通道内图像，如图7-7-3所示。

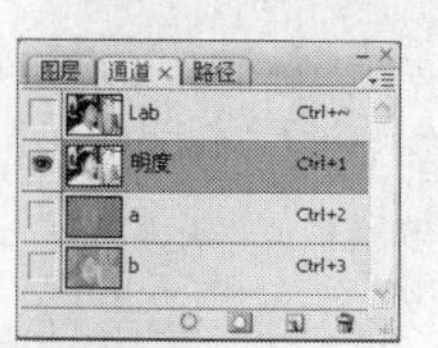

图7-7-2

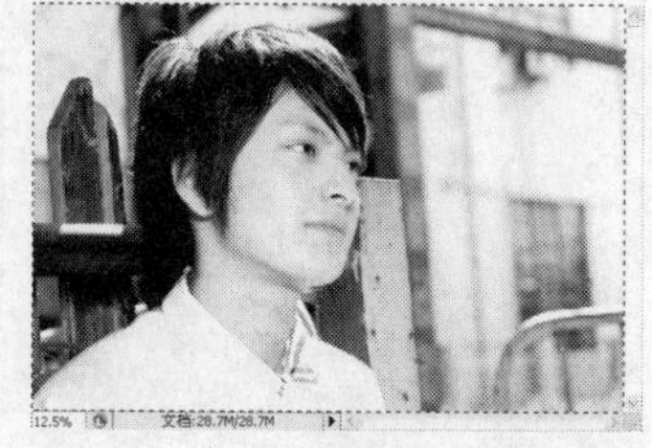
图7-7-3

STEP 03 按快捷键Ctrl+C复制通道内图像，按快捷键Ctrl+D取消选择。执行【图像】/【模式】/【RGB模式】，将图像转换为RGB颜色模式，切换至“图层”面板，按快捷键Ctrl+V粘贴图像，得到“图层1”，将“图层1”的不透明度设置为70%，得到的图像效果如图7-7-4所示，“图层”面板状态如图7-7-5所示。

图7-7-4

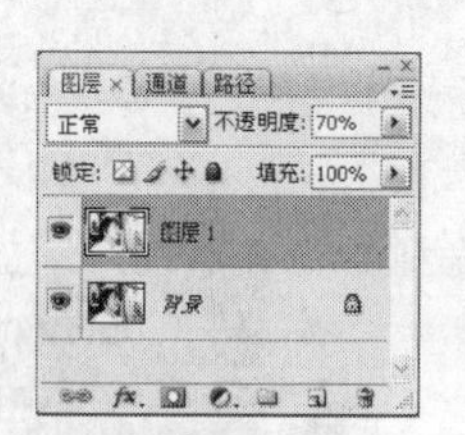

图7-7-5

步骤提示技巧

在上一步操作中，设置不同的不透明度可以调出很多种效果。

STEP 04 选择“图层1”，单击“图层”面板上的创建新的填充或调整图层按钮，在弹出的下拉菜单中选择“色彩平衡”选项，弹出“色彩平衡”对话框，具体参数设置如图7-7-6、图7-7-7和图7-7-8所示，设置完毕后单击“确定”按钮，得到的图像效果如图7-7-9所示。

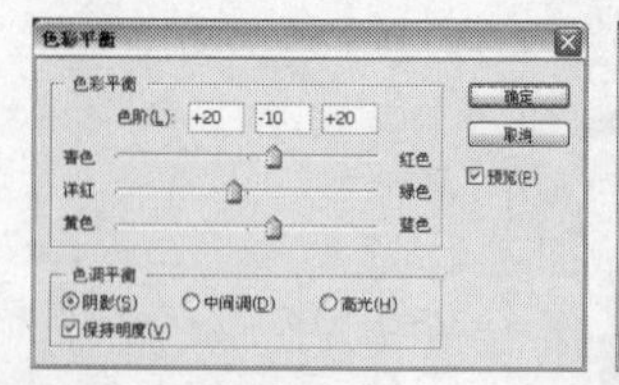

图7-7-6

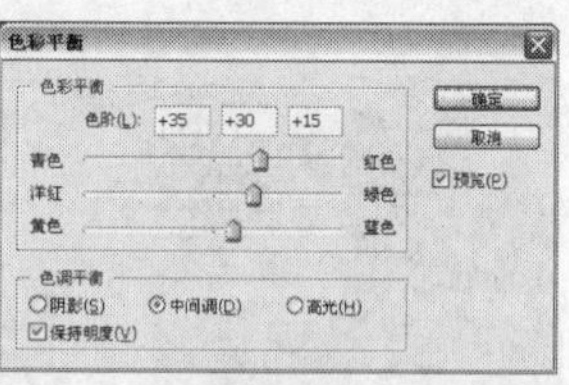

图7-7-7

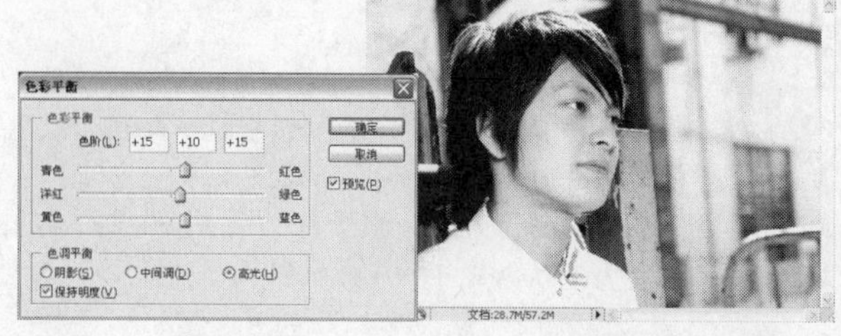

图7-7-8　　图7-7-9

STEP 05 单击“图层”面板上的创建新的填充或调整图层按钮，在弹出的下拉菜单中选择“色相/饱和度”选项，弹出“色相/饱和度”对话框，具体参数设置如图7-7-10所示。设置完毕后单击“确定”按钮，得到的图像效果如图7-7-11所示。

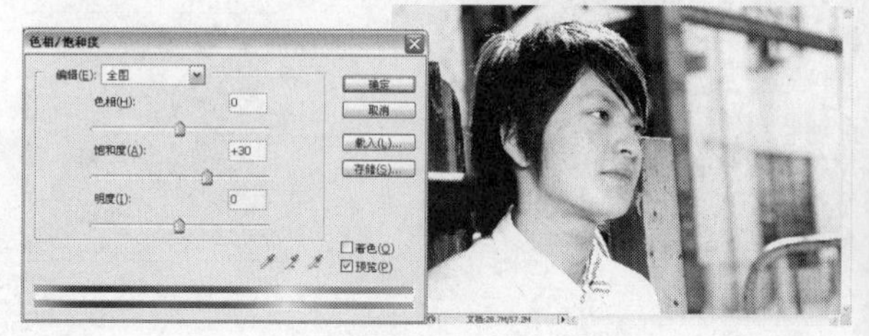

图7-7-10　　图7-7-11

STEP 06 单击“图层”面板上的创建新的填充或调整图层按钮，在弹出的下拉菜单中选择“照片滤镜”选项，弹出“照片滤镜”对话框，具体参数设置如图7-7-12所示，设置完毕后单击“确定”按钮，得到的图像效果如图7-7-13所示。

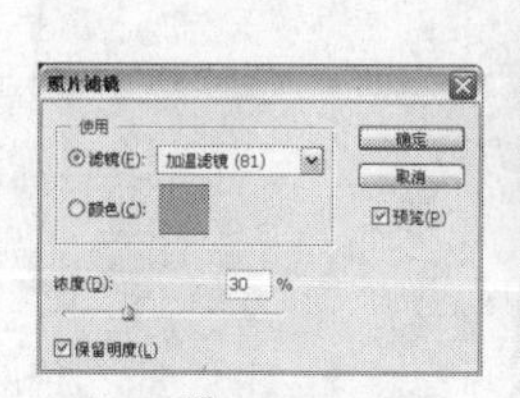

图7-7-12

图7-7-13

Effect **08**

增强照片的饱和度

01 添加【色相/饱和度】调整图层增加图像饱和度

02 添加【色彩平衡】调整图层调整图像颜色

03 添加【可选颜色】调整图层调整图像颜色

04 添加【亮度/对比度】调整图层调整图像亮度/对比度

STEP 01 执行【文件】/【打开】命令（Ctrl+O），弹出“打开”对话框，选择素材图像，单击“打开”按钮，得到的图像效果如图7-8-1所示。

图7-8-1

STEP 02 选择“背景”图层，单击“图层”面板上的创建新的填充或调整图层按钮，在弹出的下拉菜单中选择“色相/饱和度”选项，弹出“色相/饱和度”对话框，具体参数设置如图7-8-2所示，设置完毕后单击“确定”按钮，得到的图像效果如图7-8-3所示。

图7-8-2　　图7-8-3

步骤提示技巧

【色相/饱和度】调整图层除了可以改变图像颜色以外，还可以为灰度图像上色和创建单色效果。

STEP 03 单击“图层”面板上的创建新的填充或调整图层按钮，在弹出的下拉菜单中选择“色彩平衡”选项，弹出“色彩平衡”对话框，具体参数设置如图7-8-4所示。设置完毕后单击“确定”按钮，得到的图像效果如图7-8-5所示。

图7-8-4　　图7-8-5

STEP 04 单击“图层”面板上的创建新的填充或调整图层按钮，在弹出的下拉菜单中选择“色阶”选项，弹出“色阶”对话框，具体参数设置如图7-8-6所示，设置完毕后单击“确定”按钮，得到的图像效果如图7-8-7所示。

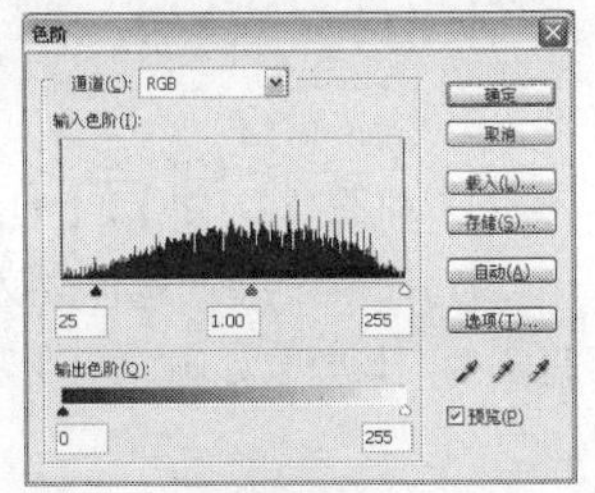

图7-8-6

图7-8-7

STEP 05 单击“图层”面板上的创建新的填充或调整图层按钮，在弹出的下拉菜单中选择“可选颜色”选项，弹出“可选颜色”对话框，具体参数设置如图7-8-8、图7-8-9和图7-8-10所示。设置完毕后单击“确定”按钮，得到的图像效果如图7-8-11所示。

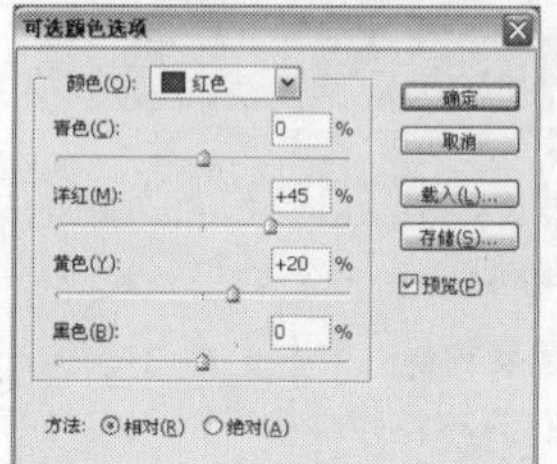

图7-8-8

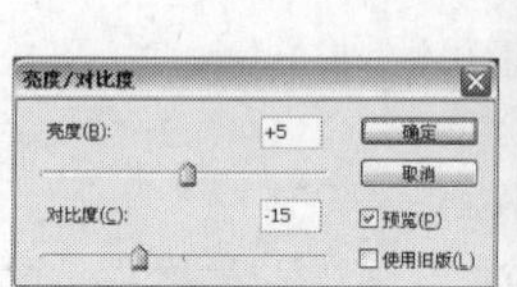

图7-8-9

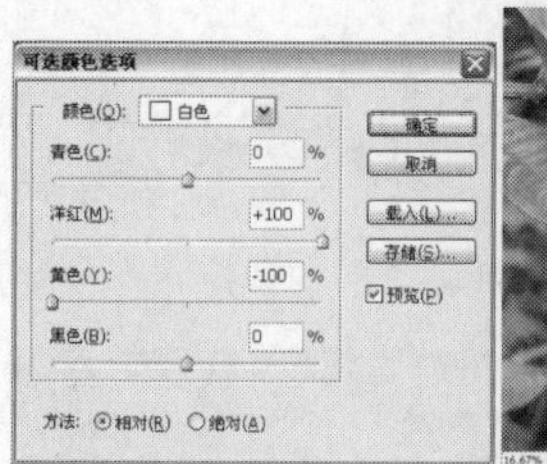

图7-8-10

图7-8-11

STEP 06 单击“图层”面板上的创建新的填充或调整图层按钮，在弹出的下拉菜单中选择“亮度/对比度”选项，弹出“亮度/对比度”对话框，具体参数设置如图7-8-12所示，设置完毕后单击“确定”按钮，得到的图像效果如图7-8-13所示。

图7-8-13

图7-8-12

Effect 09 调整偏暖色调的照片

01 修改蒙版使调整作用于图像中的某些部分

02 添加【色彩平衡】调整图层调整图像颜色

03 添加【可选颜色】调整图层调整图像颜色

04 添加【亮度/对比度】调整图层调整图像亮度/对比度

STEP 01 执行【文件】/【打开】命令（Ctrl+O），弹出“打开”对话框，选择素材图像，单击“打开”按钮，得到的图像效果如图7-9-1所示。

图7-9-1

STEP 02 将“背景”图层拖曳至“图层”面板上的创建新图层按钮上，得到“背景副本”图层，将“背景副本”的混合模式设置为“滤色”，填充值设置为30%，“图层”面板如图7-9-2所示，得到的图像效果如图7-9-3所示。

图7-9-2

图7-9-3

STEP 03 单击“图层”面板上的创建新的填充或调整图层按钮，在弹出的下拉菜单中选择“色彩平衡”选项，弹出“色彩平衡”对话框，具体参数设置如图7-9-4、图7-9-5和图7-9-6所示，设置完毕后单击“确定”按钮，得到的图像效果如图7-9-7所示。

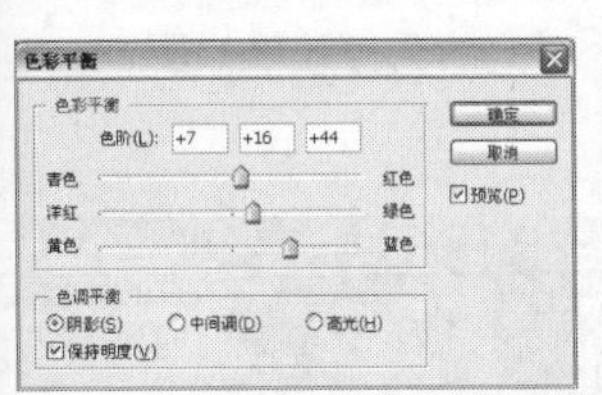

图7-9-4

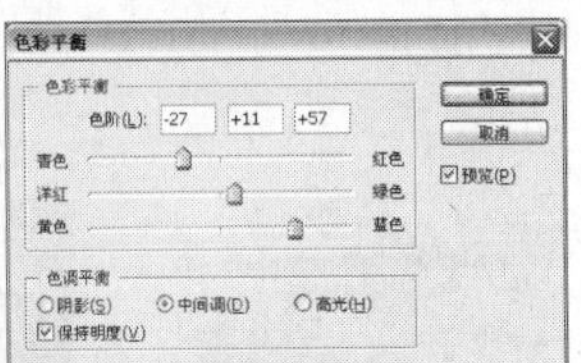

图7-9-5

图7-9-6　图7-9-7

步骤提示技巧

从图中可以发现图像右上角由于光线的原因，色调与整体色调不协调，使用蒙版将其遮挡，在最后再进行精细调整。

STEP 04 将前景色设置为黑色，单击“色彩平衡1”调整图层蒙版缩览图，选择工具箱中的画笔工具，在其工具选项栏中选择柔角笔刷，设置合适大小，在图像右上角涂抹，得到的图像效果如图7-9-8所示，“图层”面板状态如图7-9-9所示。

图7-9-8

图7-9-9

STEP 05 单击“图层”面板上的创建新的填充或调整图层按钮，在弹出的下拉菜单中选择“色阶”选项，弹出“色阶”对话框，对各通道进行设置，具体参数设置如图7-9-10、图7-9-11和图7-9-12所示，设置完毕后单击“确定”按钮，得到的图像效果如图7-9-13所示。

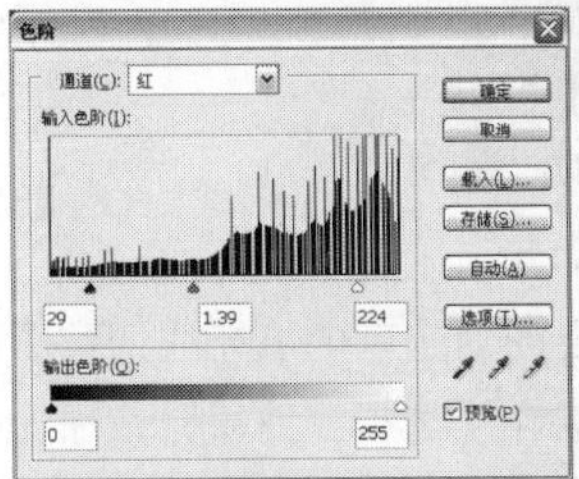

图7-9-10

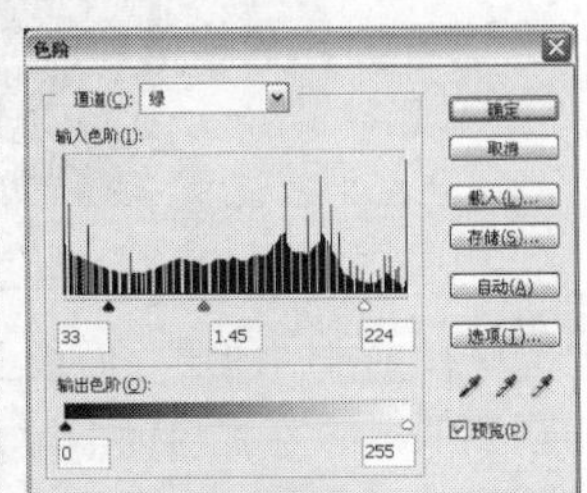

图7-9-11

图7-9-12　图7-9-13

STEP 06 按Alt键拖动“色彩平衡1”调整图层蒙版缩览图至“色阶1”调整图层蒙版处，在弹出的对话框中单击“是”按钮，“色彩平衡1”调整图层蒙版将应用于“色阶1”调整图层，得到的图像效果如图7-9-14所示，“图层”面板如图7-9-15所示。

图7-9-14

图7-9-15

STEP 07 单击“图层”面板上的创建新的填充或调整图层按钮，在弹出的下拉菜单中选择“可选颜色”选项，弹出“可选颜色”对话框，具体参数设置如图7-9-16和图

7-9-17所示，设置完毕后单击“确定”按钮，得到的图像效果如图7-9-18所示。

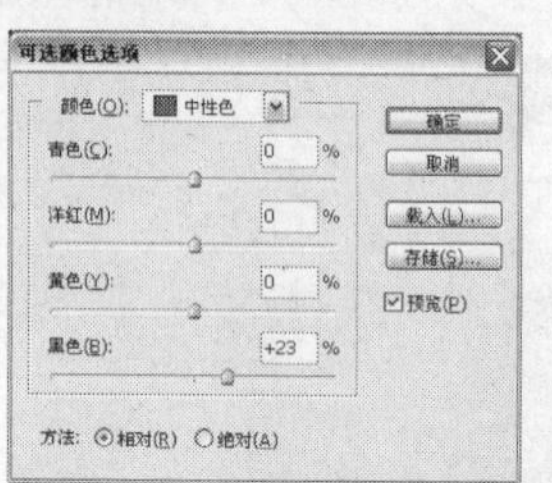

图7-9-16

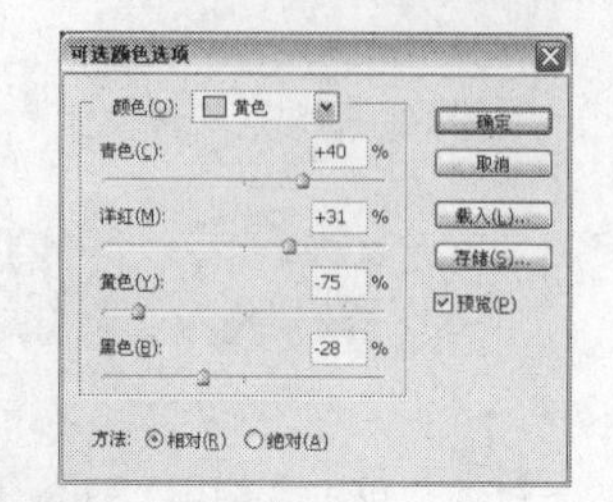

图7-9-17

图7-9-18

STEP 08 单击“图层”面板上的创建新的填充或调整图层按钮，在弹出的下拉菜单中选择“曲线”选项，弹出“曲线”对话框，具体参数设置如图7-9-19所示，设置完毕后单击“确定”按钮，得到的图像效果如图7-9-20所示。

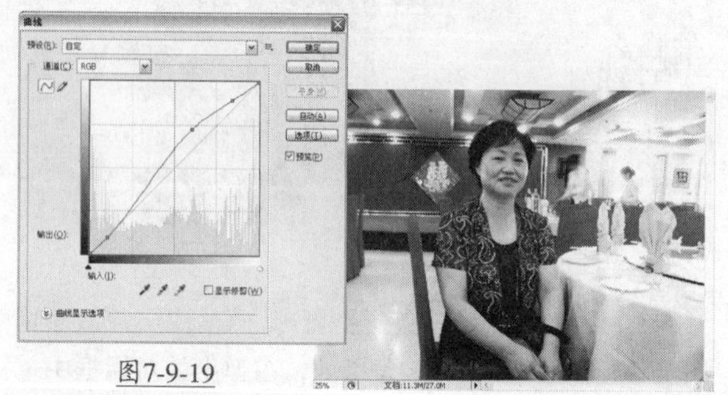

图7-9-19

图7-9-20

STEP 09 按Alt键拖动“色彩平衡1”图层蒙版至“曲线1”图层蒙版处，在弹出的对话框中单击“是”按钮，“色彩平衡1”图层蒙版将应用于“曲线1”的图层蒙版，得到的图像效果如图7-9-21所示，“图层”面板如图7-9-22所示。

图7-9-21

图7-9-22

STEP 10 单击“图层”面板上的创建新的填充或调整图层按钮，在弹出的下拉菜单中选择“亮度/对比度”选项，弹出“亮度/对比度”对话框，具体参数设置如图7-9-23所示，设置完毕后单击“确定”按钮，得到的图像效果如图7-9-24所示。

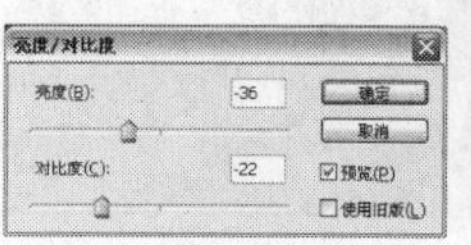

图7-9-23

图7-9-24

STEP 11 按Alt键拖动“色彩平衡1”图层蒙版至“曲线1”图层蒙版处，在弹出的对话框中单击“是”按钮，“色彩平衡1”图层蒙版将应用于“曲线1”调整图层的图层蒙版，“图层”面板如图7-9-25所示。按Ctrl键单击“色彩平衡1”图层的蒙版缩览图，调出其选区，按快捷键Ctrl+Shift+I反选，得到的图像效果如图7-9-26所示。

图7-9-25

图7-9-26

STEP 12 保持选区不变，选择“亮度/对比度1”调整图层，单击“图层”面板上的创建新的填充或调整图层按钮，在弹出的下拉菜单中选择“色彩平衡”选项，弹出“色彩平衡”对话框，具体参数设置如图7-9-27所示，设置完毕后单击“确定”按钮，得到的图像效果如图7-9-28所示。

图7-9-27

图7-9-28

Effect 10

修正偏冷色调的照片

01 添加【可选颜色】调整图层调整图像颜色

02 添加【色彩平衡】调整图层调整图像颜色平衡

03 添加【曲线】调整图层调整图像整个色调范围

04 添加【色相/饱和度】调整图层调整图像饱和度

STEP 01 执行【文件】/【打开】命令（Ctrl+O），弹出“打开”对话框，选择素材图像，单击“打开”按钮，得到的图像效果如图7-10-1所示。

图7-10-1

步骤提示技巧

从图中可以发现图像整体色调偏蓝，由于蓝色和黄色是补色关系，增加一种颜色就减少另一种颜色，也就是说，增加图像中的黄色的同时，自然就减少了图像中的蓝色，下面将使用【色彩平衡】调整图层来增加图像的黄色。

STEP 02 单击“图层”面板上的创建新的填充或调整图层按钮，在弹出的下拉菜单中选择“色彩平衡”选项，弹出“色彩平衡”对话框，具体参数设置如图7-10-2、图7-10-3和图7-10-4所示，设置完毕后单击“确定”按钮，得到的图像效果如图7-10-5所示。

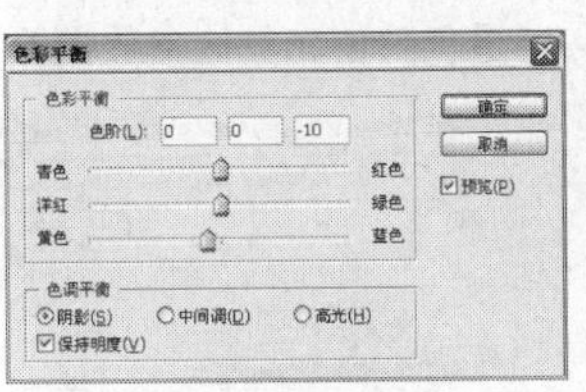

图7-10-2

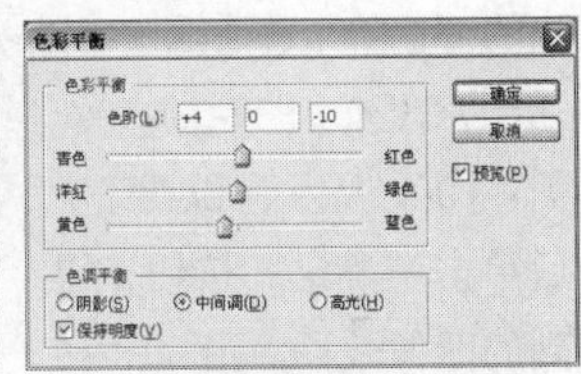

图7-10-3

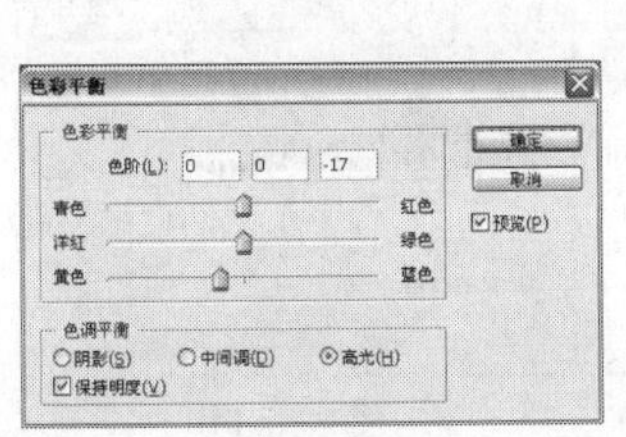

图7-10-4

图7-10-5

STEP 03 单击“图层”面板上的创建新的填充或调整图层按钮，在弹出的下拉菜单中选择“可选颜色”选项，弹出“可选颜色”对话框，具体参数设置如图7-10-6和图7-10-7所示，设置完毕后单击“确定”按钮，得到的图像效果如图7-10-8所示。

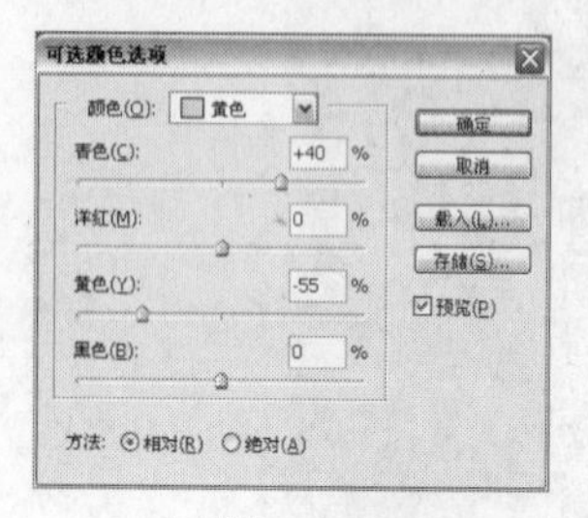

图7-10-6

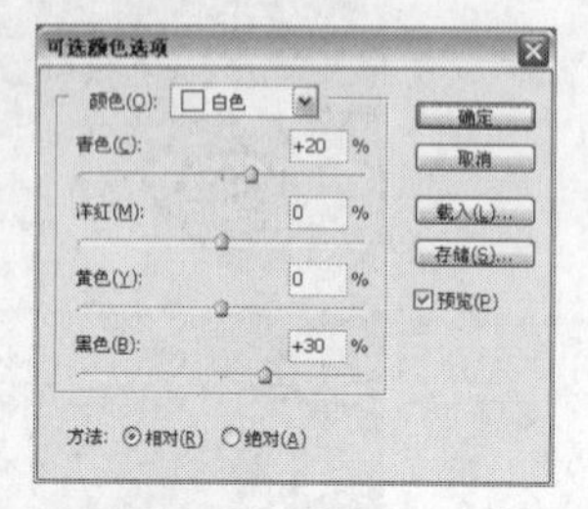

图7-10-7

图7-10-8

STEP 04 单击“图层”面板上的创建新的填充或调整图层按钮，在弹出的下拉菜单中选择“色阶”选项，在弹出的“色阶”对话框中设置各通道色阶值，具体参数设置如图7-10-9、图7-10-10和图7-10-11所示，设置完毕后单击“确定”按钮，得到的图像效果如图7-10-12所示。

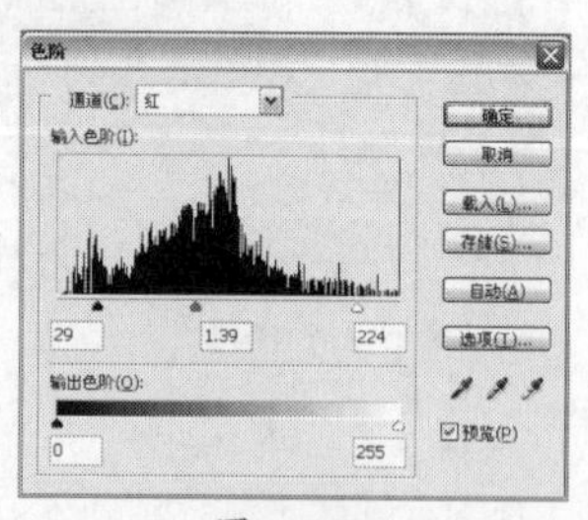

图7-10-9

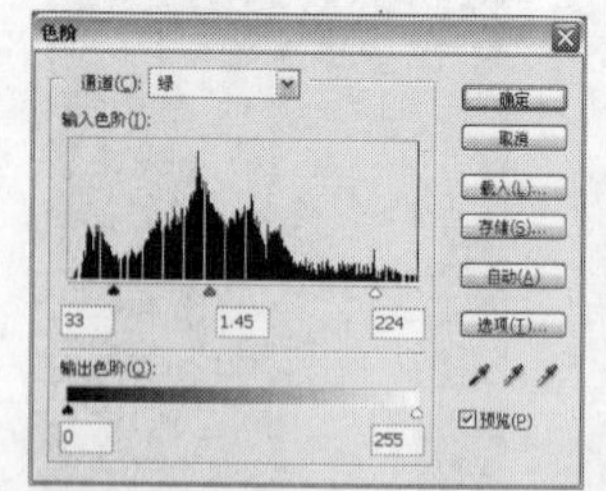

图7-10-10

图7-10-11

图7-10-12

STEP 05 单击“图层”面板上的创建新的填充或调整图层按钮，在弹出的下拉菜单中选择“曲线”选项，弹出“曲线”对话框，具体参数设置如图7-10-13所示，设置完毕后单击“确定”按钮，得到的图像效果如图7-10-14所示。

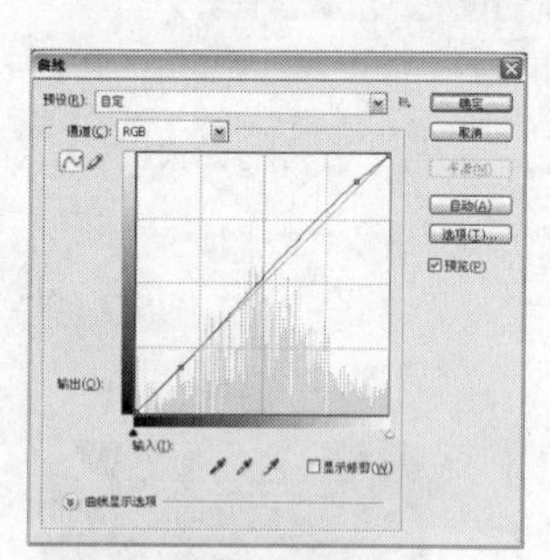

图7-10-13

图7-10-14

STEP 06 单击“图层”面板上的创建新的填充或调整图层按钮，在弹出的下拉菜单中选择“色相/饱和度”选项，弹出“色相/饱和度”对话框，具体参数设置如图7-10-15所示，设置完毕后单击“确定”按钮，得到的图像效果如图7-10-16所示。

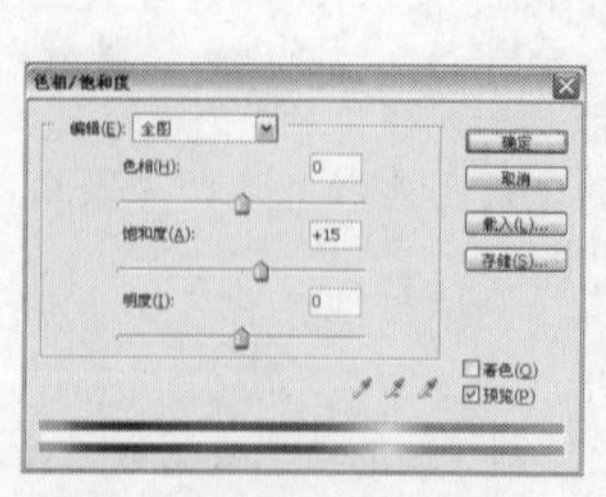

图7-10-15

图7-10-16

Effect 11 为黑白照片添加彩色效果

01 添加【纯色】调整图层为图像上色

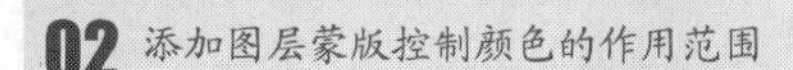

02 添加图层蒙版控制颜色的作用范围

03 设置混合模式混合图像

04 添加【曲线】调整图层调整图像对比度

STEP 01 执行【文件】/【打开】命令（Ctrl+O），弹出“打开”对话框，选择素材图像，单击“打开”按钮，得到的图像效果如图7-11-1所示。

图7-11-1

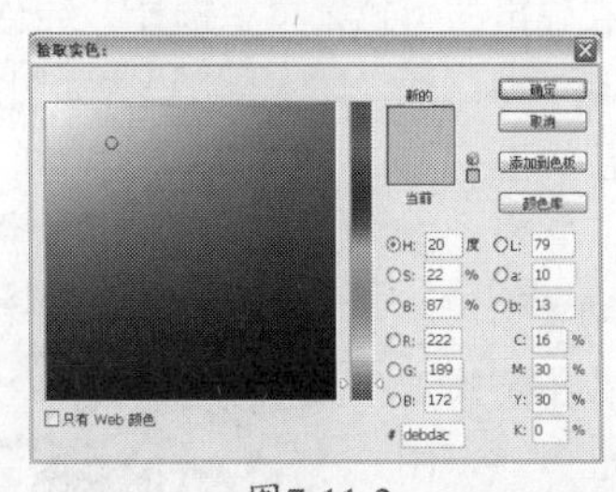

图7-11-2

STEP 02 单击“图层”面板上的创建新的填充或调整图层按钮 ，在弹出的下拉菜单中选择“纯色”选项，弹出“拾取实色”对话框，将色值设置为R222、G189、B172，如图7-11-2所示，设置完毕后单击“确定”按钮，得到“颜色填充1”调整图层，将其图层混合模式设置为“颜色”，“图层”面板如图7-11-3所示，得到的图像效果如图7-11-4所示。

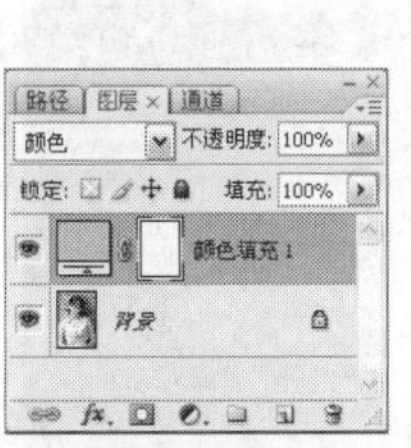

图7-11-3

图7-11-4

STEP 03 将前景色设置为黑色，单击“颜色填充1”调整图层蒙版缩览图，选择工具箱中的画笔工具，在其工具选项栏中选择柔角笔刷，设置合适大小，在图像中除人物皮肤以外的区域涂抹，得到的图像效果如图7-11-5所示，“图层”面板状态如图7-11-6所示。

图7-11-5

图7-11-6

步骤提示技巧

在上一步操作中，将人物眼睛和嘴唇部分也要涂抹成黑色。

STEP 04 单击“图层”面板上的创建新的填充或调整图层按钮，在弹出的下拉菜单中选择“纯色”选项，弹出“拾取实色”对话框，具体参数设置如图7-11-7所示，设置完毕后单击“确定”按钮，得到“颜色填充2”调整图层，将其图层混合模式设置为“柔光”，“图层”面板如图7-11-8所示，得到的图像效果如图7-11-9所示。

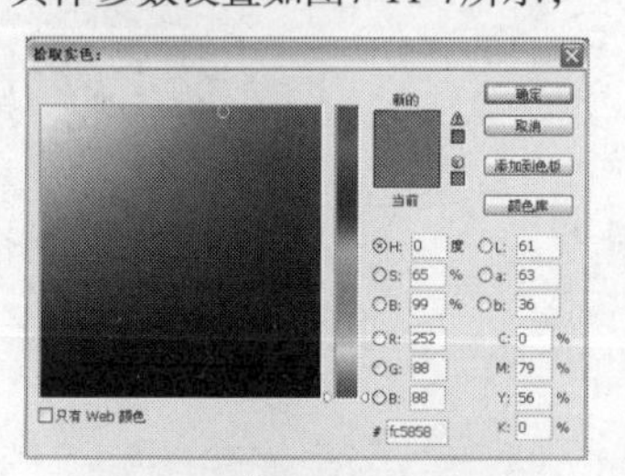

图7-11-7

图7-11-8

图7-11-9

STEP 05 选择工具箱中的多边形套索工具，在人物嘴唇处绘制选区，如图7-11-10所示。执行【选择】/【修改】/【羽化】命令，弹出“羽化选区”对话框，具体参数设置如图7-11-11所示，设置完毕后单击“确定”按钮。

图7-11-10

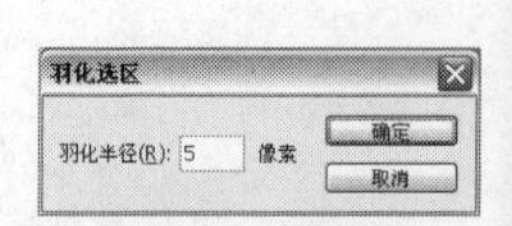

图7-11-11

STEP 06 按快捷键Ctrl+Shift+I反选选区，得到的图像效果如图7-11-12所示。将前景色设置为黑色，选择“颜色填充2”调整图层的蒙版，按快捷键Alt+Delete填充前景色，按快捷键Ctrl+D取消选择，得到的图像效果如图7-11-13所示，“图层”面板状态如图7-11-14所示。

图7-11-12

图7-11-13

图7-11-14

STEP 07 单击“图层”面板上的创建新的填充或调整图层按钮，在弹出的下拉菜单中选择“纯色”选项，弹出“拾取实色”对话框，具体参数设置如图7-11-15所示，设置完毕后单击“确定”按钮，得到“颜色填充

3”调整图层，将其图层混合模式设置为“柔光”，“图层”面板如图7-11-16所示，得到的的图像效果如图7-11-17所示。

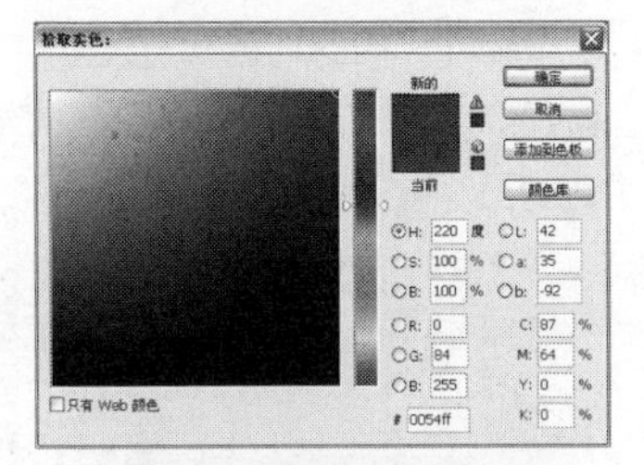
图7-11-15

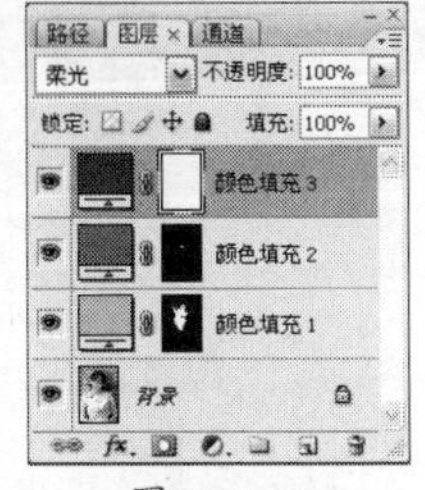
图7-11-16

图7-11-17

STEP 08 将前景色设置为黑色，单击“颜色填充3”调整图层的蒙版缩览图，选择工具箱中的画笔工具，在其工具选项栏中选择柔角笔刷，设置合适大小，在图像中除人物衣服以外的区域涂抹，得到的图像效果如图7-11-18所示，“图层”面板状态如图7-11-19所示。

图7-11-18

图7-11-19

STEP 09 单击“图层”面板上的创建新的填充或调整图层按钮，在弹出的下拉菜单中选择“纯色”选项，弹出“拾取实色”对话框，具体参数设置如图7-11-20所示，设置完毕后单击“确定”按钮，得到“颜色填充4”调整图层，将图层混合模式设置为“柔光”，得到的图像效果如图7-11-21所示。

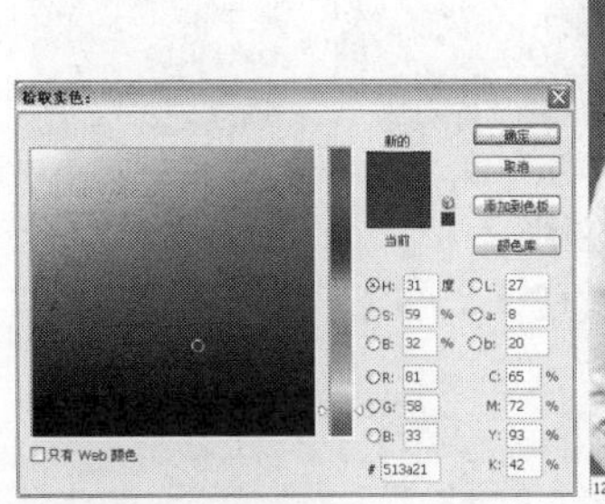
图7-11-20

图7-11-21

STEP 10 将前景色设置为黑色，单击“颜色填充4”调整图层的蒙版缩览图，选择工具箱中的画笔工具，在其工具选项栏中选择柔角笔刷，设置合适大小，在图像中除墙壁以外的区域涂抹，得到的图像效果如图7-11-22所示，“图层”面板状态如图7-11-23所示。

图7-11-22

图7-11-23

STEP 11 单击“图层”面板上的创建新的填充或调整图层按钮，在弹出的下拉菜单中选择“纯色”选项，弹出“拾取实色”对话框。具体参数设置如图7-11-24所示，设置完毕后单击“确定”按钮，得到“颜色填充5”调整图层，将其图层混合模式设置为“柔光”，得到的图像效果如图7-11-25所示。

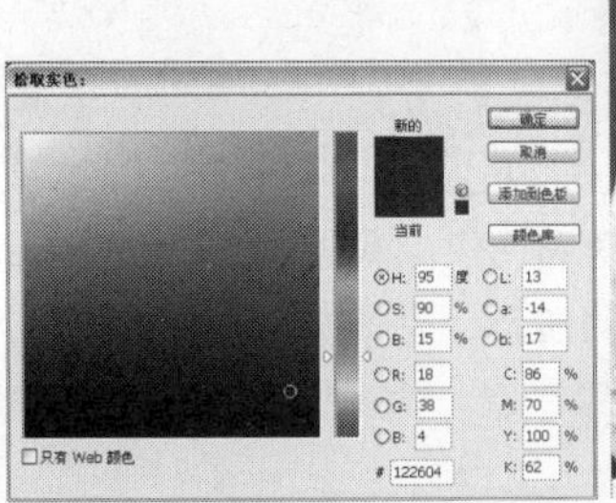
图7-11-24

图7-11-25

STEP 12 将前景色设置为黑色，单击“颜色填充5”调整图层的蒙版缩览图，选择工具箱中的画笔工具，在其工具选项栏中选择柔角笔刷，设置合适大小，在图像中除左侧墙壁以外的区域涂抹，得到的图像效果如图7-11-26所示。

图7-11-26

STEP 13 选择“颜色填充5”调整图层，单击“图层”面板上的创建新的填充或调整图层按钮，在弹出的下拉菜单中选择“曲线”选项，弹出“曲线”对话框，具体参数设置如图7-11-27所示，设置完毕后单击“确定”按钮，得到的图像效果如图7-11-28所示。

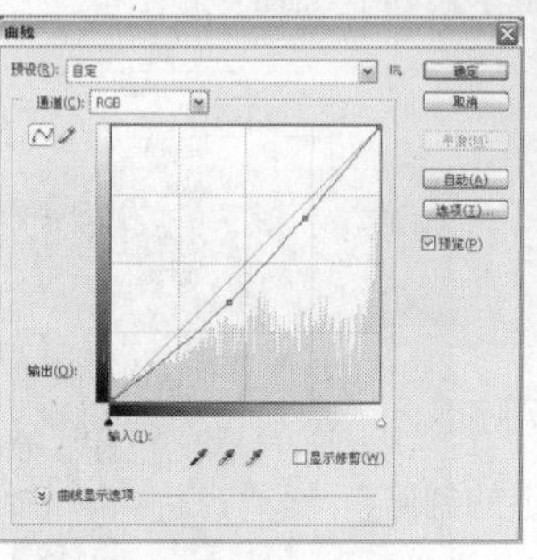

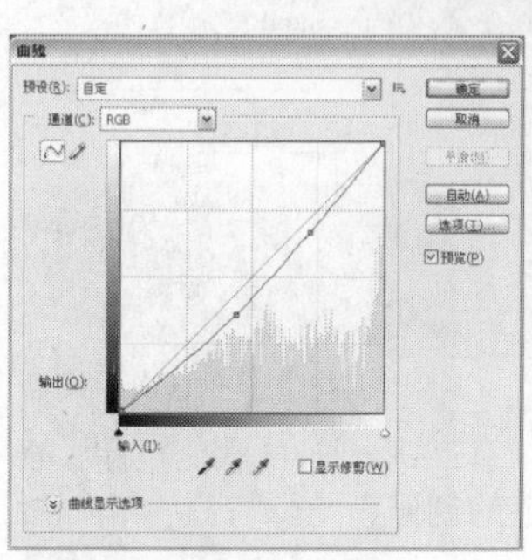
图7-11-27

图7-11-28

Effect 12 纠正轻微偏色的照片

01 使用【色阶】命令设置白场调整图像色调

02 添加【色彩平衡】调整图层精细调整图像颜色

STEP 01 执行【文件】/【打开】命令（Ctrl+O），弹出“打开”对话框，选择素材图像，单击“打开”按钮，得到的图像效果如图7-12-1所示。

步骤提示技巧

从图中可以发现图像整体色调偏黄，接下来将使用【色阶】设置白场来调整。

图7-12-1

STEP 02 单击“图层”面板上的创建新的填充或调整图层按钮，在弹出的下拉菜单中选择“色阶”选项，弹出“色阶”对话框，如图7-12-2所示，单击在图像中取样以设置白场按钮，在图像中如图7-12-3所示处单击，设置完毕后单击“确定”按钮，得到的图像效果如图7-12-4所示。

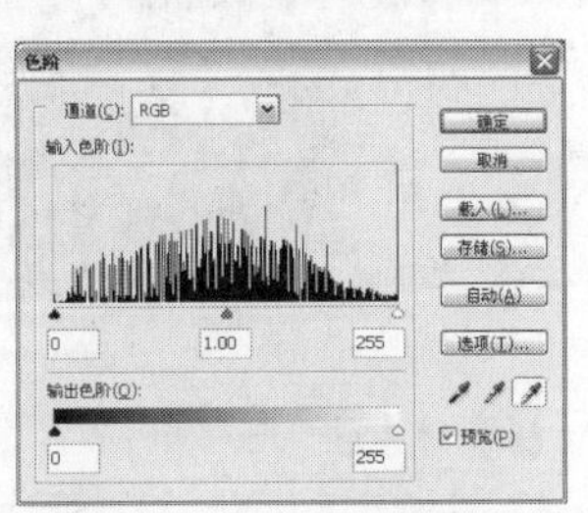

图7-12-2

图7-12-3

图7-12-4

STEP 03 单击“图层”面板上的创建新的填充或调整图层按钮，在弹出的下拉菜单中选择“色彩平衡”选项，弹出“色彩平衡”对话框，具体参数设置如图7-12-5、图7-12-6和图7-12-7所示，设置完毕后单击“确定”按钮，得到的图像效果如图7-12-8所示。

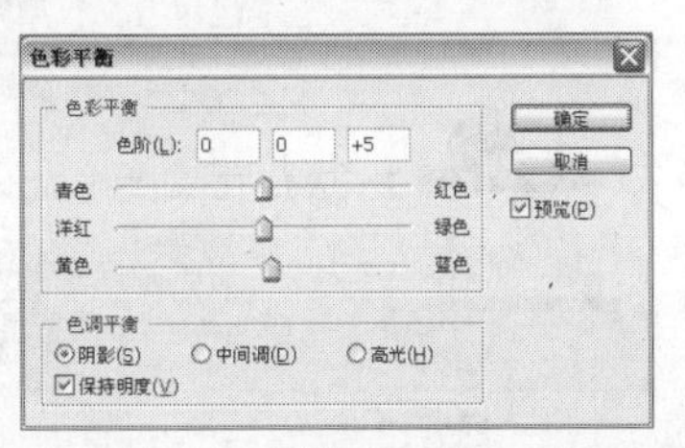

图7-12-5

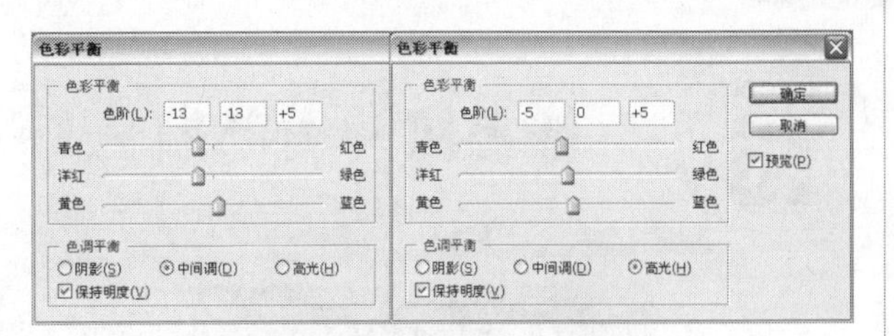

图7-12-6　　图7-12-7

图7-12-8

STEP 04 单击“图层”面板上的创建新的填充或调整图层按钮，在弹出的下拉菜单中选择“色相/饱和度”选项，弹出“色相/饱和度”对话框，具体参数设置如图7-12-9所示，设置完毕后单击“确定”按钮，得到的图像效果如图7-12-10所示。

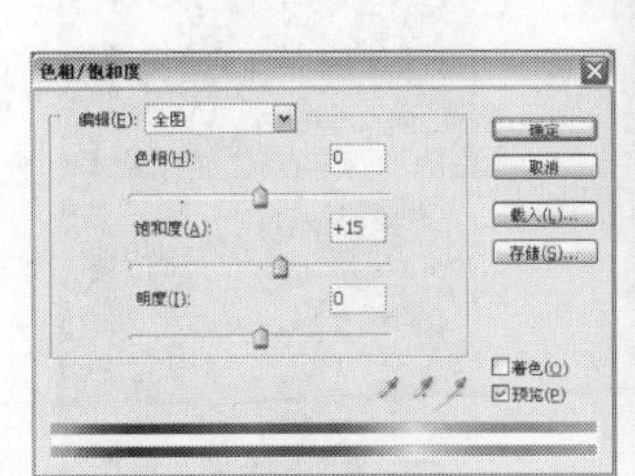

图7-12-9

图7-12-10

Effect 13 修复照片局部偏色

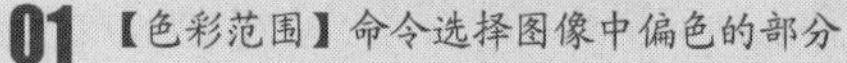

01 【色彩范围】命令选择图像中偏色的部分

02 添加【色相/饱和度】调整图层调整偏色部分颜色

03 使用画笔工具修改蒙版中的图像

04 添加【色彩平衡】调整图层调整图像色调

STEP 01 执行【文件】/【打开】命令（Ctrl+O），弹出“打开”对话框，选择素材图像，单击“打开”按钮，得到的图像效果如图7-13-1所示。

图7-13-1

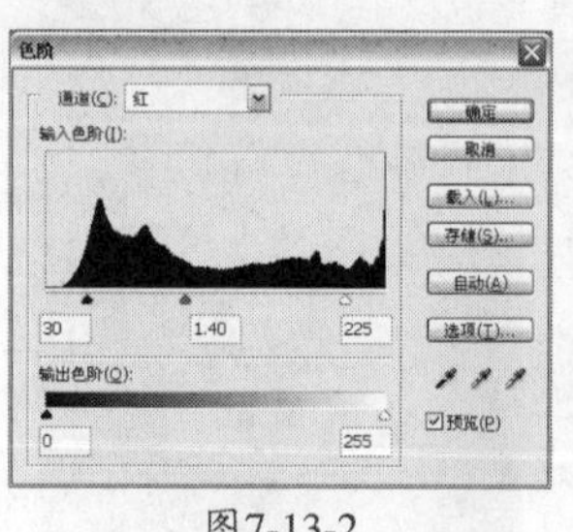

图7-13-2

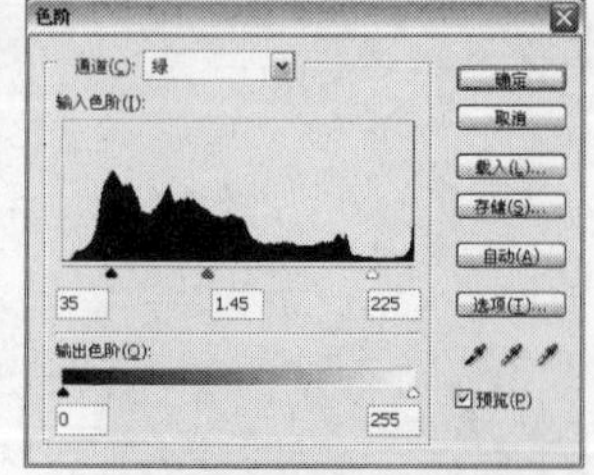

图7-13-3

步骤提示技巧

从图中可以发现，由于光线的原因，图像部分色调偏红，而背景植物部分没有偏色。

STEP 02 单击“图层”面板上的创建新的填充或调整图层按钮，在弹出的下拉菜单中选择“色阶”选项，弹出“色阶”对话框，具体参数设置如图7-13-2、图7-13-3和图7-13-4所示，设置完毕后单击“确定”按钮，得到的图像效果如图7-13-5所示。

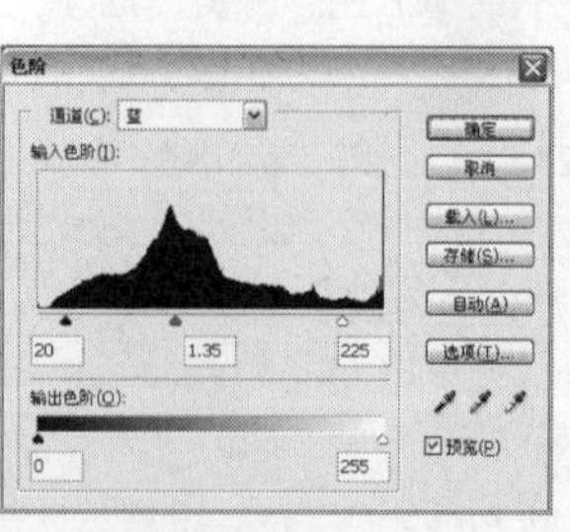

图7-13-4

图7-13-5

STEP 03 执行【选择】/【色彩范围】命令，弹出“色彩范围”对话框，单击人物头部，如图7-13-6所示，设置完毕后单击“确定”按钮，得到的图像效果如图7-13-7所示。

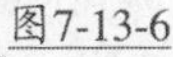
图7-13-6

图7-13-7

步骤提示技巧

接下来添加“色相/饱和度”调整图层对图中偏色部分进行修整，从图中可以发现，人物偏色的部分已经被选择出来，但是图像上部“遮阳伞”没有偏色，被选择出来，人物的头发偏色了，却没有被选择出来，接下来将修改调整图层的蒙版解决这一问题。

STEP 04 保持选区不变，选择“色阶1”调整图层，单击“图层”面板上的创建新的填充或调整图层按钮，在弹出的下拉菜单中选择“色相/饱和度”选项，弹出“色相/饱和度”对话框，直接单击“确定”按钮，得到“色相/饱和度1”图层。按Alt键单击“色相/饱和度1”图层的蒙版，选择工具箱中的画笔工具，将前景色设置为黑色，在其工具选项栏中选择柔角笔刷，设置合适大小，在图像中“遮阳伞”处涂抹，将前景色设置为白色，在人物“头发”处涂抹得到的图像效果如图7-13-8所示。

图7-13-8

STEP 05 双击“色相/饱和度”调整图层缩览图，弹出“色相/饱和度”对话框，具体参数设置如图7-13-9所示，设置完毕后单击“确定”按钮，得到的图像效果如图7-13-10所示。

图7-13-9

图7-13-10

步骤提示技巧

从图中可以发现，人物脸部和身体大部分区域的偏色都得到了改善，但是仍然有些细小的部分需要调整（如人物手臂，人物肩膀衣服处），接下来将逐一调整这些部位。

STEP 06 选择工具箱中的多边形套索工具，在人物手臂处绘制如图7-13-11所示的选区，执行【选择】/【修改】/【羽化】命令（Ctrl+Alt+D），弹出“羽化选区”对话框，具体参数设置如图7-13-12所示，设置完毕后单击“确定”按钮，执行【选择】/【修改】/【收缩】命令，弹出“收缩选区”对话框，具体参数设置如图7-13-13所示，设置完毕后单击“确定”按钮，得到的图像效果如图7-13-14所示。

图7-13-11

图7-13-12

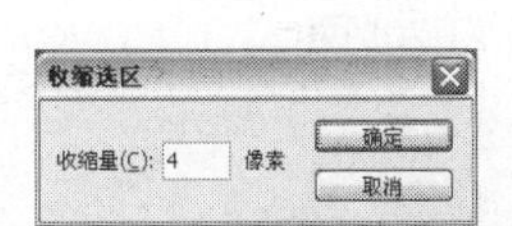

图7-13-13

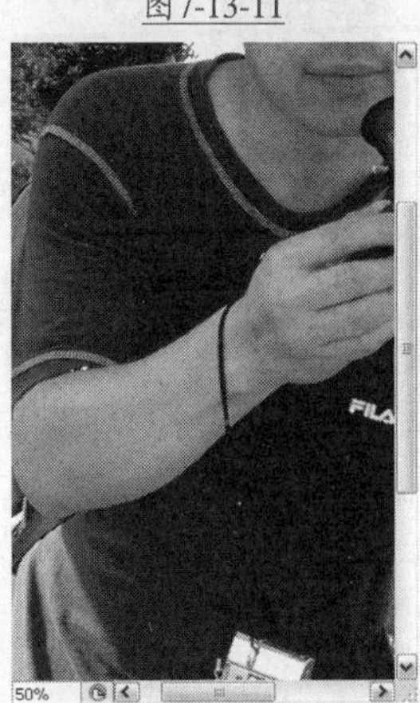
图7-13-14

STEP 07 保持选区不变，选择“色相/饱和度1”图层单击“图层”面板上的创建新的填充或调整图层按钮，在弹出的下拉菜单中选择“曲线”选项，弹出“曲线”对话框，具体参数设置如图7-13-15所示，设置完毕后单击“确定”按钮，得到的图像效果如图7-13-16所示。

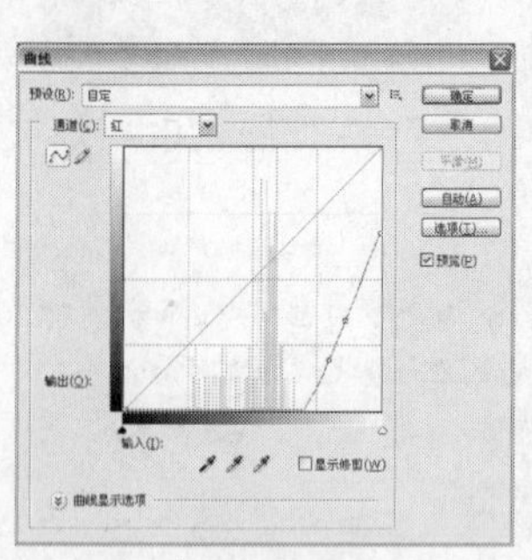
图7-13-15

图7-13-16

STEP 08 执行【选择】/【色彩范围】命令，弹出“色彩范围”对话框，鼠标单击人物肩部，如图7-13-17所示，设置完毕后单击“确定”按钮，得到的图像效果如图7-13-18所示。

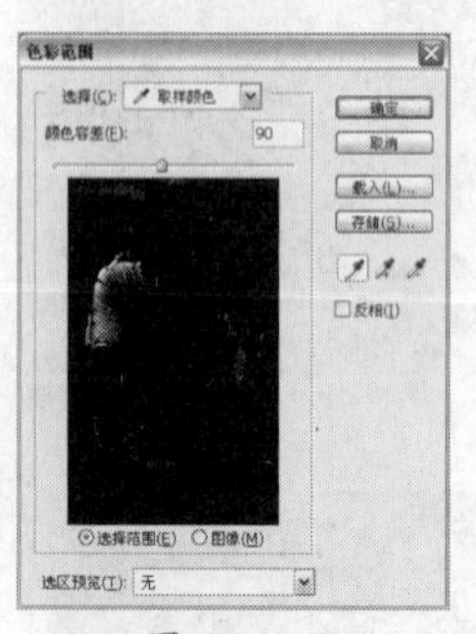
图7-13-17

图7-13-18

STEP 09 保持选区不变，选择“曲线1”图层，单击“图层”面板上的创建新的填充或调整图层按钮，在弹出的下拉菜单中选择“色阶”选项，弹出“色阶”对话框，具体参数设置如图7-13-19所示，设置完毕后单击“确定”按钮，得到的图像效果如图7-13-20所示。

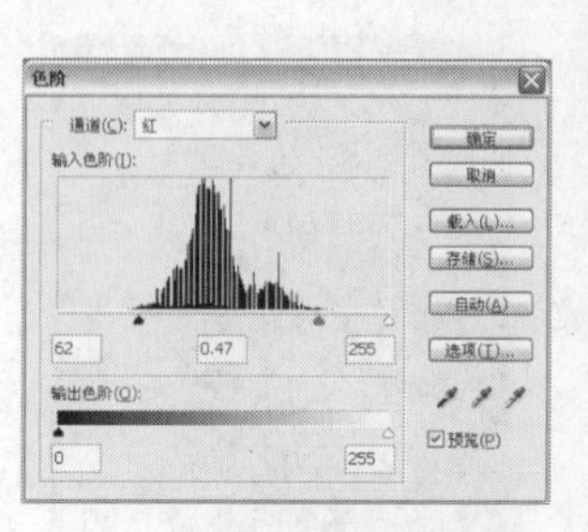
图7-13-19

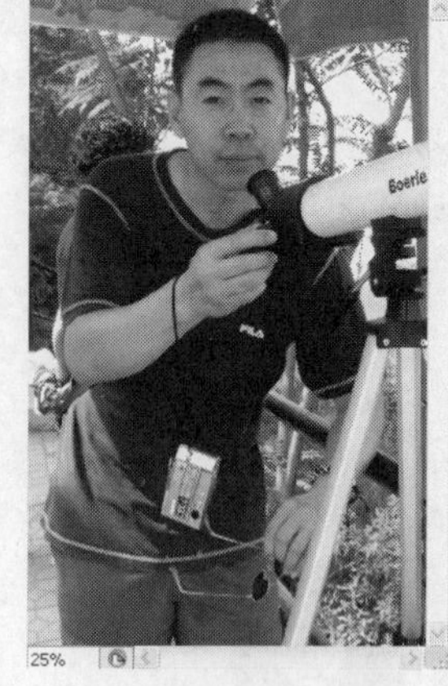
图7-13-20

STEP 10 选择“色阶2”图层，单击“图层”面板上的创建新的填充或调整图层按钮，在弹出的下拉菜单中选择“色彩平衡”选项，弹出“色彩平衡”对话框，具体参数设置如图7-13-21、图7-13-22和图7-13-23所示，设置完毕后单击“确定”按钮，得到的图像效果如图7-13-24所示。

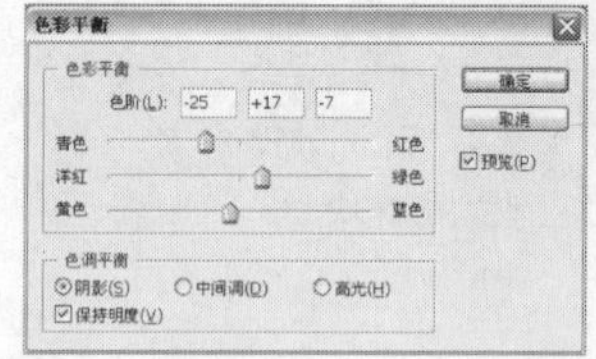
图7-13-21

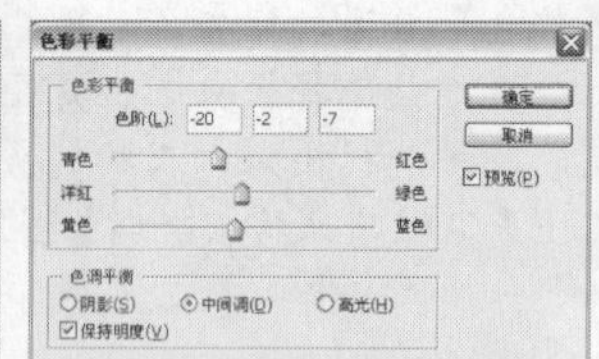
图7-13-22

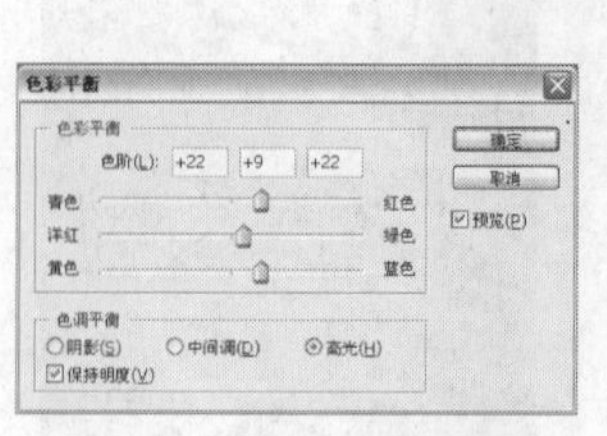
图7-13-23

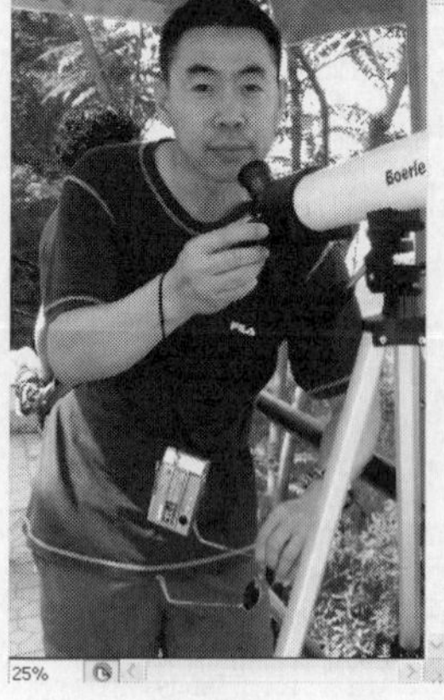
图7-13-24

STEP 11 选择工具箱中的多边形套索工具，在人物衣服色条处绘制如图7-13-25所示的选区，执行【选择】/【修改】/【羽化】命令（Ctrl+Alt+D），弹出“羽化选区”对话框，具体参数设置如图7-13-26所示，设置完毕后单击“确定”按钮，得到的图像效果如图7-13-27所示，选择“背景”图层，按快捷键Ctrl+J复制选区内图像至新图层，得到“图层1”，执行【图像】/【调整】/【去色】命令（Ctrl+Shift+U），得到的图像效果如图7-13-28所示。

图7-13-25

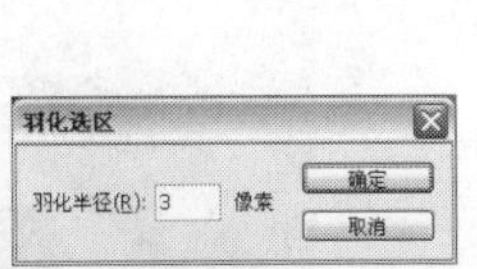

图7-13-26

图7-13-27

图7-13-28

STEP 12 按Ctrl键单击“图层1”缩览图，调出其选区，选择“色彩平衡1”图层的蒙版，将前景色设置为黑色，按快捷键Alt+Delete填充前景色，按快捷键Ctrl+D取消选择，得到的图像效果如图7-13-29所示，“图层”面板如图7-13-30所示。

图7-13-29

图7-13-30

STEP 13 选择“色彩平衡1”图层，单击“图层”面板上的创建新的填充或调整图层按钮，在弹出的下拉菜单中选择“可选颜色”选项，弹出“可选颜色”对话框，具体参数设置如图7-13-31所示，设置完毕后单击“确定”按钮，得到的图像效果如图7-13-32所示。

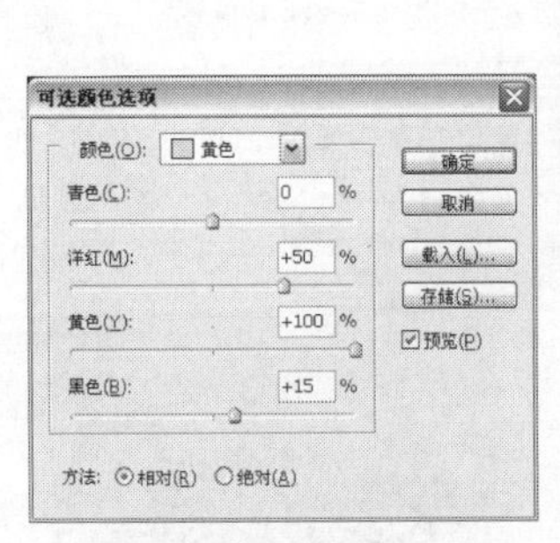

图7-13-31

图7-13-32

Effect 14 调整阳光下照片的真实色彩

01 添加【可选颜色】调整图层调整图像颜色

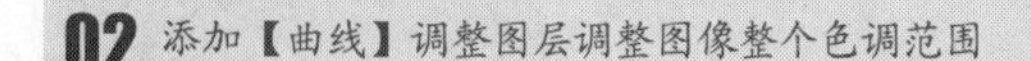

02 添加【曲线】调整图层调整图像整个色调范围

03 添加【色彩平衡】调整图层调整图像色调

STEP 01 执行【文件】/【打开】命令（Ctrl+O），弹出“打开”对话框，选择素材图像，单击“打开”按钮，得到的图像效果如图7-14-1所示。

图7-14-1

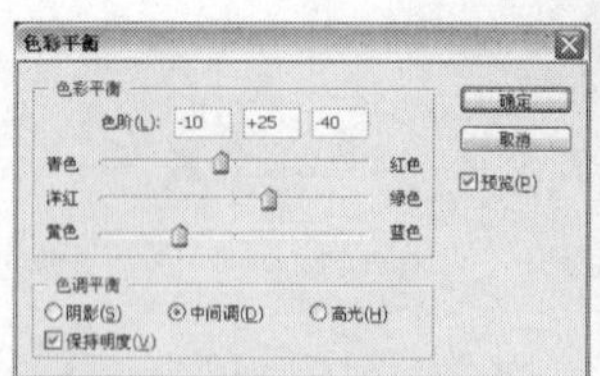

图7-14-2

图7-14-3

STEP 02 选择“背景”图层，单击“图层”面板上的创建新的填充或调整图层按钮，在弹出的下拉菜单中选择“色彩平衡”选项，弹出“色彩平衡”对话框，具体参数设置如图7-14-2所示，设置完毕后单击“确定”按钮，得到的图像效果如图7-14-3所示。

STEP 03 单击“图层”面板上的创建新的填充或调整图层按钮，在弹出的下拉菜单中选择“可选颜色”选项，弹出“可选颜色”对话框，具体参数设置如图7-14-4、图7-14-5和图7-14-6所示，设置完毕后单击“确定”按钮，得到的图像效果如图7-14-7所示。

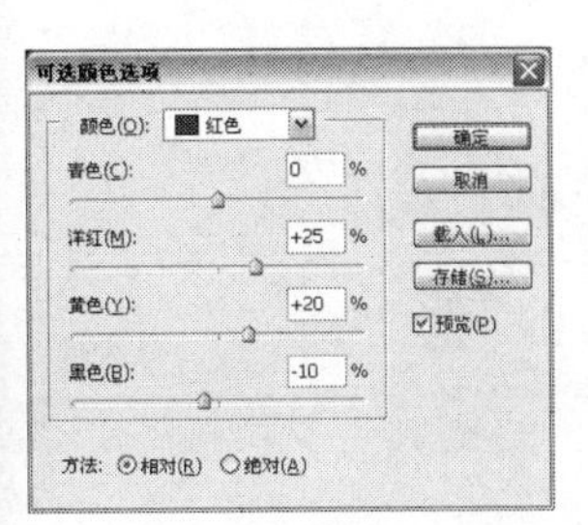

图7-14-4

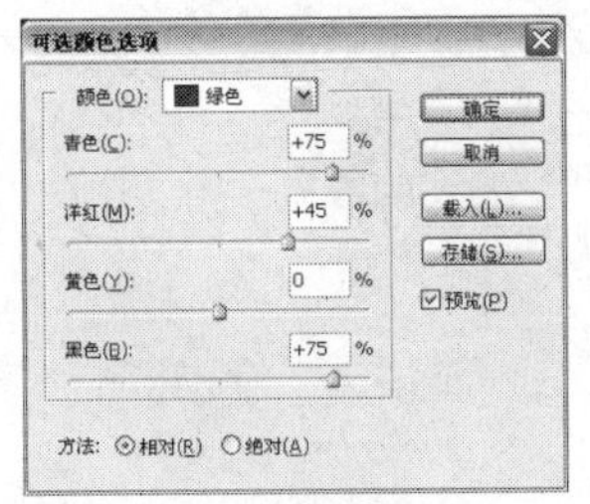

图7-14-5

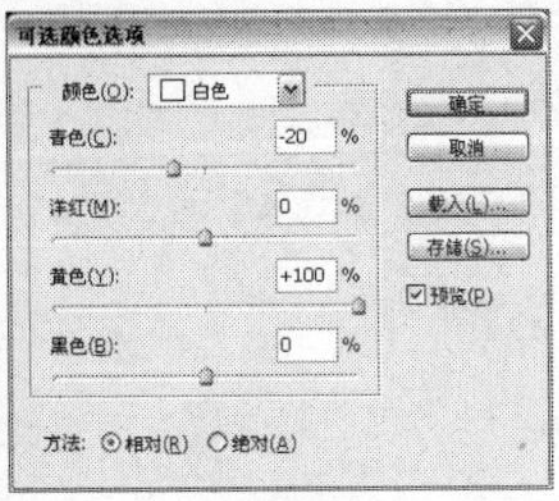

图7-14-6

图7-14-7

STEP 04 选择“选取颜色1”调整图层，单击“图层”面板上的创建新的填充或调整图层按钮，在弹出的下拉菜单中选择“色彩平衡”选项，弹出“色彩平衡”对话框，具体参数设置如图7-14-8所示，设置完毕后单击“确定”按钮，得到的图像效果如图7-14-9所示。

图7-14-8　图7-14-9

STEP 05 单击“图层”面板上的创建新的填充或调整图层按钮，在弹出的下拉菜单中选择“色阶”选项，弹出“色阶”对话框，具体参数设置如图7-14-10所示，设置完毕后单击“确定”按钮，得到的图像效果如图7-14-11所示。

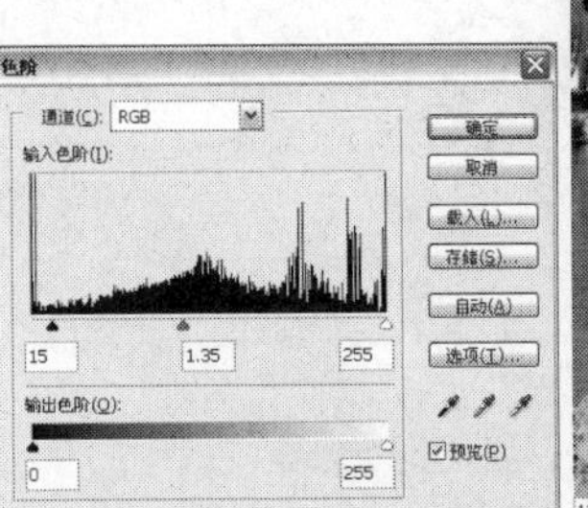

图7-14-10

图7-14-11

STEP 06 单击“图层”面板上的创建新的填充或调整图层按钮，在弹出的下拉菜单中选择“色彩平衡”选项，弹出“色彩平衡”对话框，具体参数设置如图7-14-12所示，设置完毕后单击“确定”按钮，得到的图像效果如图7-14-13所示。

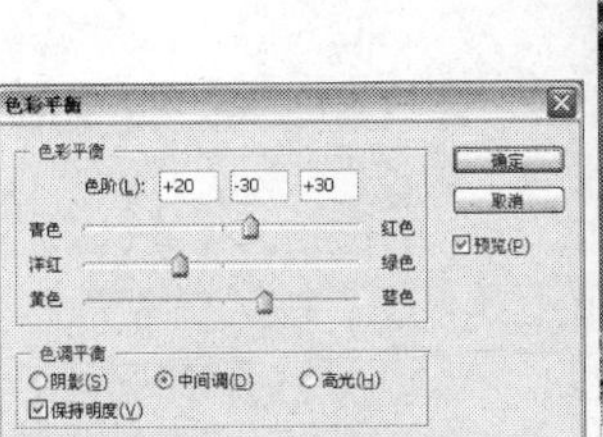

图7-14-12　图7-14-13

STEP 07 单击“图层”面板上的创建新的填充或调整图层按钮，在弹出的下拉菜单中选择“曲线”选项，弹出“曲线”对话框，具体参数设置如图7-14-14所示，设置完毕后单击“确定”按钮，得到的图像效果如图7-14-15所示。

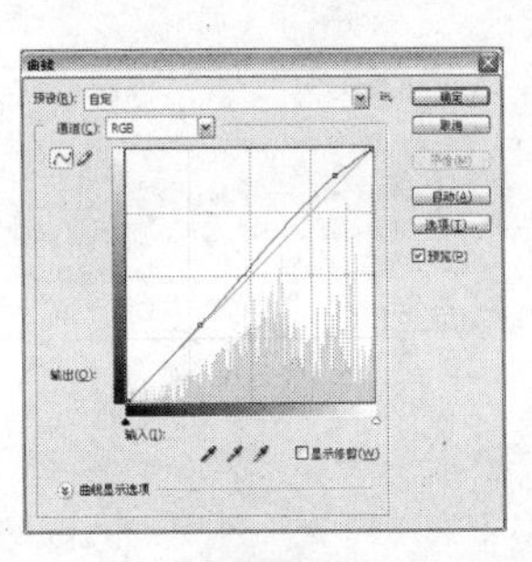

图7-14-14

图7-14-15

读书笔记

Chapter 08 数码照片拼贴技巧

Effect 01

匹配皮肤色调

01 通过使用拼贴技巧为两张不同照片上的人物替换五官

02 应用【曲线】命令使替换后的面部皮肤得到正确的匹配效果

STEP 01 执行【文件】/【打开】命令（Ctrl+O），弹出“打开”对话框，选择需要的素材文件，单击“打开”按钮，得到的图像效果如图8-1-1所示。

图8-1-1

STEP 02 选择工具箱中的多边形套索工具，在图像中绘制如图8-1-2所示的选区，单击“图层”面板上的创建新的填充或调整图层，在弹出的下拉菜单中选择“曲线”选项，弹出“曲线”对话框，具体设置如图8-1-3和图8-1-4所示。设置完毕后单击“确定”按钮，“图层”面板如图8-1-5所示，得到的图像效果如图8-1-6所示。

图8-1-2

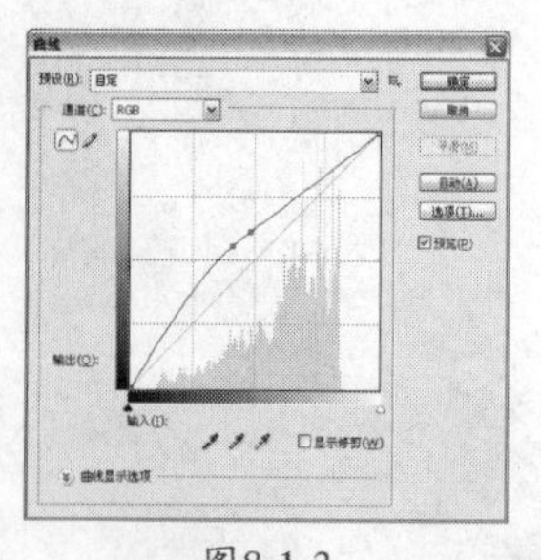

图8-1-3

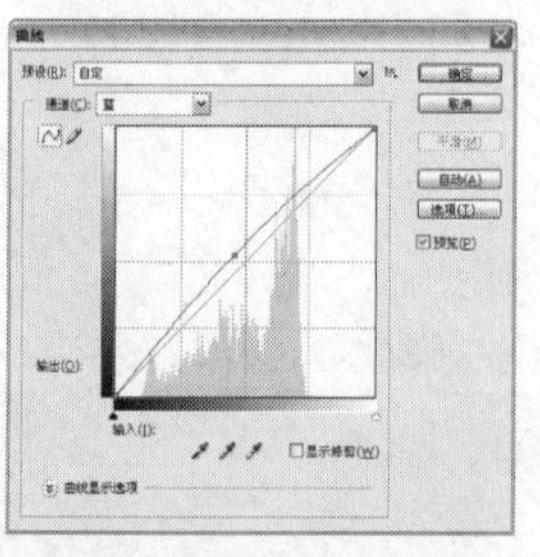

图8-1-4

图8-1-5

图8-1-6

步骤提示技巧

在“曲线”对话框中，若选择不同的通道进行曲线调整，则在RGB通道上将显示每个单色通道所进行调整后的曲线线段走势，如右图所示。由于分别调整了RGB通道和蓝通道，因此返回RGB通道后，“曲线”对话框中分别显示了两个通道的调整线段。

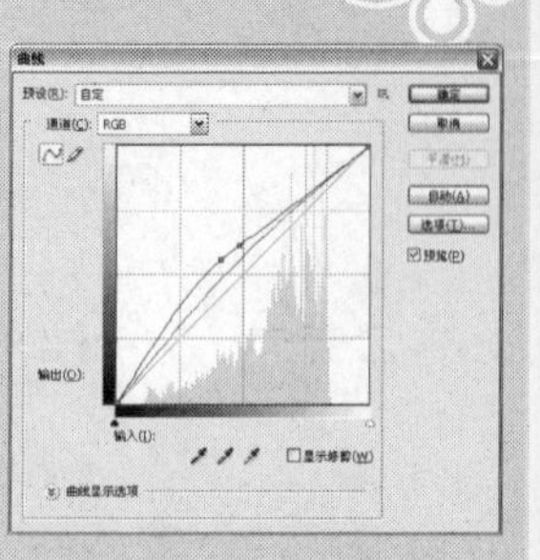

STEP 03 按快捷键Ctrl+O打开需要的素材文件，选择工具箱中的套索工具，在图像中绘制如图8-1-7所示的选区，选择工具箱中的移动工具，将选区中的图像拖曳至主文档中，生成“图层1”。按快捷键Ctrl+T调整图像大小及位置，并按Enter键确认变换，得到的图像效果如图8-1-8所示。

图8-1-7

图8-1-8

STEP 04 选择“图层1”，单击“图层”面板上的创建新的填充或调整图层 ，在弹出的下拉菜单中选择“曲线”选项，弹出“曲线”对话框，具体参数设置如图8-1-9所示，设置完毕后单击“确定”按钮。将“曲线1”调整图层的混合模式设置为“柔光”，按快捷键Alt+Ctrl+G创建剪贴蒙版，“图层”面板如图8-1-10所示，得到的图像效果如图8-1-11所示。

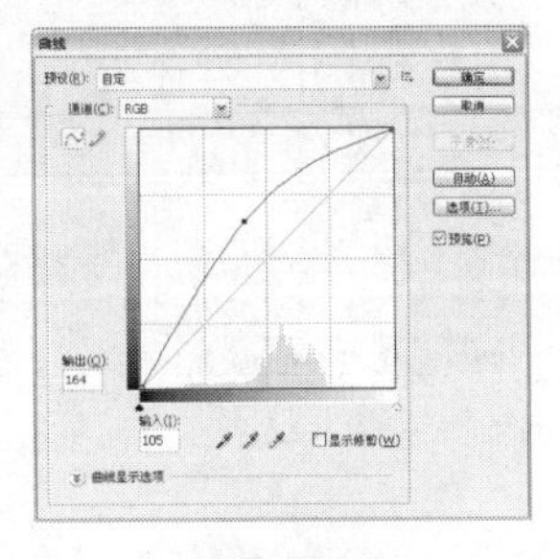

图8-1-9

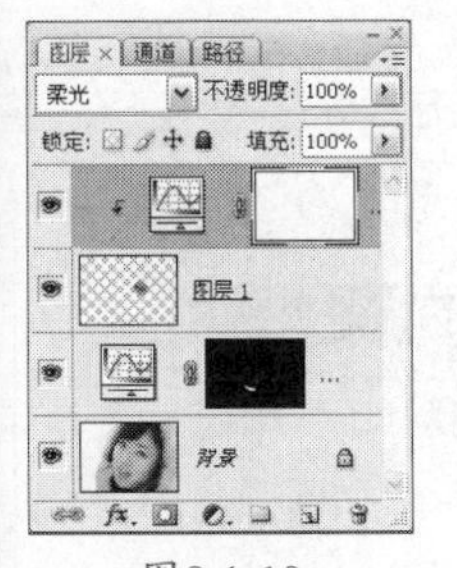

图8-1-10

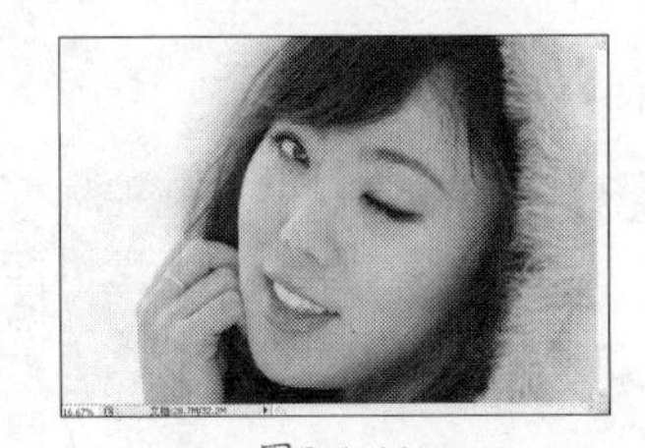

图8-1-11

STEP 05 选择“图层1”，单击“图层”面板上的添加图层蒙版按钮 ，为该图层添加图层蒙版。将前景色设置为黑色，选择工具箱中的画笔工具 ，在其工具选项栏中设置柔角画笔，并在眼睛周围如图8-1-12所示进行涂抹，使拼贴的图像更好地融入到周围的皮肤颜色中，“图层”面板如图8-1-13所示，得到的图像效果如图8-1-14所示。

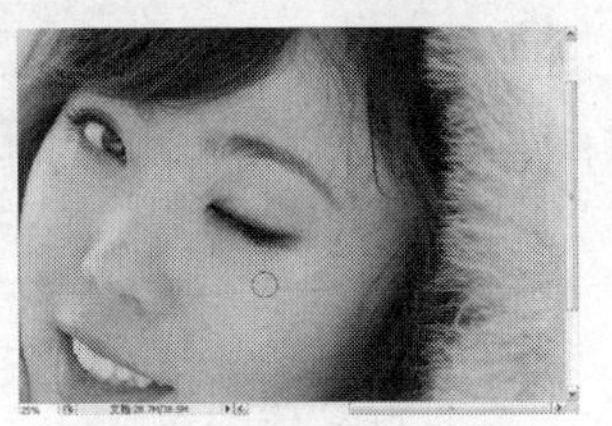

图8-1-12

图8-1-13

图8-1-14

步骤提示技巧

在使用画笔工具对图层蒙版进行编辑时，适当调整画笔的不透明度设置可以使所编辑的图层更加容易地融合到背景图像中。

STEP 06 选择工具箱中的套索工具 ，继续在素材图像中绘制如图8-1-15所示的选区，选择工具箱中的移动工具 ，将选区中的图像拖曳至主文档中，生成“图层2”，“图层”面板如图8-1-16所示，得到的图像效果如图8-1-17所示。

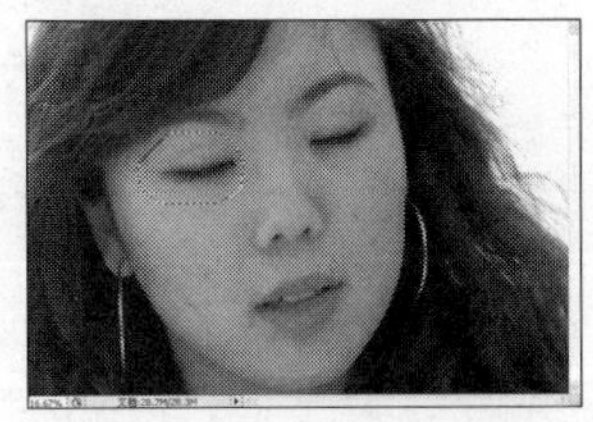

图8-1-15

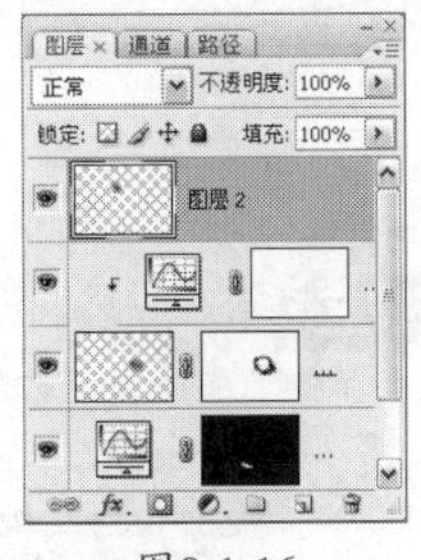

图8-1-16

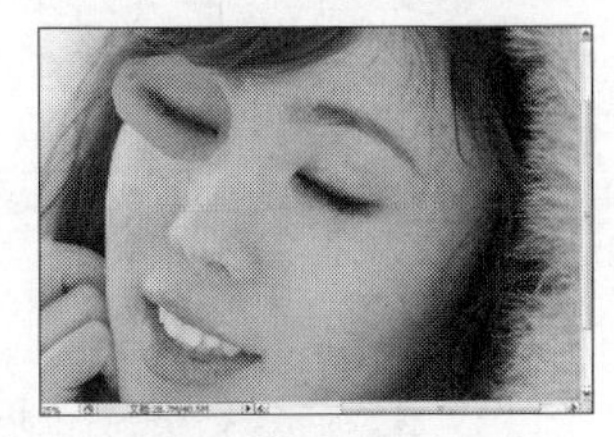

图8-1-17

步骤提示技巧

在对图像中人物的眼睛进行拼贴定位时，可适当降低需要定位的图层的不透明度，如下图所示。当定位完毕后，可恢复其图层不透明度。由于存在透视原理，因此在调整人物的眼睛位置后，应适当调整其透视效果。

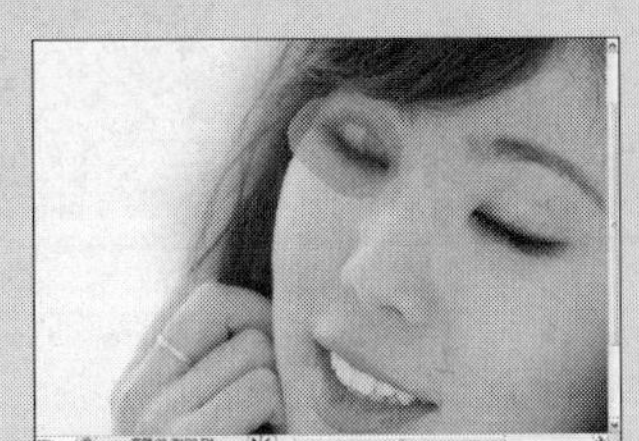

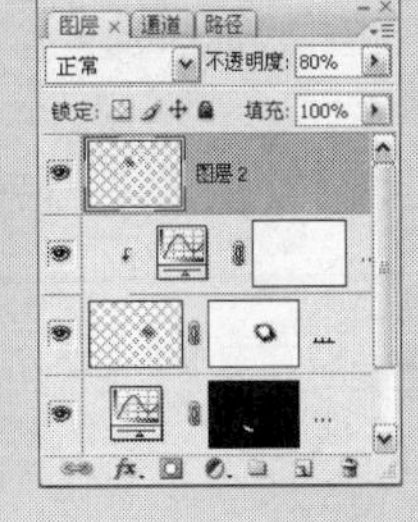

STEP 07 选择“图层2”，执行【编辑】/【变换】/【变形】命令，对图像进行变形，如图8-1-18所示，调整完毕后按Enter键确认变换。

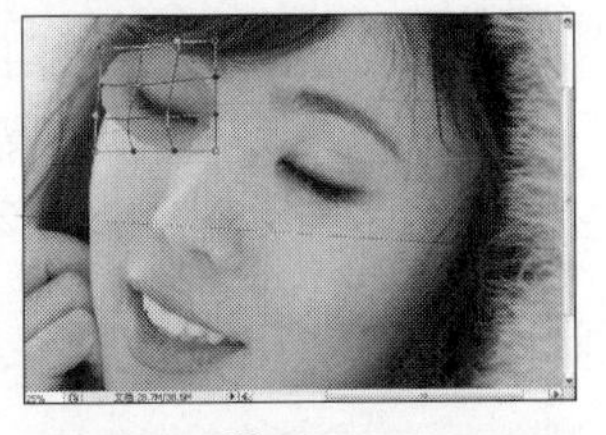

图8-1-18

STEP 08 选择“图层2”，单击“图层”面板上的创建新的填充或调整图层按钮，在弹出的下拉菜单中选择“曲线”选项，弹出“曲线”对话框，具体设置如图8-1-19所示，设置完毕后单击“确定”按钮。选择“曲线2”调整图层将该图层的混合模式设置为“柔光”，按快捷键Alt+Ctrl+G创建剪贴蒙版，“图层”面板如图8-1-20所示。

STEP 09 选择“图层2”，单击“图层”面板上的添加图层蒙版按钮，为该图层添加图层蒙版。将前景色设置为黑色，选择工具箱中的画笔工具，在其工具选项栏中设置柔角画笔，对图层蒙版进行编辑，使拼贴的图像更好地融入到周围的皮肤颜色中，“图层”面板如图8-1-21所示，得到的图像效果如图8-1-22所示。

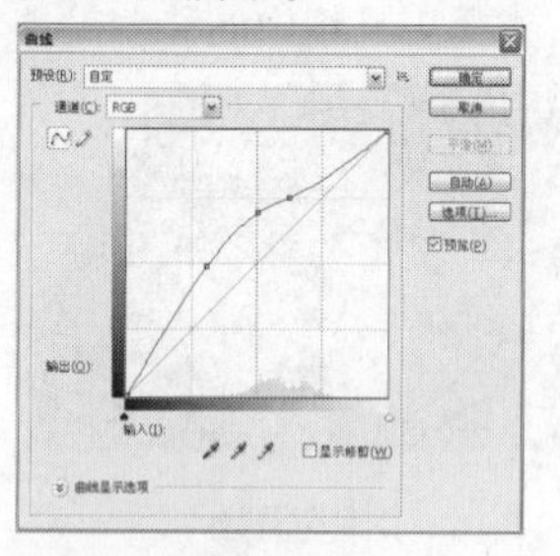

图8-1-19

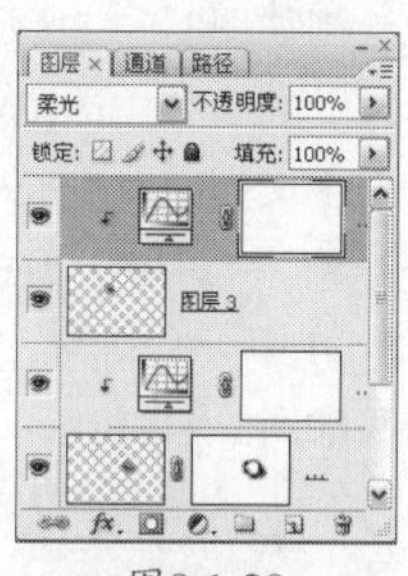

图8-1-20

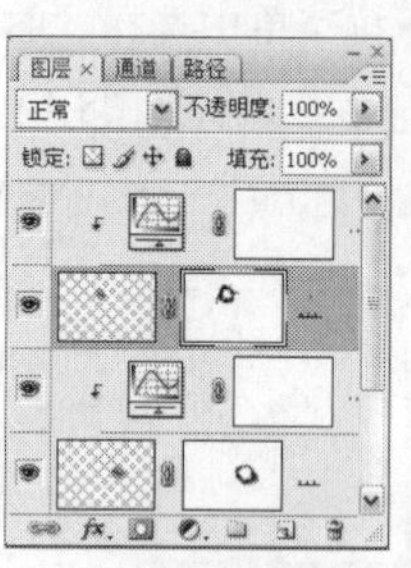

图8-1-21

图8-1-22

Effect 02 匹配画面颗粒

01 使用图层蒙版对两张素材图像进行编辑，使编辑后的图像获得较自然的拼贴效果

02 通过使用【添加杂色】滤镜，为进行拼贴后的图像匹配原图所具有的画面颗粒，使效果获得统一、协调的效果

STEP 01 执行【文件】/【打开】命令（Ctrl+O），弹出“打开”对话框，选择需要的素材图像，单击“打开”按钮，如图8-2-1和图8-2-2所示。

步骤提示技巧

在打开素材图像时，执行【文件】/【打开】命令或按快捷键Ctrl+O可以弹出“打开”对话框，打开需要的素材图像，也可以在Photoshop CS3中灰色工作区域双击鼠标左键，弹出“打开”对话框。

图8-2-1

图8-2-2

STEP 02 选择工具箱中的套索工具，在素材图像中绘制如图8-2-3所示的选区，选择工具箱中的移动工具，将选区中的图像拖曳至主文档中，生成“图层1”。选择“图层1”，执行【编辑】/【变换】/【水平翻转】命令，按快捷键Ctrl+T调整图像大小，并按Enter键确认变换，得到的图像效果如图8-2-4所示。

图8-2-3

图8-2-4

STEP 03 选择“图层1”，单击“图层”面板上的添加图层蒙版按钮，为该图层添加图层蒙版。将前景色设置为黑色，选择工具箱中的画笔工具，在其工具选项栏中设置柔角画笔，对图层蒙版进行编辑，去除拼贴后图像的边缘，“图层”面板如图8-2-5所示，得到的图像效果如图8-2-6所示。

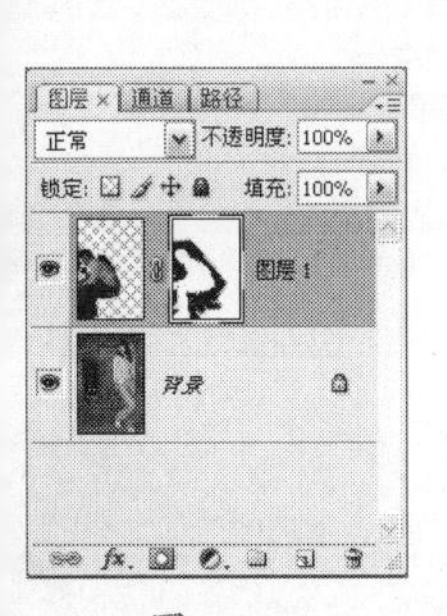

图8-2-5

图8-2-6

STEP 04 选择“图层1”，单击“图层”面板上的创建新的填充或调整图层按钮，在弹出的下拉菜单中选择“曲线”选项，弹出“曲线”对话框，具体参数设置如图8-2-7所示，设置完毕后单击“确定”按钮。按快捷键Alt+Ctrl+G创建剪贴蒙版，“图层”面板如图8-2-8所示，得到的图像效果如图8-2-9所示。

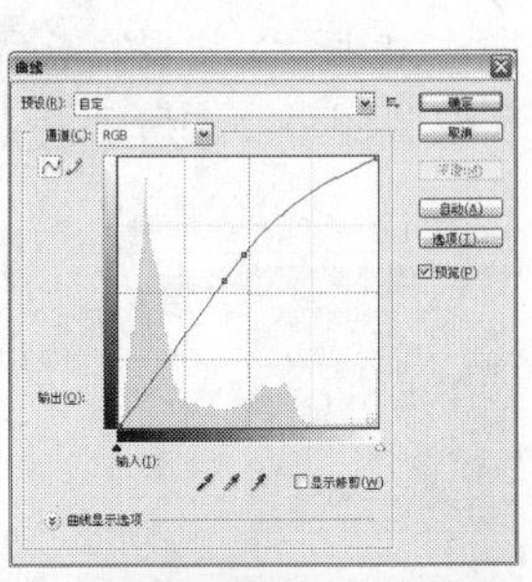

图8-2-7

图8-2-8

图8-2-9

STEP 05 选择“图层1”，单击“图层”面板上的创建新图层按钮，新建“图层2”。将前景色色值设置为R158、G158、B159，按快捷键Alt+Delete填充前景色，“图层”面板如图8-2-10所示，得到的图像效果如图8-2-11所示。

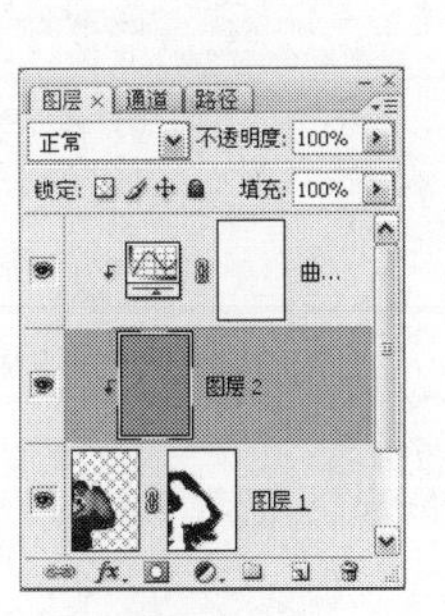

图8-2-10

图8-2-11

步骤提示技巧

如果在剪贴蒙版中的图层之间创建新图层，或在剪贴蒙版中的图层之间拖动未剪贴的图层，该图层将成为剪贴蒙版的一部分。

STEP 06 选择“图层2”，执行【滤镜】/【杂色】/【添加杂色】命令，弹出“添加杂色”对话框，具体参数设置如图8-2-12所示，设置完毕后单击“确定”按钮，得到的图像效果如图8-2-13所示。

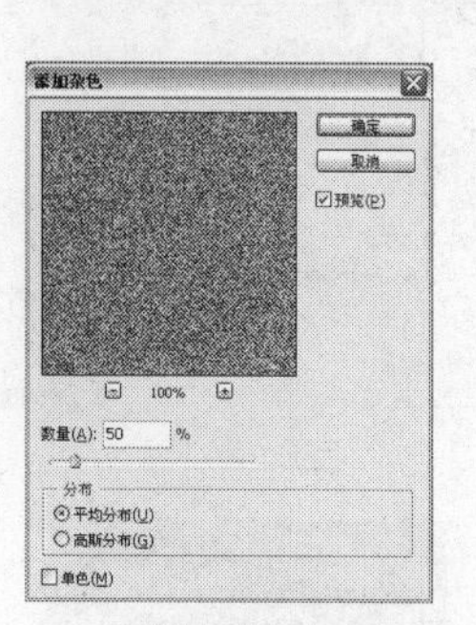

图8-2-12

图8-2-13

步骤提示技巧

在“添加杂色”对话框中，杂色分布选项包括“平均”和“高斯”。其中“平均”选项使用随机数值分布杂色的颜色值以获得细微效果。“高斯”选项沿一条钟形曲线分布杂色的颜色值以获得斑点状的效果。当“单色”选项被勾选后代表此滤镜只应用于图像中的色调元素，而不改变颜色。

STEP 07 将“图层2”的图层混合模式设置为“叠加”，不透明度为60%，“图层”面板如图8-2-14所示，得到的图像效果如图8-2-15所示。

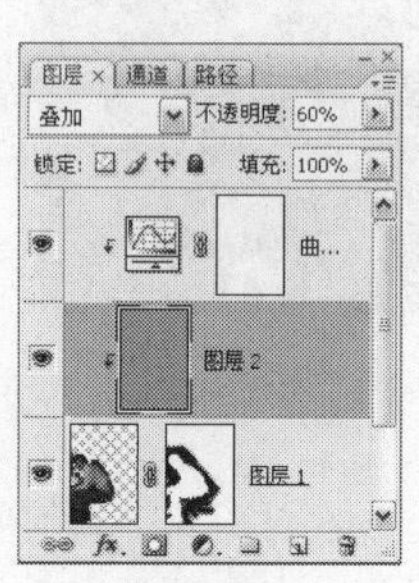

图8-2-14

图8-2-15

STEP 08 选择“背景”图层，将其拖曳至“图层”面板上的创建新图层按钮上，得到“背景副本”图层，如图8-2-16所示。选择工具箱中的加深工具，如图8-2-17所示为人物创建投影的效果。

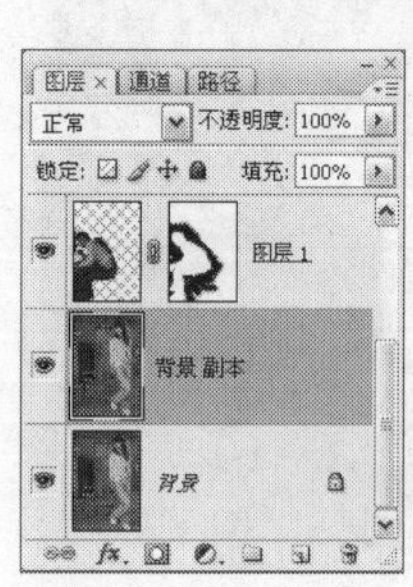

图8-2-16

图8-2-17

Effect 03 为人物面部添加胡须

01 使用【径向模糊】滤镜和【添加杂色】滤镜为人物创建简单的胡茬效果

02 使用【曲线】调整图层调整添加后的胡须颜色

STEP 01 执行【文件】/【打开】命令（Ctrl+O），弹出“打开”对话框，选择需要的素材文件，单击“打开”按钮，如图8-3-1所示。

图8-3-1

STEP 02 单击“图层”面板上的创建新图层按钮，新建“图层1”。将前景色色值设置为R122、G122、B122，选择工具箱中的画笔工具，在“图层1”中进行绘制，“图层”面板如图8-3-2所示，得到的图像效果如图8-3-3所示。

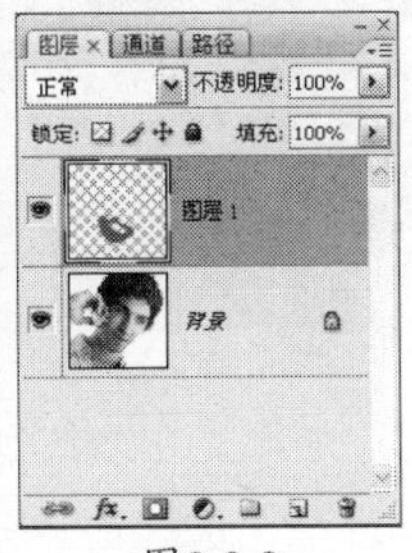

图8-3-2

图8-3-3

STEP 03 选择“图层1”，执行【滤镜】/【杂色】/【添加杂色】命令，弹出“添加杂色”对话框，具体参数设置如图8-3-4所示，设置完毕后单击“确定”按钮，得到的图像效果如图8-3-5所示。

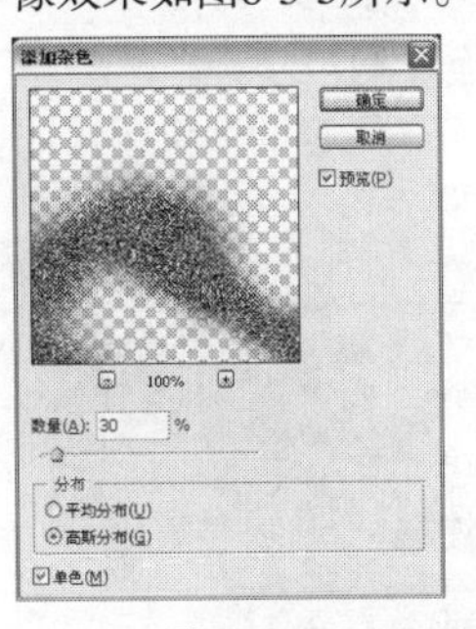

图8-3-4

图8-3-5

步骤提示技巧

在“添加杂色”对话框中，由于“单色”选项将【添加杂色】滤镜只应用于图像中的色调元素，而不改变颜色。因此，当目标图层的填充色为灰色时，勾选该复选项，图像中所添加的杂色显示为灰白色。

STEP 04 选择工具箱中的椭圆选框工具，在图像中绘制椭圆选区，执行【选择】/【变换选区】命令，将选区调整至如图8-3-6所示。选择“图层1”，执行【滤镜】/【模糊】/【径向模糊】命令，弹出“径向模糊”对话框，具体参数设置如图8-3-7所示，设置完毕后单击“确定”按钮，按快捷键Ctrl+D取消选择，得到的图像效果如图8-3-8所示。

图8-3-6

图8-3-7

图8-3-8

步骤提示技巧

通过观察可以发现，在“径向模糊”对话框中不存在“预览”复选框，因此当需要观察应用该滤镜效果时只能先应用滤镜，若滤镜效果需要重新设置，可按快捷键Ctrl+Z返回上一步操作，按快捷键Ctrl+F为直接执行前一次滤镜操作。

STEP 05 将“图层1”的图层混合模式设置为“叠加”，“图层”面板如图8-3-9所示，得到的图像效果如图8-3-10所示。

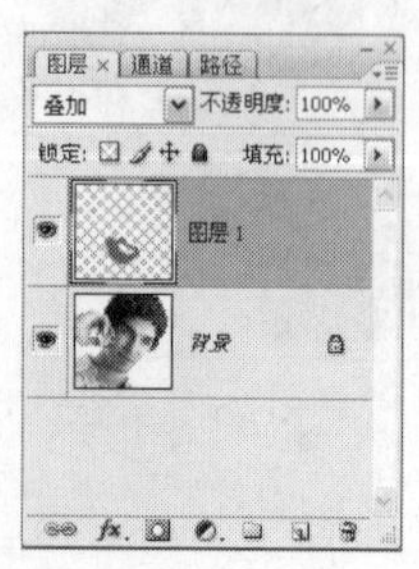

图8-3-9

图8-3-10

步骤提示技巧

在将“图层1”的图层混合模式设置为“叠加”后，可以使“图层1”中的图像与“背景”图层得到较自然的叠加融合效果，使胡须下面的皮肤显露出来。

STEP 06 单击“图层”面板上的创建新的填充或调整图层按钮，在弹出的下拉菜单中选择“曲线”选项，弹出“曲线”对话框，具体参数设置如图8-3-11和图8-3-12所示，设置完毕后单击“确定”按钮。按快捷键Alt+Ctrl+G创建剪贴蒙版，“图层”面板如图8-3-13所示，得到的图像效果如图8-3-14所示。

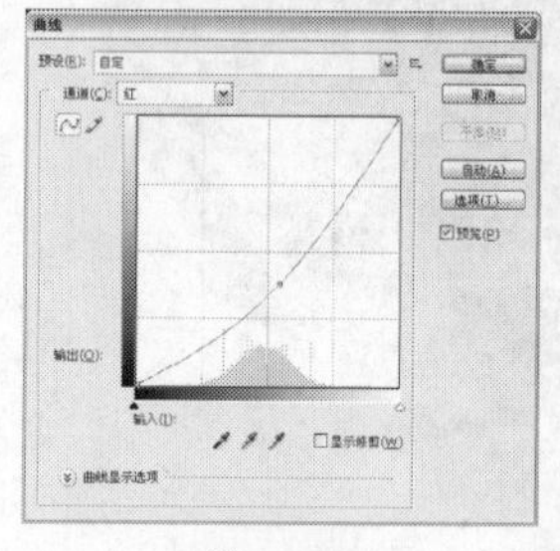
图8-3-11

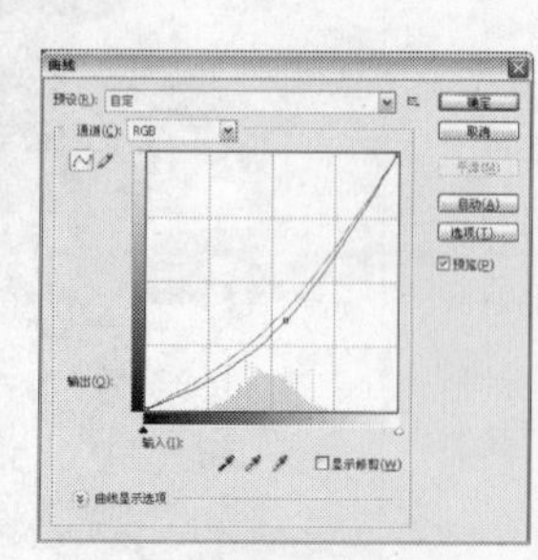
图8-3-12

图8-3-13

图8-3-14

STEP 07 选择“图层1”，单击“图层”面板上的添加图层蒙版按钮，为该图层添加图层蒙版。将前景色设置为黑色，选择工具箱中的画笔工具，在其工具选项栏中设置柔角画笔，对图层蒙版进行编辑，去除所添加胡须比较生硬的边界，“图层”面板如图8-3-15所示，得到的图像效果如图8-3-16所示。

图8-3-15

图8-3-16

Effect 04

协调人物头部与身体

01 使用图层蒙版对人物的头部进行替换编辑

02 使用【色相/饱和度】调整图层为替换后的人物面部进行匹配调整

STEP 01 执行【文件】/【打开】命令（Ctrl+O），弹出“打开”对话框，选择需要的素材文件，单击“打开”按钮，如图8-4-1所示。选择工具箱中的钢笔工具，在图像中绘制如图8-4-2所示的闭合路径，并按快捷键Ctrl+Enter将路径转换为选区。

图8-4-1

图8-4-2

STEP 02 执行【文件】/【打开】命令（Ctrl+O），弹出“打开”对话框，选择需要的素材文件，单击“打开”按钮，如图8-4-3所示。将“背景”图层拖曳至“图层”面板上的创建新图层按钮上，得到“背景副本”图层。

图8-4-3

步骤提示技巧

当对图像进行较难恢复的编辑时，应提前为需要进行修改的图层创建其副本图层，并使所进行的调整在创建的副本图层中执行。

STEP 03 将所创建的选区内图像拖曳至刚打开的文档中，生成“图层1”。执行【编辑】/【变换】/【水平翻转】命令，将其翻转，并按快捷键Ctrl+T对其进行变换，调整拖曳后图像的大小和位置，调整完毕后按Enter键确认变换，“图层”面板如图8-4-4所示，得到的图像效果如图8-4-5所示。

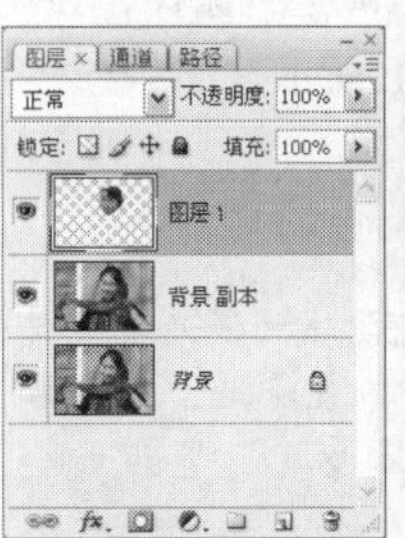

图8-4-4

图8-4-5

STEP 04 选择“图层1”，单击“图层”面板上的添加图层蒙版按钮，为该图层添加图层蒙版。将前景色设置为黑色，选择工具箱中的画笔工具，在其工具选项栏中设置柔角画笔，如图8-4-6、图8-4-7和图8-4-8所示，分别对图像中人物脸部轮廓、耳边头发和额头上的头发进行编辑，“图层”面板如图8-4-9所示，得到的图像效果如图8-4-10所示。

图8-4-6

图8-4-7

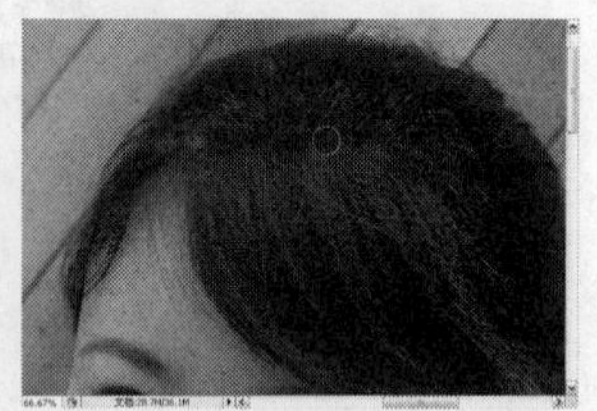
图8-4-8

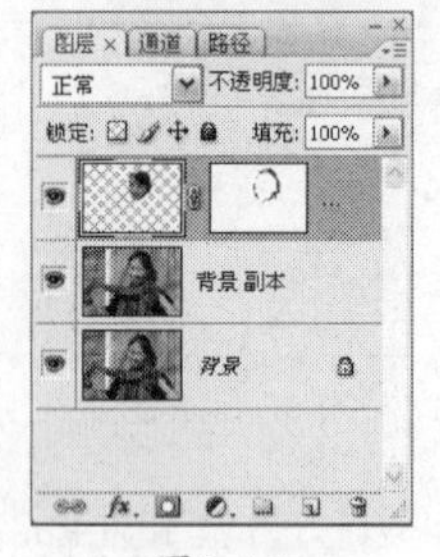

图8-4-9

图8-4-10

步骤提示技巧

在该步骤中，由于两张素材图像所提供的女孩发型不同，因此就需要使用图层蒙版对其进行衔接。在涂抹人物额头上方的头发时，可选用柔角画笔，通过设置不同的不透明度使刘海儿之间的过渡缓和而自然。

STEP 05 选择“背景副本”图层，选择工具箱中的加深工具，如图8-4-11所示对人物颈部区域进行涂抹，强化颈部的阴影效果，图像效果如图8-4-12所示。

步骤提示技巧

加深工具基于调节照片特定区域的曝光度的传统摄影技术，可用于使图像区域变亮或变暗。使用加深工具在某个区域上方绘制的次数越多，该区域就会变得越暗。

图8-4-11

图8-4-12

STEP 06 选择“图层1”，单击“图层”面板上的创建新的填充或调整图层按钮，在弹出的下拉菜单中选择“曲线”选项，弹出“曲线”对话框，具体参数设置如图8-4-13所示，设置完毕后单击“确定”按钮。按快捷键Alt+Ctrl+G创建剪贴蒙版，“图层”面板如图8-4-14所示，得到的图像效果如图8-4-15所示。

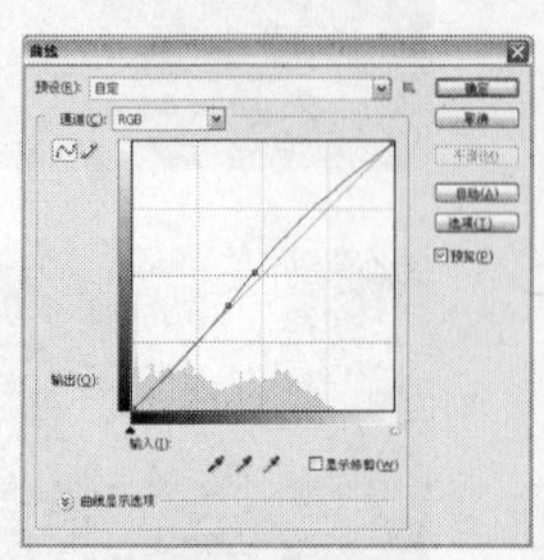
图8-4-13

图8-4-14

图8-4-15

STEP 07 单击“图层”面板上的创建新的填充或调整图层按钮，在弹出的下拉菜单中选择“色相/饱和度”选项，弹出“色相/饱和度”对话框，具体设置如图8-4-16所示，设置完毕后单击“确定”按钮。按快捷键Alt+Ctrl+G创建剪贴蒙版，“图层”面板如图8-4-17所示，得到的图像效果如图8-4-18所示。

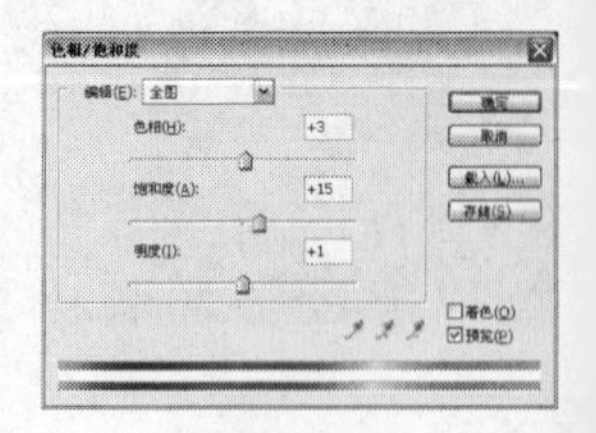
图8-4-16

图8-4-17

图8-4-18

Effect 05 快速选取卷曲的长发

01 通过对通道进行编辑，使人物及其卷曲长发得到抠取效果

02 使用【曲线】调整图层，对人物与背景进行匹配

STEP 01 执行【文件】/【打开】命令（Ctrl+O），弹出“打开”对话框，选择需要的素材文件，单击“打开”按钮，如图8-5-1所示。

图8-5-1

STEP 02 切换至“通道”面板，将“绿”通道拖曳至“通道”面板上的创建新通道按钮 上，得到“绿副本”通道，“通道”面板如图8-5-2所示，得到的图像效果如图8-5-3所示。

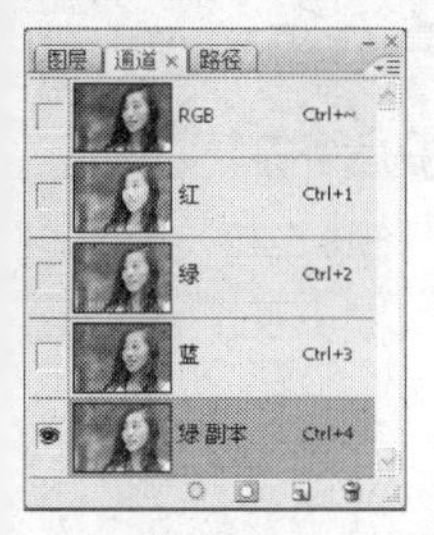

图8-5-2

图8-5-3

步骤提示技巧

在复制需要进行“色阶”调整的通道时，可分别单击“红”通道、“绿”通道和“蓝”通道进行观察，并寻找出头发与背景颜色区分最为明显的通道进行复制。

STEP 03 选择“绿副本”通道，按快捷键Ctrl+L打开“色阶”对话框，具体参数设置如图8-5-4所示，设置完毕后单击“确定”按钮，得到的图像效果如图8-5-5所示。

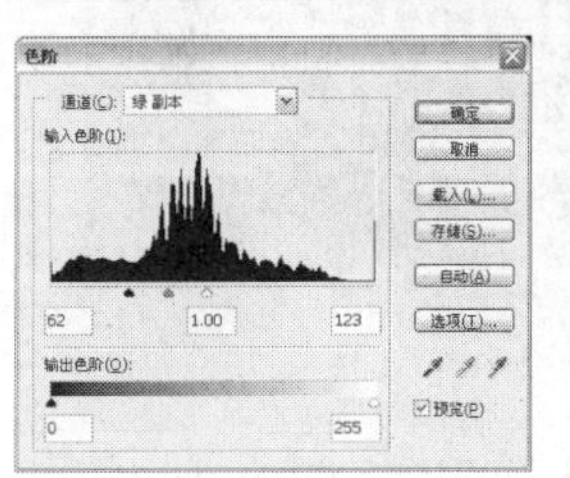

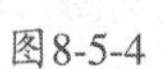

图8-5-4

图8-5-5

STEP 04 将前景色设置为黑色，选择工具箱中的画笔工具，设置合适的笔刷大小和硬度，在“绿副本”通道中进行绘制，使图像中需要被选择的区域被黑色覆

盖，“图层”面板如图8-5-6所示，得到的图像效果如图8-5-7所示。

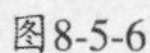
图8-5-6

图8-5-7

STEP 05 将前景色设置为白色，继续使用工具箱中的画笔工具，对“绿副本”通道进行编辑，“通道”面板如图8-5-8所示，得到的图像效果如图8-5-9所示。

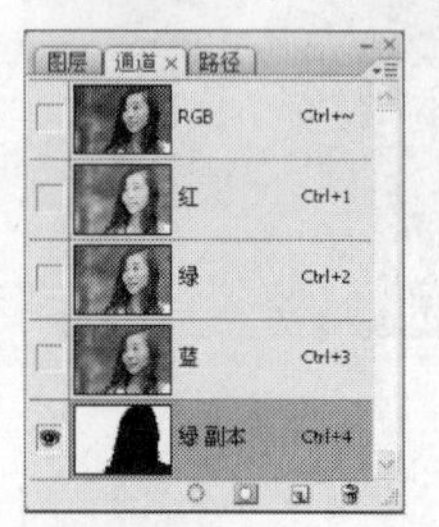

图8-5-8

图8-5-9

步骤提示技巧

由于蒙版和通道都是灰度图像，因此可以使用绘画工具、编辑工具和滤镜像编辑任何其他图像一样对它们进行编辑。在Alpha通道中用白色绘制的区域为选择区域，而用黑色绘制的区域为未被选择区域即保护区域。如下图所示，当显示所有通道后，保护区域部分将会被半透明的红色所覆盖，此时继续编辑人物与背景的边缘，可以使图像获得更好的选取效果。

STEP 06 按Ctrl键单击“绿副本”通道缩览图，调出其选区。切换回“图层”面板，按快捷键Ctrl+~返回RGB模式，按快捷键Ctrl+Shift+I将选区反向，图像效果如图8-5-10所示。执行【图层】/【新建】/【通过拷贝的图层】命令（Ctrl+J），得到“图层1”，“图层”面板如图8-5-11所示。

图8-5-10

图8-5-11

STEP 07 按快捷键Ctrl+O打开如图8-5-12所示的素材图像，并将其拖曳至主文档中，生成“图层2”，“图层”面板如图8-5-13所示，得到的图像效果如图8-5-14所示。

图8-5-12

图8-5-13

图8-5-14

STEP 08 将“图层2”拖曳至“图层”面板上的创建新图层按钮，得到“图层2副本”图层，执行【滤镜】/【模糊】/【高斯模糊】命令，弹出“高斯模糊”对话框，具体参数设置如图8-5-15所示，设置完毕后单击“确定”按钮，得到的图像效果如图8-5-16所示。

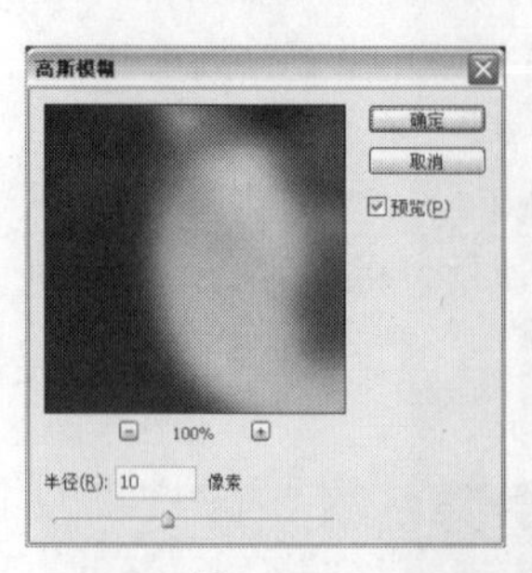

图8-5-15

图8-5-16

步骤提示技巧

在“高斯模糊”对话框中，在效果预览区内按住鼠标左键，可显示未应用“高斯模糊”前的图像效果，松开鼠标左键则显示为应用模糊后的图像预览效果。

STEP 09 将“图层2副本”图层的混合模式设置为“滤色”，“图层”面板如图8-5-17所示，得到的图像效果如图8-5-18所示。

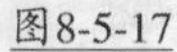

图8-5-17

图8-5-18

STEP 10 选择“图层1”，单击“图层”面板上的添加图层蒙版按钮，为该图层添加图层蒙版。将前景色设置为黑色，选择工具箱中的画笔工具，在其工具选项栏中将画笔设置为柔角，不透明度设置为30%，对图层蒙版进行编辑，柔化人物头发边缘的较硬的区域，“图层”面板如图8-5-19所示，得到的图像效果如图8-5-20所示。

图8-5-19

图8-5-20

STEP 11 选择“图层1”，单击“图层”面板上的创建新的填充或调整图层按钮，在弹出的下拉菜单中选择“曲线”选项，弹出“曲线”对话框，具体设置如图8-5-21所示，设置完毕后单击“确定”按钮。按快捷键Alt+Ctrl+G创建剪贴蒙版，“图层”面板如图8-5-22所示，得到的图像效果如图8-5-23所示。

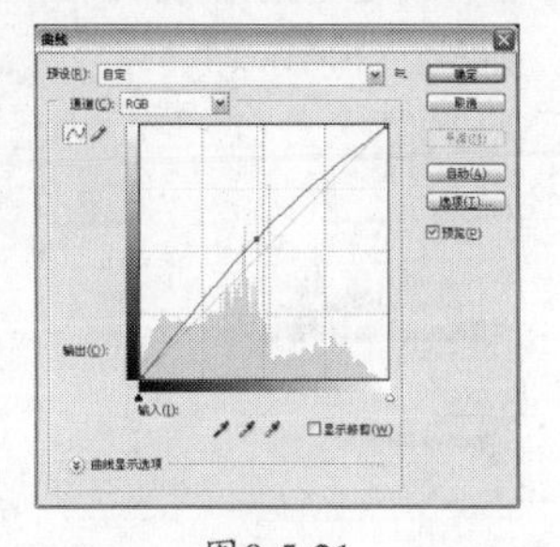

图8-5-21

图8-5-22

图8-5-23

STEP 12 选择“曲线1”调整图层，单击其图层蒙版缩览图。将前景色设置为黑色，选择工具箱中的画笔工具，对图层蒙版进行编辑，“图层”面板如图8-5-24所示，得到的图像效果如图8-5-25所示。

图8-5-24

图8-5-25

Effect 06

置换图像背景

01 在保持主体车的阴影及车窗半透明的状态下，使用通道对汽车进行抠取

02 为抠取后的图像衬托合适的背景

STEP 01 执行【文件】/【打开】命令（Ctrl+O），弹出“打开”对话框，选择需要的素材文件，单击“打开”按钮，如图8-6-1所示。

图8-6-1

STEP 02 选择工具箱中的钢笔工具，在图像中绘制如图8-6-2所示的闭合路径，绘制完毕后按快捷键Ctrl+Enter将路径转换为选区。执行【图层】/【新建】/【通过拷贝的图层】命令（Ctrl+J），得到“图层1”，“图层”面板如图8-6-3所示。

图8-6-2

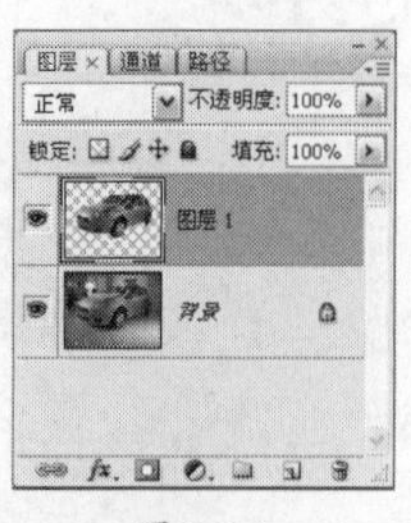

图8-6-3

STEP 03 切换至“通道”面板，将“绿”通道拖曳至“通道”面板上的创建新通道按钮上，得到“绿副本”通道，“通道”面板如图8-6-4所示。选择“绿副本”通道，按快捷键Ctrl+L打开“色阶”对话框，具体参数设置如图8-6-5所示，设置完毕后单击“确定”按钮，得到的图像效果如图8-6-6所示。

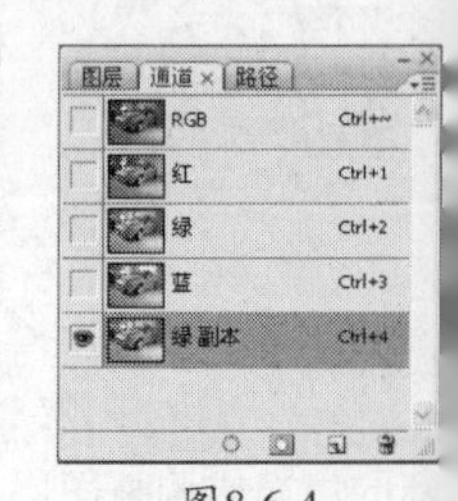

图8-6-4

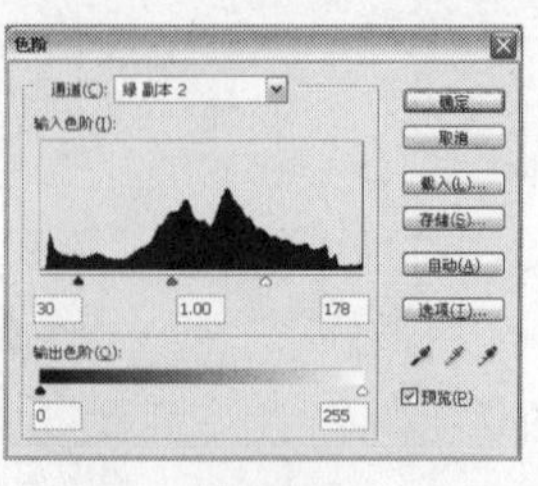

图8-6-5

图8-6-6

STEP 04 按Ctrl键单击“绿副本”通道缩览图，调出其选区，按快捷键Ctrl+Shift+I将选区反向，如图8-6-7所示。切换回“图层”面板，按快捷键Ctrl+~返回RGB模式，选择“背景”图层，执行【图层】/【新建】/【通过拷贝

的图层】命令（Ctrl+J），得到“图层2”，并将其移动至所有图层最上方。隐藏除“图层2”以外的所有图层，得到的图像效果如图8-6-8所示。

图8-6-7

图8-6-8

步骤提示技巧

在创建“绿副本”通道的选区时，由于该通道中存在灰色、白色及黑色三种不同颜色的区域，因此拷贝选区内图像后得到的图像效果也分别为透明、半透明及不透明相间的效果。

STEP 05 选择工具箱中的橡皮擦工具，在“图层2”中进行涂抹，擦去除主体物以外的区域，得到的图像效果如图8-6-9所示。显示“图层1”，执行【图像】/【调整】/【去色】命令（Ctrl+Shift+U），将“图层1”中的图像去色，显示“图层1”，得到的图像效果如图8-6-10所示。

图8-6-9

图8-6-10

STEP 06 按快捷键Ctrl+O打开如图8-6-11所示的素材图像，返回正在编辑的汽车文档，按Ctrl键选择“图层1”和“图层2”，并将其拖曳至打开的素材图像中。按快捷键Ctrl+T对其进行变换，调整拖曳后图像的大小，调整完毕后按Enter键确认变换，得到的图像效果如图8-6-12所示。

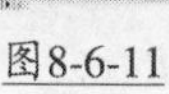

图8-6-11

图8-6-12

STEP 07 选择“图层1”，单击“图层”面板上的添加图层蒙版按钮，为该图层添加图层蒙版。将前景色设置为黑色，选择工具箱中的画笔工具，在其工具选项栏中将画笔设置为柔角，不透明度设置为30%，对图层蒙版进行编辑，提高车窗的透明度，“图层”面板如图8-6-13所示，得到的图像效果如图8-6-14所示。

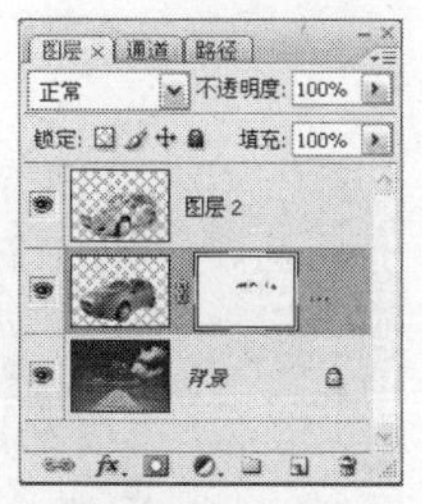

图8-6-13

图8-6-14

STEP 08 选择“图层2”，单击“图层”面板上的添加图层蒙版按钮，为该图层添加图层蒙版。将前景色设置为黑色，选择工具箱中的画笔工具，在其工具选项栏中将画笔设置为柔角，对图层蒙版进行编辑，去除图像中多余的环境色，“图层”面板如图8-6-15所示，得到的图像效果如图8-6-16所示。

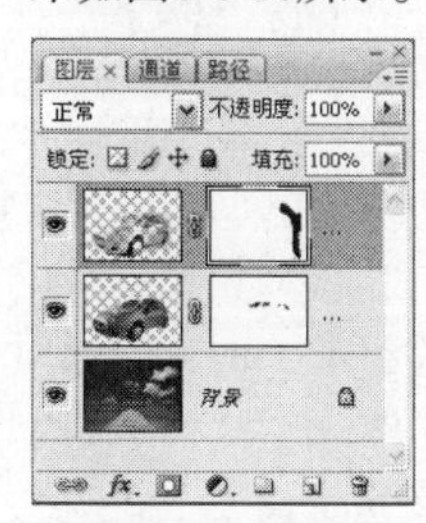

图8-6-15

图8-6-16

Effect 07

打造真实投影

01 通过复制人物的选区并为其填充渐变来创建人物投影

02 应用【透视】命令，使创建的投影获得正确的透视关系，提高图像的投影真实度

STEP 01 执行【文件】/【打开】命令（Ctrl+O），弹出“打开”对话框，选择需要的素材文件，单击“打开”按钮，如图8-7-1所示。 选择工具箱中的钢笔工具，在图像中绘制人物的路径，如图8-7-2所示，绘制完毕后按快捷键Ctrl+Enter将路径转换为选区。

图8-7-1

图8-7-2

STEP 02 按快捷键Ctrl+O，打开如图8-7-3所示的素材图像。选择工具箱中的移动工具，将选区中的图像拖曳至打开的素材图像中，生成“图层1”，图像效果如图8-7-4所示。

图8-7-3

图8-7-4

STEP 03 按Ctrl键单击“图层1”缩览图，调出其选区，如图8-7-5所示。单击“图层”面板上的添加图层蒙版按钮，为“图层1”添加图层蒙版，“图层”面板如图8-7-6所示。

图8-7-5

图8-7-6

STEP 04 选择“图层1”的图层蒙版，执行【滤镜】/【其它】/【最小值】命令，弹出“最小值”对话框，具体设置如图8-7-7所示，设置完毕后单击“确定”按钮，选择“图层1”，选择工具箱中的加深工具，在图像中人物衣服的边缘进行涂抹，使其更自然地融入背景，得到的图像效果如图8-7-8所示。

图8-7-7

图8-7-8

步骤提示技巧

【最小值】滤镜和【最大值】滤镜对于修改蒙版非常有用。其中【最大值】滤镜有应用阻塞的效果，即展开白色区域和阻塞黑色区域；【最小值】滤镜有应用伸展的效果，即展开黑色区域和收缩白色区域。与【中间值】滤镜一样，【最大值】和【最小值】滤镜针对选区中的单个像素。在指定半径内，这两个滤镜用周围像素的最高或最低亮度值替换当前像素的亮度值。

STEP 05 选择“图层1”，单击“图层”面板上的创建新的填充或调整图层按钮，在弹出的下拉菜单中选择“色彩平衡”选项，弹出“色彩平衡”对话框，具体设置如图8-7-9、图8-7-10和图8-7-11所示，设置完毕后单击“确定”按钮。

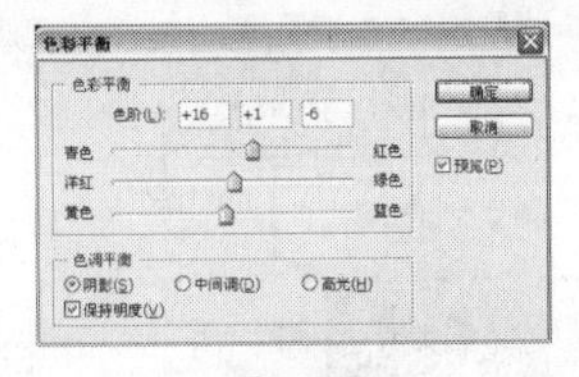
图8-7-9

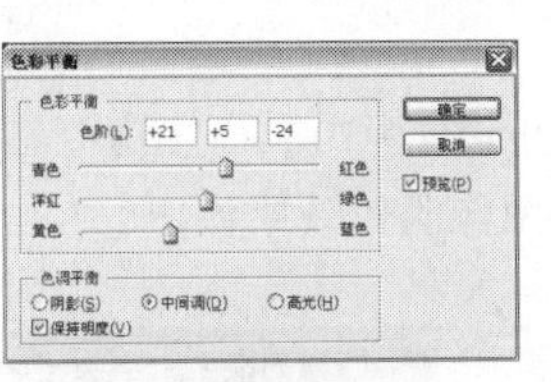
图8-7-10

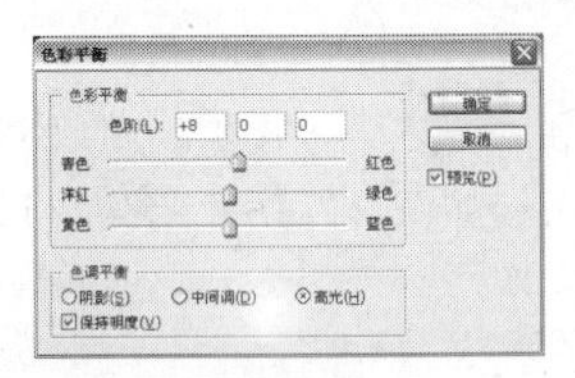
图8-7-11

步骤提示技巧

由于图像中进行拼贴的人物和背景颜色不统一，因此需要应用“色彩平衡”调整图层对其进行调整。当为“图层1”创建剪贴蒙版后，该调整图层的调整效果将只作用于“图层1”也就是只对人物的色彩进行调整。

STEP 06 选择“色彩平衡1”调整图层，按快捷键Alt+Ctrl+G创建剪贴蒙版，“图层”面板如图8-7-12所示，得到的图像效果如图8-7-13所示。

图8-7-12

图8-7-13

STEP 07 按Ctrl键单击“图层1”缩览图，调出其选区。选择“背景”图层，单击“图层”面板上的创建新图层按钮，新建“图层2”，将前景色设置为黑色，选择工具箱中的渐变工具，在其工具选项栏中单击可编辑渐变条，在弹出的“渐变编辑器”对话框中设置由前景到透明的渐变类型，设置完毕后单击“确定”按钮，在选区中由下至上拖动鼠标填充渐变，如图8-7-14所示，填充完毕后按快捷键Ctrl+D取消选择。按快捷键Ctrl+T对“图层2”进行变换，如图8-7-15所示，调整完毕后按Enter键确认变换。

图8-7-14

图8-7-15

STEP 08 将“图层2”的不透明度设置为70%，“图层”面板如图8-7-16所示，得到的图像阴影效果如图8-7-17所示。

图8-7-16

图8-7-17

步骤提示技巧

在图像中，为了使人物的投影显得更加真实，因此适当降低所创建投影的不透明度可以使该投影变得略发透明，使图像的投影效果更加自然。

STEP 09 单击“图层”面板上的添加图层蒙版按钮，为“图层2”添加图层蒙版。将前景色设置为黑色，选择工具箱中的画笔工具，在其工具选项栏中将画笔设置为柔角，不透明度设置为70%，对图层蒙版进行编辑，柔化投影区域，“图层”面板如图8-7-18所示，得到的图像效果如图8-7-19所示。

图8-7-18

图8-7-19

STEP 10 按Ctrl键单击“图层1”缩览图，调出其选区，执行【选择】/【修改】/【羽化】命令（Alt+Ctrl+D），弹出“羽化选区”对话框，具体参数设置如图8-7-20所示，设置完毕后单击“确定”按钮。选择“背景”图层，单击“图层”面板上的创建新图层按钮，新建“图层3”，将前景色设置为黑色，选择工具箱中的渐变工具，设置由前景到透明的渐变类型，并在选区中由下至上拖动鼠标填充渐变。填充完毕后按快捷键Ctrl+D取消选择。选择“图层3”，执行【编辑】/【变换】/【垂直翻转】命令，将图像进行垂直翻转，“图层”面板如图8-7-21所示。

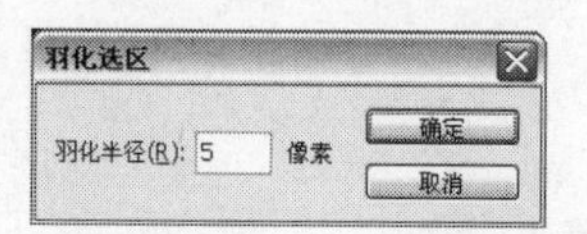

图8-7-20

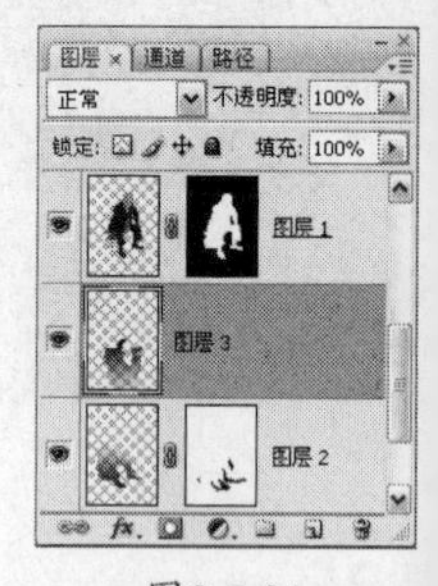

图8-7-21

STEP 11 选择工具箱中的移动工具，将“图层3”略向左下方移动，使垂直翻转后的投影与上面的投影匹配。单击“图层”面板上的添加图层蒙版按钮，为“图层3”添加图层蒙版。将前景色设置为黑色，选择工具箱中的画笔工具，在其工具选项栏中将画笔设置为柔角，并在图层蒙版上进行绘制，“图层”面板如图8-7-22所示，得到的图像效果如图8-7-23所示。

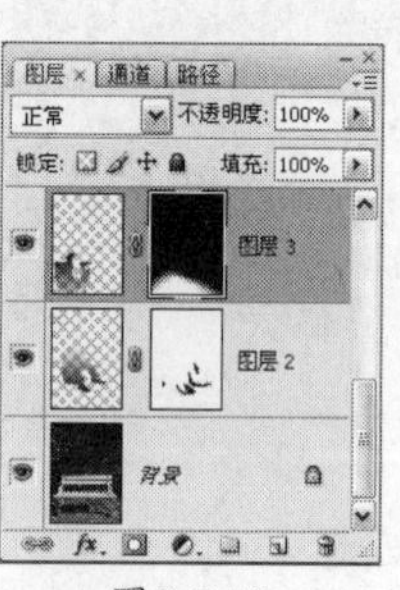

图8-7-22

图8-7-23

STEP 12 选择“色彩平衡1”调整图层，单击“图层”面板上的创建新图层按钮，新建“图层4”。选择工具箱中的画笔工具，在其工具选项栏中设置不透明度为70%，在“图层4”中绘制人物腿部与书籍之间的投影，“图层”面板如图8-7-24所示，得到的图像效果如图8-7-25所示。

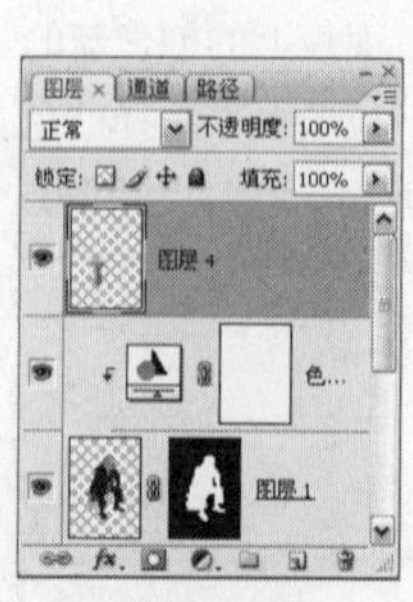

图8-7-24

图8-7-25

STEP 13 单击“图层”面板上的创建新图层按钮，新建“图层5”，继续使用工具箱中的画笔工具，在“图层5”中对书籍的阴影和鞋与椅子的衔接处进行加深绘制，如图8-7-26和图8-7-27所示，绘制完毕后将“图层5”的不透明度设置为60%，得到的图像效果如图8-7-28所示。

图8-7-26

图8-7-27

图8-7-28

Effect 08 主体与背景自然衔接

01 使用钢笔工具创建路径，对人物和船身进行选取

02 通过创建船体与水平的投影，并编辑二者之间的接触关系，使图像与背景获得自然的衔接

STEP 01 执行【文件】/【打开】命令（Ctrl+O），弹出“打开”对话框，选择需要的素材文件，单击“打开”按钮，如图8-8-1所示。选择工具箱中的钢笔工具，在图像中绘制人物的路径，如图8-8-2所示，按快捷键Ctrl+Enter将路径转换为选区。

图8-8-1

图8-8-2

步骤提示技巧

当为图像创建一个新的路径时，可切换至“路径”面板，将该路径也就是面板上显示的“工作路径”拖曳至“路径”面板上创建新路径按钮，将其转换为“路径1”，转换后的“路径1”可保存在该文件中，方便下次应用。

STEP 02 按快捷键Ctrl+O，打开如图8-8-3所示的素材图像。选择工具箱中的移动工具，将选区中的图像拖曳至打开的素材图像中，生成“图层1”，图像效果如图8-8-4所示。

图8-8-3

图8-8-4

STEP 03 单击“图层”面板上的添加图层蒙版按钮，为“图层1”添加图层蒙版。将前景色设置为黑色，选择工具箱中的画笔工具，在其工具选项栏中将画笔设置为柔角，对图层蒙版进行编辑，如图8-8-5所示，使图像中船体边缘的海浪显示出来。继续使用画笔工具，并将其不透明度设置为50%，在海水和船桨处进行绘制，如图8-8-6所示，使船桨呈现半透明的效果，得到的图像效果如图8-8-7所示。

图8-8-5

图8-8-6

图8-8-7

STEP 04 选择“背景”图层，单击“图层”面板上的创建新图层按钮，新建“图层2”，“图层”面板如图8-8-8所示。将前景色设置为黑色，选择工具箱中的画笔工具，在其工具选项栏中将画笔设置为柔角，不透明度设置为70%，在“图层2”中绘制船的阴影，得到的图像效果如图8-8-9所示。

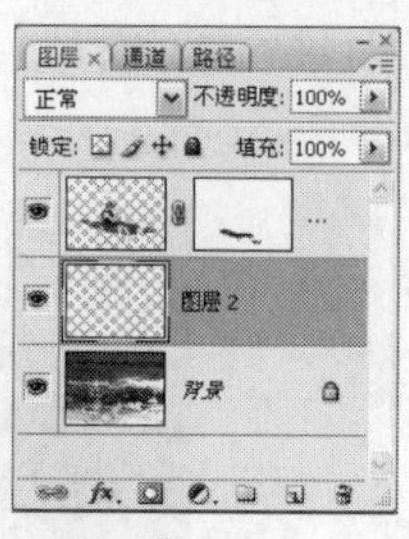

图8-8-8

图8-8-9

STEP 05 继续选择工具箱中的画笔工具，在其工具选项栏中将画笔设置为柔角，不透明度设置为50%，在“图层2”中绘制船桨的阴影，如图8-8-10所示，绘制完毕后将“图层2”的不透明度设置为65%，“图层”面板如图8-8-11所示，得到的图像效果如图8-8-12所示。

图8-8-10

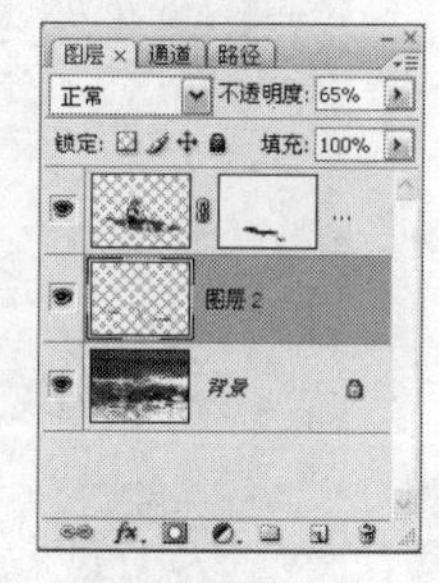

图8-8-11

图8-8-12

步骤提示技巧

由于船桨在水面与船身上都有投影的出现，因此在绘制船桨阴影效果时需要注意其存在的不同位置关系。

STEP 06 选择“图层1”，单击“图层”面板上的创建新图层按钮，新建“图层3”，“图层”面板如图8-8-13所示。将前景色设置为黑色，选择工具箱中的画笔工具，在其工具选项栏中将画笔设置为柔角，不透明度设置为70%，在“图层3”中如图8-8-14所示绘制船身与波浪之间的阴影，得到的图像效果如图8-8-15所示。

图8-8-13

图8-8-14

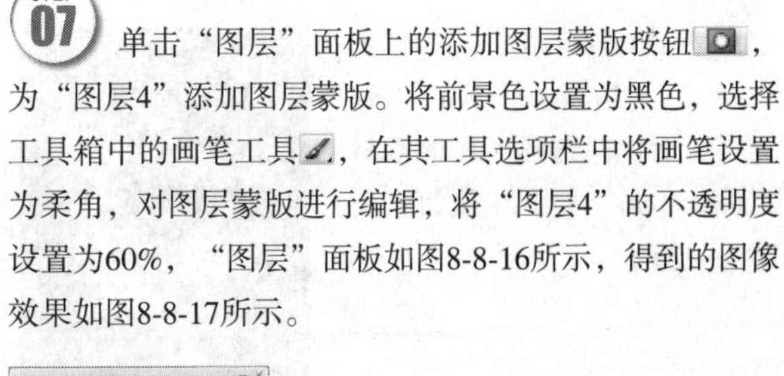

STEP 07 单击“图层”面板上的添加图层蒙版按钮，为“图层4”添加图层蒙版。将前景色设置为黑色，选择工具箱中的画笔工具，在其工具选项栏中将画笔设置为柔角，对图层蒙版进行编辑，将“图层4”的不透明度设置为60%，“图层”面板如图8-8-16所示，得到的图像效果如图8-8-17所示。

图8-8-15

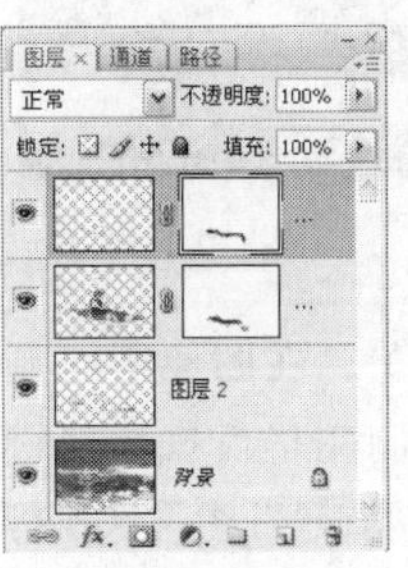

图8-8-16

图8-8-17

Effect 09 更改人物衣服纹理

01 使用钢笔工具创建路径，对人物的衣服进行选取

02 通过对多个图层中的选区应用不同的图层混合模式，使调整后的人物衣服获得叠加多种纹理的效果

STEP 01 执行【文件】/【打开】命令（Ctrl+O），弹出“打开”对话框，选择需要的素材文件，单击“打开”按钮，如图8-9-1所示。

图8-9-1

STEP 02 选择工具箱中的钢笔工具，在图像中绘制人物的路径，如图8-9-2所示。绘制完毕后按快捷键Ctrl+Enter将路径转换为选区，选择“背景”图层，执行【图层】/【新建】/【通过拷贝的图层】命令（Ctrl+J），得到“图层1”，“图层”面板如图8-9-3所示。

图8-9-2

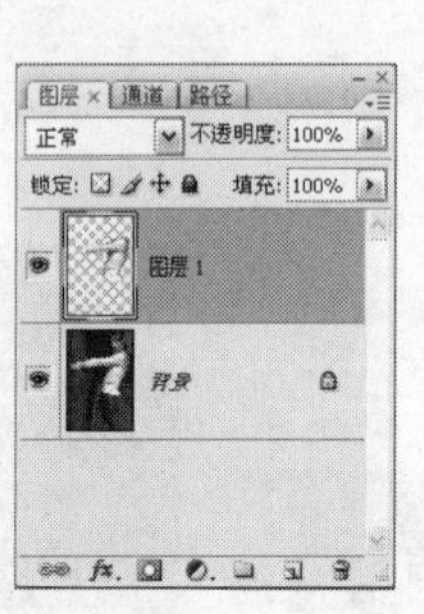

图8-9-3

步骤提示技巧

若图像中存在选区时，执行【图层】/【新建】/【通过拷贝的图层】命令或按快捷键Ctrl+J，可在图层中创建该选区内的图像副本；若执行该命令时图像中不存在选区，则创建当前所选图层的副本图层。

STEP 03 按快捷键Ctrl+O打开需要的素材图像，如图8-9-4所示。将打开的素材图像拖曳至主文档中，生成“图层2”，按快捷键Alt+Ctrl+G为该图层创建剪贴蒙版，“图层”面板如图8-9-5所示，得到的图像效果如图8-9-6所示。

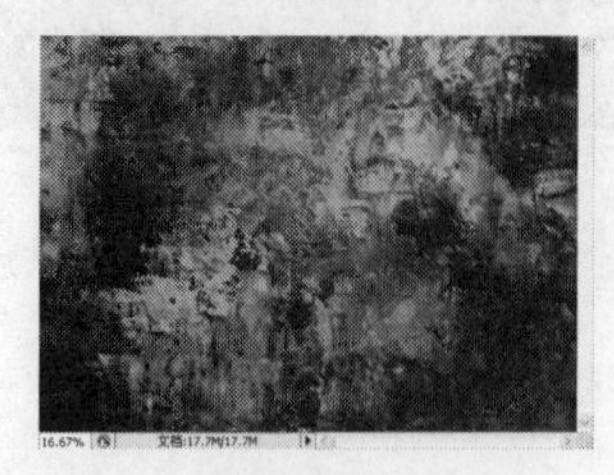
图8-9-4

图8-9-5

图8-9-6

STEP 04 将“图层2”的图层混合模式设置为“线性加深”，“图层”面板如图8-9-7所示，得到的图像效果如图8-9-8所示。

图8-9-7

图8-9-8

STEP 05 选择工具箱中的钢笔工具，在图像中绘制人物手腕处衣服的路径，如图8-9-9所示。绘制完毕后按快捷键Ctrl+Enter将路径转换为选区，选择“背景”图层，按快捷键Ctrl+J拷贝选区内的图像，得到“图层3”，将“图层3”调整至“图层”面板最上层，如图8-9-10所示。

图8-9-9

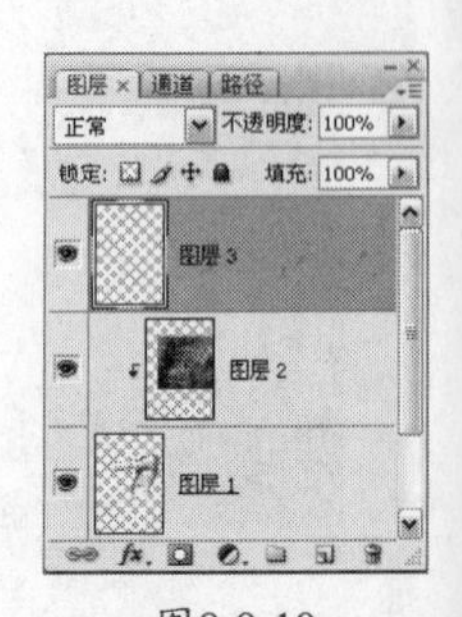

图8-9-10

STEP 06 将“图层2”拖曳至“图层”面板上的创建新图层按钮，得到“图层2副本”图层，将该图层调整至“图层”面板最上层，并按快捷键Alt+Ctrl+G为其创建剪贴蒙版，如图8-9-11所示，得到的图像效果如图8-9-12所示。

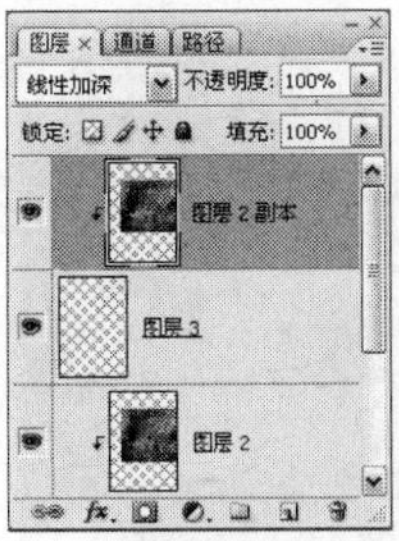

图8-9-11

图8-9-12

步骤提示技巧

由于“图层2副本”为复制图层，因为该图层拥有与“图层2”相同的图层属性，其图层混合模式为“线性加深”不变，因此该步骤中将不用重复设置“图层2副本”的图层混合模式。

STEP 07 选择工具箱中的钢笔工具，在图像中绘制人物裤子的路径，如图8-9-13所示，“路径”面板如图8-9-14所示。按快捷键Ctrl+Enter将路径转换为选区，切换回“图层”面板，选择“背景”图层，按快捷键Ctrl+J拷贝选区内的图像，得到“图层4”，“图层”面板如图8-9-15所示。

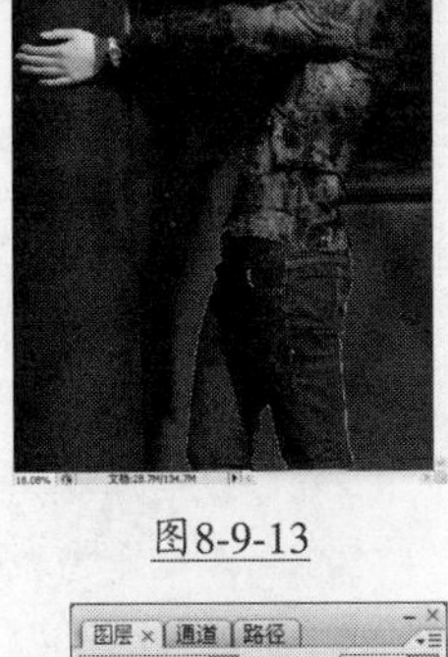

图8-9-13

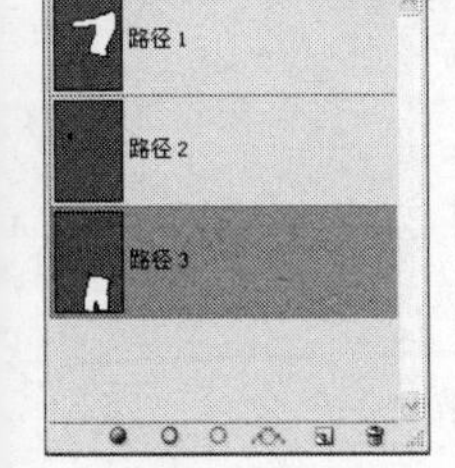

图8-9-14

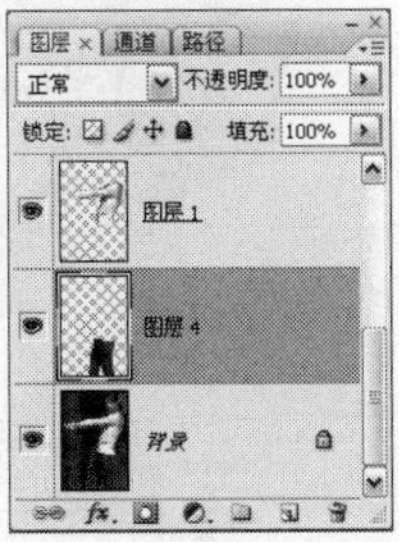

图8-9-15

STEP 08 按快捷键Ctrl+O打开需要的素材图像，如图8-9-16所示。将打开的素材图像拖曳至主文档中，生成“图层5”，按快捷键Alt+Ctrl+G为该图层创建剪贴蒙版，“图层”面板如图8-9-17所示，得到的图像效果如图8-9-18所示。

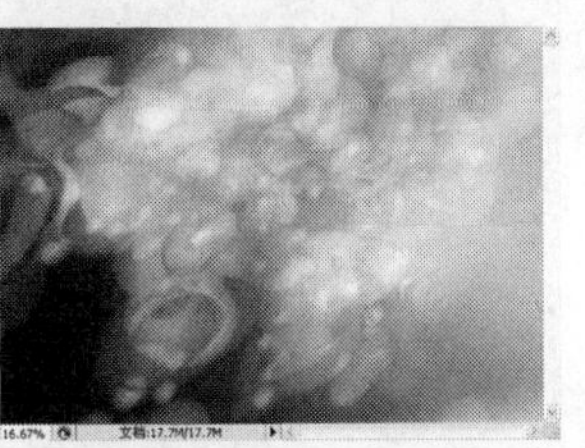

图8-9-16

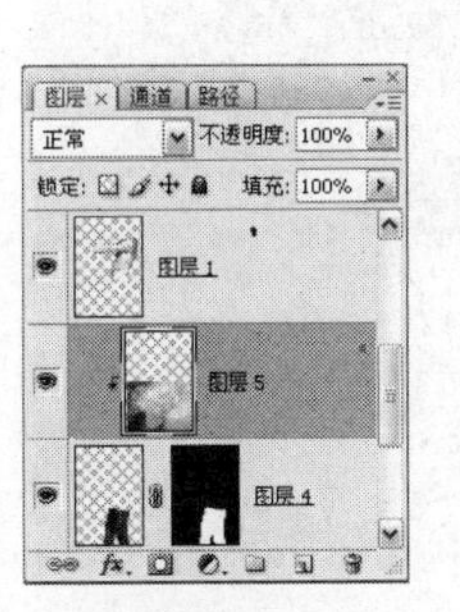

图8-9-17

图8-9-18

STEP 09 将“图层5”的图层混合模式设置为“柔光”，“图层”面板如图8-9-19所示，得到的图像效果如图8-9-20所示。

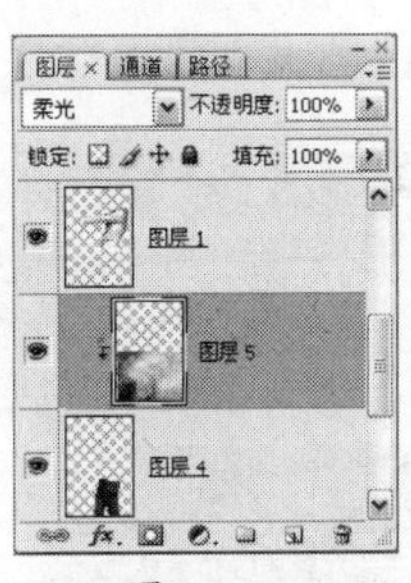

图8-9-19

图8-9-20

步骤提示技巧

在对图层设置不同的图层混合模式时，当“图层”面板上的混合模式复选框处于深灰色的选择状态时，使用键盘上的上方向键或下方向键即可改变当前所选图层的图层混合模式。

STEP 10 将“背景”图层拖曳至“图层”面板上的创建新图层按钮上，得到“背景副本”图层。选择“背景副本”图层，“图层”面板如图8-9-21所示，选择工具箱中的画笔工具，按Alt键在图像的柱子上选取合适的颜色，并如图8-9-22所示进行绘制，掩盖住图像中反射出的白色，图像效果如图8-9-23所示。

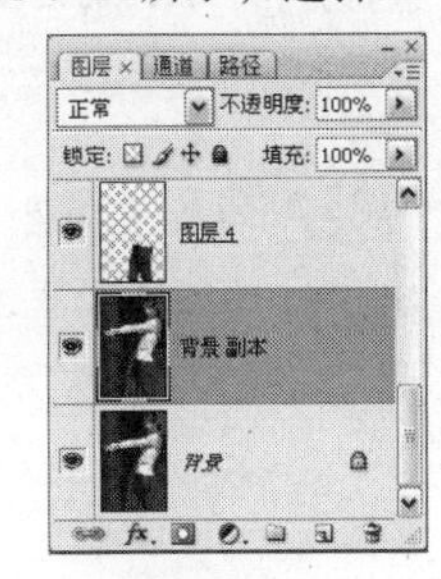

图8-9-21

图8-9-22

图8-9-23

STEP 11 在使用图层模式创建纹理时，选择不同的混合模式，得到的图像效果也不同，当混合模式设置为“颜色加深”时图像效果如图8-9-24所示，当混合模式设置为“颜色”时图像效果如图8-9-25所示。

图8-9-24

图8-9-25

Effect 10 快速抠出主体图像

01 使用【收缩选区】命令，减退图像的边缘因选取而产生的多余边线效果

02 使用画笔工具为抠取后的图像绘制简单投影

STEP 01 执行【文件】/【打开】命令（Ctrl+O），弹出“打开”对话框，选择需要的素材文件，单击“打开”按钮，如图8-10-1所示。

图8-10-1

STEP 02 选择工具箱中的钢笔工具，在图像中绘制闭合路径，如图8-10-2所示，按快捷键Ctrl+Enter将路径转换为选区。

图8-10-2

步骤提示技巧

由于“路径”面板的存在，因此在创建新的路径后可以将该路径存储或转换为新的选区，也可以在拥有选区后通过该面板将选区转换为路径进行存储。

STEP 03 执行【选择】/【修改】/【收缩】命令，弹出“收缩选区”对话框，具体参数设置如图8-10-3所示，设置完毕后单击“确定”按钮，得到的图像效果如图8-10-4所示。

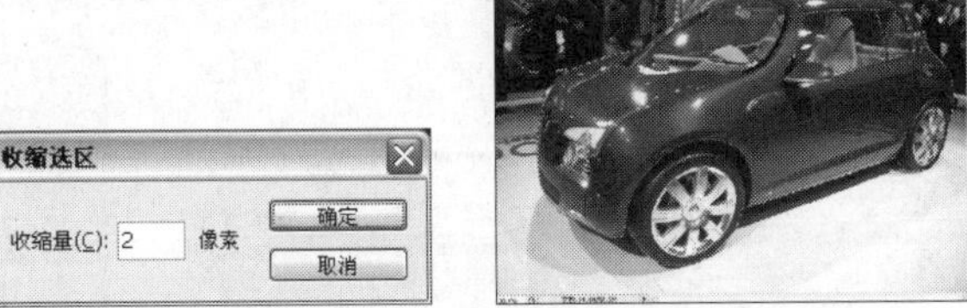

图8-10-3 图8-10-4

步骤提示技巧

在设置“收缩选区”对话框中的收缩参数时，可根据图像的大小设置收缩像素的大小，通常情况下，对图像边缘进行优化时，多使用收缩参数为1。

STEP 04 选择“背景”图层，执行【图层】/【新建】/【通过拷贝的图层】命令（Ctrl+J），得到“图层1”，“图层”面板如图8-10-5所示，隐藏“背景”图层，得到的图像效果如图8-10-6所示。

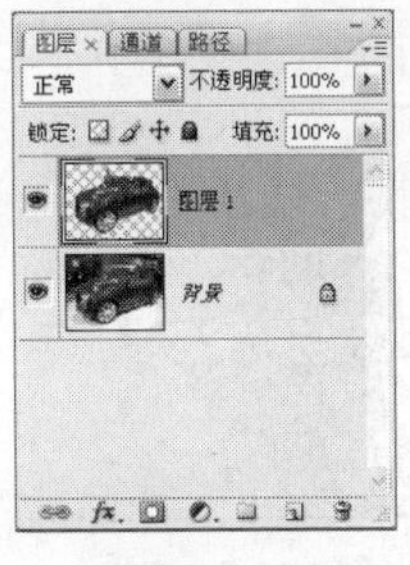

图8-10-5

图8-10-6

步骤提示技巧

在图例中，图1为直接编辑路径并选取后的图像效果，图2为收缩选区后的图像效果。通过观察可以发现，应用【收缩】命令后，汽车周围的边缘明显得到好转。

STEP 05 单击“图层”面板上的创建新的填充或调整图层按钮，在弹出的下拉菜单中选择“曲线”选项，弹出“曲线”对话框，具体参数设置如图8-10-7所示，设置完毕后单击“确定”按钮，得到的图像效果如图8-10-8所示。

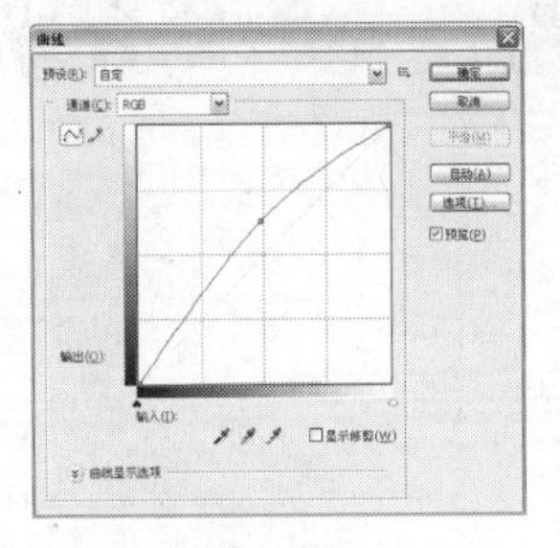

图8-10-7

图8-10-8

STEP 06 将前景色设置为黑色，选择工具箱中的画笔工具，在其工具选项栏中设置合适的画笔大小，对“曲线1”调整图层中的图层蒙版进行编辑，“图层”面板如图8-10-9所示，得到的图像效果如图8-10-10所示。

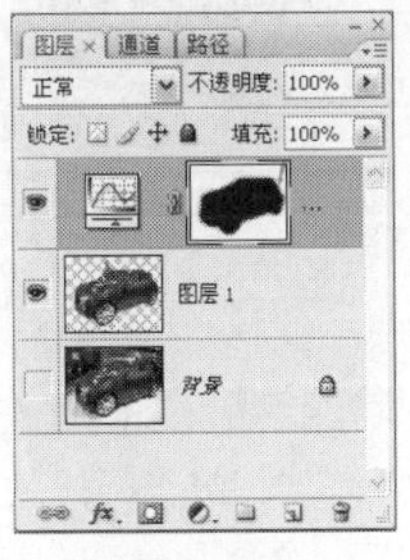

图8-10-9

图8-10-10

步骤提示技巧

当需要对图层蒙版进行编辑时，单击“图层”面板中的图层蒙版缩览图，使之成为当前所选图层，当蒙版缩览图的周围出现一个边框时，代表该图层蒙版处于可编辑状态。

STEP 07 选择“背景”图层，单击“图层”面板上的创建新图层按钮，新建“图层2”。将前景色设置为白色，按快捷键Alt+Delete填充前景色，“图层”面板如图8-10-11所示，得到的图像效果如图8-10-12所示。

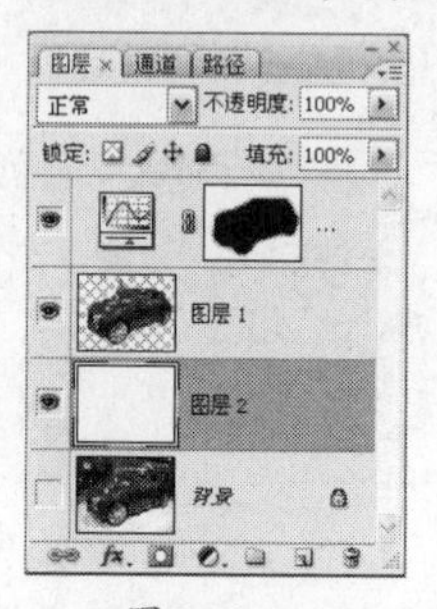
图8-10-11

图8-10-12

STEP 08 单击“图层”面板上的创建新图层按钮，新建“图层3”。将前景色设置为黑色，选择工具箱中的画笔工具，在其工具选项栏中设置柔角画笔，不透明度设置为40%，在图像中绘制车的阴影区域，绘制完毕后将“图层3”的不透明度设置为80%，“图层”面板如图8-10-13所示，得到的图像效果如图8-10-14所示。

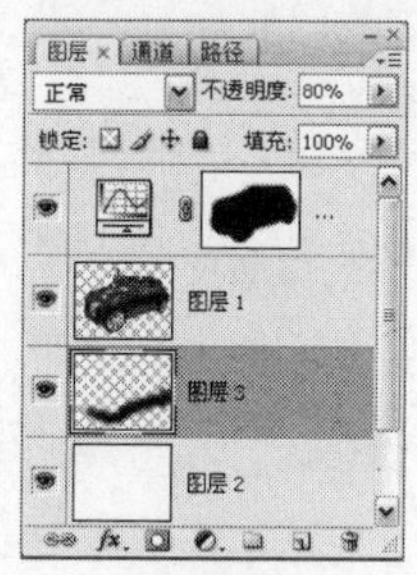
图8-10-13

图8-10-14

Effect 11 空玻璃瓶与物体合成

01 使用钢笔工具为番茄创建选区

02 使用通道选择半透明的玻璃容器，模拟空瓶置物的效果

03 应用【垂直翻转】命令为物体创建合适投影

STEP 01 执行【文件】/【打开】命令（Ctrl+O），弹出“打开”对话框，选择需要的素材图像，单击“打开”按钮，如图8-11-1所示。选择工具箱中的钢笔工具，在图像中绘制番茄的路径，如图8-11-2所示，按快捷键Ctrl+Enter将路径转换为选区。

图8-11-1

图8-11-2

STEP 02 按快捷键Ctrl+O打开需要的素材图像，如图8-11-3所示，将选中的番茄拖曳至打开的素材图像中，生成“图层1”，“图层”面板如图8-11-4所示，得到的图像效果如图8-11-5所示。

图8-11-3

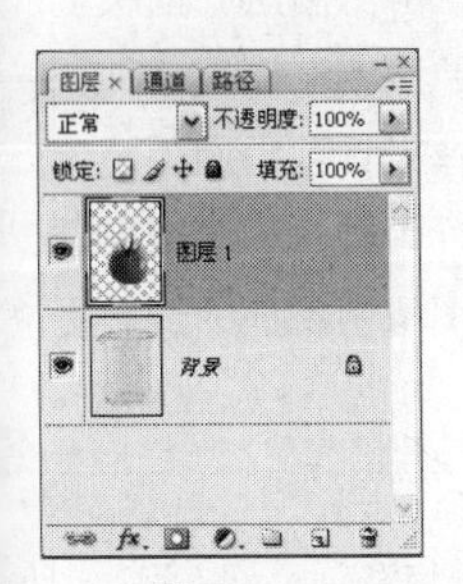

图8-11-4

图8-11-5

步骤提示技巧

将番茄置入到玻璃容器中时，需要将其调整为适合容器的容纳大小，并调整番茄底部与烧杯底部的接触位置，使合成的图像更加真实地显示为放置在烧杯内，而不是悬在半空。

STEP 03 隐藏“图层1”，切换至“通道”面板，将“蓝”通道拖曳至“通道”面板上的创建新通道按钮 上，得到“蓝副本”通道，“图层”面板如图8-11-6所示，得到的图像效果如图8-11-7所示。

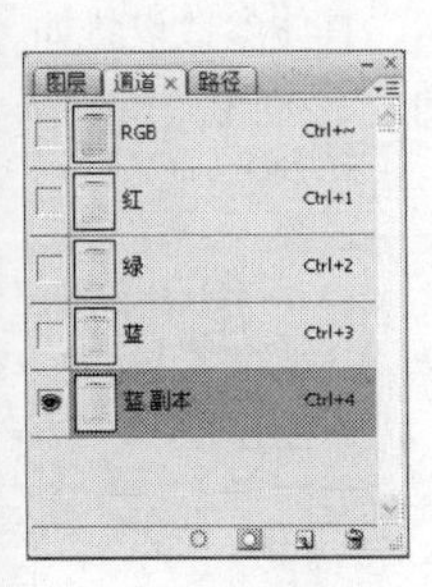

图8-11-6

图8-11-7

步骤提示技巧

在选择需要进行复制、调整的通道时，可切换不同的颜色通道对其进行观察，如右图依次显示为“红”通道、“绿”通道和“蓝”通道，通过比较可以发现，“蓝”通道的黑白分布较明显，因此可对该通道进行编辑。

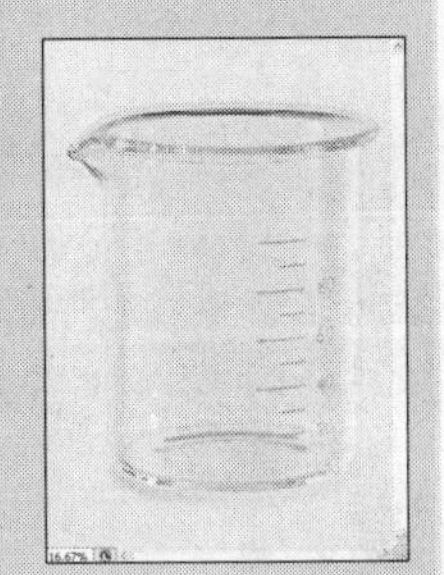

STEP 04 选择“蓝副本”通道，按快捷键Ctrl+L打开“色阶”对话框，具体参数设置如图8-11-8所示，设置完毕后单击“确定”按钮，得到的图像效果如图8-11-9所示。

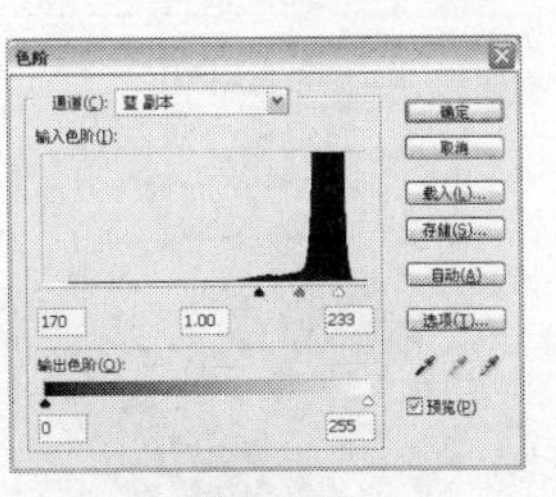

图8-11-8

图8-11-9

STEP 05 选择工具箱中仿制图章工具，按住Alt键在合适区域取样，并在玻璃瓶底部进行绘制，如图8-11-10所示，去除图像中的瓶底透视效果。按Ctrl键单击“蓝副本”通道缩览图，调出其选区，按快捷键Ctrl+Shift+I将选区反向，得到的选区效果如图8-11-11所示。

图8-11-10

图8-11-11

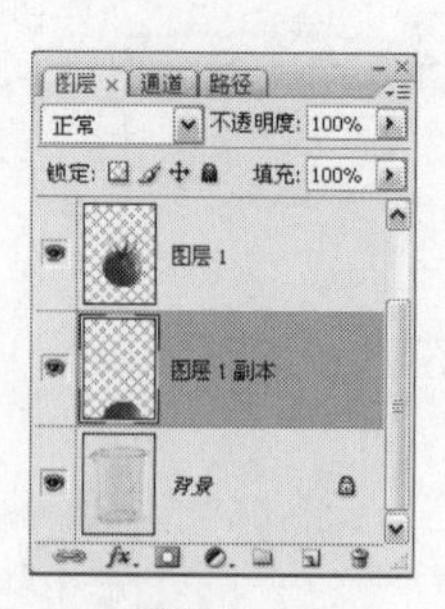

图8-11-15

图8-11-16

步骤提示技巧

在创建选区时，由于烧杯为透明玻璃材质，因此为了使番茄能够正确地被玻璃所遮盖，则需要掩盖透过烧杯所反射出的杯底透视效果线条。

STEP 06 切换回“图层”面板，按快捷键Ctrl+~返回图像RGB模式，选择“背景”图层，按快捷键Ctrl+J拷贝选区内图像，得到“图层2”，“图层”面板如图8-11-12所示，按快捷键Ctrl+]将“图层2”调整至“图层1”上方，显示“图层1”，“图层”面板如图8-11-13所示，得到的图像效果如图8-11-14所示。

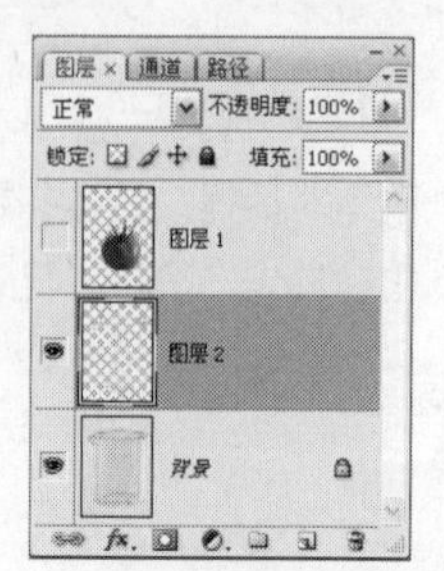

图8-11-12

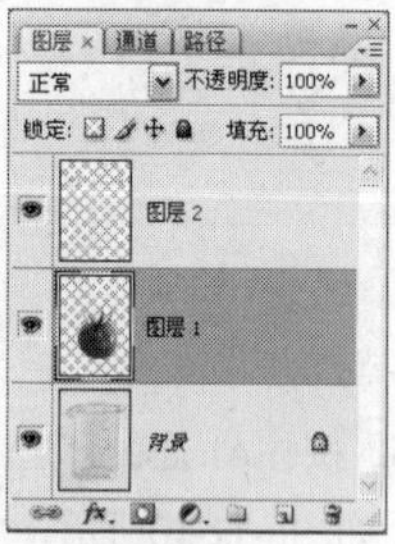

图8-11-13

图8-11-14

STEP 07 将“图层1”拖曳至“图层”面板上的创建新图层按钮上，得到“图层1副本”图层，将该副本图层调整至“图层1”下方，执行【编辑】/【变换】/【垂直翻转】命令，并将其移动至合适位置，“图层”面板如图8-11-15所示，得到的图像效果如图8-11-16所示。

STEP 08 选择“图层1副本”图层，单击“图层”面板上的添加图层蒙版按钮，为“图层1副本”图层添加图层蒙版。将前景色设置为黑色，选择工具箱中的画笔工具，在其工具选项栏中将画笔设置为柔角，对图层蒙版进行编辑，如图8-11-17所示，使图像中番茄的倒影更加真实，图像效果如图8-11-18所示。

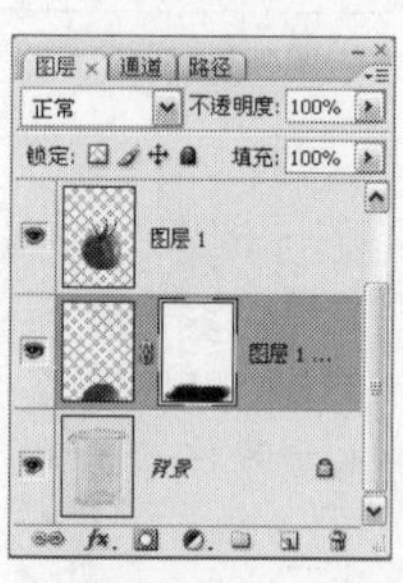

图8-11-17

图8-11-18

STEP 09 将“图层1”拖曳至“图层”面板上的创建新图层按钮上，得到“图层1副本2”图层，隐藏“图层1”，将该副本图层调整至“图层1副本”下方，如图8-11-19所示。按快捷键Ctrl+T对“图层1副本2”图层进行变换，如图8-11-20所示，调整完毕后按Enter键确认变换。按快捷键Ctrl+U打开“色相/饱和度”对话框，具体参数设置如图8-11-21所示，设置完毕后单击“确定”按钮，得到的图像效果如图8-11-22所示。

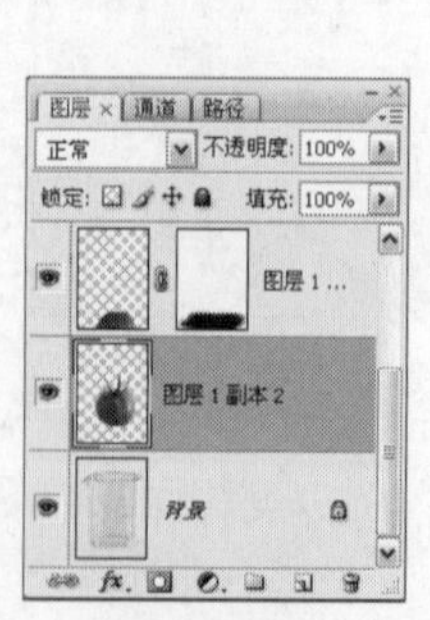

图8-11-19

图8-11-20

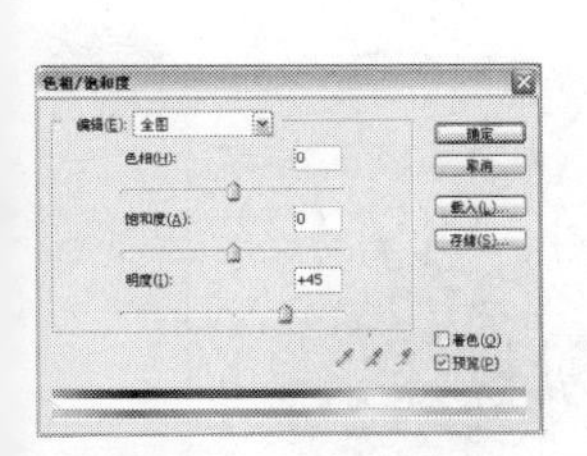
图8-11-21

图8-11-22

STEP 10 在“图层”面板上单击“图层1”缩览图前指示图层可见性按钮，将其显示，如图8-11-23所示。将“图层1副本2”图层的混合模式设置为“颜色加深”，“图层”面板如图8-11-24所示，得到的图像效果如图8-11-25所示。

图8-11-23

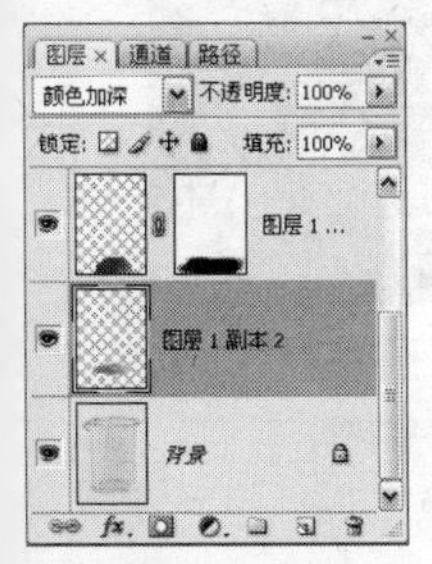

图8-11-24

图8-11-25

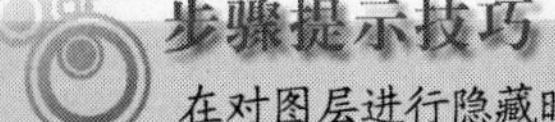

步骤提示技巧

在对图层进行隐藏时，单击需要隐藏图层的缩览图前的指示该图层可见性按钮即可隐藏或显示该图层。当按住 Alt 键的同时单击一个眼睛图标，则只显示该图标对应的图层或图层组的内容，而其他图层将被隐藏。

STEP 11 选择“背景”图层，单击“图层”面板上的创建新图层按钮，新建“图层3”。将前景色色值设置为R244、G58、B58，选择工具箱中的画笔工具，在其工具选项栏中将画笔设置为柔角，如图8-11-26所示在“图层3”中绘制番茄底部的阴影及环境色。选择“图层3”，单击“图层”面板上的添加图层蒙版按钮，为该图层添加图层蒙版，并对其进行编辑，如图8-11-27所示，得到的图像效果如图8-11-28所示。

图8-11-26

步骤提示技巧

由于玻璃较容易反射物体的本身颜色，因此在实例中特为瓶壁添加了因番茄的影响而产生的环境色效果。需要注意的是，所添加的环境色应清淡且自然。

图8-11-27

图8-11-28

STEP 12 将“图层3”的不透明度设置为15%，“图层”面板如图8-11-29所示，得到的图像效果如图8-11-30所示。

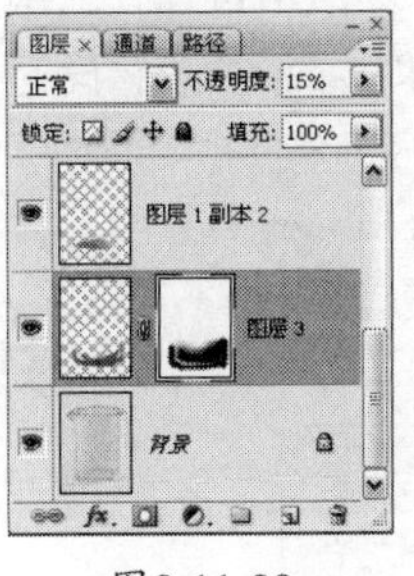

图8-11-29

图8-11-30

STEP 13 选择“背景”图层，单击“图层”面板上的创建新的填充或调整图层按钮，在弹出的下拉菜单中选择“曲线”选项，弹出“曲线”对话框，具体设置如图8-11-31所示，设置完毕后单击“确定”按钮，“图层”面板如图8-11-32所示，得到的图像效果如图8-11-33所示。

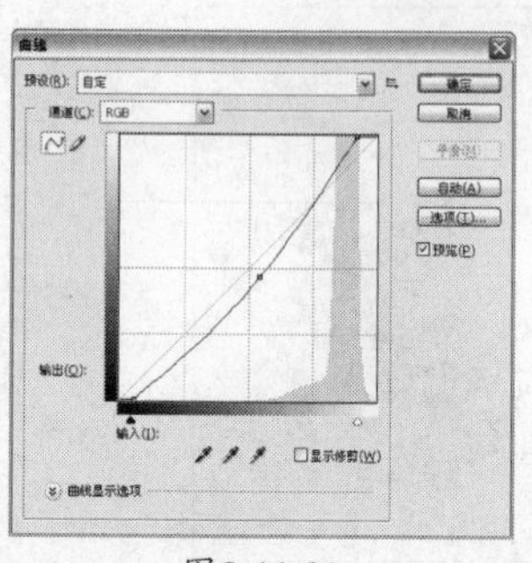
图8-11-31

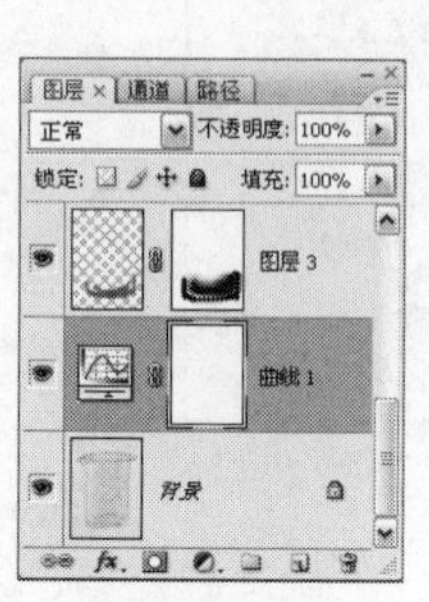
图8-11-32

图8-11-33

Effect 12 制作纸带胶贴效果

01 使用套索工具绘制胶带轮廓

02 使用【塑料包装】滤镜创建胶带质感

03 使用【色彩平衡】调整图层添加胶带颜色

STEP 01 执行【文件】/【新建】命令（Ctrl+N），弹出“新建”对话框，具体参数设置如图8-12-1所示，设置完毕后单击“确定”按钮，新建图像文件。

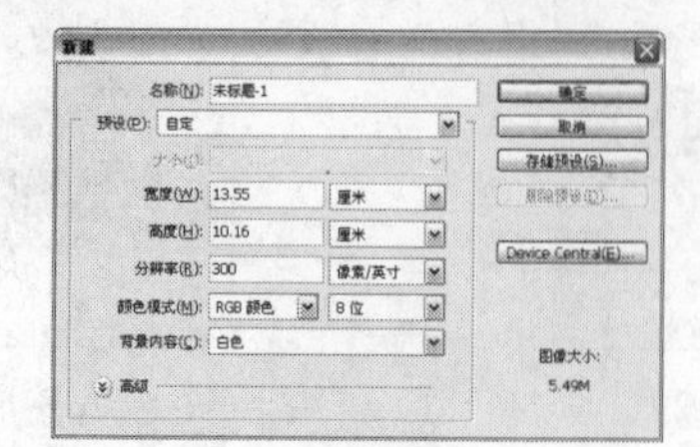
图8-12-1

STEP 02 执行【文件】/【打开】命令（Ctrl+O），弹出“打开”对话框，选择需要的素材图像，单击“打开”按钮，如图8-12-2所示。将该素材图像拖曳至主文档，生成“图层1”。执行【编辑】/【自由变换】命令（Ctrl+T），调出自由变换框，按住Shift键缩小图像，并按Enter键确认变换，“图层”面板如图8-12-3所示，得到的图像效果如图8-12-4所示。

图8-12-2

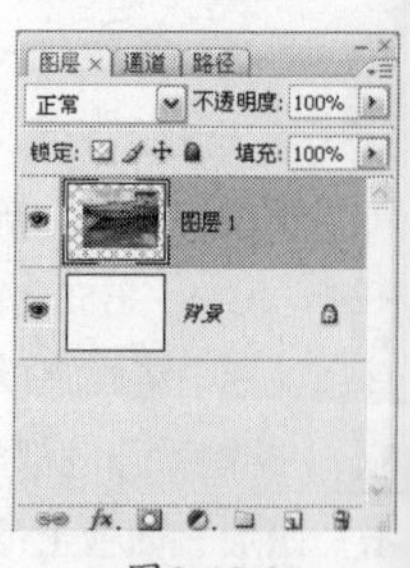
图8-12-3

图8-12-4

STEP 03 选择“图层1”，单击“图层”面板上的添加图层样式按钮，在弹出的下拉菜单中选择“投影”选项，弹出“图层样式”对话框，具体参数设置如图8-12-5所示，设置完毕后不关闭对话框，继续勾选“描边”复选框，具体设置如图8-12-6所示，设置完毕后单击“确定”按钮，“图层”面板如图8-12-7所示，得到的图像效果如图8-12-8所示。

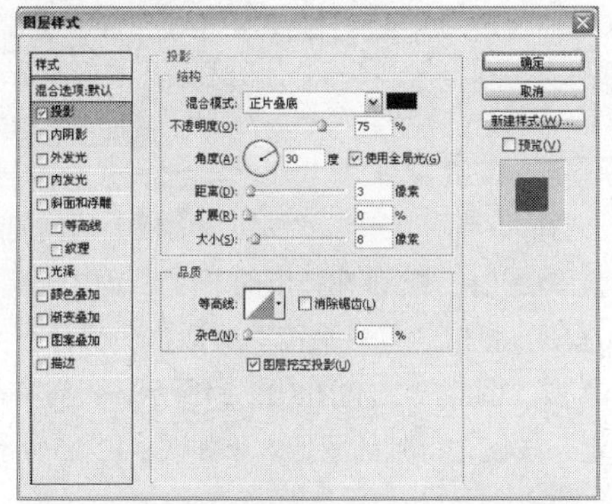

图8-12-5

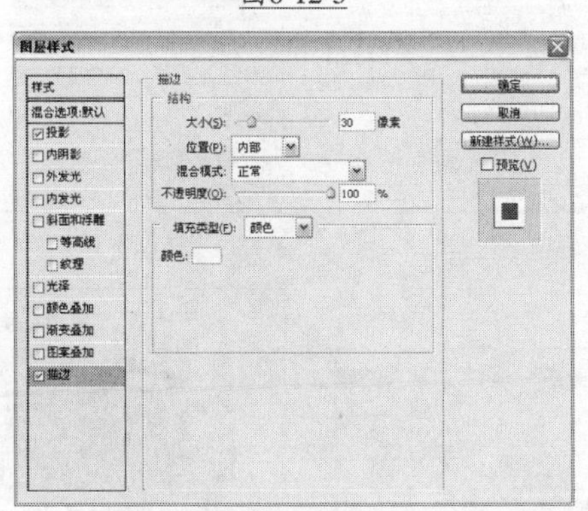

图8-12-6

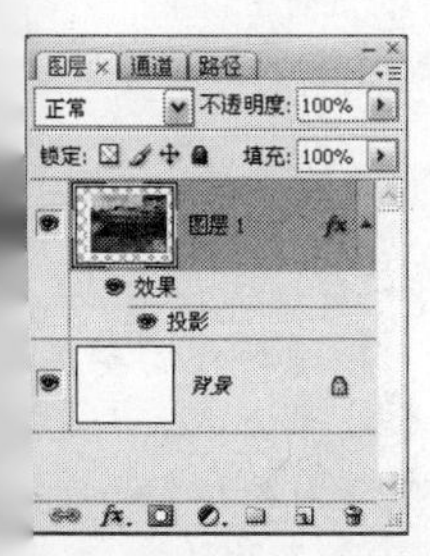

图8-12-7

图8-12-8

STEP 04 选择工具箱中的套索工具，绘制如图8-12-9所示的选区，绘制完毕后单击“图层”面板上的创建新图层按钮，新建“图层2”，将前景色色值设置为R160、G160、B160，按快捷键Alt+Delete填充选区，按快捷键Ctrl+D取消选择，得到的图像效果如图8-12-10所示。

图8-12-9

图8-12-10

步骤提示技巧

在使用套索工具时，按住Alt键可为绘制的胶带选区两侧添加直线效果，松开Alt键则可以自由绘制胶带的不规则选区部分。

STEP 05 将“图层2”的不透明度设置为50%，“图层”面板如图8-12-11所示，得到的图像效果如图8-12-12所示。

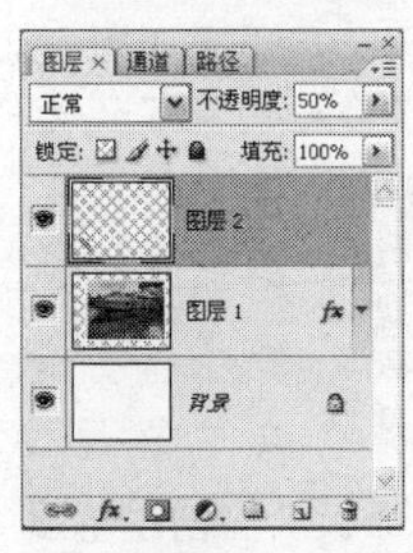

图8-12-11

图8-12-12

STEP 06 在“图层”面板上单击“图层1”缩览图前的指示图层可见性按钮，将其隐藏。选择“图层2”，选择工具箱中的减淡工具，在胶贴上绘制其自然高光，如图8-12-13所示。继续选择工具箱中的加深工具，绘制胶贴的阴影区域，如图8-12-14所示，绘制完毕后显示“图层1”，得到的图像效果如图8-12-15所示。

图8-12-13

图8-12-14

图8-12-15

STEP 07 选择“图层2”，执行【滤镜】/【艺术效果】/【塑料包装】命令，弹出“塑料包装”对话框，具体参数设置如图8-12-16所示，设置完毕后单击“确定”按钮，得到的图像效果如图8-12-17所示。

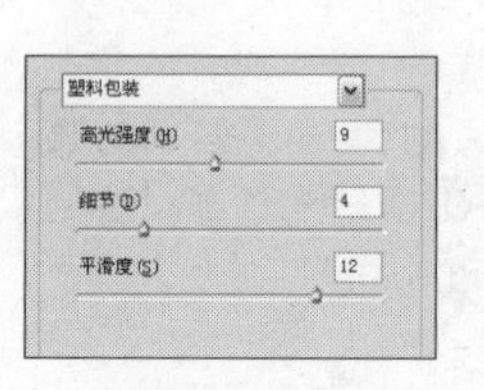

图8-12-16

图8-12-17

步骤提示技巧

应用【塑料包装】滤镜时需要注意，由于所选择的图像大小不同，因此需要进行调整的滤镜参数也不相同。当使用滤镜后胶带所得到的滤镜效果不明显时，在不过多损害图像质量的前提下，可考虑适当降低原图像的大小。

STEP 08 将“图层2”拖曳至“图层”面板上的创建新图层按钮上，得到“图层2副本”图层。选择工具箱中的移动工具，将该图层中的图像水平翻转，并拖曳至画面的另一角，选择工具箱中的套索工具，绘制如图8-12-18所示的选区，按Delete删除选区内容，按快捷键Ctrl+D取消选择，得到的图像效果如图8-12-19所示。

图8-12-18

图8-12-19

STEP 09 继续复制胶贴，并将其分布在画布其余的两个角，如图8-12-20所示，按Ctrl键选择“图层2”、“图层2副本”、“图层2副本2”、“图层2副本3”4个图层，并将其拖曳至“图层”面板上的创建新组按钮上，新建“组1”图层，将“组1”的图层混合模式设置为“正常”，“图层”面板如图8-12-21所示。

图8-12-20

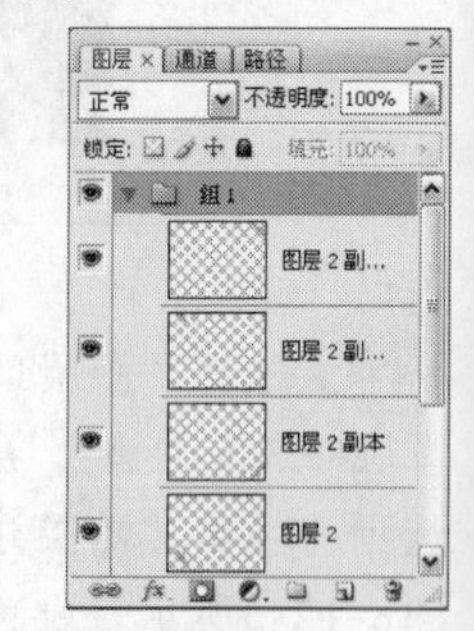

图8-12-21

步骤提示技巧

在对图层进行选择时，按住Ctrl键并单击图层缩览图外部的区域，将选择当前单击图层。按住Ctrl键并单击图层缩览图，则选择的为该图层的图层透明区域。

STEP 10 选择“组1”，单击“图层”面板上的创建新的填充或调整图层按钮，在弹出的下拉菜单中选择“色彩平衡”选项，弹出“色彩平衡”对话框，具体参数设置如图8-12-22、图8-12-23和图8-12-24所示，设置完毕后单击“确定”按钮，得到的图像效果如图8-12-25所示。

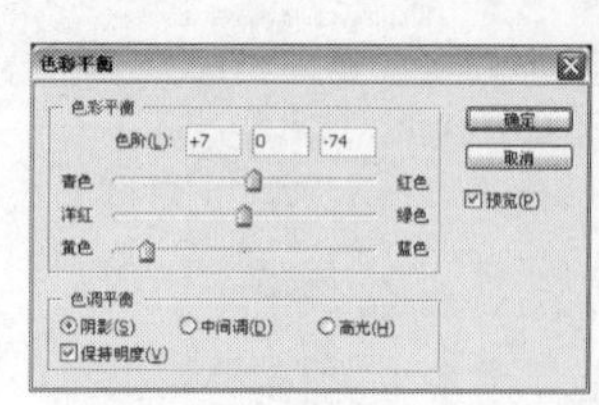

图8-12-22

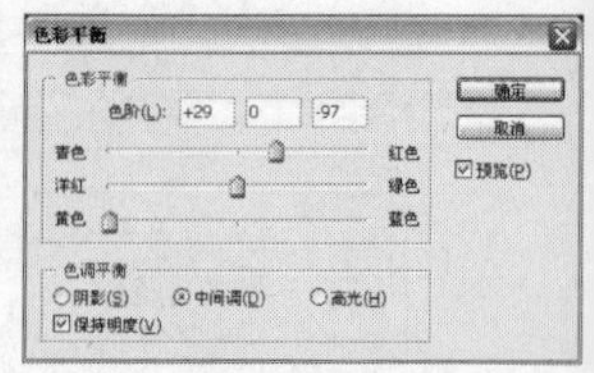

图8-12-23

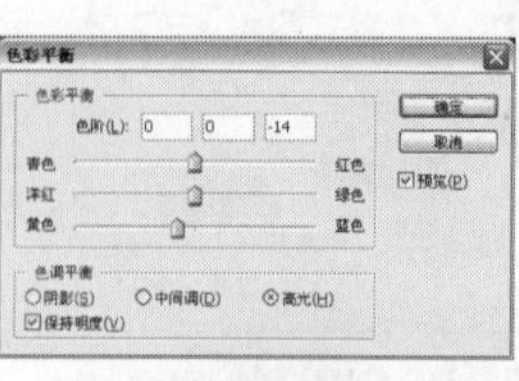

图8-12-24

图8-12-25

步骤提示技巧

在“色彩平衡”对话框中，可将滑块拖向要在图像中增加的颜色；或将滑块拖离要在图像中减少的颜色。为了更突出图像中的胶带质感，因此该步骤使用“色彩平衡”调整图层为胶带添加了黄色效果。

STEP 11 隐藏“组1”选择“图层1”按快捷键Ctrl+Alt+Shift+E盖印可见图层，得到“图层3”，“图层”面板如图8-1-26所示。显示“组1”，选择工具箱中的减淡工具，在“图层3”中的胶带与画布的衔接处进行涂抹，如图8-1-27所示，得到的图像效果如图8-1-28所示。

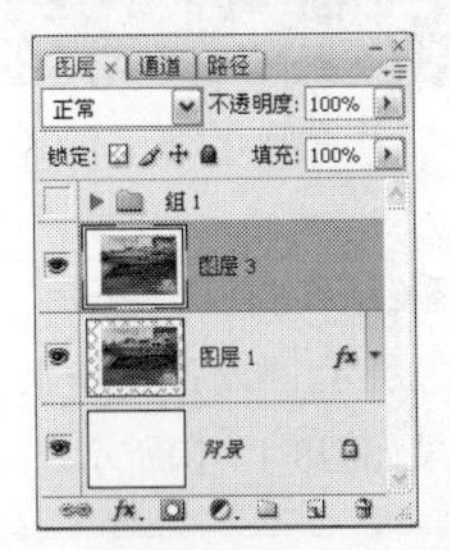

图8-12-26

图8-12-27

图8-12-28

Effect 13 制作残旧照片效果

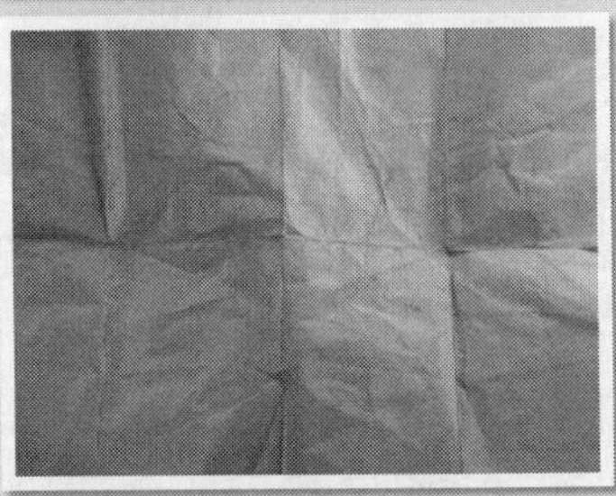

01 使用【色彩平衡】调整图层创建老旧的照片颜色

02 使用图层混合模式创建素材纹理图像与照片的叠加效果

03 使用套索工具绘制图像残破边缘

04 使用图层样式制作照片立体效果

STEP 01 执行【文件】/【打开】命令（Ctrl+O），弹出“打开”对话框，选择需要的素材图像，单击“打开”按钮，如图8-13-1所示。

图8-13-1

STEP 02 单击“图层”面板上的创建新的填充或调整图层按钮，在弹出的下拉菜单中选择“色彩平衡”选项，弹出“色彩平衡”对话框，具体参数设置如图8-13-2、图8-13-3和图8-13-4所示，设置完毕后单击“确定”按钮，“图层”面板状态如图8-13-5所示，得到的图像效果如图8-13-6所示。

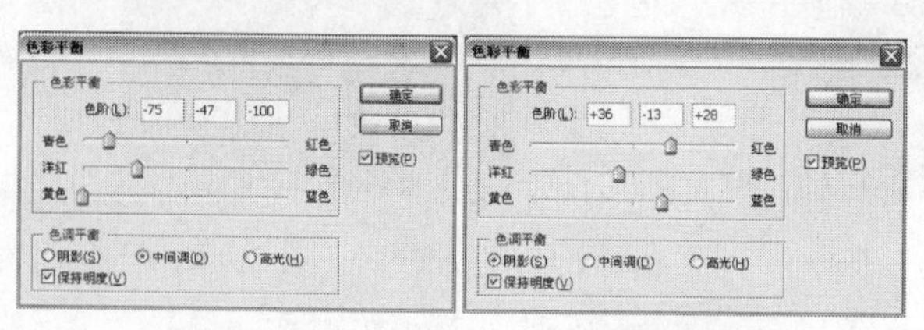

图8-13-2　图8-13-3

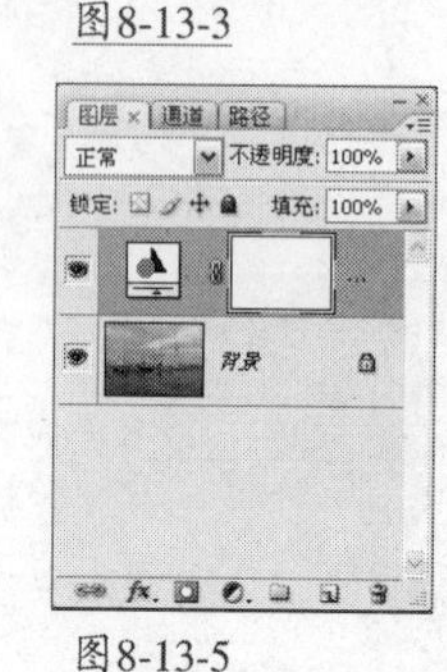

图8-13-4　图8-13-5

图8-13-6

步骤提示技巧

在“色彩平衡”对话框中，分别选择“阴影”、“中间调”和“高光”复选项可以选择要着重调整的色调范围，由于需要制作的效果为老旧照片特效，因此特将图像的颜色调整得略发黄绿色。

STEP 03 执行【文件】/【打开】命令（Ctrl+O），弹出“打开”对话框，选择需要的素材图像，单击“打开”按钮，如图8-13-7所示。将打开的素材图像拖曳至主文档中，生成“图层1”。选择“图层1”，执行【编辑】/【自由变换】命令（Ctrl+T），调出自由变换框，按住Shift键调整图像大小，并按Enter键确认变换。按快捷键Ctrl+Shift+U将图像去色，得到的图像效果如图8-13-8所示。

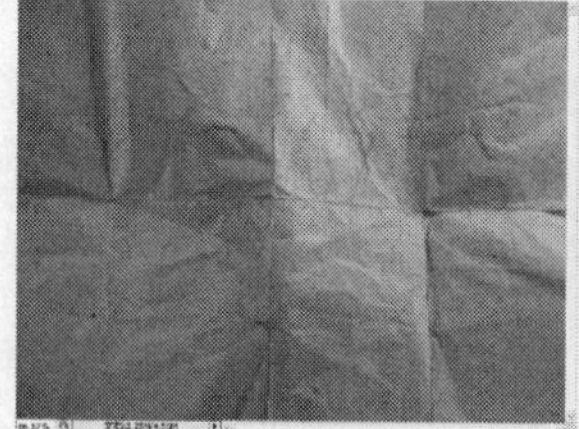

图8-13-7　图8-13-8

STEP 04 选择“图层1”，按快捷键Ctrl+L打开“色阶”对话框，具体参数设置如图8-13-9所示，设置完毕后单击“确定”按钮，得到的图像效果如图8-13-10所示。

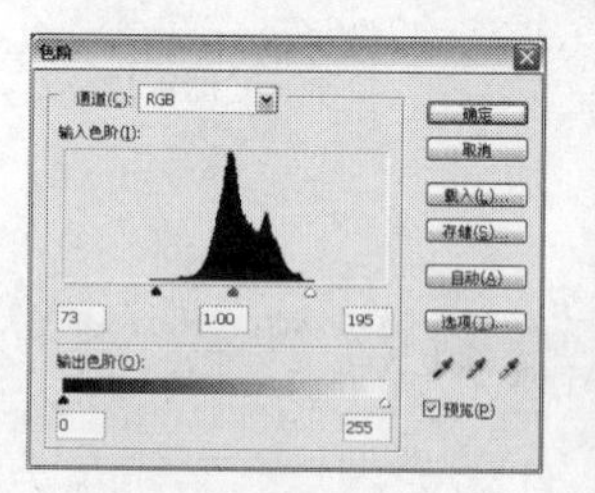

图8-13-9　图8-13-10

步骤提示技巧

通过观察“色阶”对话框中的直方图可以发现，图像像素没有延伸到图形的末端，说明图像没有使用全部色调范围，此时图像的对比度较低，因此需要适当调整“阴影”和“高光”输入滑块的位置，使图像获得较好的整体对比度。

STEP 05 选择“图层1”，将该图层的混合模式设置为“正片叠底”，“图层”面板如图8-13-11所示，得到的图像效果如图8-13-12所示。

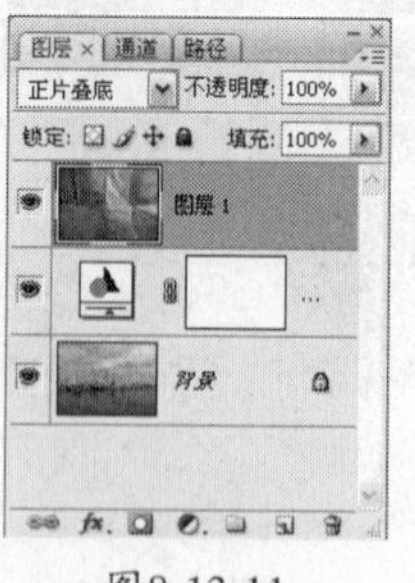

图8-13-11

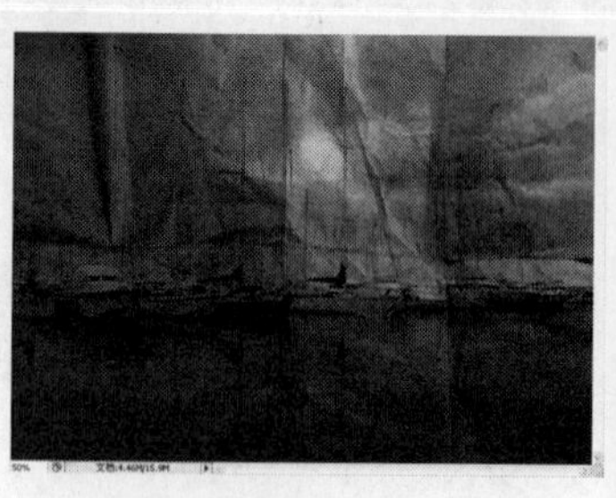

图8-13-12

步骤提示技巧

在“图层”中，图层的混合模式确定了其像素如何与图像中的下层像素进行混合。因此使用恰当的混合模式可以创建出较自然的图像混合效果。

STEP 06 选择“图层1”，单击“图层”面板上的创建新的填充或调整图层按钮，在弹出的下拉菜单中选择“色阶”选项，弹出“色阶”对话框，具体参数设置如图8-13-13所示，设置完毕后单击“确定”按钮，得到的图像效果如图8-13-14所示。

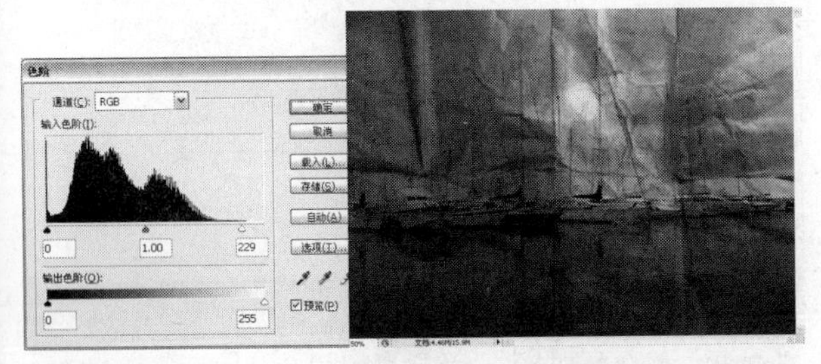

图8-13-13　　图8-13-14

STEP 07 单击“图层”面板上的创建新的填充或调整图层按钮，在弹出的下拉菜单中选择“曲线”选项，弹出“曲线”对话框，具体参数设置如图8-13-15所示，设置完毕后单击“确定”按钮，“图层”面板如图8-13-16所示，得到的图像效果如图8-13-17所示。

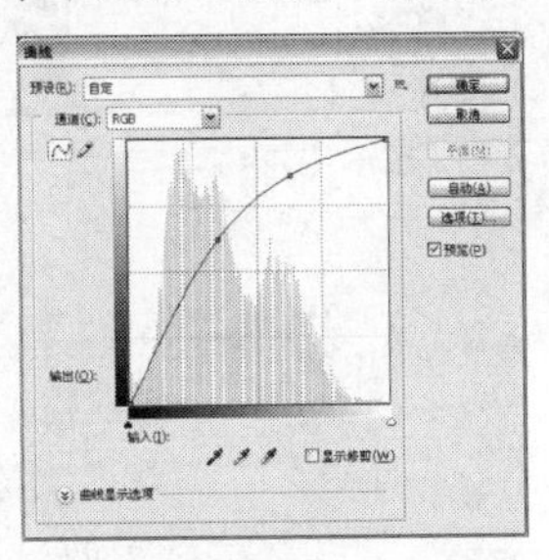

图8-13-15

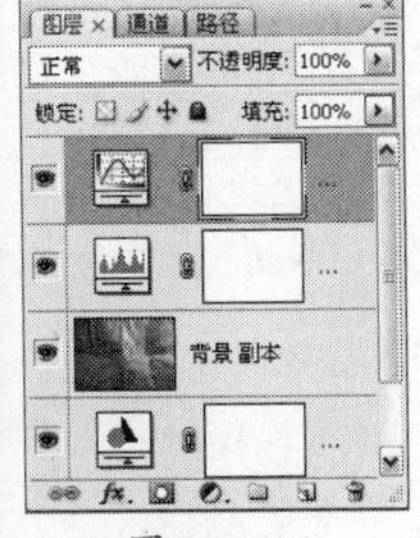

图8-13-16

图8-13-17

STEP 08 单击“图层”面板上的创建新的填充或调整图层按钮，在弹出的下拉菜单中选择“亮度/对比度”选项，弹出“亮度/对比度”对话框，具体参数设置如图8-13-18所示，设置完毕后单击“确定”按钮，“图层”面板如图8-13-19所示，得到的图像效果如图8-13-20所示。

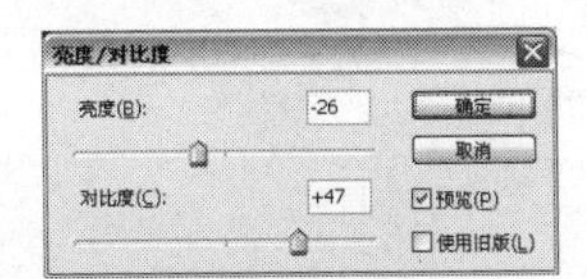

图8-13-18

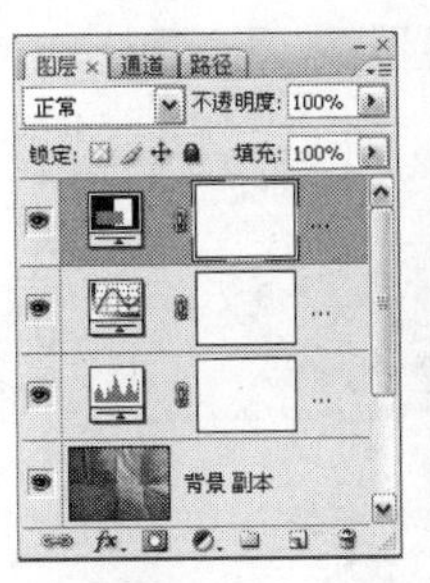

图8-13-19

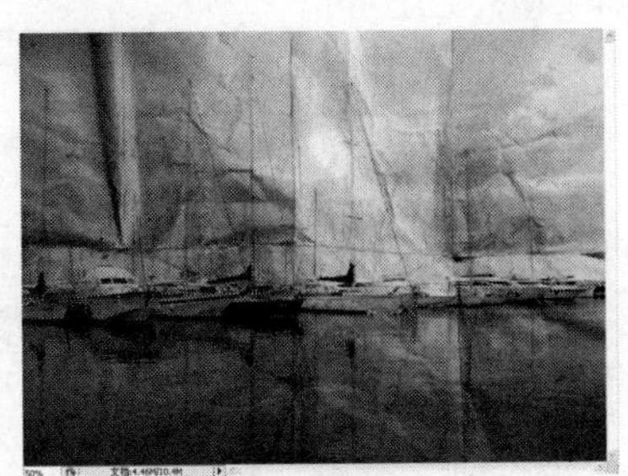

图8-13-20

STEP 09 按快捷键Ctrl+Shift+Alt+E盖印可见图层，得到“图层2”，如图8-13-21所示。单击“图层”面板上的创建新图层按钮，新建“图层3”，将前景色设置为白色，按快捷键Alt+Delete填充前景色，将“图层3”移动至“图层2”下方，“图层”面板如图8-13-22所示。

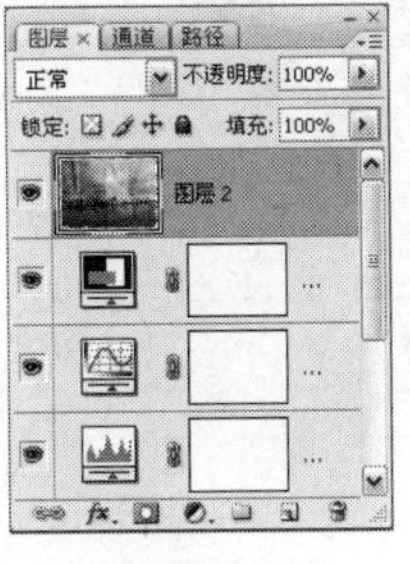

图8-13-21

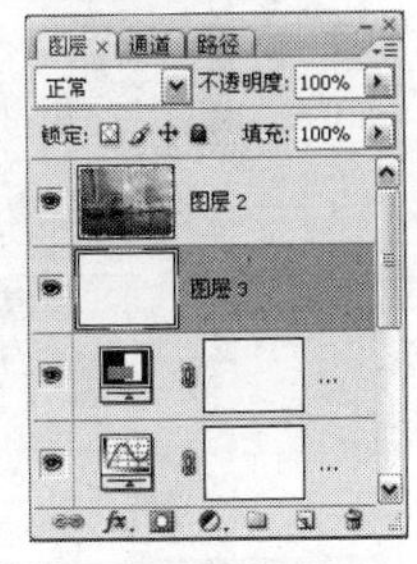

图8-13-22

STEP 10 选择工具箱中的套索工具，在图像中绘制如图8-13-23所示的选区。选择“图层2”，单击添加图层蒙版按钮，为该图层添加图层蒙版，得到的图像效果如图8-13-24所示。

图8-13-23

图8-13-24

STEP 11 选择“图层2”，单击“图层”面板上的添加图层样式按钮，在弹出的下拉菜单中选择“投影”选项，弹出“图层样式”对话框，具体参数设置如图8-13-25所示，设置完毕后不关闭对话框，继续勾选“斜面和浮雕”复选框，具体设置如图8-13-26所示，设置完毕后不关闭对话框，继续勾选“纹理”复选框，具体设置如图8-13-27所示，设置完毕后单击“确定”按钮，“图层”面板如图8-13-28所示，得到的图像效果如图8-13-29所示。

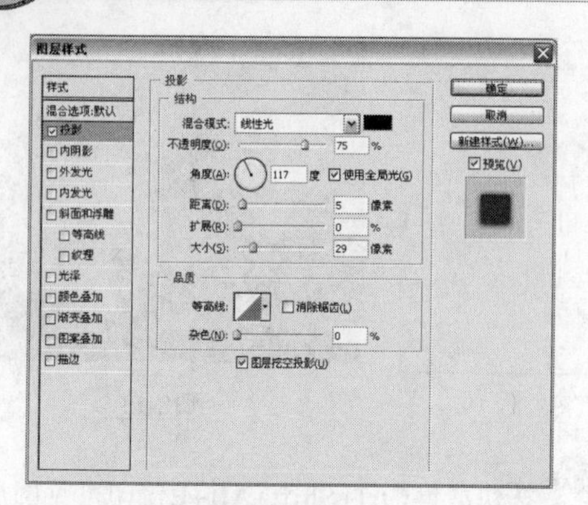

图8-13-25

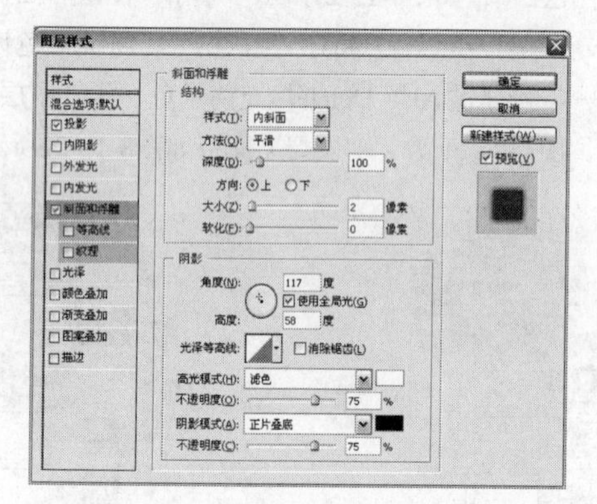

图8-13-26

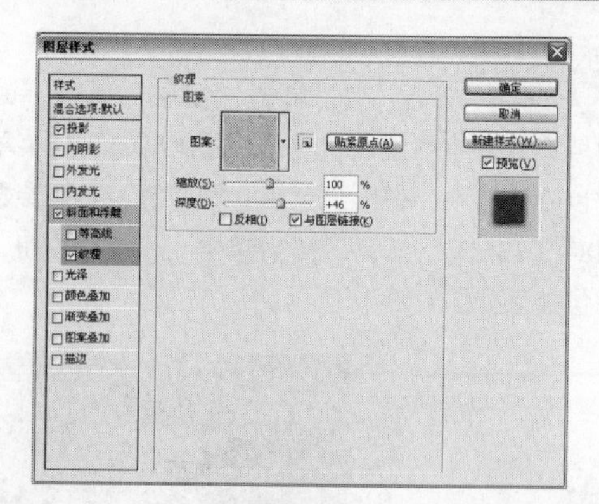

图8-13-27

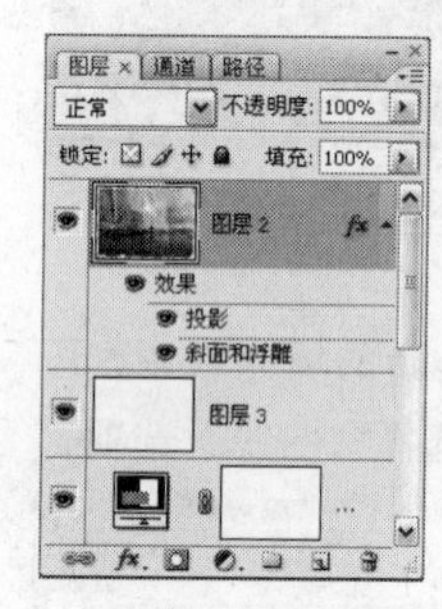

图8-13-28

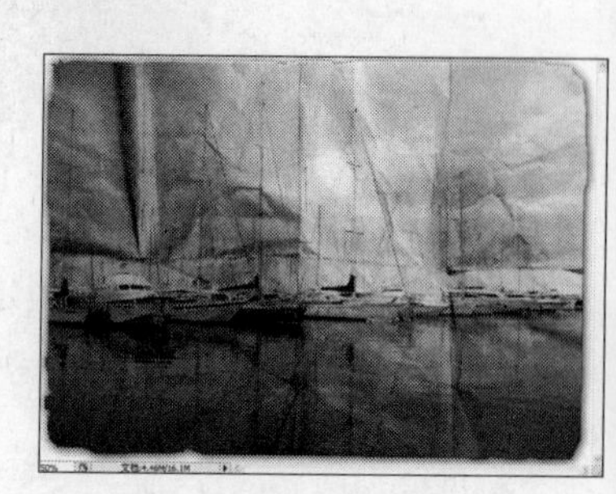

图8-13-29

步骤提示技巧

在“纹理”预设器中，单击该预设器右边的扩展按钮，可加载或删除纹理效果。如图所示，单击“纹理”预设器中的纹理缩览图可以选择需要应用纹理效果，其中该步骤所选择的纹理图案为“蓝底斑点纸”效果。

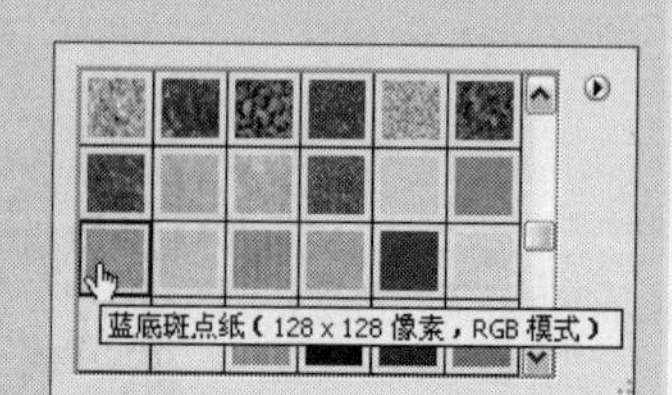

创建玻璃倒影效果

01 使用【垂直翻转】命令和【变形】命令制作合理倒影

02 使用渐变工具制作由实到虚的物体倒影效果

STEP 01 执行【文件】/【打开】命令（Ctrl+O），弹出“打开”对话框，选择需要的素材文件，单击“打开”按钮，如图8-14-1所示。选择工具箱中的钢笔工具，在图像中绘制如图8-14-2所示的闭合路径。

图8-14-1

图8-14-2

步骤提示技巧

由于该实例是需要模拟玻璃杯子的反射倒影，因此在创建杯子的选区时并不需要选择出其半透明的玻璃质感。

STEP 02 按快捷键Ctrl+Enter将路径转换为选区，执行【图层】/【新建】/【通过拷贝的图层】命令（Ctrl+J），得到“图层1”，“图层”面板如图8-14-3所示。选择“图层1”，执行【编辑】/【变换】/【垂直翻转】命令，将图层中的图像垂直翻转，得到的图像效果如图8-14-4所示。

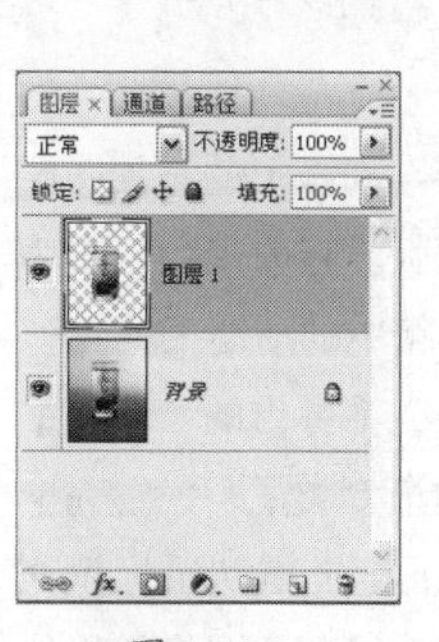

图8-14-3

图8-14-4

STEP 03 将“图层1”中的图像移动至图像下方，使其与正方向的杯子底部对齐，“图层”面板如图8-14-5所示，得到的图像效果如图8-14-6所示。

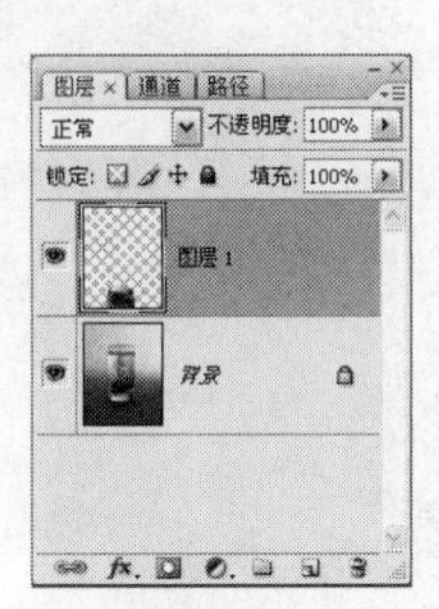

图8-14-5

图8-14-6

STEP 04 选择“图层1”，执行【编辑】/【变换】/【变形】命令，如图8-14-7所示对图像进行变形，使投影的杯子底部与正常摆放的杯子底部得到正确的透视衔接，调整完毕后按Enter键确认变换，得到的图像效果如图8-14-8所示。

图8-14-7

图8-14-8

步骤提示技巧

在执行【编辑】/【变换】/【变形】命令时，可以通过选择其工具选项栏中的“变形样式”设置一种定义变形，也可以选择“自定”变形选项，通过拖动网格内的控制点、线条或区域，以更改外框和网格的形状。

STEP 05 选择“图层1”，单击“图层”面板上的添加图层蒙版按钮，为该图层添加图层蒙版。将前景色设置为黑色，背景色设置为白色，选择工具箱中的渐变工具，在其工具选项栏中单击可编辑渐变条，在弹出的“渐变编辑器”对话框中设置由前景到背景的渐变类型，设置完毕后单击“确定”按钮，在蒙版中由下至上拖动鼠标填充渐变，“图层”面板如图8-14-9所示，得到的图像效果如图8-14-10所示。

图8-14-9

图8-14-10

STEP 06 将“图层1”的不透明度设置为80%，“图层”面板如图8-14-11所示，得到的图像效果如图8-14-12所示。

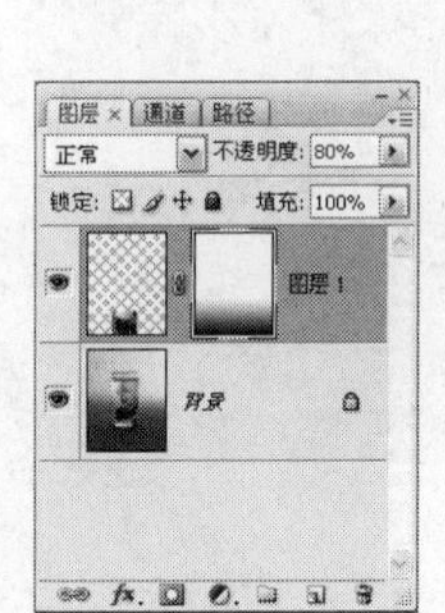

图8-14-11

图8-14-12

制作趣味水果合成

01 使用图层蒙版对图像间的替换进行编辑

02 使用【变形】命令对替换后的图像进行匹配编辑

STEP 01 执行【文件】/【打开】命令（Ctrl+O），弹出“打开”对话框，选择需要的素材文件，单击“打开”按钮，如图8-15-1和图8-15-2所示。

图8-15-1

图8-15-2

STEP 02 将图8-15-2所示的素材图像拖曳至图8-15-1所示的素材图像中，生成“图层1”，“图层”面板如图8-15-3所示，得到的图像效果如图8-15-4所示。

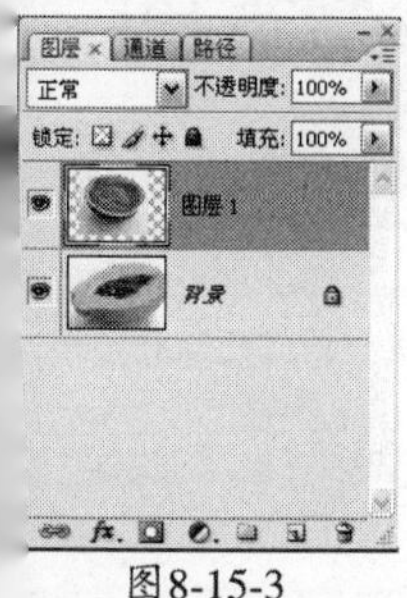

图8-15-3

图8-15-4

STEP 03 选择“图层1”，按快捷键Ctrl+T对图像进行变换，如图8-15-5所示，使素材图像中的西瓜缩放到合适大小，按Enter键确认变换。

图8-15-5

STEP 04 选择“图层1”，单击“图层”面板上的添加图层蒙版按钮，为该图层添加图层蒙版。将前景色设置为黑色，选择工具箱中的画笔工具，在其工具选项栏中设置柔角画笔，对图层蒙版进行编辑，“图层”面板如图8-15-6所示，得到的图像效果如图8-15-7所示。

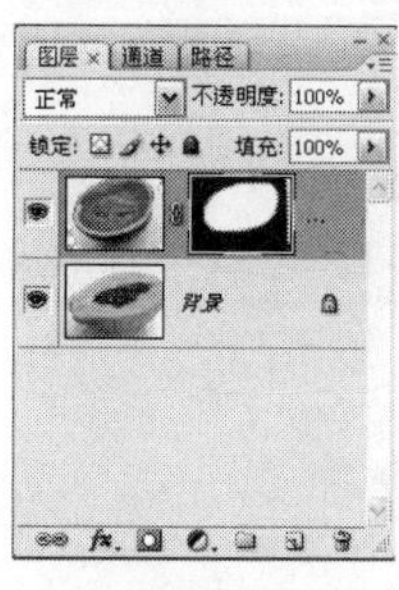

图8-15-6

图8-15-7

STEP 05 选择“图层1”，执行【编辑】/【变换】/【变形】命令，对图像进行变形，如图8-15-8所示，调整完毕后按Alt键确认变换。

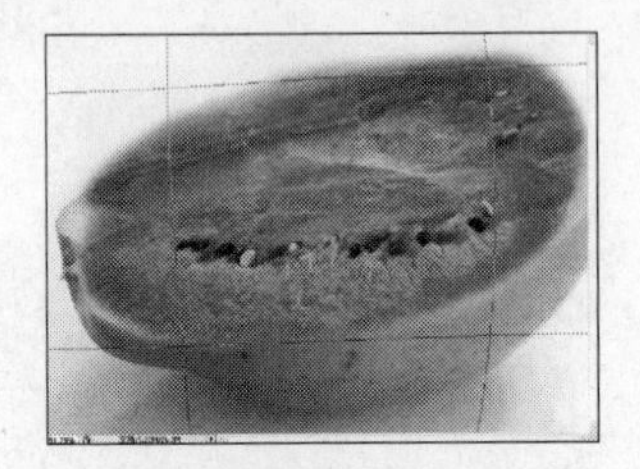
图8-15-8

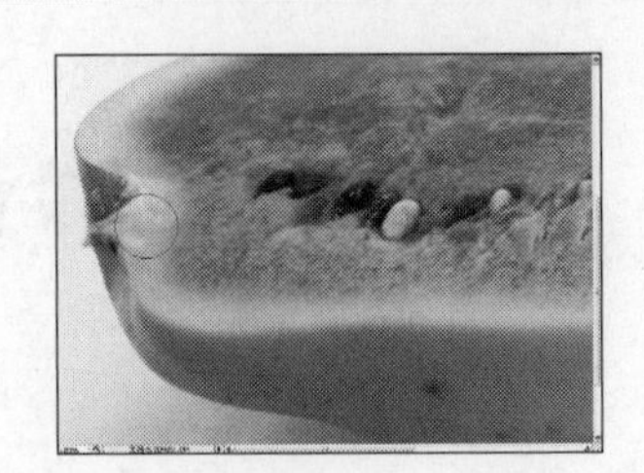
图8-15-9

STEP 06 将前景色设置为黑色，继续选择工具箱中的画笔工具，并设置柔角画笔，对“图层1”的图层蒙版进行编辑，如图8-15-9所示，使置换图像得到较自然的衔接效果，“图层”面板如图8-15-10所示，得到的图像效果如图8-15-11所示。

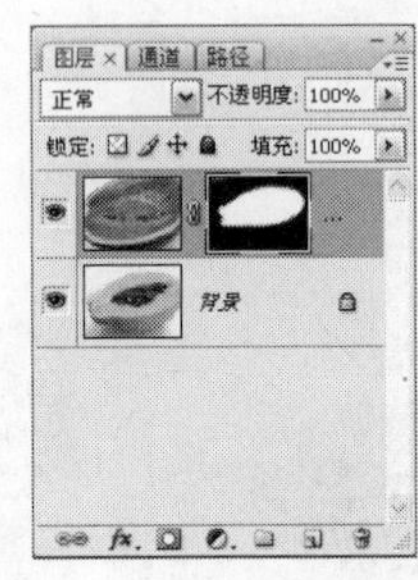

图8-15-10

图8-15-11

Effect 16 使用图层蒙版编辑交叠图像

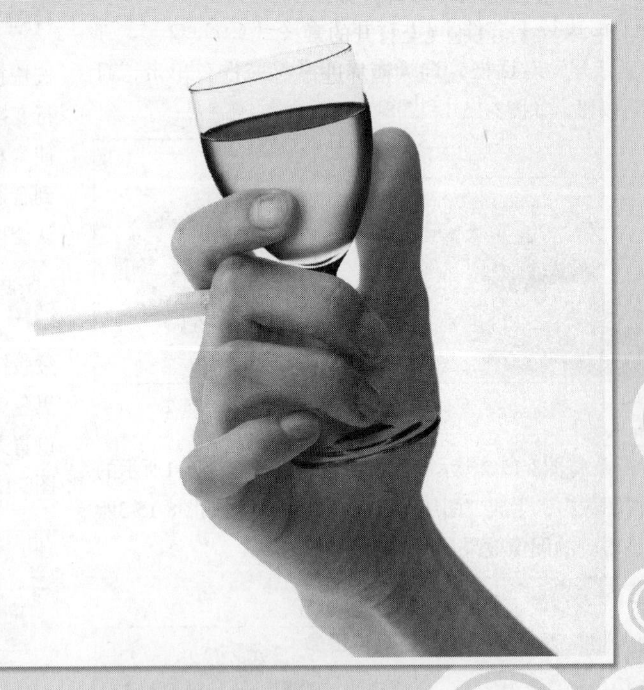

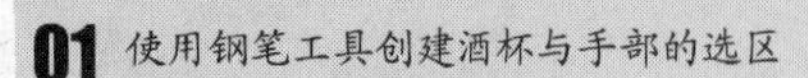
01 使用钢笔工具创建酒杯与手部的选区

02 通过对图层蒙版进行多次编辑，使素材图像的酒杯与手形成较自然的交叠合成效果

STEP 01 执行【文件】/【打开】命令（Ctrl+O），弹出“打开”对话框，选择需要的素材文件，单击“打开”按钮，如图8-16-1所示。选择工具箱中的钢笔工具，在图像中绘制如图8-16-2所示的闭合路径，按快捷键Ctrl+Enter将路径转换为选区。

图8-16-1

图8-16-2

STEP 02 按快捷键Ctrl+O打开如图8-16-3所示的素材图像，将选区的酒杯拖曳至打开的素材图像中，生成“图层1”，按快捷键 Ctrl+T对酒杯进行变换，得到的图像效果如图8-16-4所示。

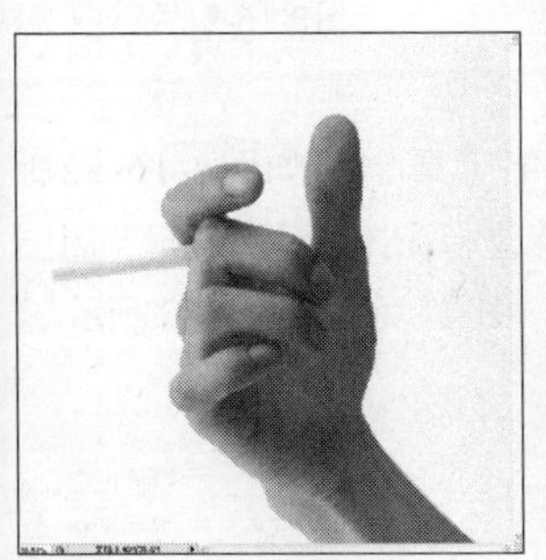

图8-16-3

图8-16-4

步骤提示技巧

在对图像进行自由变换时，按Shift键拖动变换框四角的点可以等比例改变该图像的大小，若不按Shift键直接拖动图像则会改变图像的长宽比例。

STEP 03 隐藏“图层1”，选择工具箱中的钢笔工具，在图像中绘制如图8-16-5所示的路径，并按快捷键Ctrl+Enter将其转换为选区。按快捷键Ctrl+Shift+I将选区反向，如图8-16-6所示。

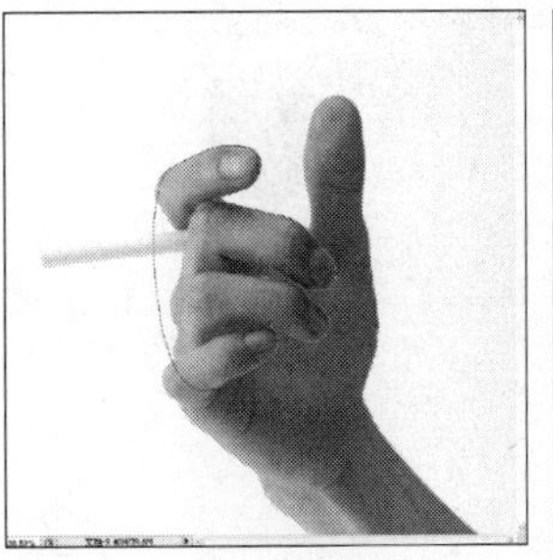

图8-16-5

图8-16-6

STEP 04 显示“图层1”，单击“图层”面板上的添加图层蒙版按钮，为该图层添加图层蒙版，如图8-16-7所示，得到的图像效果如图8-16-8所示。

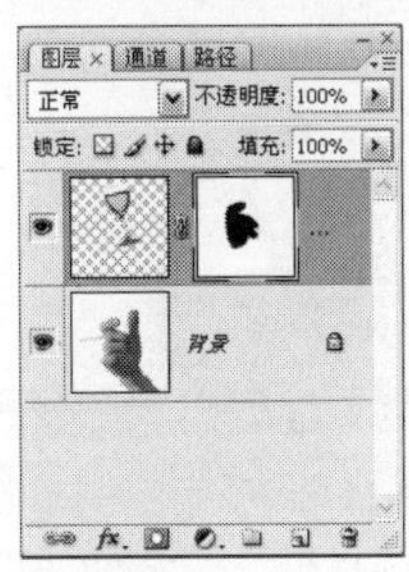

图8-16-7

图8-16-8

STEP 05 隐藏“背景”图层，并按Shift键单击“图层1”的蒙版，将图层蒙版停用。切换至“通道”面板，将“蓝”通道拖曳至“通道”面板上的创建新通道按钮中，得到“蓝副本”通道，“图层”面板如图8-16-9所示，得到的图像效果如图8-16-10所示。

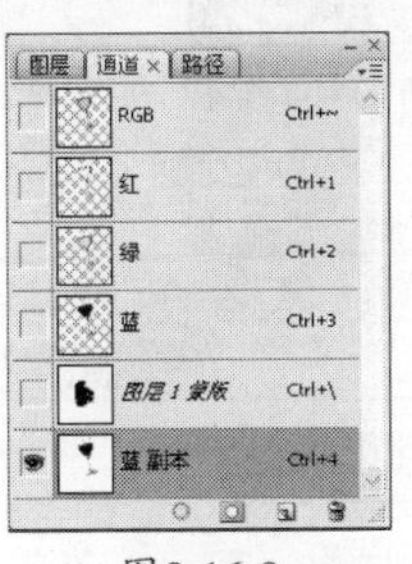

图8-16-9

图8-16-10

STEP 06 选择“蓝副本”通道，按快捷键Ctrl+L打开“色阶”对话框，具体参数设置如图8-16-11所示，设置完毕后单击“确定”按钮，得到的图像效果如图8-16-12所示。按Ctrl键单击“蓝副本”通道缩览图，调出其选区，按快捷键Ctrl+Shift+I将选区反向。

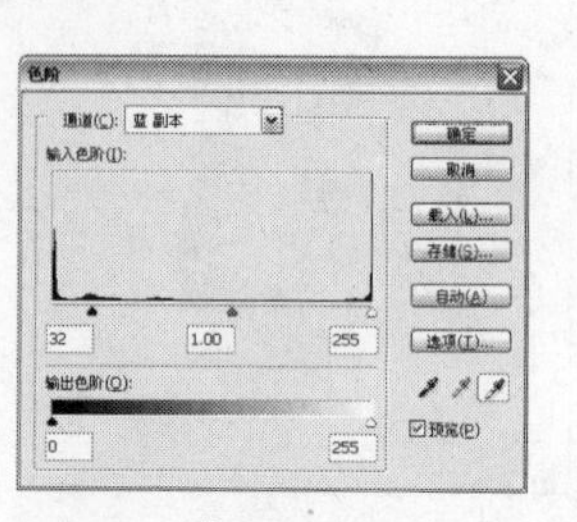

图8-16-11

图8-16-12

STEP 07 切换回“图层”面板，选择“图层1”，按快捷键Ctrl+~返回图像RGB模式，按快捷键Ctrl+J拷贝选区内图像，得到“图层2”，“图层”面板如图8-16-13所示，单独观察“图层2”的图像效果如图8-16-14所示。

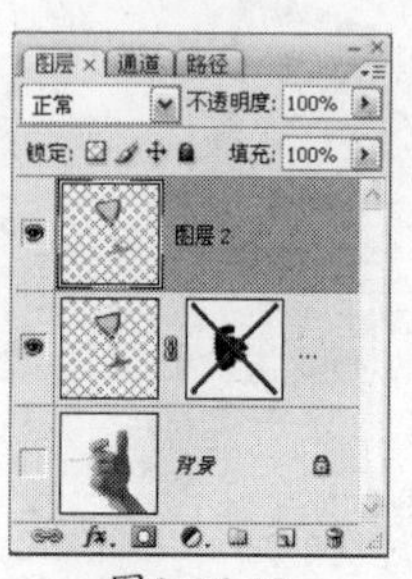

图8-16-13

图8-16-14

STEP 08 显示前一步骤中隐藏的“背景”图层，并按Shift键单击“图层1”的图层蒙版，启用该蒙版，图像效果如图8-16-15所示。切换至“路径”面板，调出前步骤中创建的手指的选区，按快捷键Ctrl+Shift+I将选区反向。切换回“图层”面板，选择“图层2”，单击“图层”面板上的添加图层蒙版按钮，为该图层添加图层蒙版，“图层”面板如图8-16-16所示，得到的图像效果如图8-16-17所示。

图8-16-15

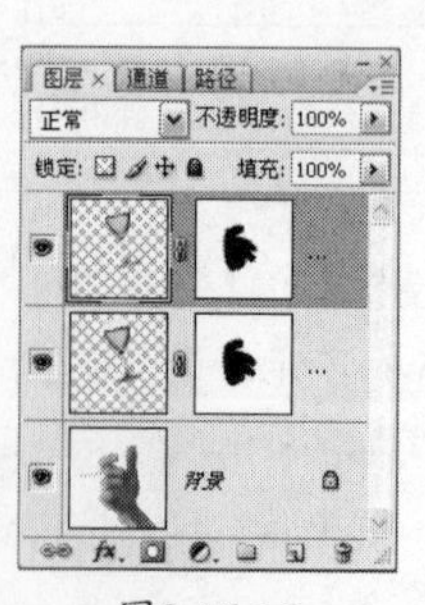

图8-16-16

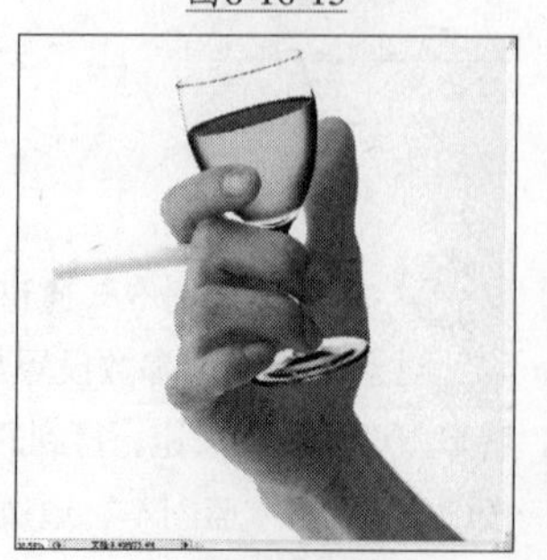

图8-16-17

STEP 09 选择“图层1”的图层蒙版，将前景色设置为黑色，选择工具箱中的画笔工具，如图8-16-18所示对图层蒙版进行编辑，隐藏“图层1”中杯子的底部边缘，使其呈现半透明效果，“图层”面板如图8-16-19所示。将“图层1”的图层混合模式设置为“线性加深”，如图8-16-20所示，得到的图像效果如图8-16-21所示。

图8-16-18

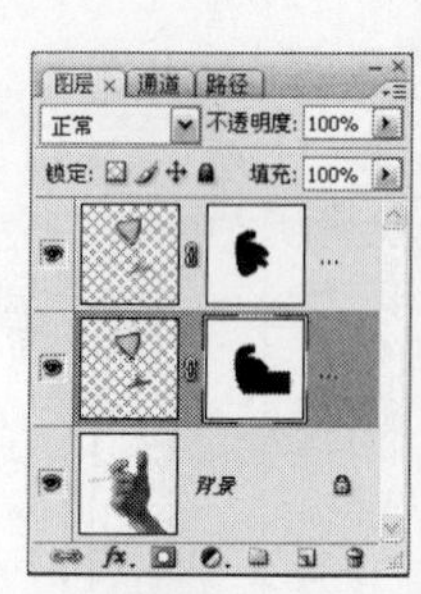

图8-16-19

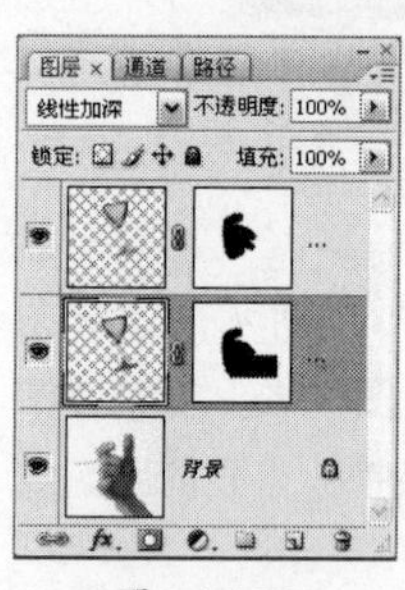

图8-16-20

图8-16-21

STEP 10 选择工具箱中的画笔工具，如图8-16-22所示通过对手指和杯子的边缘进行涂抹，分别编辑“图层1”和“图层2”的图层蒙版，“图层”面板如图8-16-23所示。

图8-16-22

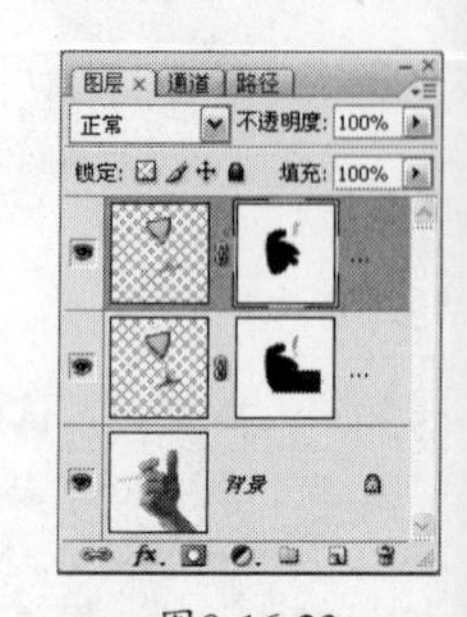

图8-16-23

步骤提示技巧

在分别编辑“图层1”和“图层2”时，需要将画笔的笔刷设置为柔角，并适当降低其不透明度，使编辑后的酒杯与拇指之间呈现半透明的玻璃质感。

STEP 11 选择工具箱中的多边形套索工具，绘制如图8-16-24所示的选区，选择“图层1”，按快捷键Ctrl+J拷贝选区内图像，得到“图层3”。将“图层3”调整至图层最上方，并将其图层混合模式恢复为“正常”，“图层”面板如图8-16-25所示。按快捷键Ctrl+T对图像进行变换，如图8-16-26所示，按快捷键Ctrl+D取消选择。

图8-16-24

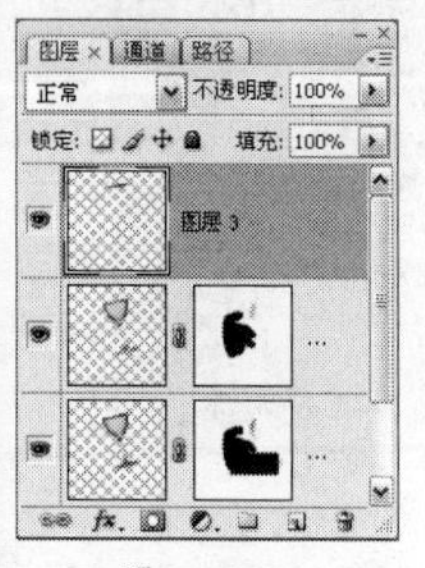

图8-16-25

图8-16-26

STEP 12 选择工具箱中的多边形套索工具，绘制如图8-16-27所示的选区，选择“图层1”，按快捷键Ctrl+J拷贝选区内图像，得到“图层4”。将“图层4”调整至“图层2”上方，“图层”面板如图8-16-28所示。按快捷键Ctrl+T对图像进行变换，并将其图层混合模式恢复为“正常”，得到的图像效果如图8-16-29所示。

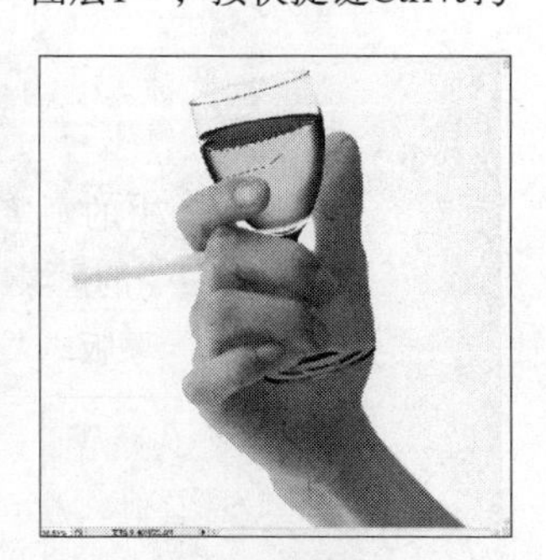

图8-16-27

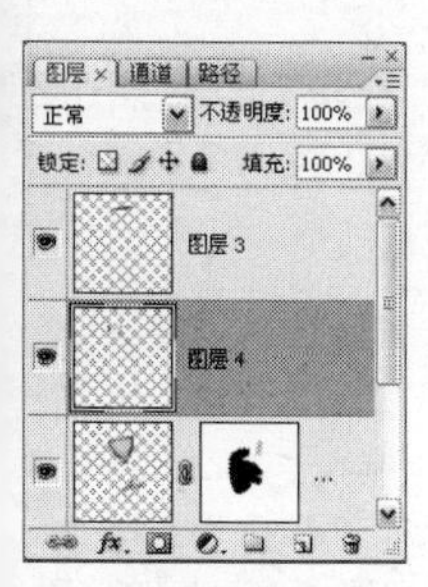

图8-16-28

图8-16-29

STEP 13 切换至“路径”面板，调出前步骤中创建的手指的选区，如图8-16-30所示。切换回“图层”面板，选择“背景”图层，按快捷键Ctrl+J拷贝选区内图像，得到“图层5”，如图8-16-31所示将“图层5”调整至“图层”面板最上方。

图8-16-30

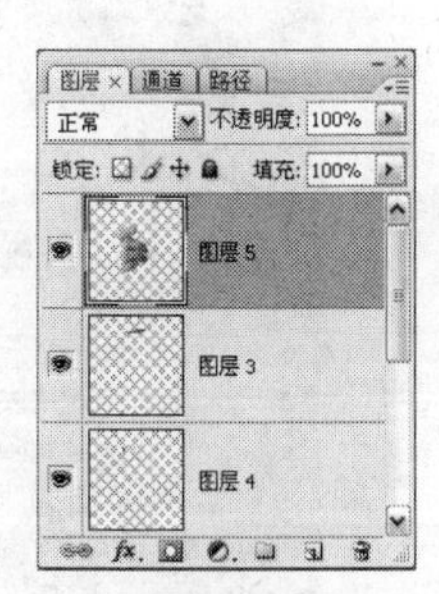

图8-16-31

STEP 14 选择“图层4”，单击“图层”面板上的创建新图层按钮，新建“图层6”，如图8-16-32所示。选择工具箱中的画笔工具，在其工具选项栏中设置柔角画笔，并设置其不透明度为50%，在“图层6”绘制手指与杯子的阴影，得到的图像效果如图8-16-33所示。

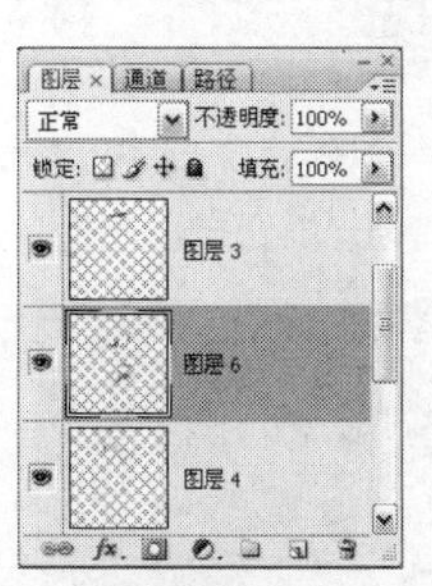

图8-16-32

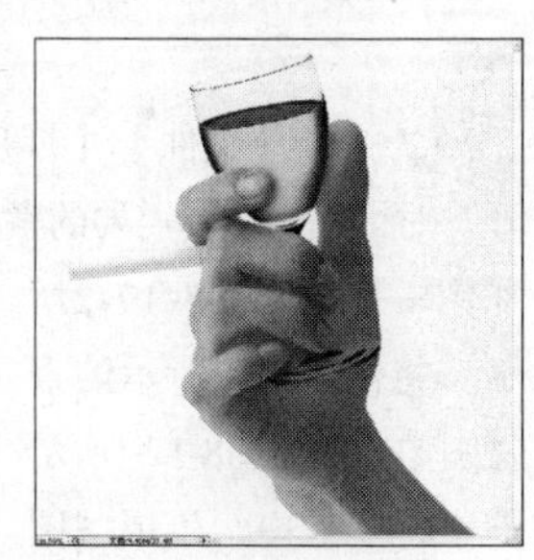

图8-16-33

Effect 17 制作撕裂和破碎特效

01 使用图层样式制作照片的立体效果

02 使用画笔工具绘制不规则边缘，模拟纸张撕裂效果

03 使用加深工具绘制画纸褶皱质感

STEP 01 执行【文件】/【打开】命令（Ctrl+O），弹出“打开”对话框，选择需要的素材文件，单击“打开”按钮，如图8-17-1和图8-17-2所示。将图8-17-2所示的素材图像拖曳至图8-17-1所示的素材图像中，生成“图层1”，得到的图像效果如图8-17-3所示。

图8-17-1

图8-17-2

图8-17-3

STEP 02 选择工具箱中的套索工具，在图像中绘制如图8-17-4所示的闭合选区。

图8-17-4

步骤提示技巧

在创建选区时，应尽量将选区绘制为接近于撕裂的毛边效果，使下一步中创建的撕裂效果更加自然。

STEP 03 选择“图层1”，单击“图层”面板上的添加图层蒙版按钮，“图层”面板如图8-17-5所示，得到的图像效果如图8-17-6所示。

步骤提示技巧

在当前图像中存在选区的情况下，为图层添加图层蒙版即可以当前选区所选择的范围来显示或隐藏图像。其中，选择选区在转换为图层蒙版后，将变为白色区域，选区以外区域将变为黑色。

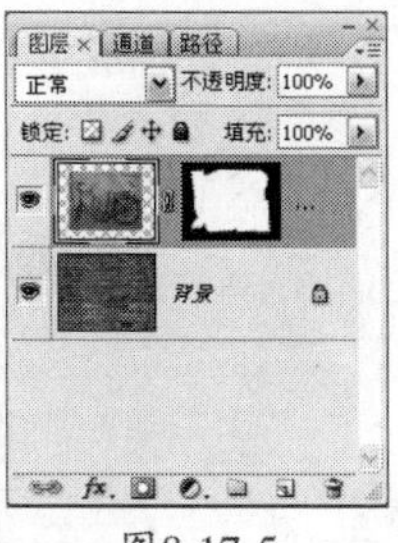

图8-17-5

图8-17-6

STEP 04 选择“图层1”，单击“图层”面板上的添加图层样式按钮，在弹出的下拉菜单中选择“投影”选项，弹出“图层样式”对话框，具体参数设置如图8-17-7所示，设置完毕后单击“确定”按钮，得到的图像效果如图8-17-8所示。

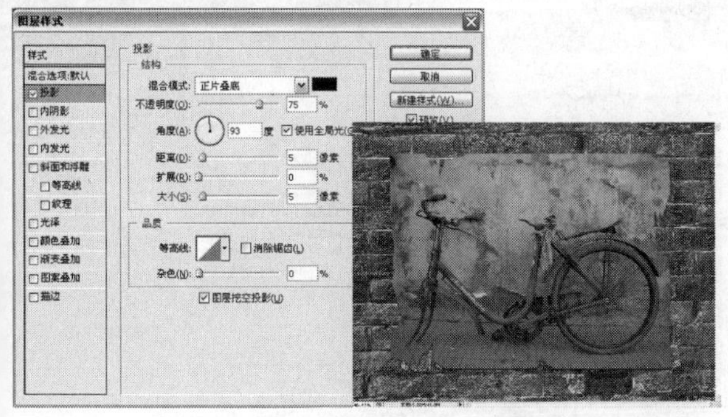

图8-17-7　　图8-17-8

STEP 05 单击“图层”面板上的创建新图层按钮，新建“图层2”。将前景色设置为白色，选择工具箱中的画笔工具，在其工具选项栏中设置硬度较高的笔刷，在图像的边缘处进行涂抹。按快捷键Ctrl+Alt+G将“图层2”转换为剪贴图层，并将其填充值设置为80%，“图层”面板如图8-17-9所示，得到的图像效果如图8-17-10所示。

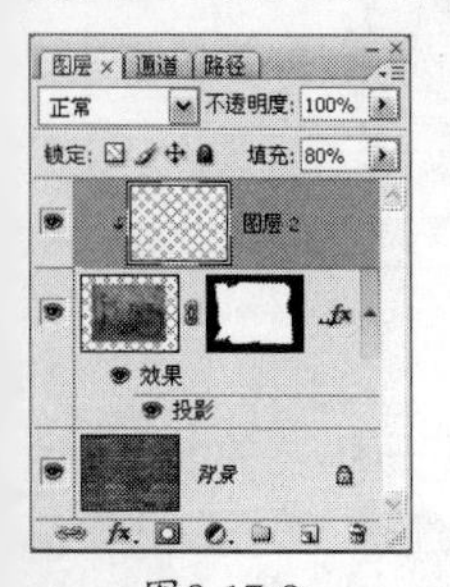

图8-17-9

图8-17-10

STEP 06 选择“图层1”，选择工具箱中的加深工具，在图像中进行编辑，绘制画纸褶皱质感的阴影区域，继续选择工具箱中的减淡工具，在图像中绘制亮部区域，“图层”面板如图8-17-11所示，得到的图像效果如图8-17-12所示。

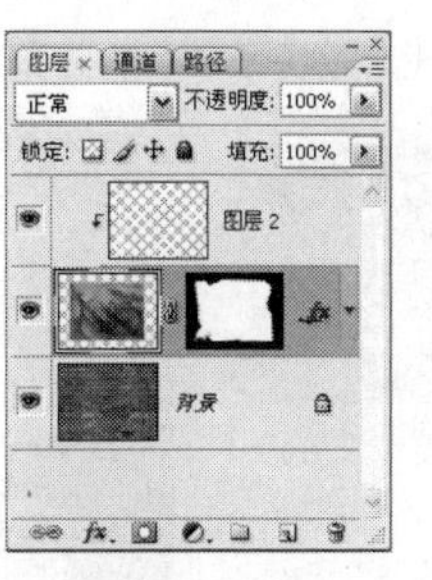

图8-17-11

图8-17-12

步骤提示技巧

在对图像应用加深或减淡工具时应该注意在图像所绘制的整体效果，用减淡或加深工具在某个区域上方绘制的次数越多，该区域就会变得越亮或越暗。

STEP 07 将前面制作的纸带胶贴选择并拖曳至主文档中，并将其新建为“组1”，并将其图层混合模式设置为“正常”，“图层”面板如图8-17-13所示，得到的图像效果如图8-17-14所示。

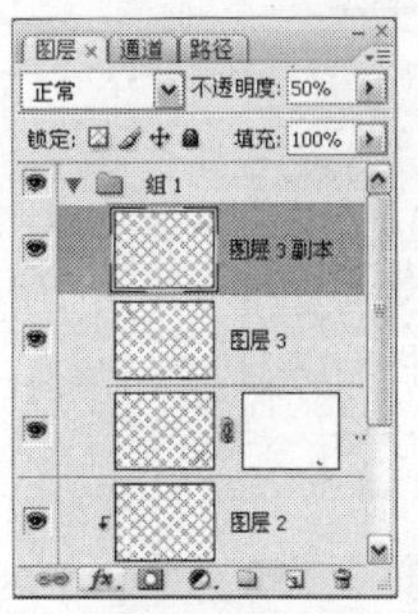

图8-17-13

图8-17-14

STEP 08 单击“图层”面板上的创建新的填充或调整图层按钮，在弹出的下拉菜单中选择“色彩平衡”选项，弹出“色彩平衡”对话框，具体参数设置如图8-17-15所示，设置完毕后单击“确定”按钮，“图层”面板如图8-17-16所示，得到的图像效果如图8-17-17所示。

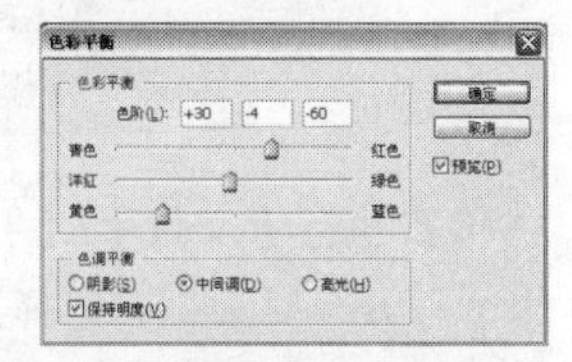

图8-17-15

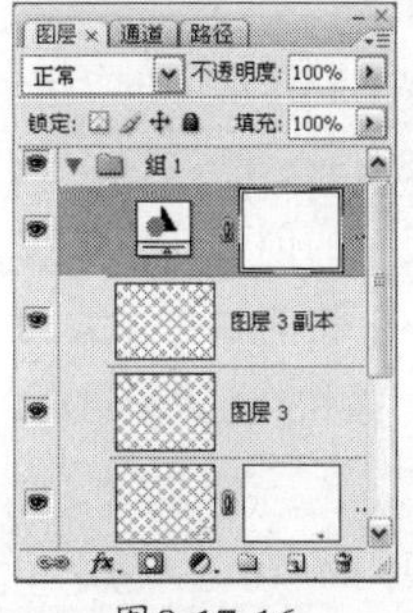

图8-17-16

图8-17-17

Effect 18 矛盾空间拼贴

01 使用图层样式为图像制作立体照片效果

02 使用图层蒙版为制作的照片添加背景

03 使用【曲线】命令匹配图像间的色彩

STEP 01 执行【文件】/【新建】命令（Ctrl+N），弹出“新建”对话框，具体参数设置如图8-18-1所示，设置完毕后单击“确定”按钮，新建图像文件。

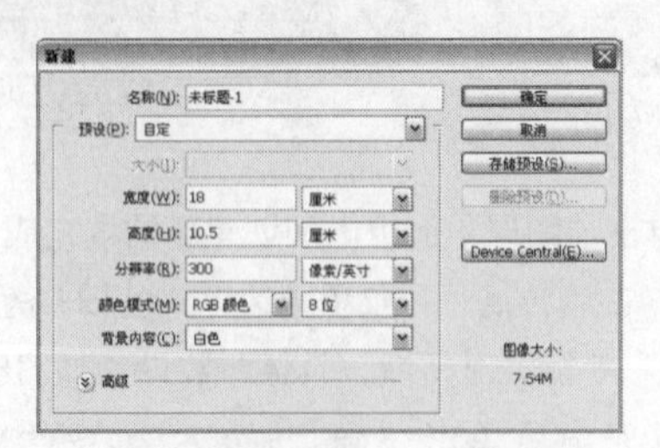

图8-18-1

STEP 02 执行【文件】/【打开】命令（Ctrl+O），弹出“打开”对话框，选择需要的素材文件，单击“打开”按钮，如图8-18-2所示。将素材图像中的“图层1”拖曳至主文档中，生成“图层1”。选择工具箱中的矩形选框工具，在图像中绘制如图8-18-3所示的选区。选择“背景”图层，单击“图层”面板上的创建新图层按钮，新建“图层2”。选择“图层2”，将前景色设置为白色，按快捷键Alt+Delete填充选区，按快捷键Ctrl+D取消选择。

图8-18-2

图8-18-3

STEP 03 选择“图层2”，单击“图层”面板上的添加图层样式按钮 fx，在弹出的下拉菜单中选择“投影”选项，弹出“图层样式”对话框，具体参数设置如图8-18-4所示，设置完毕后单击“确定”按钮，得到的图像效果如图8-18-5所示。

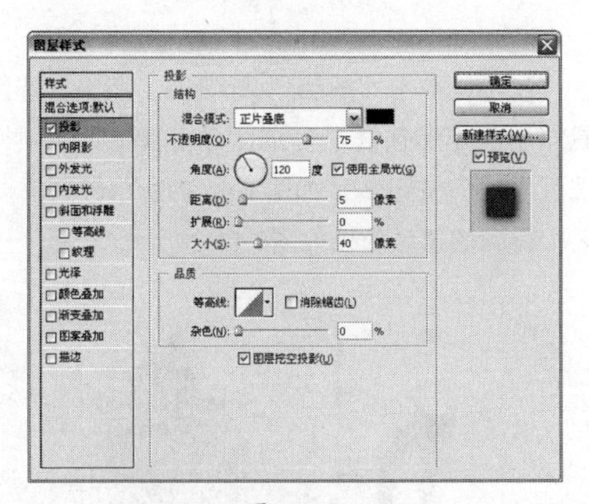

图8-18-4

图8-18-5

步骤提示技巧

由于图像中需要制作出相片的立体效果，因此将“图层2”放置在“图层1”下方，使创建的带阴影的白色矩形更好地对人物进行衬托。

STEP 04 选择“图层2”，执行【编辑】/【变换】/【透视】命令，将图像调整至合适的透视，如图8-18-6所示，调整完毕后按Enter键确认变换。同样的方法为左侧的人物创建变形框，图像效果如图8-18-7所示，“图层”面板如图8-18-8所示。

图8-18-6

图8-18-7

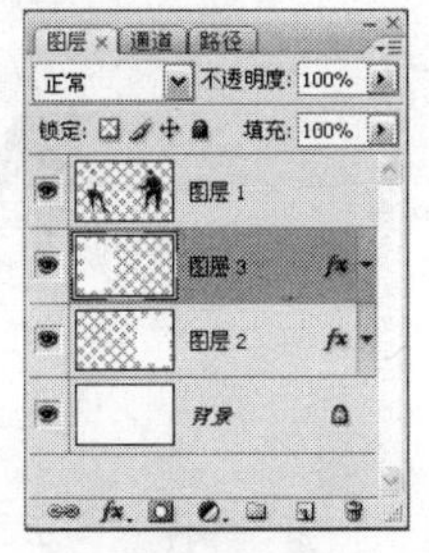

图8-18-8

STEP 05 按快捷键Ctrl+O打开需要的素材图像，如图8-18-9所示，并将其拖曳至主文档中，生成“图层4”。按Ctrl键单击“图层2”缩览图，调出其选区，如图8-18-10所示。

图8-18-9

图8-18-10

步骤提示技巧

由于当前所选图层为“图层3”，因此在创建新的图层后，该图层将新建在所选图层的上方。为了使图像中人物起到主体突出的目的，包含人物的图层即“图层1”将一直置于顶层。

STEP 06 选择“图层4”，单击“图层”面板上的添加图层蒙版按钮，为该图层创建图层蒙版，“图层”面板如图8-18-11所示，得到的图像效果如图8-18-12所示。

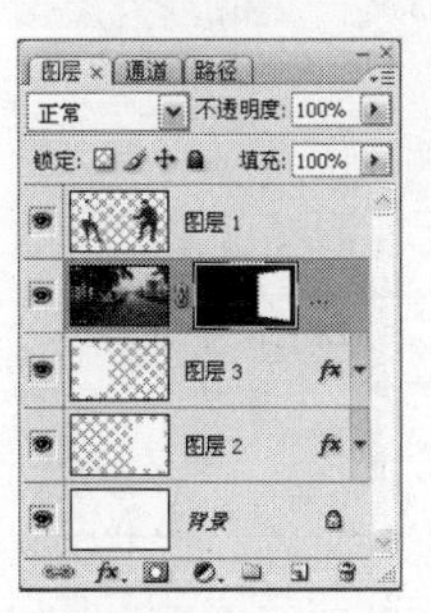

图8-18-11

图8-18-12

STEP 07 按Ctrl键单击“图层4”的图层蒙版缩览图，调出其选区。执行【选择】/【修改】/【收缩】命令，弹出“收缩选区”对话框，具体参数设置如图8-18-13所示，设置完毕后单击“确定”按钮，得到的图像效果如图8-18-14所示。按快捷键Ctrl+Shift+I将选区反向，将前景色设置为黑色，选择“图层4”的蒙版，按快捷键Alt+Delete填充前景色，按快捷键Ctrl+D取消选择，得到的图像效果如图8-18-15所示。

图8-18-13　　图8-18-14

图8-18-15

步骤提示技巧

应用【收缩选区】命令的目的是为了使右侧人物的背景图像获得白色边缘的效果。

STEP 08 选择“图层4”，单击“图层”面板上的创建新的填充或调整图层按钮，在弹出的下拉菜单中选择“曲线”对话框，具体设置如图8-18-16所示，设置完毕后单击“确定”按钮，按快捷键Ctrl+Alt+G创建剪贴蒙版，“图层”面板如图8-18-17所示，得到的图像效果如图8-18-18所示。

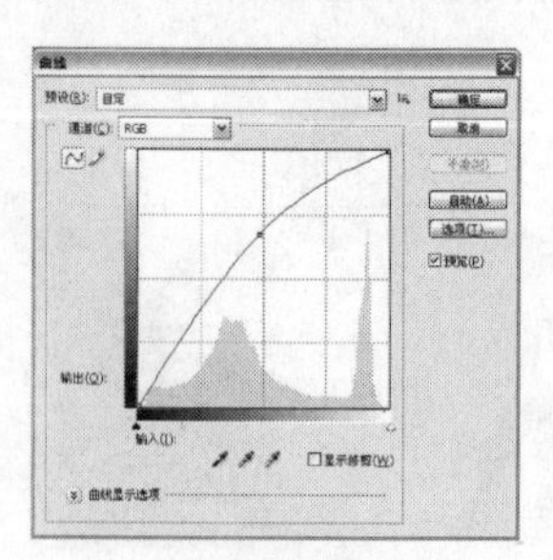

图8-18-16

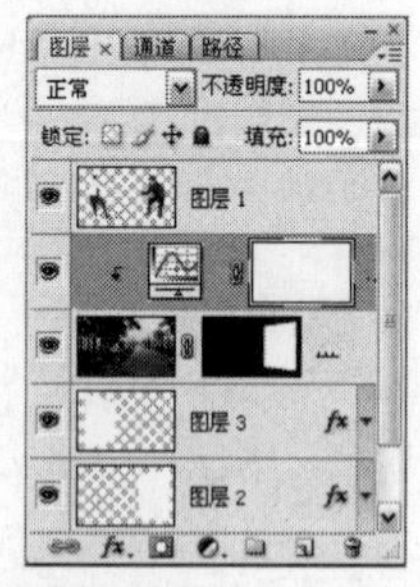

图8-18-17

图8-18-18

STEP 09 按Ctrl键单击“图层1”缩览图，调出其选区。选择工具箱中的矩形选框工具，并在其工具选项栏中单击从选区中减去按钮，如图8-18-19所示绘制需要减去的选区，得到的选区效果如图8-18-20所示。

图8-18-19

图8-18-20

STEP 10 选择“图层1”，按快捷键Ctrl+J拷贝选区中的图像，得到“图层5”。将“图层5”调整至“图层1”下方，按快捷键Ctrl+T对图像进行变换，调整完毕后按Enter键确认变换，得到的图像效果如图8-18-21所示。将“图层5”的混合模式设置为“叠加”，不透明度设置为70%，“图层”面板如图8-18-22所示，得到的图像效果如图8-18-23所示。

图8-18-21

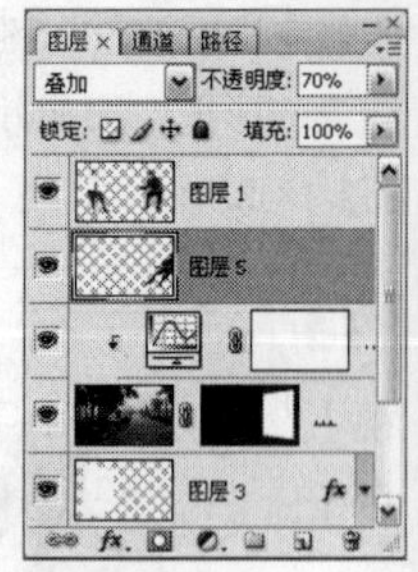

图8-18-22

图8-18-23

STEP 11 选择“图层5”，单击“图层”面板上的添加图层蒙版按钮，为该图层创建图层蒙版。将前景色设置为黑色，背景色设置为白色，选择工具箱中的渐变工具，在其工具选项栏中单击可编辑渐变条，在弹出的“渐变编辑器”对话框中设置由前景到背景的渐变类型，设置完毕后单击“确定”按钮，在“图层5”的图层蒙版中由右上至左下拖动鼠标填充渐变，“图层”面板如图8-18-24所示，得到的图像效果如图8-18-25所示。

图8-18-24

图8-18-25

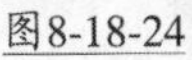

STEP 12 按快捷键Ctrl+O打开需要的素材图像，如图8-18-26所示，将其拖曳至主文档中，生成“图层6”。将该图层调整至“图层1”下方，得到的图像效果如图8-18-27所示。

图8-18-26

图8-18-27

STEP 13 选择“图层6”，执行【编辑】/【变换】/【透视】命令，如图8-18-28所示对图像进行变换，调整完毕后按Enter键确认变换。

图8-18-28

STEP 14 按Ctrl键单击“图层3”缩览图，调出其选区。选择“图层6”，单击“图层”面板上的添加图层蒙版按钮，“图层”面板如图8-18-29所示，得到的图像效果如图8-18-30所示。

图8-18-29

图8-18-30

STEP 15 按Ctrl键单击“图层6”的图层蒙版缩览图，调出其选区。执行【选择】/【修改】/【收缩】命令，弹出“收缩选区”对话框，具体参数设置如图8-18-31所示，设置完毕后单击“确定”按钮，得到的图像效果如图8-18-32所示。按快捷键Ctrl+Shift+I将选区反向，将前景色设置为黑色，选择“图层6”的蒙版，按快捷键Alt+Delete填充前景色，按快捷键Ctrl+D取消选择，得到的图像效果如图8-18-33所示。

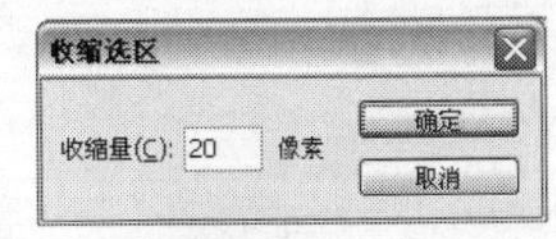

图8-18-31

图8-18-32

图8-18-33

STEP 16 按Ctrl键单击“图层6”缩览图，调出其选区。选择“图层1”，按快捷键Ctrl+J拷贝选区中的图像，得到“图层7”。将“图层7”调整至“图层1”下方，按快捷键Ctrl+T对图像进行变换，使图像获得正确的投影透视。将“图层7”的混合模式设置为“颜色加深”，不透明度设置为60%，“图层”面板如图8-18-34所示，得到的图像效果如图8-18-35所示。

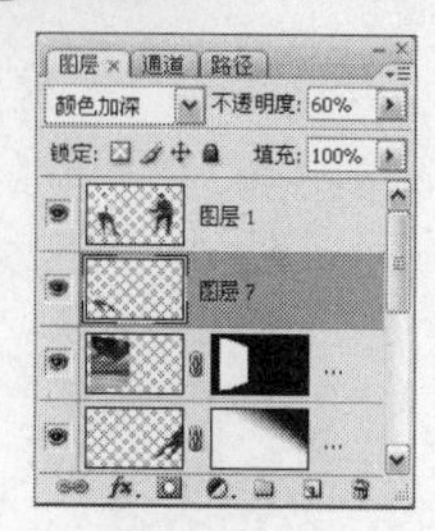

图8-18-34

图8-18-35

STEP 17 选择“图层7”，单击“图层”面板上的添加图层蒙版按钮，为该图层创建图层蒙版。将前景色设置为黑色，背景色设置为白色，选择工具箱中的渐变工具，在其工具选项栏中单击可编辑渐变条，在弹出的“渐变编辑器”对话框中设置由前景到背景的渐变类型，设置完毕后单击“确定”按钮，在“图层7”的图层蒙版中由左上至右下拖动鼠标填充渐变，“图层”面板如图8-18-36所示，得到的图像效果如图8-18-37所示。

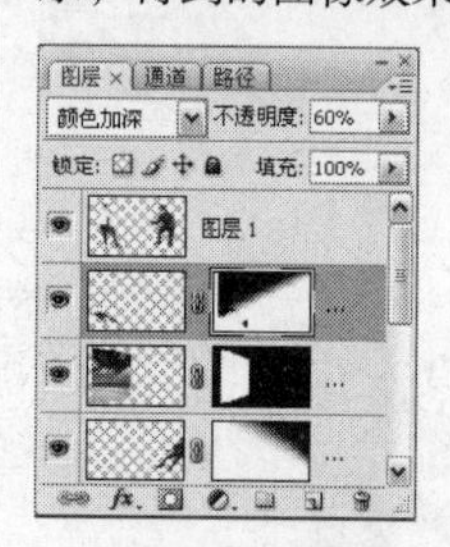

图8-18-36

图8-18-37

STEP 18 选择“图层1”，单击“图层”面板上的创建新的填充或调整图层按钮，在弹出的下拉菜单中选择“色彩平衡”对话框，具体设置如图8-18-38所示，设置完毕后单击“确定”按钮，“图层”面板如图8-18-39所示，得到的图像效果如图8-18-40所示。

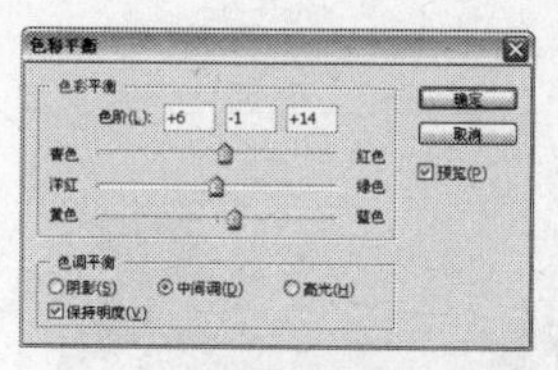

图8-18-38

图8-18-39

图8-18-40

Chapter 09 数码照片的特效制作

Effect 01 打造奔跑场景特效

01 通过使用“曲线”和“色彩平衡”调整图层调整图像的整体对比效果以及颜色

02 通过【计算】命令和图层蒙版将图像中的动物的身体部分与背景分离开来

03 通过【动感模糊】滤镜将图像中景物变得动感，仿佛是动物在迅速地奔跑

04 利用【杂色】滤镜和图层混合模式结合加强图像中动感线条效果

STEP 01 执行【文件】/【打开】命令（Ctrl+O），弹出“打开”对话框，打开如图9-1-1所示的图像。

图9-1-1

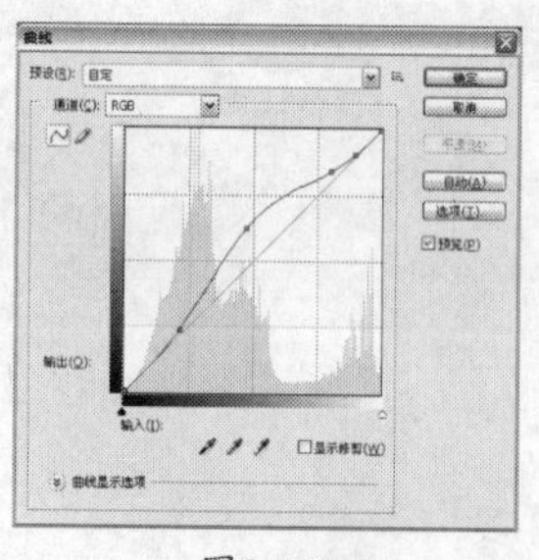

图9-1-2

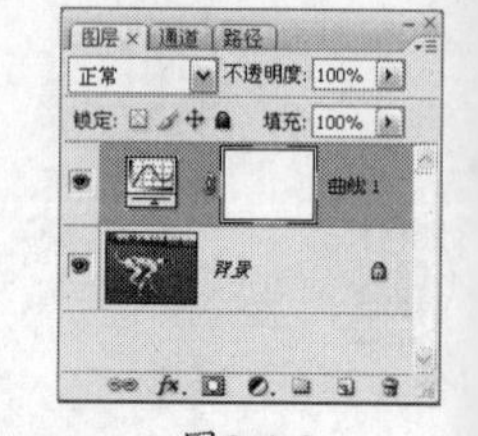

图9-1-3

步骤提示技巧

在“曲线”对话框中可以单独调整图像中某一阶调的亮度，方法是按Ctrl键在图像中需要调整的部分单击，在“曲线”对话框中就会出现一个相应的点，调节该点的位置即可调节图像中该阶调的亮度。

STEP 02 单击“图层”面板上的创建新的填充或调整图层按钮，在弹出的下拉菜单中选择“曲线”选项，弹出“曲线”对话框，具体设置如图9-1-2所示，设置完毕后单击“确定”按钮，“图层”面板如图9-1-3所示，得到的图像效果如图9-1-4所示。

图9-1-4

STEP 03 单击“图层”面板上的创建新的填充或调整图层按钮，在弹出的下拉菜单中选择“色彩平衡”选项，弹出“色彩平衡”对话框，具体设置如图9-1-5、图9-1-6和图9-1-7所示，设置完毕后单击“确定”按钮，“图层”面板如图9-1-8所示，得到的图像效果如图9-1-9所示。

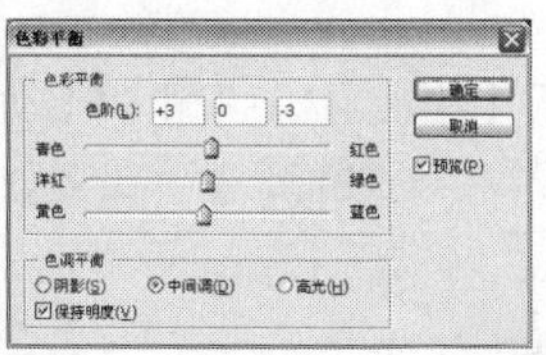

图9-1-5

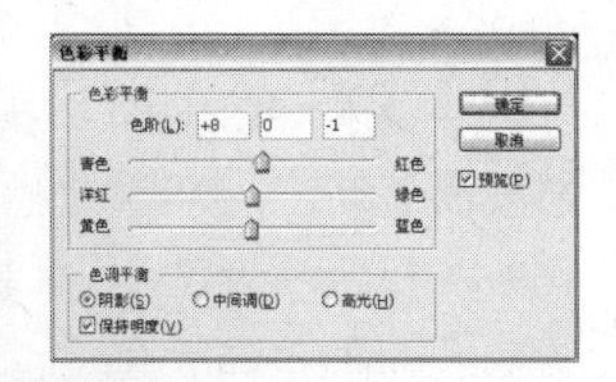

图9-1-6

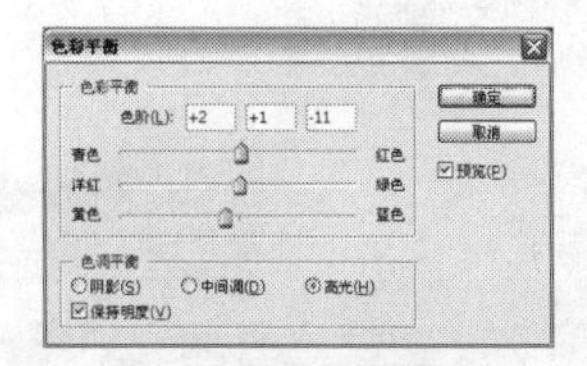

图9-1-7

图9-1-8

图9-1-9

STEP 04 选择“色彩平衡”调整图层，按快捷键Alt+Ctrl+Shift+E盖印可见图层至新图层“图层1”，“图层”面板如图9-1-10所示。

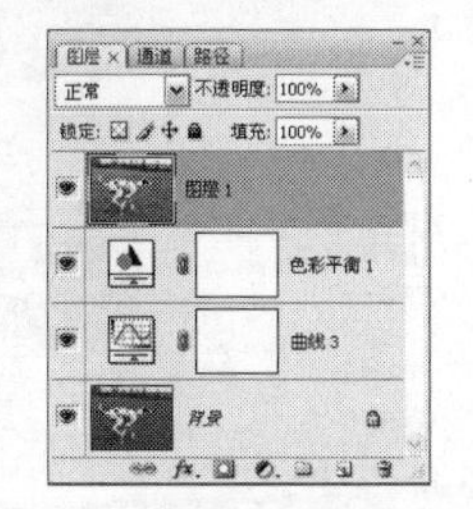

图9-1-10

STEP 05 选择“图层1”，执行【图像】/【计算】命令，弹出“计算”对话框，具体设置如图9-1-11所示，设置完毕后单击“确定”按钮，得到的图像效果如图9-1-12所示。

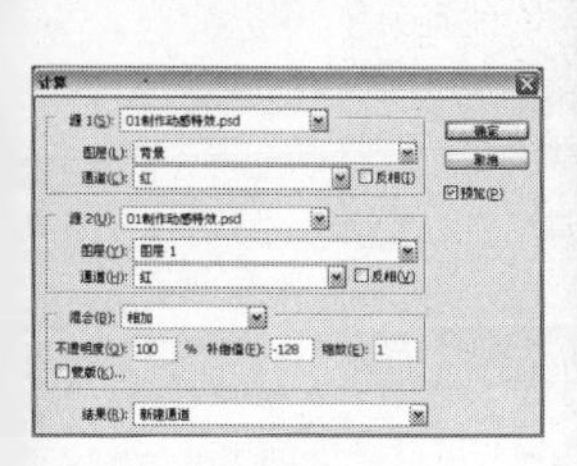

图9-1-11

图9-1-12

STEP 06 切换至“通道”面板，如图9-1-13所示按Ctrl键单击“Alpha1”通道，调出其选区，选择“RGB”通道。切换回“图层”面板，选择“图层1”，单击“图层”面板上的添加图层蒙版按钮，为其添加图层蒙版，“图层”面板如图9-1-14所示。

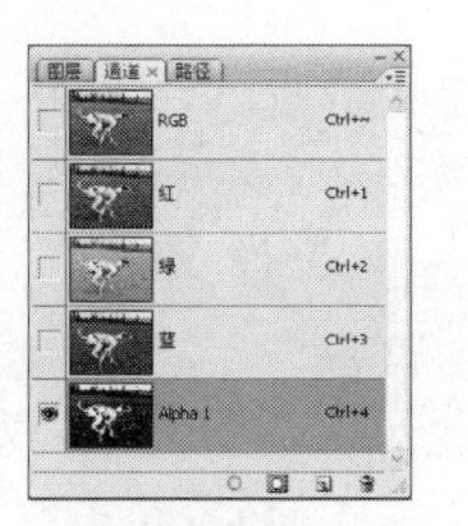

图9-1-13

图9-1-14

STEP 07 单击“图层1”图层蒙版缩览图，选择工具箱中的画笔工具，设置合适的笔刷，将前景色设置为白色，如图9-1-15所示在狗的身体内部涂抹，涂抹完毕后将前景色设置为黑色，在草地和天空进行涂抹，涂抹完毕后执行【图像】/【调整】/【反相】命令（Ctrl+I）将其反相，“图层”面板如图9-1-16所示。

图9-1-15

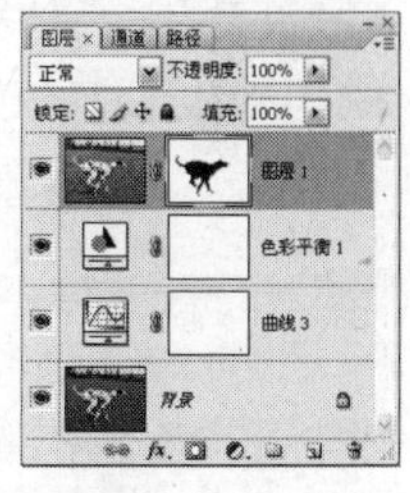

图9-1-16

STEP 08 选择“图层1”，执行【滤镜】/【模糊】/【动感模糊】命令，弹出“动感模糊”对话框，具体参数设置如图9-1-17所示，设置完毕后单击“确定”按钮，得到的图像效果如图9-1-18所示。

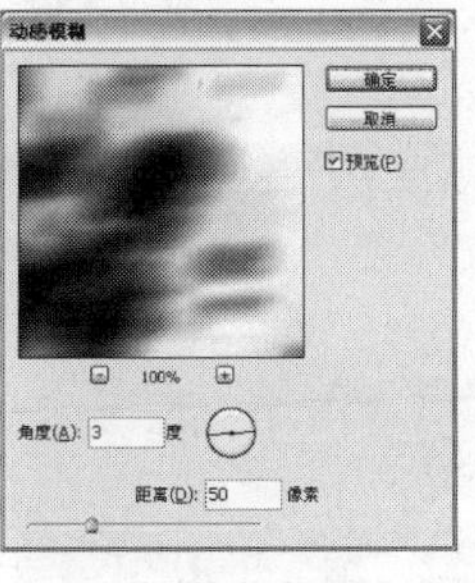

图9-1-17

图9-1-18

STEP 09 选择“图层1”，按快捷键Ctrl+F，重复执行动感模糊命令，得到的图像效果如图9-1-19所示。单击“图层1”的图层蒙版缩览图，将前景色设置为白色，选择工具箱中的画笔工具，选择“图层1”图层蒙版，设置适合的笔刷，在图像中涂抹，使画面动感模糊状态更加完善，如图9-1-20所示。

图9-1-19

图9-1-20

步骤提示技巧

动感模糊的程度越高，图像中呈现的速度感就会越强烈。

STEP 10 选择“图层1”，执行【图层】/【新建】/【图层】命令弹出“新建图层”对话框，具体设置如图9-1-21所示，设置完毕后单击“确定”按钮，得到新建的“图层2”，“图层”面板如图9-1-22所示。

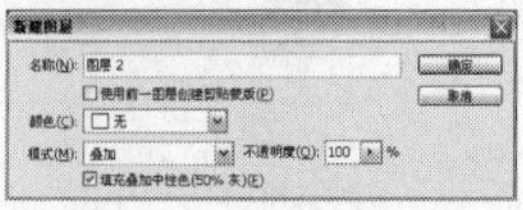

图9-1-21

图9-1-22

STEP 11 选择“图层2”，执行【滤镜】/【杂色】/【添加杂色】命令，弹出“添加杂色”对话框，具体设置如图9-1-23所示，设置完毕后单击“确定”按钮，得到的图像效果如图9-1-24所示。

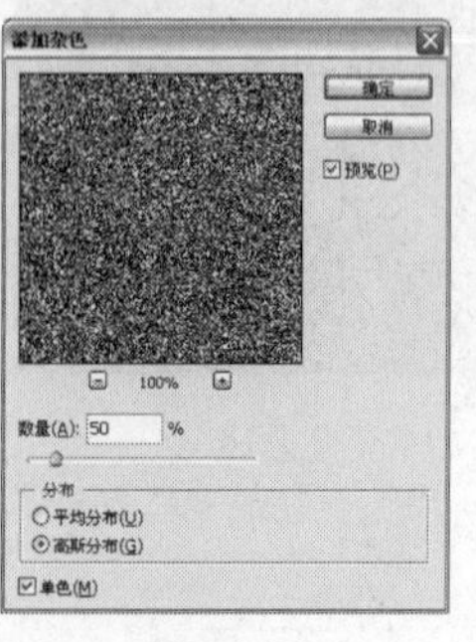

图9-1-23

图9-1-24

STEP 12 选择“图层2”，执行【滤镜】/【模糊】/【动感模糊】命令，弹出“动感模糊”对话框，具体设置如图9-1-25所示，设置完毕后单击“确定”按钮，得到的图像效果如图9-1-26所示。

图9-1-25

图9-1-26

STEP 13 选择“图层2”，按快捷键Ctrl+F，重复执行动感模糊命令，得到的图像最终效果如图9-1-27所示。

图9-1-27

步骤提示技巧

添加一层动感模糊的杂色，能够使图像中环境的动感模糊的线条更加清晰，增强画面整体的效果。

Effect 02

制作水面倒影效果

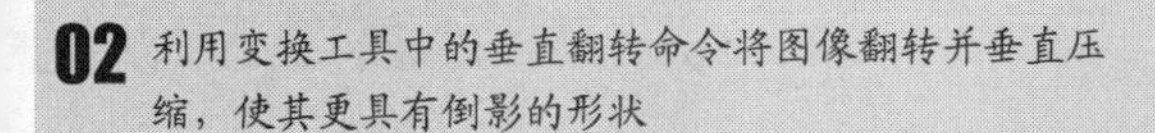

01 通过执行【图像】/【画布大小】命令在图像中留出制作水面倒影的位置

02 利用变换工具中的垂直翻转命令将图像翻转并垂直压缩，使其更具有倒影的形状

03 通过色彩调整工具将倒影处的颜色调整成为比原图像明度稍暗、色调偏冷的效果

04 通过【扭曲】滤镜制作水面的波纹效果，需注意的是波纹的大小和位置的摆放

STEP 01 执行【文件】/【打开】命令（Ctrl+O），弹出“打开”对话框，打开如图9-2-1所示的图像。

图9-2-1

步骤提示技巧

制作倒影需要注意的是将翻转得到的图像制作成为逼真的倒影效果，要从颜色和形状两个方面着手。

STEP 02 将“背景”图层拖曳至“图层”面板上的创建新图层按钮上，得到“背景副本”图层，“图层”面板如图9-2-2所示。

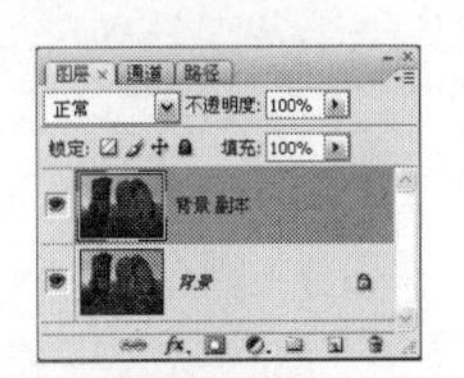

图9-2-2

STEP 03 执行【图像】/【画布大小】命令，弹出“画笔大小”对话框，具体设置如图9-2-3所示，设置完毕后单击“确定”按钮，得到的图像效果如图9-2-4所示。

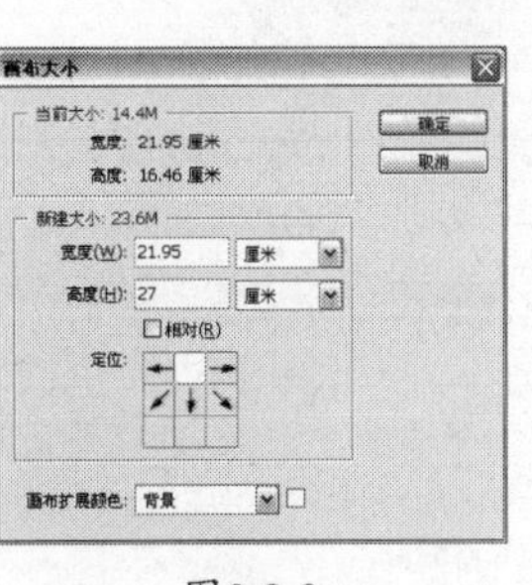

图9-2-3

图9-2-4

STEP 04 选择“背景副本”图层，执行【编辑】/【变换】/【垂直翻转】命令，“图层”面板如图9-2-5所示，得到的图像效果如图9-2-6所示。

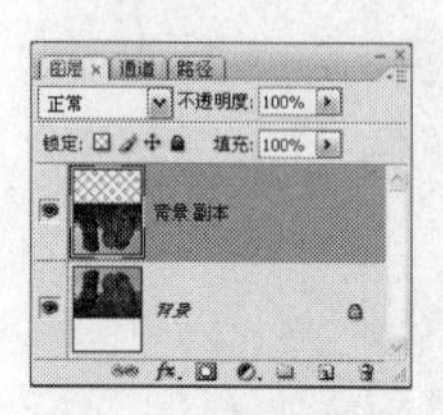
图9-2-5

图9-2-6

STEP 05 选择“背景副本”图层，执行【编辑】/【自由变换】命令（Ctrl+T），将该图层垂直压缩，“图层”面板如图9-2-7所示，得到的图像效果如图9-2-8所示。

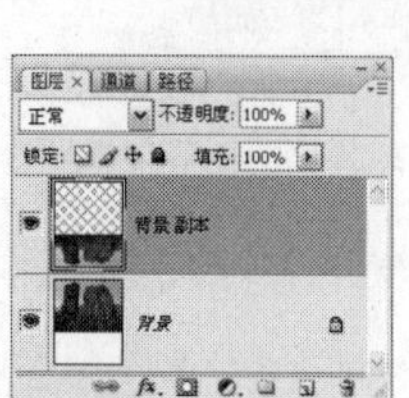
图9-2-7

图9-2-8

STEP 06 单击“图层”面板上的创建新的填充或调整图层按钮，在弹出的下拉菜单中选择“色彩平衡”选项，弹出“色彩平衡”对话框，具体设置如图9-2-9、图9-2-10和图9-2-11所示，设置完毕后单击“确定”按钮，执行【图层】/【创建剪贴蒙版】命令，“图层”面板如图9-2-12所示，得到的图像最终效果如图9-2-13所示。

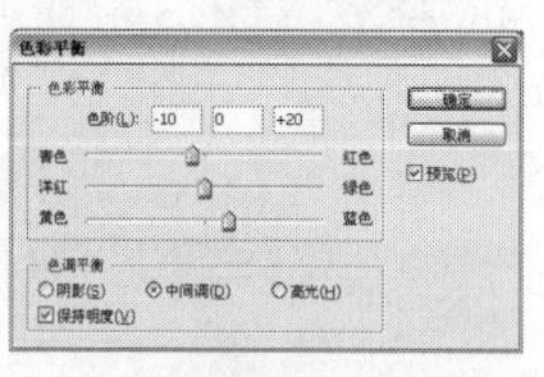
图9-2-9

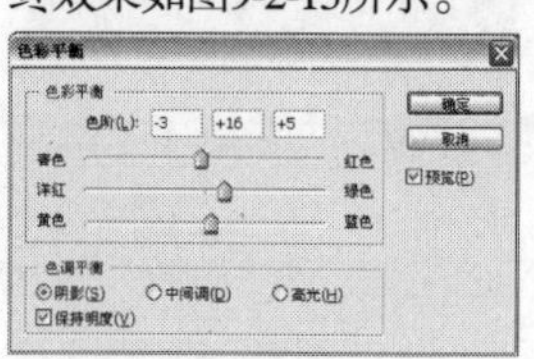
图9-2-10

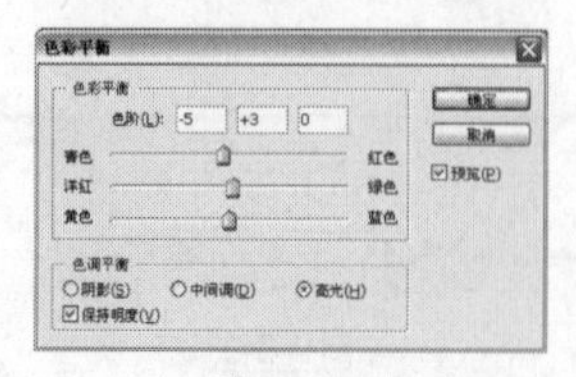
图9-2-11

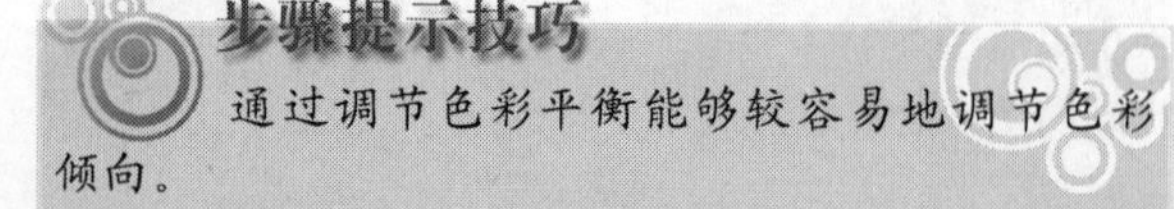

步骤提示技巧

通过调节色彩平衡能够较容易地调节色彩倾向。

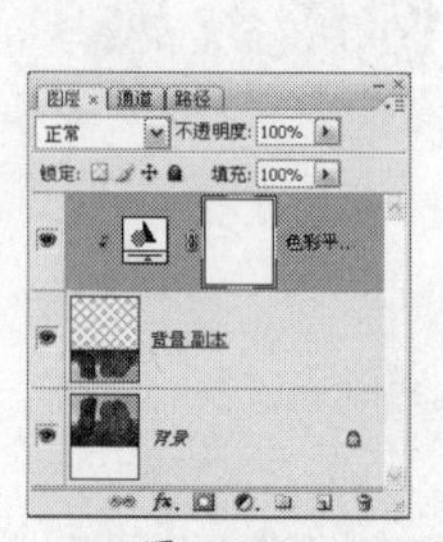
图9-2-12

图9-2-13

STEP 07 选择工具箱中的渐变工具，在其工具选项栏中单击线性渐变按钮，选择黑色到白色的渐变类型，单击“色彩平衡1”调整图层的蒙版缩览图，按Shift键在图像中由下至上拖动鼠标绘制渐变填充，“图层”面板如图9-2-14所示，得到的图像效果如图9-2-15所示。

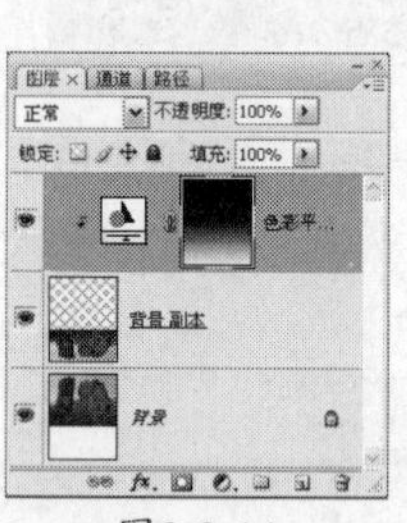
图9-2-14

图9-2-15

STEP 08 单击“图层”面板上的创建新的填充或调整图层按钮，在弹出的下拉菜单中选择“曲线”选项，弹出“曲线”对话框，具体设置如图9-2-16所示，设置完毕后单击“确定”按钮，执行【图层】/【创建剪贴蒙版】命令，“图层”面板如图9-2-17所示，得到的图像效果如图9-2-18所示。

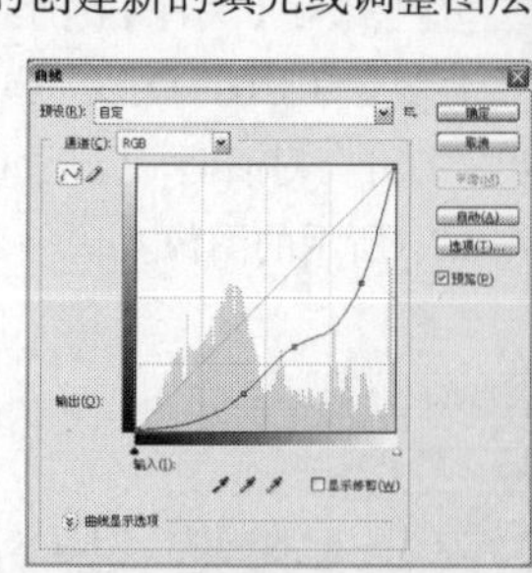
图9-2-16

图9-2-17

图9-2-18

STEP 09 在“图层”面板中，按Alt键拖动“色彩平衡1”调整图层的图层蒙版至“曲线1”调整图层的图层蒙版位置，在弹出的对话框中单击“是”按钮，“图层”面板如图9-2-19所示，得到的图像效果如图9-2-20所示。

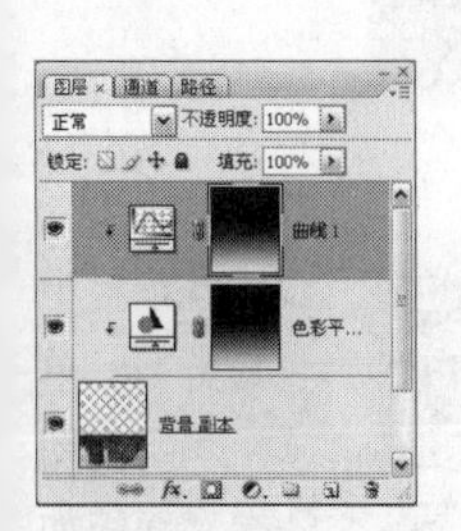
图9-2-19

图9-2-20

STEP 10 选择“曲线1”调整图层，单击“图层”面板上的创建新的填充或调整图层按钮，在弹出的下拉菜单中选择“色相/饱和度”选项，弹出“色相/饱和度”对话框，具体设置如图9-2-21所示，设置完毕后单击“确定”按钮，执行【图层】/【创建剪贴蒙版】命令，“图层”面板如图9-2-22所示，得到的图像效果如图9-2-23所示。

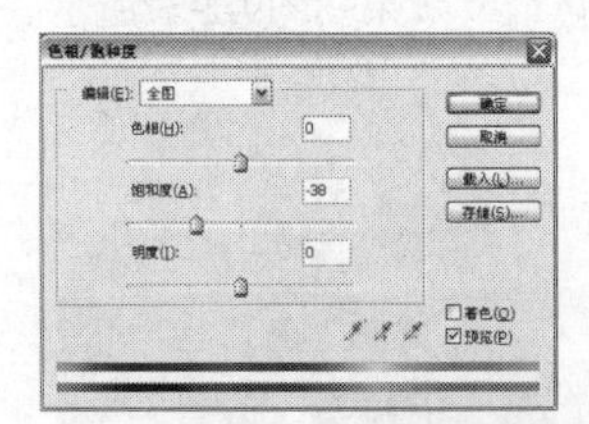
图9-2-21

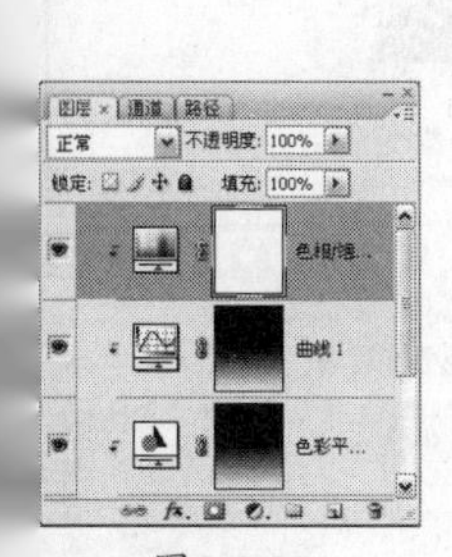
图9-2-22

图9-2-23

STEP 11 在“图层”面板中，按Alt键拖动“色彩平衡1”调整图层的图层蒙版至“色相/饱和度”调整图层的图层蒙版位置，在弹出的对话框中单击“确定”按钮，“图层”面板如图9-2-24所示，得到的图像效果如图9-2-25所示。

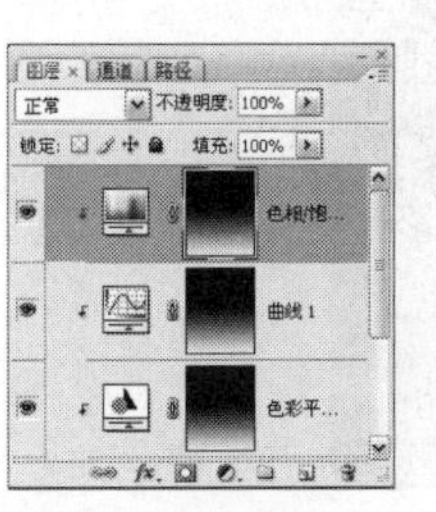
图9-2-24

图9-2-25

STEP 12 单击“背景”图层前指示图层可见性按钮将背景图层隐藏，选择“色相/饱和度1”调整图层，按快捷键Alt+Ctrl+Shift+E盖印可见图层至新图层“图层1”，“图层”面板如图9-2-26所示。

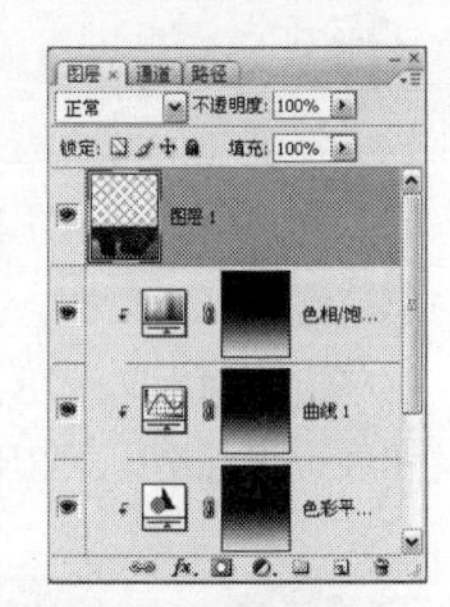
图9-2-26

STEP 13 选择“背景”图层，执行【滤镜】/【扭曲】/【波纹】命令，弹出“波纹”对话框，具体设置如图9-2-27所示，设置完毕后单击“确定”按钮，得到的图像效果如图9-2-28所示。

图9-2-27

图9-2-28

STEP 14 选择“图层1”，执行【滤镜】/【扭曲】/【波浪】命令，弹出“波浪”对话框，具体设置如图9-2-29所示，设置完毕后单击“确定”按钮，得到的图像效果如图9-2-30所示。

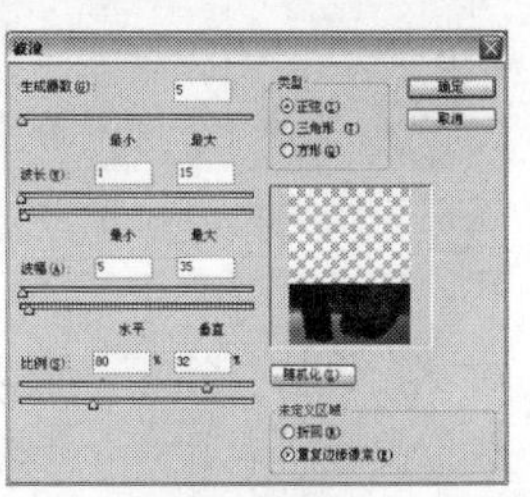
图9-2-29

图9-2-30

STEP 15 选择工具箱中的椭圆选框工具，在其工具选项栏中将羽化值设置为20像素，在图像中如图9-2-31所示绘制椭圆选区，执行【滤镜】/【扭曲】/【水波】命令，弹出“水波”对话框，具体设置如图9-2-32所示，设置完毕后单击“确定”按钮，按快捷键Ctrl+D取消选择，得到的图像效果如图9-2-33所示。

图9-2-31

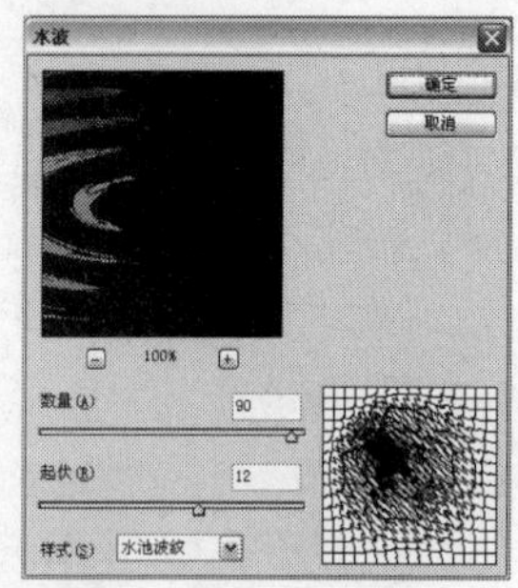

图9-2-32

图9-2-33

STEP 16 选择工具箱中的椭圆选框工具，在其工具选项栏中将羽化值设置为20像素，在图像中如图9-2-34所示绘制椭圆选区，执行【滤镜】/【扭曲】/【水波】命令，弹出“水波”对话框，具体设置如图9-2-35所示，设置完毕后单击“确定”按钮，得到的图像效果如图9-2-36所示。

图9-2-34

图9-2-35

图9-2-36

STEP 17 采用同样的方法在其他适当的位置制作水波效果，得到的图像最终效果如图9-2-37所示。

图9-2-37

步骤提示技巧

制作水波能够加强水面倒影的效果。

Effect 03

制作照片光影效果

01 将比较黯淡呆板的图像通过调整颜色等一系列的操作变成具有艺术效果的图片

02 通过创建中性色图层使图像整体变得明亮，并通过调整中性色图层使图像中需要重点显示的地方变亮

03 通过调整“色相/饱和度”使图像的饱和度变高，颜色显得更加鲜艳

04 通过添加滤镜并将滤镜渐隐增强图像的对比效果

STEP 01 执行【文件】/【打开】命令（Ctrl+O），弹出“打开”对话框，打开如图9-3-1所示的图像。

图9-3-1

步骤提示技巧

从图像中可以看到图像的颜色有些黯淡，而且感觉非常普通，没有吸引人的地方。

STEP 02 执行【图层】/【新建】/【图层】命令，弹出“新建图层”对话框，具体设置如图9-3-2所示，设置完毕后单击“确定”按钮，得到“图层1”，“图层”面板如图9-3-3所示。

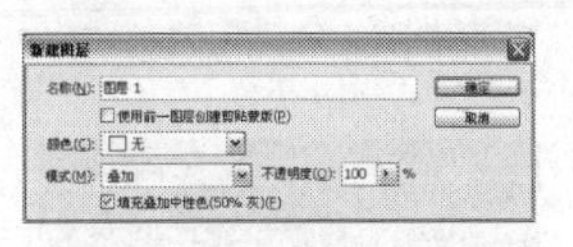

图9-3-2

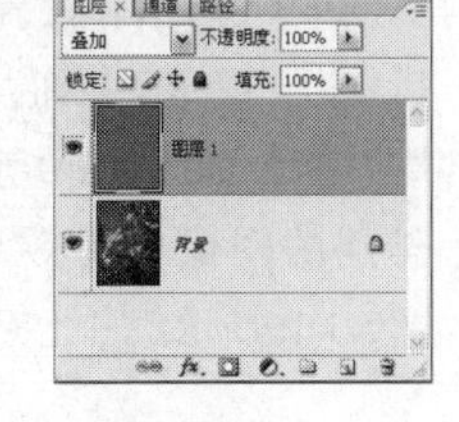

图9-3-3

STEP 03 选择工具箱中的画笔工具，将前景色设置为白色，设置柔角的笔刷，并将不透明度合流量调小些，在图像中花朵的部分涂抹，“图层”面板如图9-3-4所示，得到的图像效果如图9-3-5所示。

图9-3-4

图9-3-5

STEP 04 继续选择工具箱中的画笔工具，设置柔角的笔刷，将前景色设置为黑色，将不透明度和流量调小，在图像四周和没有花朵的位置涂抹，“图层”面板如图9-3-6所示，得到的图像效果如图9-3-7所示。

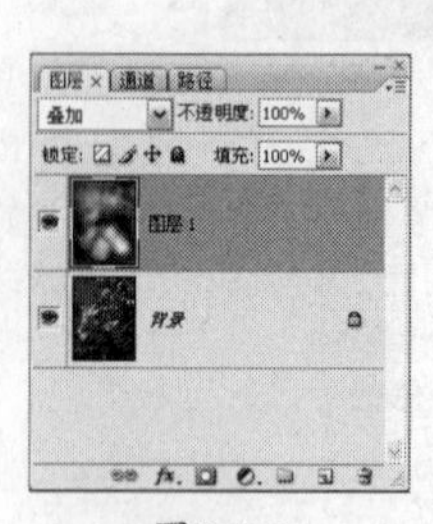

图9-3-6

图9-3-7

STEP 05 单击“图层”面板上的创建新的填充或调整图层按钮，在弹出的下拉菜单中选择“色相/饱和度”选项，弹出“色相/饱和度”对话框，具体设置如图9-3-8所示，设置完毕后单击“确定”按钮，“图层”面板如图9-3-9所示，得到的图像最终效果如图9-3-10所示。

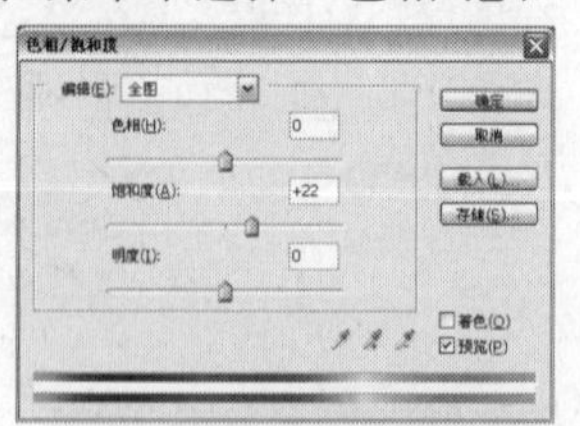

图9-3-8

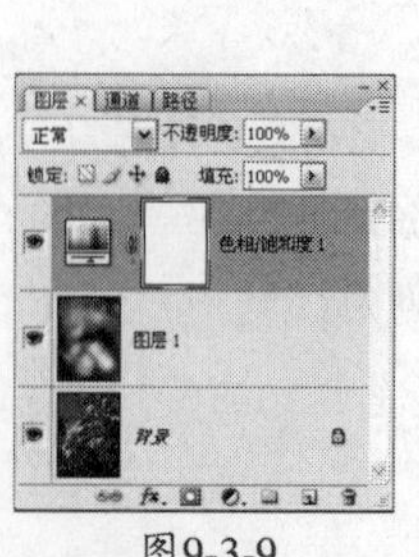

图9-3-9

图9-3-10

STEP 06 选择“色相/饱和度1”调整图层，按快捷键Alt+Ctrl+Shift+E盖印可见图层至新图层“图层2”，“图层”面板如图9-3-11所示。

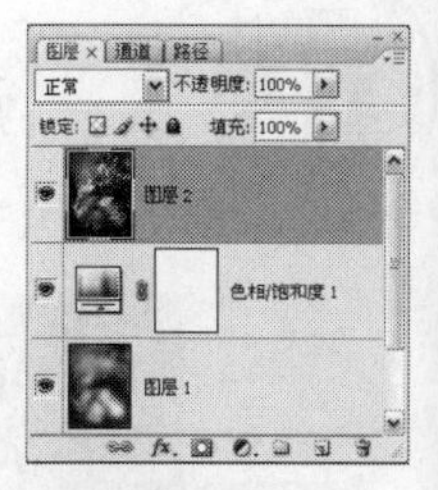

图9-3-11

STEP 07 选择“图层2”，执行【滤镜】/【渲染】/【光照效果】命令，弹出“光照效果”对话框，具体设置如图9-3-12所示，设置完毕后单击“确定”按钮，得到的图像效果如图9-3-13所示。

图9-3-12　　图9-3-13

STEP 08 执行【编辑】/【渐隐光照效果】命令，弹出“渐隐”对话框，具体设置如图9-3-14所示，设置完毕后单击“确定”按钮，得到的图像最终效果如图9-3-15所示。

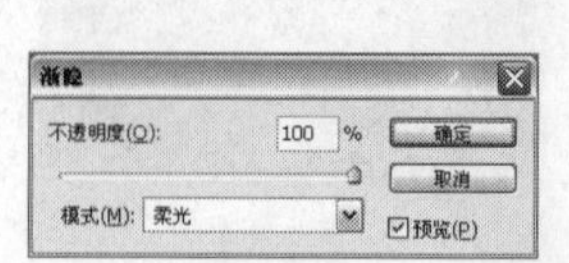

图9-3-14

图9-3-15

步骤提示技巧

“渐隐”命令能够修改图像中任何滤镜、绘画工具、橡皮擦工具或颜色调整的不透明度和混合模式

Effect 04 制作网点照片特效

01 通过“黑白”和“色阶”使图像的黑白效果呈现比较完善的对比效果

02 通过将图像模式转换为位图模式设置“半调网屏”图像效果

STEP 01 执行【文件】/【打开】命令（Ctrl+O），弹出“打开”对话框，打开如图9-4-1所示的图像。

图9-4-1

图9-4-3

STEP 02 执行【图像】/【调整】/【黑白】命令，弹出“黑白”对话框，具体设置如图9-4-2所示，设置完毕后单击“确定”按钮，得到的图像效果如图9-4-3所示。

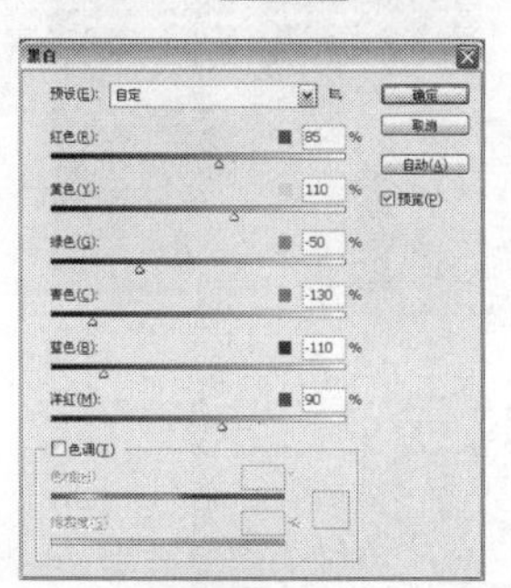

图9-4-2

STEP 03 执行【滤镜】/【模糊】/【高斯模糊】命令，弹出“高斯模糊”对话框，具体设置如图9-4-4所示，设置完毕后单击“确定”按钮，得到的图像效果如图9-4-5所示。

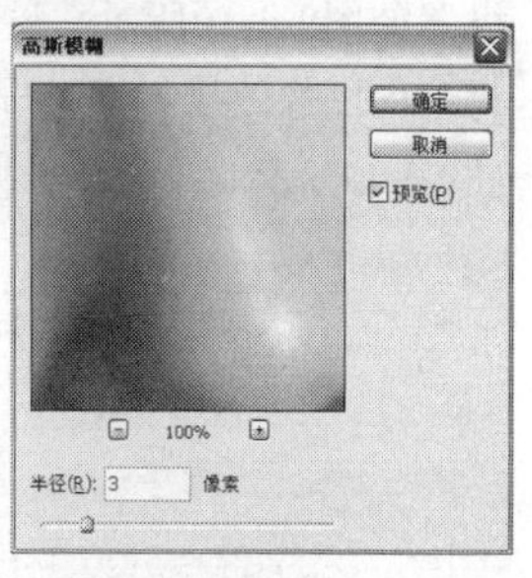

图9-4-4

图9-4-5

STEP 04 执行【图像】/【调整】/【色阶】命令，弹出“色阶”对话框，具体设置如图9-4-6所示，设置完毕后单击“确定”按钮，得到的图像效果如图9-4-7所示。

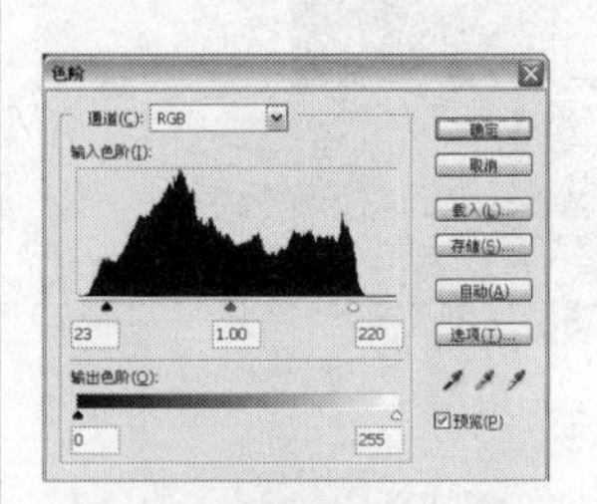

图9-4-6

图9-4-7

STEP 05 执行【图像】/【模式】/【灰度】，弹出如图9-4-8所示的对话框，单击“扔掉”按钮。

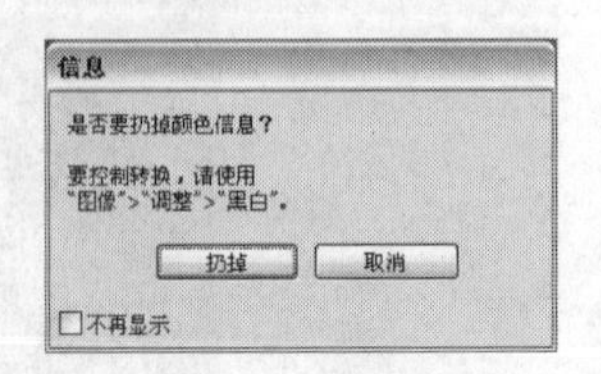

图9-4-8

STEP 06 执行【图像】/【模式】/【位图】命令，弹出“位图”对话框，具体设置如图9-4-9所示，设置完毕后单击“确定”按钮，弹出“半调网屏”对话框，具体设置如图9-4-10所示，设置完毕后单击“确定”按钮，得到的图像效果如图9-4-11所示，放大观察图像效果如图9-4-12所示。

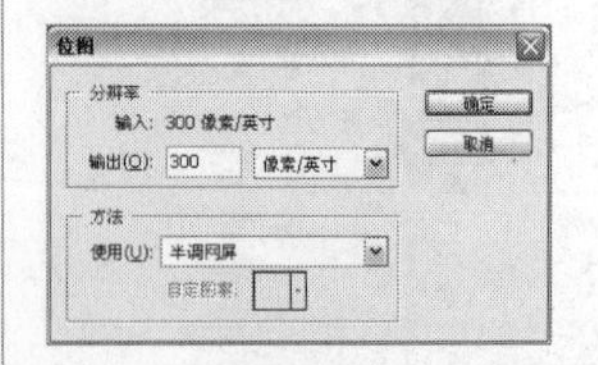

图9-4-9

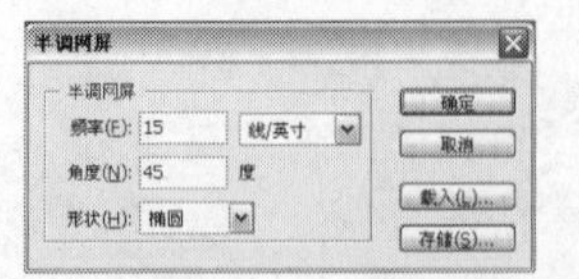

图9-4-10

图9-4-11

图9-4-12

STEP 07 执行【图像】/【模式】/【灰度】命令，在弹出的“灰度”对话框中将大小比例设置为1，单击“确定”按钮，将图像变为灰度模式，得到的图像效果如图9-4-13所示。

图9-4-13

STEP 08 图像中人物的网点效果可以通过在“半调网屏”对话框中进行设置，若在“半调网屏”对话框中如图9-4-14所示进行设置，得到的图像效果如图9-4-15所示，放大后得到的图像效果如图9-1-16所示。

图9-4-14

图9-4-15

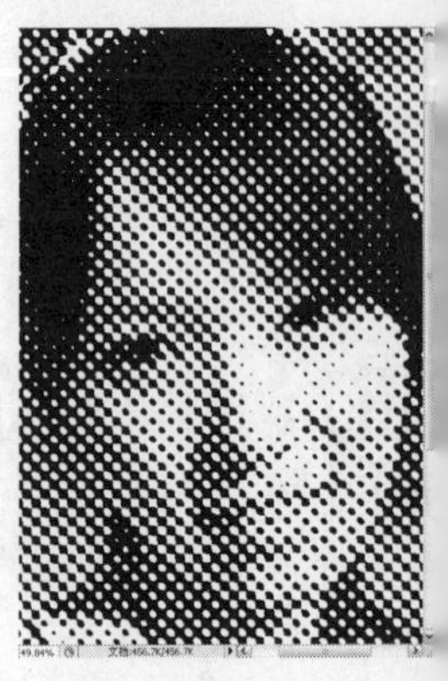
图9-4-16

STEP 09 若在“半调网屏”对话框中如图9-4-17所示进行设置，得到的图像效果如图9-4-18所示，放大后得到的图像效果如图9-4-19所示。

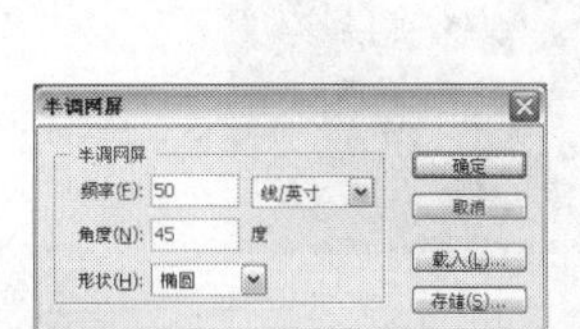

图9-4-17

图9-4-18

图9-4-19

Effect 05 制作星光夜色特效

01 通过观察“通道”面板选择最适合做星光效果的颜色通道

02 通过【风】滤镜和【旋转图像】命令制作星光四面发光效果

STEP 01 执行【文件】/【打开】命令（Ctrl+O），弹出“打开”对话框，打开如图9-5-1所示的图像。

图9-5-1

STEP 02 切换至“通道”面板，选择“蓝”通道，将其拖曳至“通道”面板上的创建新通道按钮上，得到“蓝副本”通道，“通道”面板如图9-5-2所示，得到的图像效果如图9-5-3所示。

步骤提示技巧

单击各个通道缩览图，图像中就会显示为该通道的图像效果，选择灯光效果比较明显的蓝通道。

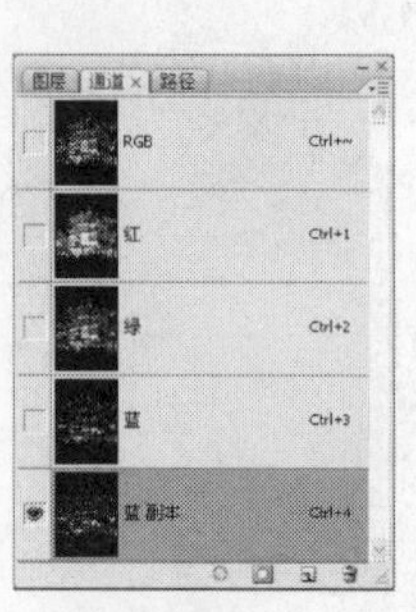
图9-5-2

图9-5-3

STEP 03 执行【图像】/【调整】/【色阶】命令，弹出“色阶”对话框，具体设置如图9-5-4所示，设置完毕后单击“确定”按钮，得到的图像效果如图9-5-5所示。

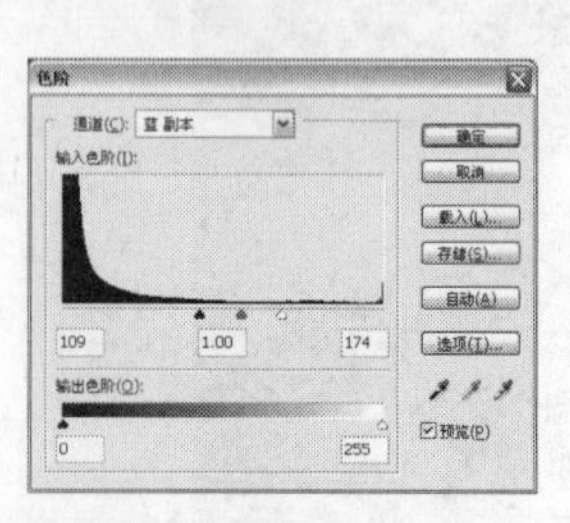
图9-5-4

图9-5-5

STEP 04 执行【滤镜】/【风格化】/【风】命令，弹出“风”对话框，具体设置如图9-5-6所示，设置完毕后单击“确定”按钮，得到的图像效果如图9-5-7所示。

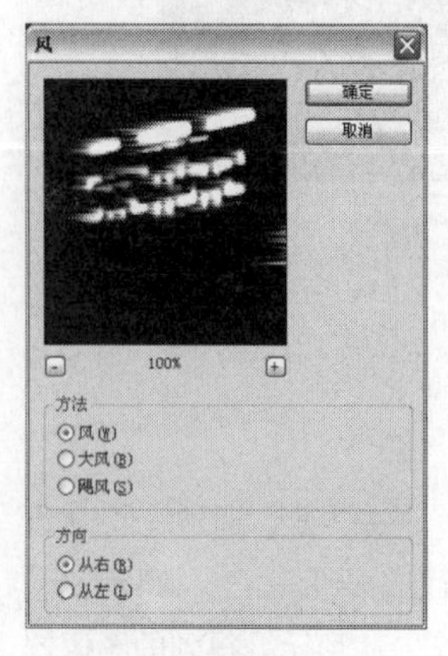
图9-5-6

图9-5-7

STEP 05 按快捷键Ctrl+F重复执行滤镜命令，得到的图像效果如图9-5-8所示。

图9-5-8

STEP 06 执行【滤镜】/【风格化】/【风】命令，弹出“风”对话框，具体设置如图9-5-9所示，设置完毕后单击“确定”按钮，得到的图像效果如图9-5-10所示。

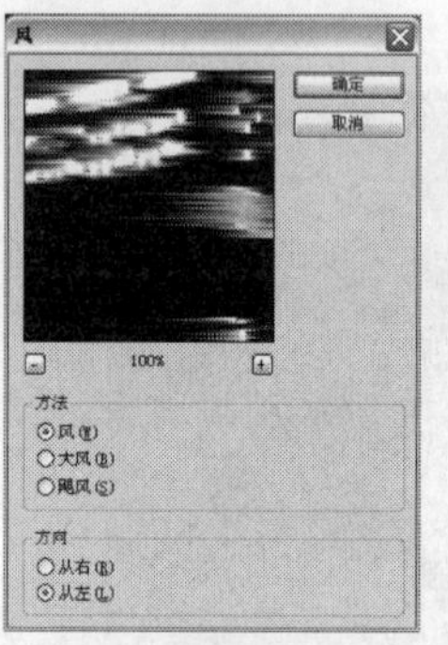
图9-5-9

图9-5-10

STEP 07 按快捷键Ctrl+F重复执行滤镜命令，得到的图像效果如图9-5-11所示。

图9-5-11

STEP 08 执行【图像】/【旋转画布】/【90度（顺时针）】命令，得到的图像效果如图9-5-12所示。

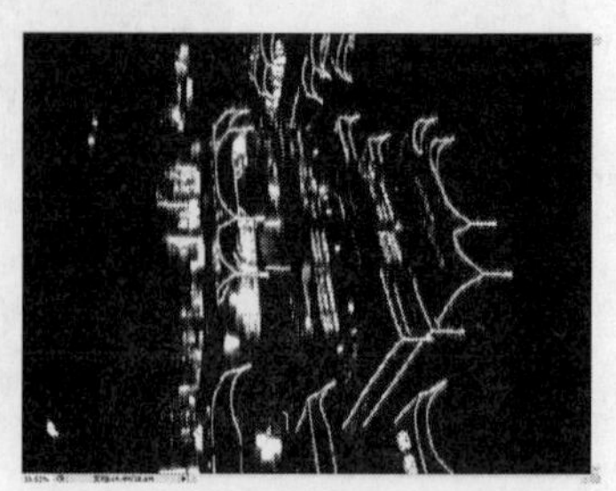
图9-5-12

STEP 09 执行【滤镜】/【风格化】/【风】命令，弹出“风”对话框，具体设置如图9-5-13所示，设置完毕后单击“确定”按钮，得到的图像效果如图9-5-14所示。

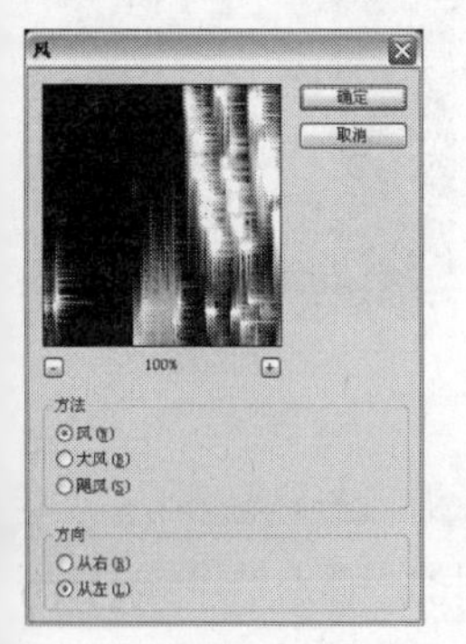

图9-5-13

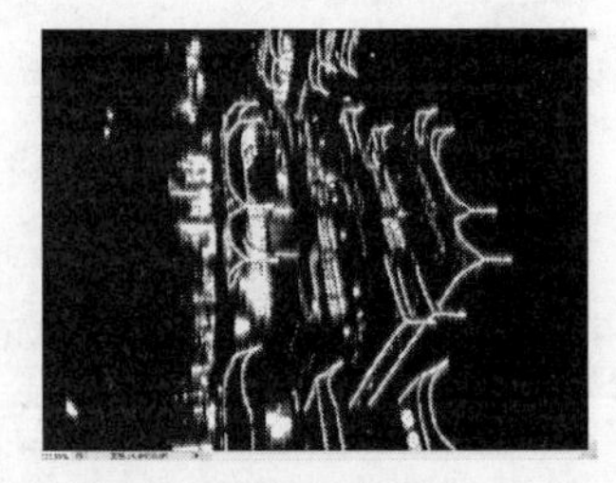

图9-5-14

STEP 10 按快捷键Ctrl+F重复执行滤镜命令，得到的图像效果如图9-5-15所示。

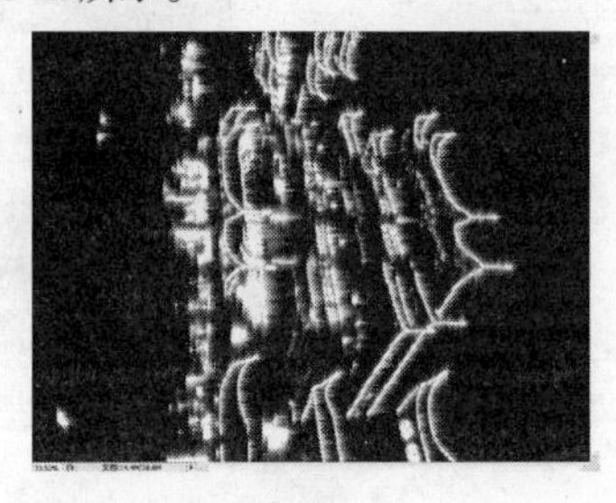

图9-5-15

步骤提示技巧

通过“风”滤镜，从四个方向将图像处理成为向四面发散的效果，能够制作出通过星光镜头拍摄夜景的效果。

STEP 11 执行【滤镜】/【风格化】/【风】命令，弹出“风”对话框，具体设置如图9-5-16所示，设置完毕后单击“确定”按钮，得到的图像效果如图9-5-17所示。

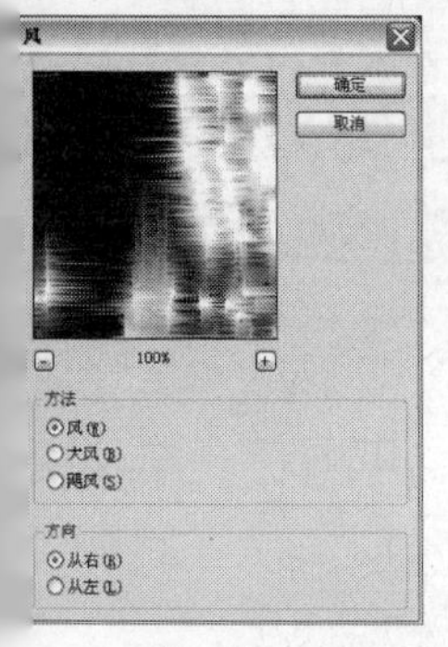

图9-5-16

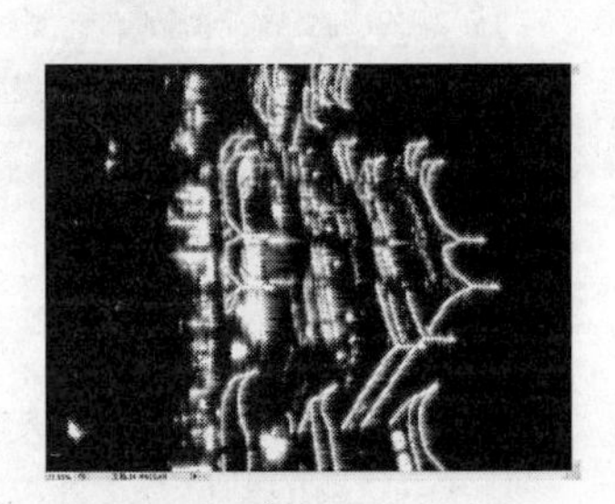

图9-5-17

STEP 12 按快捷键Ctrl+F重复执行滤镜命令，得到的图像效果如图9-5-18所示。

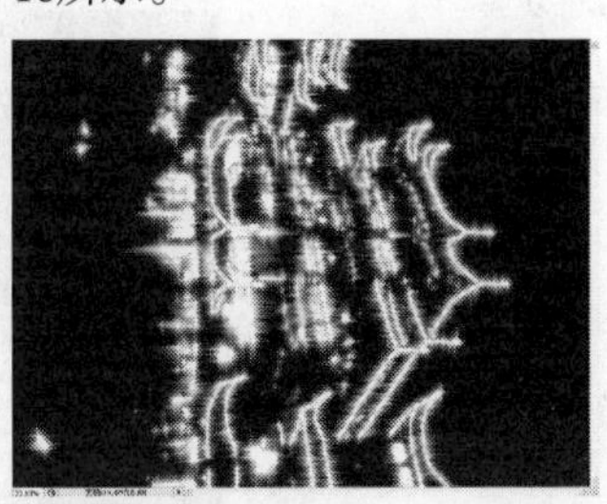

图9-5-18

STEP 13 执行【图像】/【旋转画布】/【90度（逆时针）】命令，得到的图像效果如图9-5-19所示，单击RGB通道将其显示，“通道”面板如图9-5-20所示。

图9-5-19

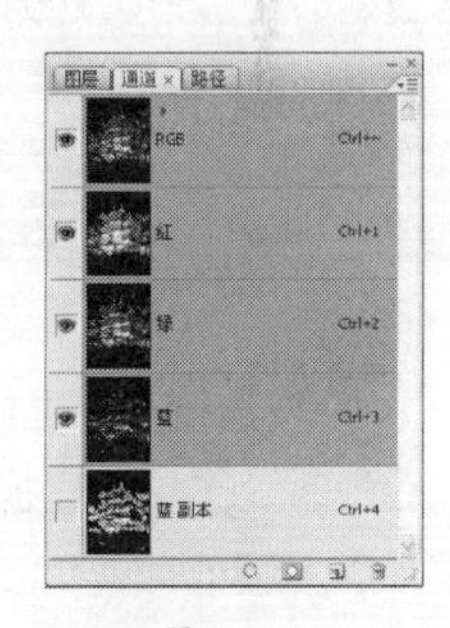

图9-5-20

STEP 14 切换至“图层”面板，单击“图层”面板上的创建新图层按钮，新建“图层1”，“图层”面板如图9-5-21所示。

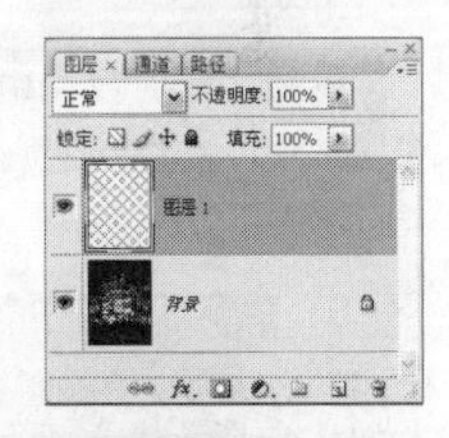

图9-5-21

STEP 15 将前景色设置为黑色，背景色设置为白色，执行【滤镜】/【渲染】/【云彩】命令，得到的图像效果如图9-5-22所示。

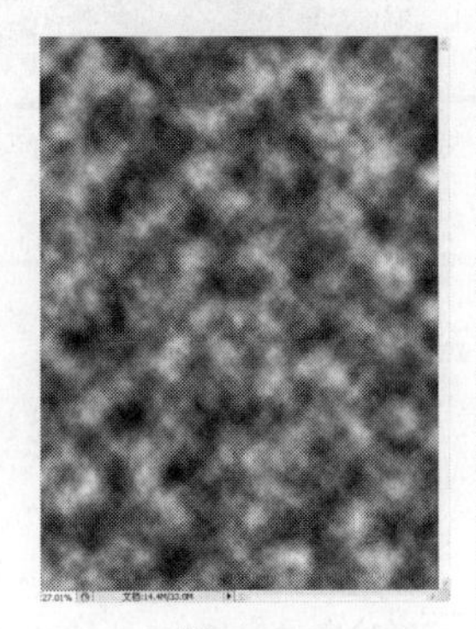

图9-5-22

STEP 16 切换至“通道”面板，按Ctrl键单击“蓝副本”通道缩览图，调出其选区，切换回“图层”面板，单击“图层”面板上的添加图层蒙版按钮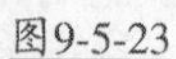，为“图层1”添加图层蒙版，“图层”面板如图9-5-23所示，得到的图像效果如图9-5-24所示。

图9-5-23

图9-5-24

步骤提示技巧

通过制作一层“云彩”图层，能够使灯光的星光效果不至于太过均匀，云彩的不规则效果和制作出的星光效果蒙版结合能够使图像中灯光的星光效果更具有真实性。

STEP 17 选择“图层1”，将其图层混合模式设置为“滤色”，“图层”面板如图9-5-25所示，得到的图像效果如图9-5-26所示。

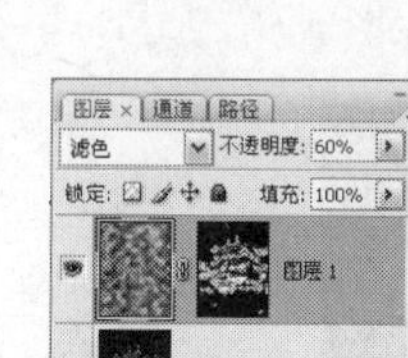

图9-5-25

图9-5-26

STEP 18 选择“图层1”，将其不透明度设置为60%，“图层”面板如图9-5-27所示，得到的图像效果如图9-5-28所示。

图9-5-27

图9-5-28

Effect 06 制作焦点照片特效

01 通过使用“曲线”调整图层调整图像的明暗分布，使图像呈现阶调明显的状态

02 通过使用“色相/饱和度”调整图层调整图像的颜色，使其颜色鲜艳、对比明显

03 建立新图层并制作照片的边框和阴影效果，并通过变形工具使阴影更加具有灵活性

04 用【径向模糊】滤镜制作图像从四周向中央的冲击效果，强调画面的中心

STEP 01 执行【文件】/【打开】命令（Ctrl+O），弹出“打开”对话框，打开如图9-6-1所示图像。

图9-6-1

STEP 02 单击“图层”面板上的创建新的填充或调整图层按钮，在弹出的下拉菜单中选择“曲线”选项，弹出“曲线”对话框，具体设置如图9-6-2所示，设置完毕后单击“确定”按钮，“图层”面板如图9-6-3所示，得到的图像效果如图9-6-4所示。

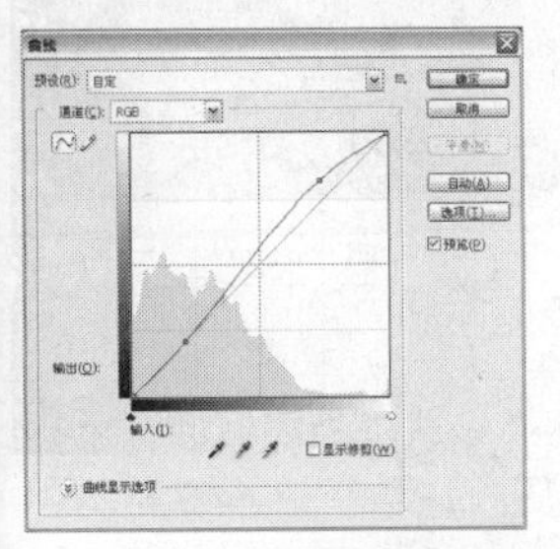

图9-6-2

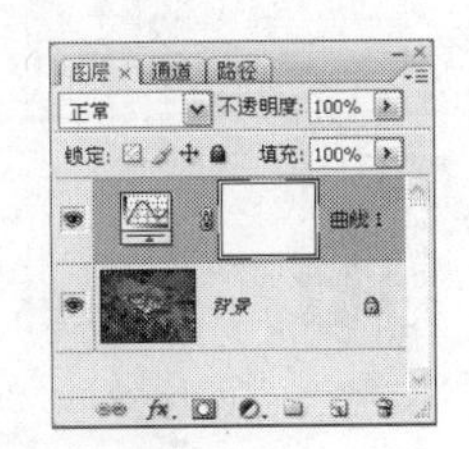

图9-6-3

图9-6-4

STEP 03 单击“图层”面板上的创建新的填充或调整图层按钮，在弹出的下拉菜单中选择“色相/饱和度”选项，弹出“色相/饱和度”对话框，具体设置如图9-6-5、图9-6-6和图9-6-7所示，设置完毕后单击“确定”按钮，“图层”面板如图9-6-8所示，得到的图像最终效果如图9-6-9所示。

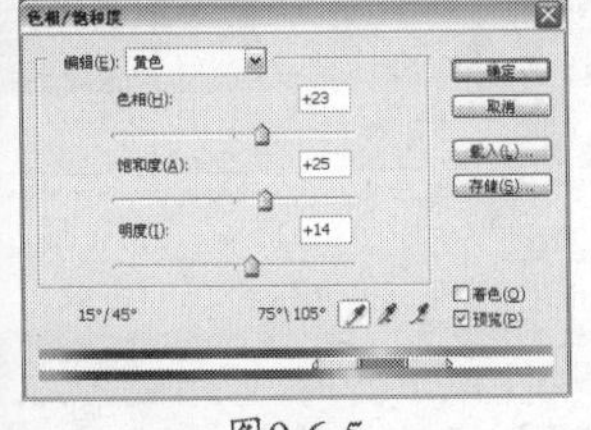

图9-6-5

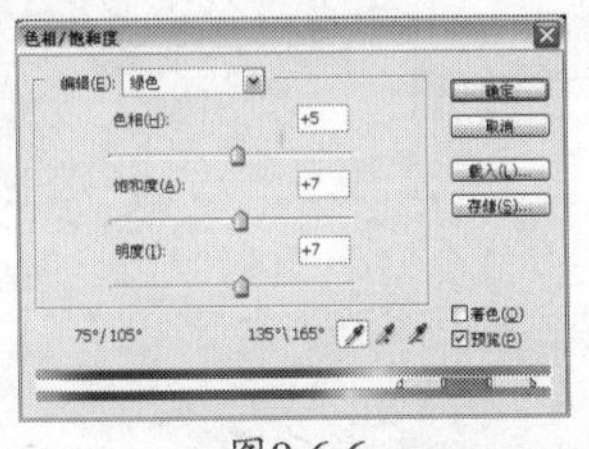

图9-6-6

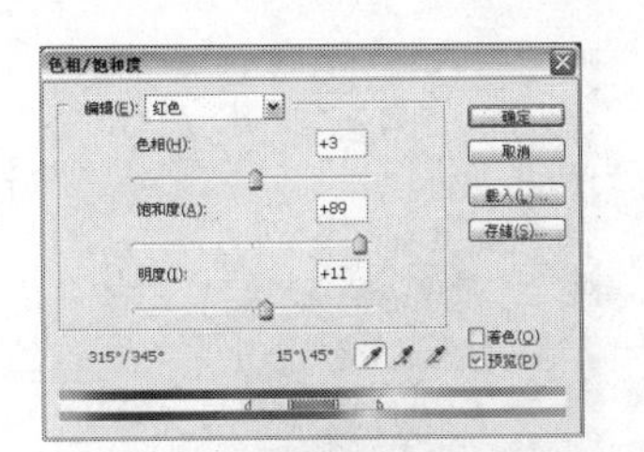

图9-6-7

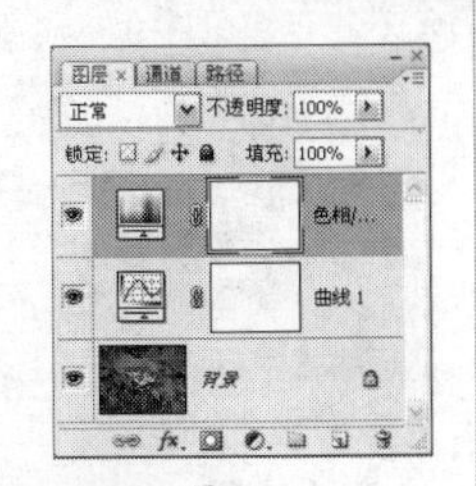

图9-6-8

图9-6-9

STEP 04 选择“色相/饱和度1”调整图层，按快捷键Alt+Ctrl+Shift+E盖印可见图层至新图层“图层1”，“图层”面板如图9-6-10所示。

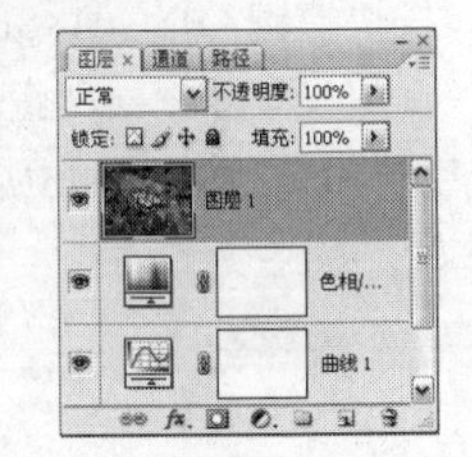

图9-6-10

STEP 05 选择“图层1”，选择工具箱中的磁性套索工具，在其工具选项栏中将羽化值设置为20像素，如图9-6-11所示沿图像中的蝴蝶绘制选区。

图9-6-11

STEP 06 单击“图层”面板上的创建新的填充或调整图层按钮，在弹出的下拉菜单中选择“曲线”选项，弹出“曲线”对话框，具体设置如图9-6-12所示，设置完毕后单击“确定”按钮，“图层”面板如图9-6-13所示，得到的图像效果如图9-6-14所示。

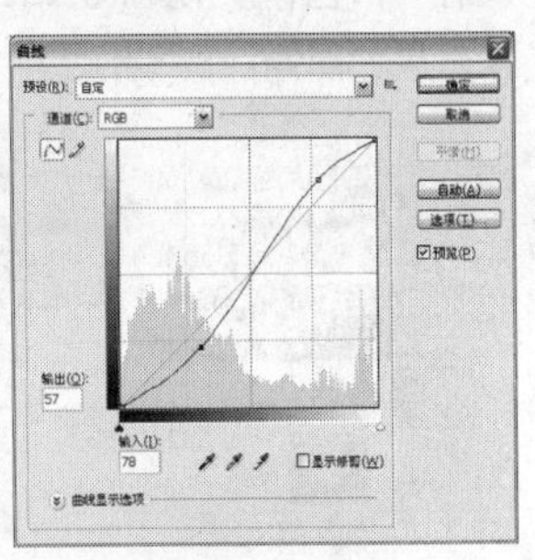

图9-6-12

图9-6-13

图9-6-14

步骤提示技巧

单独调整部分图像的曲线，能够增强该部分的焦点程度，使其在画面中更加出众。

STEP 07 选择“曲线2”调整图层，按快捷键Alt+Ctrl+Shift+E盖印可见图层至新图层“图层2”，“图层”面板如图9-6-15所示。

图9-6-15

STEP 08 选择工具箱中的矩形选框工具，在图像中蝴蝶的部分绘制矩形选区，执行【选择】/【变换选区】命令，如图9-6-16所示将选区旋转，旋转完毕后按Enter键确认变换。

图9-6-16

STEP 09 单击“图层”面板上的创建新图层按钮，新建“图层3”，“图层”面板如图9-6-17所示，将前景色设置为白色，按快捷键Alt+Delete填充前景色，得到的图像效果如图9-6-18所示。

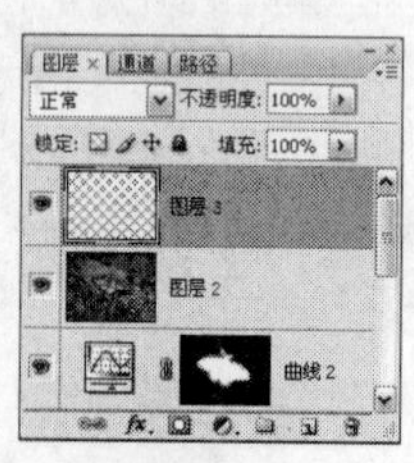

图9-6-17

图9-6-18

STEP 10 将“图层3”拖曳至“图层”面板上的创建新图层按钮上，得到“图层3副本”图层，并将“图层3”隐藏，“图层”面板如图9-6-19所示。

图9-6-19

STEP 11 执行【选择】/【修改】/【收缩】命令，弹出“收缩选区”对话框，具体设置如图9-6-20所示，设置完毕后单击“确定”按钮，按Delete键删除选区内图像，按快捷键Ctrl+D取消选择，得到的图像效果如图9-6-21所示。

图9-6-20

图9-6-21

STEP 12 选择“图层3”将其显示，并将其图层混合模式设置为“正片叠底”，“图层”面板如图9-6-22所示，单击“图层”面板上的添加图层样式按钮，在弹出的下拉菜单中选择“投影”选项，弹出“图层样式”对话框，具体参数设置如图9-6-23所示，设置完毕后单击“确定”按钮，得到的图像效果如图9-6-24所示。

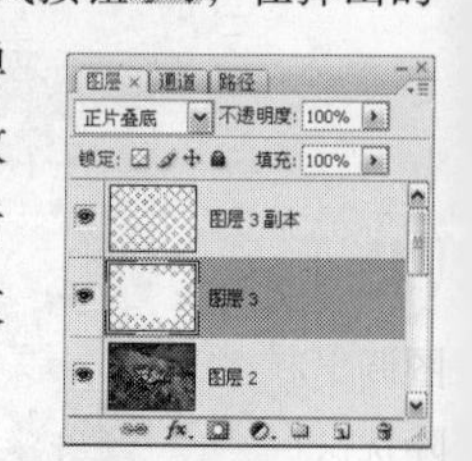

图9-6-22

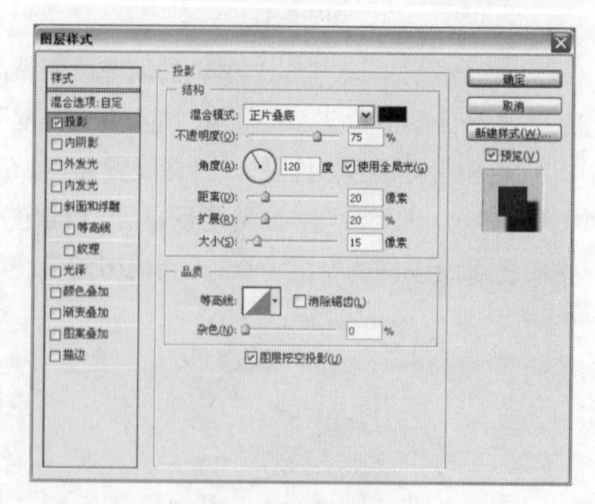

图9-6-23

图9-6-24

STEP 13 在“图层”面板中“图层3”的图层样式处单击右键，在弹出的下拉菜单中选择“创建图层”选项，“图层”面板如图9-6-25所示。

图9-6-25

STEP 14 选择“图层3的投影”图层，执行【编辑】/【变换】/【变形】命令，如图9-6-26所示拖动节点进行变形，变形完毕后按Enter键确认变换。

图9-6-26

STEP 15 按Ctrl键单击“图层3”在“图层”面板上的缩览图调出其选区，选择“图层3的投影”图层，按Delete键删除选区内图像，得到的图像效果如图9-6-27所示。

图9-6-27

STEP 16 选择“图层2”，按快捷键Ctrl+C复制选区内图像，按快捷键Ctrl+V粘贴选区内图像，得到“图层4”，选择“图层2”，“图层”面板如图9-6-28所示。

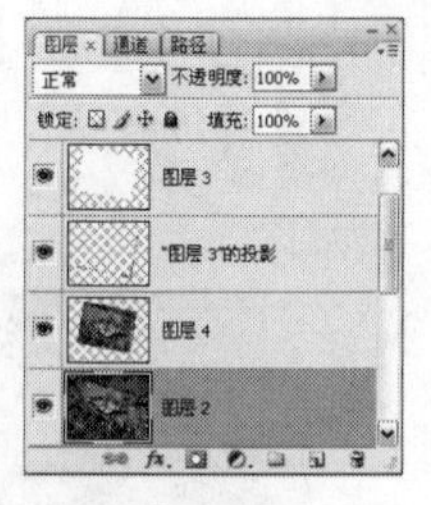

图9-6-28

步骤提示技巧

在Ctrl+C复制选区后直接按快捷键Ctrl+V，就可将复制得到的选区建立为一个新的图层。

STEP 17 选择“图层2”，执行【滤镜】/【模糊】/【径向模糊】命令，弹出“径向模糊”对话框，具体设置如图9-6-29所示，设置完毕后单击“确定”按钮，得到的图像最终效果如图9-6-30所示。

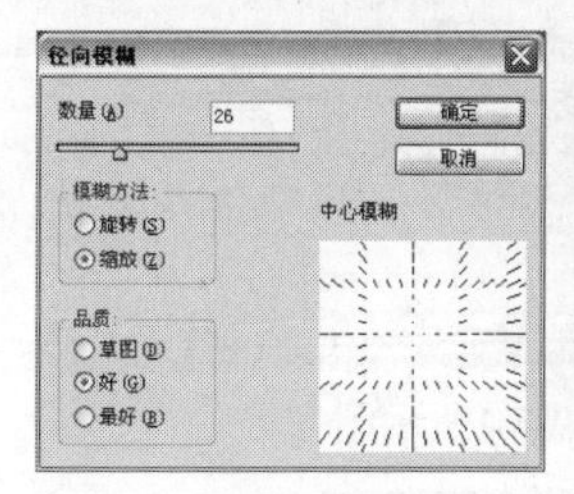

图9-6-29

图9-6-30

Effect 07 制作重叠相片特效

01 通过使用“曲线”调整图层调整图像的明暗分布，使图像呈现阶调明显的状态

02 通过使用“色相/饱和度”调整图层调整图像的颜色，使其颜色鲜艳、对比明显

03 通过将图层模糊后再像混合模式设置为“强光”，使图像呈现一种朦胧艳丽的明信片效果

04 将图像分隔成为6块并将每块单列一个图层进行各项操作，使图像的重叠照片效果更具有生动性

STEP 01 执行【文件】/【打开】命令（Ctrl+O），弹出“打开”对话框，打开如图9-7-1所示图像。

图9-7-1

步骤提示技巧

从原图中可以观察到图像的效果很普通，并没有太多出色的地方。通过本实例的操作，能够使图像呈现特殊的艺术风格。

STEP 02 单击“图层”面板上的创建新的填充或调整图层按钮，在弹出的下拉菜单中选择“曲线”选项，弹出“曲线”对话框，具体设置如图9-7-2所示，设置完毕后单击“确定”按钮，“图层”面板如图9-7-3所示，得到的图像效果如图9-7-4所示。

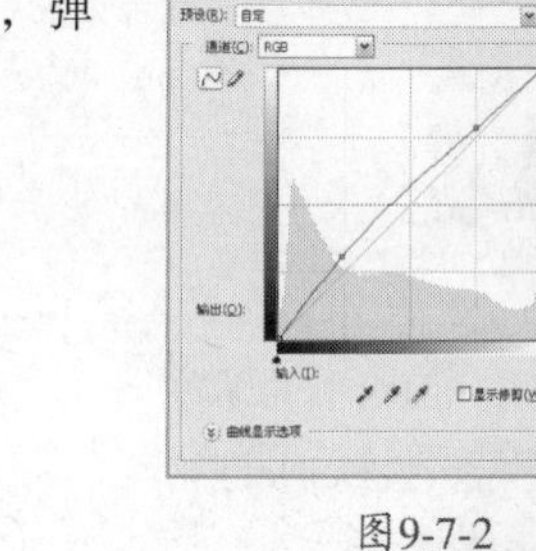

图9-7-2

图9-7-3

图9-7-4

STEP 03 单击“图层”面板上的创建新的填充或调整图层按钮，在弹出的下拉菜单中选择“色相/饱和度”选项，弹出“色相/饱和度”对话框，具体设置如图9-7-5所示，设置完毕后单击“确定”按钮，“图层”面板如图9-7-6所示，得到的图像效果如图9-7-7所示。

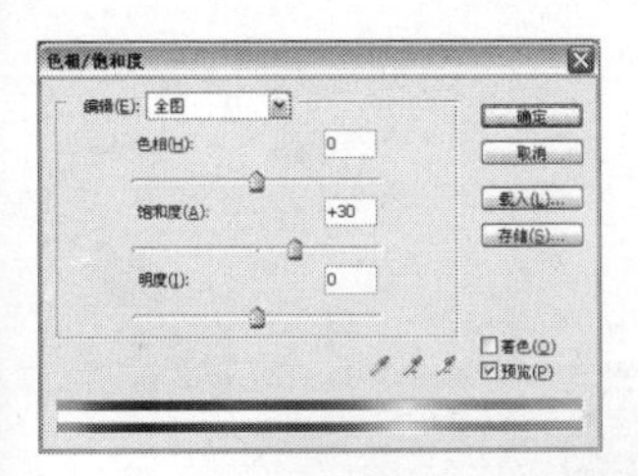

图9-7-5

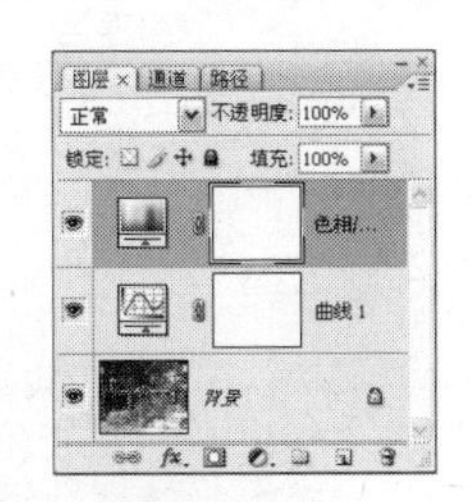

图9-7-6

图9-7-7

STEP 04 选择“色相/饱和度1”调整图层，按快捷键Alt+Ctrl+Shift+E盖印可见图层至新图层“图层1”，“图层”面板如图9-7-8所示。

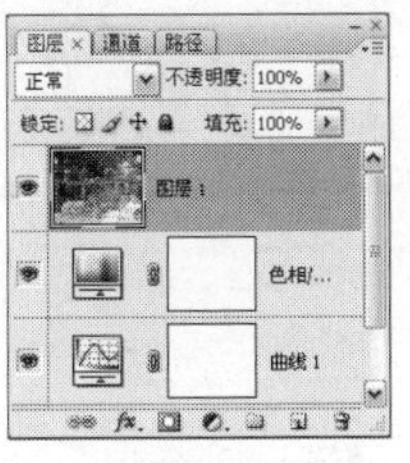

图9-7-8

STEP 05 选择“图层1”，执行【滤镜】/【模糊】/【高斯模糊】命令，弹出“高斯模糊”对话框，具体设置如图9-7-9所示，设置完毕后单击“确定”按钮，得到的图像效果如图9-7-10所示。

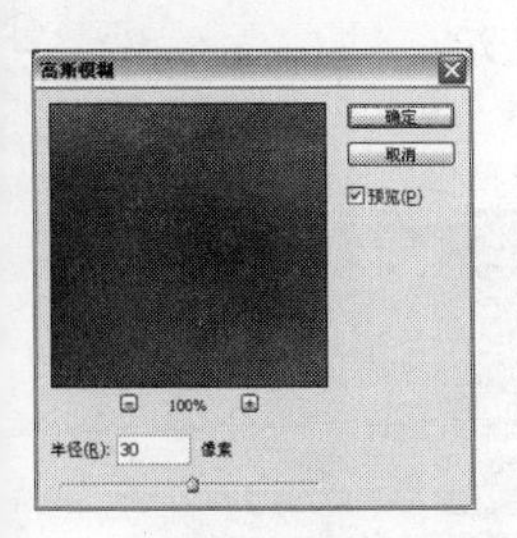

图9-7-9

图9-7-10

步骤提示技巧

通过【选择】/【修改】命令，还可以对选区进行诸如“扩展”、“羽化”和“平滑”等命令。

STEP 06 将“图层1”的图层混合模式设置为“强光”，“图层”面板如图9-7-11所示，得到的图像效果如图9-7-12所示。

图9-7-11

图9-7-12

STEP 07 选择“图层1”，按快捷键Alt+Ctrl+Shift+E盖印可见图层至新图层“图层2”，“图层”面板如图9-7-13所示。

图9-7-13

STEP 08 执行【视图】/【标尺】命令，在图像中如图9-7-14所示拖出参考线。

图9-7-14

STEP 09 选择“图层2”，选择工具箱中的矩形选框工具，如图9-7-15所示沿图像中的参考线绘制选区，绘制完毕后按快捷键Ctrl＋C复制选区内图像，按快捷键Ctrl+V粘贴图像，得到新图层“图层3”，依次将其他方框绘制为选区并复制粘贴为新图层，“图层”面板如图9-7-16所示。

图9-7-15

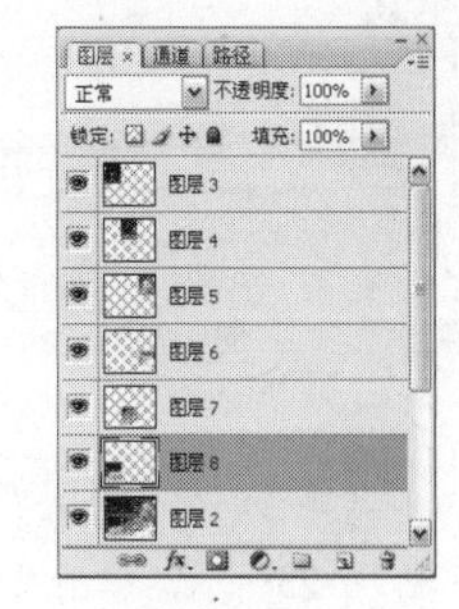

图9-7-16

STEP 10 执行【图像】/【画布大小】命令，弹出“画布大小”对话框，具体设置如图9-7-17所示，设置完毕后单击“确定”按钮，得到的图像效果如图9-7-18所示。

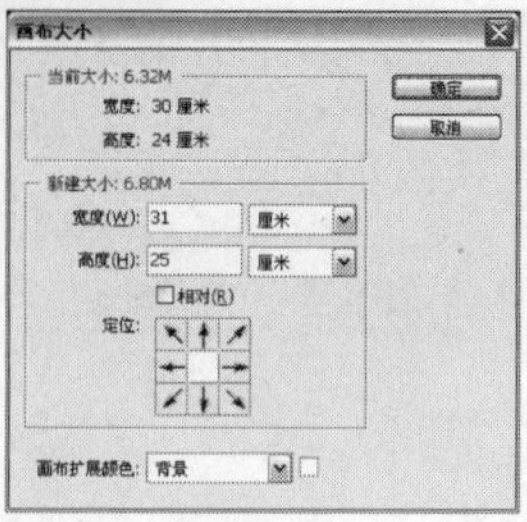

图9-7-17

图9-7-18

STEP 11 选择“图层2”，按快捷键Ctrl+T调出自由变换框，按住Shift键和Alt键的同时拖动自由变换框的节点，将图像放大，得到的图像效果如图9-7-19所示。

图9-7-19

STEP 12 选择“图层2”，将“图层3”至“图层8”隐藏，“图层”面板如图9-7-20所示，执行【图像】/【调整】/【黑白】命令，弹出“黑白”对话框。具体参数设置如图9-7-21所示，设置完毕后单击“确定”按钮，得到的图像效果如图9-7-22所示。

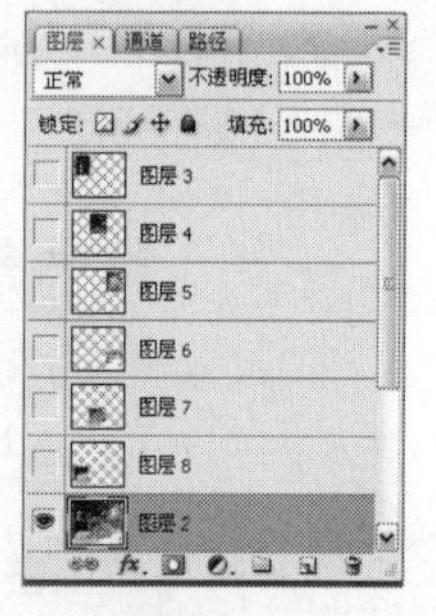

图9-7-20

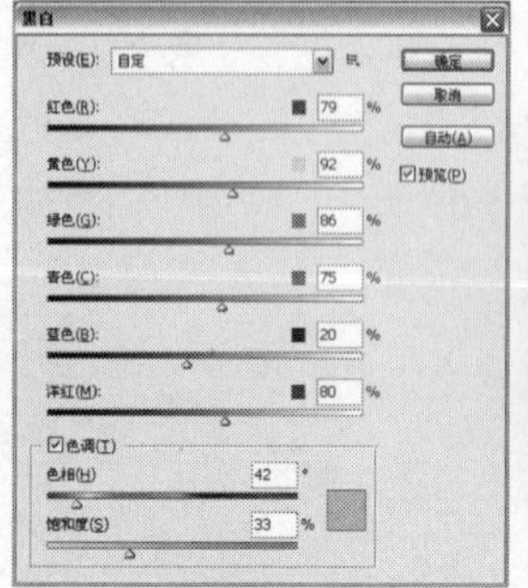

图9-7-21

图9-7-22

STEP 13 选择“图层8”并将其显示，“图层”面板如图9-7-23所示，单击“图层”面板上的添加图层样式按钮 ，在弹出的下拉菜单中选择“投影”选项，弹出“图层样式”对话框，具体参数设置如图9-7-24所示，设置完毕后不关闭对话框，继续勾选“描边”复选框，具体参数设置如图9-7-25所示，设置完毕后单击“确定”按钮，得到的图像效果如图9-7-26所示。

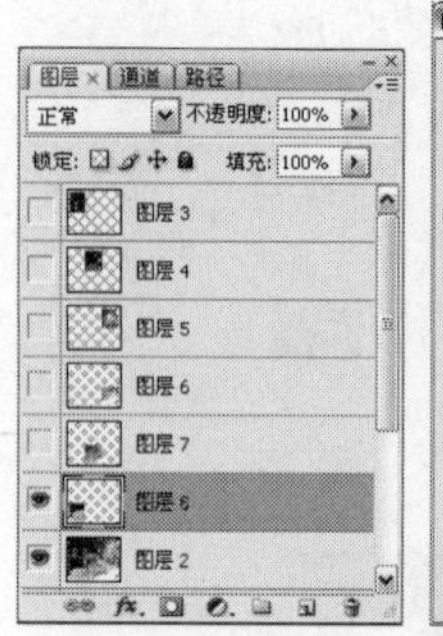

图9-7-23

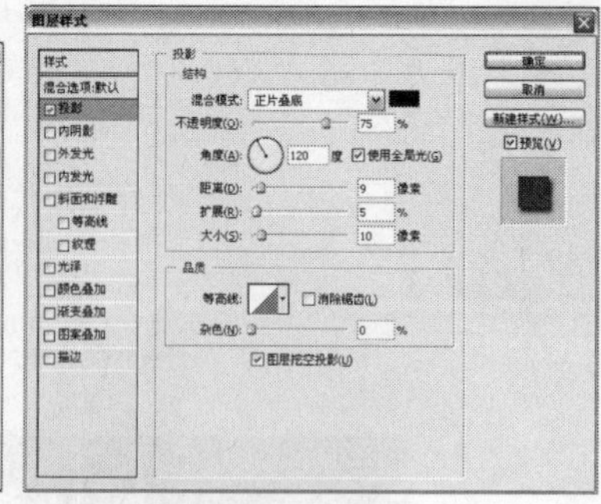

图9-7-24

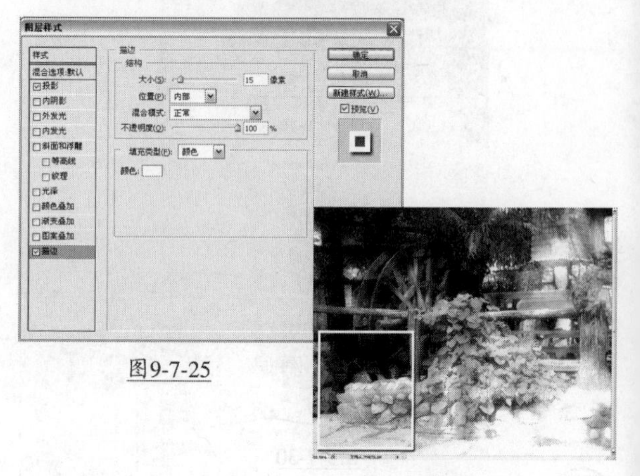

图9-7-25

图9-7-26

STEP 14 在“图层”面板上“图层8”的图层样式处单击右键，在弹出的下拉菜单中选择“拷贝图层样式”选项，按Ctrl键分别单击“图层3”至“图层7”，将其全部选中，在选中的任一图层处单击右键，在弹出的下拉菜单中选择“粘贴图层样式”按钮，“图层”面板如图9-7-27所示，得到的图像效果如图9-7-28所示。

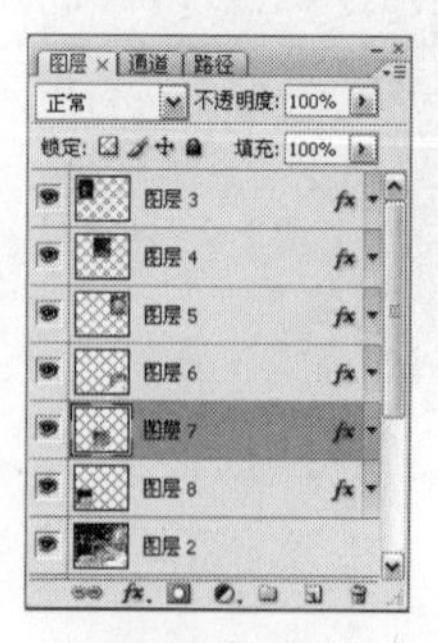

图9-7-27

图9-7-28

步骤提示技巧

按Shift键在“图层”面板中分别单击上层和下层的图层缩览图，即可将中间的图层也选中。

STEP 15 选择“图层3”，执行【编辑】/【自由变换】命令（Ctrl+T），如图9-7-29所示对图像进行旋转，同样的方法针对每个图层都进行变换，得到的图像效果如图9-7-30所示。

图9-7-29

图9-7-30

STEP 16 选择“图层7”，按快捷键Shift+Ctrl+]将其置于所有图层上方，“图层”面板如图9-7-31所示，图像效果如图9-7-32所示。

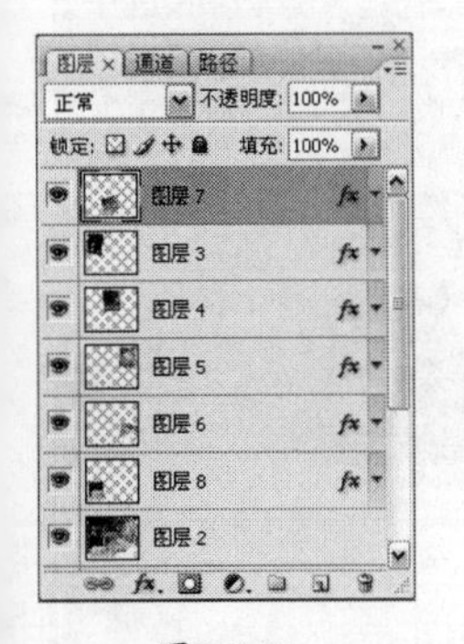

图9-7-31

图9-7-32

STEP 17 单击“图层7”图层样式按钮将其图层样式展开，“图层”面板如图9-7-33所示，在其图层样式处单击右键，在弹出的下拉菜单中选择“创建图层”选项，得到“图层7的内描边”图层和“图层7的投影”图层，选择“图层7的投影”图层，“图层”面板如图9-7-34所示。

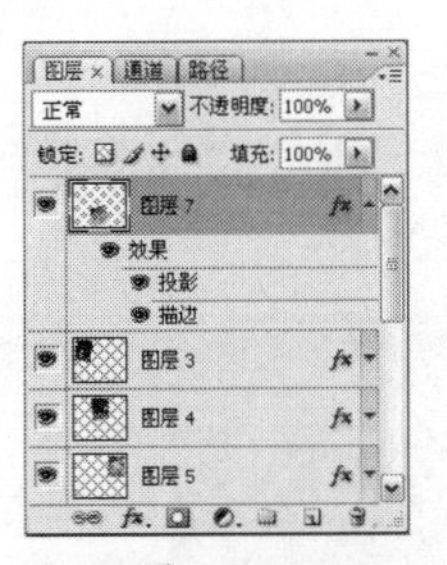

图9-7-33

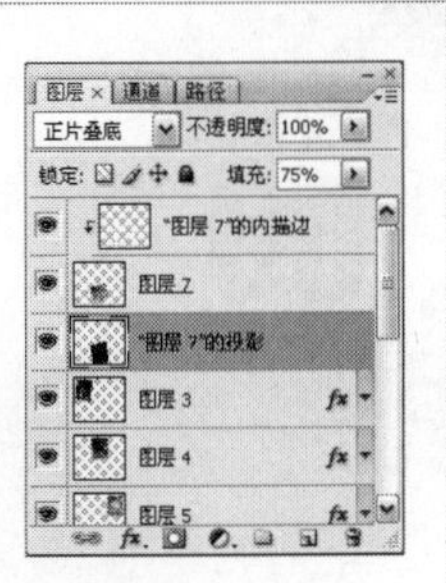

图9-7-34

STEP 18 执行【编辑】/【变换】/【变形】命令，如图9-7-35所示变换，变换完毕后单击Enter键确认变换，得到的图像效果如图9-7-36所示。

图9-7-35

图9-7-36

步骤提示技巧

添加文字效果的时候可以随意些，需要注意的就是字体、颜色与画面整体是否和谐。

STEP 19 在图像中添加文字效果，得到的图像最终效果如图9-7-37所示。

图9-7-37

Effect 08 制作LOMO照片特效

01 添加【色相/饱和度】调整图层增加图像饱和度

02 使用油漆桶工具填充前景色

03 使用【修改】命令菜单下的子命令修改选区

04 添加【色阶】调整图层调整图像色阶

STEP 01 执行【文件】/【打开】命令（Ctrl+O），弹出“打开”对话框，选择素材图片，选择完毕后单击“打开”按钮，得到的图像效果如图9-8-1所示。将“背景”图层拖曳至“图层”面板上的创建新图层按钮上，得到“背景副本”图层，“图层”面板如图9-8-2所示。

图9-8-1

图9-8-2

STEP 02 选择“背景副本”图层，单击“图层”面板上的创建新的填充或调整图层按钮，在弹出的下拉菜单中选择“亮度/对比度”选项，弹出“亮度/对比度”对话框，具体参数设置如图9-8-3所示，设置完毕后单击“确定”按钮，得到的图像效果如图9-8-4所示。

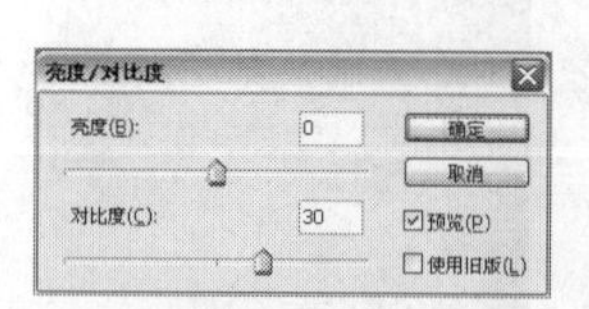

图9-8-3

图9-8-4

步骤提示技巧

LEMO原是前苏联武装部队间谍所用的一种低科技水平的相机，由于其拍摄出的相片色彩比较艳丽、诡异，在20世纪形成了一种摄影风潮。LEMO效果的典型特点是焦点经常带有不实的明显暗角。

STEP 03 单击“图层”面板上的创建新的填充或调整图层按钮，在弹出的下拉菜单中选择“色相/饱和度”选项，弹出“色相/饱和度”对话框，具体参数设置如图9-8-5所示，设置完毕后单击“确定”按钮，得到的图像效果如图9-8-6所示。

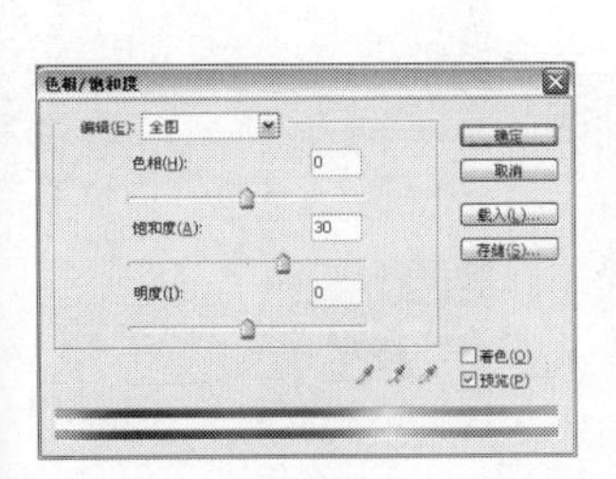

图9-8-5

图9-8-6

STEP 04 选择"色相/饱和度1"调整图层，单击"图层"面板上的创建新图层按钮，新建"图层1"，"图层"面板如图9-8-7所示。按快捷键Ctrl+A设置全部图像为选区，如图9-8-8所示。

图9-8-7

图9-8-8

STEP 05 执行【选择】/【修改】/【边界】命令，弹出"边界选区"对话框，具体参数设置如图9-8-9所示，设置完毕后单击"确定"按钮，得到的图像效果如图9-8-10所示。

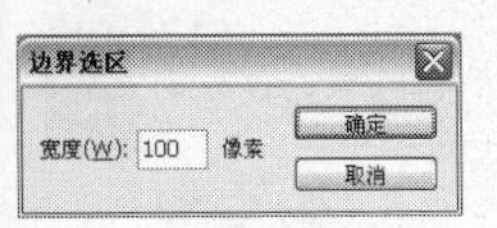

图9-8-9

图9-8-10

STEP 06 执行【选择】/【修改】/【羽化】命令，弹出"羽化选区"对话框，具体参数设置如图9-8-11所示，设置完毕后单击"确定"按钮，得到的图像效果如图9-8-12所示。

图9-8-11

图9-8-12

STEP 07 将前景色设置为黑色，选择工具箱中的油漆桶工具，在图像选区中单击2次，填充前景色，得到的图像效果如图9-8-13所示。填充完毕后按快捷键Ctrl+Shift+I反选选区，得到的图像效果如图9-8-14所示。

图9-8-13

图9-8-14

STEP 08 执行【选择】/【修改】/【收缩】命令，弹出"收缩选区"对话框，具体参数设置如图9-8-15所示，设置完毕后单击"确定"按钮，得到的图像效果如图9-8-16所示。

图9-8-15

图9-8-16

STEP 09 执行【选择】/【修改】/【羽化】命令，弹出"羽化选区"对话框，具体参数设置如图9-8-17所示，设置完毕后单击"确定"按钮，得到的图像效果如图9-8-18所示。

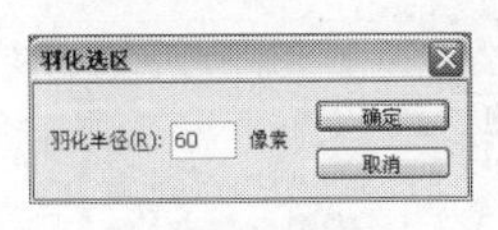

图9-8-17

图9-8-18

STEP 10 选择"图层1"，单击"图层"面板上的创建新图层按钮，新建"图层2"，"图层"面板如图9-8-19所示。将前景色设置为白色，选择工具箱中的油漆桶工具，在图像选区中单击，填充前景色，填充完毕后按快捷键Ctrl+D取消选择，得到的图像效果如图9-8-20所示。

图9-8-19

图9-8-20

STEP 11 将“图层2”的不透明度设置为50%，图层混合模式设置为“叠加”，“图层”面板如图9-8-21所示，得到的图像效果如图9-8-22所示。

图9-8-21

图9-8-22

STEP 12 将“图层1”的图层混合模式设置为“叠加”，“图层”面板如图9-8-23所示，得到的图像效果如图9-8-24所示。

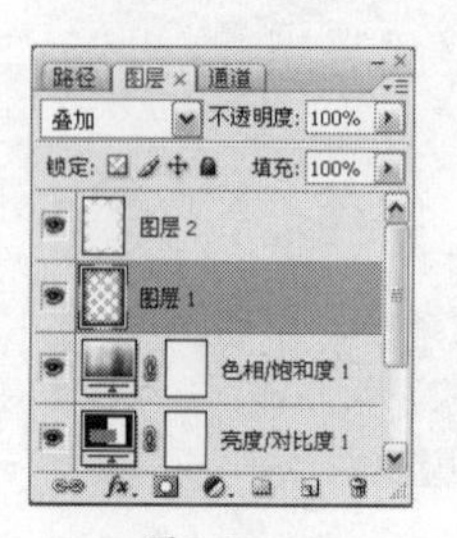

图9-8-23

图9-8-24

STEP 13 选择“图层2”，单击“图层”面板上的创建新的填充或调整图层按钮，在弹出的下拉菜单中选择“色阶”选项，弹出“色阶”对话框，具体参数设置如图9-8-25所示，设置完毕后单击“确定”按钮，得到的图像效果如图9-8-26所示。

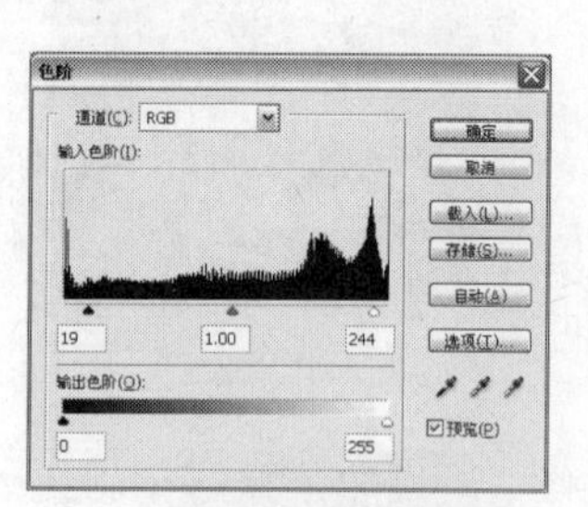

图9-8-25

图9-8-26

Effect 09 为照片添加暴风雪天气效果

01 添加【点状化】滤镜制作点状化效果

02 使用【动感模糊】滤镜制作暴风雪效果

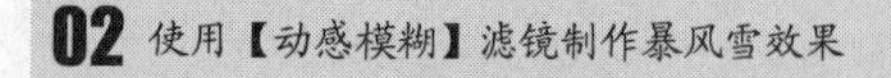

03 使用【阈值】命令调整图像

04 添加【曲线】调整图层调整图像对比度

STEP 01 执行【文件】/【打开】命令（Ctrl+O），弹出“打开”对话框，选择素材图片，选择完毕后单击“打开”按钮，得到的图像效果如图9-9-1所示。将“背景”图层拖曳至“图层”面板上创建新图层按钮，得到“背景副本”图层，“图层”面板如图9-9-2所示。

图9-9-1

图9-9-2

STEP 02 执行【滤镜】/【像素化】/【点状化】命令，弹出“点状化”对话框，具体参数设置如图9-9-3所示，设置完毕后单击“确定”按钮，得到的图像效果如图9-9-4所示。

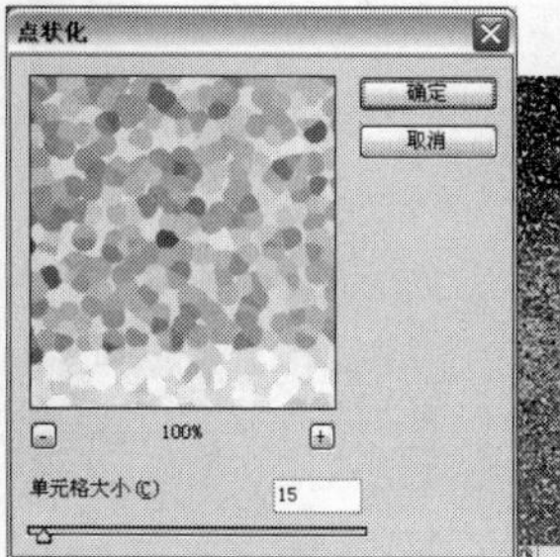
图9-9-3

图9-9-4

STEP 03 按快捷键Ctrl+F重复上一步滤镜操作，得到的图像效果如图9-9-5所示。

图9-9-5

STEP 04 按快捷键Ctrl+I反相，执行【图像】/【调整】/【阈值】命令，弹出“阈值”对话框，具体参数设置如图9-9-6所示，设置完毕后单击“确定”按钮，将“背景副本”图层的混合模式设置为“滤色”，得到的图像效果如图9-9-7所示，“图层”面板如图9-9-8所示。

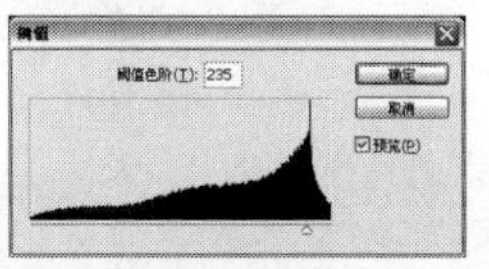
图9-9-6

图9-9-7

图9-9-8

STEP 05 执行【滤镜】/【模糊】/【动感模糊】命令，弹出“动感模糊”对话框，具体参数设置如图9-9-9所示，设置完毕后单击“确定”按钮，得到的图像效果如图9-9-10所示。

图9-9-9　图9-9-10

STEP 06 选择“背景副本”图层，单击“图层”面板上的创建新的填充或调整图层按钮，在弹出的下拉菜单中选择“曲线”选项，弹出“曲线”对话框，具体参数设置如图9-9-11所示，设置完毕后单击“确定”按钮，得到的图像效果如图9-9-12所示，“图层”面板如图9-9-13所示。

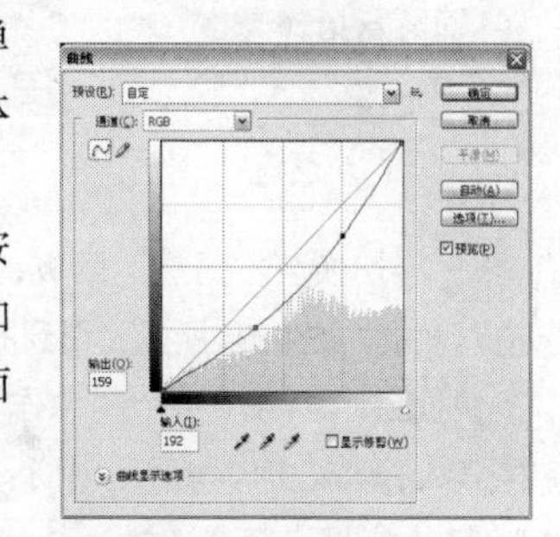
图9-9-11

图9-9-12

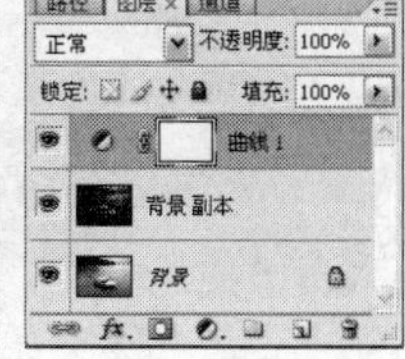
图9-9-13

Effect 10 创建人像色彩焦点

01 将RGB模式图像转换为Lab模式图像

02 为图层添加图层蒙版并使用画笔工具修改蒙版

STEP 01 执行【文件】/【打开】命令（Ctrl+O），弹出“打开”对话框，选择素材图片，选择完毕后单击“打开”按钮，得到的图像效果如图9-10-1所示。执行【图像】/【模式】/【Lab颜色】命令，将图像转换为Lab颜色模式。

图9-10-1

STEP 02 切换至“通道”面板，选择“明度”通道，“通道”面板如图9-10-2所示。得到的图像效果如图9-10-3所示。按快捷键Ctrl+A将整个图像作为选区载入，如图9-10-4所示。执行【编辑】/【拷贝】命令（Ctrl+C），关闭并不保存此图像文件。

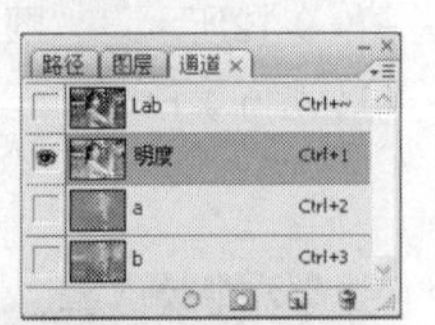

图9-10-2

图9-10-3

图9-10-4

STEP 03 执行【文件】/【打开】命令（Ctrl+O），弹出“打开”对话框，选择第一步的素材图片，选择完毕后单击“打开”按钮，执行【编辑】/【粘贴】命令（Ctrl+V），得到的图像效果如图9-10-5所示。“图层”面板上生成“图层1”，如图9-10-6所示。

图9-10-5

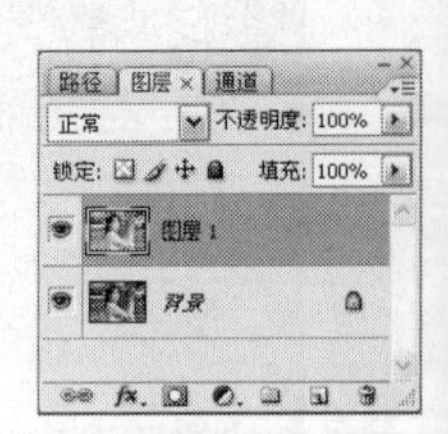

图9-10-6

STEP 04 选择“图层1”，单击“图层”面板上的添加图层蒙版按钮，为“图层1”添加蒙版。将前景色设置为黑色，选择工具箱中的画笔工具，在其工具选项栏中设置柔角笔刷，调整笔刷合适大小，在图像中“人物衣服”和“健身器材”处涂抹，得到的图像效果如图9-10-7所示，“图层”面板如图9-10-8所示。

图9-10-7

图9-10-8

STEP 05 将“图层1”拖曳至“图层”面板上的创建新图层按钮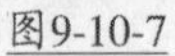上，得到“图层1副本”，单击“图层1副木”图

层缩览图前的指示图层可见性按钮，将其隐藏，“图层”面板如图9-10-9所示。

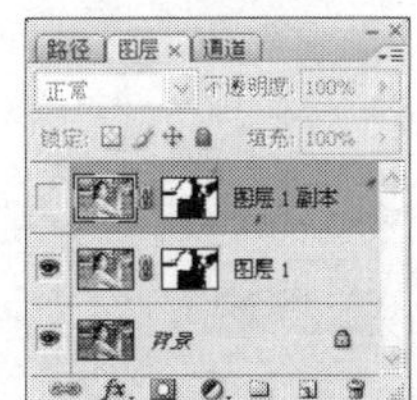
图9-10-9

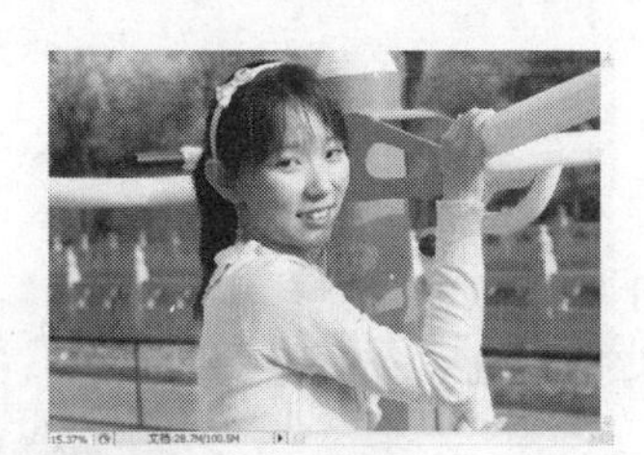
图9-10-10

STEP 06 选择“图层1”的蒙版，执行【图像】/【调整】/【反相】命令（Ctrl+I），得到的图像效果如图9-10-10所示。隐藏“图层1”，显示“图层1副本”并选择其蒙版，选择工具箱中的画笔工具，在图像中“人物皮肤”处涂抹，得到的图像效果如图9-10-11所示，“图层”面板如9-10-12所示。

图9-10-11

图9-10-12

Effect 11 利用阈值创建双色照片特效

01 使用【阈值】命令将图像调整为黑白照片

02 添加【渐变映射】调整图层制作双色效果

STEP 01 执行【文件】/【打开】命令（Ctrl+O），弹出“打开”对话框，选择素材图片，选择完毕后单击“打开”按钮，得到的图像效果如图9-11-1所示。将“背景”图层拖曳至“图层”面板上创建新图层按钮，得到“背景副本”图层，“图层”面板如图9-11-2所示。

STEP 02 选择“背景副本”图层，执行【图像】/【调整】/【阈值】命令，弹出“阈值”对话框，具体参数设置如图9-11-3所示。设置完毕后单击“确定”按钮，得到的图像效果如图9-11-4所示。

图9-11-1

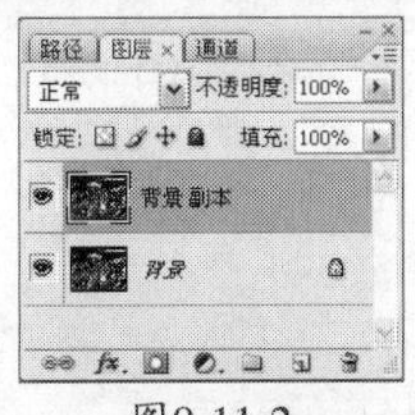
图9-11-2

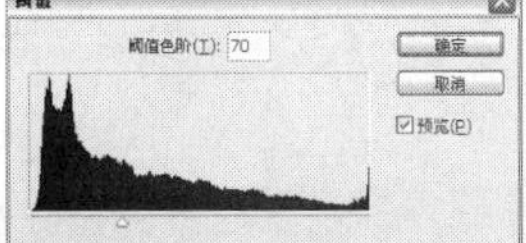
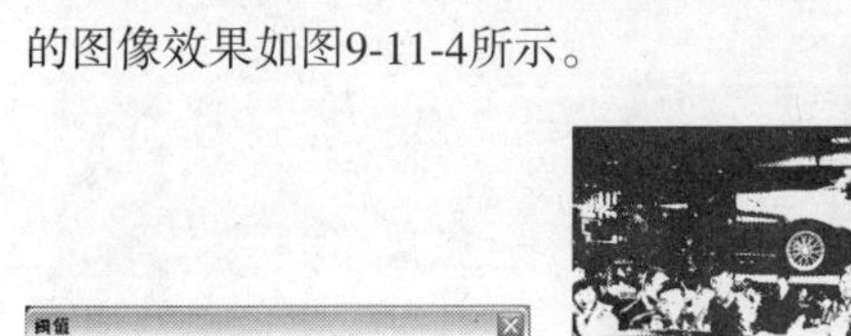

图9-11-3

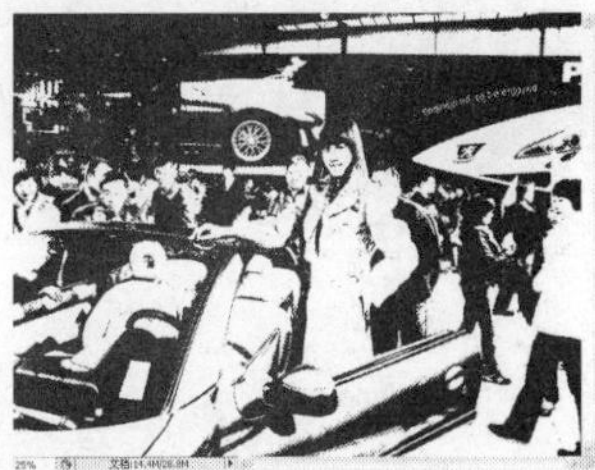
图9-11-4

STEP 03 将“背景副本”图层拖曳至“图层”面板上的创建新图层按钮上，得到“背景副本2”图层，“图层”面板如图9-11-5所示。

图9-11-5

STEP 04 选择“背景副本2”图层，执行【滤镜】/【模糊】/【高斯模糊】命令，弹出“高斯模糊”对话框，具体参数设置如图9-11-6所示。设置完毕后单击“确定”按钮，将“背景副本2”的填充值设置为40%，得到的图像效果如图9-11-7所示，“图层”面板如图9-11-8所示。

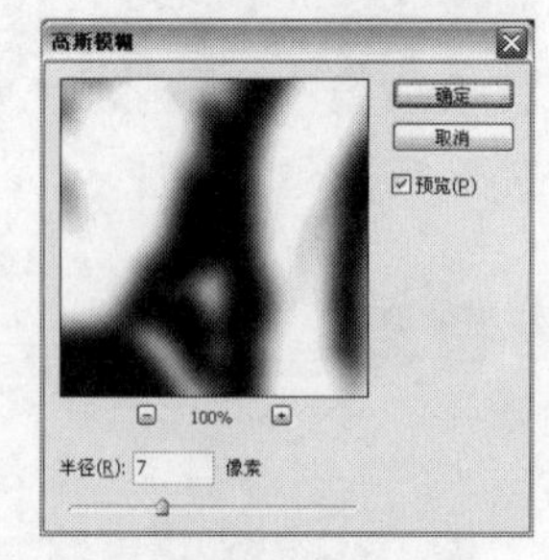

图9-11-6

图9-11-7

图9-11-8

STEP 05 单击“图层”面板上的创建新的填充或调整图层按钮，在弹出的下拉菜单中选择“渐变映射”选项，弹出“渐变映射”对话框，具体参数设置如图9-11-9所示，设置完毕后单击“确定”按钮，得到的图像效果如图9-11-10所示。

图9-11-9

图9-11-10

步骤提示技巧

在上一步操作中渐变映射所使用的渐变为黑色到色值为R255、G246、B168的渐变。

STEP 06 单击“图层”面板上的创建新的填充或调整图层按钮，在弹出的下拉菜单中选择“色相/饱和度”选项，弹出“色相/饱和度”对话框，具体参数设置如图9-11-11所示，设置完毕后单击“确定”按钮，得到的图像效果如图9-11-12所示。

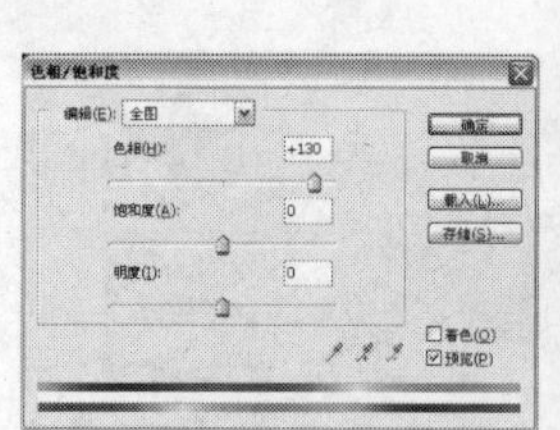

图9-11-11

图9-11-12

STEP 07 继续修改【色相/饱和度】调整图层的参数可以得到不同的双色效果，如图9-11-13所示。

图9-11-13

Chapter 10 数码照片的艺术化处理

Effect 01

模拟手绘素描效果

01 通过【去色】将彩色图像变为黑白图像

02 通过更改图层混合模式使图像达到素描的效果

03 添加滤镜效果制作素描纸的纹理

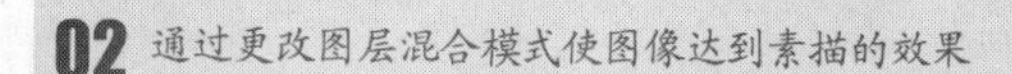

STEP 01 执行【文件】/【打开】命令（Ctrl+O），弹出“打开”对话框，选择如图10-1-1所示素材图片，单击“打开”按钮。

图10-1-1

STEP 02 将“背景”图层拖曳至“图层”面板上的创建新图层按钮上，得到“背景副本”图层，“图层”面板如图10-1-2所示。

图10-1-2

STEP 03 单击“图层”面板上的创建新的填充或调整图层按钮，在弹出的下拉菜单中选择“黑白”选项，弹出“黑白”对话框，具体设置如图10-1-3所示。设置完毕后单击“确定”按钮，“图层”面板如图10-1-4所示，得到的图像效果如图10-1-5所示。

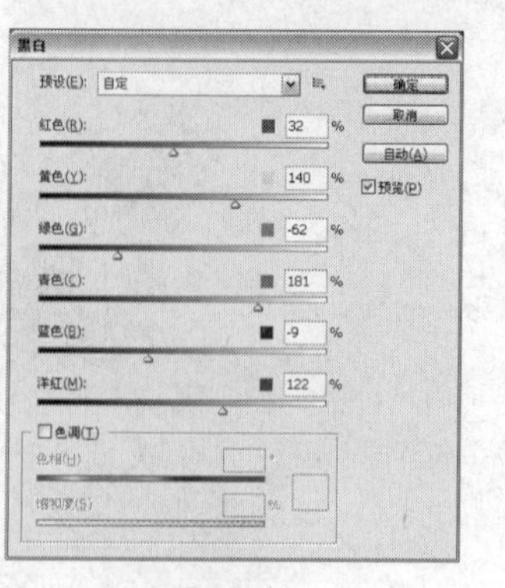

图10-1-3

图10-1-4

图10-1-5

步骤提示技巧

通过用“黑白”调整图层将图像调整成为黑白照片能够比较容易控制黑白照片的明暗分布等参数。

STEP 04 按快捷键Alt+Ctrl+Shift+E盖印所有可见图层，得到“图层1”，“图层”面板如图10-1-6所示。

图10-1-6

步骤提示技巧

盖印可见图层能够将当前所有可见图层合并在一个新图层中。

STEP 05 选择“图层1”，执行【图像】/【调整】/【反相】命令（Ctrl+I），得到的图像效果如图10-1-7所示。

图10-1-7

STEP 06 执行【滤镜】/【模糊】/【高斯模糊】命令，弹出“高斯模糊”对话框，具体设置如图10-1-8所示，设置完毕后单击“确定”按钮，得到的图像效果如图10-1-9所示。

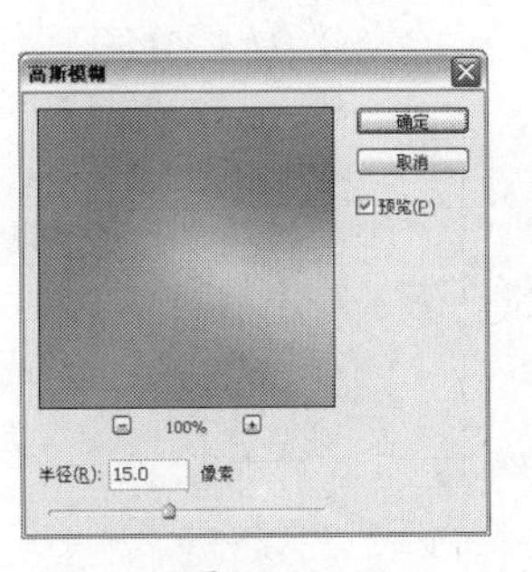

图10-1-8

图10-1-9

STEP 07 将“图层1”图层混合模式设置为“颜色减淡”，“图层”面板如图10-1-10所示，得到的图像效果如图10-1-11所示。

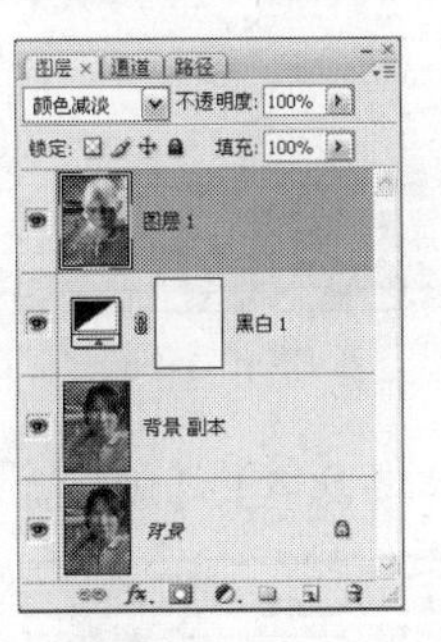

图10-1-10

图10-1-11

STEP 08 按快捷键Alt+Ctrl+Shift+E盖印可见图层，得到“图层2”，并将其图层混合模式设置为“正片叠底”，“图层”面板如图10-1-12所示，再次按快捷键Alt+Ctrl+Shift+E盖印可见图层，得到“图层3”，“图层”面板如图10-1-13所示。

图10-1-12

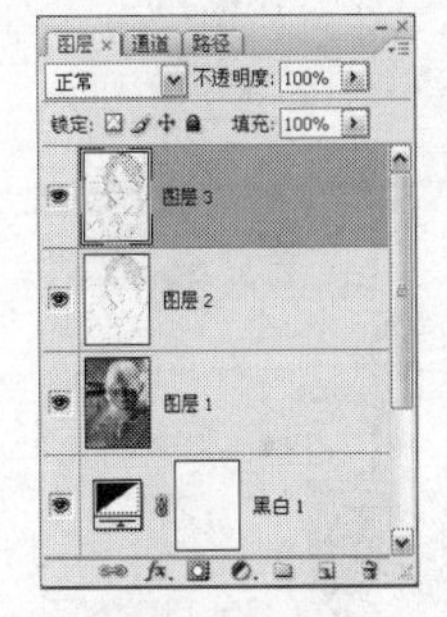

图10-1-13

STEP 09 选择“图层3”，执行【滤镜】/【艺术效果】/【粗糙蜡笔】命令，弹出“粗糙蜡笔”对话框，具体设置如图10-1-14所示，设置完毕后单击“确定”按钮，得到的图像效果如图10-1-15所示。

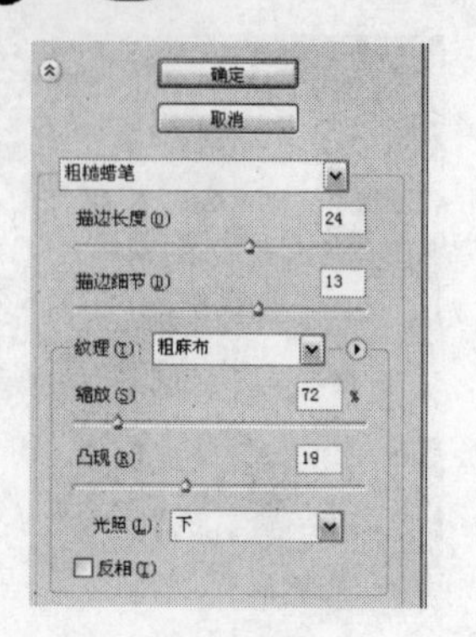

图10-1-14

图10-1-15

STEP 12 单击“图层”面板上的创建新的填充或调整图层按钮，在弹出的下拉菜单中选择“图案”选项，弹出“图案”对话框，具体设置如图10-1-20所示，设置完毕后单击“确定”按钮，并将其图层混合模式设置为“正片叠底”，不透明度设置为50%，“图层”面板如图10-1-21所示，得到的图像效果如图10-1-22所示。

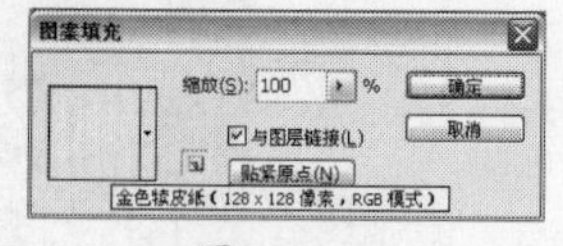

图10-1-20

STEP 10 将“图层3”拖曳至“图层”面板上的创建新图层按钮，得到“图层3副本”图层，“图层”面板如图10-1-16所示。

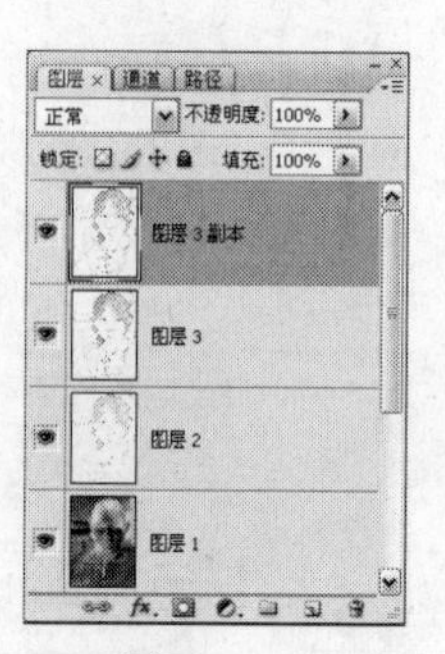

图10-1-16

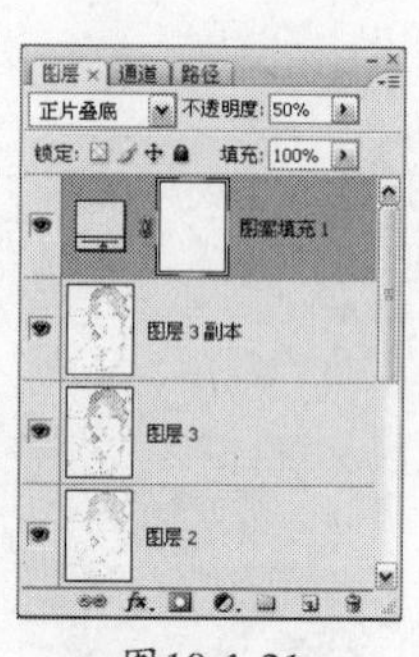

图10-1-21

图10-1-22

STEP 11 选择“图层3副本”图层，执行【滤镜】/【画笔描边】/【成角的线条】命令，弹出“成角的线条”对话框，具体设置如图10-1-17所示，并将其图层混合模式设置为“变暗”，“图层”面板如图10-1-18所示，得到的图像效果如图10-1-19所示。

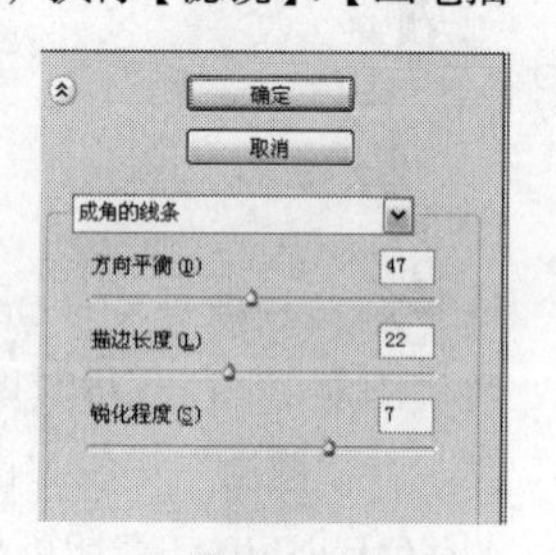

图10-1-17

STEP 13 选择“图案填充1”填充图层，单击“图层”面板上的创建新的填充或调整图层按钮，在弹出的下拉菜单中选择“色阶”选项，弹出“色阶”对话框，具体设置如图10-1-23所示，设置完毕后单击“确定”按钮，“图层”面板如图10-1-24所示，得到的图像最终效果如图10-1-25所示。

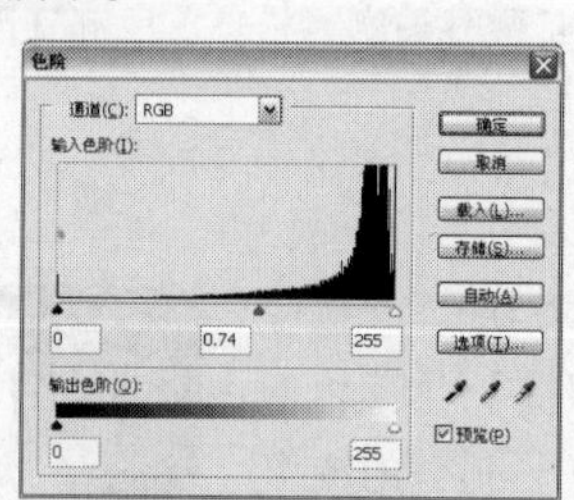

图10-1-23

图10-1-18

图10-1-19

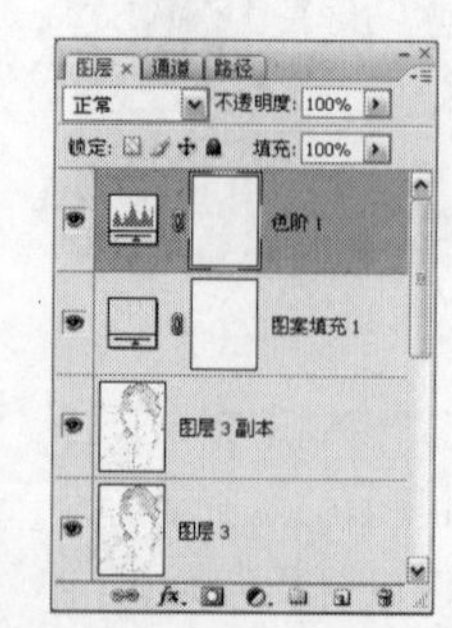

图10-1-24

图10-1-25

步骤提示技巧

【成角的线条】滤镜能够使画面中的线条纹理呈现素描时用铅笔打线条的效果。

Effect 02

模拟铅笔淡彩画效果

01 通过【查找边缘】滤镜制作出图像的线条效果

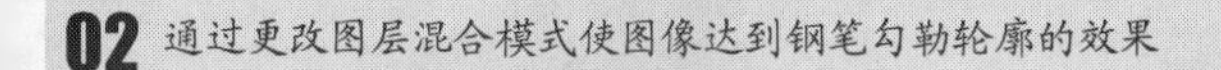

02 通过更改图层混合模式使图像达到钢笔勾勒轮廓的效果

03 最后通过“曲线”调整图层使整个图像画面变亮，色彩通透，呈现钢笔淡彩绘画的效果

STEP 01 执行【文件】/【打开】命令（Ctrl+O），弹出“打开”对话框，选择如图10-2-1所示素材图片，单击“打开”按钮。

图10-2-1

步骤提示技巧

打开素材文件后将“背景”图层复制，是为了在后面的操作中一旦出现失误或者在需要图像原本效果的时候能够重新对图像进行处理，使对图像的操作可以重复进行。

STEP 02 将“背景”图层拖曳至“图层”面板上的创建新图层按钮 上两次，得到“背景副本”图层和“背景副本2”图层，将“背景副本2”图层隐藏，并选择“背景副本”图层，“图层”面板如图10-2-2所示。

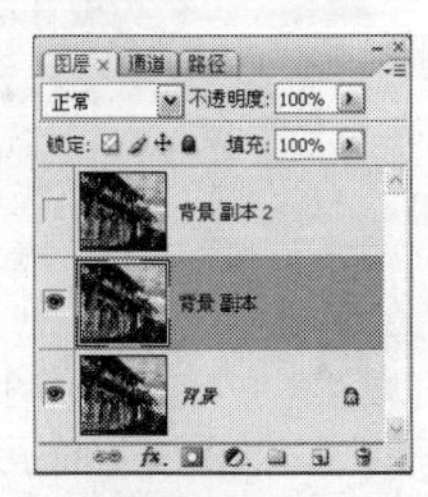

图10-2-2

STEP 03 执行【滤镜】/【风格化】/【查找边缘】命令，得到的图像效果如图10-2-3所示。

图10-2-3

STEP 04 将“背景副本”图层的图层混合模式设置为“叠加”，“图层”面板如图10-2-4所示，得到的图像效果如图10-2-5所示。

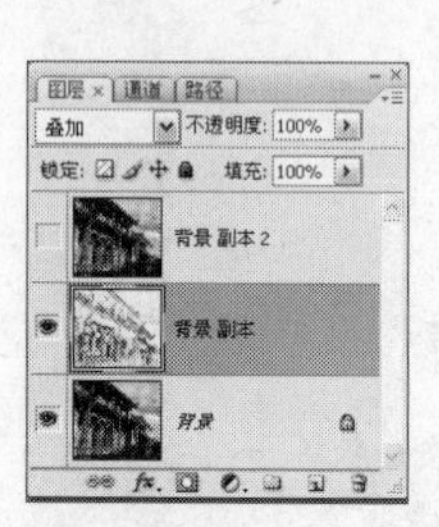
图10-2-4

图10-2-5

STEP 05 选择“背景副本2”图层，并将其显示，执行【滤镜】/【素描】/【炭笔】命令，弹出“炭笔”对话框，具体设置如图10-2-6所示，设置完毕后单击“确定”按钮，得到的图像效果如图10-2-7所示。

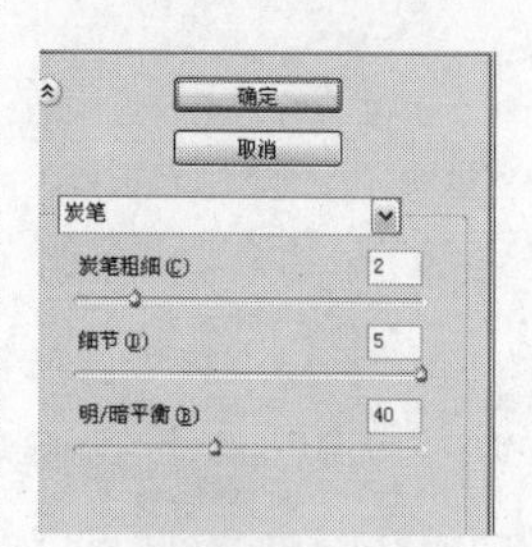

图10-2-6

图10-2-7

STEP 06 将“背景副本2”图层的图层混合模式设置为“叠加”，“图层”面板如图10-2-8所示，得到的图像效果如图10-2-9所示。

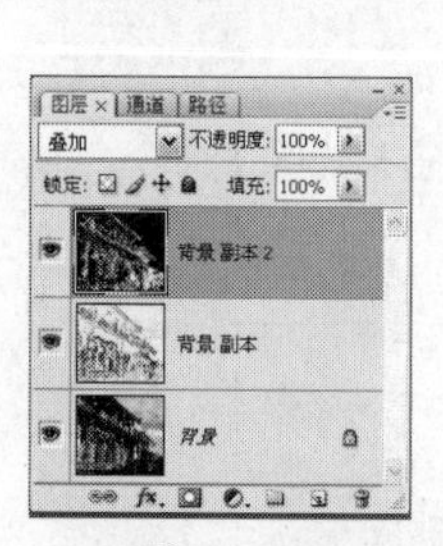
图10-2-8

图10-2-9

步骤提示技巧

通过叠加混合模式得到的图像通常都能够呈现对比度增强的效果。

STEP 07 单击“图层”面板上的创建新的填充或调整图层按钮，在弹出的下拉菜单中选择“曲线”选项，弹出“曲线”对话框，具体设置如图10-2-10所示，设置完毕后单击“确定”按钮，“图层”面板如图10-2-11所示，得到的图像最终效果如图10-2-12所示。

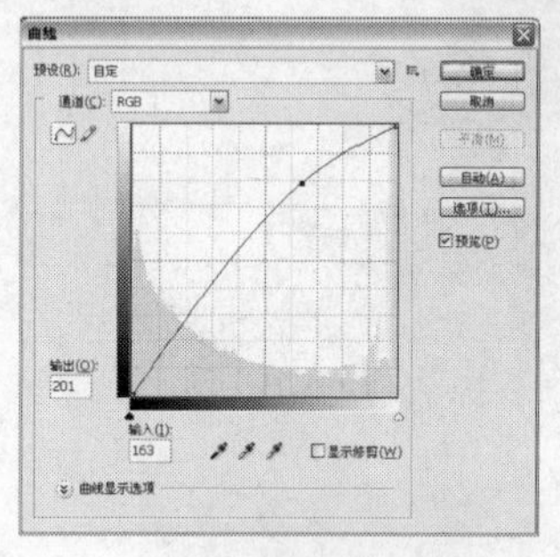
图10-2-10

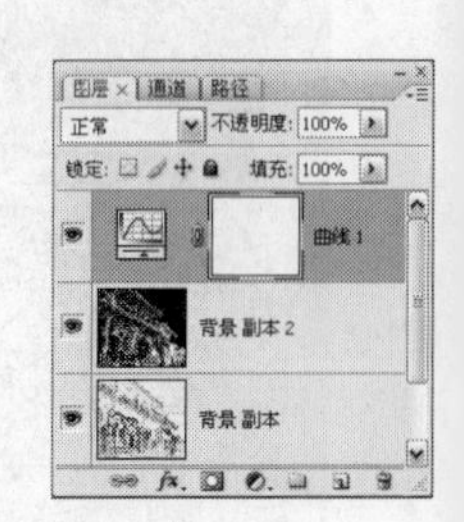
图10-2-11

图10-2-12

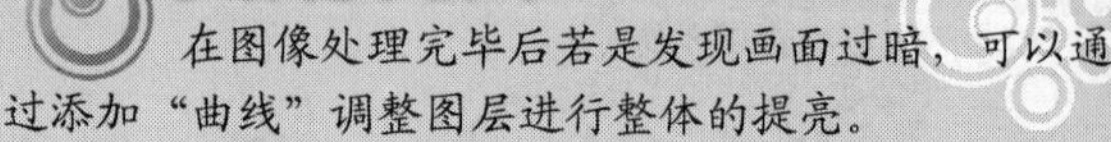

步骤提示技巧

在图像处理完毕后若是发现画面过暗，可以通过添加“曲线”调整图层进行整体的提亮。

Effect 03

模仿制作老照片效果

01 通过“黑白”调整图像各个颜色在图像中的分布，从而使图像呈现老旧照片的颜色

02 通过【滤镜】命令制作照片纹理并通过铅笔工具制作照片的划痕效果

STEP **01** 执行【文件】/【新建】命令（Ctrl+N），弹出“新建”对话框，具体设置如图10-3-1所示，设置完毕后单击“确定”按钮，新建一个图像文档。

图10-3-1

步骤提示技巧

新建图像文档的时候建议将文件名称有默认的“未标题”改为方便自己查找的名称。

STEP **02** 单击“图层”面板上的创建新的填充或调整图层按钮，在弹出的下拉菜单中选择“图案”选项，弹出“图案”对话框，具体设置如图10-3-2所示，设置完毕后单击“确定”按钮，“图层”面板如图10-3-3所示。

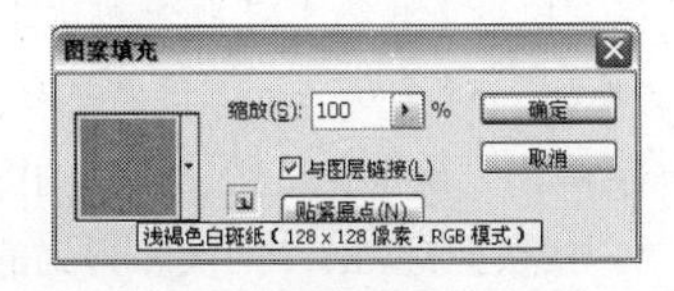

图10-3-2

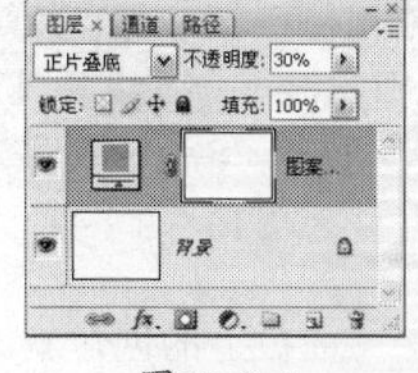

图10-3-3

步骤提示技巧

通过“图案”填充图层填充图案，能够较方便地调整填充的图案样式、缩放等参数。

STEP **03** 执行【文件】/【打开】命令（Ctrl+O），弹出“打开”对话框，选择素材图片，单击“打开”按钮并将其拖曳至新建文档中，“图层”面板如图10-3-4所示，得到的图像效果如图10-3-5所示。

图10-3-4

图10-3-5

STEP 04 单击“图层”面板上的创建新的填充或调整图层按钮，在弹出的下拉菜单中选择“黑白”选项，弹出“黑白”对话框，具体设置如图10-3-6所示，设置完毕后单击“确定”按钮，“图层”面板如图10-3-7所示，得到的图像效果如图10-3-8所示。

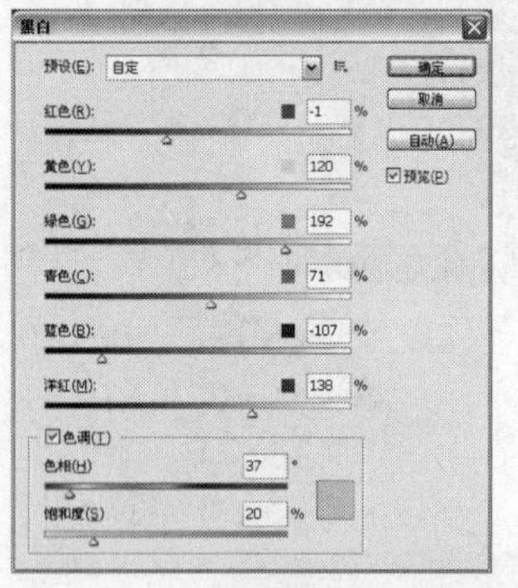

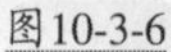

图10-3-6

图10-3-7

图10-3-8

STEP 05 单击“图层”面板上的创建新的填充或调整图层按钮，在弹出的下拉菜单中选择“曲线”选项，弹出“曲线”对话框，具体设置如图10-3-9所示，设置完毕后单击“确定”按钮，“图层”面板如图10-3-10所示，得到的图像最终效果如图10-3-11所示。

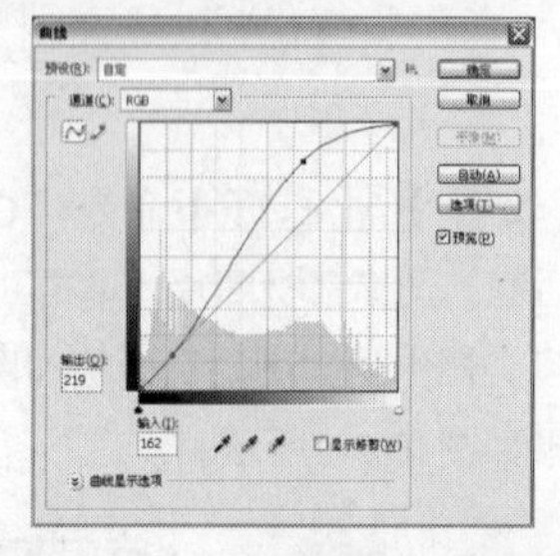

图10-3-9

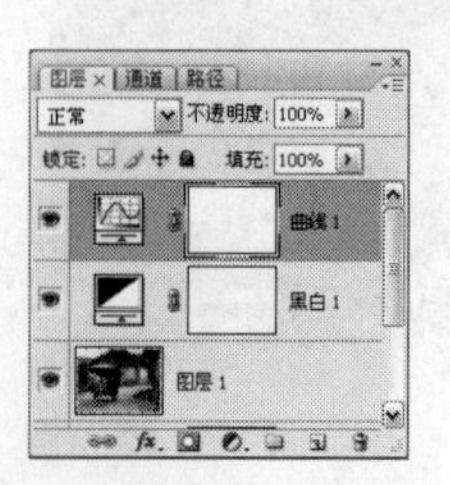

图10-3-10

图10-3-11

STEP 06 按Ctrl键分别单击“曲线1”调整图层和“黑白1”调整图层，将其全部选中，执行【图层】/【创建剪贴蒙版】命令（Alt+Ctrl+G），“图层”面板如图10-3-12所示，得到的图像效果如图10-3-13所示。

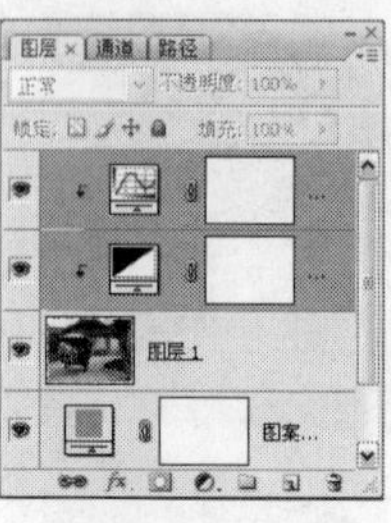

图10-3-12

图10-3-13

STEP 07 按快捷键Alt+Ctrl+Shift+E盖印可见图层得到“图层2”，“图层”面板如图10-3-14所示。执行【图层】/【图层蒙版】/【隐藏全部】命令，并将“图层1”隐藏，“图层”面板如图10-3-15所示。

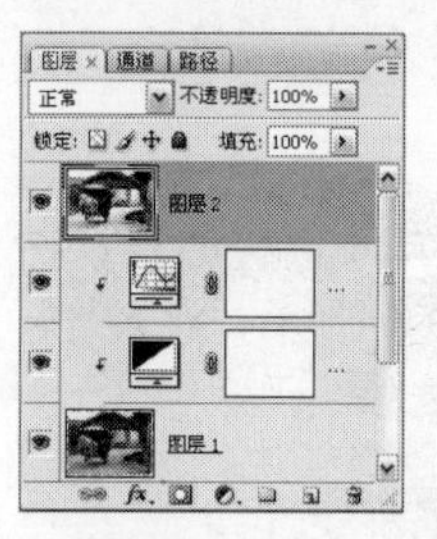

图10-3-14

图10-3-15

STEP 08 单击“图层2”的图层蒙版缩览图，选择工具箱中的矩形选框工具，在图像中绘制矩形选区，将前景色设置为白色，按快捷键Alt+Delete填充前景色，“图层”面板如图10-3-16所示，得到的图像效果如图10-3-17所示。

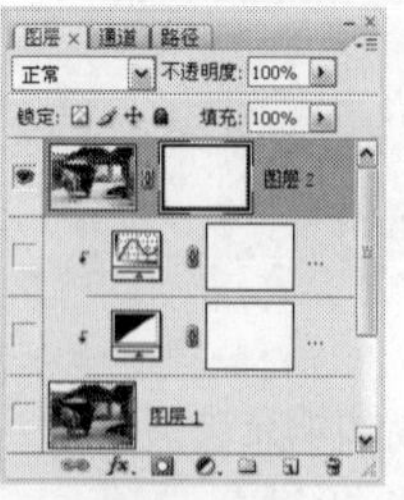

图10-3-16

图10-3-17

STEP 09 单击“图层2”的图层蒙版缩览图，按快捷键Ctrl+D取消选择，执行【滤镜】/【画笔描边】/【喷溅】命令，弹出“喷溅”对话框，具体设置如图10-3-18所示，设置完毕后单击“确定”按钮，得到的图像效果如图10-3-19所示，按快捷键Ctrl+F两次，得到的图像效果如图10-3-20所示。

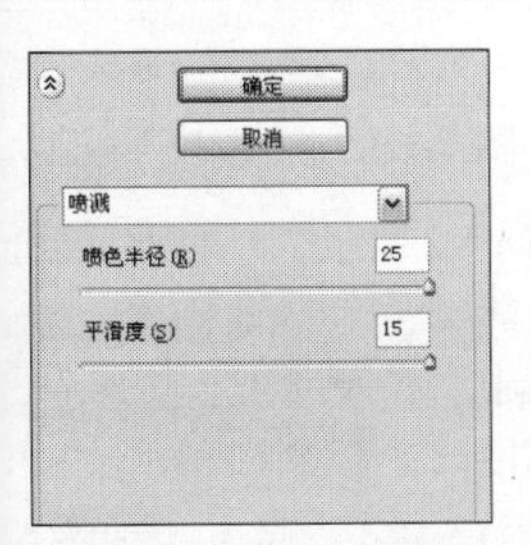

图10-3-18

图10-3-19

图10-3-20

STEP 10 选择“图层2”，执行【滤镜】/【纹理】/【颗粒】命令，弹出“颗粒”对话框，具体设置如图10-3-21所示，设置完毕后单击“确定”按钮，得到的图像效果如图10-3-22所示。

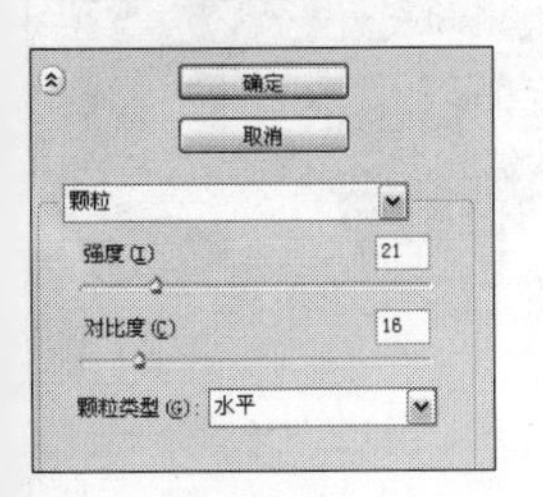

图10-3-21

图10-3-22

STEP 11 单击“图层”面板上的创建新图层按钮，新建“图层3”，将前景色设置为白色，按快捷键Alt+Delete填充前景色，“图层”面板如图10-3-23所示。

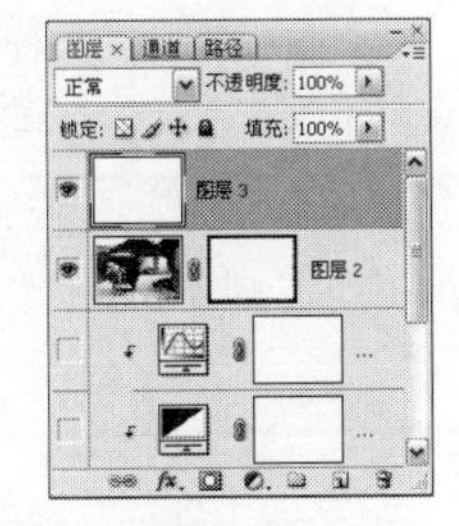

图10-3-23

STEP 12 选择“图层3”，执行【滤镜】/【杂色】/【添加杂色】命令，弹出“添加杂色”对话框，具体设置如图10-3-24所示，设置完毕后单击“确定”按钮，得到的图像效果如图10-3-25所示。

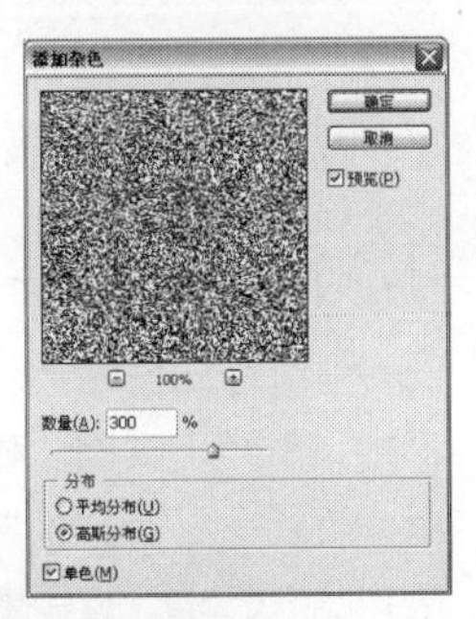

图10-3-24

图10-3-25

STEP 13 将“图层3”的图层混合模式设置为“叠加”，不透明度设置为60%，并执行【图层】/【创建剪贴蒙版】命令（Alt+Ctrl+G），“图层”面板如图10-3-26所示，得到的图像效果如图10-3-27所示。

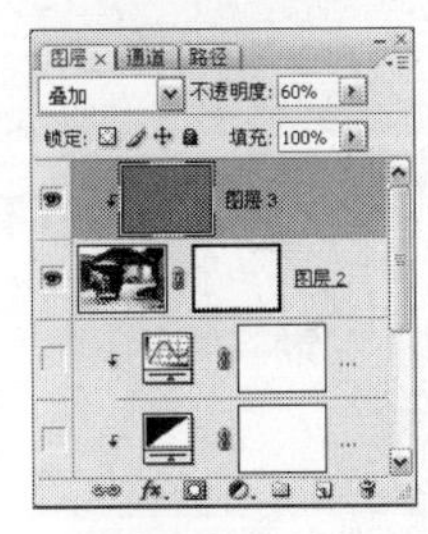

图10-3-26

图10-3-27

STEP 14 单击“图层”面板上的创建新图层按钮，新建“图层4”，“图层”面板如图10-3-28所示。

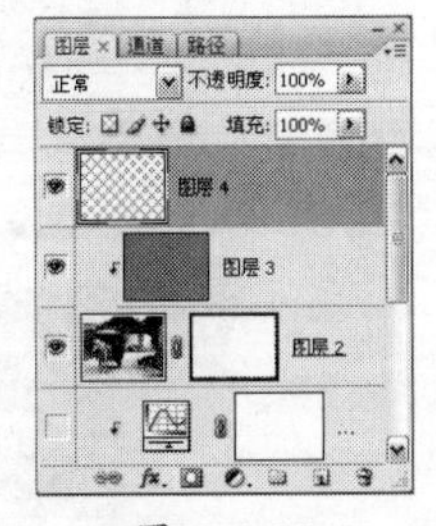

图10-3-28

STEP 15 选择工具箱中的铅笔工具，设置笔刷为2像素，在图像中如图10-3-29所示绘制划痕，绘制完毕后将“图层4”的图层混合模式设置为“溶解”，不透明度设置为80%，并执行【图层】/【创建剪贴蒙版】命令（Alt+Ctrl+G），“图层”面板如图10-3-30所示，得到的图像效果如图10-3-31所示。

图10-3-29

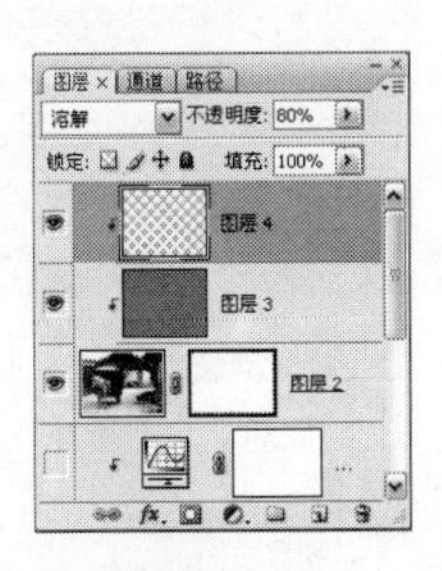

图10-3-30

图10-3-31

STEP 16 选择“图层2”，单击“图层”面板上的添加图层样式按钮 fx.，在弹出的下拉菜单中选择“投影”选项，弹出“图层样式”对话框，具体参数设置如图10-3-32所示，设置完毕后单击“确定”按钮，得到的图像效果如图10-3-33所示。

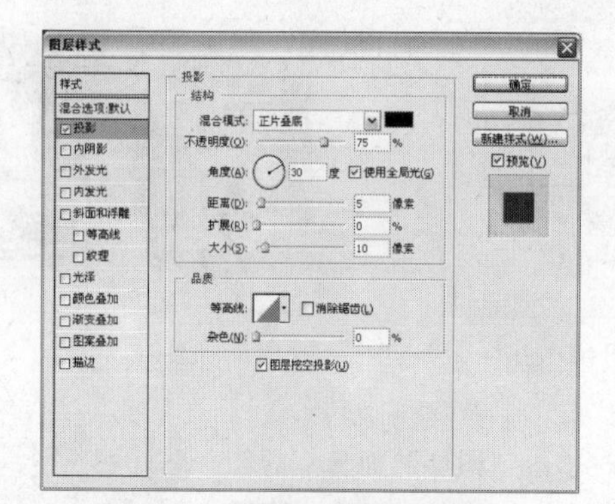

图10-3-32

图10-3-33

STEP 17 打开“图层”面板，在“图层2”的图层样式处单击右键，在弹出的下拉菜单中选择“创建图层”选项，在弹出的对话框中单击“确定”按钮，得到“图层2的投影”图层，“图层”面板如图10-3-34所示。

图10-3-34

步骤提示技巧

通过“创建图层”选项使图层的投影成为单独的图层，可以通过修改投影的形状增加图像的立体感。

STEP 18 选择“图层2的投影”图层，执行【编辑】/【变换】/【变形】命令，如图10-3-35所示将图像进行变形，变形完毕后单击Enter键，得到的图像最终效果如图10-3-36所示。

图10-3-35　　图10-3-36

步骤提示技巧

将图像的投影进行修改，就能够使图像的立体效果发生变化，使图像效果更加生动。

Effect 04

模仿十字绣效果

01 通过【马赛克】滤镜将彩色图像变为由彩色方格组成的图像

02 制作十字绣的针迹纹理效果并作为图案填充到图像中，设置其图层样式使之呈现十字绣效果

STEP 01 执行【文件】/【打开】命令（Ctrl+O），弹出“打开”对话框，打开如图10-4-1所示图像。

图10-4-1

STEP 02 执行【图像】/【图像大小】命令，在弹出的“图像大小”对话框中如图10-4-2所示进行设置，设置完毕后单击“确定”按钮。

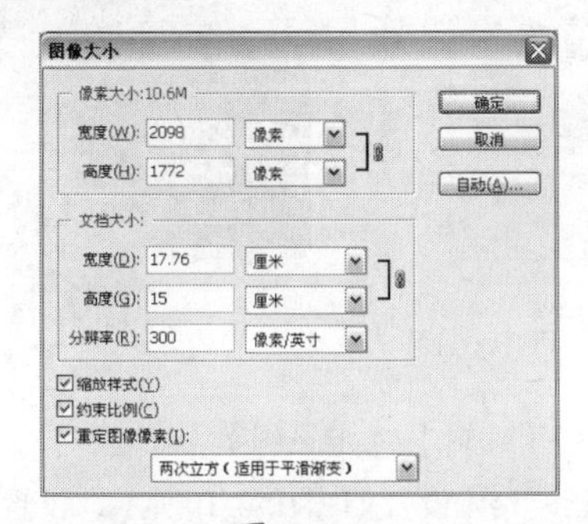

图10-4-2

STEP 03 将“背景”图层拖曳至“图层”面板上的创建新图层按钮上，得到“背景副本”图层，“图层”面板如图10-4-3所示。

图10-4-3

STEP 04 选择“背景副本”图层，执行【滤镜】/【像素化】/【马赛克】命令，弹出“马赛克”对话框，具体设置如图10-4-4所示，设置完毕后单击“确定”按钮，得到的图像效果如图10-4-5所示。

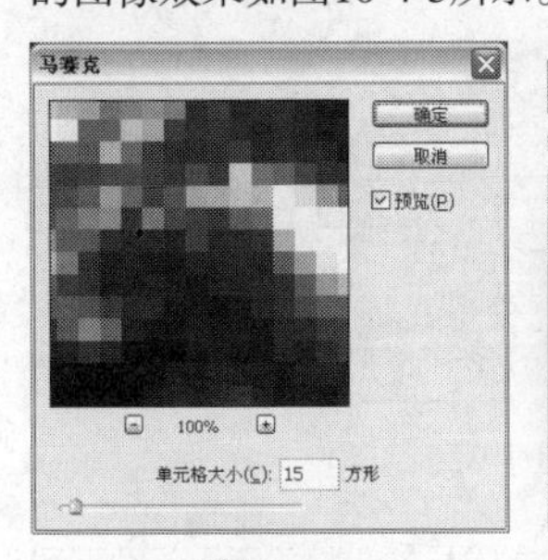

图10-4-4

图10-4-5

步骤提示技巧

由于十字绣的效果是通过一个个小格子的十字绣迹组成，所以先将图像的通过“马赛克”滤镜变成由带有色彩的方块组成的图像。

STEP 05 选择“背景副本”图层，执行【图像】/【调整】/【色相/饱和度】命令，弹出“色相/饱和度”对话框，具体设置如图10-4-6所示，设置完毕后单击“确定”按钮，得到的图像效果如图10-4-7所示。

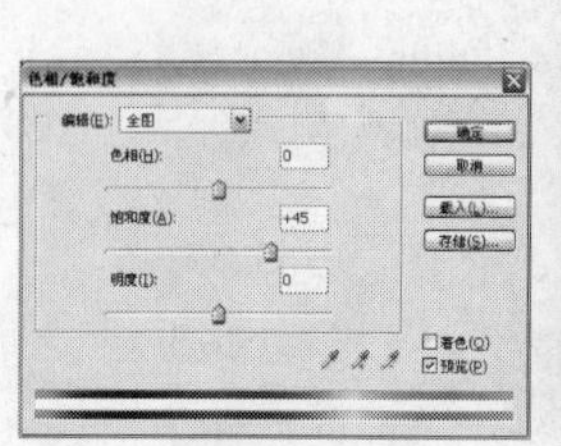
图10-4-6

图10-4-7

STEP 06 选择“背景副本”图层，执行【图像】/【调整】/【曲线】命令，弹出“曲线”对话框，具体设置如图10-4-8所示，设置完毕后单击“确定”按钮，得到的图像效果如图10-4-9所示。

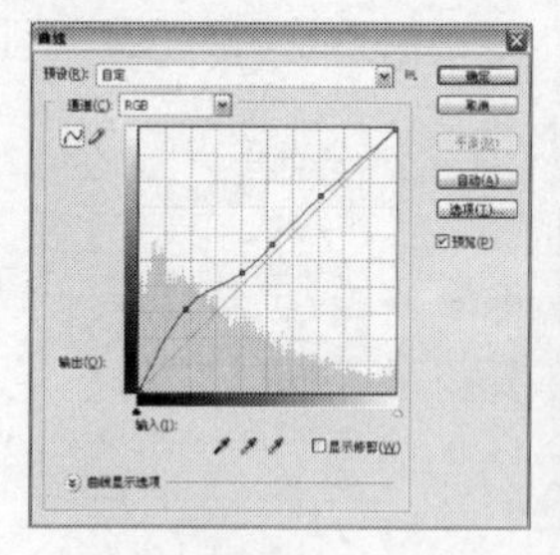
图10-4-8

图10-4-9

STEP 07 执行【文件】/【新建】命令，弹出“新建”对话框，具体设置如图10-4-10所示，设置完毕后单击“确定”按钮，得到新建图像文档。

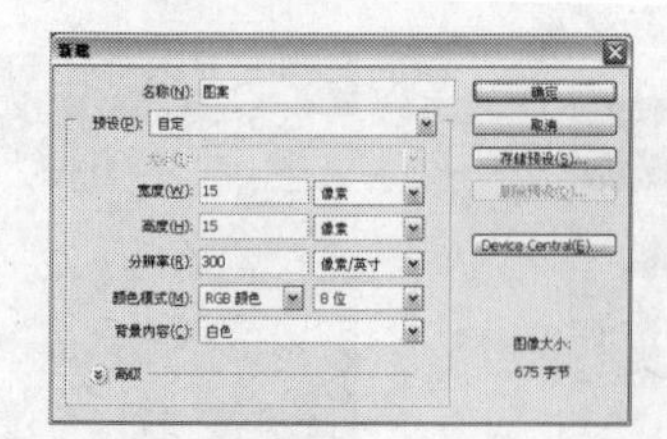
图10-4-10

STEP 08 单击“图层”面板上的创建新图层按钮，新建“图层1”，“图层”面板如图10-4-11所示。

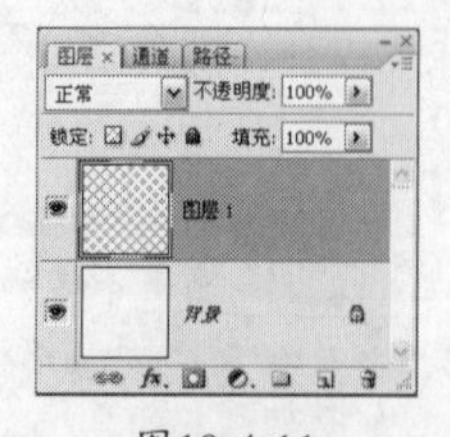
图10-4-11

STEP 09 将前景色设置为黑色，选择工具箱中的矩形选框工具，在图像中绘制矩形并按快捷键Alt+Delete填充前景色，按Ctrl+D取消选择，得到的图像效果如图10-4-12所示。

图10-4-12

STEP 10 选择“图层1”，执行【编辑】/【自由变换】命令（Ctrl+T），在其工具选项栏中将旋转角度设为45°，并拖动自由变换框的节点至如图10-4-13所示状态，变换完毕后按Enter键确认变换。

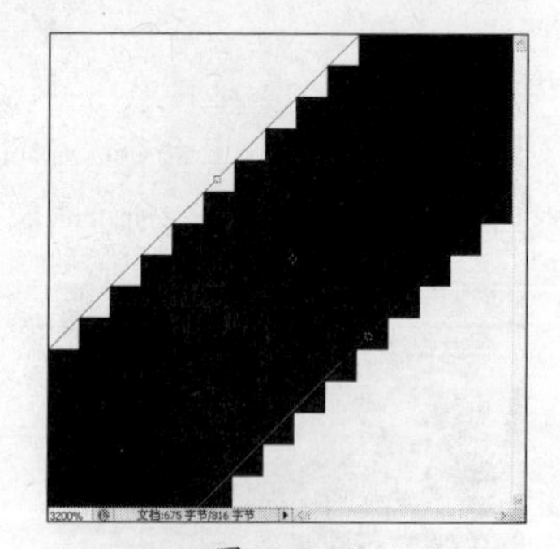
图10-4-13

STEP 11 在“图层”面板中如图10-4-14所示将“背景”图层隐藏，图像效果如图10-4-15所示。

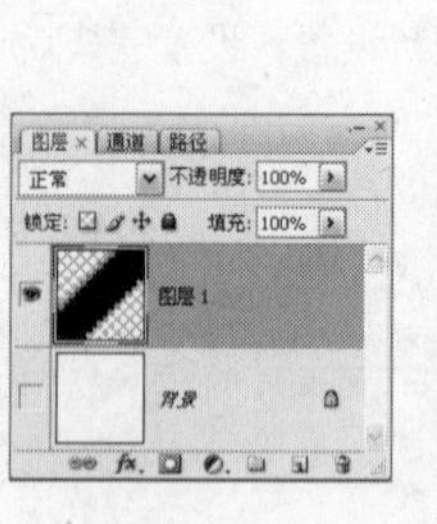
图10-4-14

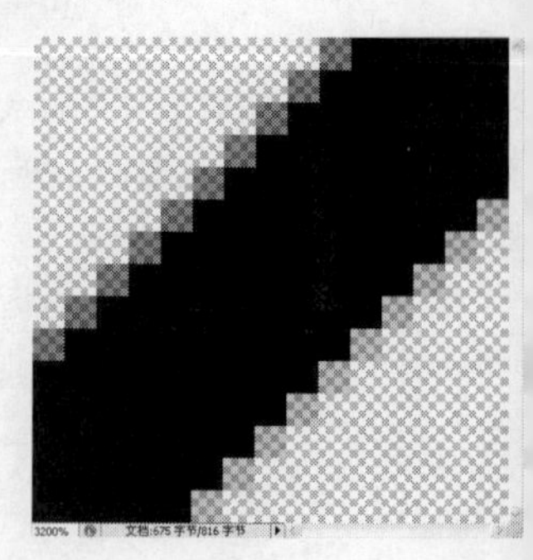
图10-4-15

STEP 12 执行【编辑】/【定义图案】命令，弹出“定义图案”对话框，具体设置如图10-4-16所示，设置完毕后单击“确定”按钮，得到定义的“图案1”。

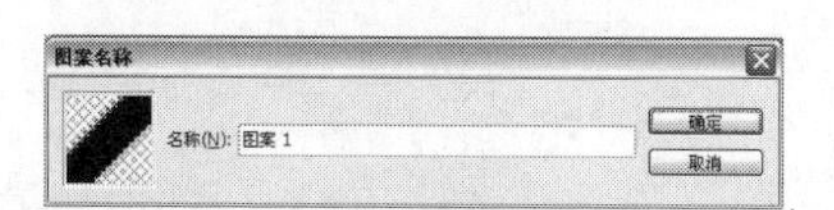

图10-4-16

STEP 13 选择“图层1”，执行【编辑】/【变换】/水平翻转】命令，得到的图像效果如图10-4-17所示，执行【编辑】/【定义图案】命令，弹出“定义图案”对话框，具体设置如图10-4-18所示，设置完毕后单击“确定”按钮，得到定义的“图案2”。

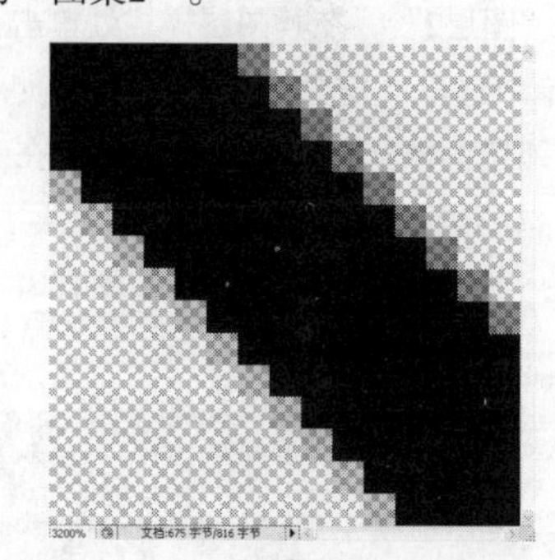

图10-4-17

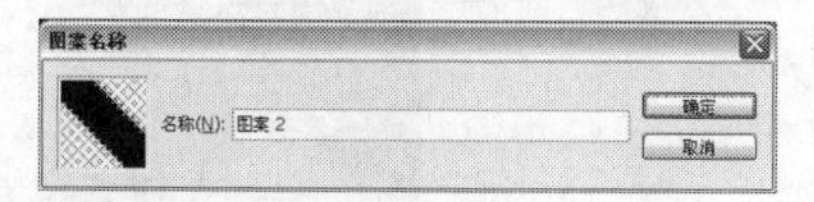

图10-4-18

步骤提示技巧

定义这种斜线作为图案是为了能够制作出十字绣的交叉针迹效果。

STEP 14 切换回之前处理过的风景图像，单击“图层”面板上的创建新图层按钮，新建“图层1”，选择工具箱中的油漆桶工具，在其工具选项栏中选择“图案”选项，并选择新建的“图案1”图案，在图像中单击进行填充，“图层”面板如图10-4-19所示，得到的图像效果如图10-4-20所示。

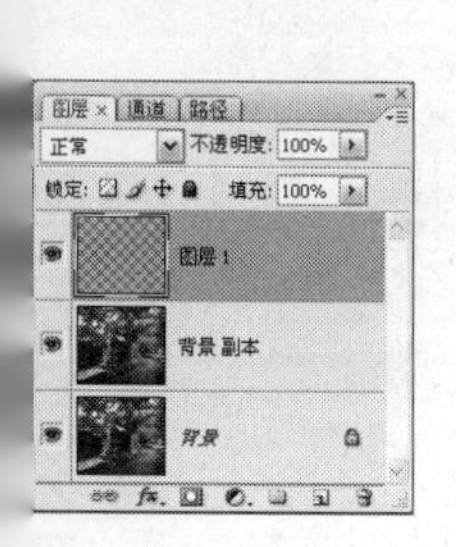

图10-4-19

图10-4-20

STEP 15 按Ctrl键单击“图层1”缩览图，调出其选区，选区效果如图10-4-21所示，执行【选择】/【修改】/【羽化】命令，弹出“羽化”对话框，具体设置如图10-4-22所示，设置完毕后单击“确定”按钮，选择“背景副本”图层，按快捷键Ctrl+C复制选区，按快捷键Ctrl+V粘贴选区至新得到的“图层2”，隐藏“图层1”，“图层”面板如图10-4-23所示。

图10-4-21

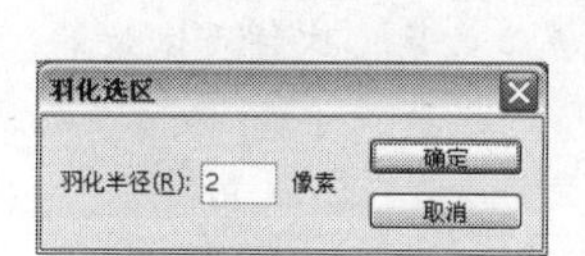

图10-4-22

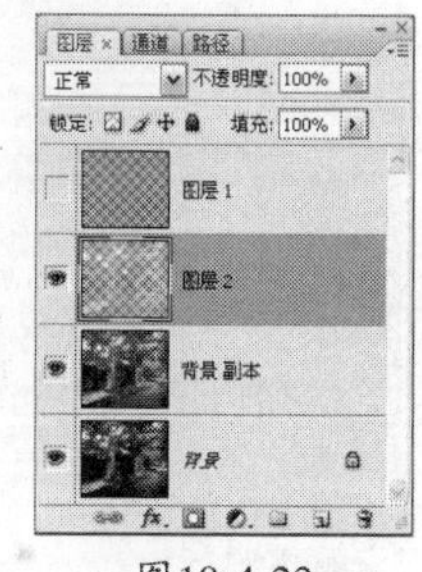

图10-4-23

STEP 16 选择“图层2”，单击“图层”面板上的添加图层样式按钮，在弹出的下拉菜单中选择“斜面和浮雕”选项，弹出“图层样式”对话框，具体设置如图10-4-24所示，设置完毕后单击“确定”按钮。

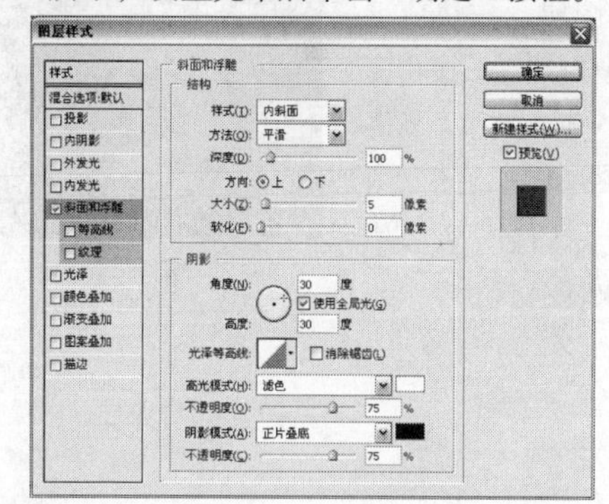

图10-4-24

STEP 17 在“图层”面板中将其图层混合模式设置为叠加，“图层”面板如图10-4-25所示，得到的图像效果如图10-4-26所示。

图10-4-25

图10-4-26

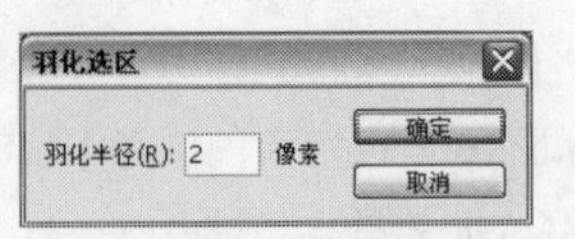

图10-4-29

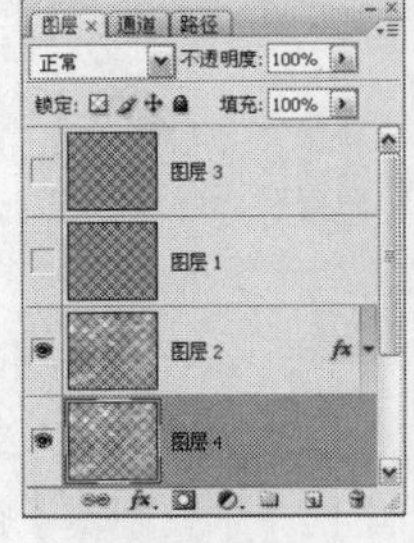

图10-4-30

STEP 18 单击“图层”面板上的创建新图层按钮，新建“图层3”，选择工具箱中的油漆桶工具，在其工具选项栏中选择“图案”选项，并选择新建的“图案2”图案，在图像中单击进行填充，“图层”面板如图10-4-27所示。

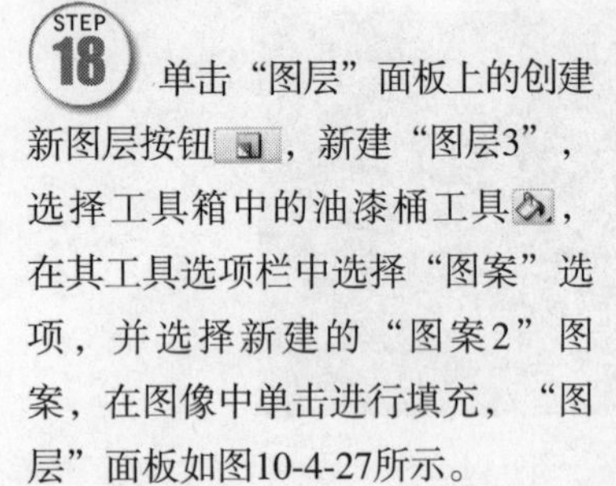

图10-4-27

步骤提示技巧

“图层2”是由“图层1”的选区得到的，改变其图层样式能够使图像呈现立体效果，这种立体效果会依据图像的边缘显现。

STEP 19 按Ctrl键单击“图层3”缩览图，调出其选区，选区效果如图10-4-28所示，执行【选择】/【修改】/【羽化】命令，弹出“羽化”对话框，具体设置如图10-4-29所示，设置完毕后单击“确定”按钮，选择“背景副本”图层，按快捷键Ctrl+C复制选区，按快捷键Ctrl+V粘贴选区至新得到的“图层4”，隐藏“图层3”，“图层”面板如图10-4-30所示。

图10-4-28

STEP 20 选择“图层2”，在其图层样式处单击右键，在弹出的下拉菜单中选择“拷贝图层样式”选项，选择“图层4”，在其缩览图外灰色部分单击右键，在弹出的下拉菜单中选择“粘贴图层样式”选项，“图层”面板如图10-4-31所示，得到的图像最终效果如图10-4-32所示。

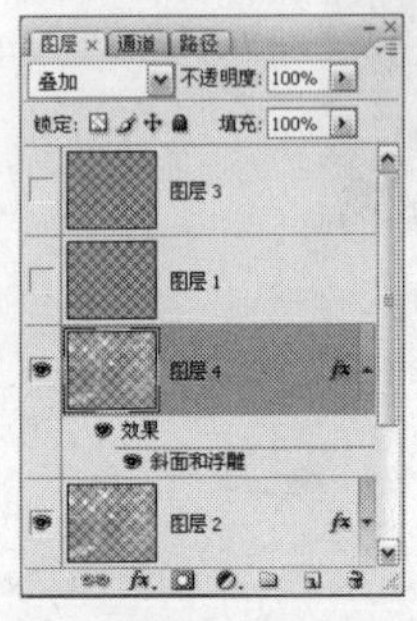

图10-4-31

图10-4-32

Effect 05

模仿布纹油画效果

01 通过"曲线"调整图层调整图像亮度

02 通过"色彩平衡"调整图层使图像呈现偏暖的效果

03 通过【滤镜】命令使图像呈现绘画的效果

04 通过【纹理】滤镜为图像添加纹理效果

STEP 01 执行【文件】/【打开】命令（Ctrl+O），弹出"打开"对话框，打开如图10-5-1所示图像。

图10-5-1

STEP 02 将"背景"图层拖曳至"图层"面板上的创建新图层按钮 上，得到"背景副本"图层，"图层"面板如图10-5-2所示。

图10-5-2

步骤提示技巧

通过调整图像曲线，能够调整图像中某一阶调的亮度，同时不改变其他阶调。

STEP 03 单击"图层"面板上的创建新的填充或调整图层按钮 ，在弹出的下拉菜单中选择"曲线"选项，弹出"曲线"对话框，具体设置如图10-5-3所示，设置完毕后单击"确定"按钮，"图层"面板如图10-5-4所示，得到的图像最终效果如图10-5-5所示。

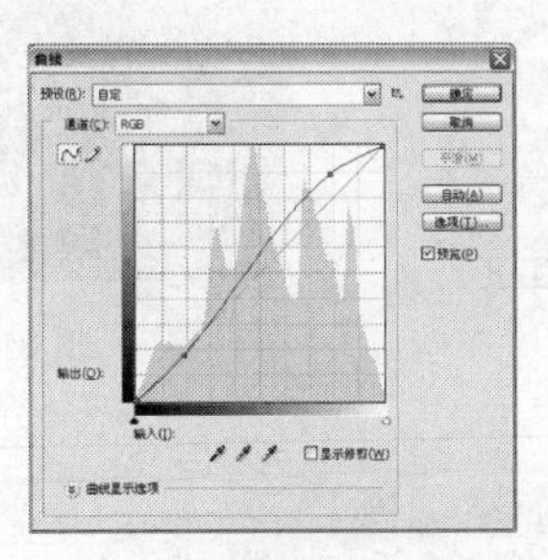

图10-5-3

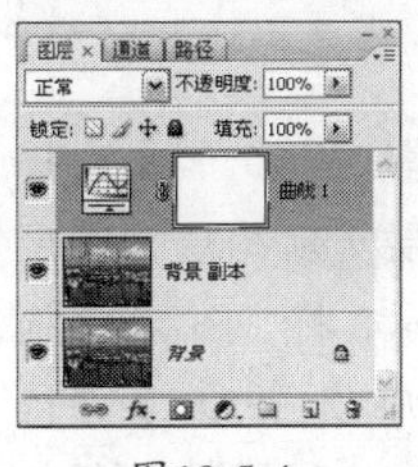

图10-5-4

图10-5-5

STEP 04 单击“图层”面板上的创建新的填充或调整图层按钮，在弹出的下拉菜单中选择“色彩平衡”选项，弹出“色彩平衡”对话框，具体设置如图10-5-6、图10-5-7和图10-5-8所示。设置完毕后单击“确定”按钮，“图层”面板如图10-5-9所示，得到的图像最终效果如图10-5-10所示。

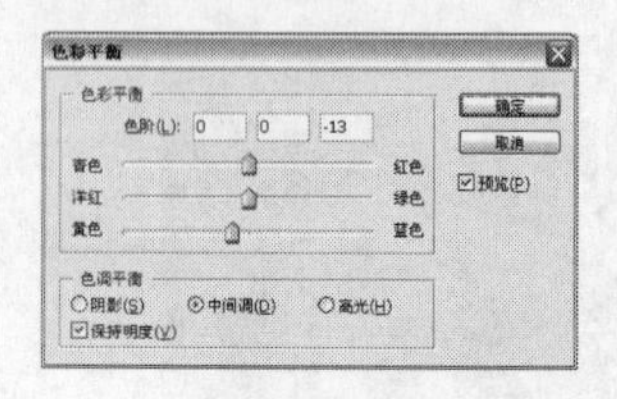

图10-5-6

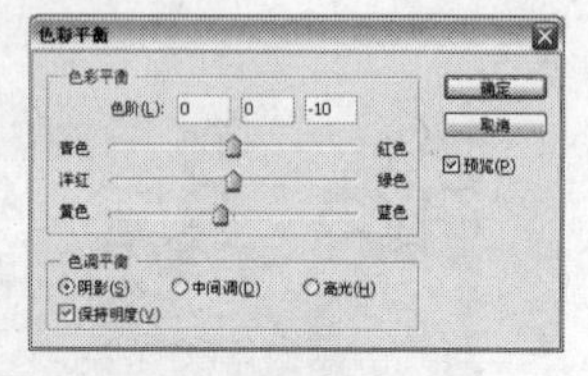

图10-5-7

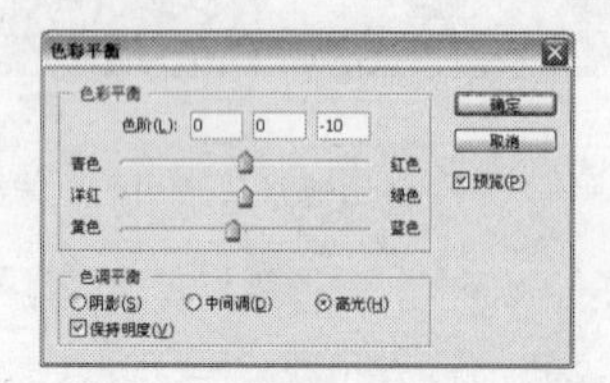

图10-5-8

步骤提示技巧

色彩平衡能够分别针对图像中的阴影、中间调和高光部分进行颜色的调整。

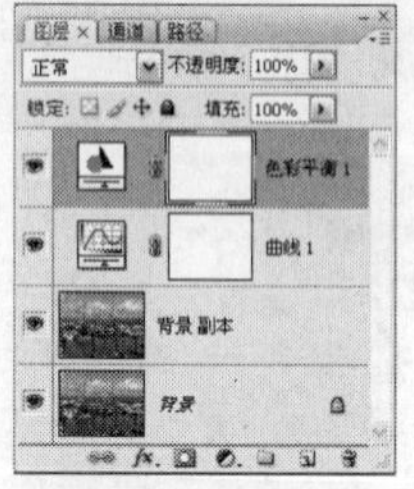

图10-5-9

图10-5-10

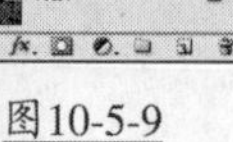

步骤提示技巧

将画面的色调调整成为暖色，能够使制作出的油画效果更加古旧。

STEP 05 选择“色彩平衡1”调整图层，按快捷键Alt+Ctrl+Shift+E盖印可见图层至新图层“图层1”，“图层”面板如图10-5-11所示，将“图层1”拖曳至“图层”面板上的创建新图层按钮上，得到“图层1副本”图层，并将其隐藏，“图层”面板如图10-5-12所示。

图10-5-11

图10-5-12

STEP 06 选择“图层1”，执行【滤镜】/【艺术效果】/【调色刀】命令，弹出“调色刀”对话框，具体设置如图10-5-13所示，设置完毕后单击“确定”按钮，得到的图像效果如图10-5-14所示。

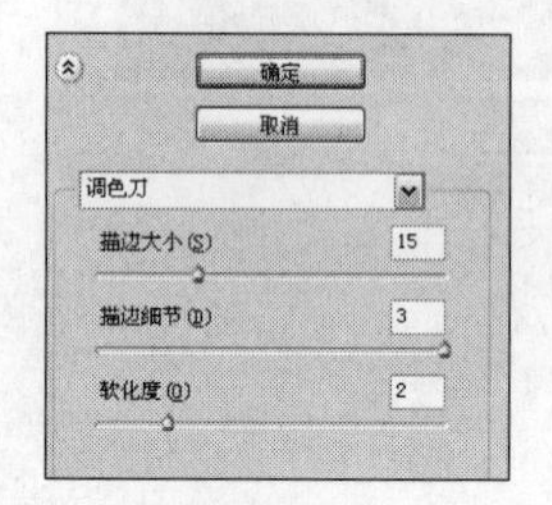

图10-5-13

图10-5-14

步骤提示技巧

经过“调色刀”处理过的图像效果是模仿使用调色刀进行绘画的效果。

STEP 07 单击“图层”面板上的添加图层蒙版按钮，为“图层1”添加图层蒙版，单击该图层蒙版缩览图，选择工具箱中的画笔工具，设置柔角的笔刷，将前景色设置为黑色，在图像中大块的白色区域涂抹，“图层”面板如图10-5-15所示，得到的图像效果如图10-5-16所示。

图10-5-15

图10-5-16

步骤提示技巧

经过“调色刀”滤镜后发现图像中很多地方呈现整块的白色，没有图像细节存在，所以通过“图层蒙版”将该区域适当的隐藏，即可以再现白色部分下面的图像效果。

STEP 08 显示并选择“图层1副本”图层，执行【滤镜】/【艺术效果】/【干画笔】命令，弹出“干画笔”对话框，具体设置如图10-5-17所示，设置完毕后单击“确定”按钮，得到的图像效果如图10-5-18所示。

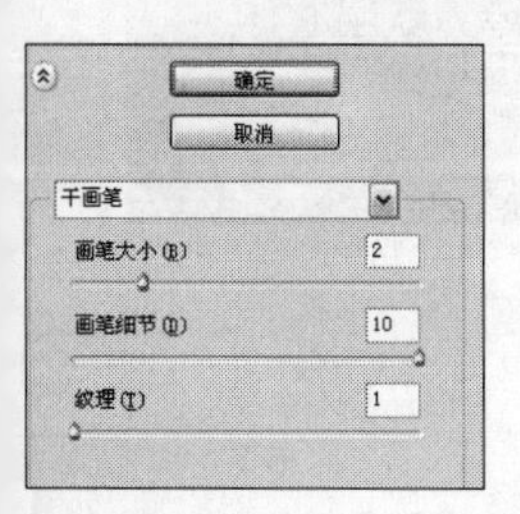

图10-5-17

图10-5-18

STEP 09 将“图层1副本”图层的图层混合模式设置为“柔光”，“图层”面板如图10-5-19所示，得到的图像效果如图10-5-20所示。

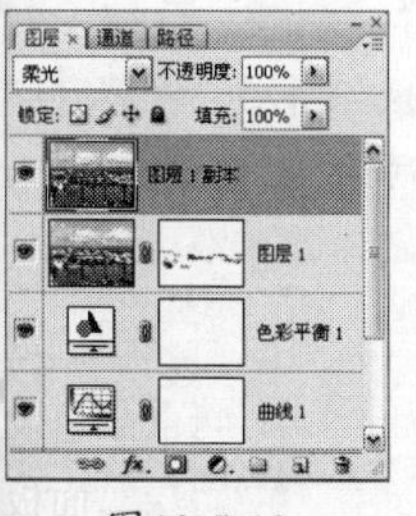

图10-5-19

图10-5-20

STEP 10 选择“图层1副本”图层，按快捷键Alt+Ctrl+Shift+E盖印可见图层至新图层“图层2”，“图层”面板如图10-5-21所示。

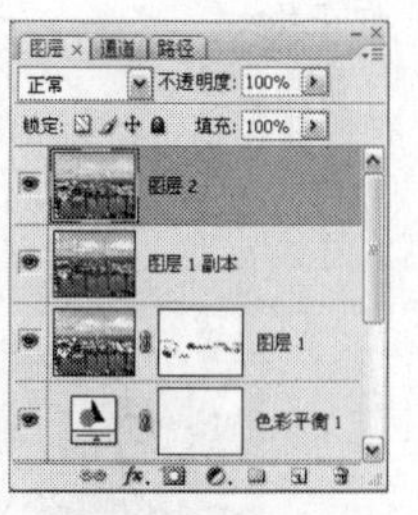

图10-5-21

STEP 11 选择“图层2”，执行【滤镜】/【纹理】/【纹理化】命令，弹出“纹理化”对话框，具体设置如图10-5-22所示，设置完毕后单击“确定”按钮，得到的图像最终效果如图10-5-23所示。

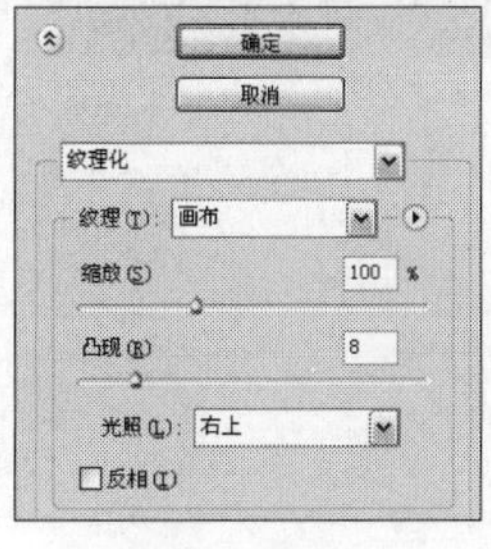

图10-5-22

图10-5-23

步骤提示技巧

通过“纹理化”滤镜能够制作图像中画布的纹理效果。

Effect 06

模仿照片水彩画效果

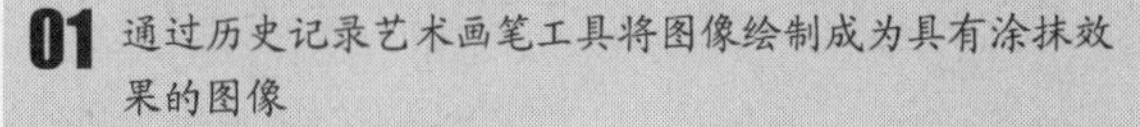

01 通过历史记录艺术画笔工具将图像绘制成为具有涂抹效果的图像

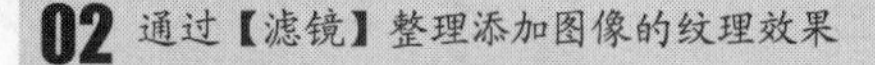

02 通过【滤镜】整理添加图像的纹理效果

03 通过“色彩平衡”调整图像的色彩倾向

STEP 01 执行【文件】/【打开】命令（Ctrl+O），弹出“打开”对话框，打开如图10-6-1所示图像。

图10-6-1

STEP 02 将“背景”图层拖曳至“图层”面板上的创建新图层按钮上，得到“背景副本”图层，“图层”面板如图10-6-2所示。

图10-6-2

步骤提示技巧

水彩画给人的感觉是一种柔和透亮的效果，所以需要先将图像中饱和度不够的部分进行调整。

STEP 03 单击“图层”面板上的创建新的填充或调整图层按钮，在弹出的下拉菜单中选择“曲线”选项，弹出“曲线”对话框，具体设置如图10-6-3所示，设置完毕后单击“确定”按钮，“图层”面板如图10-6-4所示，得到的图像效果如图10-6-5所示。

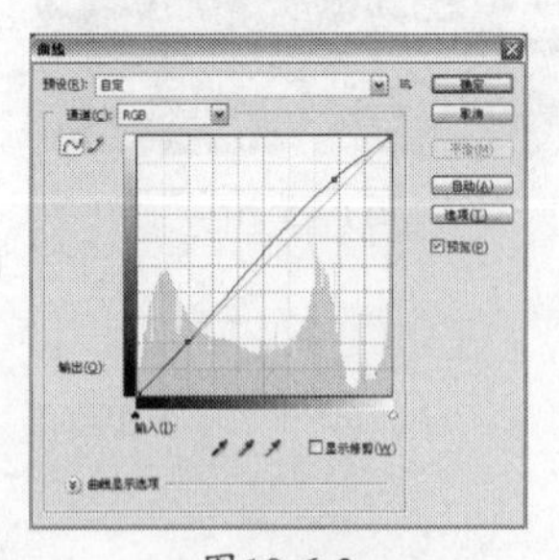

图10-6-3

图10-6-4

图10-6-5

STEP 04 单击“图层”面板上的创建新的填充或调整图层按钮，在弹出的下拉菜单中选择“色相/饱和度”选项，弹出“色相/饱和度”对话框，具体设置如图10-6-6所示，设置完毕后单击“确定”按钮，“图层”面板如图10-6-7所示，得到的图像效果如图10-6-8所示。

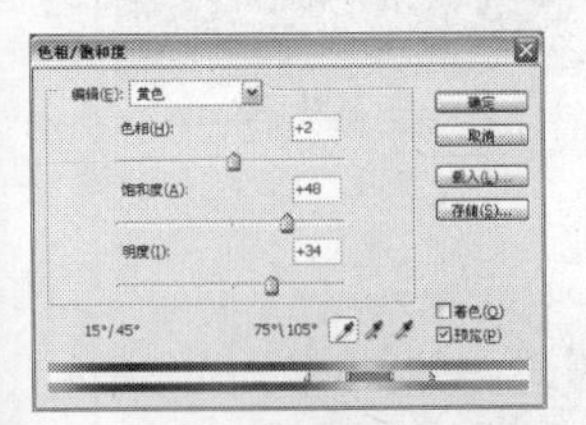
图10-6-6

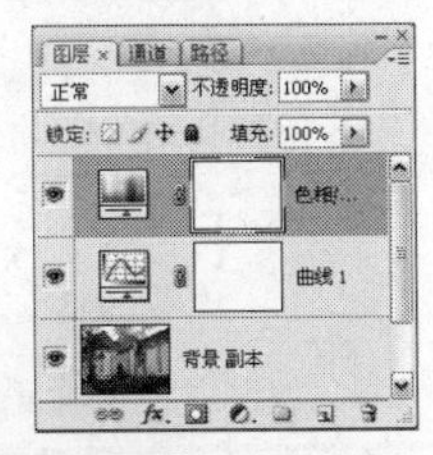
图10-6-7

图10-6-8

STEP 05 选择“色相/饱和度1”调整图层，按快捷键Alt+Ctrl+Shift+E盖印可见图层至新图层“图层1”，“图层”面板如图10-6-9所示，在“历史记录”面板中，单击创建新快照按钮，得到“快照1”，并勾选“快照1”前的复选框，将其作为历史记录画笔工具来源的状态。“历史记录”面板如图10-6-10所示。将“图层1”拖曳至“图层”面板上的创建新图层按钮，得到“图层1副本”图层，并将其隐藏，“图层”面板如图10-6-11所示。

图10-6-9

图10-6-10

图10-6-11

步骤提示技巧

历史记录画笔会根据设置的历史记录画笔源来恢复图像效果，历史记录艺术画笔会跟据设定的方式恢复历史记录画笔源的图像效果。

STEP 06 选择“图层1”，将前景色色值设置为R128、G128、B128，设置完毕后按快捷键Alt+Delete填充前景色到图层，“图层”面板如图10-6-12所示，得到的图像效果如图10-6-13所示。

图10-6-12

图10-6-13

STEP 07 选择工具箱中的历史记录艺术画笔工具，在其工具选项栏中将样式设置为“绷紧短”，区域设置为50像素，将笔刷主直径设置为50像素，在图像中如图10-6-14所示在图像中涂抹，并逐渐将灰色部分尽量涂抹干净，如图10-6-15所示，涂抹完毕后得到的图像效果如图10-6-16所示。

图10-6-14

图10-6-15

图10-6-16

步骤提示技巧

可以根据需要在适当的时候改变画笔的大小，在英文输入法状态下按[键能够将缩小画笔直径，按]键能够放大画笔直径。

STEP 08 按[键将笔刷的直径缩小，在图像中需要细致描绘的地方如图10-6-17所示进行涂抹，涂抹完毕后得到的图像效果如图10-6-18所示。

图10-6-17

图10-6-18

STEP 09 将“图层1”拖曳至“图层”面板上的创建新图层按钮 上，得到“图层1副本2”图层，“图层”面板如图10-6-19所示。

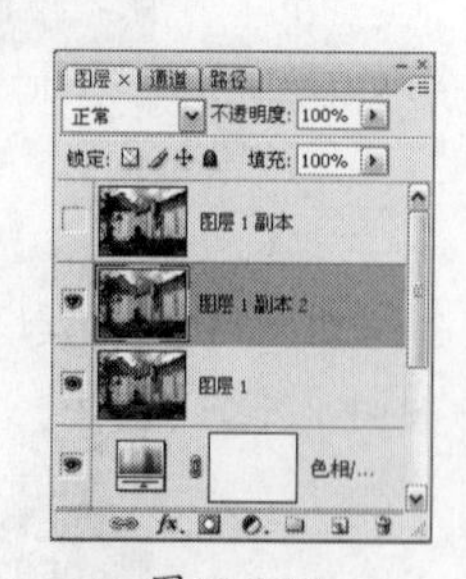

图10-6-19

STEP 10 选择“图层1副本2”图层，执行【滤镜】/【素描】/【水彩画纸】命令，弹出“水彩画纸”对话框，具体设置如图10-6-20所示，设置完毕后单击“确定”按钮，得到的图像效果如图10-6-21所示。

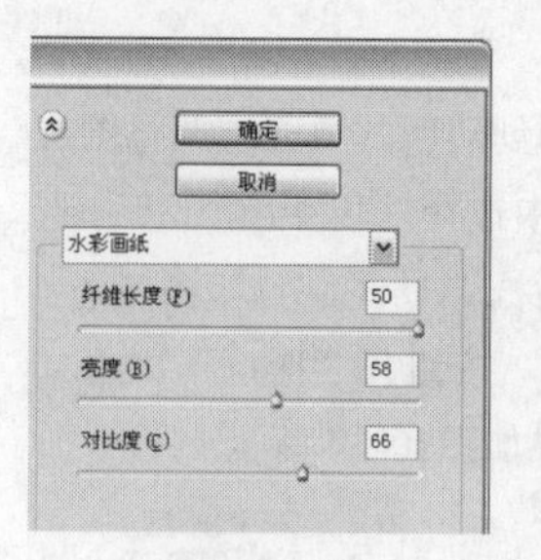

图10-6-20

图10-6-21

步骤提示技巧

通过“水彩画纸”滤镜能够将图像呈现一种在水彩画纸上绘画的晕染效果。

STEP 11 将“图层1副本2”图层的图层混合模式设置为“柔光”，“图层”面板如图10-6-22所示，得到的图像效果如图10-6-23所示。

图10-6-22

图10-6-23

STEP 12 选择“图层1副本2”，单击“图层”面板上的创建新的填充或调整图层按钮 ，在弹出的下拉菜单中选择“曲线”选项，弹出“曲线”对话框，具体设置如图10-6-24所示，设置完毕后单击“确定”按钮，“图层”面板如图10-6-25所示，得到的图像效果如图10-6-26所示。

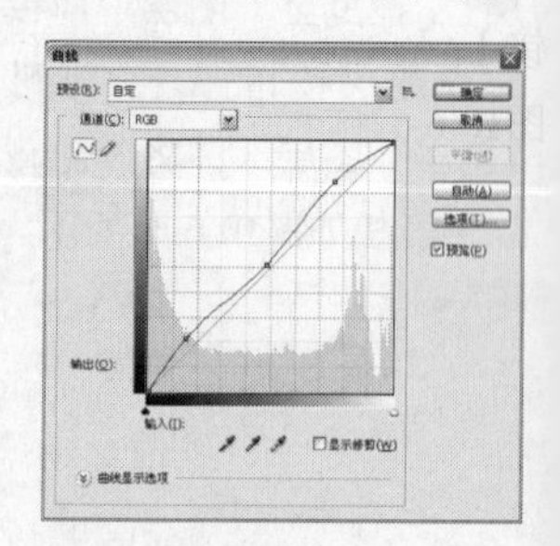

图10-6-24

图10-6-25

图10-6-26

STEP 13 选择“曲线2”调整图层，单击“图层”面板上的创建新的填充或调整图层按钮，在弹出的下拉菜单中选择“色相/饱和度”选项，弹出“色相/饱和度”对话框，具体设置如图10-6-27和图10-6-28所示，设置完毕后单击“确定”按钮，“图层”面板和图10-6-29所示，得到的图像效果如图10-6-30所示。

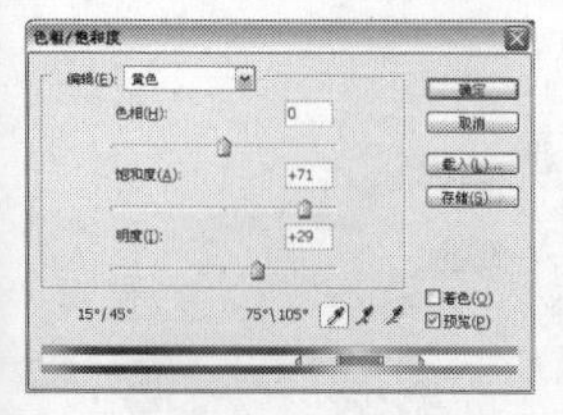

图10-6-27

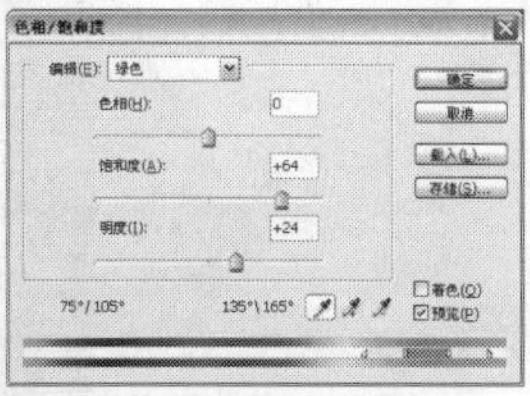

图10-6-28

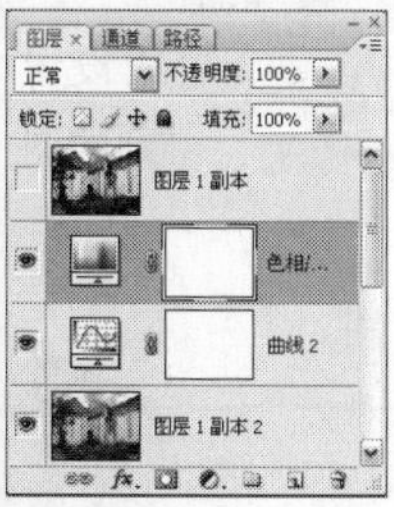

图10-6-29

图10-6-30

步骤提示技巧

通过对黄色和绿色的饱和度和明度分别进行调整，使图像中的植物呈现出通透的绿色。

STEP 14 选择“图层1副本”图层并将其显示，执行【滤镜】/【风格化】/【查找边缘】命令，得到的图像效果如图10-6-31所示。

图10-6-31

STEP 15 将“图层1副本”图层的图层混合模式设置为“柔光”，不透明度设置为40%，“图层”面板如图10-6-32所示，得到的图像效果如图10-6-33所示。

图10-6-32

图10-6-33

STEP 16 执行【图层】/【新建】/【图层】命令，弹出“新建图层”对话框，具体设置如图10-6-34所示，设置完毕后单击“确定”按钮，得到新建的“图层2”，“图层”面板如图10-6-35所示。

图10-6-34

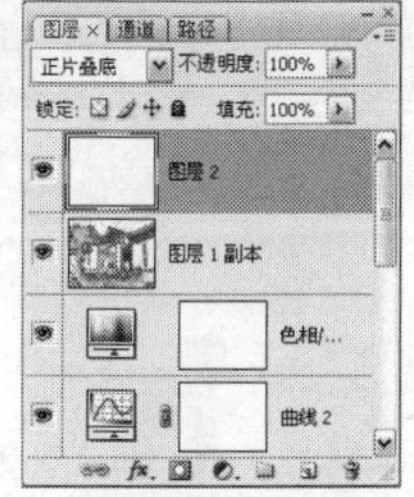

图10-6-35

STEP 17 选择“图层2”，执行【滤镜】/【素描】/【便条纸】命令，弹出“便条纸”对话框，具体设置如图10-6-36所示，设置完毕后单击“确定”按钮，得到的图像效果如图10-6-37所示。

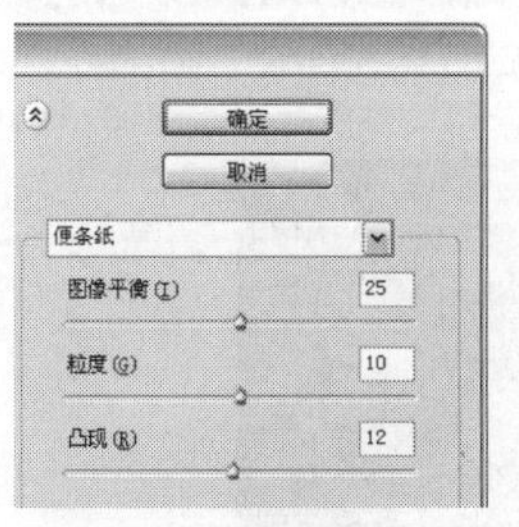

图10-6-36

图10-6-37

STEP 18 将“图层2”的不透明度设置为50%，“图层”面板如图10-6-38所示，得到的图像效果如图10-6-39所示。

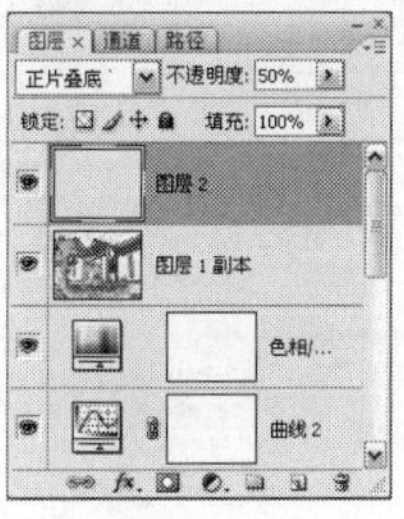

图10-6-38

图10-6-39

步骤提示技巧

通过【便条纸】滤镜，制作纸质纹理效果能够增强图像的绘画感。

Effect 07 模仿国画效果

01 通过"曲线"调整图层调整图像整体效果

02 通过【特殊模糊】滤镜，制作图像朦胧的效果

03 通过添加图层蒙版并将在蒙版中进行绘制得到图像周围渐渐隐去的柔和边缘

STEP 01 执行【文件】/【打开】命令（Ctrl+O），弹出"打开"对话框，打开如图10-7-1所示图像。

图10-7-1

STEP 02 将"背景"图层拖曳至"图层"面板上的创建新图层按钮上，得到"背景副本"图层，"图层"面板如图10-7-2所示。

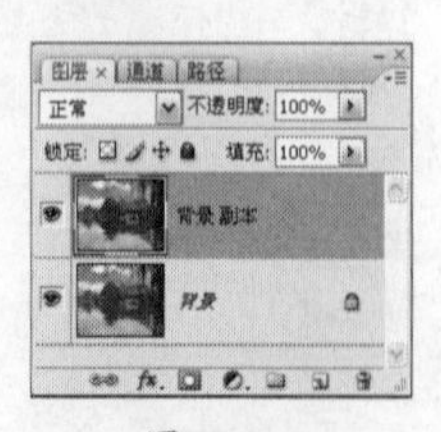

图10-7-2

STEP 03 单击"图层"面板上的创建新的填充或调整图层按钮，在弹出的下拉菜单中选择"曲线"选项，弹出"曲线"对话框，具体设置如图10-7-3所示，设置完毕后单击"确定"按钮，得到的图像效果如图10-7-4所示。

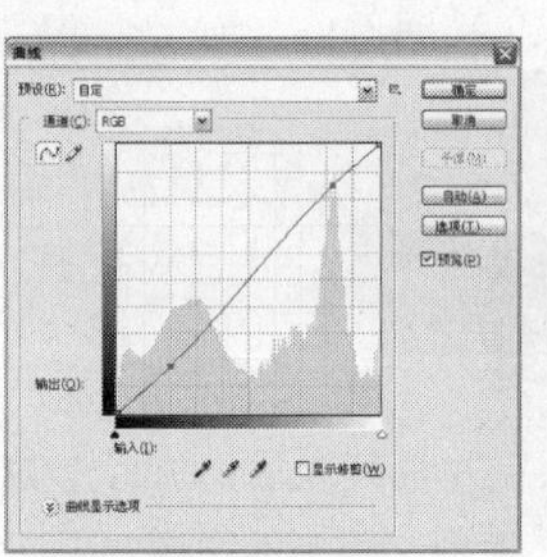

图10-7-3

图10-7-4

STEP 04 单击"图层"面板上的创建新的填充或调整图层按钮，在弹出的下拉菜单中选择"色相/饱和度"选项，弹出"色相/饱和度"对话框，具体设置如图10-7-5所示，设置完毕后单击"确定"按钮，"图层"面板如图10-7-6所示，得到的图像最终效果如图10-7-7所示。

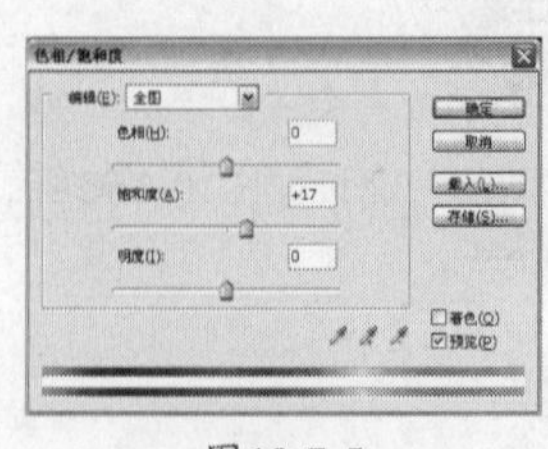

图10-7-5

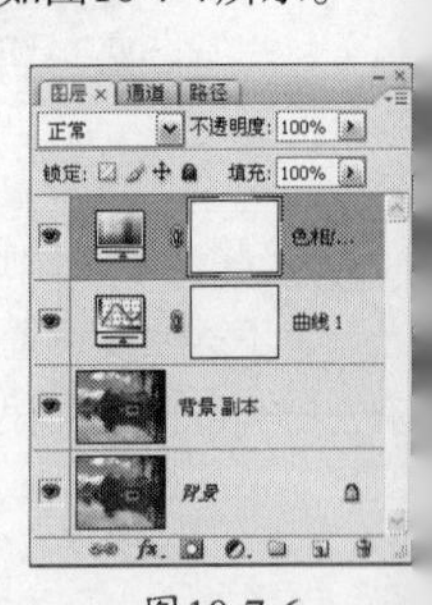

图10-7-6

图10-7-7

STEP 05 选择“色相/饱和度1”调整图层，按快捷键Alt+Ctrl+Shift+E盖印可见图层至新图层“图层1”，“图层”面板如图10-7-8所示。

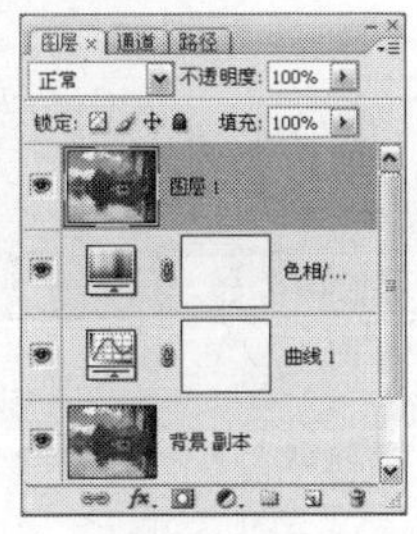

图10-7-8

STEP 06 选择“图层1”，执行【滤镜】/【模糊】/【特殊模糊】命令，弹出“特殊模糊”对话框，具体设置如图10-7-9所示，得到的图像效果如图10-7-10所示。

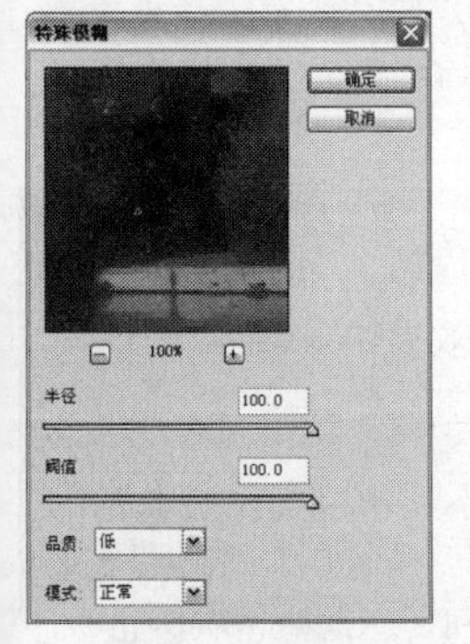

图10-7-9

图10-7-10

STEP 07 执行【编辑】/【渐隐特殊模糊】命令，弹出“渐隐”对话框，具体设置如图10-7-11所示，设置完毕后单击“确定”按钮，得到的图像效果如图10-7-12所示。

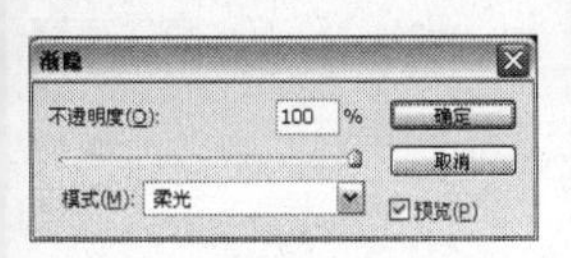

图10-7-11

图10-7-12

STEP 08 选择“图层1”，执行【图像】/【调整】/【曲线】命令，弹出“曲线”对话框，具体设置如图10-7-13所示，设置完毕后单击“确定”按钮，得到的图像效果如图10-7-14所示。

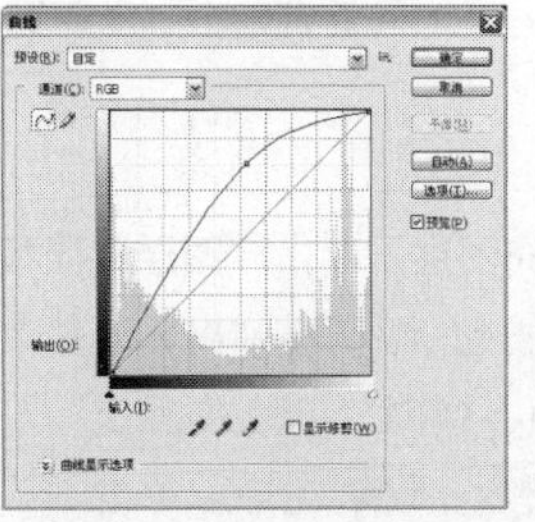

图10-7-13

图10-7-14

STEP 09 选择“图层1”，执行【图像】/【调整】/【色相/饱和度】命令，弹出“色相/饱和度”对话框，具体设置如图10-7-15所示，设置完毕后单击“确定”按钮，得到的图像效果如图10-7-16所示。

步骤提示技巧

由于国画的色彩都不是十分艳丽，所以需要适当地减弱图像的饱和度。

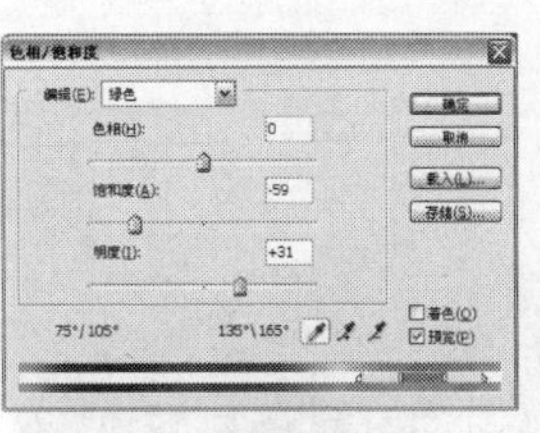

图10-7-15

图10-7-16

STEP 10 隐藏“图层1”，选择“色相/饱和度1”调整图层，单击“图层”面板上的创建新的填充或调整图层按钮，在弹出的下拉菜单中选择“图案”选项，弹出“图案”对话框，具体设置如图10-7-17所示，设置完毕后单击“确定”按钮，“图层”面板如图10-7-18所示，得到的图像效果如图10-7-19所示。

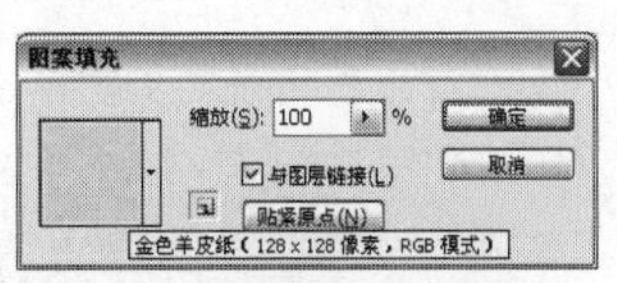

图10-7-17

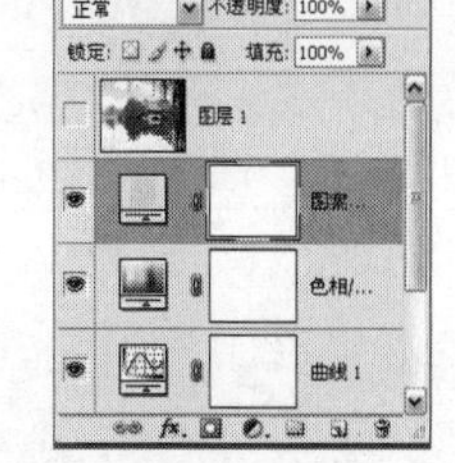

图10-7-18

图10-7-19

STEP 11 选择“图案填充1”填充图层，单击“图层”面板上的创建新的填充或调整图层按钮，在弹出的下拉菜单中选择“色相/饱和度”选项，弹出“色相/饱和度”对话框，具体设置如图10-7-20所示，设置完毕后单击“确定”按钮，执行【图层】/【创建剪贴蒙版】命令，“图层”面板如图10-7-21所示。显示“图层1”并将“图层1”的图层混合模式设置为“正片叠底”，“图层”面板如图10-7-22所示，得到的图像效果如图10-7-23所示。

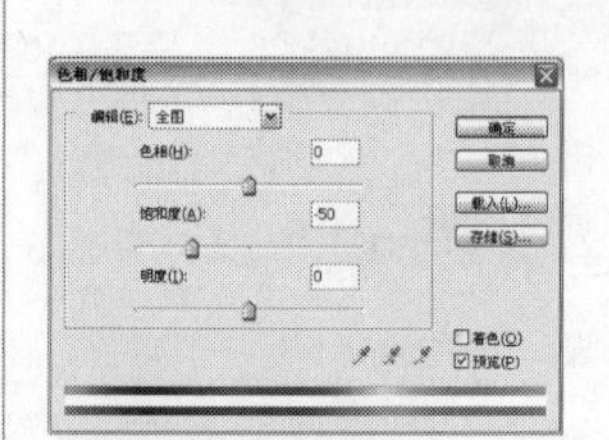

图10-7-20

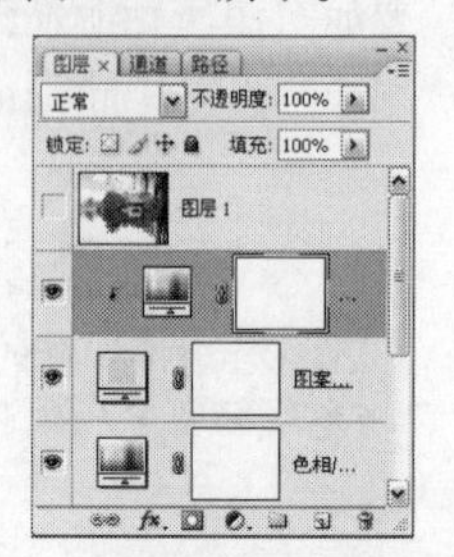

图10-7-21

图10-7-22

图10-7-23

STEP 12 选择“图层1”，执行【图层】/【图层蒙版】/【隐藏全部】命令，“图层”面板如图10-7-24所示，选择工具箱中的画笔工具，将前景色设置为白色，设置柔角的笔刷，在图像中涂抹，“图层”面板如图10-7-25所示，得到的图像效果如图10-7-26所示。

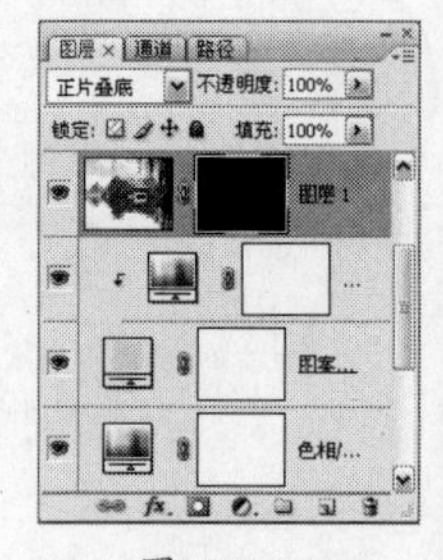

图10-7-24

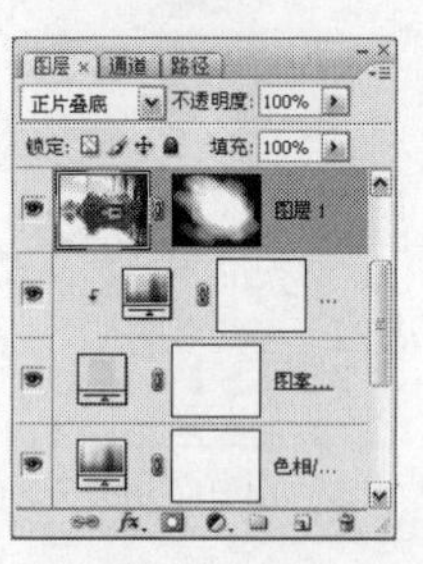

图10-7-25

图10-7-26

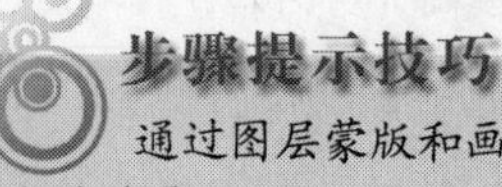

步骤提示技巧

通过图层蒙版和画笔工具结合能够制作出国画柔和的效果。

STEP 13 在图像中添加文字和印章，“图层”面板如图10-7-27所示，得到的图像最终效果如图10-7-28所示。

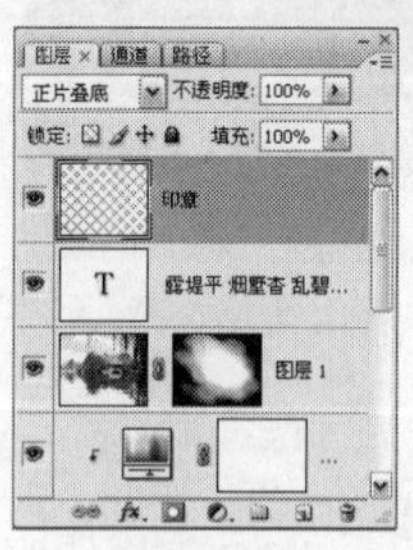

图10-7-27

图10-7-28

Effect 08 制作纹理照片效果

01 通过“曲线”调整图层调整图像整体效果

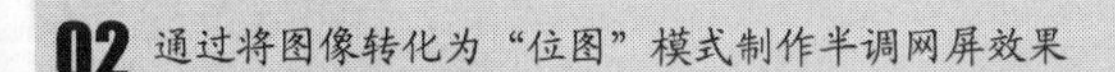

02 通过将图像转化为“位图”模式制作半调网屏效果

03 通过【滤镜】制作纹理效果，并将其储存为置换图

04 通过【置换】制作图像残破的边缘效果

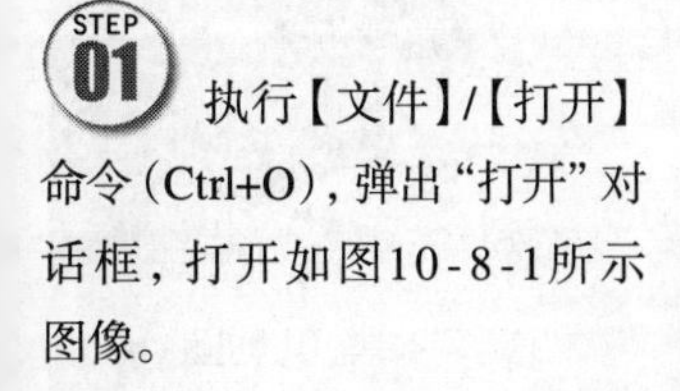

STEP 01 执行【文件】/【打开】命令(Ctrl+O)，弹出“打开”对话框，打开如图10-8-1所示图像。

图10-8-1

STEP 02 将“背景”图层拖曳至“图层”面板上的创建新图层按钮 上，得到“背景副本”图层，“图层”面板如图10-8-2所示。

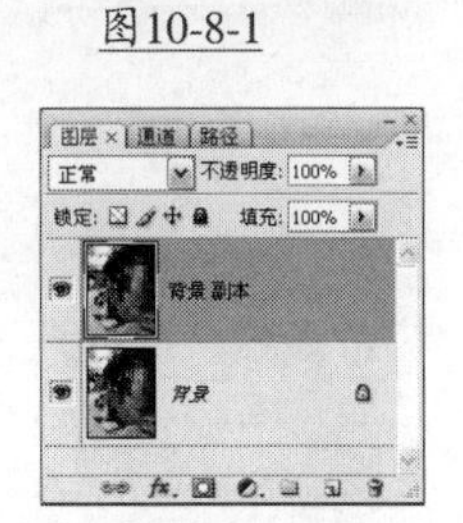

图10-8-2

STEP 03 单击“图层”面板上的创建新的填充或调整图层按钮 ，在弹出的下拉菜单中选择“曲线”选项，弹出“曲线”对话框，具体设置如图10-8-3所示，设置完毕后单击“确定”按钮，“图层”面板如图10-8-4所示，得到的图像效果如图10-8-5所示。

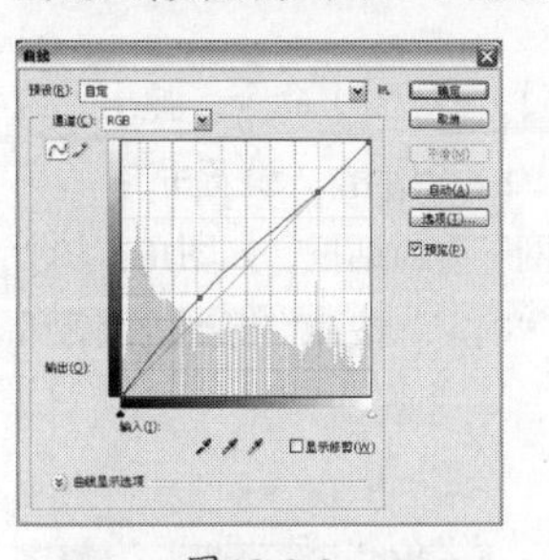

图10-8-3

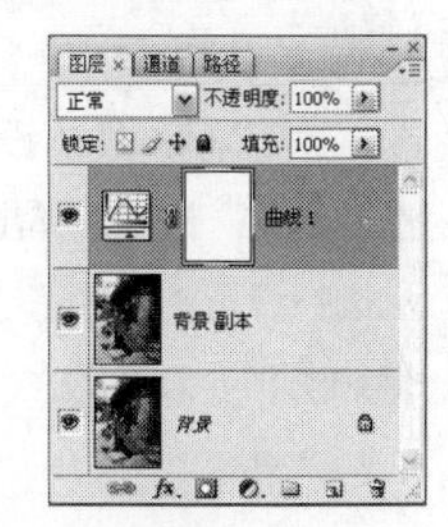

图10-8-4

步骤提示技巧

由于图像中的暗调部分有些过暗，所以通过调节“曲线”对话框中相应部分的阶调来改变其亮度。

图10-8-5

STEP 04 执行【图像】/【复制】命令，弹出“复制图像”对话框，如图10-8-6所示，单击“确定”按钮复制整个图像到新文档。

图10-8-6

STEP 05 在得到的“制作纹理照片效果副本”文档中执行【图像】/【模式】/【灰度】命令，弹出如图10-8-7所示提示信息，单击“拼合”按钮，得到的图像效果如图10-8-8所示。

Adobe Photoshop CS3
模式更改会影响图层的外观。是否在模式更改前拼合图像？
拼合(F) 取消 不拼合(D)

图10-8-7

图10-8-8

STEP 06 执行【图像】/【模式】/【位图】命令，弹出“位图”对话框，具体设置如图10-8-9所示，设置完毕后单击“确定”按钮，弹出“半调网屏”对话框，如图10-8-10所示进行设置，设置完毕后单击“确定”按钮，得到的图像效果如图10-8-11所示。

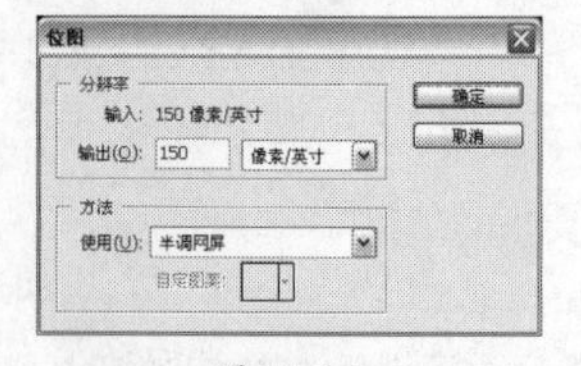

图10-8-9

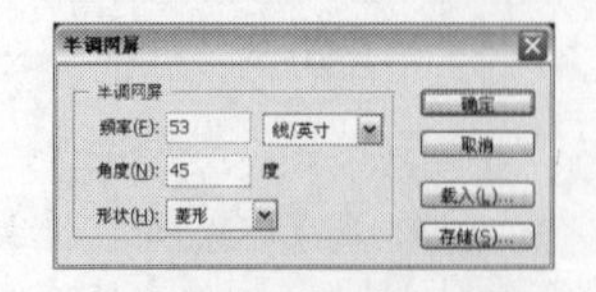

图10-8-10

图10-8-11

步骤提示技巧

通过将图像转化成半调网屏的位图，能够使画面呈现一种网纹的效果。

STEP 07 执行【选择】/【全选】命令（Ctrl + A），将图像全选，执行【编辑】/【拷贝】命令（Ctrl+C）复制选区内容，返回至“制作纹理照片效果”文档中，按快捷键Ctrl+V粘贴图像，得到“图层1”，将“图层1”的图层混合模式设置位“叠加”，“图层”面板如图10-8-12所示，得到的图像效果如图10-8-13所示。

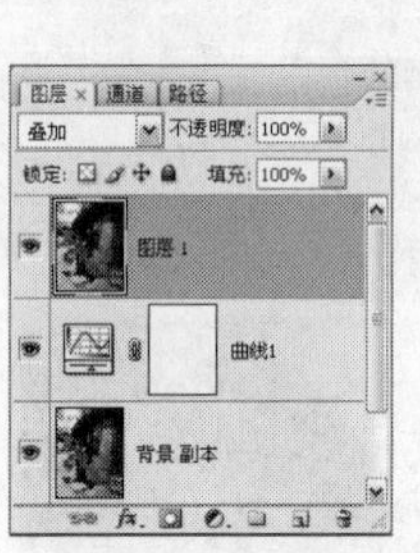

图10-8-12

图10-8-13

STEP 08 单击“图层”面板上的创建新图层按钮，新建“图层2”，按D键将前景色和背景色恢复为默认的黑色和白色，执行【滤镜】/【渲染】/【云彩】命令，“图层”面板如图10-8-14所示，得到的图像效果如图10-8-15所示。

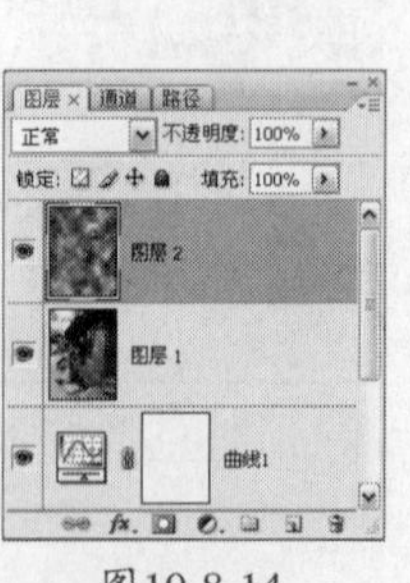

图10-8-14

图10-8-15

STEP 09 选择“图层2”，执行【滤镜】/【艺术效果】/【调色刀】命令，弹出“调色刀”对话框，具体设置如图10-8-16所示，设置完毕后单击“确定”按钮，得到的图像效果如图10-8-17所示。

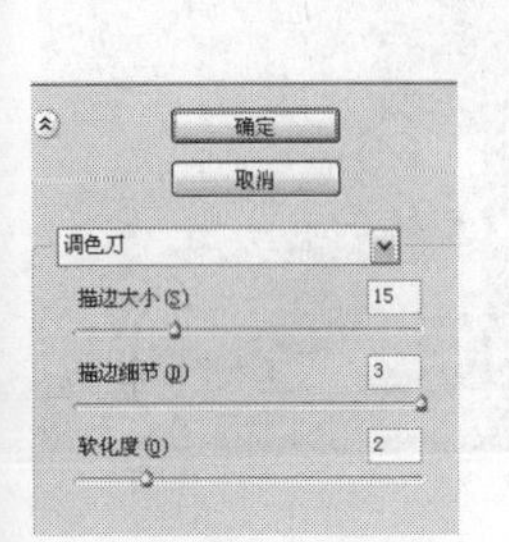

图10-8-16

图10-8-17

STEP 10 选择“图层2”，执行【滤镜】/【艺术效果】/【海报边缘】命令，弹出“海报边缘”对话框，具体设置如图10-8-18所示，设置完毕后单击“确定”按钮，得到的图像效果如图10-8-19所示。

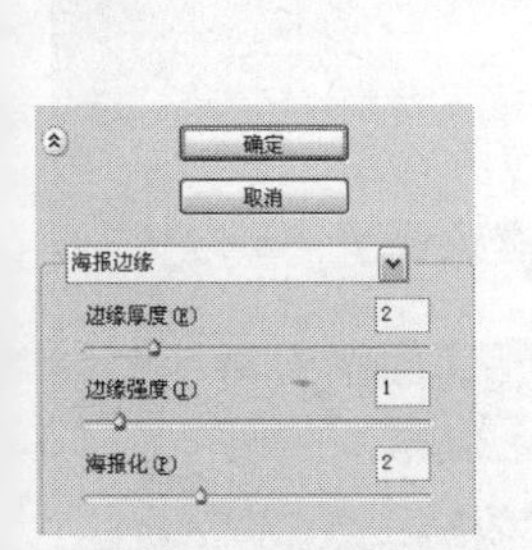

图10-8-18

图10-8-19

STEP 11 选择“图层2”，执行【滤镜】/【扭曲】/【玻璃】命令，弹出“玻璃”对话框，具体设置如图10-8-20所示，设置完毕后单击“确定”按钮，得到的图像效果如图10-8-21所示。

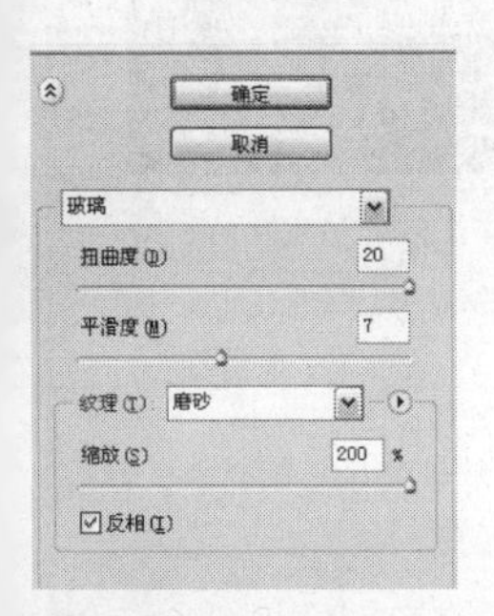

图10-8-20

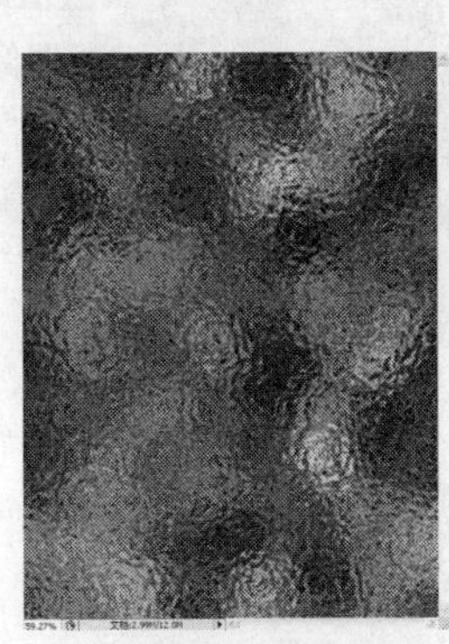

图10-8-21

STEP 12 执行【文件】/【储存为】命令（Ctrl+Shift+S），弹出“储存为”对话框，将文件名定为“制作纹理照片效果置换图”，如图10-8-22所示。

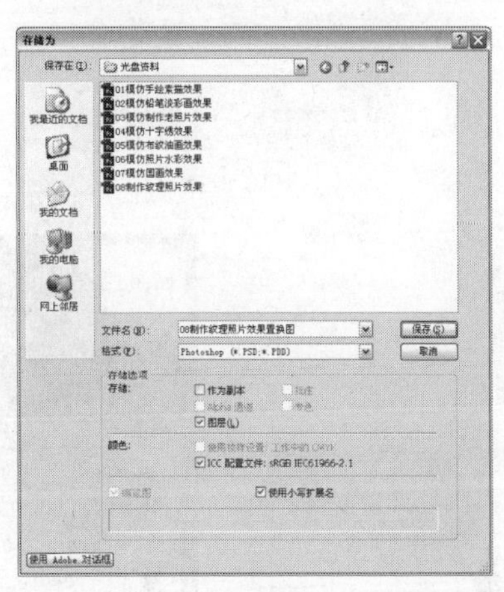

图10-8-22

STEP 13 将“图层2”拖曳至“图层”面板上的删除图层按钮，将其删除。单击“图层”面板上的创建新图层按钮建立新的“图层2”，“图层”面板如图10-8-23所示，选择工具箱中的矩形选框工具，在图像中绘制不规则的矩形选区，并将前景色设置为黑色，按快捷键Alt+Delete填充前景色到选区，得到的图像效果如图10-8-24所示。

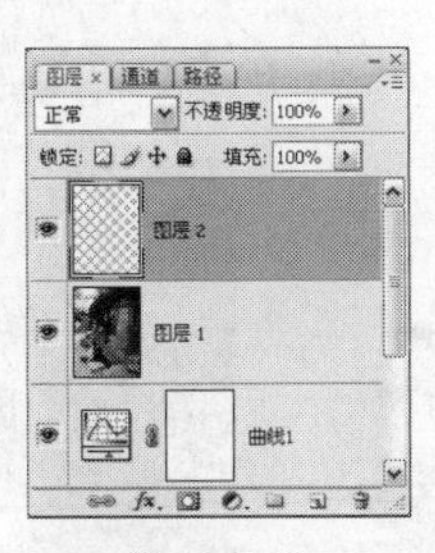

图10-8-23

图10-8-24

STEP 14 按快捷键Ctrl+D取消选择，执行【滤镜】/【扭曲】/【置换】命令，弹出“置换”对话框，具体设置如图10-8-25所示，设置完毕后单击“确定”按钮，弹出查找置换原图的路径提示，如图10-8-26所示找到刚刚保存的置换图，单击“打开”按钮，得到的图像效果如图10-8-27所示。

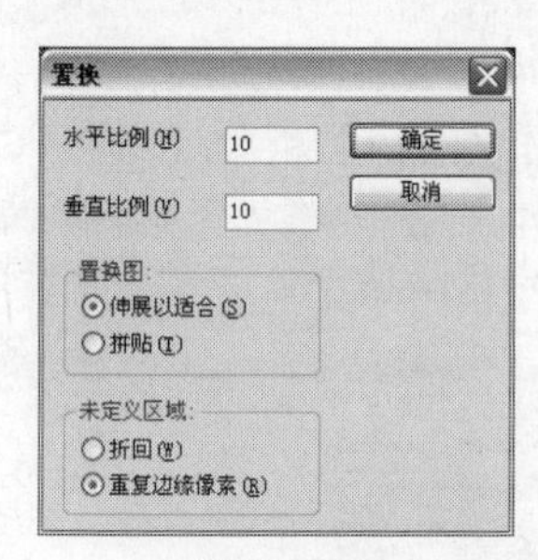

图10-8-25

图10-8-26

图10-8-27

STEP 15 选择工具箱中的横排文字工具T，在图像中单击并输入文字，“图层”面板如图10-8-28所示，得到的图像最终效果如图10-8-29所示。

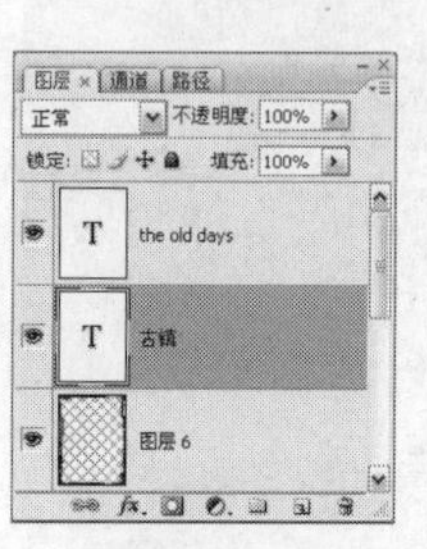

图10-8-28

图10-8-29

步骤提示技巧

为图像添加文字可以选择自己觉得合适的文字和字体，这里不做赘述。

Effect 09 模仿矢量插画人物效果

01 通过【图像】/【计算】命令将人物从背景中分离出来

02 通过“色调分离”调整图层将人物进行色调分离

03 通过【木刻】滤镜使矢量效果更加明显

04 结合图层蒙版和“色相/饱和度”调整图层改变衣服颜色

STEP 01 执行【文件】/【打开】命令（Ctrl+O），弹出“打开”对话框，打开如图10-9-1和图10-9-2所示图像。

图10-9-1

图10-9-2

STEP 02 将人物图像文档拖曳至背景图像文档中，“图层”面板如图10-9-3所示，具体摆放位置如图10-9-4所示。

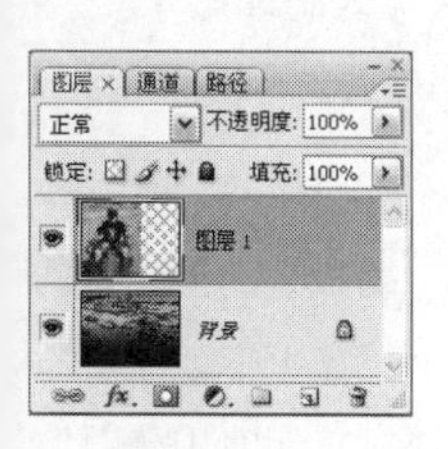
图10-9-3

图10-9-4

步骤提示技巧

为了使构图完整，所以人像摆放的位置一定不要在图像的正中央。

STEP 03 执行【图像】/【计算】命令，弹出“计算”对话框，具体设置如图10-9-5所示，设置完毕后单击“确定”按钮，得到的图像效果如图10-9-6所示。

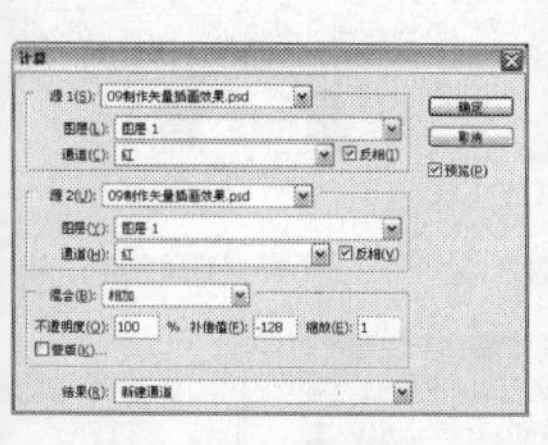
图10-9-5

图10-9-6

步骤提示技巧

通过“计算”命令能够将图像中的人物和背景的大部分进行分离，得到的通道可以在“通道”面板中找到。

STEP 04 切换至“通道”面板，如图10-9-7所示按Ctrl键单击“Alpha1”通道，调出其选区，切换回“图层”面板，选择“图层1”，单击“图层”面板上的添加图层蒙版按钮，为其添加图层蒙版，“图层”面板如图10-9-8所示，得到的图像效果如图10-9-9所示。

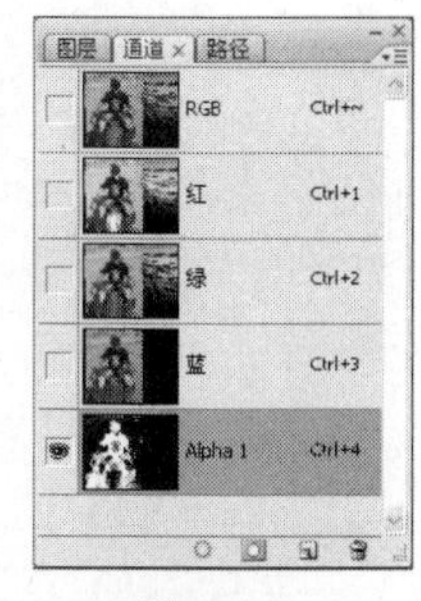

图10-9-7

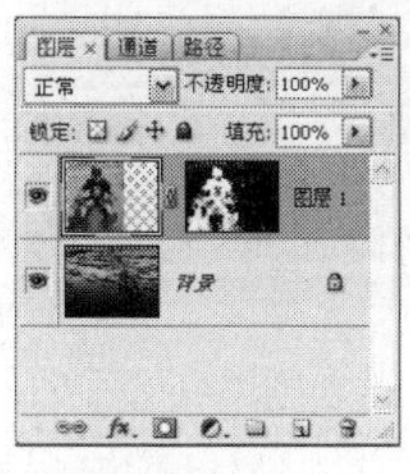
图10-9-8

图10-9-9

STEP 05 单击“图层1”图层蒙版缩览图，选择工具箱中的画笔工具，设置合适的笔刷，将前景色设置为白色，在图像中人物身体内部涂抹，涂抹完毕后将前景色设置为黑色，在人物身体外部进行涂抹，“图层”面板如图10-9-10所示，得到的图像效果如图10-9-11所示。

图10-9-10

图10-9-11

步骤提示技巧

在涂抹人物的手臂等细节处时可以使用钢笔工具将该部分绘制出路径再将其转为选区填充白色，能够较准确地勾勒出手臂等部分的边缘。

STEP 06 选择“图层1”，单击“图层”面板上的创建新的填充或调整图层按钮，在弹出的下拉菜单中选择“曲线”选项，弹出“曲线”对话框，具体设置如图10-9-12所示，设置完毕后单击“确定”按钮，执行【图层】/【创建剪贴蒙版】命令，“图层”面板如图10-9-13所示，得到的图像最终效果如图10-9-14所示。

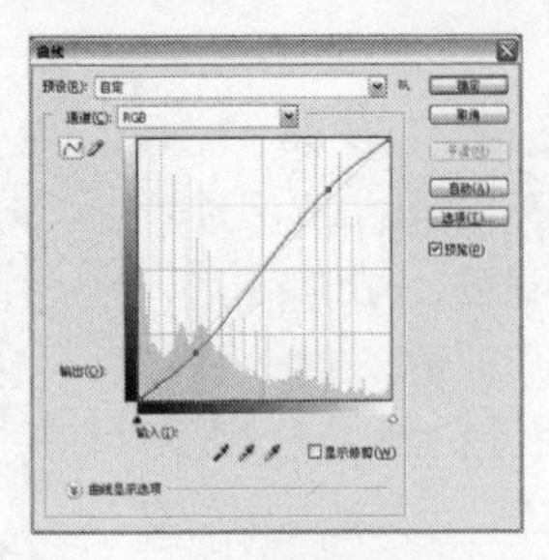
图10-9-12

图10-9-13

图10-9-14

STEP 07 单击“图层”面板上的创建新的填充或调整图层按钮，在弹出的下拉菜单中选择“色调分离”选项，弹出“色调分离”对话框，具体设置如图10-9-15所示，设置完毕后单击“确定”按钮，执行【图层】/【创建剪贴蒙版】命令“图层”面板如图10-9-16所示，得到的图像效果如图10-9-17所示。

图10-9-15

图10-9-16

图10-9-17

STEP 08 单击“背景”图层前指示图层可见性按钮将其隐藏，选择“色调分离1”调整图层，按快捷键Alt+Ctrl+Shift+E盖印可见图层至新图层“图层2”，显示“背景”图层，“图层”面板如图10-9-18所示。

图10-9-18

STEP 09 选择“图层2”，执行【滤镜】/【艺术效果】/【木刻】命令，弹出“木刻”对话框，具体设置如图10-9-19所示，设置完毕后单击“确定”按钮，得到的图像效果如图10-9-20所示。

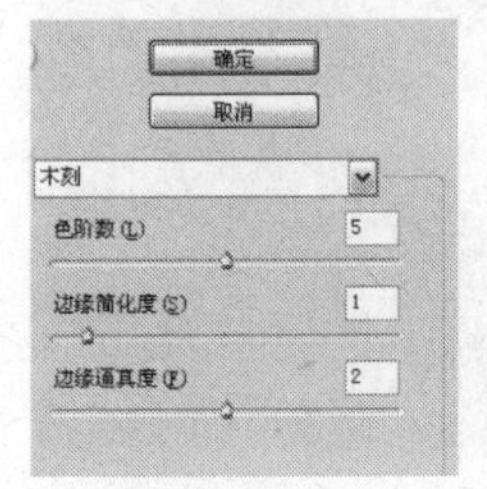

图10-9-19

图10-9-20

步骤提示技巧

经过“木刻”滤镜后的图像呈现一种阶调分明的效果，现在的图像基本已经出现矢量人物画的雏形，下面还要通过调整颜色使其更加接近矢量画的效果。

STEP 10 选择“图层2”，单击“图层”面板上的创建新的填充或调整图层按钮，在弹出的下拉菜单中选择“黑白”选项，弹出“黑白”对话框，具体设置如图10-9-21所示，设置完毕后单击“确定”按钮，执行【图层】/【创建剪贴蒙版】命令“图层”面板如图10-9-22所示，得到的图像效果如图10-9-23所示

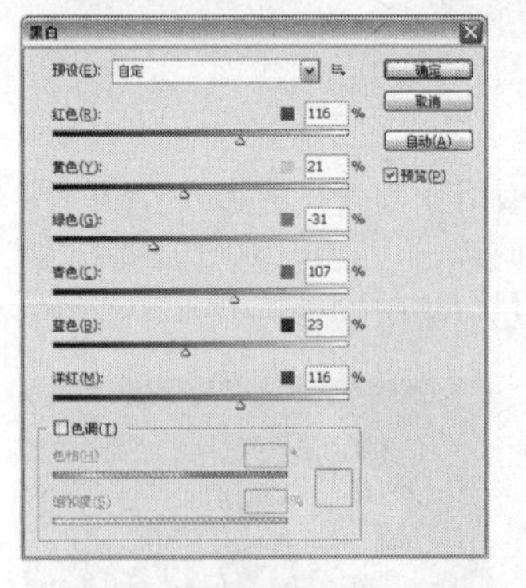
图10-9-21

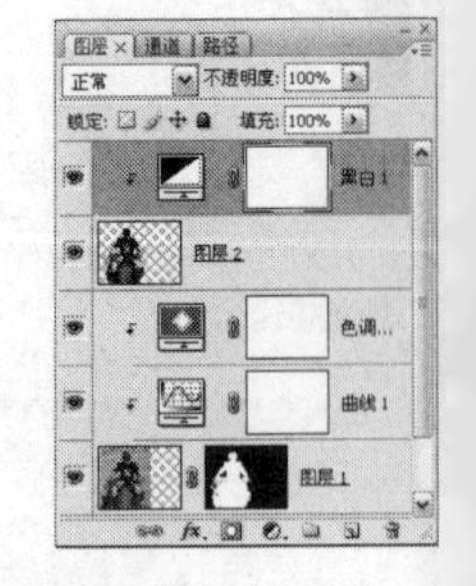
图10-9-22

图10-9-23

STEP 11 单击“黑白1”调整图层的图层蒙版缩览图，选择工具箱中的画笔工具，设置合适的笔刷，将前景色设置为黑色，在图像中原本显示为红色的部分涂抹，“图层”面板如图10-9-24所示，得到的图像效果如图10-9-25所示。

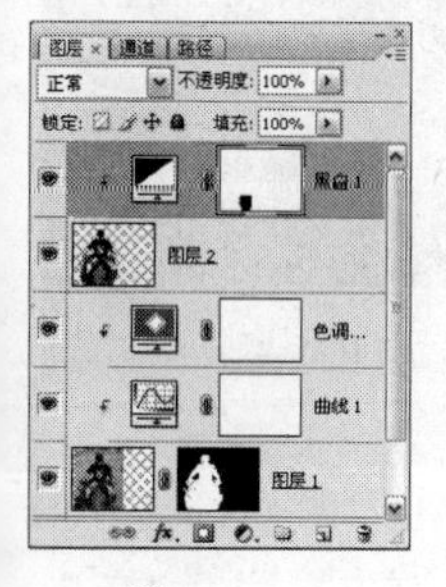
图10-9-24

图10-9-25

STEP 12 选择“黑白1”调整图层，单击“图层”面板上的创建新的填充或调整图层按钮，在弹出的下拉菜单中选择“渐变映射”选项，弹出“渐变映射”对话框，单击渐变条，在弹出的“渐变编辑器”对话框中由左至右分别设置为黑色，R197、G126、B121，R205、G162、B136，R252、G232、B214，如图10-9-26所示进行设置，设置完毕后单击“确定”按钮，“渐变映射”对话框如图10-9-27所示，单击“确定”按钮，执行【图层】/【创建剪贴蒙版】命令，“图层”面板如图10-9-28所示，得到的图像效果如图10-9-29所示。

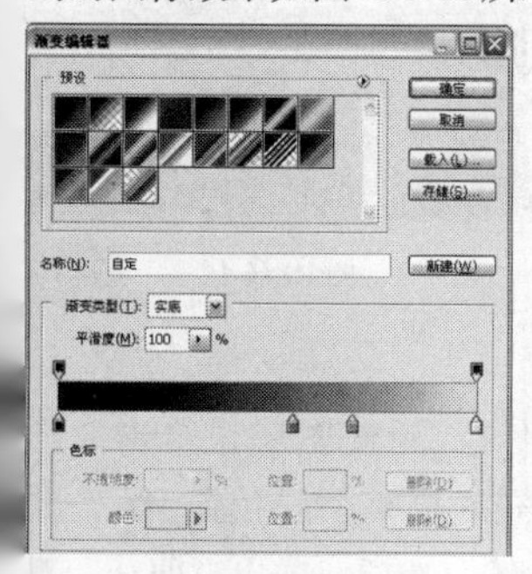
图10-9-26

图10-9-27

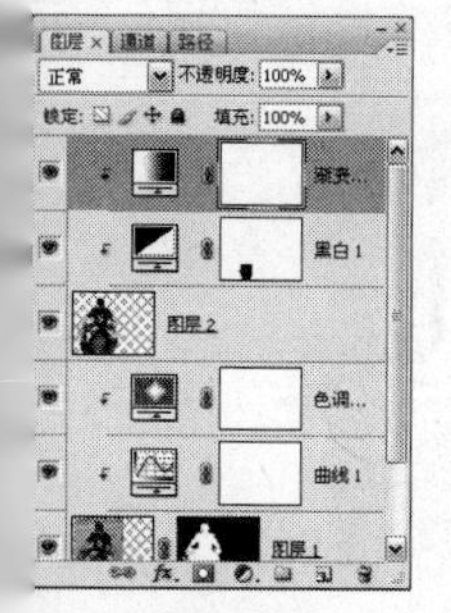
图10-9-28

图10-9-29

步骤提示技巧

“渐变映射”命令将相等的图像灰度范围映射到指定的渐变填充色。图像中的阴影映射到渐变填充的一个端点颜色，高光映射到另一个端点颜色，中间调映射到两个端点颜色之间的渐变颜色。

STEP 13 单击“渐变映射1”调整图层的图层蒙版缩览图，将前景色设置为黑色，按快捷键Alt + Delete填充前景色至蒙版，选择工具箱中的画笔工具，设置合适的笔刷，将前景色设置为白色，在图像中人物皮肤部分涂抹，“图层”面板如图10-9-30所示，得到的图像效果如图10-9-31所示。

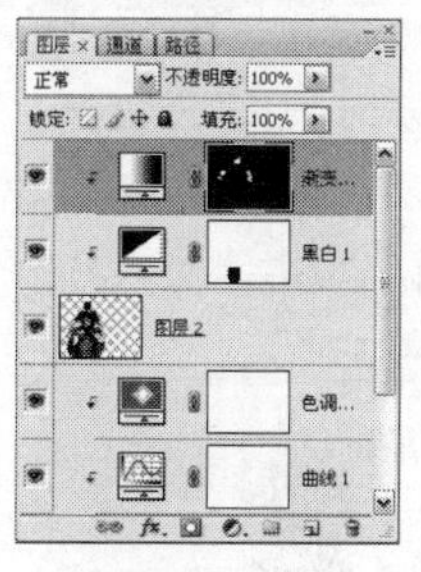
图10-9-30

图10-9-31

STEP 14 选择“图层1”，按快捷键Ctrl+J复制得到“图层1副本”，并将其置于图层最上方，执行【图层】/【创建剪贴蒙版】命令，并将其不透明度设置为50%，“图层”面板如图10-9-32所示，得到的图像效果如图10-9-33所示。

图10-9-32

图10-9-33

STEP 15 单击“图层1副本”图层的图层蒙版缩览图，将前景色设置为黑色，选择工具箱中的画笔工具，设置合适的笔刷，在图像中进行涂抹，“图层”面板如图10-9-34所示，得到的图像效果如图10-9-35所示。

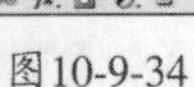
图10-9-34

图10-9-35

STEP 16 选择“图层1副本”图层，按快捷键Ctrl+J复制得到“图层1副本2”图层，并将其置于图层最上方，在其图层蒙版缩览图上单击右键，在弹出的下拉菜单中选择“删除图层蒙版”选项，“图层”面板如图10-9-36所示，切换至“通道”面板，如图10-9-37所示，按Ctrl键单击“Alpha1”通道，调出其选区，切换回“图层”面板，选择“图层1副本2”图层，单击“图层”面板上的添加图层蒙版按钮，为其添加图层蒙版，“图层”面板如图10-9-38所示，得到的图像效果如图10-9-39所示。

图10-9-36

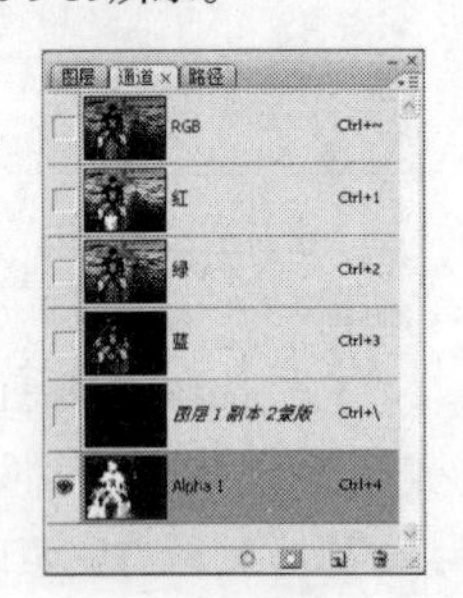
图10-9-37

图10-9-38

图10-9-39

步骤提示技巧

由于人物整体和背景颜色并不是十分融合，所以需要将人物的上衣部分改为与背景颜色相关的绿色。

STEP 17 单击“图层1副本2”图层，选择工具箱中的磁性套索工具，在图像中将人物衣服部分绘制为选区，执行【选择】/【修改】/【反向】命令（Shift+Ctrl+I）将选区反选，将前景色设置为黑色，按快捷键Alt+Delete填充选区，“图层”面板如图10-9-40所示，得到的图像效果如图10-9-41所示。

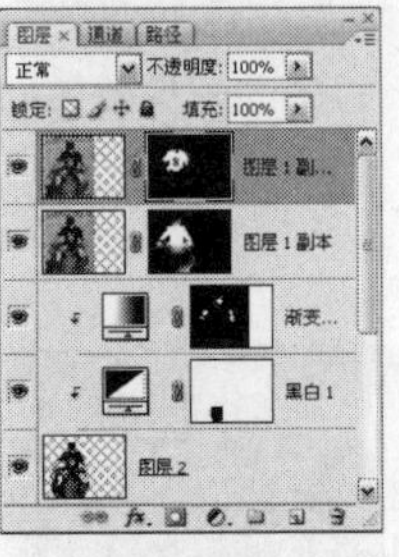
图10-9-40

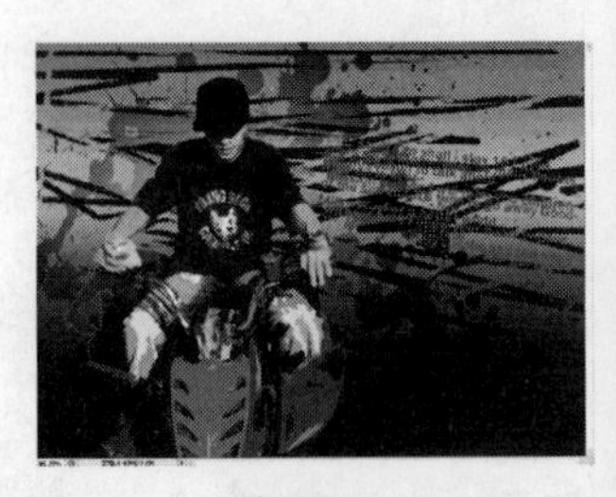
图10-9-41

STEP 18 选择“图层1副本2”图层，单击“图层”面板上的创建新的填充或调整图层按钮，在弹出的下拉菜单中选择“色相/饱和度”选项，弹出“色相/饱和度”对话框，具体参数设置如图10-9-42所示，设置完毕后单击“确定”按钮，执行【图层】/【创建剪贴蒙版】命令，“图层”面板如图10-9-43所示，得到的图像效果如图10-9-44所示。

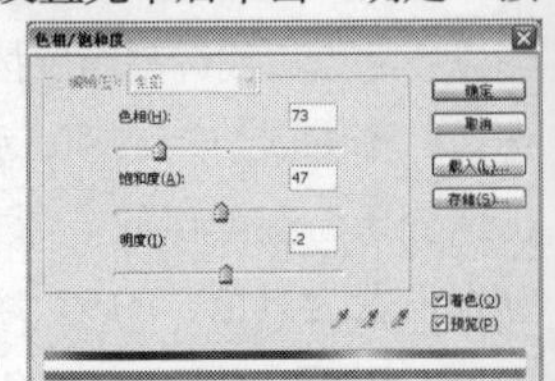
图10-9-42

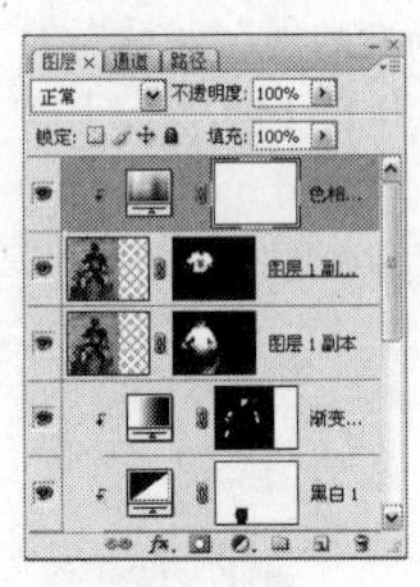
图10-9-43

图10-9-44

STEP 19 选择“色相/饱和度2”调整图层，单击“图层”面板上的创建新的填充或调整图层按钮，在弹出的下拉菜单中选择“曲线”选项，弹出“曲线”对话框，具体参数设置如图10-9-45所示，设置完毕后单击“确定”按钮，执行【图层】/【创建剪贴蒙版】命令，“图层”面板如图10-9-46所示，得到的图像效果如图10-9-47所示。

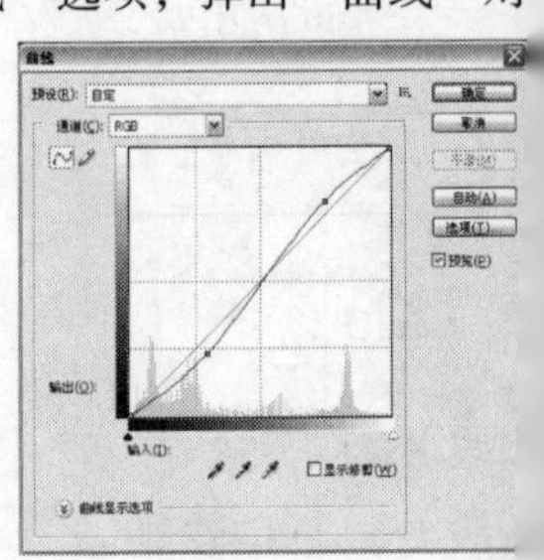
图10-9-45

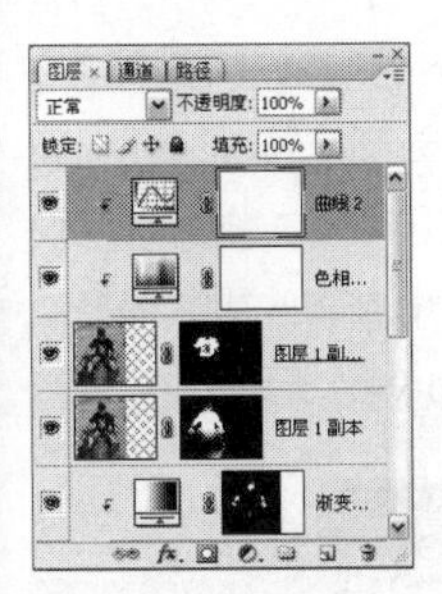

图10-9-46

图10-9-47

STEP 20 单击“背景”图层前指示图层可见性按钮将其隐藏，选择“曲线2”调整图层，按快捷键Alt+Ctrl+Shift+E盖印可见图层至新图层“图层3”，“图层”面板如图10-9-48所示。

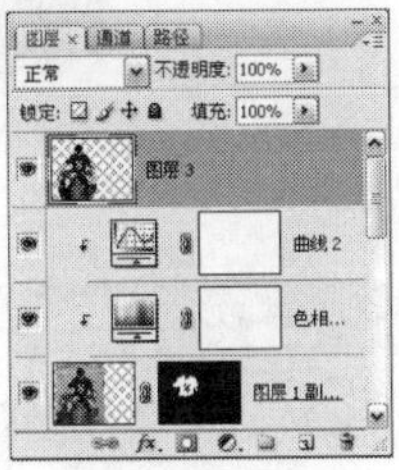

图10-9-48

STEP 21 将“背景”图层显示，选择“图层3”，执行【滤镜】/【风格化】/【查找边缘】命令，得到的图像效果如图10-9-49所示，执行【图像】/【调整】/【去色】命令（Shift+Ctrl+U），得到的图像效果如图10-9-50所示。

图10-9-49

图10-9-50

步骤提示技巧

“去色”命令能够较快地将图像中的所有彩色部分变为黑白，使图像中的线条呈现黑色。

STEP 22 选择“图层3”，执行【图像】/【调整】/【曲线】命令，弹出“曲线”对话框，具体设置如图10-9-51所示，设置完毕后单击“确定”按钮，得到的图像效果如图10-9-52所示。

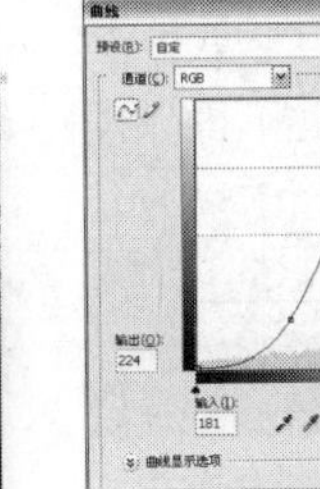

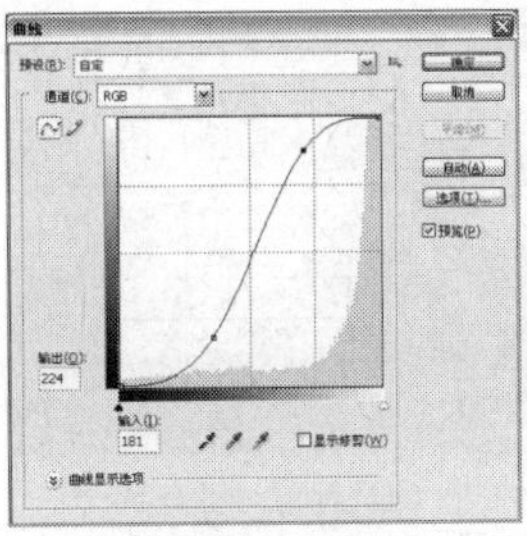

图10-9-51

图10-9-52

步骤提示技巧

通过使用“曲线”命令调整图像的对比度，使杂乱的浅色线条消失。

STEP 23 选择“图层3”，执行【滤镜】/【模糊】/【高斯模糊】命令，弹出“高斯模糊”对话框，具体设置如图10-9-53所示，设置完毕后单击“确定”按钮，得到的图像效果如图10-9-54所示。

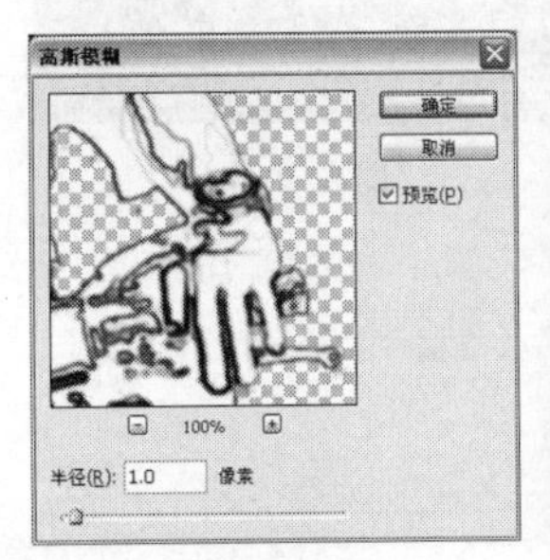

图10-9-53

图10-9-54

STEP 24 选择“图层3”，执行【图像】/【调整】/【色阶】命令，弹出“色阶”对话框，具体设置如图10-9-55所示，设置完毕后单击“确定”按钮，得到的图像效果如图10-9-56所示。

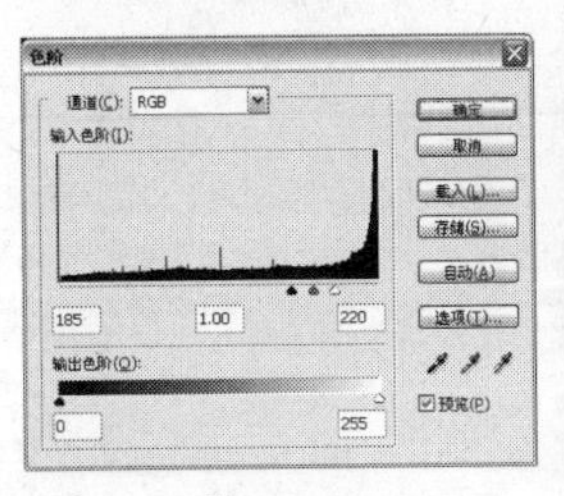

图10-9-55

图10-9-56

STEP 25 将“图层3”的图层混合模式设置为“正片叠底”，“图层”面板如图10-9-57所示，得到的图像效果如图10-9-58所示。

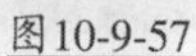

图10-9-57

图10-9-58

STEP 26 选择“图层3”，单击“图层”面板上的添加图层蒙版按钮，为其添加图层蒙版，选择工具箱中的画笔工具，将前景色设置为黑色，设置合适的笔刷和不透明度，在图像中涂抹，“图层”面板如图10-9-59所示，得到的图像效果如图10-9-60所示。

图10-9-59

图10-9-60

STEP 27 单击“图层”面板上的创建新图层按钮，新建“图层4”，选择工具箱中的画笔工具，将前景色设置为黑色，设置柔角的笔刷，在图像中衣物的褶皱部分绘制线条，得到的图像最终效果如图10-9-61所示。

图10-9-61

步骤提示技巧

使用画笔另外绘制线条时要注意衣物褶皱处的走向，由于是在新的图层中，所以在绘制失败后可以将其清除，多次进行绘制，直至得到满意的效果。

Chapter 11 数码照片的实用设计

Effect 01 制作标准证件照片

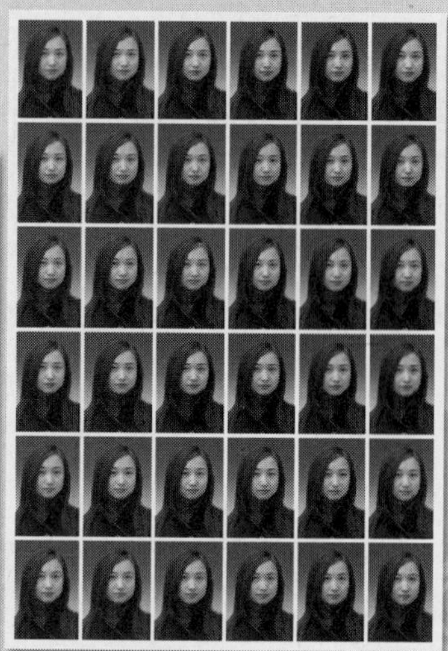

01 在通道中使用【色阶】命令将人物选取出来

02 使用画笔工具修改通道中的图像

03 使用渐变工具绘制证件照片背景

04 使用【定义图案】命令定义的图案并填充图层

STEP 01 执行【文件】/【打开】命令（Ctrl+O），弹出“打开”对话框，选择素材图片，选择完毕后单击“打开”按钮，得到的图像效果如图11-1-1所示。

图11-1-1

STEP 02 选择工具箱中的裁剪工具，在图像中拖动鼠标，绘制如图11-1-2所示的裁切框，绘制完毕后按Enter键结束操作，得到的图像效果如图11-1-3所示。

图11-1-2

图11-1-3

STEP 03 切换至“通道”面板，将“红”通道拖曳至“通道”面板上的创建新通道按钮上，得到“红副本”通道，“通道”面板如图11-1-4所示，得到的图像效果如图11-1-5所示。

步骤提示技巧

选择“红”通道是因为该通道中人物与背景图像的明暗差异较大，在下面的操作中使人物更加容易被选取出来。

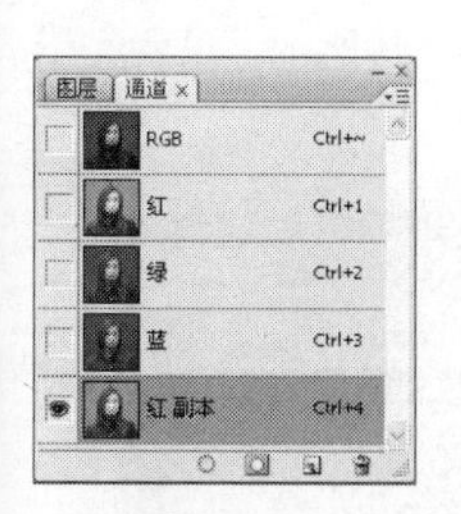

图11-1-4

图11-1-5

STEP 04 执行【图像】/【调整】/【色阶】命令，弹出“色阶”对话框，具体参数设置如图11-1-6所示，设置完毕后单击“确定”按钮，得到的图像效果如图11-1-7所示。

图11-1-6

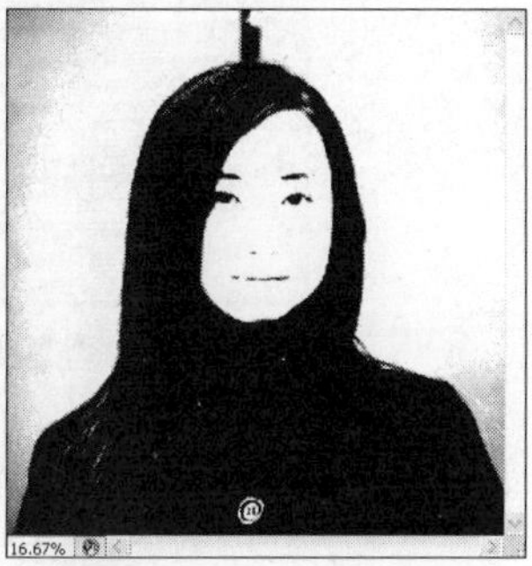

图11-1-7

STEP 05 将前景色设置为黑色，选择工具箱中的画笔工具，在其工具选项栏中设置柔角笔刷，在图像中人物所在区域涂抹，将前景色设置为白色，在图像中背景所在区域涂抹，涂抹完毕后得到的图像效果如图11-1-8所示。

图11-1-8

STEP 06 执行【图像】/【调整】/【反相】命令（Ctrl+I），按Ctrl键单击“红副本”通道缩览图，调出其选区，如图11-1-9所示。切换至“图层”面板，选择“背景”图层，按快捷键Ctrl+J将选区内图像复制到新图层，得到“图层1”，单击“背景”图层前面指示图层可见性按钮，将其隐藏，得到的图像效果如图11-1-10所示，“图层”面板如图11-1-11所示。

图11-1-9

图11-1-10

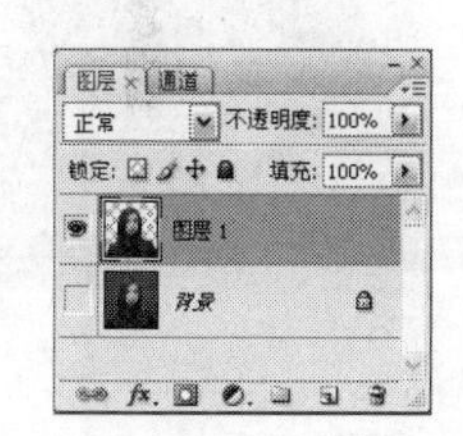

图11-1-11

STEP 07 执行【文件】/【新建】命令（Ctrl+N），弹出“新建”对话框，具体设置如图11-1-12所示，设置完毕后单击“确定”按钮。

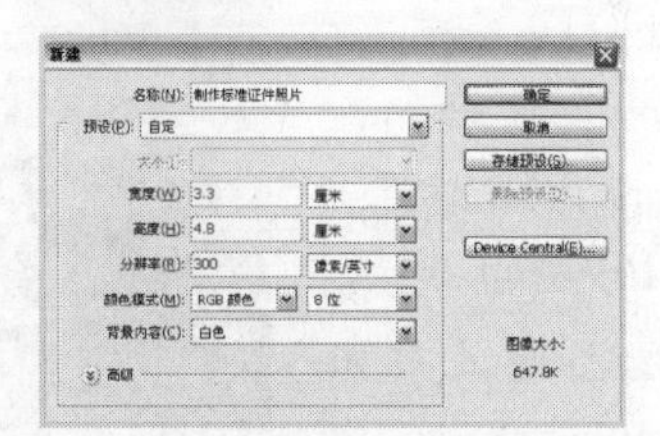

图11-1-12

STEP 08 选择工具箱中的移动工具，将前面文档中“图层1”拖曳至新建文档中，生成“图层1”，按快捷键Ctrl+T调整其大小，如图11-1-13所示。

图11-1-13

STEP 09 单击“图层”面板上的创建新图层按钮，新建“图层2”，将“图层2”置于“图层1”的下方，将前景色设置为红色，选择工具箱中的渐变工具，在其工具选项栏中单击可编辑渐变条，在弹出的“渐变编辑器”对话框中设置由前景到透明的渐变类型，设置完毕后按住Shift键在图像中从上至下拖动鼠标，绘制渐变，得到的图像效果如图11-1-14所示，“图层”面板如图11-1-15所示。

图11-1-14

图11-1-15

STEP 10 按快捷键Ctrl+A选择图像，如图11-1-16所示，执行【图像】/【裁剪】命令，裁剪图像。执行【图像】/【画布大小】命令（Alt+Ctrl+C），弹出“画布大小”对话框，具体参数设置如图11-1-17所示，设置完毕后单击“确定”按钮，得到的图像效果如图11-1-18所示。

图11-1-16

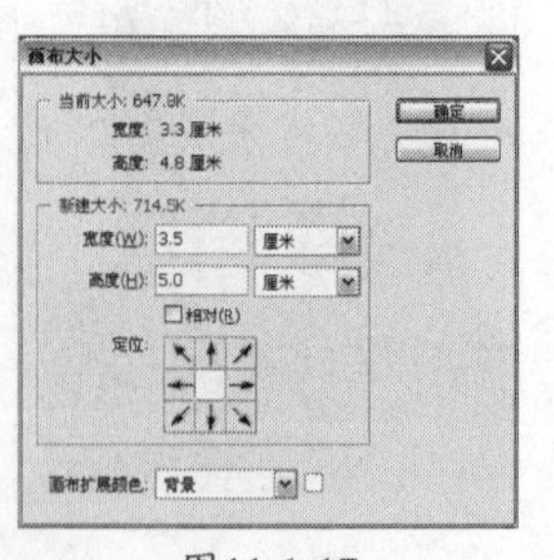

图11-1-17

图11-1-18

STEP 11 执行【编辑】/【定义图案】命令，弹出“图案”名称对话框，具体设置如图11-1-19所示，设置完毕后单击“确定”按钮。

图11-1-19

STEP 12 执行【文件】/【新建】命令（Ctrl+N），弹出“新建”对话框，具体设置如图11-1-20所示，设置完毕后单击“确定”按钮。

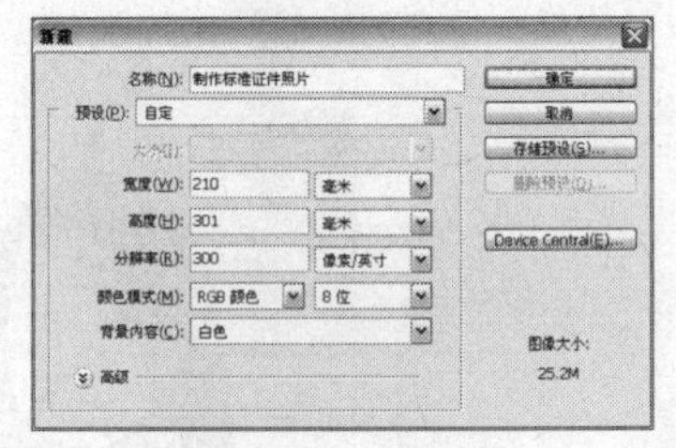

图11-1-20

STEP 13 执行【编辑】/【填充】命令，弹出“填充”，选择上一步操作中定义的图案，其他参数设置如图11-1-21所示，设置完毕后单击“确定”按钮，得到的图像效果如图11-1-22所示。

图11-1-21

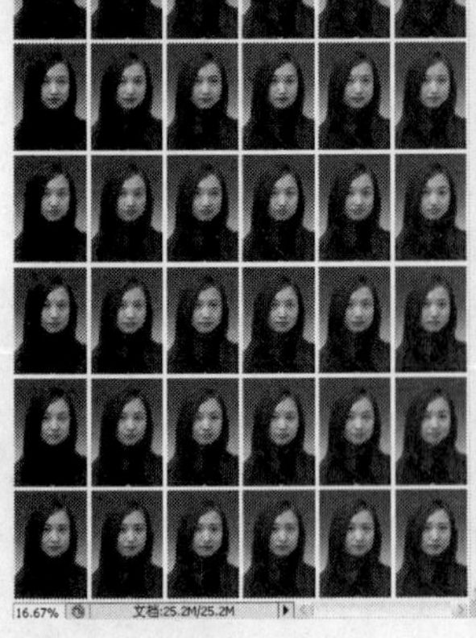

图11-1-22

步骤提示技巧

除了使用【填充】命令外，还可以使用油漆桶工具填充图像，只需在其工具选项栏中选择“图案”即可。

Effect 02 制作艺术边框效果

01 使用【云彩】滤镜制作云彩效果

02 使用【调色刀】滤镜、【海报边缘】滤镜和【玻璃】滤镜制作置换图

03 使用渐变工具绘制证件照片背景

04 使用【置换】滤镜制作艺术边框

05 使用文字工具为数码照片添加文字

STEP 01 执行【文件】/【新建】命令（Ctrl+N），弹出“新建”对话框，具体设置如图11-2-1所示，设置完毕后单击“确定”按钮。

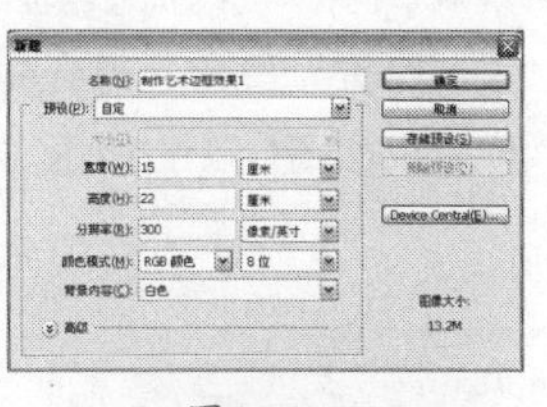

图11-2-1

STEP 02 将前景色和背景色设置为默认的黑色和白色，执行【滤镜】/【渲染】/【云彩】命令，得到的图像效果如图11-2-2所示。

图11-2-2

步骤提示技巧

将前景色和背景色设置为默认的黑色和白色的另一种方法是，在英文输入状态下按D键，切换前景色和背景色的快捷方式是在英文输入状态下按X键。

STEP 03 执行【滤镜】/【渲染】/【分层云彩】命令，得到的图像效果如图11-2-3所示，按快捷键Ctrl+F3次，重复上一步操作，得到的图像效果如图11-2-4所示。

图11-2-3

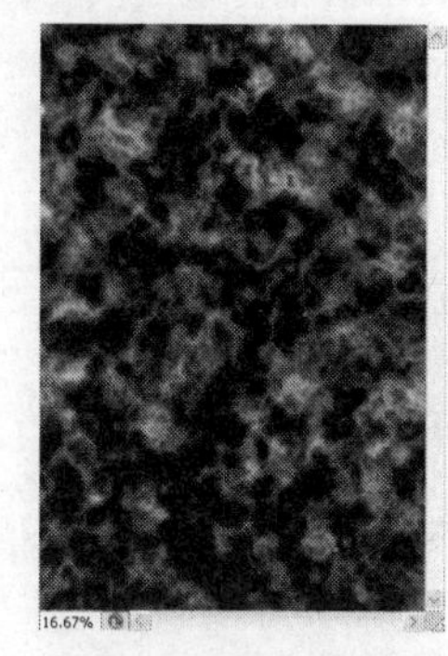

图 11-2-4

STEP 04 执行【图像】/【调整】/【反相】命令（Ctrl+I），得到的图像效果如图11-2-5所示。

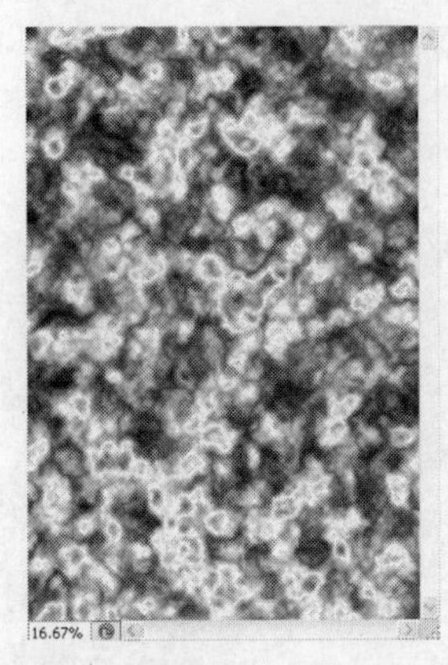

图11-2-5

STEP 05 执行【滤镜】/【艺术效果】/【调色刀】命令，弹出“调色刀”对话框，具体参数设置如图11-2-6所示，设置完毕后单击“确定”按钮，得到的图像效果如图11-2-7所示。

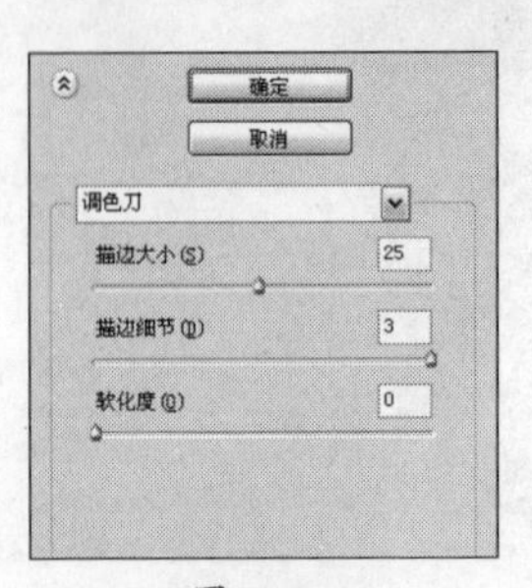

图11-2-6

图11-2-7

STEP 06 执行【滤镜】/【艺术效果】/【海报边缘】命令，弹出“海报边缘”对话框，具体参数设置如图11-2-8所示，设置完毕后单击“确定”按钮，得到的图像效果如图11-2-9所示。

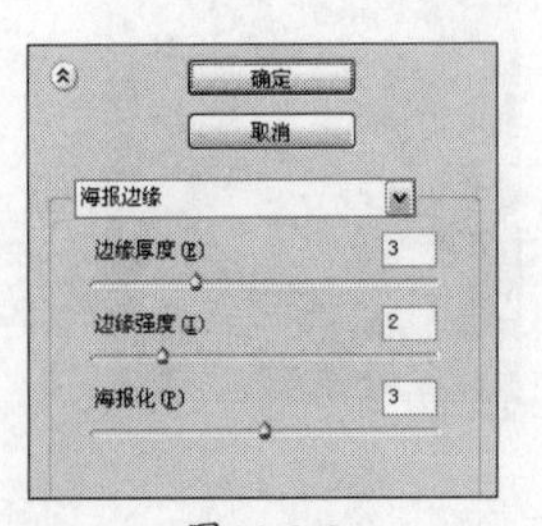

图11-2-8

图11-2-9

步骤提示技巧

【海报边缘】滤镜的原理是减少图像中的颜色数量，并用黑线勾画轮廓，从而将图片转换成一种美观的招贴画效果。

STEP 07 执行【滤镜】/【扭曲】/【玻璃】命令，弹出“海报边缘”对话框，具体参数设置如图11-2-10所示，设置完毕后单击“确定”按钮，得到的图像效果如图11-2-11所示。按快捷键Ctrl+S将文档存储为PSD格式文件。

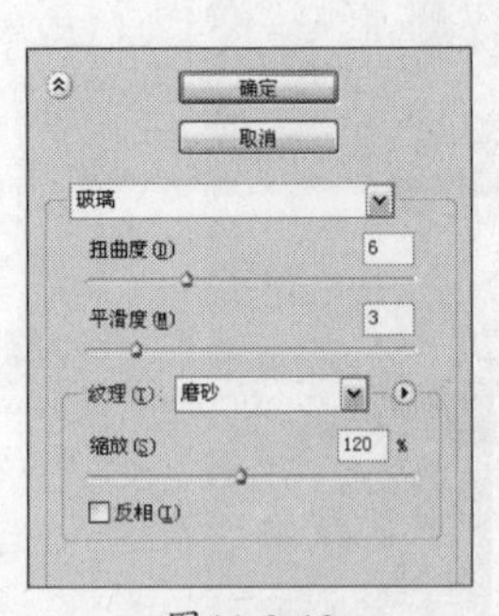

图11-2-10

图11-2-11

步骤提示技巧

【玻璃】滤镜可以生成一种透过玻璃看图像的效果。

STEP 08 执行【文件】/【打开】命令（Ctrl+O），弹出“打开”对话框，选择素材图片，选择完毕后单击“打开”按钮，得到的图像效果如图11-2-12所示。

图11-2-12

STEP 09 单击“图层”面板上的创建新图层按钮，新建“图层1”，按快捷键Ctrl+A全选图像，选择工具箱中的矩形选框工具，在其工具选项栏中单击从选区减去按钮，在图像中绘制如图11-2-13所示的选区。选择工具箱中的多边形套索工具，在其工具选项栏中单击添加到选区按钮，在图像中绘制如图11-2-14所示的选区。

图11-2-13

图11-2-14

图11-2-18

STEP 12 选择工具箱中的横排文字工具T，单击在图像中输入文字，如图11-2-19所示。

图11-2-19

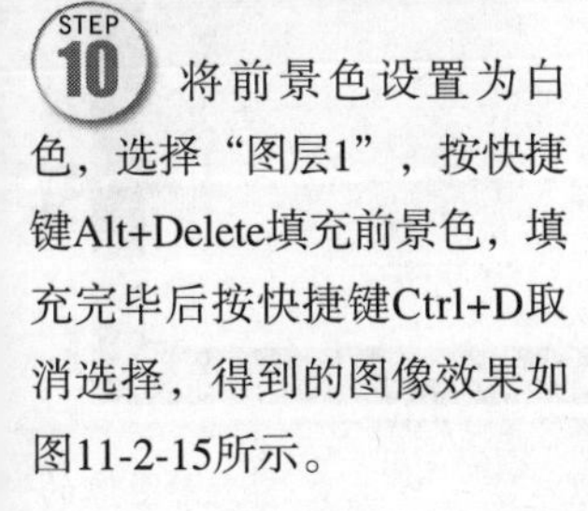

STEP 10 将前景色设置为白色，选择“图层1”，按快捷键Alt+Delete填充前景色，填充完毕后按快捷键Ctrl+D取消选择，得到的图像效果如图11-2-15所示。

图11-2-15

STEP 11 执行【滤镜】/【扭曲】/【置换】命令，弹出“置换”对话框，具体参数设置如图11-2-16所示，设置完毕后单击“确定”按钮，弹出“选择一个置换图”对话框，如图11-2-17所示，选择前面存储的文档，选择完毕后单击“打开”按钮，得到的图像效果如图11-2-18所示。

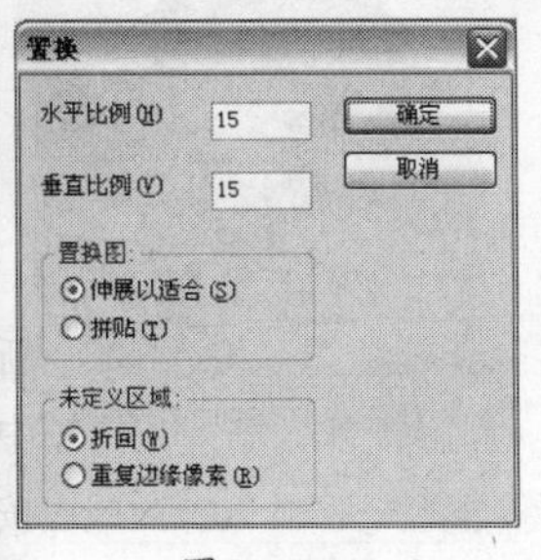

图11-2-16

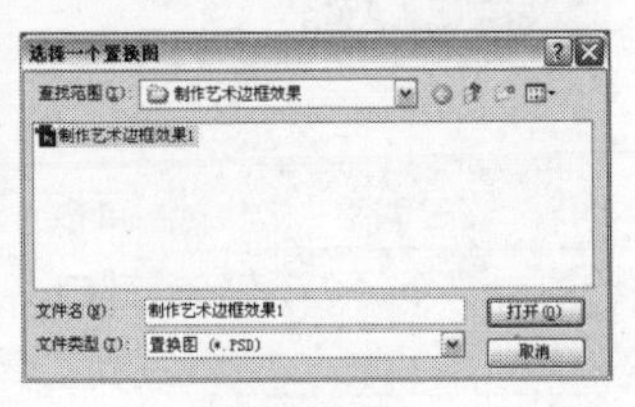

图11-2-17

Effect 03

制作邮票边缘艺术效果

01 使用【特殊模糊】滤镜模糊图像

02 使用【渐隐】命令渐隐滤镜效果

03 使用【曲线】命令调整图像亮度

04 使用【色相/饱和度】命令调整图像饱和度

05 使用【动作】命令制作邮票锯齿边缘

06 使用文字工具为图像添加文字

STEP 01 执行【文件】/【打开】命令（Ctrl+O），弹出“打开”对话框，选择素材图片，选择完毕后单击“打开”按钮，得到的图像效果如图11-3-1所示。

图11-3-1

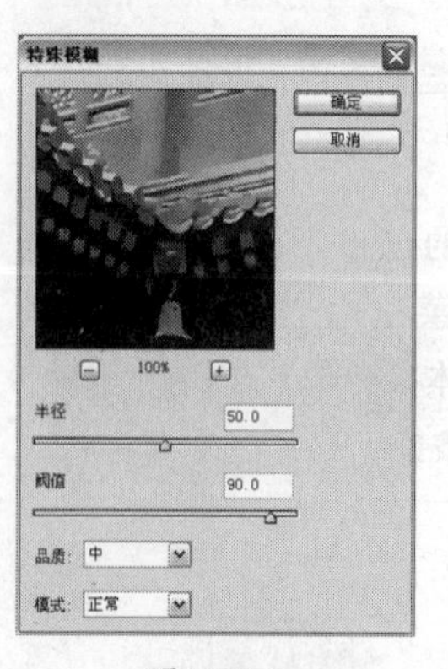

图11-3-2

图11-3-3

STEP 02 将“背景”图层拖曳至“图层”面板上的创建新图层按钮上，得到“背景副本”图层，执行【滤镜】/【模糊】/【特殊模糊】命令，弹出“特殊模糊”对话框，具体参数设置如图11-3-2所示，设置完毕后单击“确定”按钮，得到的图像效果如图11-3-3所示。

步骤提示技巧

【特殊模糊】滤镜可以产生一种清晰边界的模糊效果。该滤镜只对有微弱颜色变化的区域进行模糊，不对边缘进行模糊。也就是说，【特殊模糊】滤镜能使图像中原来较清楚的部分不变，原来较模糊的部分更加模糊。

STEP 03 执行【滤镜】/【艺术效果】/【水彩】命令，弹出“水彩”对话框，具体参数设置如图11-3-4所示，设置完毕后单击“确定”按钮，得到的图像效果如图11-3-5所示。

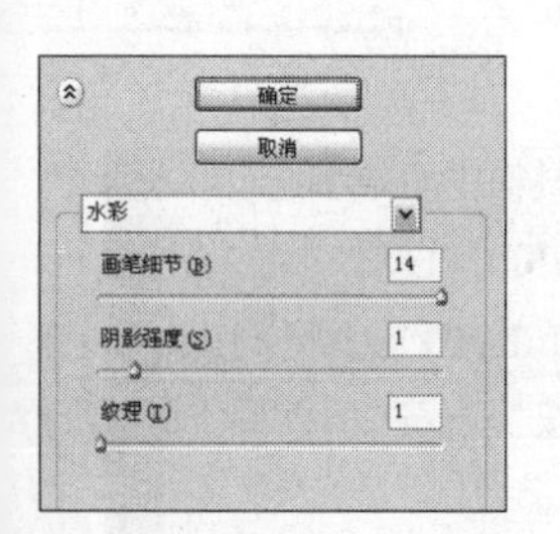

图11-3-4

图11-3-5

STEP 04 执行【编辑】/【渐隐水彩】命令，弹出“渐隐”对话框，具体参数设置如图11-3-6所示，设置完毕后单击“确定”按钮，得到的图像效果如图11-3-7所示。

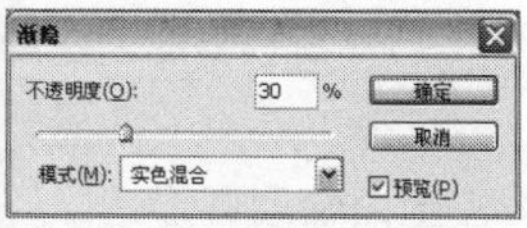

图11-3-6

图11-3-7

STEP 05 单击“图层”面板上的创建新的调整或填充图层按钮，在弹出的下拉菜单中选择“曲线”选项，弹出“曲线”对话框，具体参数设置如图11-3-8所示，设置完毕后单击“确定”按钮，得到的图像效果如图11-3-9所示。

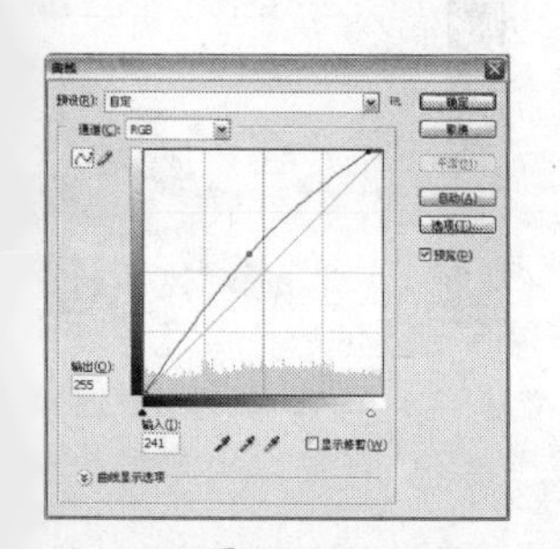

图11-3-8

图11-3-9

STEP 06 选择“曲线1”调整图层，单击“图层”面板上的创建新的调整或填充图层按钮，在弹出的下拉菜单中选择“色相/饱和度”选项，弹出“色相/饱和度”对话框，具体参数设置如图11-3-10所示，设置完毕后单击“确定”按钮，得到的图像效果如图11-3-11所示。

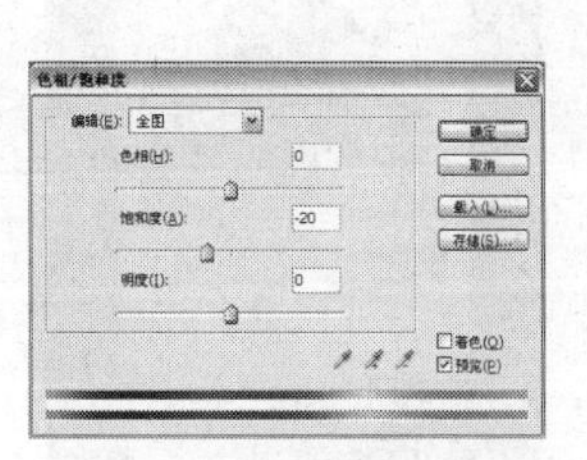

图11-3-10

图11-3-11

STEP 07 选择“色相/饱和度1”调整图层，按快捷键Ctrl+Alt+Shift+E盖印图像，得到“图层1”，“图层”面板如图11-3-12所示。单击“图层”面板上的创建新图层按钮，新建“图层2”，将其置于“图层1”的下方，将前景色设置为黑色，按快捷键Alt+Delete填充前景色，“图层”面板如图11-3-13所示。

图11-3-12

图11-3-13

STEP 08 选择“图层1”，按快捷键Ctrl+T调出自由变换框，按住Shift键调整其大小，调整完毕后按Enter键结束操作，得到的图像效果如图11-3-14所示。

图11-3-14

STEP 09 选择工具箱中的矩形选框工具，在图像中绘制矩形选区，如图11-3-15所示。单击“图层”面板上的创建新图层按钮，新建“图层3”，将其置于“图层1”的下方，将前景色设置为白色，按快捷键Alt+Delete填充前景色，按快捷键Ctrl+D取消选择，得到的图像效果如图11-3-16所示。

图11-3-15

图11-3-16

STEP 10 单击“图层”面板上的创建新图层按钮，新建“图层4”，将“图层4”置于“图层”面板的顶端。按Ctrl键单击“图层1”缩览图，调出其选区，如图11-3-17所示。

图11-3-17

STEP 11 将前景色色值设置为R60、G60、B60，执行【编辑】/【描边】命令，弹出“描边”对话框，具体参数设置如图11-3-18所示，设置完毕后单击“确定”按钮，按快捷键Ctrl+D取消选择，得到的图像效果如图11-3-19所示。

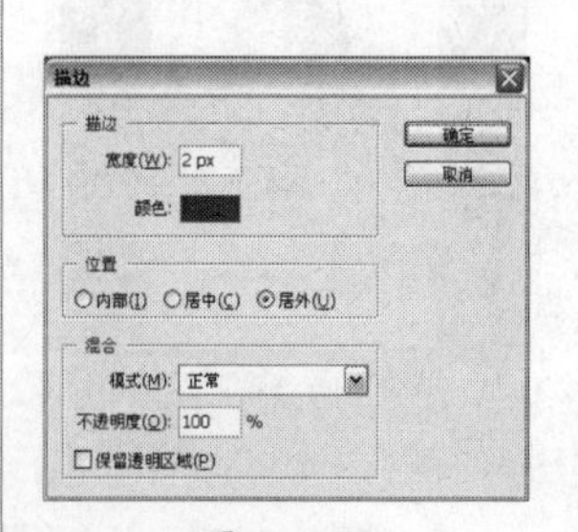

图11-3-18

图11-3-19

STEP 12 将“图层1”拖曳至“图层”面板上的创建新图层按钮，得到“图层1”副本，单击“图层1副本”前面指示图层可见性按钮，将其隐藏，“图层”面板如图11-3-20所示。

图11-3-20

STEP 13 选择“图层1”，选择工具箱中的矩形选框工具，在其工具选项栏中设置羽化值为100，在图像中绘制选区，如图11-3-21所示。按快捷键Ctrl+Shift+I反向选区，按Delete键删除选区内图像，删除完毕后按快捷键Ctrl+D取消选择，得到的图像效果如图11-3-22所示。

图11-3-21

图11-3-22

STEP 14 选择“图层4”，单击“图层”面板上的创建新图层按钮，得到“图层5”。选择工具箱中的椭圆选框工具，按Shift键在图像左上角绘制圆形选区，如图11-3-23所示，将前景色设置为红色，按快捷键Alt+Delete填充前景色，填充完毕后按快捷键Ctrl+D取消选择，得到的图像效果如图11-3-24所示。

图11-3-23

图11-3-24

STEP 15 执行【窗口】/【动作】命令，弹出“动作”面板，单击“动作”面板上创建新动作按钮按钮，弹出“新建动作”对话框，具体设置如图11-3-25所示，设置完毕后单击“确定”按钮，新建“制作邮票边缘”动作。

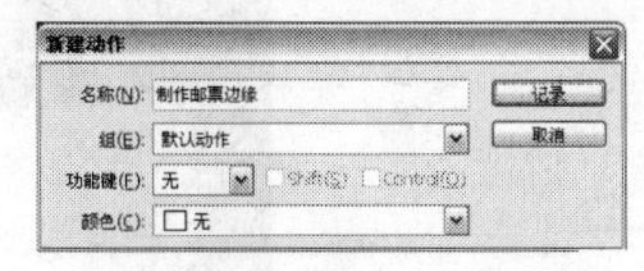

图11-3-25

STEP 16 选择“图层5”，选择工具箱中的移动工具，按Alt + Shift键在图像中拖动“图层5”中的圆形，如图11-3-26所示，得到“图层5副本”，单击“动作”面板上停止播放/记录按钮，单击“动作”面板上播放选定动作按钮19次，得到的图像效果如图11-3-27所示。

图11-3-26

图11-3-27

步骤提示技巧

按Alt键在图像中拖动鼠标可以将当前图层的图像移动并复制到图像中所需的位置，并生成新图层。

STEP 17 按Ctrl键单击“图层5”及其副本图层，将其全部选中，按快捷键Ctrl+E合并所选图层，将合并后得到的图层命名为“图层5”，按Ctrl键单击“图层5”缩览图，调出其选区，单击“图层5”前面指示图层可见性按钮，将其隐藏，得到的图像效果如图11-3-28所示。选择“图层3”，按Delete键删除选区内图像，删除完毕后按快捷键Ctrl+D取消选择，得到的图像效果如图11-3-29所示。

图11-3-28

图11-3-29

STEP 18 显示并选择“图层5”，选择工具箱中的移动工具，按Shift键将其移动至图像的右侧，按Ctrl键单击“图层5”缩览图，调出其选区，得到的图像效果如图11-3-30所示。单击“图层5”前面指示图层可见性按钮，将其隐藏，选择“图层3”，按Delete键删除选区内图像，删除完毕后按快捷键Ctrl+D取消选择，得到的图像效果如图11-3-31所示。

图11-3-30

图11-3-31

STEP 19 使用同样的方法制作上下两边的邮票边缘，得到的图像效果如图11-3-32所示。

图11-3-32

STEP 20 选择工具箱中的横排文字工具，多次单击在图像中输入文字，调整文字大小和位置，得到的图像效果如图11-3-33所示。

图11-3-33

STEP 21 按Ctrl键单击“图层1副本”缩览图，调出其选区，如图11-3-34所示。单击“图层”面板上的创建新图层按钮，新建“图层6”，将“图层6”置于“图层”面板的顶端，将前景色色值设置为R233、G229、B226，按快捷键Alt+Delete填充前景色，填充完毕后按快捷键Ctrl+D取消选择，得到的图像效果如图11-3-35所示。

图11-3-34

图11-3-35

STEP 22 选择“图层6”，执行【滤镜】/【杂色】/【添加杂色】命令，弹出“添加杂色”对话框，具体参数设置如图11-3-36所示，设置完毕后单击“确定”按钮，得到的图像效果如图11-3-37所示。

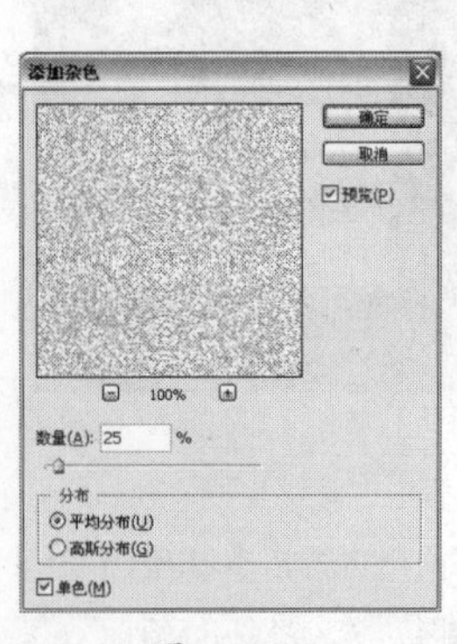

图11-3-36

图11-3-37

STEP 23 执行【滤镜】/【纹理】/【纹理化】命令，弹出“纹理化”对话框，具体参数设置如图11-3-38所示，设置完毕后单击“确定”按钮，得到的图像效果如图11-3-39所示。

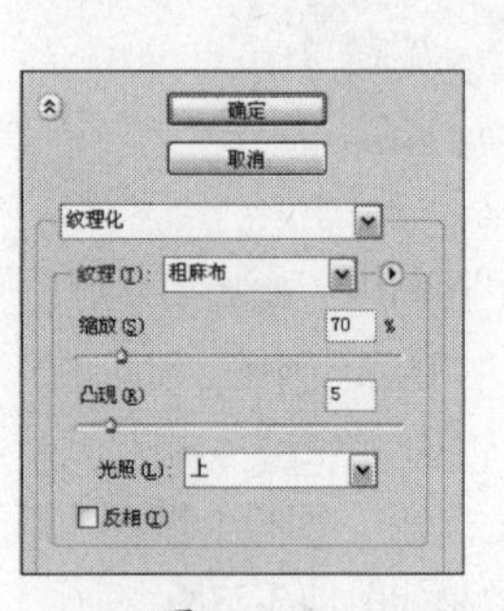

图11-3-38

图11-3-39

STEP 24 将“图层6”的混合模式设置为“正片叠底”，填充值设置为25%，得到的图像效果如图11-3-40所示，“图层”面板如图11-3-41所示。

图11-3-40

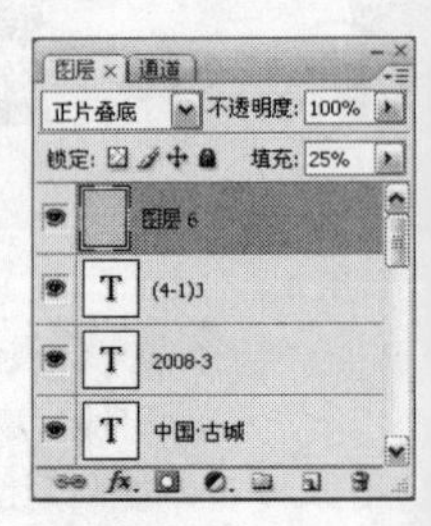

图11-3-41

STEP 25 将制作好的邮票应用于信封上，得到的图像效果如图11-3-42所示。

图11-3-42

制作文字镶图效果

01 使用【色相/饱和度】调整图层调整图像颜色

02 为图层添加图层蒙版并修改图像

03 为文字创建剪贴蒙版制作镶图效果

04 为文字添加图层样式

STEP 01 执行【文件】/【新建】命令（Ctrl+N），弹出“新建”对话框，具体设置如图11-4-1所示，设置完毕后单击“确定”按钮。

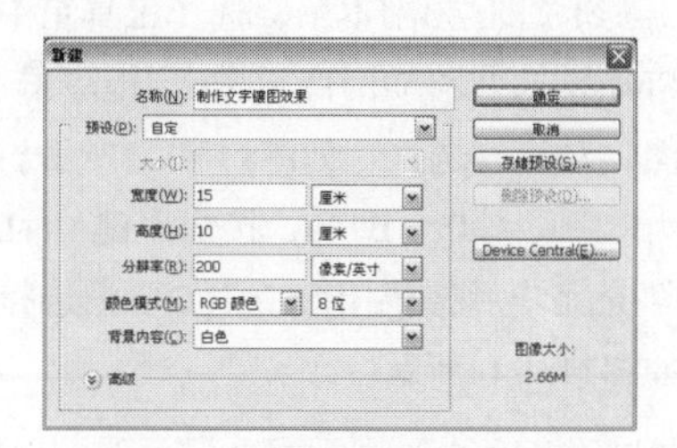

图11-4-1

STEP 02 单击“图层”面板上的创建新图层按钮，新建“图层1”，选择工具箱中的矩形选框工具，在其工具选项栏中单击添加到选区按钮，在图像中连续绘制选区，如图11-4-2所示。将前景色色值设置为R242、G63、B165，按快捷键Alt+Delete填充前景色，填充完毕后按Ctrl+D取消选择，得到的图像效果如图11-4-3所示。

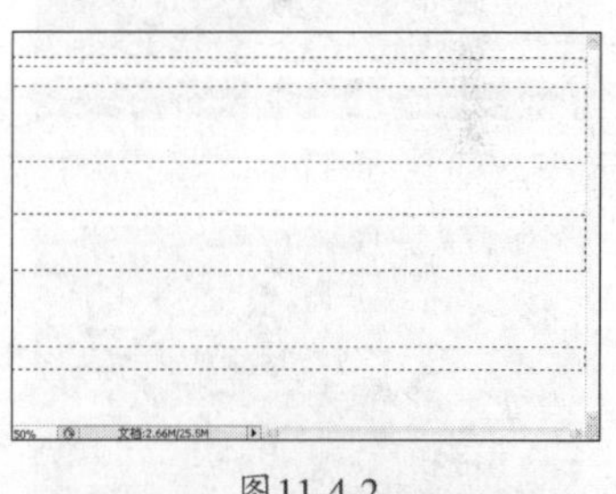

图11-4-2

图11-4-3

STEP 03 选择工具箱中的矩形选框工具，在图像中连续绘制选区，如图11-4-4所示。将前景色色值设置为R105、G6、B70，按快捷键Alt+Delete填充前景色，填充完毕后按Ctrl+D取消选择，得到的图像效果如图11-4-5所示。

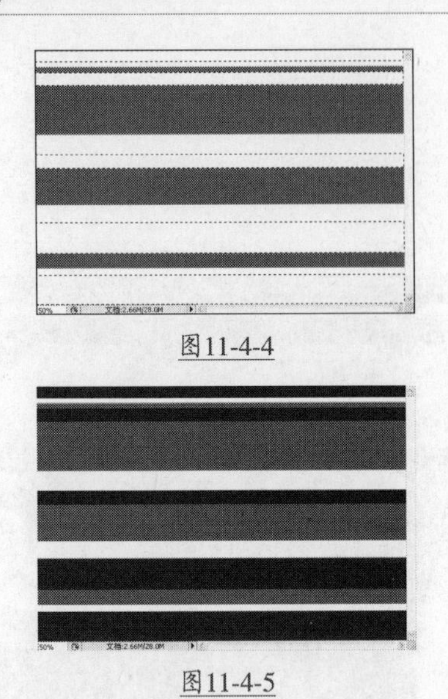

图11-4-4

图11-4-5

STEP 04 选择工具箱中的矩形选框工具，在图像中连续绘制选区，如图11-4-6所示。将前景色设置为黑色，按快捷键Alt+Delete填充前景色，填充完毕后按Ctrl+D取消选择，得到的图像效果如图11-4-7所示。

图11-4-6

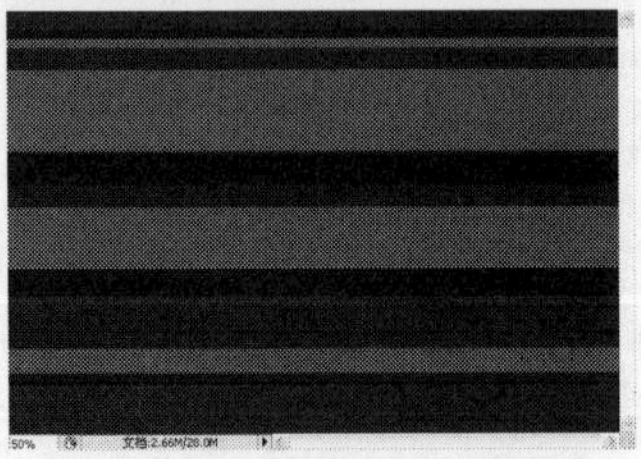

图11-4-7

STEP 05 执行【文件】/【打开】命令（Ctrl+O），弹出“打开”对话框，选择素材图片，选择完毕后单击“打开”按钮，得到的图像效果如图11-4-8所示。

图11-4-8

STEP 06 选择工具箱中的移动工具，将素材拖曳至新建文档中，生成“图层2”，将“图层2”的混合模式设置为“柔光”，得到的图像效果如图11-4-9所示，“图层”面板如图11-4-10所示。

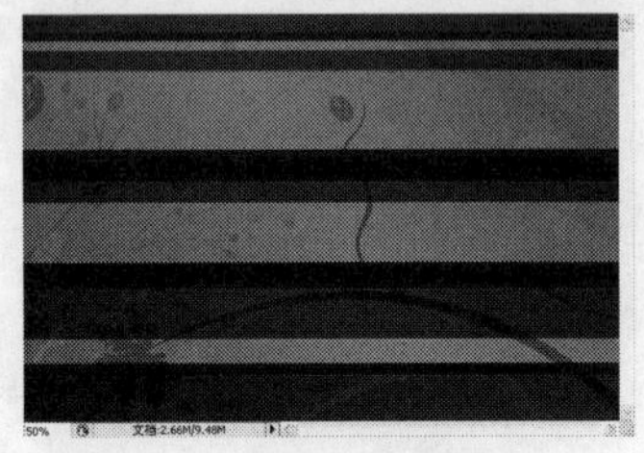

图11-4-9

图11-4-10

STEP 07 单击“图层”面板上的创建新图层按钮，新建“图层3”，将前景色设置为黑色，选择工具箱中的自定形状工具，在其工具选项栏中选择如图11-4-11所示的形状，单击填充像素按钮，在图像右上角绘制形状，得到的图像效果如图11-4-12所示。

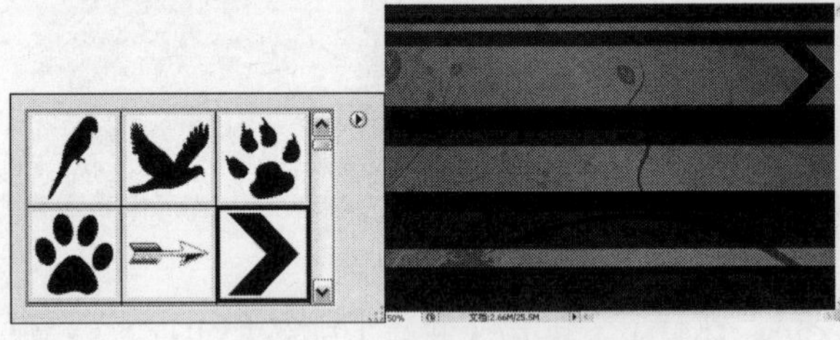

图11-4-11

图11-4-12

STEP 08 将“图层3”拖曳至“图层”面板上的创建新图层按钮，得到“图层3副本”，选择工具箱中的移动工具，按Shift键向左移动图像。按Ctrl键单击“图层3副本”缩览图，调出其选区，如图11-4-13所示。将前景色色值设置为R230、G45、B149，按快捷键Alt+Delete填充前景色，填充完毕后按快捷键Ctrl+D取消选择，得到的图像效果如图11-4-14所示。

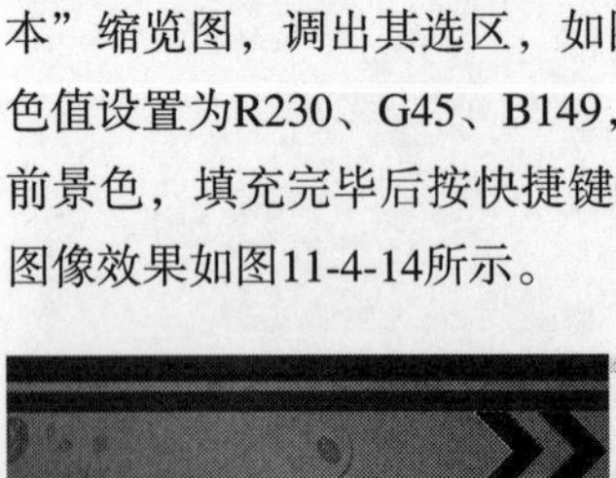

图11-4-13

图11-4-14

STEP 09 使用同样的方式复制“图层3副本2”和“图层3副本3”，并修改其颜色，得到的图像效果如图11-4-15所示。

图11-4-15

STEP 10 单击“图层”面板上的创建新的调整或填充图层按钮，在弹出的下拉菜单中选择“色相/饱和度”选项，弹出“色相/饱和度”对话框，具体参数设置如图11-4-16所示，设置完毕后单击“确定”按钮，得到的图像效果如图11-4-17所示。

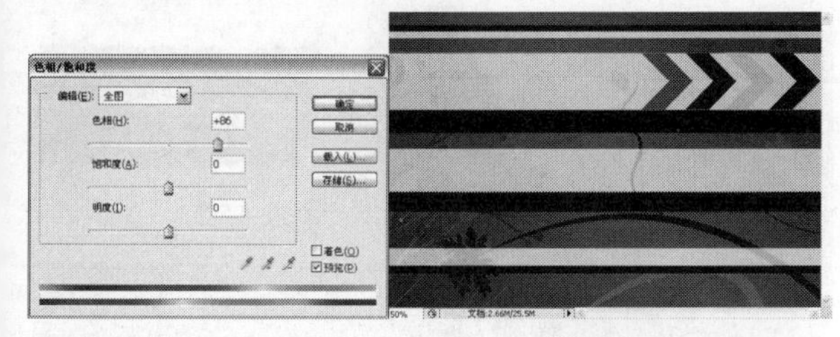

图11-4-16　图11-4-17

STEP 11 执行【文件】/【打开】命令（Ctrl+O），弹出“打开”对话框，选择素材图片。选择完毕后单击“打开”按钮，得到的图像效果如图11-4-18所示。

图11-4-18

STEP 12 选择工具箱中的移动工具，将素材拖曳至新建文档中，生成“图层4”，调整其大小和位置，得到的图像效果如图11-4-19所示。单击“图层”面板上的添加图层蒙版按钮，为“图层4”添加蒙版，将前景色设置为黑色，选择工具箱中的画笔工具，在其工具选项栏中设置柔角笔刷，设置合适的笔刷大小，将除人物主体以外的区域涂抹成黑色，得到的图像效果如图11-4-20所示，“图层”面板如图11-4-21所示。

图11-4-19

图11-4-20　图11-4-21

STEP 13 选择“图层4”，单击“图层”面板上的添加图层样式按钮，在弹出的下拉菜单中选择“投影”选项，弹出“图层样式”对话框，具体参数设置如图11-4-22所示，设置完毕后单击“确定”按钮，得到的图像效果如图11-4-23所示。

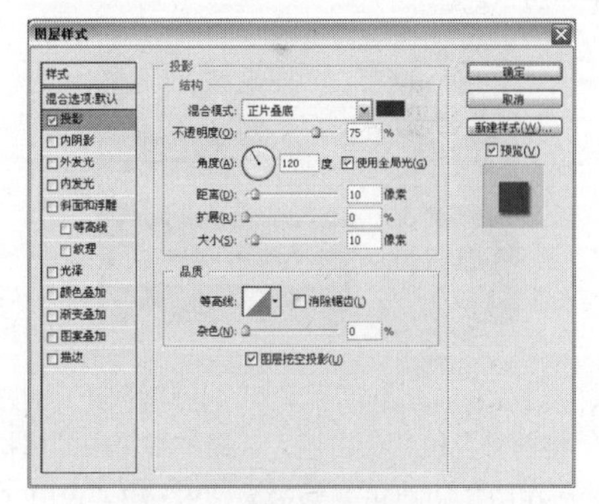

图11-4-22

图11-4-23

STEP 14 单击“图层”面板上的创建新的调整或填充图层按钮，在弹出的下拉菜单中选择“色相/饱和度”选项，弹出“色相/饱和度”对话框，具体参数设置如

图11-4-24和图11-4-25所示，设置完毕后单击"确定"按钮，按快捷键Ctrl+Alt+G为"图层4"创建剪贴蒙版，得到的图像效果如图11-4-26所示。

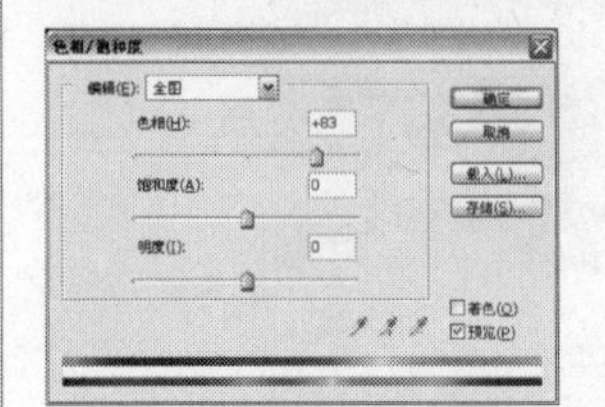

图11-4-24

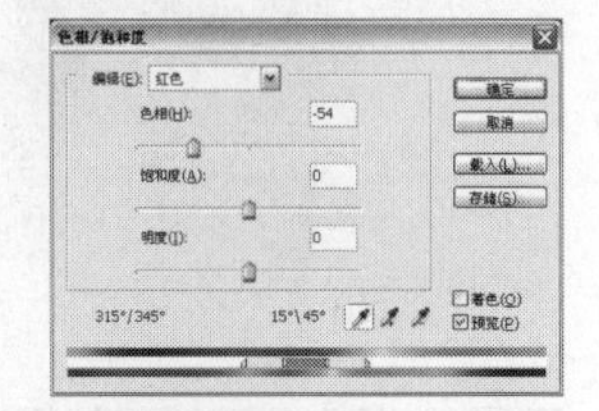

图11-4-25

图11-4-26

STEP 15 单击"色相/饱和度2"调整图层的蒙版，将前景色设置为黑色，选择工具箱中的画笔工具，在其工具选项栏中设置柔角笔刷，设置合适的笔刷大小，在图像中人物皮肤和白色衣服处涂抹，得到的图像效果如图11-4-27所示。

图11-4-27

STEP 16 将前景色设置为白色，选择工具箱中的横排文字工具，在图像中单击分别输入"S"和"WEET"，如图11-4-28所示，"图层"面板如图11-4-29所示。

图11-4-28

图11-4-29

STEP 17 按Ctrl键单击"WEET"图层缩览图，调出其选区，单击"WEET"图层前面指示图层可见性按钮，将其隐藏，得到的图像效果如图11-4-30所示。

图11-4-30

STEP 18 执行【选择】/【修改】/【扩展】命令，弹出"扩展选区"对话框，具体参数设置如图11-4-31所示，设置完毕后单击"确定"按钮。单击"图层"面板上的创建新图层按钮，新建"图层5"，将前景色设置为白色，按快捷键Alt+Delete填充前景色。填充完毕后按快捷键Ctrl+D取消选择，得到的图像效果如图11-4-32所示。

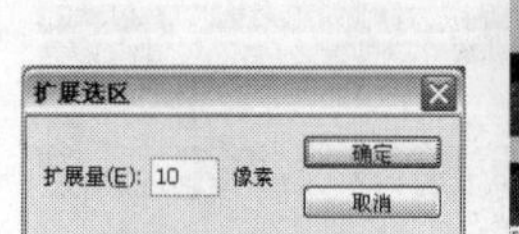

图11-4-31

图11-4-32

步骤提示技巧

制作文字镂图时，为了使图像更多地展现出来，要选择比较粗的字体，即使字体不粗也要将其加粗。

STEP 19 选择"图层5"，单击"图层"面板上的添加图层样式按钮，在弹出的下拉菜单中选择"投影"选项，弹出"图层样式"对话框，具体参数设置如图11-4-33所示。设置完毕后不关闭对话框，继续勾选"内阴影"选项，具体参数设置如图11-4-34所示。设置完毕后不关闭对话框，继续勾选"描边"选项，具体参数设置如图11-4-35所示，设置完毕后单击"确定"按钮，得到的图像效果如图11-4-36所示。

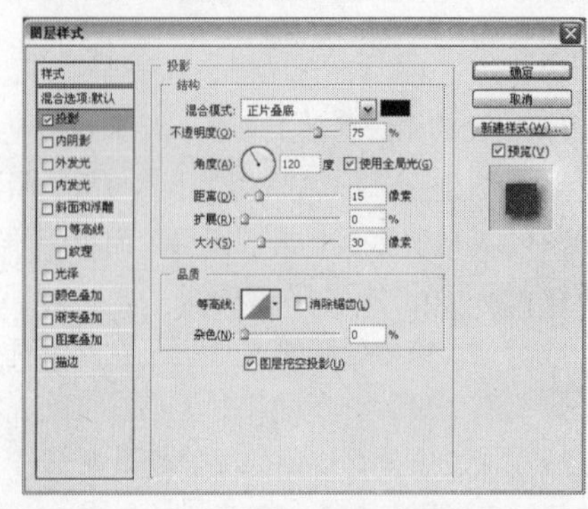

图11-4-33

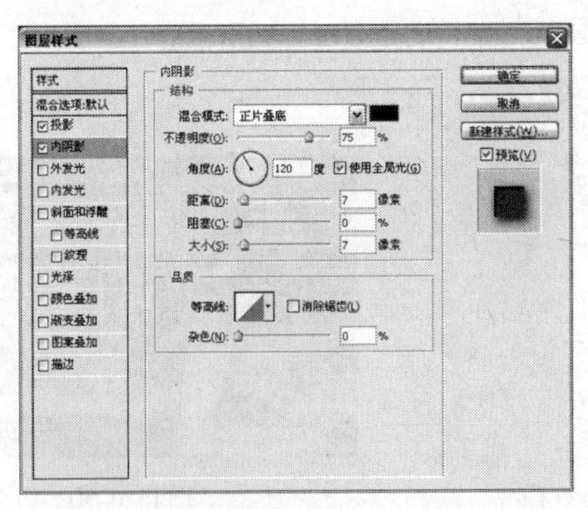

图11-4-34

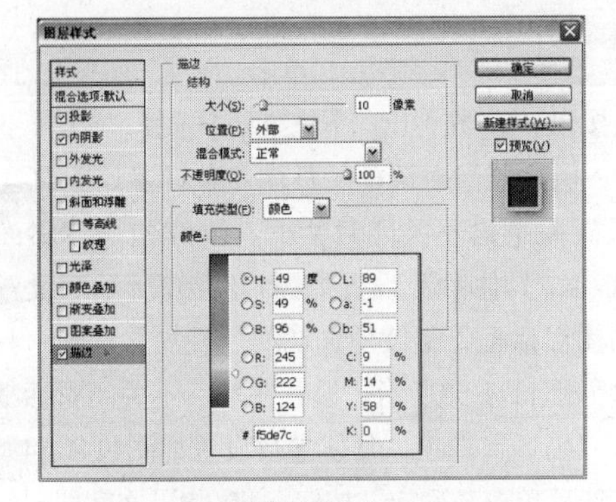

图11-4-35

图11-4-36

STEP 20 执行【文件】/【打开】命令（Ctrl+O），弹出“打开”对话框，选择素材图片，选择完毕后单击“打开”按钮，得到的图像效果如图11-4-37所示。选择工具箱中的移动工具，将素材拖曳至新建文档中，生成“图层6”，调整其大小和位置，如图11-4-38所示。

图11-4-37

图11-4-38

步骤提示技巧

在上一步操作中，“图层6”要置于“图层5”的上方，下面所使用的素材图片都将置于“图层5”的上方。

STEP 21 选择“图层6”，执行【图层】/【创建剪贴蒙版】命令（Alt+Ctrl+G），为“图层5”创建剪贴蒙版，得到的图像效果如图11-4-39所示，“图层”面板如图11-4-40所示。

图11-4-39

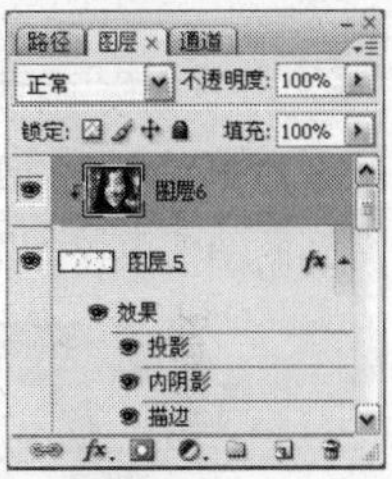

图11-4-40

STEP 22 选择“图层6”，选择工具箱中的矩形选框工具，在图像中绘制如图11-4-41所示的选区，按Delete键删除选区内图像，删除完毕后按Ctrl+D取消选择，得到的图像效果如图11-4-42所示。

图11-4-41

图11-4-42

STEP 23 执行【文件】/【打开】命令（Ctrl+O），弹出“打开”对话框，选择素材图片，选择完毕后单击“打开”按钮，得到的图像效果如图11-4-43所示。选择工具箱中的移动工具，将素材拖曳至新建文档中，生成“图层7”，调整其大小和位置，如图11-4-44所示。

图11-4-43

图11-4-44

STEP 24 选择“图层7”，执行【图层】/【创建剪贴蒙版】命令（Alt+Ctrl+G），为“图层5”创建剪贴蒙版，得到的图像效果如图11-4-45所示。

图11-4-45

STEP 25 选择“图层7”，选择工具箱中的矩形选框工具，在图像中绘制如图11-4-46所示的选区，按Delete键删除选区内图像，删除完毕后按Ctrl+D取消选择，得到的图像效果如图11-4-47所示，“图层”面板如图11-4-48所示。

图11-4-46

图11-4-47

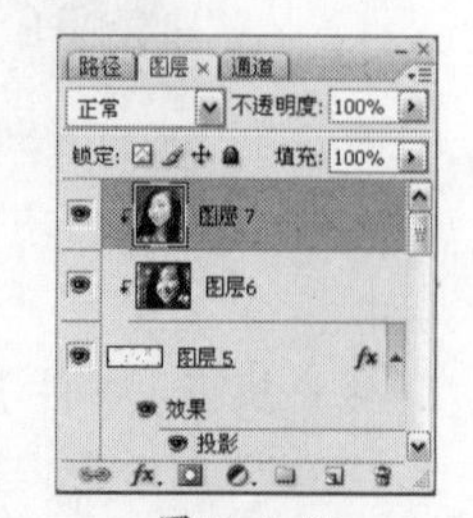

图11-4-48

STEP 26 使用同样的方法制作另外两个文字镶图效果，分别生成“图层8”和“图层9”，“图层”面板如图11-4-49所示，得到的图像效果如图11-4-50所示。

图11-4-49

图11-4-50

STEP 27 选择“S”文字图层，单击“图层”面板上的添加图层样式按钮，在弹出的下拉菜单中选择“投影”选项，弹出“图层样式”对话框，具体参数设置如图11-4-51所示。设置完毕后不关闭对话框，继续勾选“斜面和浮雕”选项，具体参数设置如图11-4-52所示。设置完毕后不关闭对话框，继续勾选“颜色叠加”选项，具体参数设置如图11-4-53所示。设置完毕后不关闭对话框，继续勾选“描边”选项，具体参数设置如图11-4-54所示，设置完毕后单击“确定”按钮，将“S”文字图层的不透明度设置为75%，填充值设置为0%，得到的图像效果如图11-4-55所示。

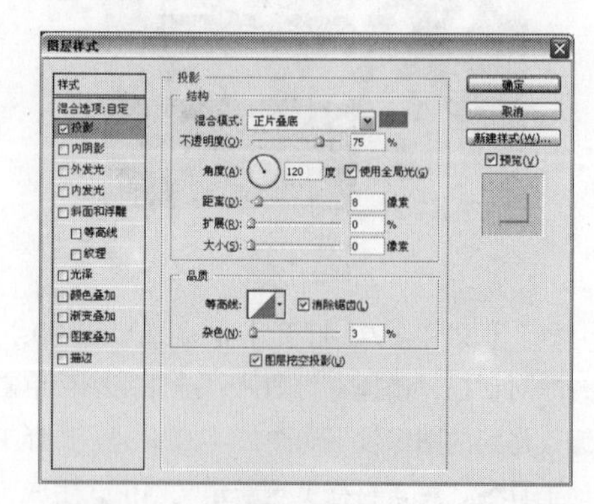

图11-4-51

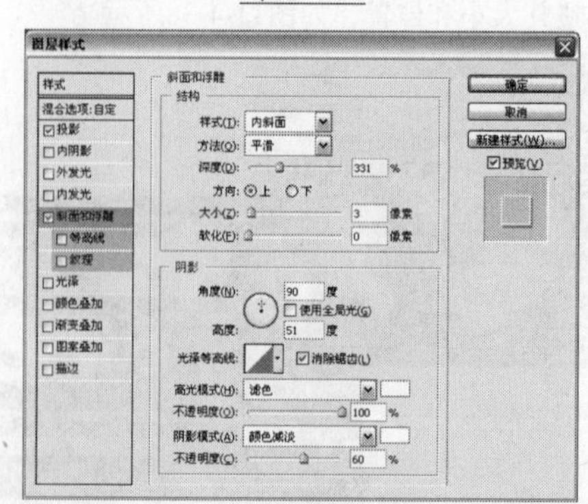

图11-4-52

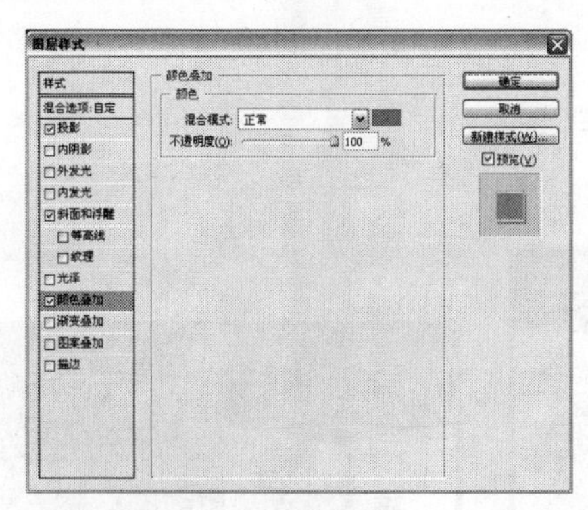

图11-4-53

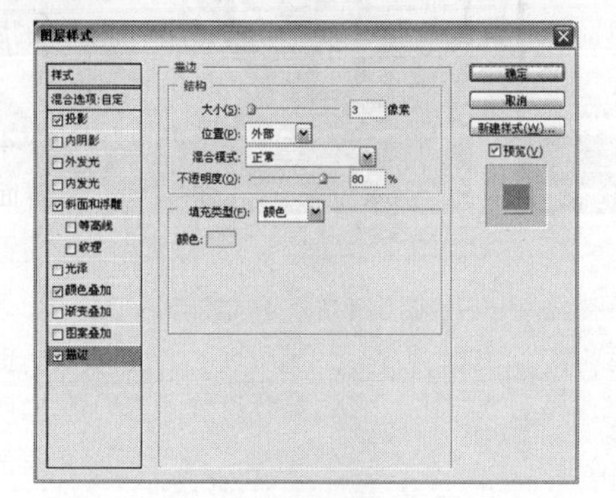

图11-4-54

图11-4-55

步骤提示技巧

在上一步操作中，“投影”选项和“颜色叠加”选项的颜色值为R204、G137、B58，“描边”选项的颜色值为R255、G230、B241。

STEP 28 选择工具箱中的横排文字工具T，在图像中单击输入文字，调整文字大小和位置，得到的图像效果如图11-4-56所示。

图11-4-56

制作明信片效果

01 使用【色彩平衡】调整图层调整图像颜色

02 使用【色相/饱和度】调整图层调整图像颜色的饱和度

03 为图层创建图层蒙版并制作边缘朦胧的效果

04 为文字添加图层样式

STEP 01 执行【文件】/【打开】命令（Ctrl+O），弹出“打开”对话框，选择素材图片，选择完毕后单击“打开”按钮，得到的图像效果如图11-5-1所示。

图11-5-1

STEP 02 执行【图像】/【调整】/【色彩平衡】命令，弹出“色彩平衡”对话框，具体参数设置如图11-5-2、图11-5-3和图11-5-4所示，设置完毕后单击“确定”按钮，得到的图像效果如图11-5-5所示。

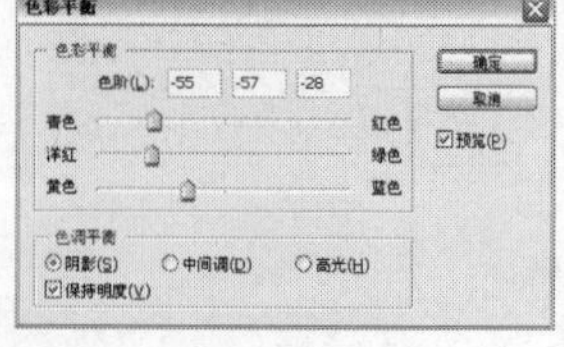

图11-5-2

图11-5-3

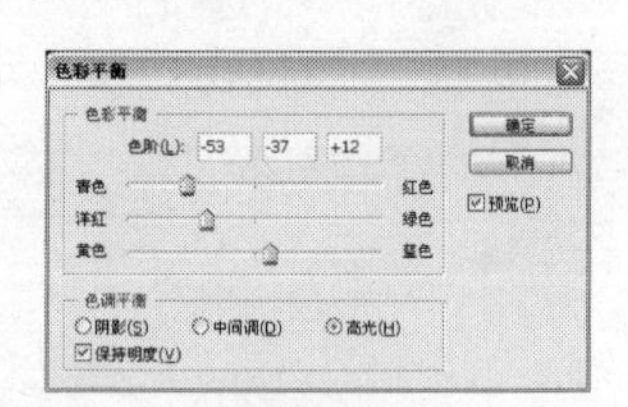

图11-5-4

图11-5-5

STEP 03 单击“图层”面板上的创建新图层按钮，新建“图层1”，选择工具箱中的渐变工具，在其工具选项栏中单击可编辑渐变条，在弹出的“渐变编辑器”中设置如图11-5-6所示的渐变。设置完毕后单击“确定”按钮，在图像中从上至下绘制渐变，得到的图像效果如图11-5-7所示。

图11-5-6　图11-5-7

STEP 04 将“图层1”的混合模式设置为“颜色”，得到的图像效果如图11-5-8所示，“图层”面板如图11-5-9所示。

图11-5-8

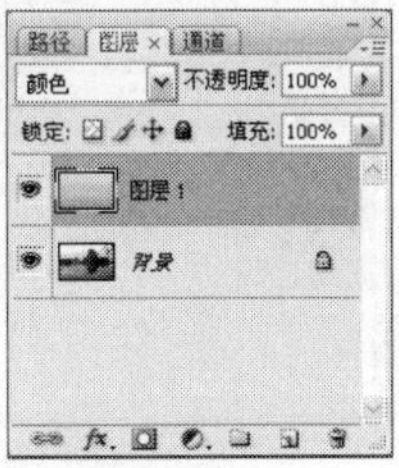

图11-5-9

STEP 05 单击“图层”面板上的创建新的调整或填充图层按钮，在弹出的下拉菜单中选择“色相/饱和度”选项，弹出“色相/饱和度”对话框，具体参数设置如图11-5-10所示，设置完毕后单击“确定”按钮，得到的图像效果如图11-5-11所示。

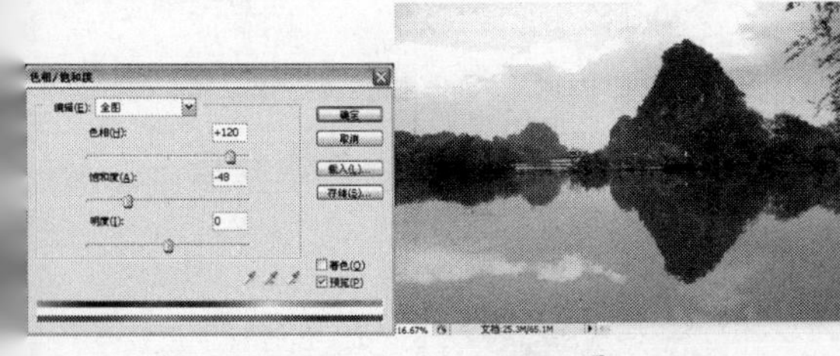

图11-5-10　图11-5-11

STEP 06 选择“色相/饱和度”调整图层，按快捷键Ctrl+Shift+Alt+E盖印图像，得到“图层2”，“图层”面板如图11-5-12所示。

图11-5-12

STEP 07 执行【文件】/【新建】命令（Ctrl+N），弹出“新建”对话框，具体设置如图11-5-13所示，设置完毕后单击“确定”按钮。

图11-5-13

STEP 08 将前景色设置为黑色，按快捷键Alt+Delete填充前景色，选择工具箱中的矩形选框工具，在图像中绘制如图11-5-14所示的矩形选区，将前景色设置为白色，单击“图层”面板上的创建新图层按钮，新建“图层1”按快捷键Alt+Delete填充前景色，填充完毕后按快捷键Ctrl+D取消选择，得到的图像效果如图11-5-15所示。

图11-5-14

图11-5-15

STEP 09 切换至前面处理过的文档中，选择“图层2”，选择工具箱中的移动工具，将其拖曳至新建文档中，生成“图层2”，调整其大小和位置，得到的图像效果如图11-5-16所示。单击“图层”面板上的创建图层蒙版按钮，为“图层2”添加图层蒙版，将前景色设置为黑色，选择工具箱中的画笔工具，在其工具选项栏中设置柔角笔刷，设置合适的笔刷大小，在图像边缘涂抹，得到的图像效果如图11-5-17所示，“图层”面板如图11-5-18所示。

图11-5-16

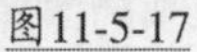

图11-5-17

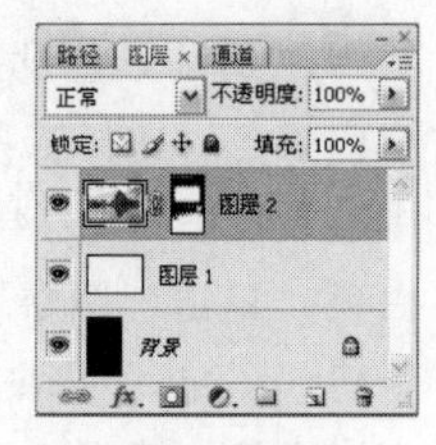

图11-5-18

STEP 10 选择工具箱中的横排文字工具T，在图像中单击输入文字，调整文字大小和位置，得到的图像效果如图11-5-19所示。

图11-5-19

步骤提示技巧

制作明信片时应该了解明信片的尺寸：不带邮资明信片与标准邮资明信片规格统一为165mm × 102mm。本例制作的是不带邮资的明信片。

STEP 11 选择文字图层，单击“图层”面板上的添加图层样式按钮fx，在弹出的下拉菜单中选择“投影”选项，弹出“图层样式”对话框，具体参数设置如图11-5-20所示。设置完毕后不关闭对话框，继续勾选“渐变叠加”选项，具体参数设置如图11-5-21所示。设置完毕后单击“确定”按钮，得到的图像效果如图11-5-22所示。

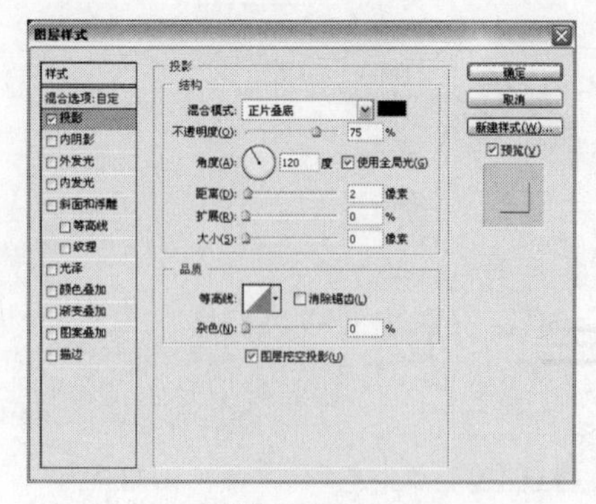

图11-5-20

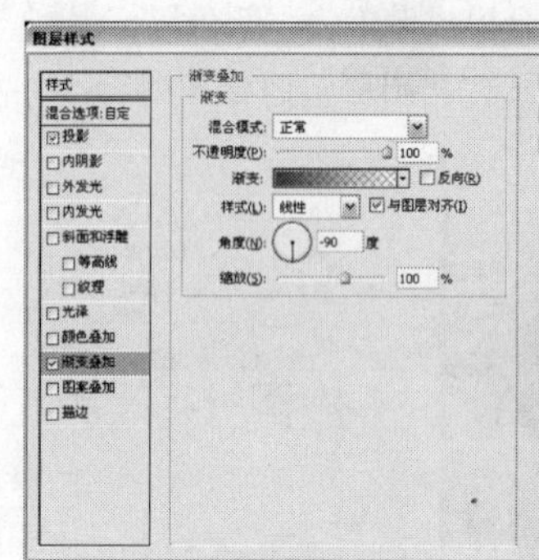

图11-5-21

图11-5-22

STEP 12 将前景色色值设置为R124、G121、B52，选择工具箱中的横排文字工具T，单击在图像中输入文字，调整文字大小和位置，得到的图像效果如图11-5-23所示。

图11-5-23

STEP 13 执行【文件】/【打开】命令（Ctrl+O），弹出“打开”对话框，选择素材图片，选择完毕后单击“打开”按钮，得到的图像效果如图11-5-24所示。

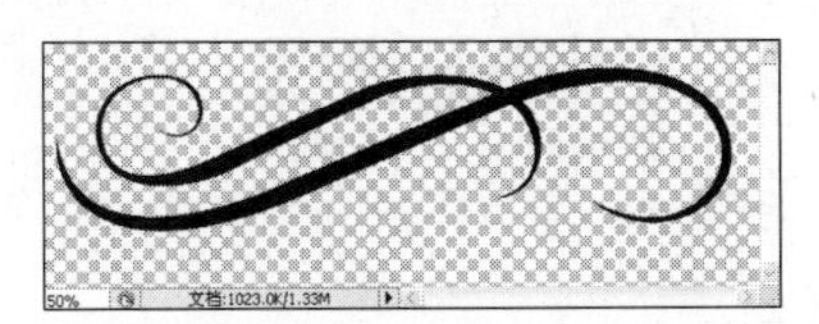

图11-5-24

STEP 14 选择工具箱中的移动工具，将素材拖曳至新建文档中，生成“图层3”，调整其大小和位置，如图11-5-25所示。按Ctrl键单击“图层3”缩览图，调出其选区，如图11-5-26所示。

图11-5-25

图11-5-26

STEP 15 选择“图层3”，将前景色色值设置为R72、G63、B0，按快捷键Alt+Delete填充前景色。填充完毕后按快捷键Ctrl+D取消选择，得到的图像效果如图11-5-27所示。将“图层3”拖曳至“图层”面板上的创建新图层按钮3次，得到“图层3副本”、“图层3副本2”和“图层3副本3”图层，调整这3个图层在图像中的位置，如图11-5-28所示。

图11-5-27

图11-5-28

STEP 16 执行【文件】/【打开】命令（Ctrl+O），弹出“打开”对话框，选择素材图片，选择完毕后单击“打开”按钮，得到的图像效果如图11-5-29所示。

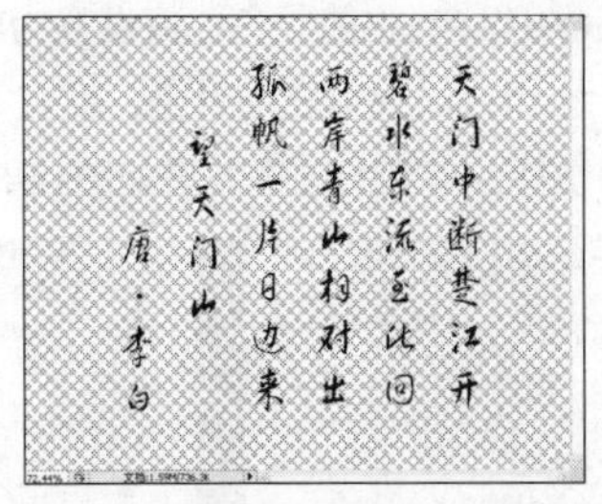

图11-5-29

STEP 17 选择工具箱中的移动工具，将素材拖曳至新建文档中，生成“图层4”，调整其大小和位置，如图11-5-30所示。选择工具箱中的横排文字工具，单击在图像中输入文字，调整文字大小和位置，得到的图像效果如图11-5-31所示。

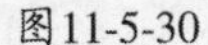

图11-5-30

图11-5-31

STEP 18 将“图层1”拖曳至“图层”面板上的创建新图层按钮，得到“图层1副本”，将“图层1副本”置于“图层”面板的最顶端，选择工具箱中的移动工具，按Shift键将其移动至如图11-5-32所示的位置。

图11-5-32

STEP 19 单击“图层”面板上的创建新图层按钮，新建“图层5”，选择工具箱中的矩形选框工具，在其工具选项栏中单击从选取减去按钮，在图像中绘制如图11-5-33所示的选区，将前景色色值设置为R217、G38、B38，按快捷键Alt+Delete填充前景色，填充完毕后按快捷键Ctrl+D取消选择，得到的图像效果如图11-5-34所示。

图11-5-33　　图11-5-34

STEP 20 将“图层5”拖曳至“图层”面板上的创建新图层按钮5次，得到“图层5副本”、“图层5副本2”、“图层5副本3”、“图层5副本4”和“图层3副本5”图层，选择工具箱中的移动工具，按Shift键调整这5个图层在图像中的位置，如图11-5-35所示。单击“图层”面板上的创建新图层按钮，新建“图层6”，选择工具箱中的矩形选框工具，在其工具选项栏中单击从选取减去按钮，在图像中绘制如图11-5-36所示的选区，将前景色色值设置为R217、G38、B38，按快捷键Alt+Delete填充前景色，填充完毕后按快捷键Ctrl+D取消选择，得到的图像效果如图11-5-37所示。

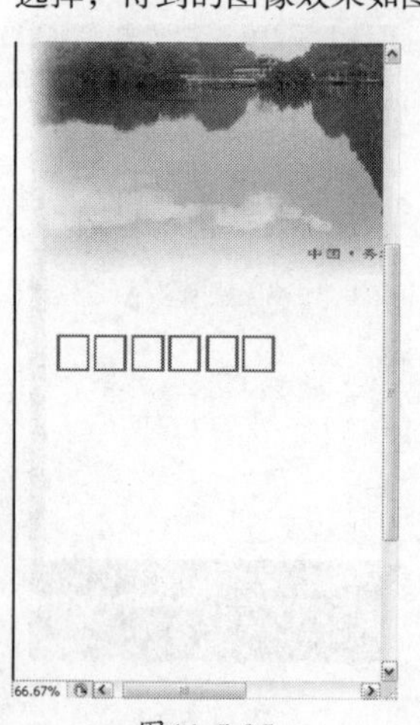

图11-5-35

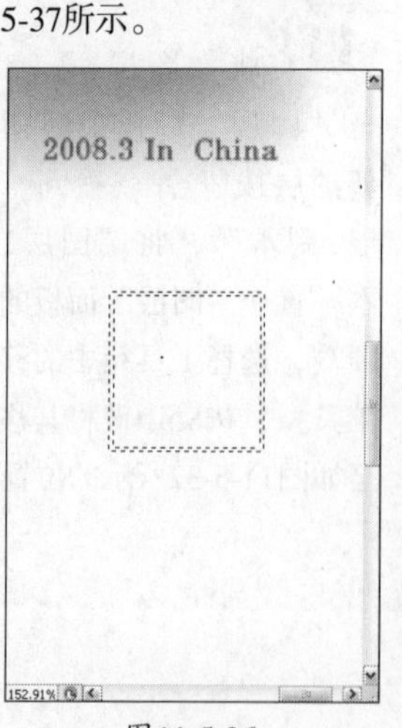

图11-5-36

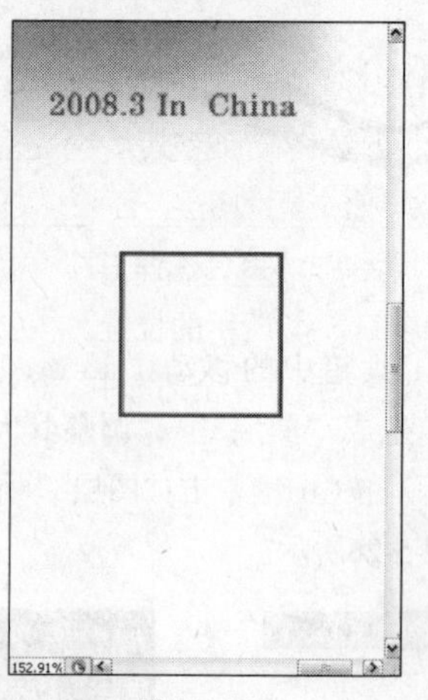

图11-5-37

STEP 21 单击“图层”面板上的创建新图层按钮，新建“图层7”，选择工具箱中的铅笔工具，在其工具选项栏中设置笔刷大小为3，将前景色色值设置为R206、G206、B206，按Shift键在图像中水平方向绘制直线，绘制完毕后得到的图像效果如图11-5-38所示。

图11-5-38

STEP 22 选择工具箱中的横排文字工具，单击在图像中输入文字，调整文字大小和位置，得到的图像效果如图11-5-39所示。执行【文件】/【打开】命令（Ctrl+O），弹出“打开”对话框，选择素材图片，选择完毕后单击“打开”按钮，得到的图像效果如图11-5-40所示。

图11-5-39

图11-5-40

STEP 23 选择工具箱中的移动工具，将素材拖曳至新建文档中，生成“图层8”，调整其大小和位置，如图11-5-41所示。将“图层8”拖曳至“图层”面板上的创建新图层按钮上，得到“图层8副本”，选择工具箱中的移动工具，将其移动至如图11-5-42所示的位置。按Ctrl键单击“图层8”，将其和“图层8副本”全部选中，按快捷键Ctrl+E合并图层，将合并后的图层命名为“图层8”。

图11-5-41

图11-5-42

STEP 24 按Ctrl键单击“图层8”缩览图，调出其选区，将前景色设置为白色，按快捷键Alt+Delete填充前景色，得到的图像效果如图11-5-43所示。执行【选择】/【修改】/【羽化】命令（Alt+Ctrl+D），弹出“羽化”对话框，具体参数设置如图11-5-44所示，设置完毕后单击“确定”按钮，按快捷键Ctrl+Shift+I反选选区，按Delete键删除选区内图像，删除完毕后按快捷键Ctrl+D取消选择。

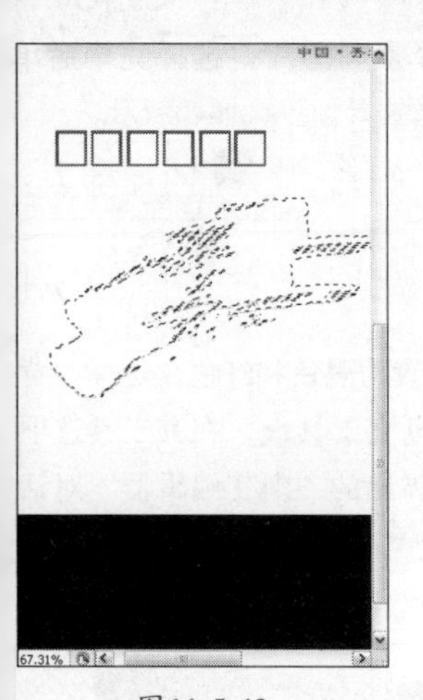

图11-5-43

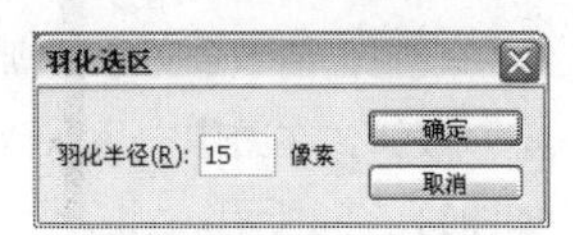

图11-5-44

STEP 25 选择工具箱中的移动工具，将前面文档中的风景图片拖曳至文档中，得到“图层9”，调整其大小和位置，如图11-5-45所示。将“图层9”置于“图层8”的上方，执行【图层】/【创建剪贴蒙版】命令（Alt+Ctrl+G），为“图层8”创建剪贴蒙版，将“图层9”的填充值设置为80%,得到的图像效果如图11-5-46所示。

图11-5-45

图11-5-46

STEP 26 按Ctrl键单击“明信片”上半部分所有图层，将其全部选中，按Ctrl+Alt+E，盖印所选图层，将得到的图层命名为“图层10”，按Ctrl键单击“明信片”下半部分所有图层，将其全部选中，按Ctrl+Alt+E，盖印所选图层，将得到的图层命名为“图层11”。

STEP 27 执行【文件】/【新建】命令（Ctrl+N），弹出“新建”对话框，具体设置如图11-5-47所示，设置完毕后单击“确定”按钮。将前面文档中的“图层10”和“图层11”拖曳至新建文档中，生成“图层1”和“图层2”，调整其位置和方向，得到的图像效果如图11-5-48所示，“图层”面板如图11-5-49所示。

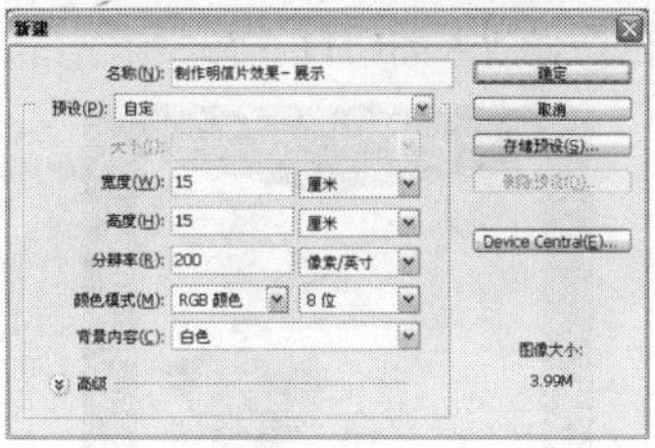

图11-5-47

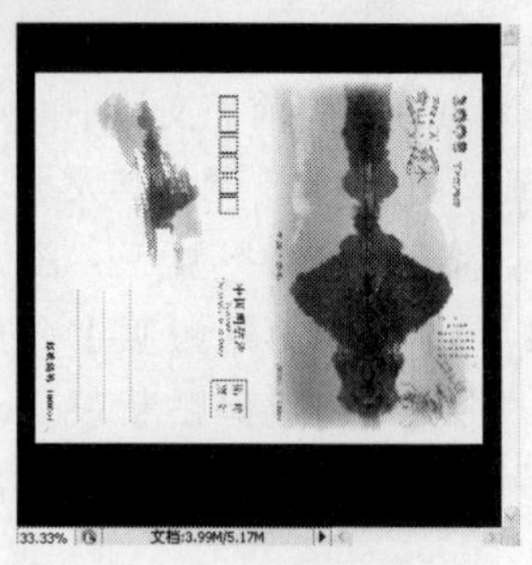

图11-5-48

图11-5-49

STEP 28 按快捷键Ctrl+R调出标尺，将鼠标放置在标尺上拖动参考线，如图11-5-50所示。

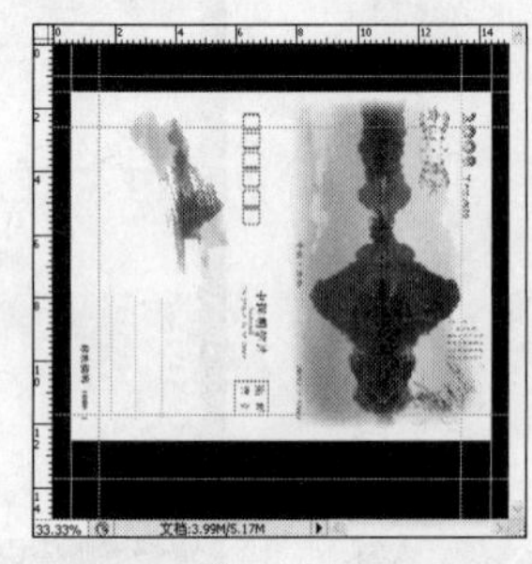

图11-5-50

STEP 29 选择“图层1”，执行【编辑】/【变换】/【斜切】命令，调出自由变换框，调整自由变换框如图11-5-51所示，调整完毕后按Enter键结束操作。使用同样的方法调整“图层2”，如图11-5-52所示。

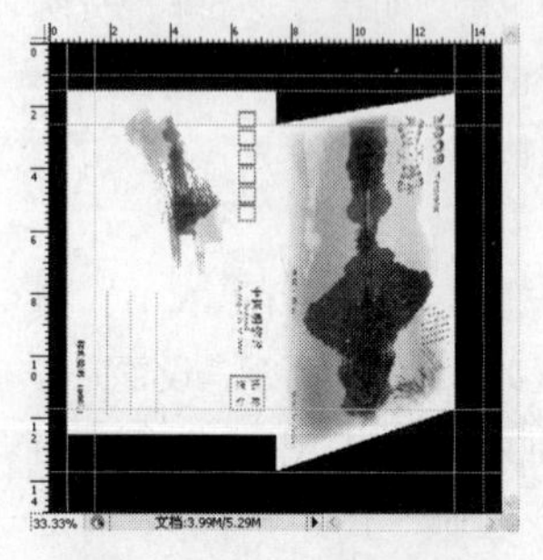

图11-5-51

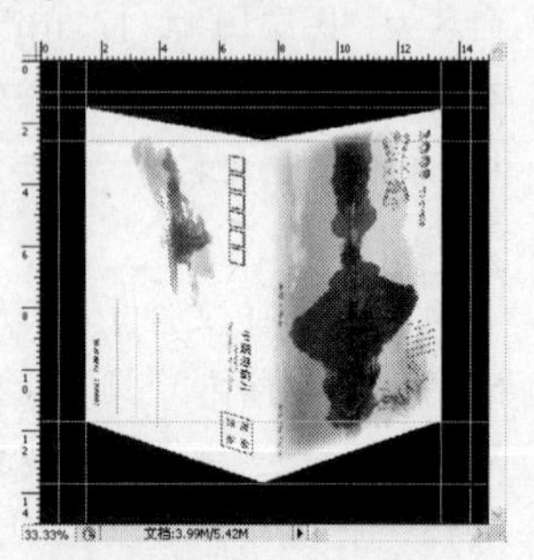

图11-5-52

STEP 30 按快捷键Ctrl+R隐藏标尺，按快捷键Ctrl+H隐藏参考线，得到的图像效果如图11-5-53所示。

图11-5-53

STEP 31 将前面文档中的“图层10”和“图层11”拖曳至新建文档中，生成“图层3”和“图层4”，调整其位置和方向，得到的图像效果如图11-5-54所示。使用同样的方法调整“图层3”和“图层4”至如图11-5-55所示的位置。

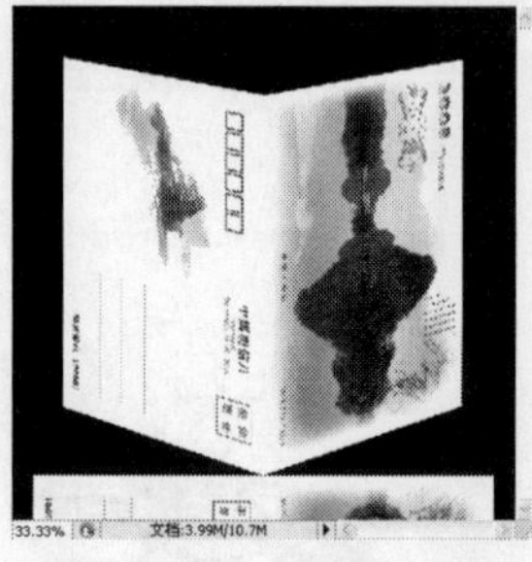

图11-5-54

图11-5-55

STEP 32 按Ctrl键单击“图层3”和“图层4”将其全部选中，按快捷键Ctrl+E合并所选图层，合并后得到“图层4”，将前景色和背景色设置为默认的黑色和白色，单击“图层”面板上的创建图层蒙版按钮，为“图层4”添加图层蒙版，选择工具箱中的渐变工具，在其工具选项栏中单击可编辑渐变条，在弹出的“渐变编辑器”对话框中设置由前景到背景的渐变类型，设置完毕后单击“确定”按钮，在图像中从下至上绘制渐变，得到的图像效果如图11-5-56所示，“图层”面板如图11-5-57所示。

图11-5-56

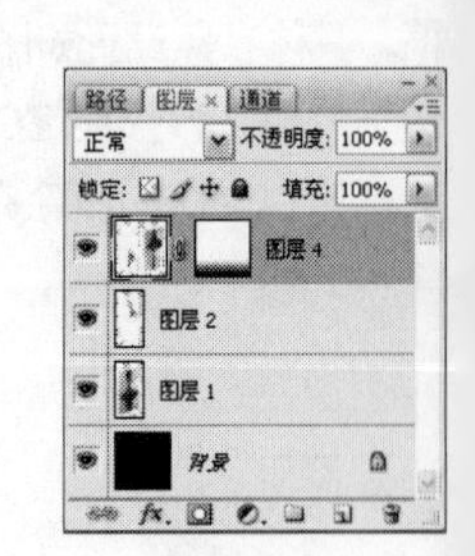

图11-5-57

STEP 33 将前景色和背景色设置为黑色和红色，选择“背景”图层，选择工具箱中的渐变工具，在其工具选项栏中单击可编辑渐变条，在弹出的“渐变编辑器”对话框中设置由前景到背景的渐变类型。设置完毕后单击“确定”按钮，在图像中从上至下绘制渐变，得到的图像效果如图11-5-58所示。

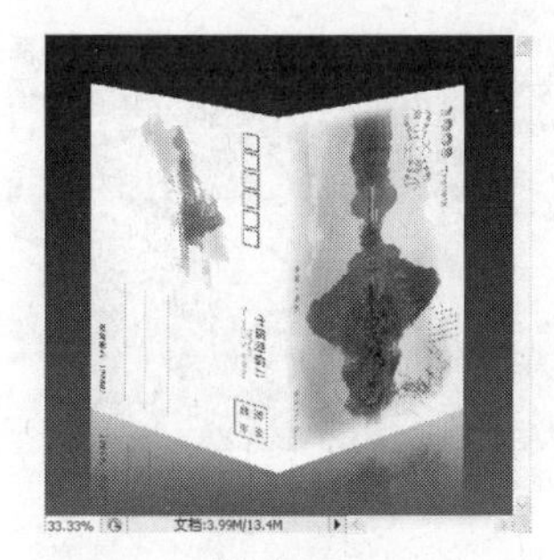

图11-5-58

STEP 34 选择“背景”图层，执行【滤镜】/【渲染】/【光照效果】命令，弹出“光照效果”对话框，具体参数设置如图11-5-59所示，设置完毕后单击“确定”按钮，得到的图像效果如图11-5-60所示。

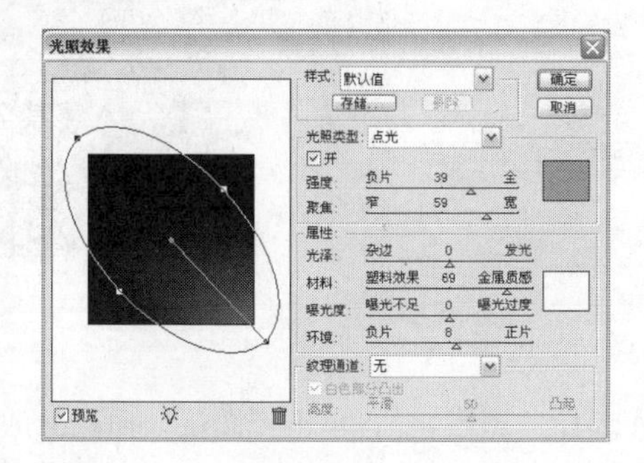

图11-5-59

图11-5-60

STEP 35 使用同样的方法制作另外一种展示效果，得到的图像效果如图11-5-61所示。

图11-5-61

Effect 06 制作拼图照片效果

01 使用混合模式调整图像颜色

02 使用【色阶】调整图层调整图像颜色的对比度

03 使用【拼贴】滤镜制作拼贴效果

04 使用【海绵】滤镜和【光照效果】滤镜制作背景纹理

STEP 01 执行【文件】/【打开】命令（Ctrl+O），弹出“打开”对话框，选择素材图片，选择完毕后单击“打开”按钮，得到的图像效果如图11-6-1所示。

图11-6-1

STEP 02 将“背景”图层拖曳至“图层”面板上的创建新图层按钮，新建“背景副本”图层，将“背景副本”图层的混合模式设置为“滤色”，填充值设置为60%，得到的图像效果如图11-6-2所示，“图层”面板如图11-6-3所示。

图11-6-2

图11-6-3

STEP 03 选择“背景副本”图层，按快捷键Ctrl+Alt+Shift+E盖印图像，得到“图层1”，“图层”面板如图11-6-4所示。

图11-6-4

STEP 04 选择“图层1”，执行【滤镜】/【锐化】/【USM锐化】，弹出“USM锐化”对话框，具体参数设置如图11-6-5所示，设置完毕后单击“确定”按钮，得到的图像效果如图11-6-6所示。

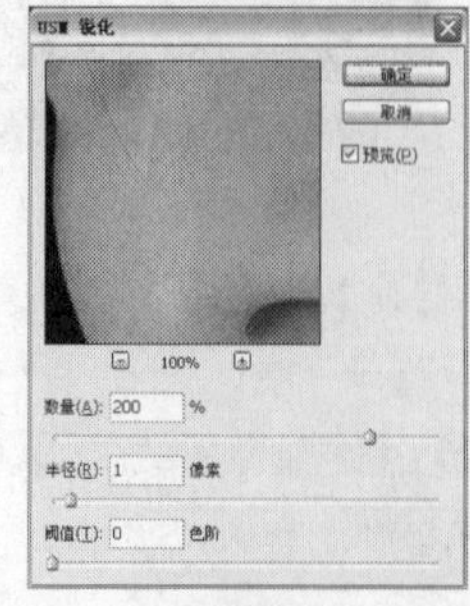

图11-6-5

图11-6-6

STEP 05 执行【编辑】/【渐隐USM锐化】，弹出“渐隐”对话框，具体参数设置如图11-6-7所示，设置完毕后单击“确定”按钮，得到的图像效果如图11-6-8所示。

图11-6-7　　图11-6-8

STEP 06 选择“图层1”，单击“图层”面板上的创建新的填充或调整图层按钮，在弹出的下拉菜单中选择“色阶”选项，弹出“色阶”对话框，具体参数设置如图11-6-9所示，设置完毕后单击“确定”按钮，得到的图像效果如图11-6-10所示。

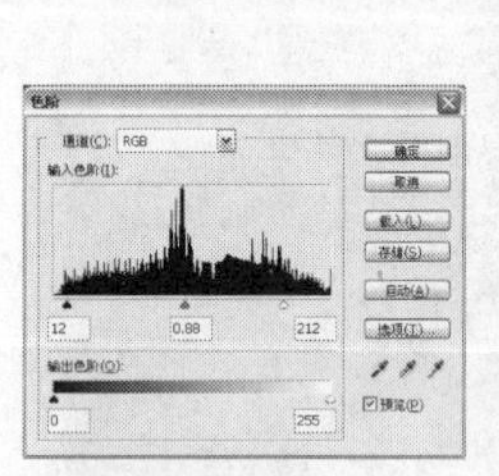

图11-6-9

图11-6-10

STEP 07 选择“色阶1”调整图层，按快捷键Ctrl+Alt+Shift+E盖印图像，得到“图层2”，“图层”面板如图11-6-11所示。单击“图层”面板上的创建新图层按钮，新建“图层3”，将“图层3”置于“图层2”的下方，将前景色色值设置为R182、G159、B102，按快捷键Alt+Delete填充前景色，“图层”面板如图11-6-12所示。

图11-6-11

图11-6-12

STEP 08 选择“图层2”，按快捷键Ctrl+T调出自由变换框，按Alt+Shift拖动自由变换框等比例缩放图像，调整完毕后按Enter键结束操作，得到的图像效果如图11-6-13所示。

图11-6-13

STEP 09 选择“图层3”，执行【滤镜】/【艺术效果】/【海绵】命令，弹出“海绵”对话框，具体参数设置如图11-6-14所示，设置完毕后单击“确定”按钮，得到的图像效果如图11-6-15所示。

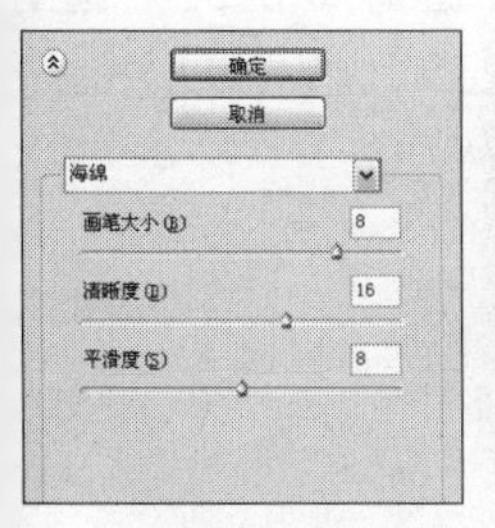
图11-6-14

图11-6-15

步骤提示技巧

【海绵】滤镜可以产生画面浸湿的效果，它是模拟用海绵涂抹的效果。有时可以用此滤镜表现水渍的效果。

STEP 10 执行【滤镜】/【渲染】/【光照效果】命令，弹出“光照效果”对话框，具体参数设置如图11-6-16所示，设置完毕后单击“确定”按钮，得到的图像效果如图11-6-17所示。

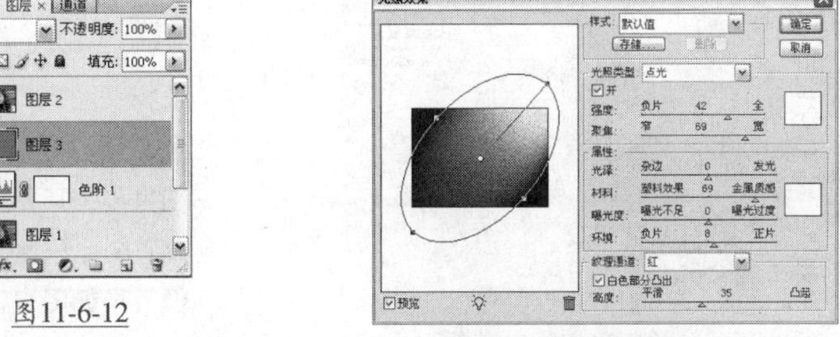
图11-6-16

图11-6-17

STEP 11 选择“图层2”，将背景色设置为黑色，执行【滤镜】/【风格化】/【拼贴】命令，弹出“拼贴”对话框，具体参数设置如图11-6-18所示，设置完毕后单击“确定”按钮，得到的图像效果如图11-6-19所示。

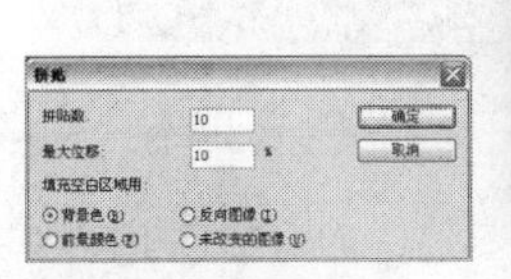
图11-6-18

图11-6-19

步骤提示技巧

【拼贴】滤镜是将图像分裂成指定数目的放开，并将这些方块从原位置移动一定的距离。此滤镜没有预览功能，所以可能需要多次调试。

STEP 12 选择“图层2”，单击“图层”面板上的添加图层样式按钮 fx，在弹出的下拉菜单中选择“投影”选项，弹出“图层样式”对话框，具体参数设置如图11-6-20所示。设置完毕后不关闭对话框，继续勾选“斜面和浮雕”选项，具体参数设置如图11-6-21所示。设置完毕后单击“确定”按钮，得到的图像效果如图11-6-22所示。

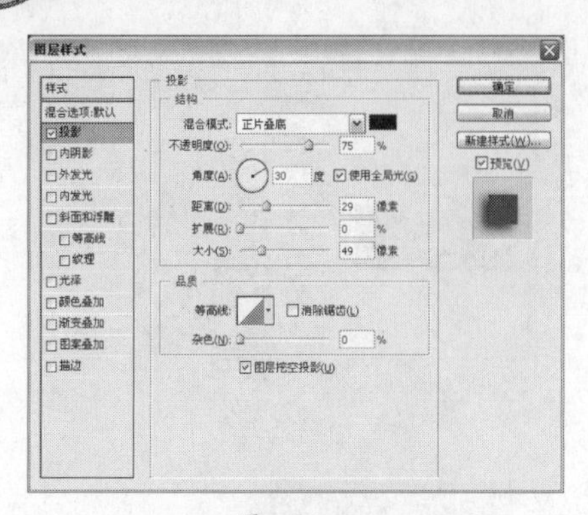

图11-6-20

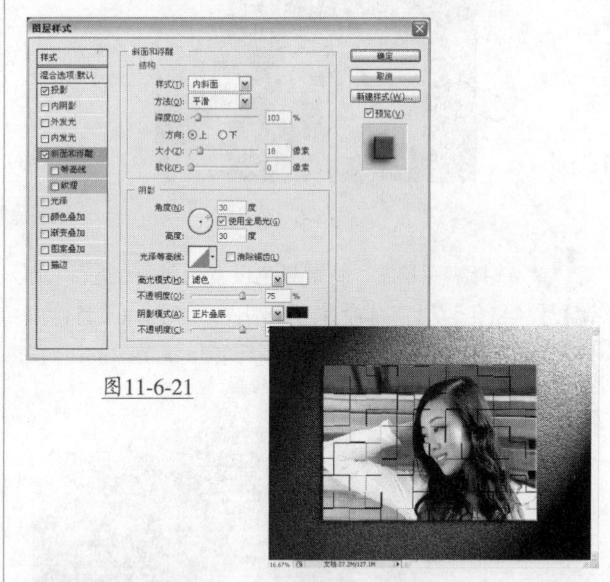

图11-6-21

图11-6-22

STEP 13 选择“图层2”，选择工具箱中的矩形选框工具，在图像中绘制如图11-6-23所示的选区，按快捷键Ctrl+J，复制选区内的图像至新图层，得到“图层4”，得到的图像效果如图11-6-24所示。

图11-6-23

图11-6-24

STEP 14 按Ctrl键单击“图层4”缩览图，调出其选区，选择“图层2”，按Delete键删除选区内图像，选择“图层4”，选择工具箱中的移动工具，将图像拖曳至如图11-6-25所示的位置，按快捷键Ctrl+T调出自由变换框，调整图像角度，调整完毕后按Enter键结束操作，得到的图像效果如图11-6-26所示。

图11-6-25

图11-6-26

STEP 15 选择“图层2”，选择工具箱中的矩形选框工具，在图像中绘制如图11-6-27所示的选区，按快捷键Ctrl+J，复制选区内的图像至新图层，得到“图层5”，按Ctrl键单击“图层4”缩览图，调出其选区，选择“图层2”，按Delete键删除选区内图像，选择“图层5”，选择工具箱中的移动工具，将其拖曳至图像下方，并调整其方向，得到的图像效果如图11-6-28所示。

图11-6-27

图11-6-28

STEP 16 使用同样的方法制作其他“拼图块”，得到的图像效果如图11-6-29所示。

图11-6-29

STEP 17 选择“图层2”，选择工具箱中的矩形选框工具，在其工具选项栏中单击添加到选区按钮，在图像中绘制如图11-6-30所示的选区，按Delete键删除选区内图像。继续绘制选区并删除选区内图像，得到的图像效果如图11-6-31所示。

图11-6-30

图11-6-31

STEP 18 按Ctrl键单击“图层”面板上“图层2”上面所有图层，将其全部选中，按快捷键Ctrl+T调出自由变换框，按Alt+Shift拖动自由变换框等比例缩放图像，调整完毕后按Enter键结束操作，得到的图像效果如图11-6-32所示。

图11-6-32

STEP 19 单击“图层”面板上的创建新图层按钮，新建“图层13”，将其置于“图层”面板的顶端，将前景色色值设置为R182、G159、B102，按快捷键Alt+Delete填充前景色，将前景色色值设置为R182、G159、B102，按快捷键Alt+Delete填充前景色，得到的图像如图11-6-33所示。执行【滤镜】/【渲染】/【光照效果】命令，弹出“光照效果”对话框，具体参数设置如图11-6-34所示，设置完毕后单击“确定”按钮，得到的图像效果如图11-6-35所示。

图11-6-33

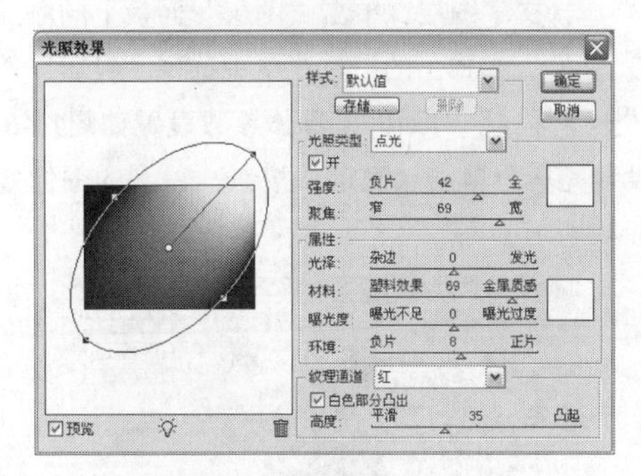

图11-6-34

图11-6-35

STEP 20 将“图层13”的混合模式设置为“颜色加深”，填充值设置为20%，得到的图像效果如图11-6-36所示，“图层”面板如图11-6-37所示。

图11-6-36

图11-6-37

STEP 21 将前景色设置为白色，选择工具箱中的横排文字工具T，单击在图像中输入文字，调整文字大小和位置，得到的图像效果如图11-6-38所示。

图11-6-38

STEP 22 选择文字图层，单击“图层”面板上的添加图层样式按钮fx.，在弹出的下拉菜单中选择“投影”选项，弹出“图层样式”对话框，具体参数设置如图11-6-39所示，设置完毕后单击“确定”按钮，得到的图像效果如图11-6-40所示。

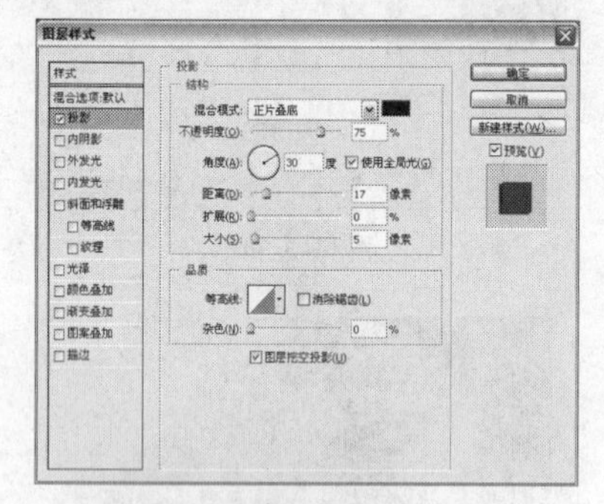

图11-6-39

图11-6-40

STEP 23 单击“图层”面板上的创建新图层按钮，新建“图层14”，将其置于“图层”面板的顶端，选择工具箱中的矩形选框工具，在图像中绘制如图11-6-41所示的选区，将前景色设置为白色，按快捷键Alt+Delete填充前景色，填充完毕后按快捷键Ctrl+D取消选择，得到的图像效果如图11-6-42所示。

图11-6-41

图11-6-42

STEP 24 选择“图层14”，单击“图层”面板上的添加图层样式按钮fx.，在弹出的下拉菜单中选择“投影”选项，弹出“图层样式”对话框，具体参数设置如图11-6-43所示，设置完毕后单击“确定”按钮，选择工具箱中的横排文字工具T，单击在图像中输入文字，调整文字大小和位置，得到的图像效果如图11-6-44所示。

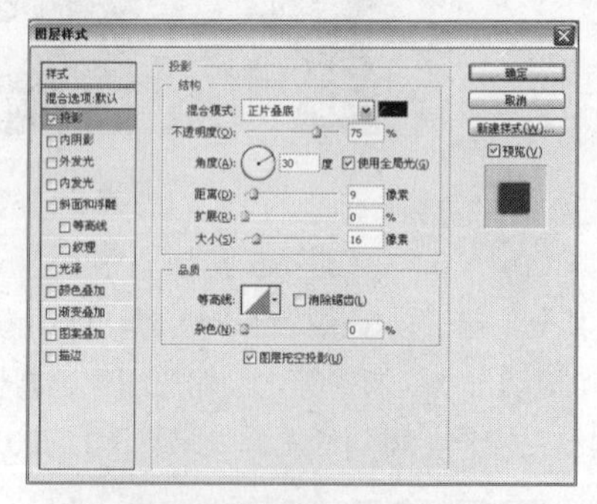

图11-6-43

图11-6-44

Effect 07

合成制作CD封面

01 使用【镜头模糊】滤镜制作模糊背景

02 使用【色相/饱和度】调整图层修改背景颜色

03 学习如何绘制辅助线

04 为文字添加图层样式

STEP 01 执行【文件】/【打开】命令（Ctrl+O），弹出“打开”对话框，选择素材图片，选择完毕后单击“打开”按钮，得到的图像效果如图11-7-1所示。

图11-7-1

STEP 02 执行【图像】/【调整】/【色阶】命令，弹出“色阶”对话框，具体参数设置如图11-7-2所示，设置完毕后单击“确定”按钮，得到的图像效果如图11-7-3所示。

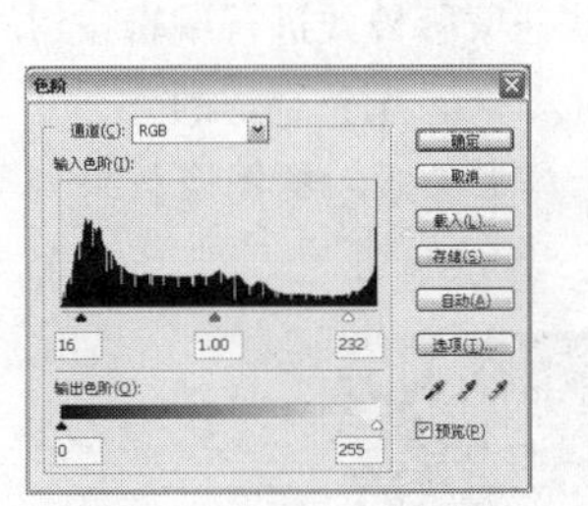

图11-7-2

图11-7-3

STEP 03 选择工具箱中的矩形选框工具，按Shift键在图像中绘制矩形选区，得到的图像效果如图11-7-4所示。

图11-7-4

STEP 04 执行【文件】/【新建】命令（Ctrl+N），弹出“新建”对话框，具体设置如图11-7-5所示，设置完毕后单击“确定”按钮。

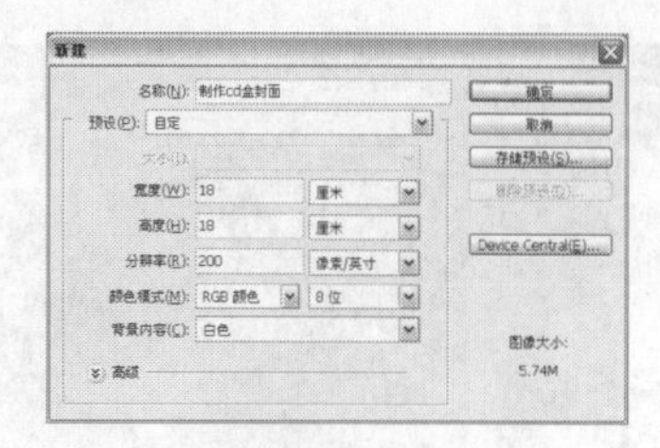

图11-7-5

STEP 05 切换至前面的文档中，选择工具箱中的移动工具，将选区内的图像拖曳至新建文档中，生成“图层1”，缩放至合适大小，得到的图像效果如图11-7-6所示，“图层”面板如图11-7-7所示。

图11-7-6

图11-7-7

STEP 06 单击工具箱中的以快速蒙版模式进行编辑按钮，选择工具箱中的画笔工具，调整合适的大小，在人物图像区域进行涂抹，添加蒙版后的图像效果如图11-7-8所示。

图11-7-8

STEP 07 单击工具箱下方的以标准模式进行编辑按钮，使图像恢复到正常模式下，蒙版以外的部分被载入选区，得到的图像效果如图11-7-9所示。执行【选择】/【反向】命令（Ctrl+Shift+I），得到的图像效果如图11-7-10所示。

图11-7-9

图11-7-10

STEP 08 保持选区不变，执行【选择】/【修改】/【羽化】命令（Alt+Ctrl+D），弹出“羽化”对话框，具体设置如图11-7-11所示，设置完毕后单击“确定”按钮。执行【图层】/【新建】/【通过拷贝的图层】命令（Ctrl+J）复制选区内的图像并新建图层，生成“图层2”，“图层”面板如图11-7-12所示。

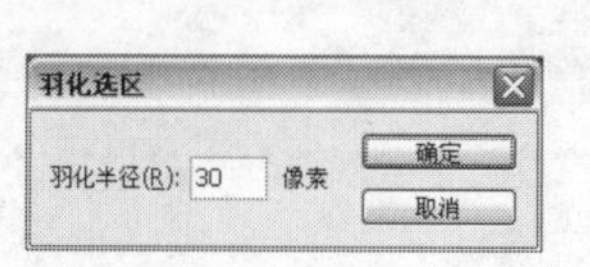

图11-7-11

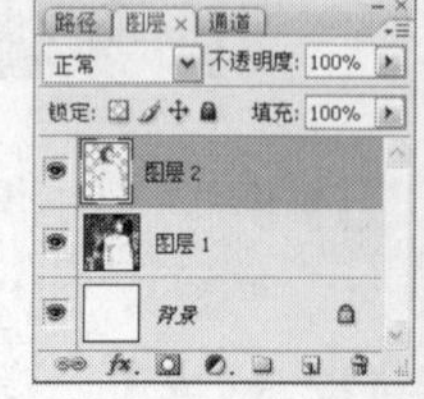

图11-7-12

STEP 09 选择“图层1”，执行【滤镜】/【模糊】/【镜头模糊】命令，弹出“镜头模糊”对话框，具体参数设置如图11-7-13所示，设置完毕后单击“确定”按钮，得到的图像效果如图11-7-14所示。

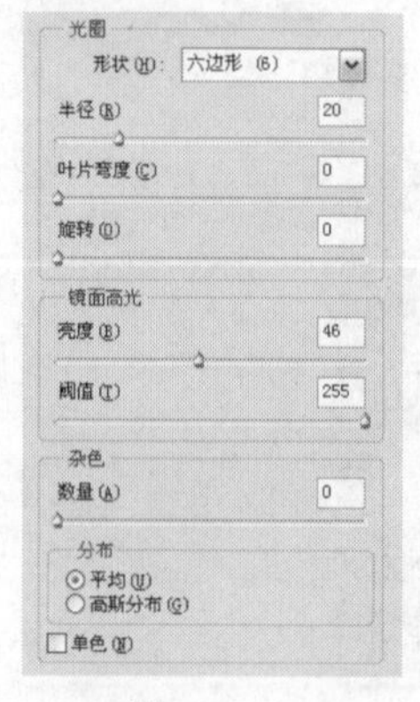

图11-7-13

图11-7-14

STEP 10 选择“图层1”，单击“图层”面板上的创建新图层按钮，新建“图层3”，选择工具箱中的渐变工具，在其工具选项栏中单击可编辑渐变条，在弹出的“渐变编辑器”对话框中选择渐变类型为“杂色”，具体设置如图11-7-15所示，设置完毕后单击“确定”按钮，在图像中从上至下绘制渐变，绘制完毕后得到的图像效果如图11-7-16所示。

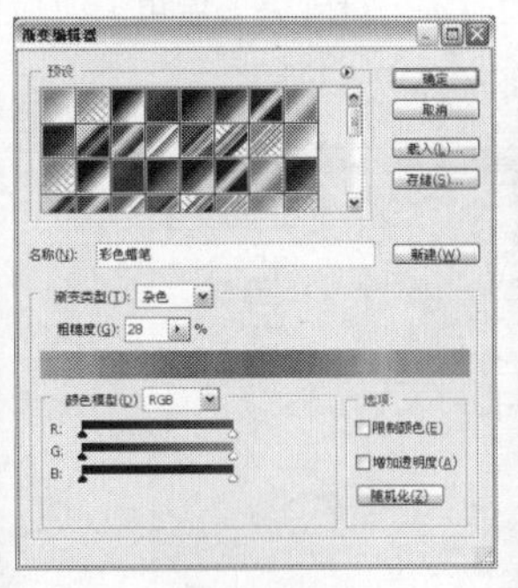

图11-7-15

图11-7-16

STEP 11 将“图层3”的混合模式设置为“叠加”，得到的图像效果如图11-7-17所示，“图层”面板如图11-7-18所示。

图11-7-17

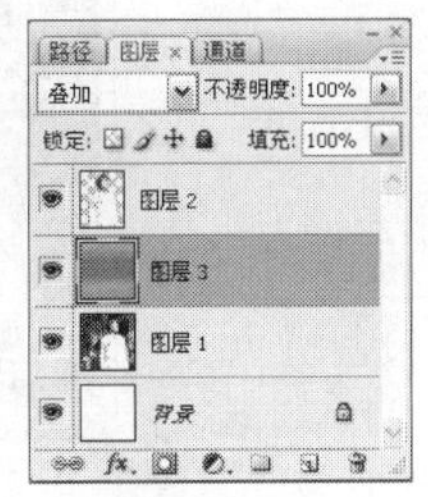

图11-7-18

STEP 12 选择“图层3”，单击“图层”面板上的创建新的填充或调整图层按钮，在弹出的下拉菜单中选择“色相/饱和度”，弹出“色相/饱和度”对话框，具体参数设置如图11-7-19所示，设置完毕后单击“确定”按钮，得到的图像效果如图11-7-20所示。

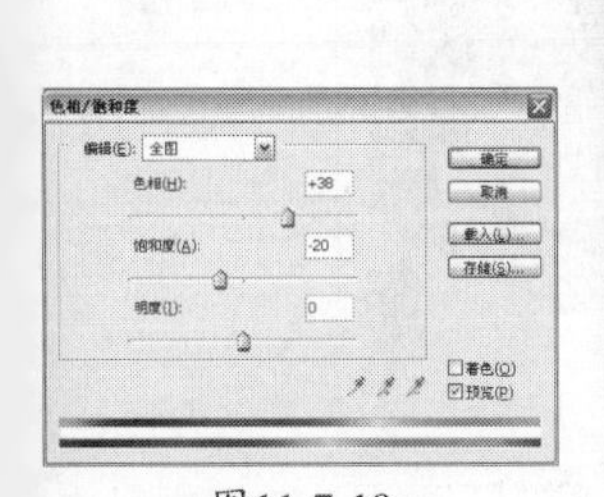

图11-7-19

图11-7-20

STEP 13 按Ctrl键单击“图层”面板上除“背景”图层外所有图层，将其全部选中，如图11-7-21所示，按快捷键Ctrl+E合并所选图层，得到合并后的图层“图层2”，“图层”面板如图11-7-22所示。

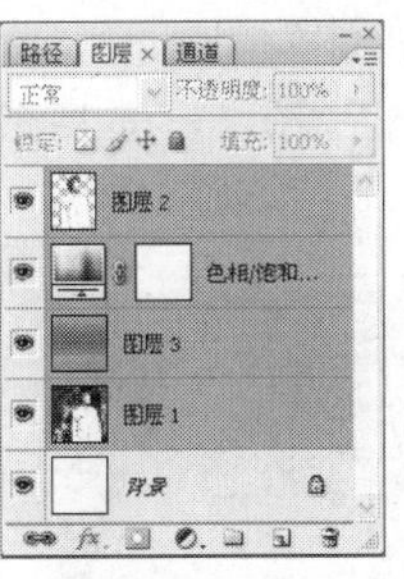

图11-7-21

图11-7-22

STEP 14 选择“图层2”，按快捷键Ctrl+A将图像全选，执行【选择】/【修改】/【收缩】命令，弹出“收缩”对话框，设置“收缩”值为50，设置完毕后单击“确定”按钮，得到的图像效果如图11-7-23所示。执行【选择】/【反向】命令（Ctrl+Shift+I），反选选区，按Delete键删除选区内图像，删除完毕后按Ctrl+D取消选择，得到的图像效果如图11-7-24所示。

图11-7-23

图11-7-24

STEP 15 选择工具箱中横排文字工具，在图像中单击在图像中连续输入文字，如图11-7-25所示，按Ctrl键单击所有文字图层将其全部选中，按快捷键Ctrl+T调出自由变换框，调整其大小和方向，如图11-7-26所示。

图11-7-25

图11-7-26

STEP 16 单击“图层”面板上的创建新图层按钮，新建“图层3”，选择工具箱中的多边形套索工具，在图像中绘制如图11-7-27所示的选区，将前景色色值设置为

R219、G108、B34，按快捷键Alt+Delete填充前景色，填充完毕后按快捷键Ctrl+D取消选择，将“图层3”的填充值设置为40%，得到的图像效果如图11-7-28所示。

图11-7-27

图11-7-28

STEP 17 将前景色色值设置为R84、G0、B0，选择工具箱中横排文字工具在图像中T，单击在图像中输入文字，并调整其方向，如图11-7-29所示。单击“图层”面板上的添加图层样式按钮fx.，在弹出的下拉菜单中选择“投影”选项，弹出“图层样式”对话框，具体参数设置如图11-7-30所示。设置完毕后不关闭对话框，继续勾选“外发光”选项，具体参数设置如图11-7-31所示。

图11-7-29

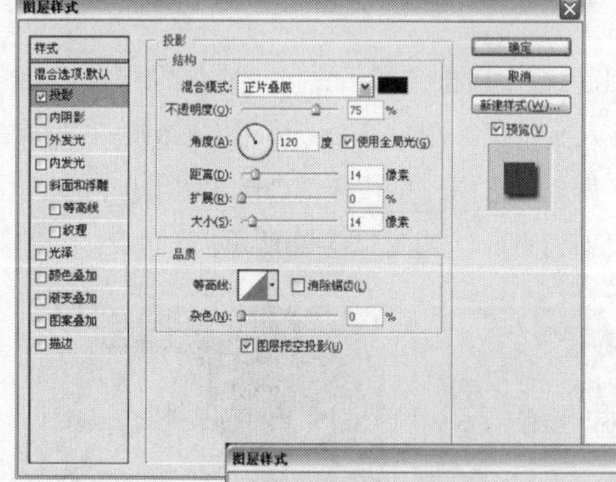

图11-7-30

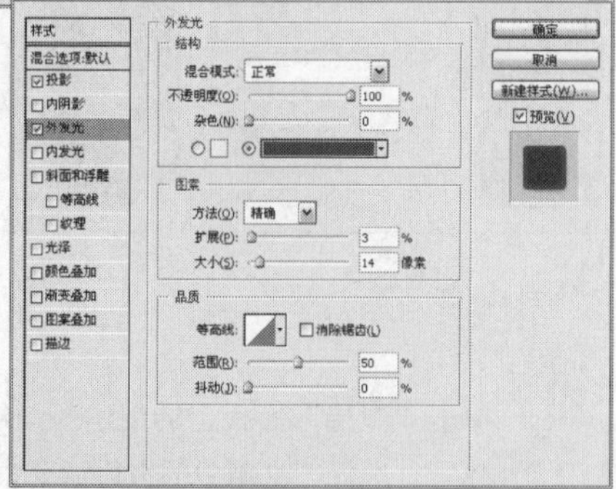

图11-7-31

STEP 18 设置完毕后不关闭对话框，继续勾选“描边”选项，具体参数设置如图11-7-32所示。设置完毕后单击“确定”按钮，得到的图像效果如图11-7-33所示。

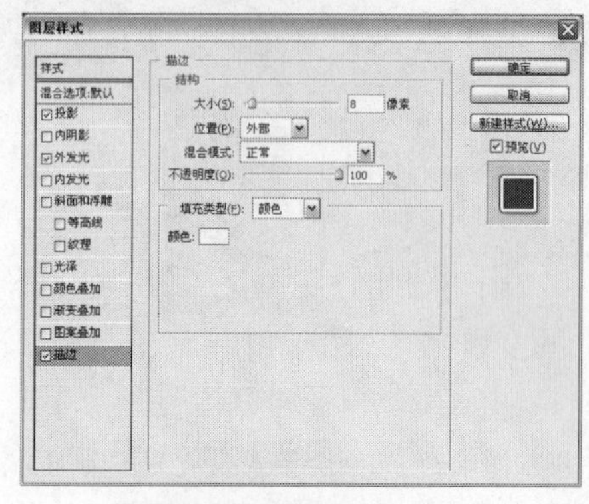

图11-7-32

图11-7-33

STEP 19 将前景色色值设置为R0、G18、B23，选择工具箱中横排文字工具在图像中T，继续输入文字，输入完毕后右键单击“图层”面板上“COOL”文字图层，在弹出的下拉菜单中选择“拷贝图层样式”，右键单击“BOY”文字图层，在弹出的下拉菜单中选择“粘贴图层样式”，得到的图像效果如图11-7-34所示。

图11-7-34

STEP 20 同上步输入一些琐碎文字，目的也是丰富画面，可以运用Photoshop CS3的其他功能来进行设计制作，添加文字后的图像效果如图11-7-35所示。

图11-7-35

STEP 21 执行【文件】/【打开】命令（Ctrl+O），弹出“打开”对话框，选择素材图片，选择完毕后单击“打开”按钮，得到的图像效果如图11-7-36所示。选择工具箱中的移动工具，将素材拖曳至新建文档中，生成“图层4”，调整其大小和位置，如图11-7-37示。

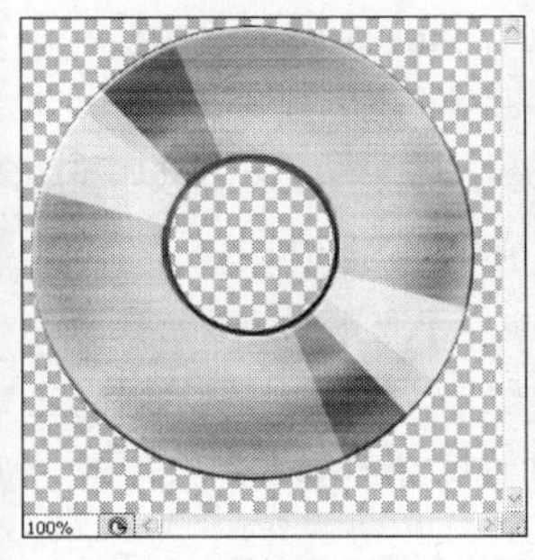

图11-7-36

图11-7-37

STEP 22 将前景色设置为黑色，单击“图层”面板上的创建新图层按钮，新建“图层5”，选择工具箱中的自定形状工具，在其工具选项栏中选择如图11-7-38所示的形状并单击填充像素按钮，在图像中连续绘制图像，得到的图像效果如图11-7-39所示。

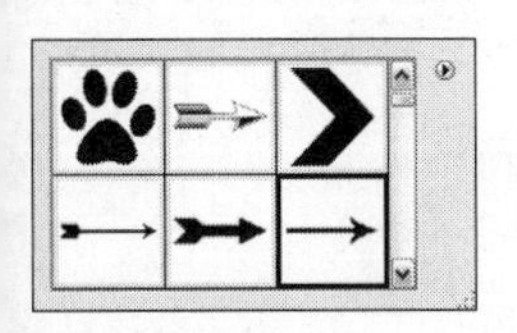

图11-7-38

图11-7-39

STEP 23 选择“图层5”，单击“图层”面板上的添加图层样式按钮，在弹出的下拉菜单中选择“描边”选项，弹出“图层样式”对话框，具体参数设置如图11-7-40所示。设置完毕后单击“确定”按钮，得到的图像效果如图11-7-41所示。

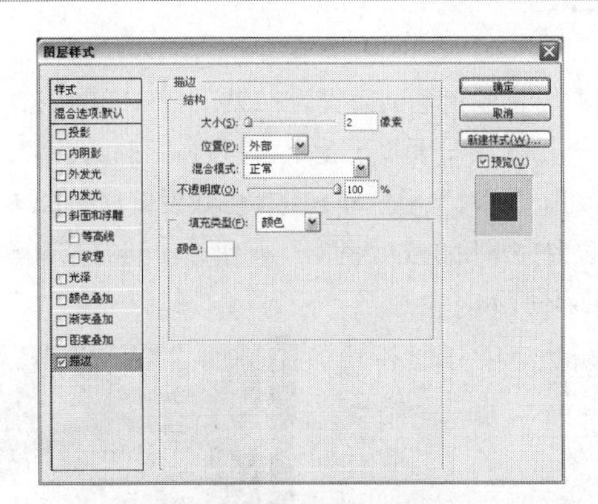

图11-7-40

图11-7-41

STEP 24 将前景色设置为白色，单击“图层”面板上的创建新图层按钮，新建“图层6”，选择工具箱中的矩形选框工具，在图像中绘制如图11-7-42所示的选区，按快捷键Alt+Delete填充前景色，填充完毕后按快捷键Ctrl+D取消选择，将“图层6”填充值设置为50%，得到的图像效果如图11-7-43所示。

图11-7-42

图11-7-43

STEP 25 选择工具箱中横排文字工具在图像中T，单击在图像中输入文字，如图11-7-44所示。

图11-7-44

STEP 26 将前景色色值设置为R179、G74、B111，执行【图像】/【画布大小】命令，弹出“画布大小”对话框，勾选“相对”复选框，具体参数设置如图11-7-45所示，设置完毕后单击“确定”按钮，得到的图像效果如图11-7-46所示。

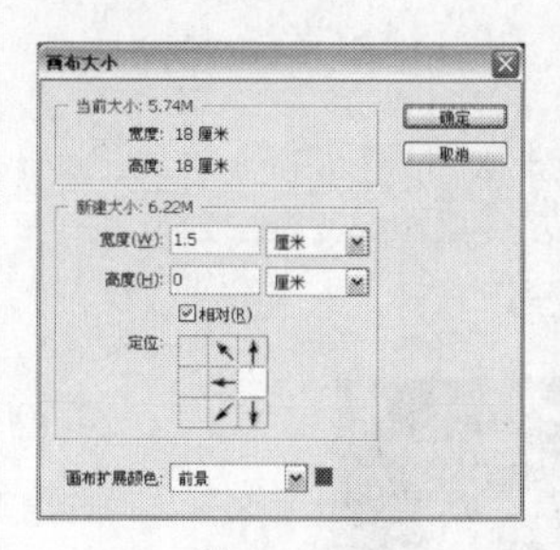

图11-7-45

图11-7-46

STEP 27 选择工具箱中横排文字工具在图像中T，单击在图像中输入文字，如图11-7-47所示。

图11-7-47

STEP 28 执行【文件】/【新建】命令（Ctrl+N），弹出“新建”对话框，具体设置如图11-7-48所示，设置完毕后单击“确定”按钮。切换至前面的文档中，按Shift键分别单击除“背景”图层以外的所有图层，选择工具箱中的移动工具，将所选图层拖曳至新建文档中，并将图像移动到整个文档中央，如图11-7-49所示。

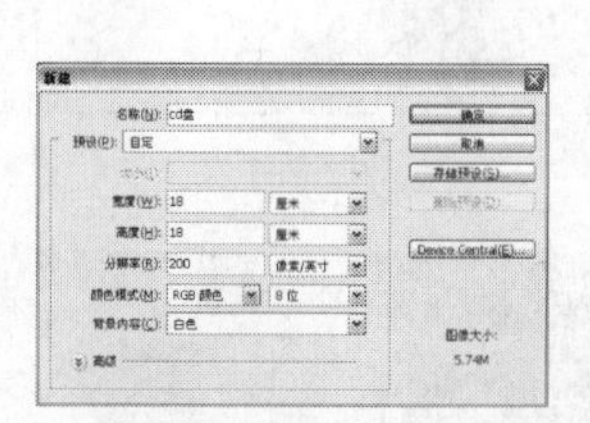

图11-7-48

图11-7-49

STEP 29 执行【视图】/【标尺】命令（Ctrl+R），显示标尺，在图像四周各留3mm出血。确定文档中心辅助线与图像中心辅助线的位置为90mm，单击并拖曳标尺左上角的区域，图像中会出现十字辅助线，使十字辅助线与图像中心辅助线重合，标尺的原点将改变，在距离原点17.3mm和10mm的位置上分别绘制垂直辅助线。如图11-7-50所示。调整图像中的文字所在的位置，得到的图像效果如图11-7-51所示。

图11-7-50

图11-7-51

STEP 30 选择工具箱中的椭圆选框工具，将鼠标的十字符号与辅助线的中心对齐，按住Shift+Alt键的同时从中心向外绘制圆形选区，知道路径与3mm出血线重合，得到的图像效果如图11-7-52所示。将除“背景”图层以外的所有图层全部选中，按快捷键Ctrl+E合并所选图层，将合并后的图层命名为“图层1”，执行【选择】/【反选】命令（Ctrl+Shift+I），选择“图层1”，按Delete键删除选区内的图像，删除完毕后按Ctrl+D取消选择。

图11-7-52

STEP 31 同样的方法绘制由图像中心到辅助线17.3mm处的同心圆，图像效果如图11-7-53所示，选择“图层1”，按快捷键Ctrl+J复制选区内的图像至新图层，得到“图层2”，“图层”面板如图11-7-54所示。

图11-7-53

图11-7-54

STEP 32 选择“图层2”，执行【滤镜】/【模糊】/【径向模糊】命令，弹出“径向模糊”对话框，具体参数设置如图11-7-55所示，设置完毕后单击“确定”按钮，得到的图像效果如图11-7-56所示。

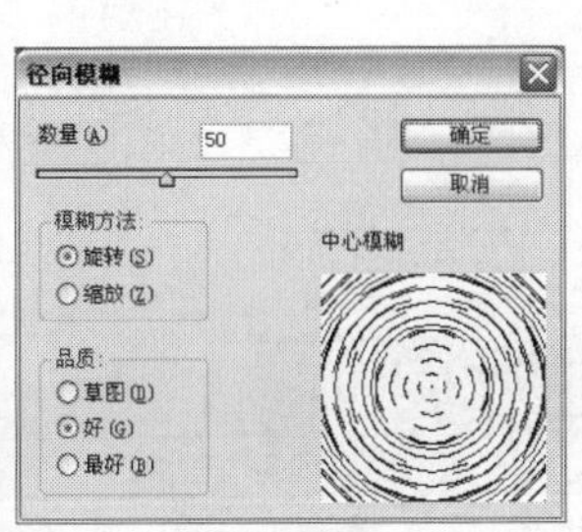

图11-7-55

图11-7-56

STEP 33 将“图层2”的混合模式设置为“滤色”，得到的图像效果如图11-7-57所示。“图层”面板如图11-7-58所示。

图11-7-57

图11-7-58

STEP 34 同样的方法绘制由图像中心到辅助线10mm处的同心圆，图像效果如图11-7-59所示，选择“图层2”，按Delete键删除选区内图像，选择“图层1”，按Delete键删除选区内图像，删除完毕后按快捷键Ctrl+D取消选择，按Ctrl键单击“图层2”缩览图，调出其选区，如图11-7-60所示。

图11-7-59

图11-7-60

STEP 35 单击“图层”面板上的创建新图层按钮，新建“图层3”，选择工具箱中的渐变工具，在其工具选项栏中单击可编辑渐变条，在弹出的“渐变编辑器”对话框设置如图11-7-61所示的渐变，设置完毕后单击“确定”按钮，在图像中绘制渐变，单击径向渐变按钮，以同心圆圆心为起点向圆外拖动鼠标绘制渐变，绘制完毕后按快捷键Ctrl+D取消选择，将“图层3”的填充值设置为30%，得到的图像效果如图11-7-62所示，“图层”面板如图11-7-63所示。

图11-7-61

图11-7-62

图11-7-63

STEP 36 按Ctrl键单击“图层1”、“图层2”和“图层3”将其全部选中，如图11-7-64所示。按快捷键Ctrl+Alt+E盖印图像，得到“图层3（合并）”图层，“图层”面板如图11-7-65所示。

图11-7-64

图11-7-65

STEP 37 执行【文件】/【新建】命令（Ctrl+N），弹出“新建”对话框，具体设置如图11-7-66所示，设置完毕后单击“确定”按钮。

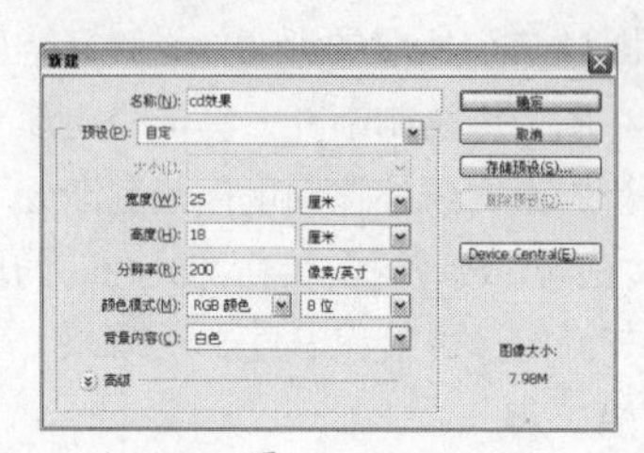

图11-7-66

STEP 38 分别选择制作完成的2个PSD图像文件，链接文件中除“背景”图层以外的所有图层，按快捷键Ctrl+E合并图层，将合并后的图层移动至新建文档中。将前景色色值设置为R155、G155、B155，按快捷键Alt+Delete键填充“背景”图层为前景色，得到的图像效果如图11-7-67所示。

图11-7-67

STEP 39 单击任意一个图层，单击“图层”面板上的添加图层样式按钮，在弹出的下拉菜单中选择“投影”选项，弹出“图层样式”对话框，具体参数设置如图11-7-68所示。继续勾选“描边”对话框，具体参数设置如图11-7-69所示，设置完毕后单击“确定”按钮，得到的图像效果如图11-7-70所示。

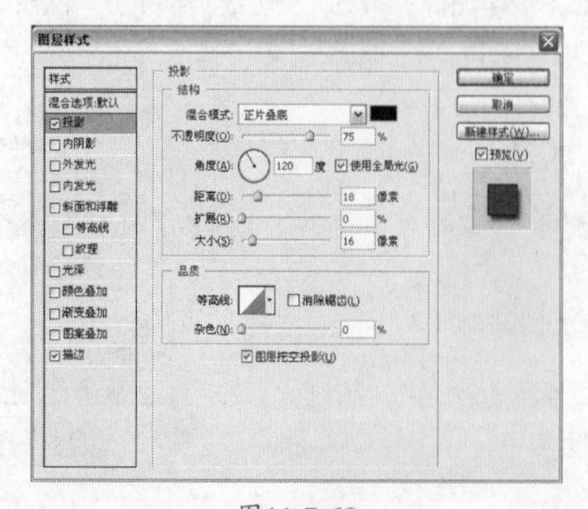

图11-7-68

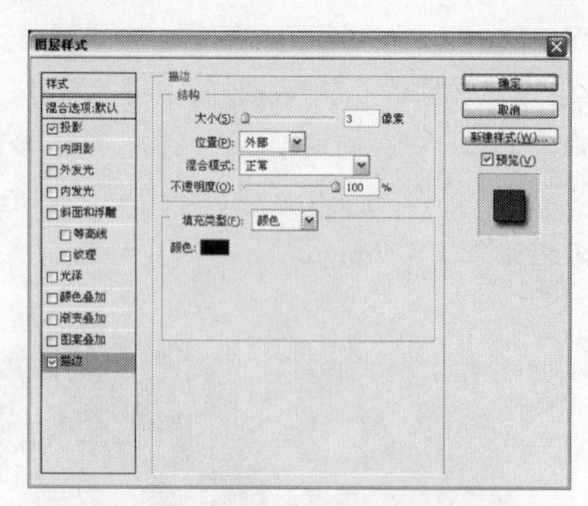

图11-7-69

图11-7-70

STEP 40 继续为其余图层添加“投影”图层样式，添加完毕后选择“背景”图层，执行【滤镜】/【杂色】/【添加杂色】命令，弹出“添加杂色”命令，具体参数设置如图11-7-71所示，设置完毕后单击“确定”按钮，得到的图像效果如图11-7-72所示。

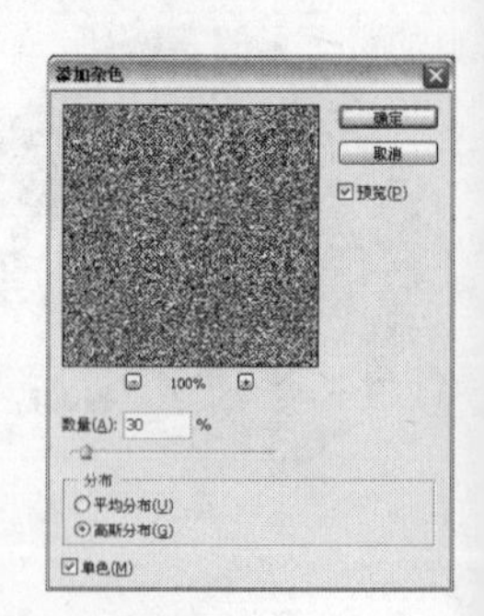

图11-7-71

图11-7-72

STEP 41 执行【滤镜】/【杂色】/【添加杂色】命令，弹出“添加杂色”命令，具体参数设置如图11-7-73所示，设置完毕后单击“确定”按钮，得到的图像效果如图11-7-74所示。

图11-7-73

图11-7-74

STEP 42 选择“背景”图层，单击“图层”面板上的创建新的填充或调整图层按钮，在弹出的下拉菜单中选择“渐变映射”，弹出“渐变映射”对话框，具体参数设置如图11-7-75所示。设置完毕后单击“确定”按钮，得到的图像效果如图11-7-76所示。

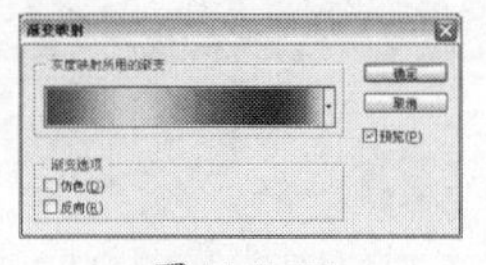

图11-7-75

图11-7-76

STEP 43 将前景色和背景色设置为默认的黑色和白色，单击“图层”面板上的创建新图层按钮，新建“图层2”，选择工具箱中的渐变工具，在其工具选项栏中单击可编辑渐变条，在弹出的“渐变编辑器”对话框设置由前景到背景的渐变类型，设置完毕后单击“确定”按钮，在图像中从上至下绘制渐变，绘制完毕后将“图层2”的混合模式设置为“正片叠底”，得到的图像效果如图11-7-77所示，“图层”面板如图11-7-78所示。

图11-7-77

图11-7-78

Effect 08

制作个性月历

01 使用【镜头模糊】滤镜制作模糊背景

02 使用【色相/饱和度】调整图层修改背景颜色

03 学习如何绘制辅助线

04 为文字添加图层样式

STEP 01 执行【文件】/【新建】命令（Ctrl+N），弹出"新建"对话框，具体设置如图11-8-1所示，设置完毕后单击"确定"按钮。

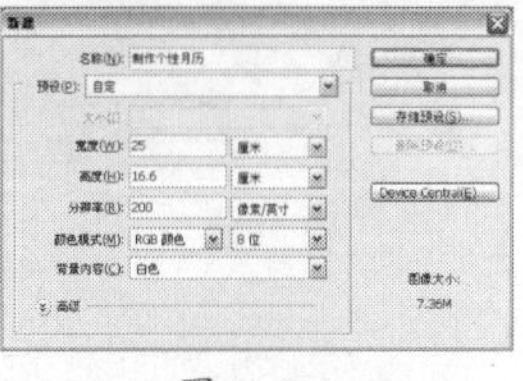

图11-8-1

STEP 02 将前景色设置为默认的黑色和白色，执行【滤镜】/【杂色】/【添加杂色】命令，弹出"添加杂色"对话框，具体设置如图11-8-2所示，设置完毕后单击"确定"按钮，得到的图像效果如图11-8-3所示。

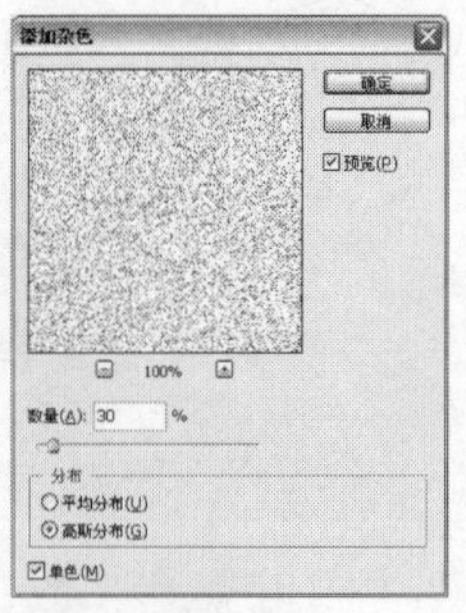

图11-8-2

图11-8-3

STEP 03 执行【滤镜】/【模糊】/【动感模糊】命令，弹出"动感模糊"对话框，具体设置如图11-8-4所示，设置完毕后单击"确定"按钮，得到的图像效果如图11-8-5所示。

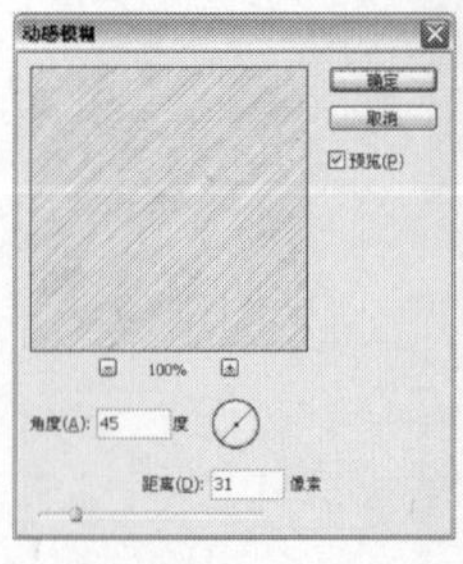

图11-8-4

图11-8-5

STEP 04 执行【滤镜】/【像素化】/【点状化】命令，弹出"点状化"对话框，具体设置如图11-8-6所示，设置完毕后单击"确定"按钮，得到的图像效果如图11-8-7所示。

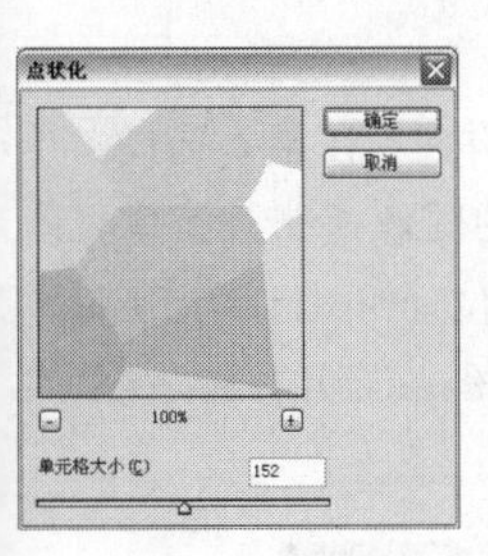

图11-8-6

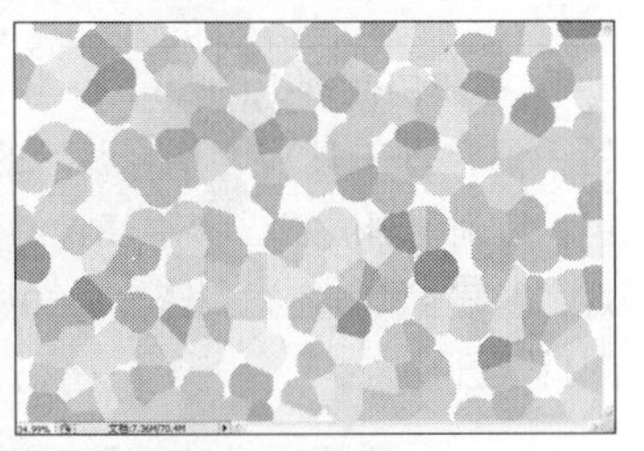
图11-8-7

步骤提示技巧

【点状化】滤镜将图像分为随即的彩色斑点，空白部分由背景色填充。该滤镜与【彩色半调】滤镜效果相似，它们的不同点在于【点状化】滤镜最终生成的是与原图像颜色一致的斑点，而不是各个通道的原色斑点。

STEP 05 单击“图层”面板上的创建新的填充或调整图层按钮，在弹出的下拉菜单中选择“色相/饱和度”选项，弹出“色相/饱和度”对话框，具体参数设置如图11-8-8所示，设置完毕后单击“确定”按钮，得到的图像效果如图11-8-9所示。

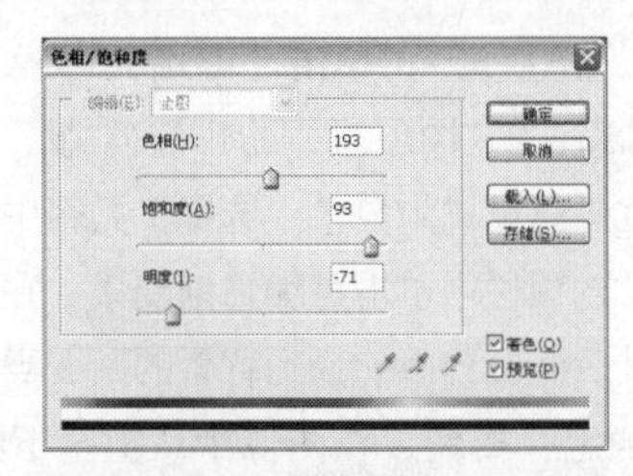

图11-8-8

图11-8-9

STEP 06 单击“图层”面板上的创建新图层按钮，新建“图层1”。选择工具箱中的矩形选框工具，在图像中绘制如图11-8-10所示的矩形选区。将前景色色值设置为R95、G150、B189，按快捷键Alt+Delete填充前景色，填充完毕后按快捷键Ctrl+D取消选择，得到的图像效果如图11-8-11所示。

图11-8-10

图11-8-11

STEP 07 选择“图层1”，单击“图层”面板上的创建新图层按钮，新建“图层2”。选择工具箱中的矩形选框工具，在图像中绘制如图11-8-12所示的矩形选区，将前景色色值设置为R33、G81、B118，按快捷键Alt+Delete填充前景色，填充完毕后按快捷键Ctrl+D取消选择，得到的图像效果如图11-8-13所示。

图11-8-12

图11-8-13

STEP 08 执行【文件】/【打开】命令（Ctrl+O），弹出“打开”对话框，选择素材图片，选择完毕后单击“打开”按钮，得到的图像效果如图11-8-14所示。

图11-8-14

STEP 09 单击“图层”面板上的创建新的填充或调整图层按钮，在弹出的下拉菜单中选择“阈值”选项，弹出“阈值”对话框，具体参数设置如图11-8-15所示，设置完毕后单击“确定”按钮，得到的图像效果如图11-8-16所示。

图11-8-15

图11-8-16

STEP 10 单击“图层”面板上的创建新的填充或调整图层按钮，在弹出的下拉菜单中选择“渐变映射”选项，弹出“渐变映射”对话框，具体参数设置如图11-8-17所示，设置完毕后单击“确定”按钮，得到的图像效果如图11-8-18所示。

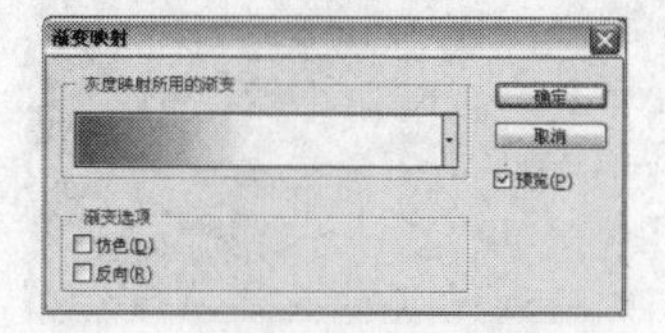

图11-8-17

图11-8-18

STEP 11 按快捷键Ctrl+Shift+E合并所有图层，选择工具箱中的移动工具，将合并后的图像拖曳至新建文档中，得到“图层3”，调整图像的位置如图11-8-19所示，将“图层3”的填充值设置为70%，得到的图像效果如图11-8-20所示。

图11-8-19

图11-8-20

STEP 12 选择“图层3”，单击“图层”面板上的创建图层蒙版按钮，为“图层3”添加图层蒙版，将前景色设置为黑色，背景色设置为白色，选择工具箱中的渐变工具，在其工具选项栏中单击可编辑渐变条，在弹出的“渐变编辑器”对话框设置由前景到背景的渐变类型，设置完毕后单击“确定”按钮，在图像中从上至下绘制渐变，得到的图像效果如图11-8-21所示，“图层”面板状态如图11-8-22所示。

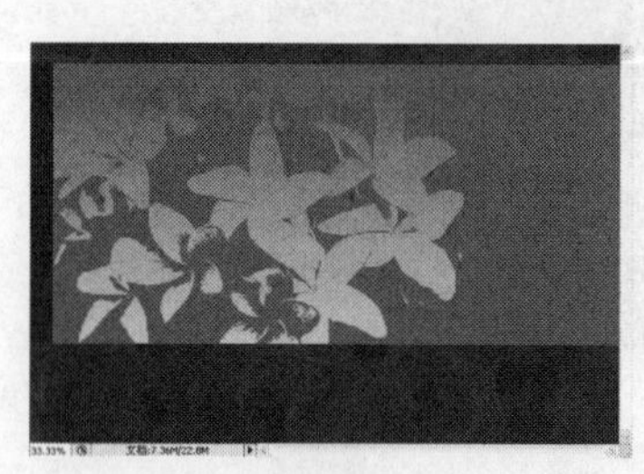

图11-8-21

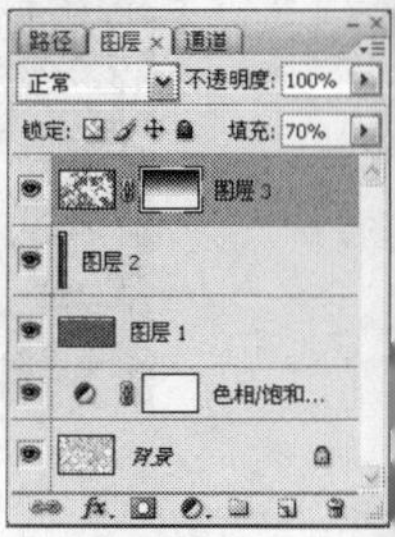

图11-8-22

STEP 13 选择“图层1”，单击“图层”面板上的添加图层样式按钮，在弹出的下拉菜单中选择“投影”选项，弹出“图层样式”对话框，具体参数设置如图11-8-23所示，设置完毕后单击“确定”按钮，得到的图像效果如图11-8-24所示。

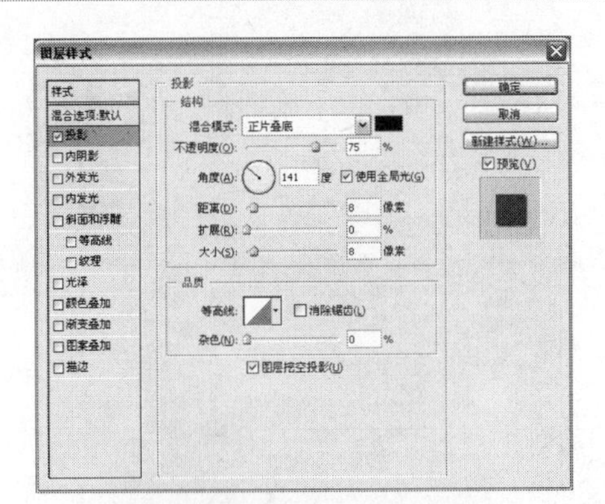

图11-8-23

图11-8-24

STEP 14 执行【文件】/【打开】命令（Ctrl+O），弹出“打开”对话框，选择素材图片，选择完毕后单击“打开”按钮，得到的图像效果如图11-8-25所示。

图11-8-25

STEP 15 选择工具箱中的移动工具，将素材图像拖曳至新建文档中，得到“图层4”，调整图像的大小和位置如图11-8-26所示。

图11-8-26

STEP 16 选择“图层4”，单击“图层”面板上的添加图层样式按钮，在弹出的下拉菜单中选择“投影”选项，弹出“图层样式”对话框，具体参数设置如图11-8-27所示，继续勾选“描边”选项，具体参数设置如图11-8-28所示，设置完毕后单击“确定”按钮，得到的图像效果如图11-8-29所示。

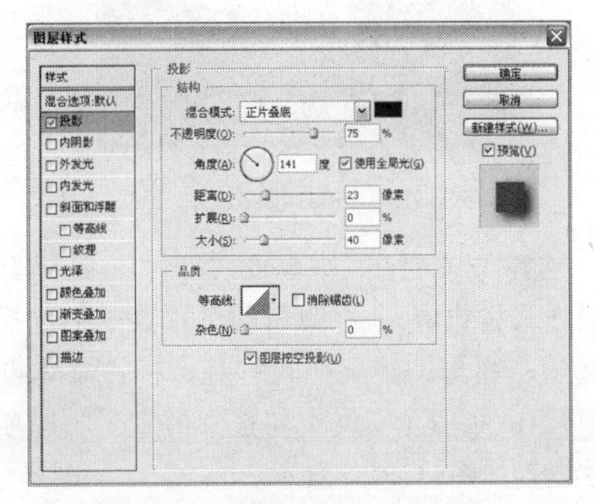

图11-8-27

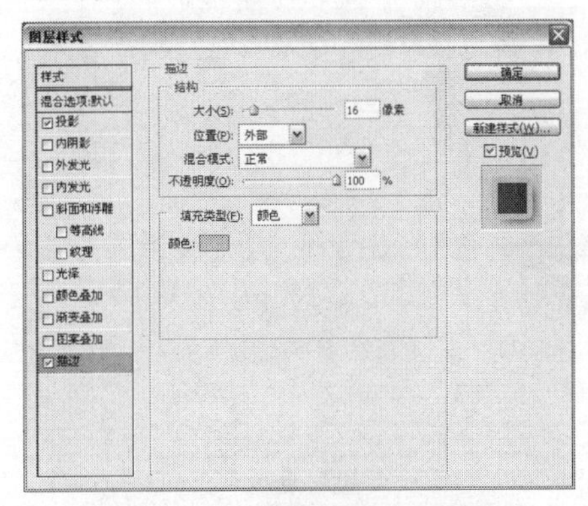

图11-8-28

图11-8-29

STEP 17 将前景色设置为黑色，单击“图层”面板上的创建新图层按钮，新建“图层5”，选择工具箱中的自定形状工具，在其工具选项栏中选择如图11-8-30所示的形状并单击填充像素按钮，在图像中绘制形状，得到的图像效果如图11-8-31所示。

图11-8-30

图11-8-31

STEP 18 选择“图层5”，单击“图层”面板上的添加图层样式按钮，在弹出的下拉菜单中选择“投影”选项，弹出“图层样式”对话框，具体参数设置如图11-8-32所示。继续勾选“内发光”选项，具体参数设置如图11-8-33所示。

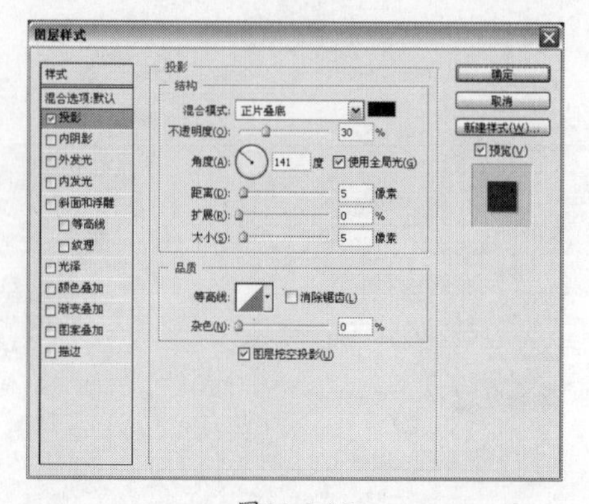

图11-8-32

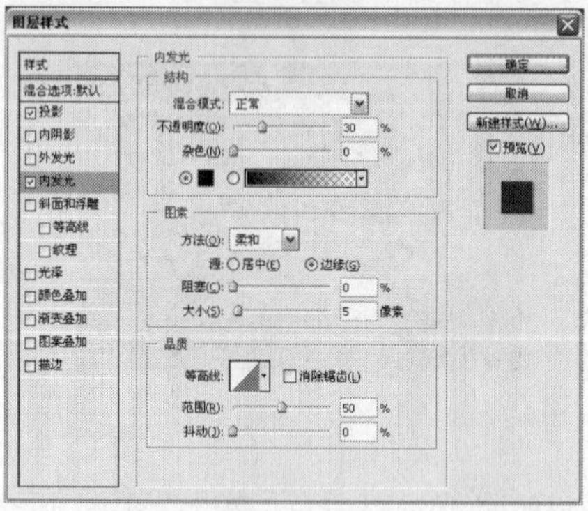

图11-8-33

STEP 19 设置完毕后不关闭对话框，继续勾选“斜面和浮雕”选项，具体参数设置如图11-8-34所示。设置完毕后继续勾选“颜色叠加”选项，具体参数设置如图11-8-35所示。设置完毕后继续勾选“光泽”选项，具体参数设置如图11-8-36所示，设置完毕后单击“确定”按钮，得到的图像效果如图11-8-37所示。

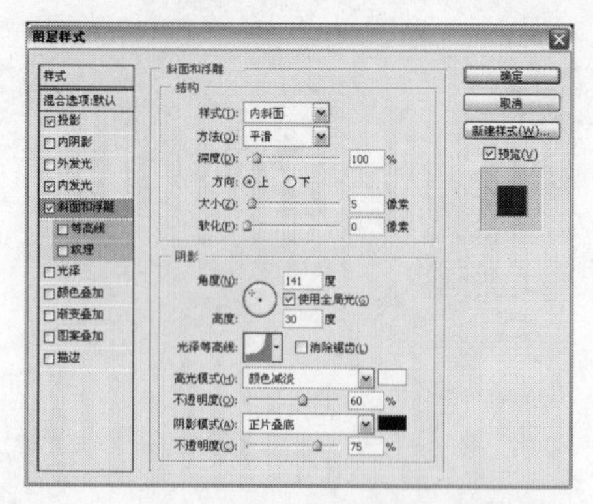

图11-8-34

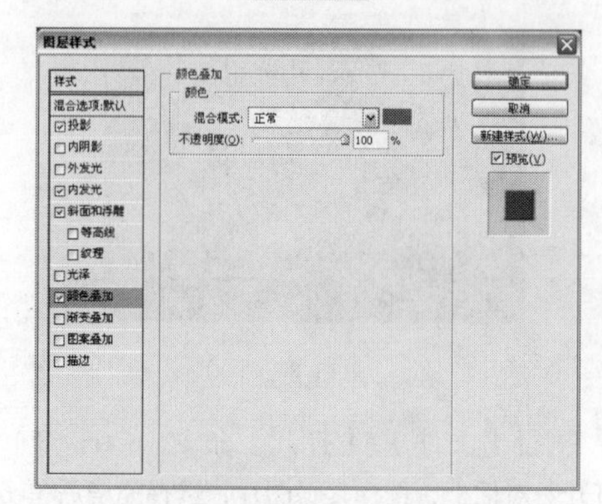

图11-8-35

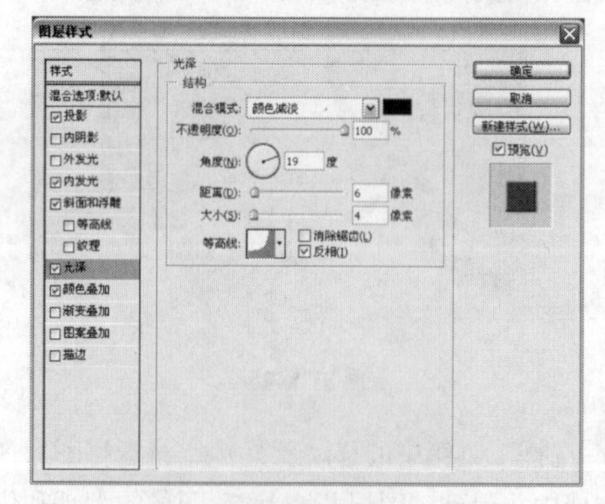

图11-8-36

图11-8-37

STEP 20 选择“图层5”，按快捷键Ctrl+T调出自由变换框，调整其大小和角度，调整完毕后按Enter键结束操作，得到的图像效果如图11-8-38所示。

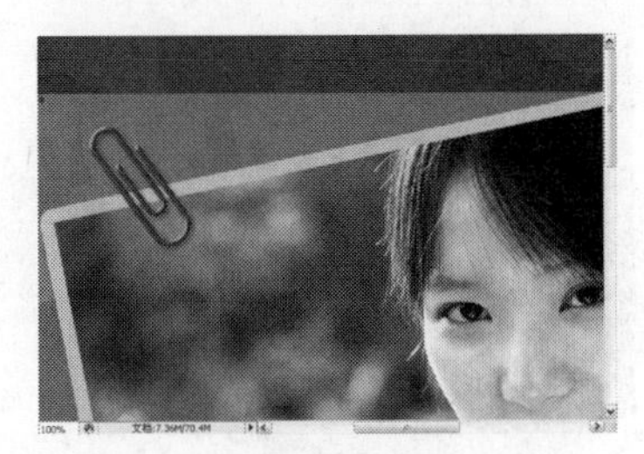

图11-8-38

STEP 21 选择工具箱中的多边形套索工具，在图像中绘制如图11-8-39所示的选区，按Delete键删除选区内的图像，得到的图像效果如图11-8-40所示。

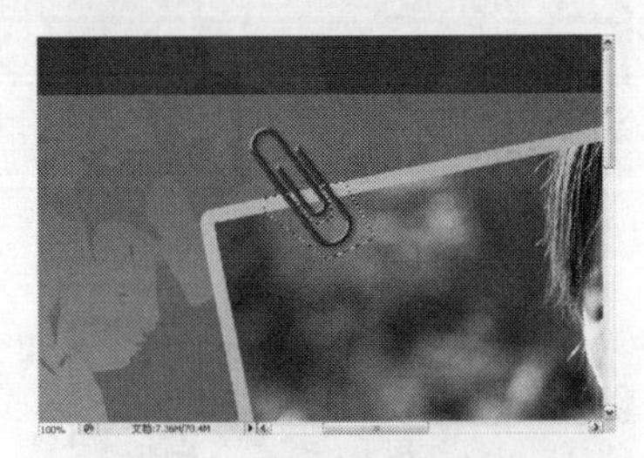

图11-8-39

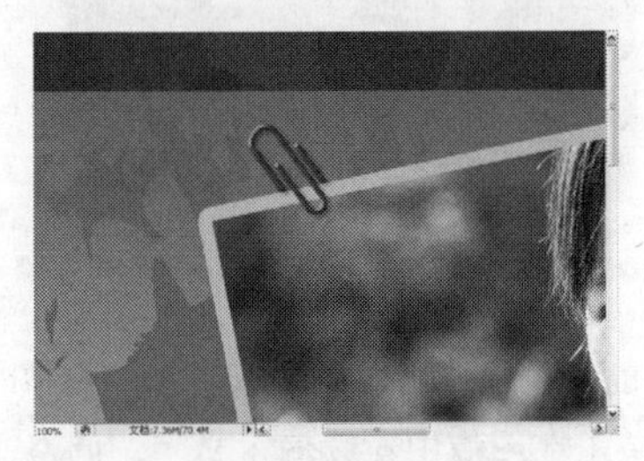

图11-8-40

STEP 22 使用同样的方法制作另外一只“曲别针”，得到的图像效果如图11-8-41所示。

图11-8-41

STEP 23 执行【文件】/【打开】命令（Ctrl+O），弹出“打开”对话框，选择素材文档，选择完毕后单击“打开”按钮，得到的图像效果如图11-8-42所示。选择工具箱中的移动工具，将文档中“图层1”拖曳至新建文档中，生成“图层6”，得到的图像效果如图11-8-43所示。

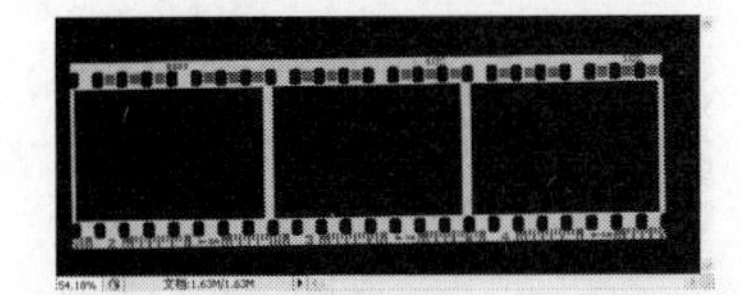

图11-8-42

图11-8-43

STEP 24 选择“图层6”，单击“图层”面板上的添加图层样式按钮，在弹出的下拉菜单中选择“投影”选项，弹出“图层样式”对话框，具体参数设置如图11-8-44所示，设置完毕后单击“确定”按钮，得到的图像效果如图11-8-45所示。

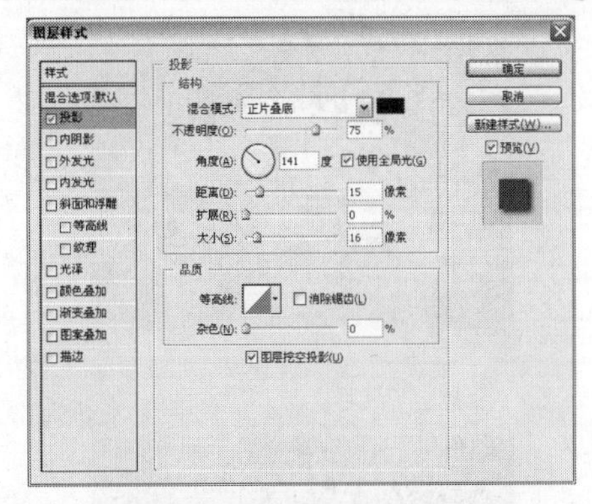

图11-8-44

图11-8-45

STEP 25 执行【文件】/【打开】命令（Ctrl+O），弹出“打开”对话框，选择素材图片，选择完毕后单击“打开”按钮，得到的图像效果如图11-8-46所示。选择工具箱中的移动工具，将图像拖曳至新建文档中，生成“图层7”，按快捷键Ctrl+T，调整图像位置、方向和大小，得到的图像效果如图11-8-47所示。

图11-8-46

图11-8-47

STEP 26 使用同样的方法将其余素材图像置于文档中，并调整其位置、方向和大小，得到“图层8”和“图层9”，得到的图像效果如图11-8-48和图11-8-49所示。

图11-8-48

图11-8-49

STEP 27 单击“图层”面板上的创建新图层按钮，新建“图层10”，将“图层10”置于“图层6”的下方。选择工具箱中的矩形选框工具，在图像中绘制如图11-8-50所示的矩形选区，执行【选择】/【变换选区】命令，调整选区的角度，如图11-8-51所示。将前景色色值设置为R33、G81、B118，按快捷键Alt+Delete填充前景色，填充完毕后按快捷键Ctrl+D取消选择，得到的图像效果如图11-8-52所示。

图11-8-50

图11-8-51

图11-8-52

STEP 28 将前景色设置为白色，选择工具箱中的横排文字工具，单击在图像中连续输入文字，调整文字大小和位置，得到的图像效果如图11-8-53所示。

图11-8-53

STEP 29 选择“2008”文字图层，单击“图层”面板上的添加图层样式按钮，在弹出的下拉菜单中选择“投影”选项，弹出“图层样式”对话框，具体参数设置如图11-8-54所示。继续勾选“外发光”选项，具体参数设置如图11-8-55所示。设置完毕后不关闭对话框，继续勾选“斜面和浮雕”选项，具体参数设置如图11-8-56所示。

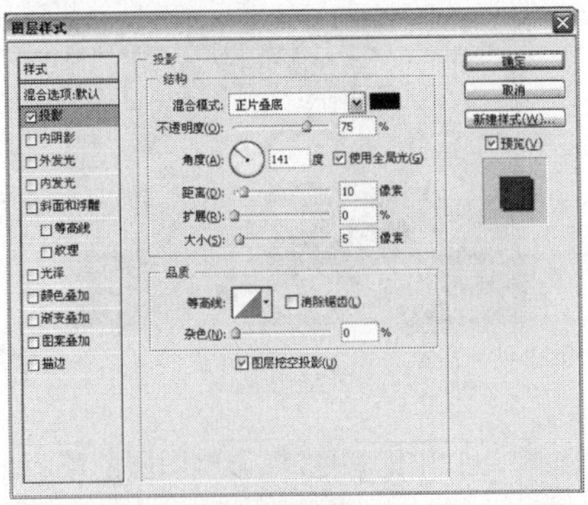

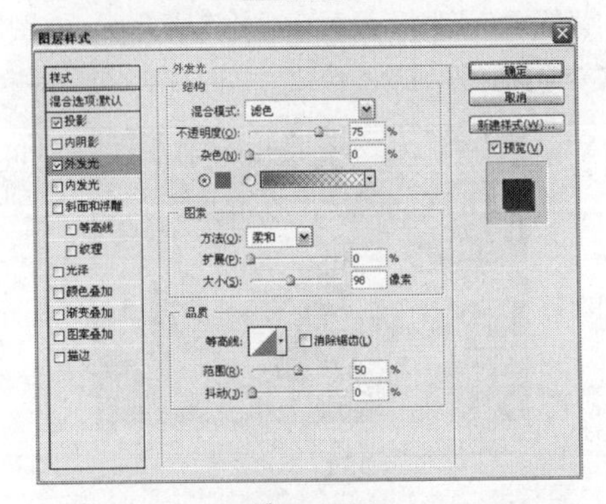
图11-8-54

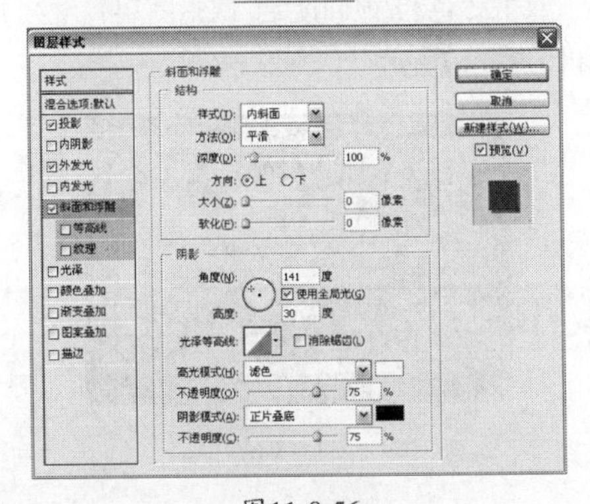
图11-8-55

图11-8-56

STEP 30 设置完毕后不关闭对话框，继续勾选“渐变叠加”选项，具体参数设置如图11-8-57所示。设置完毕后单击“确定”按钮，得到的图像效果如图11-8-58所示。

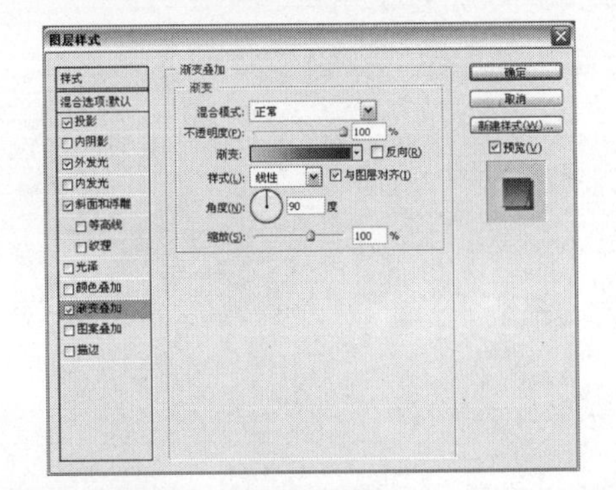
图11-8-57

图11-8-58

STEP 31 单击“图层”面板上的创建新图层按钮，新建“图层11”，将“图层11”置于“图层”面板的顶端。选择工具箱中的矩形选框工具，在图像中绘制如图11-8-59所示的矩形选区。将前景色设置为白色，按快捷键Alt+Delete填充前景色，填充完毕后按快捷键Ctrl+D取消选择，将“图层11”的填充值设置为50%，得到的图像效果如图11-8-60所示。

图11-8-59

图11-8-60

STEP 32 选择“图层11”，单击“图层”面板上的创建新图层按钮，新建“图层12”选择工具箱中的矩形选框工具，在图像中绘制如图11-8-61所示的矩形选区。将前景色色值设置为R35、G62、B83，按快捷键Alt+Delete填充前景色，填充完毕后按快捷键Ctrl+D取消选择，得到的图像效果如图11-8-62所示。

图11-8-61

图11-8-62

STEP 33 选择工具箱中的横排文字工具T，单击在图像中连续输入文字，调整文字大小和位置，得到的图像效果如图11-8-63所示。

图11-8-63

STEP 34 通过添加调整图层可以改变作品的颜色风格。单击“图层”面板上创建新的填充或调整图层按钮，在弹出的下拉菜单中选择“色相/饱和度”选项，弹出“色相/饱和度”对话框，具体参数设置如图11-8-64所示，设置完毕后单击“确定”按钮，得到的图像效果如图11-8-65所示。

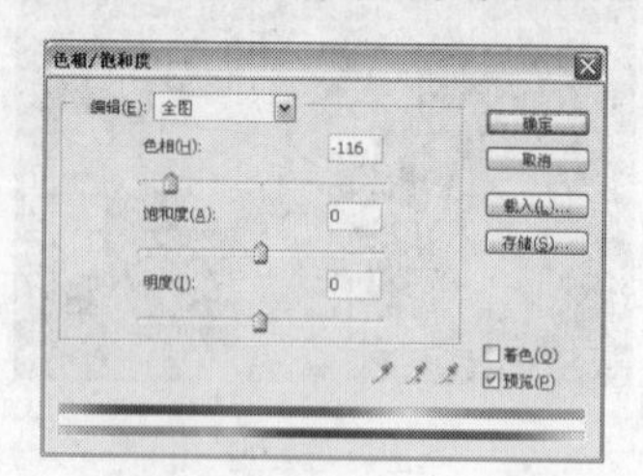

图11-8-64

图11-8-65

STEP 35 选择“色相/饱和度2”调整图层的蒙版，将前景色设置为黑色，选择工具箱中的画笔工具，在其工具选项栏中设置柔角笔刷，设置合适的笔刷大小，在图像中人物皮肤处涂抹，得到的图像效果如图11-8-66所示。

图11-8-66

STEP 36 双击“色相/饱和度2”调整图层，继续调整参数，如图11-8-67所示。

图11-8-67

Effect 09

制作个性电脑桌面

01 使用【波浪】滤镜和【动感模糊】制作炫酷背景

02 使用【色相/饱和度】调整图层修改背景颜色

03 添加图层样式制作彩色按钮

04 使用绘制的图像定义图案并使用【填充】命令填充图层

STEP 01 执行【文件】/【新建】命令（Ctrl+N），弹出“新建”对话框，具体设置如图11-9-1所示，设置完毕后单击“确定”按钮。

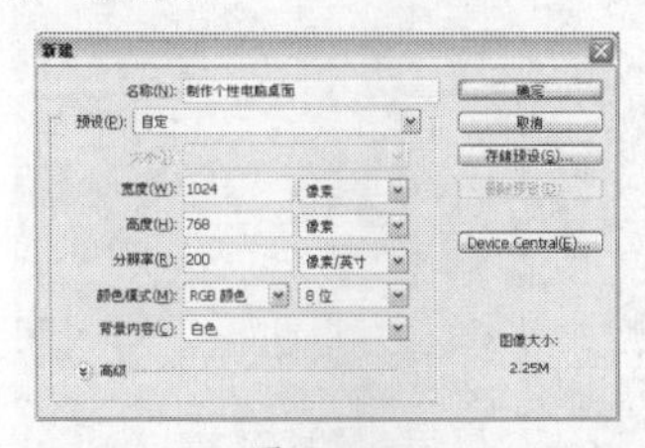

图11-9-1

STEP 02 将前景色设置为黑色，按快捷键Alt+Delete填充前景色，单击“图层”面板上的创建新图层按钮，新建“图层1”，将前景色色值设置为R128、G32、B32，按快捷键Alt+Delete填充前景色，得到的图像效果如图11-9-2所示。

图11-9-2

STEP 03 执行【文件】/【新建】命令（Ctrl+N），弹出“新建”对话框，具体设置如图11-9-3所示，设置完毕后单击“确定”按钮。

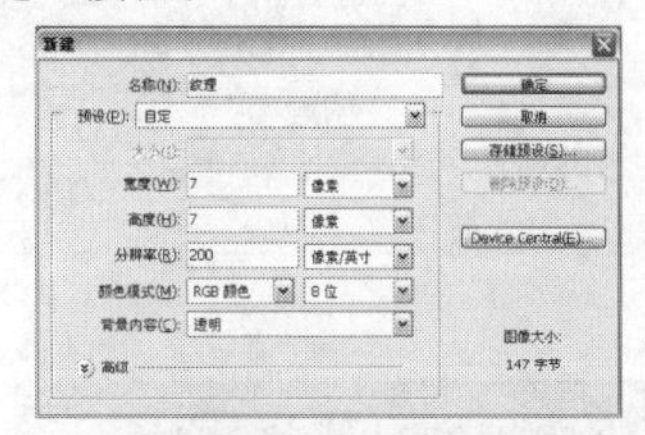

图11-9-3

STEP 04 将前景色设置为黑色，选择工具箱中的画笔工具，在图像中从右上角至左下角绘制直线，得到的图像效果如图11-9-4所示。执行【编辑】/【定义图案】命令，弹出“图案名称”对话框，如图11-9-5所示，设置完毕后单击“确定”按钮。

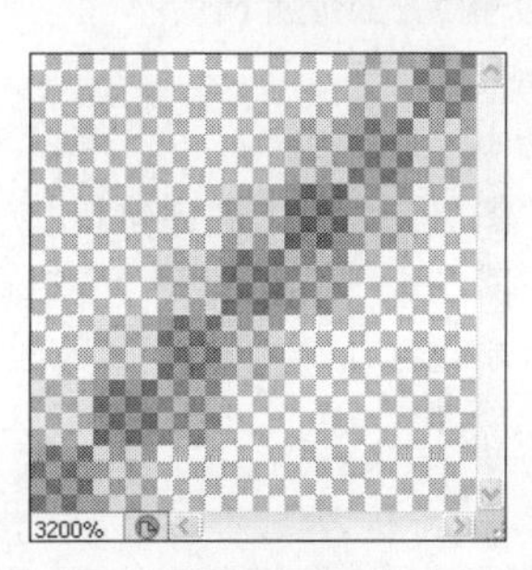

图11-9-4

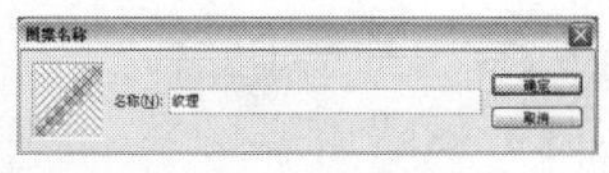

图11-9-5

STEP 05 切换至前面的文档中，选择“图层1”，执行【编辑】/【填充】命令，弹出“填充”对话框，选择上一步定义的图案，具体参数设置如图11-9-6所示，设置完毕后单击“确定”按钮，得到的图像效果如图11-9-7所示。

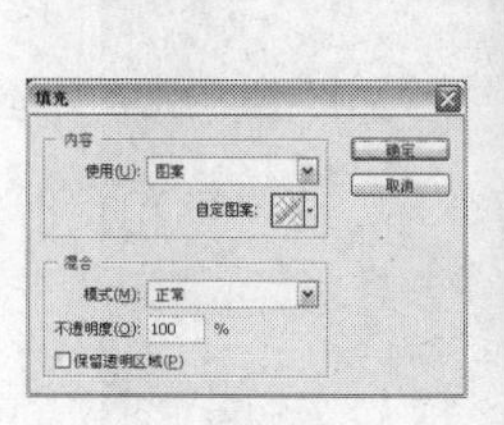
图11-9-6

图11-9-7

STEP 06 执行【文件】/【打开】命令（Ctrl+O），弹出“打开”对话框，选择素材文档，选择完毕后单击“打开”按钮，得到的图像效果如图11-9-8所示。选择工具箱中的移动工具，将图像拖曳至新建文档中，生成“图层2”，将“图层2”的填充值设置为30%，按快捷键Ctrl+T，调整图像位置、方向和大小，得到的图像效果如图11-9-9所示。

图11-9-8

图11-9-9

STEP 07 将“图层2”拖曳至“图层”面板上的创建新图层按钮2次，得到“图层2副本”和“图层2副本2”图层，调整其方向和位置，得到的图像效果如图11-9-10所示。

图11-9-10

STEP 08 按Ctrl键单击除“背景”图层外的所有图层，将其选中，按快捷键Ctrl+E合并所选图层，将合并后的图层更名为“图层1”。选择工具箱中的圆角矩形工具，在其工具选项栏中设置“半径”为60，在图像中连续绘制圆角矩形，如图11-9-11所示。选择工具箱中的路径选择工具，将所有路径选中，按快捷键Ctrl+T调整路径的方向和位置，如图11-9-12所示。

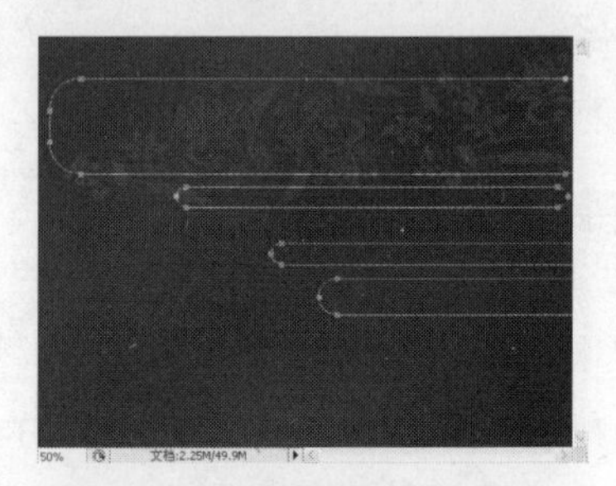
图11-9-11

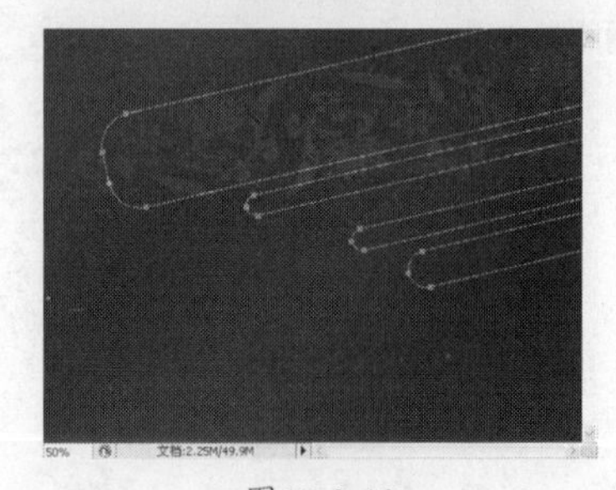
图11-9-12

STEP 09 切换至“路径”面板，单击将路径作为选区载入按钮，得到的图像效果如图11-9-13所示。选择“图层1”，单击“图层”面板上的添加图层蒙版按钮，为“图层1”添加图层蒙版，得到的图像效果如图11-9-14所示。

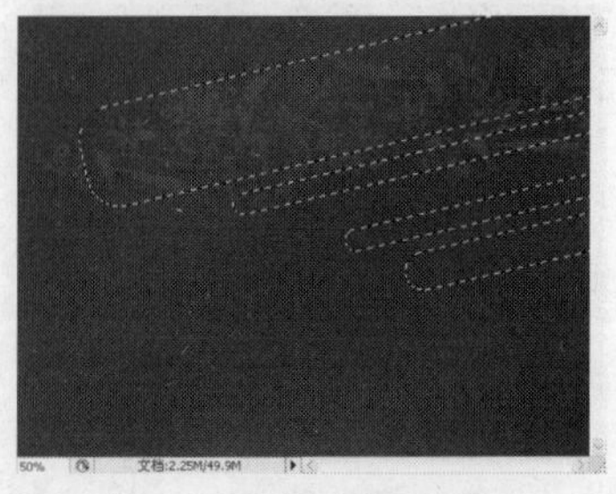
图11-9-13

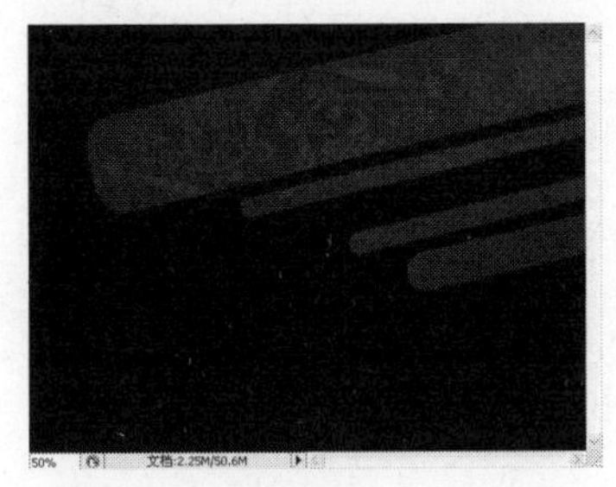

图11-9-14

STEP 10 选择工具箱中的多边形套索工具，在图像中绘制如图11-9-15所示的选区，选择"图层1"的蒙版，将前景色设置为白色，按快捷键Alt+Delete填充前景色，填充完毕后按快捷键Ctrl+D取消选择，得到的图像效果如图11-9-16所示。

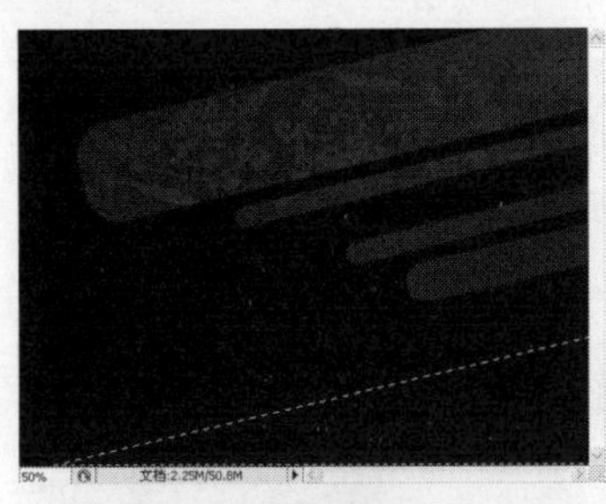

图11-9-15

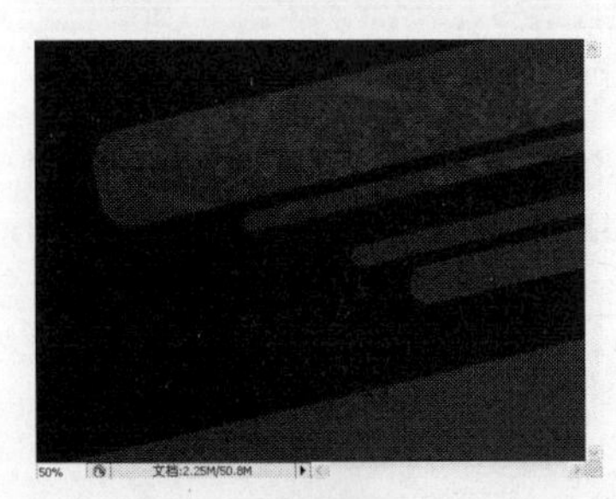

图11-9-16

STEP 11 执行【文件】/【打开】命令（Ctrl+O），弹出"打开"对话框，选择素材文档，选择完毕后单击"打开"按钮，得到的图像效果如图11-9-17所示。

图11-9-17

STEP 12 执行【滤镜】/【模糊】/【动感模糊】命令，弹出"动感模糊"对话框，具体参数设置如图11-9-18所示，设置完毕后单击"确定"按钮，得到的图像效果如图11-9-19所示。

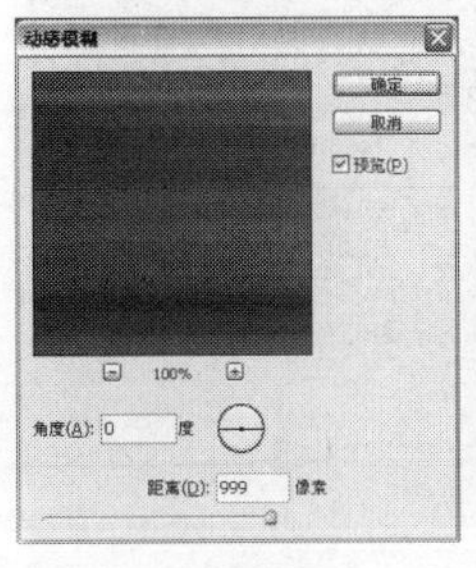

图11-9-18

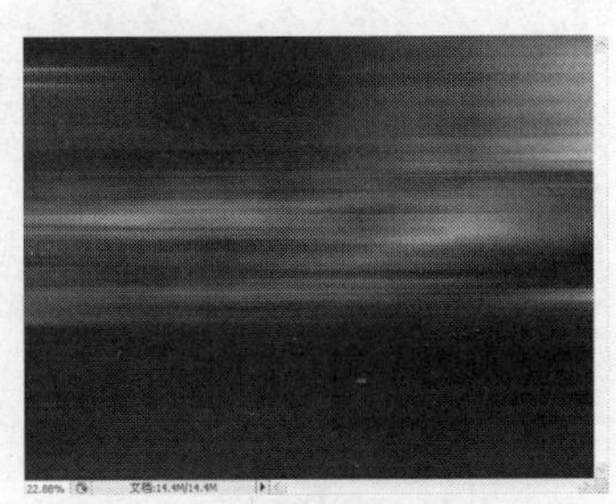

图11-9-19

STEP 13 执行【图像】/【调整】/【曲线】命令，弹出"曲线"对话框，具体参数设置如图11-9-20所示，设置完毕后单击"确定"按钮，得到的图像效果如图11-9-21所示。

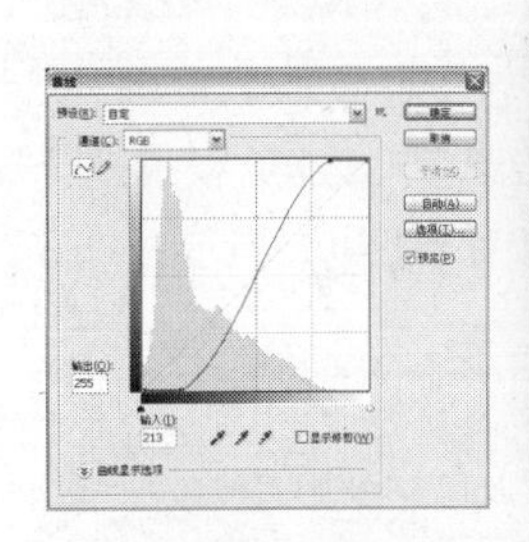

图11-9-20

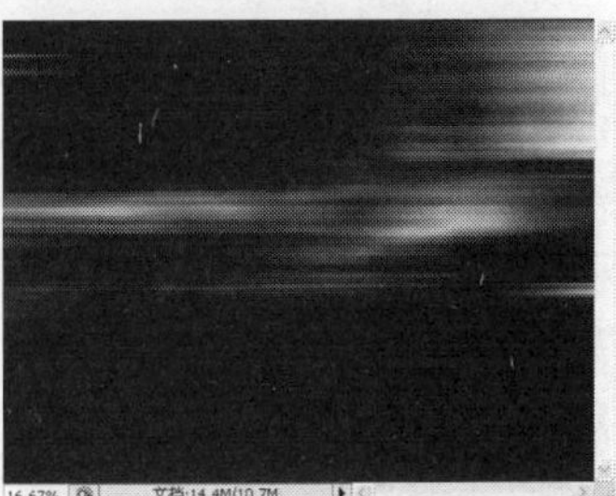

图11-9-21

STEP 14 选择工具箱中的移动工具，将图像拖曳至新建文档中，生成"图层2"，将"图层2"的填充值设置为50%，将"图层2"至于"图层1"的下方按快捷键Ctrl+T，调整图像位置、方向和大小，得到的图像效果如图11-9-22所示。

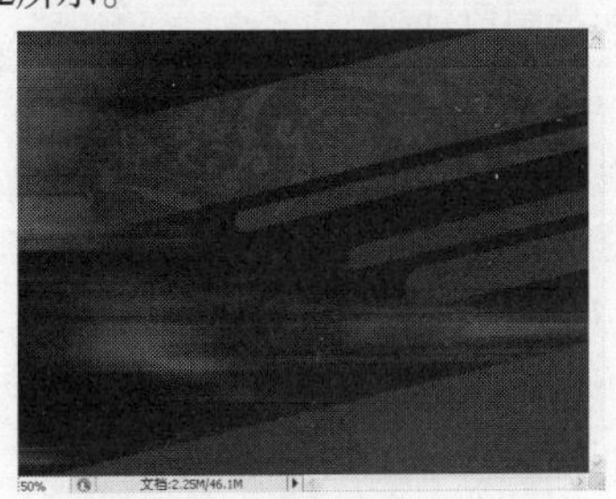

图11-9-22

STEP 15 将"图层2"拖曳至"图层"面板上的创建新图层按钮，得到"图层2副本"，将"图层2副本"的填充值设置为65%。执行【滤镜】/【扭曲】/【波浪】命令，弹出“波浪”对话框，具体参数设置如图11-9-23所示，设置完毕后单击“确定”按钮，按快捷键Ctrl+F9次，重复“波浪”滤镜操作，得到的图像效果如图11-9-24所示。

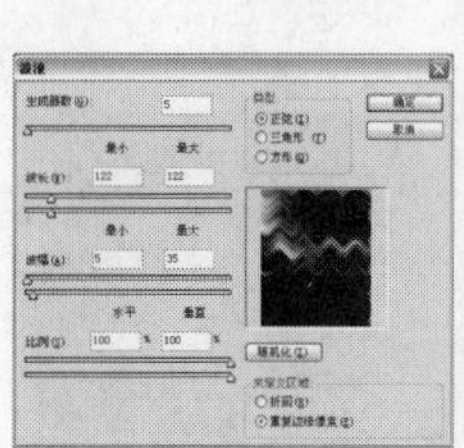
图11-9-23

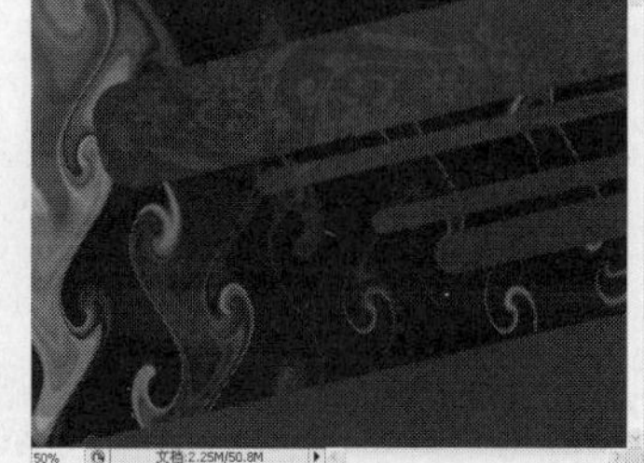
图11-9-24

步骤提示技巧

【波浪】滤镜是一种最复杂的“扭曲”滤镜，也是一种最精确的“扭曲”滤镜。它可以精确地控制波动效果，常用来制作飘动的旗子和卷曲的纸等效果。

STEP 16 选择“图层2副本”，按快捷键Ctrl+T，调整图像位置、方向和大小，将“图层2副本”的混合模式设置为“线性减淡”，得到的图像效果如图11-9-25所示，“图层”面板状态如图11-9-26所示。

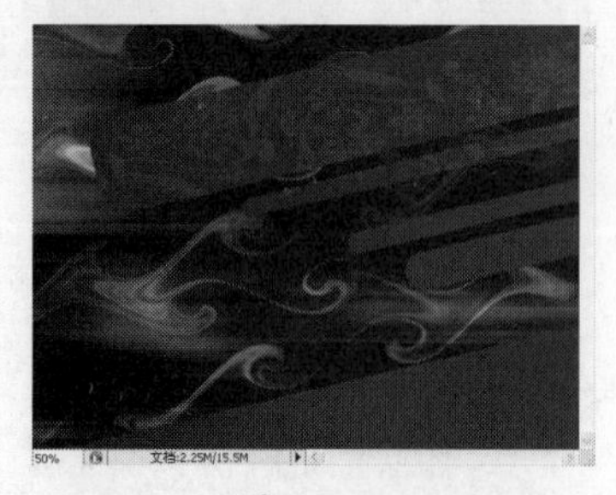
图11-9-25

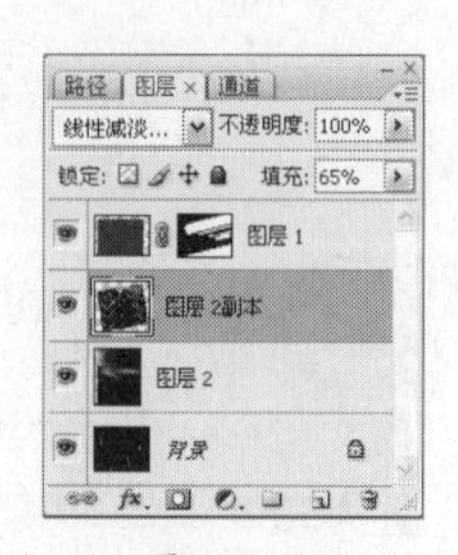
图11-9-26

STEP 17 选择“图层2副本”，单击“图层”面板上的创建新的填充或调整图层按钮，在弹出的下拉菜单中选择“色相/饱和度”选项，弹出“色相/饱和度”对话框，具体参数设置如图11-9-27所示，设置完毕后单击“确定”按钮，得到的图像效果如图11-9-28所示。

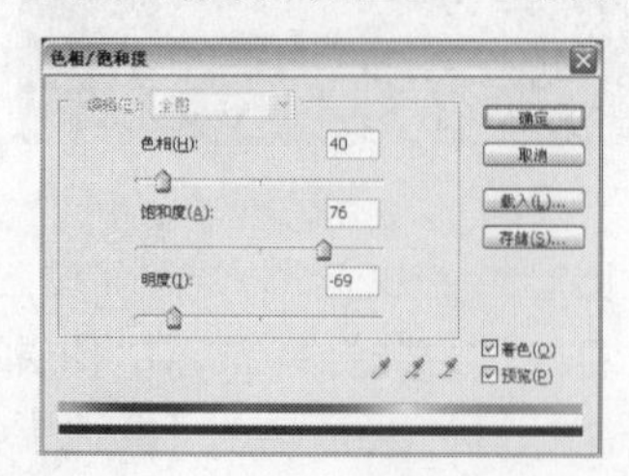
图11-9-27

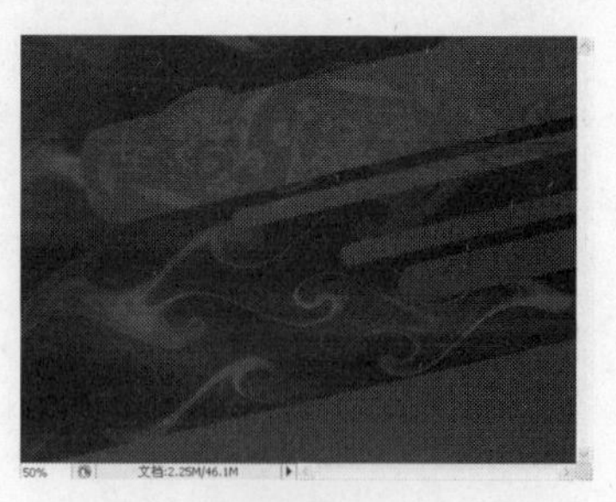
图11-9-28

STEP 18 选择“色相/饱和度1”调整图层，单击“图层”面板上的创建新的填充或调整图层按钮，在弹出的下拉菜单中选择“曲线”选项，弹出“曲线”对话框，具体参数设置如图11-9-29所示，设置完毕后单击“确定”按钮。选择“图层1”，单击“图层”面板上的添加图层样式按钮，在弹出的下拉菜单中选择“投影”选项，弹出“图层样式”对话框，具体参数设置如图11-9-30所示。设置完毕后单击“确定”按钮，得到的图像效果如图11-9-31所示。

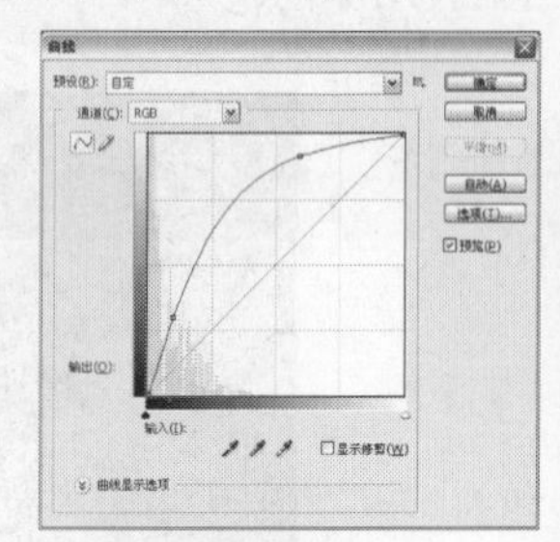
图11-9-29

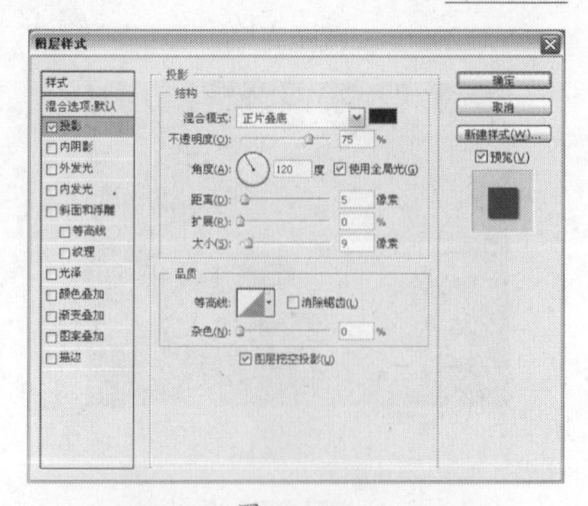
图11-9-30

图11-9-31

STEP 19 选择“图层1”，单击“图层”面板上的创建新图层按钮，新建“图层3”，选择工具箱中的圆角矩形工具，在其工具选项栏中设置“半径”为60，在图像中绘制圆角矩形，如图11-9-32所示。选择工具箱中的路径选择工具，将所有路径选中，按快捷键Ctrl+T调整路径的方向和位置，如图11-9-33所示。

图11-9-32

图11-9-33

STEP 20 切换至“路径”面板，单击将路径作为选区载入按钮，得到的图像效果如图11-9-34所示。选择“图层3”，将前景色色值设置为R118、G0、B0，按快捷键Alt+Delete填充前景色，填充完毕后按快捷键Ctrl+D取消选择，得到的图像效果如图11-9-35所示。

图11-9-34

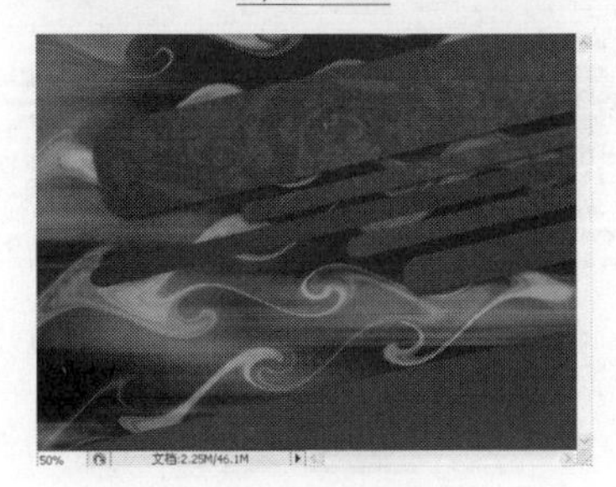

图11-9-35

STEP 21 选择“图层3”，单击“图层”面板上的添加图层样式按钮，在弹出的下拉菜单中选择“投影”选项，弹出“图层样式”对话框，具体参数设置如图11-9-36所示，设置完毕后单击“确定”按钮，得到的图像效果如图11-9-37所示。

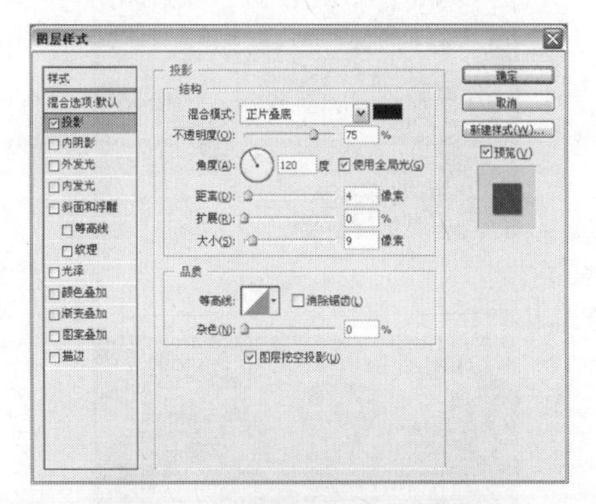

图11-9-36

图11-9-37

STEP 22 执行【文件】/【打开】命令（Ctrl+O），弹出“打开”对话框，选择素材文档，选择完毕后单击“打开”按钮，得到的图像效果如图11-9-38所示。选择工具箱中的移动工具，将图像拖曳至新建文档中，生成“图层4”，得到的图像效果如图11-9-39所示。

图11-9-38　图11-9-39

STEP 23 执行【图像】/【调整】/【去色】命令（Ctrl+Shift+U），为图像去色。按快捷键Ctrl+T调整图像的角度，如图11-9-40所示。单击“图层”面板上的创建图层蒙版按钮，为“图层4”添加图层蒙版，将前景色设置为黑色，选择工具箱中的画笔工具，在其工具选项栏中设置柔角笔刷，设置合适的笔刷大小，在人物图像边缘涂抹，得到的图像效果如图11-9-41所示。

图11-9-40

图11-9-41

STEP 24 将“图层4”的混合模式设置为“叠加”，“图层”面板如图11-9-42所示，得到的图像效果如图11-9-43所示。

图11-9-42

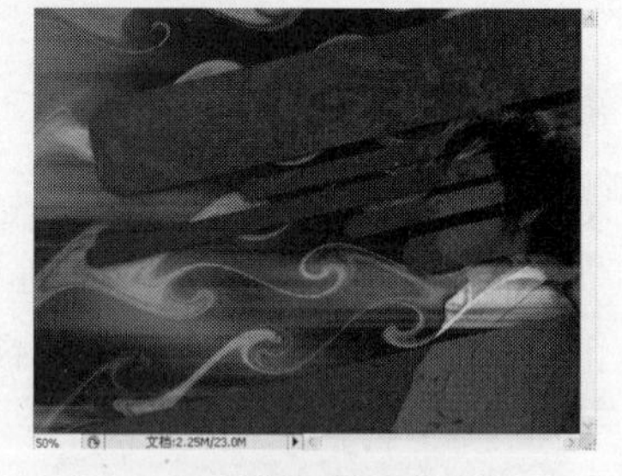

图11-9-43

STEP 25 选择“图层4”，单击“图层”面板上的创建新图层按钮，新建“图层5”，选择工具箱中的椭圆选框工具，按Shift键在图像中绘制圆形选区，如图11-9-44所示。将前景色色值设置为R194、G44、B45，按快捷键Alt+Delete填充前景色，填充完毕后按快捷键Ctrl+D取消选择，得到的图像效果如图11-9-45所示。

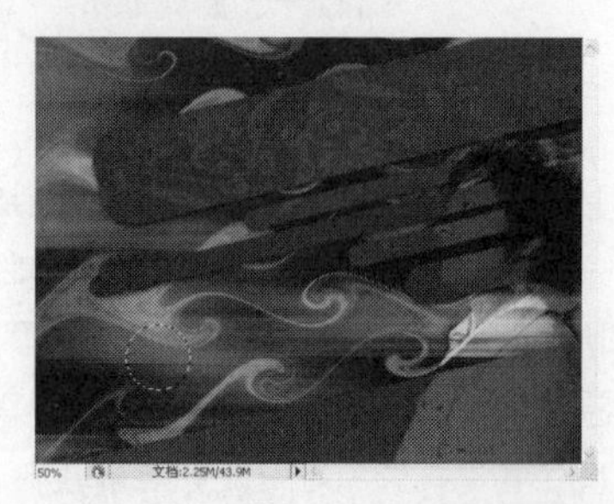

图11-9-44

图11-9-45

STEP 26 选择“图层5”，单击“图层”面板上的添加图层样式按钮 fx，在弹出的下拉菜单中选择“内发光”选项，弹出“图层样式”对话框，具体参数设置如图11-9-46所示。设置完毕后不关闭对话框，继续勾选“斜面和浮雕”选项，具体参数设置如图11-9-47所示。设置完毕后不关闭对话框，继续勾选“纹理”选项，具体参数设置如图11-9-48所示，继续勾选“渐变叠加”选项，具体参数设置如图11-9-49所示设置完毕后单击“确定”按钮，得到的图像效果如图11-9-50所示。

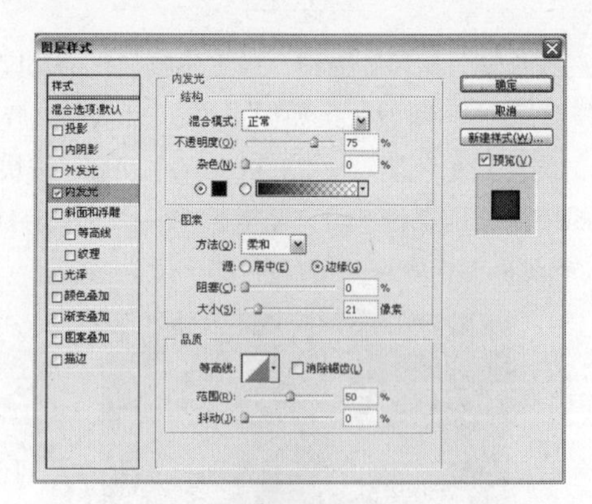

图11-9-46

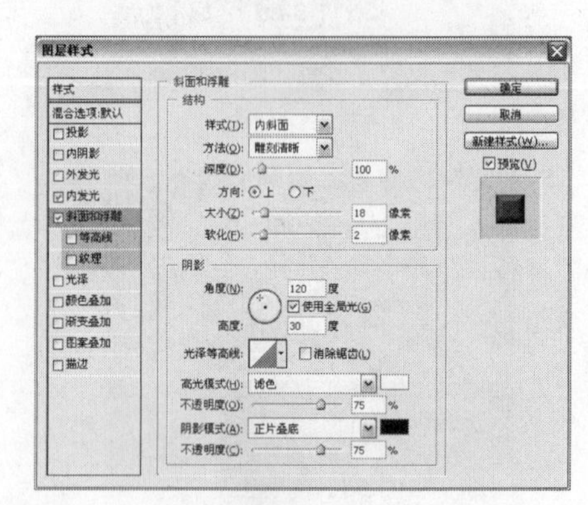

图11-9-47

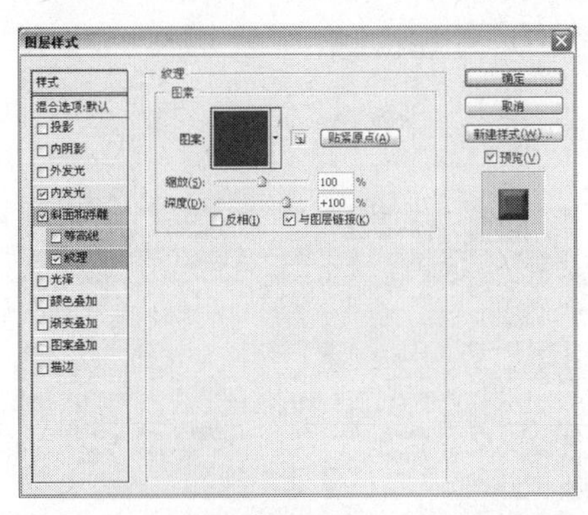

图11-9-48

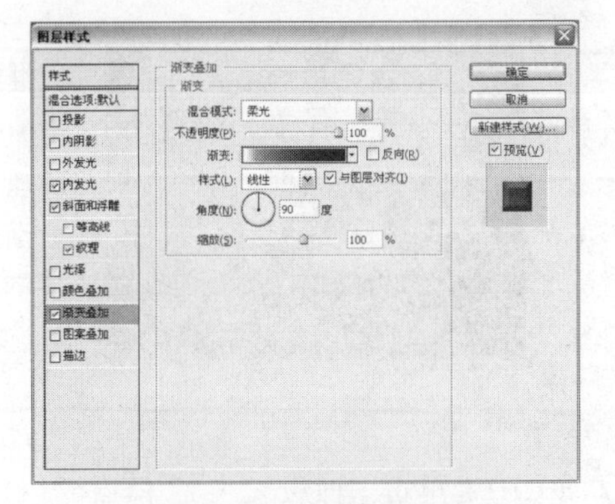

图11-9-49

图11-9-50

STEP 27 选择“图层5”，单击“图层”面板上的创建新图层按钮，新建“图层6”，选择工具箱中的椭圆选框工具，按Shift键在图像中绘制圆形选区，如图11-9-51所示。将前景色色值设置为R194、G44、B45，按快捷键Alt+Delete填充前景色，填充完毕后按快捷键Ctrl+D取消选择，得到的图像效果如图11-9-52所示。

图11-9-51

图11-9-52

STEP 28 选择“图层6”，单击“图层”面板上的添加图层样式按钮，在弹出的下拉菜单中选择“斜面和浮雕”选项，弹出“图层样式”对话框，具体参数设置如图11-9-53所示。设置完毕后不关闭对话框，继续勾选“描边”选项，具体参数设置如图11-9-54所示，设置完毕后单击“确定”按钮，得到的图像效果如图11-9-55所示。

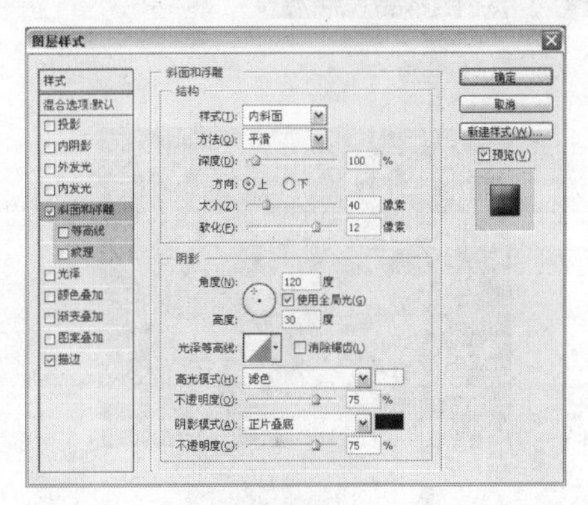

图11-9-53

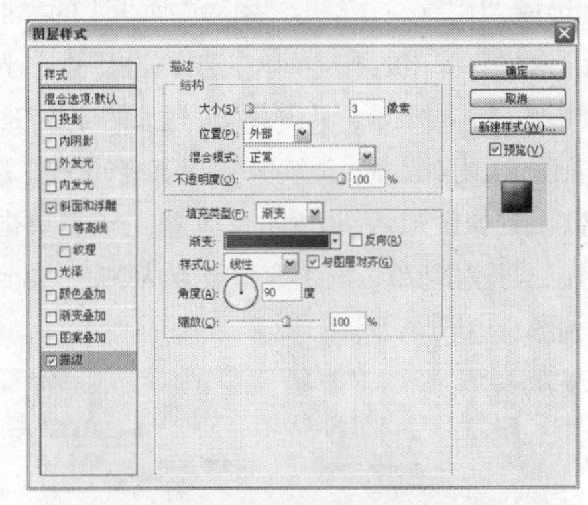

图11-9-54

图11-9-55

STEP 29 选择“图层6”，单击“图层”面板上的创建新图层按钮，新建“图层7”，选择工具箱中的椭圆选框工具，按Shift键在图像中绘制圆形选区，得到的图像效果如图11-9-56所示。将前景色设置为黑色，执行【编辑】/【描边】命令，弹出“描边”对话框，具体参数设置如图11-9-57所示，设置完毕后单击“确定”按钮，按快捷键Ctrl+D取消选择，得到的图像效果如图11-9-58所示。

图11-9-56

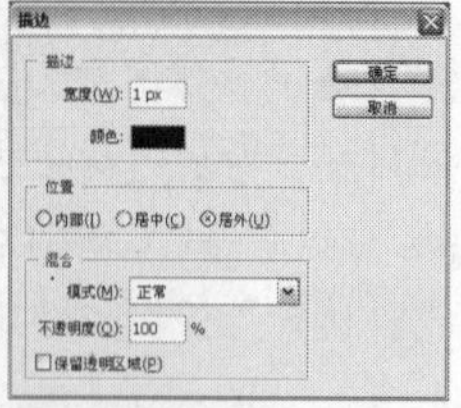

图11-9-57

图11-9-58

STEP 30 选择“图层6”，单击“图层”面板上的添加图层样式按钮，在弹出的下拉菜单中选择“内阴影”选项，弹出“图层样式”对话框，具体参数设置如图11-9-59所示。设置完毕后不关闭对话框，继续勾选“斜面和浮雕”选项，具体参数设置如图11-9-60所示。设置完毕后单击“确定”按钮，将“图层7”的填充值设置为0%，得到的图像效果如图11-9-61所示。

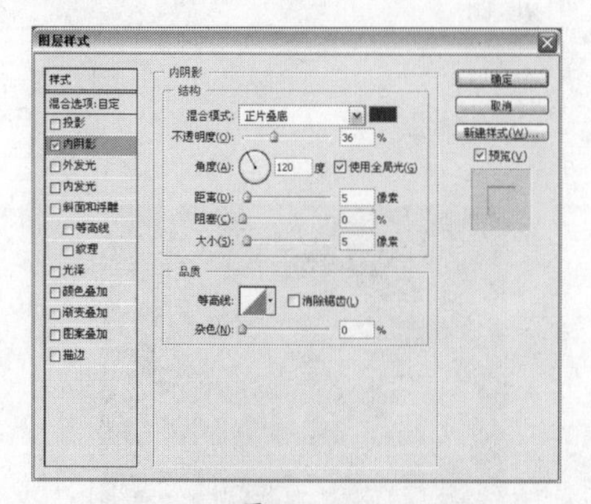

图11-9-59

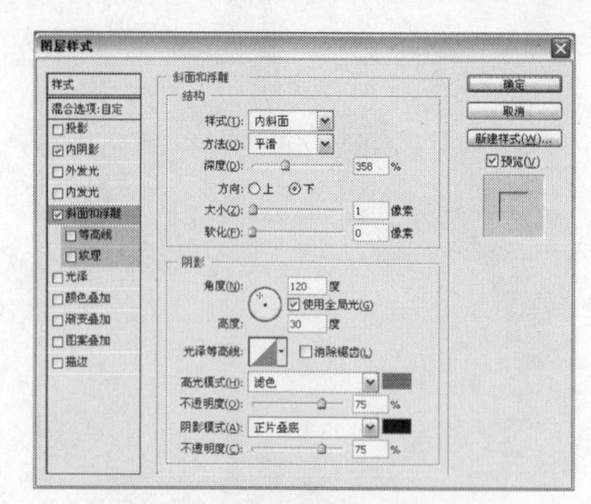

图11-9-60

图11-9-61

STEP 31 按Ctrl键单击“图层5”、“图层6”和“图层7”将其全部选中，如图11-9-62所示，按快捷键Ctrl+Alt+E盖印所选图层，将得到的图层改名为“图层8”，单击“图层5”、“图层6”和“图层7”前指示图层可见性按钮，将其全部隐藏，“图层”面板如图11-9-63所示。

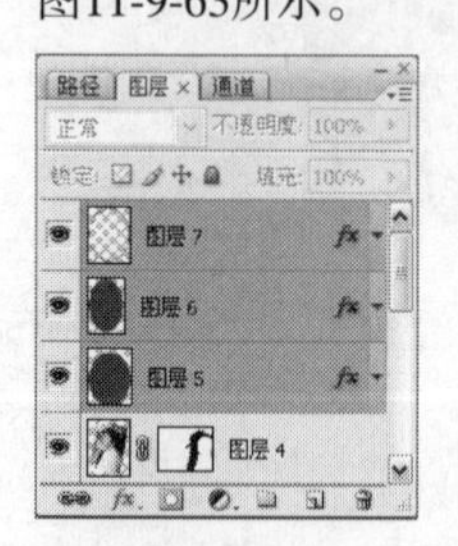

图11-9-62

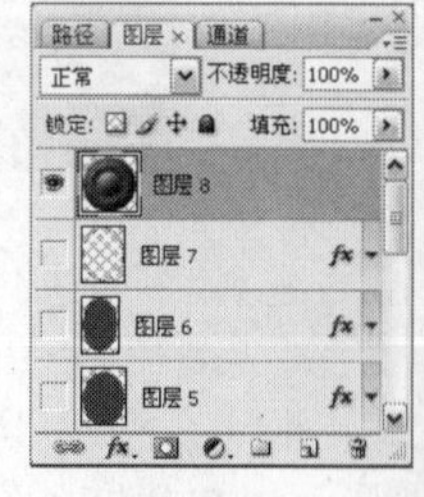

图11-9-63

STEP 32 将“图层8”拖曳至“图层”面板上的创建新图层按钮，得到“图层8副本”，执行【图像】/【调整】/【色相/饱和度】命令，弹出“色相/饱和度”对话框，具体参数设置如图11-9-64所示，设置完毕后单击“确定”按钮，得到的图像效果如图11-9-65所示。

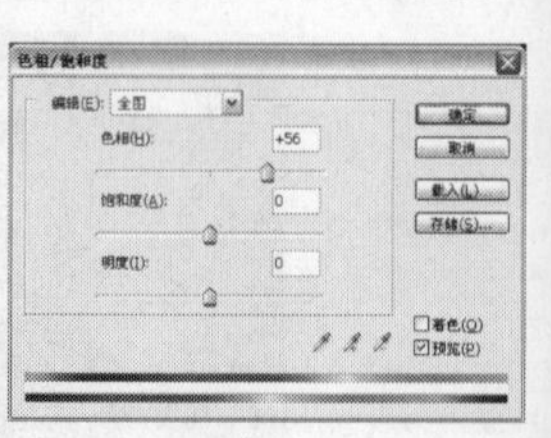

图11-9-64

图11-9-65

STEP 33 按快捷键Ctrl+T，调整图像大小和位置，得到的图像效果如图11-9-66所示。将“图层8”拖曳至“图层”面板上的创建新图层按钮上，得到“图层8副本2”，执行【图像】/【调整】/【色相/饱和度】命令，弹出“色相/饱和度”对话框，具体参数设置如图11-9-67所示，设置完毕后单击“确定”按钮，得到的图像效果如图11-9-68所示。

图11-9-66

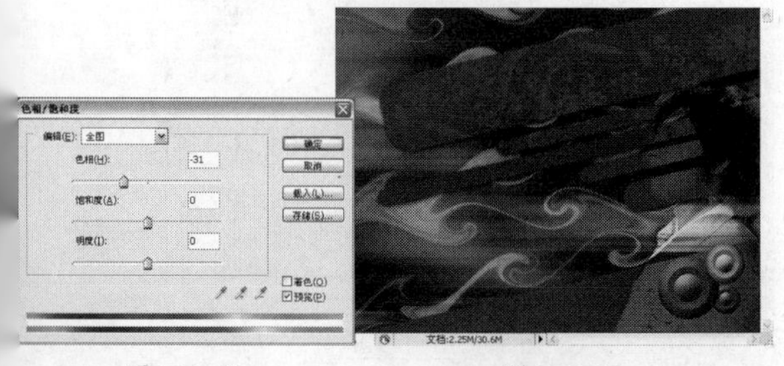

图11-9-67　　图11-9-68

STEP 34 使用同样的方法继续复制“图层8”，并调整其颜色和大小，调整完毕后将“图层8”和其副本全部选中，按快捷键Ctrl+G创建组，得到“组1”，“图层”面板如图11-9-69所示，得到的图像效果如图11-9-70所示。

图11-9-69

图11-9-70

STEP 35 选择“组1”，单击“图层”面板上的创建新图层按钮，新建“图层9”，选择工具箱中的多边形工具按钮，在图像中如图11-9-71所示的位置绘制路径，切换至“路径”面板，单击将路径作为选区载入按钮，得到的图像效果如图11-9-72所示。选择“图层9”，将前景色设置为白色，按快捷键Alt+Delete填充前景色，填充完毕后按快捷键Ctrl+D取消选择，得到的图像效果如图11-9-73所示。

图11-9-71

图11-9-72

图11-9-73

STEP 36 将“图层9”拖曳至“图层”面板上的创建新图层按钮，得到“图层9副本”，调整图像的位置如图11-9-74所示。继续复制“图层9”，并调整图像的位置，得到的图像效果如图11-9-75所示。将“图层9”和其副本全部选中，按快捷键Ctrl+E，合并所选图层，将合并后的图层改名为“图层9”。

图11-9-74

图11-9-75

STEP 37 按Ctrl键单击“图层9”缩览图，调出其选区，如图11-9-76所示。单击“图层9”前指示图层可见性按钮，将其隐藏，单击“图层”面板上创建新图层按钮，新建“图层10”，将前景色色值设置为R167、G147、B50，执行【编辑】/【描边】命令，弹出“描边”对话框，具体参数设置如图11-9-77所示，设置完毕后单击“确定”按钮，按快捷键Ctrl+D取消选择，得到的图像效果如图11-9-78所示。

图11-9-76

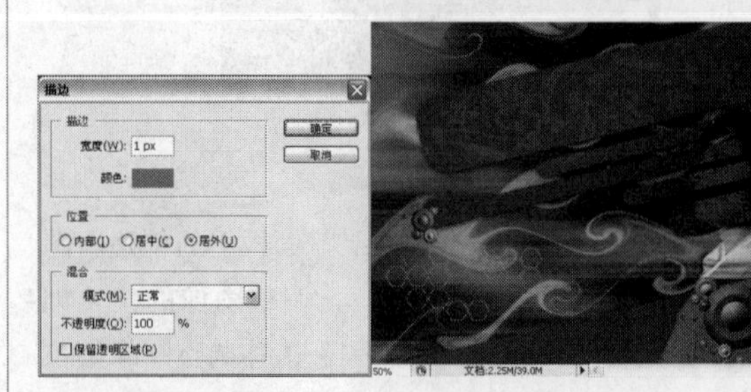

图11-9-77　图11-9-78

STEP 38 选择“图层10”，单击“图层”面板上的添加图层样式按钮，在弹出的下拉菜单中选择“投影”选项，弹出“图层样式”对话框，具体参数设置如图11-9-79所示。设置完毕后不关闭对话框，继续勾选“外发光”选项，具体参数设置如图11-9-80所示。设置完毕后不关闭对话框，继续勾选“渐变叠加”选项，具体参数设置如图11-9-81所示设置完毕后单击“确定”按钮，得到的图像效果如图11-9-82所示。

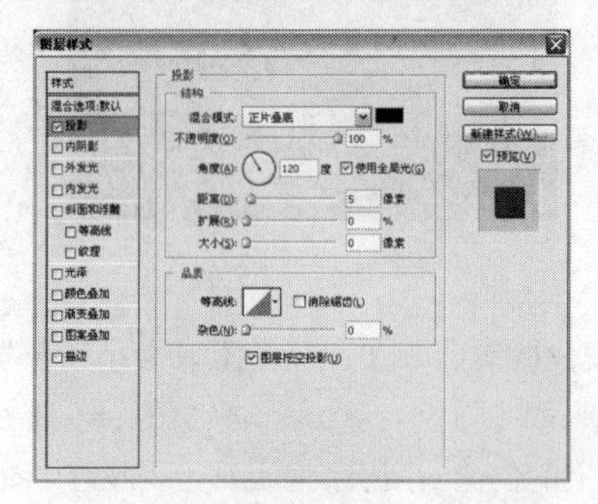

图11-9-79

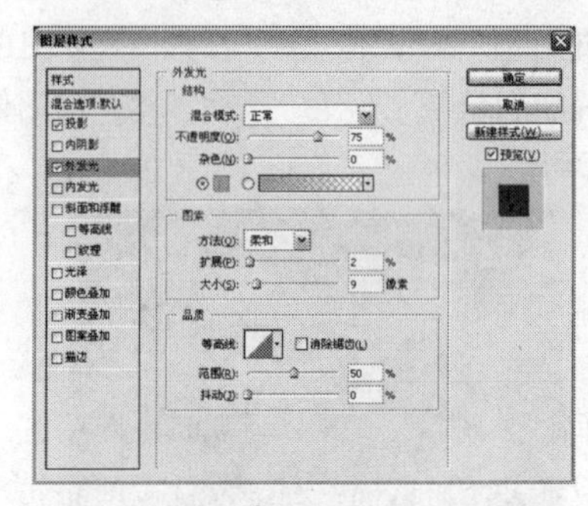

图11-9-80

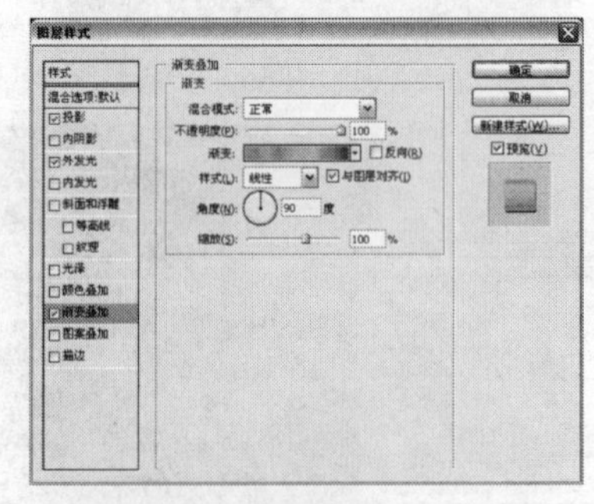

图11-9-81

图11-9-82

STEP 39 将前景色设置为白色，选择工具箱中的横排文字工具，单击在图像中输入文字，调整文字大小和位置，得到的图像效果如图11-9-83所示。按快捷键Ctrl+T调整图像角度，如图11-9-84所示。

图11-9-83

图11-9-84

STEP 40 选择文字图层，单击“图层”面板上的添加图层样式按钮，在弹出的下拉菜单中选择“内阴影”选项，弹出“图层样式”对话框，具体参数设置如图11-9-85所示。设置完毕后不关闭对话框，继续勾选“斜面和浮雕”选项，具体参数设置如图11-9-86所示，设置完毕后单击“确定”按钮，得到的图像效果如图11-9-87所示。

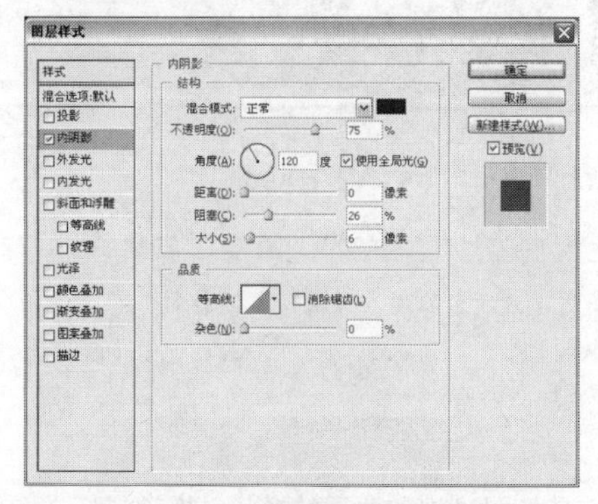

图11-9-85

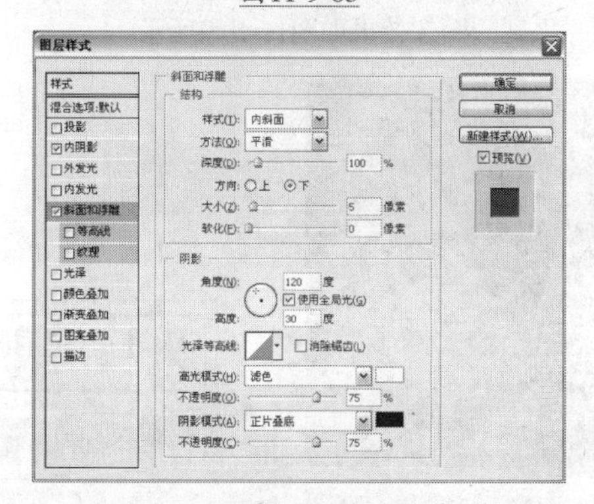

图11-9-86

图11-9-87

STEP 41 选择工具箱中的横排文字工具，继续在图像中输入文字，得到的图像效果如图11-9-88所示。

图11-9-88

STEP 42 选择“图层”面板上最顶端的图层，单击“图层”面板上的创建新的填充或调整图层按钮，在弹出的下拉菜单中选择“亮度/对比度”选项，弹出“亮度/对比度”对话框，具体参数设置如图11-9-89所示，设置完毕后单击“确定”按钮，得到的图像效果如图11-9-90所示。

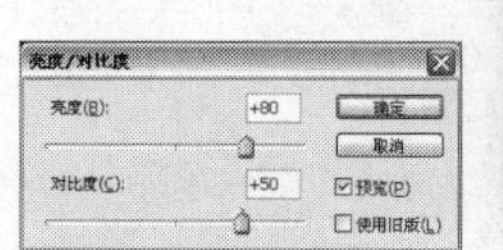

图11-9-89

图11-9-90

STEP 43 继续添加“色相/饱和度”调整图层或者修改“色相/饱和度1”调整图层的参数，可以更改桌面主题的颜色，如图11-9-91、图11-9-92和图11-9-93所示。

图11-9-91

图11-9-92

图11-9-93

Effect 10

制作贴纸照效果

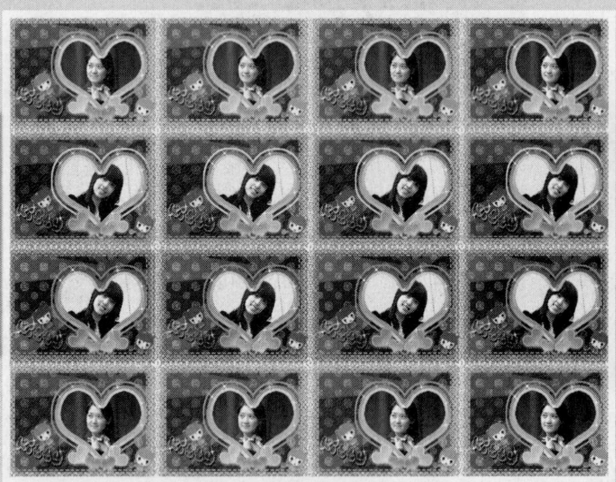

01 使用自定形状工具绘制图案

02 使用【色相/饱和度】调整图层修改背景颜色

03 使用定义的图案填充背景

04 使用【玻璃】滤镜和【碎片】滤镜制作漂亮边框

STEP 01 执行【文件】/【新建】命令（Ctrl+N），弹出“新建”对话框，具体设置如图11-10-1所示，设置完毕后单击“确定”按钮。

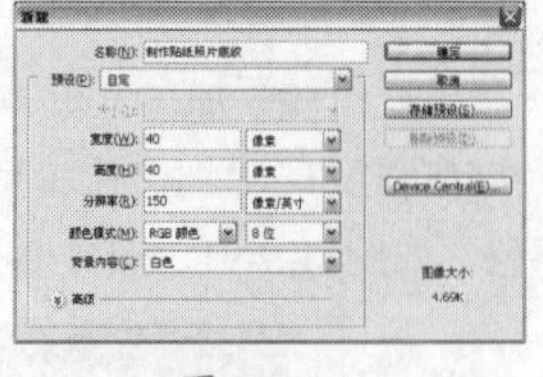
图11-10-1

STEP 02 将前景色色值设置为R203、G0、B196，按快捷键Alt+Delete填充前景色，得到的图像效果如图11-10-2所示。单击“图层”面板上的创建新图层按钮，新建“图层1”，将前景色色值设置为R135、G0、B130，选择工具箱中的自定形状工具，在其工具选项栏中单击填充像素按钮，选择如图11-10-3所示的形状，拖动鼠标在图像中绘制形状，得到的图像效果如图11-10-4所示。

图11-10-2

图11-10-3

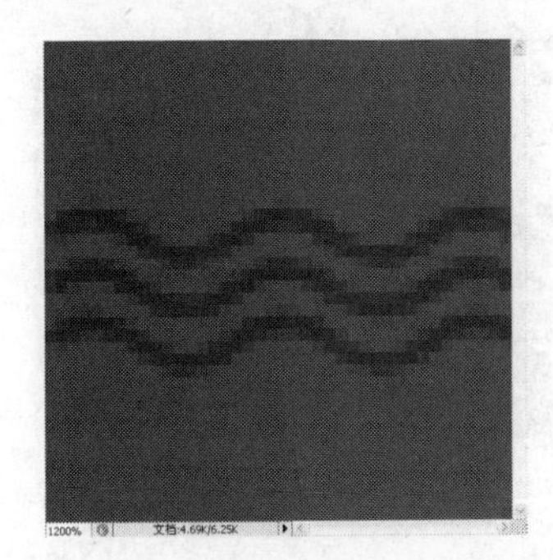

图11-10-4

STEP 03 选择“图层1”，按快捷键Ctrl+T自由变换图像，旋转并调整图像大小，按Enter键完成变换，得到的图像效果如图11-10-5所示。选择工具箱中的移动工具，按Alt键拖动图像，多次移动并复制图像至如图11-10-6所示的位置，得到“图层1副本”和“图层1副本2”。

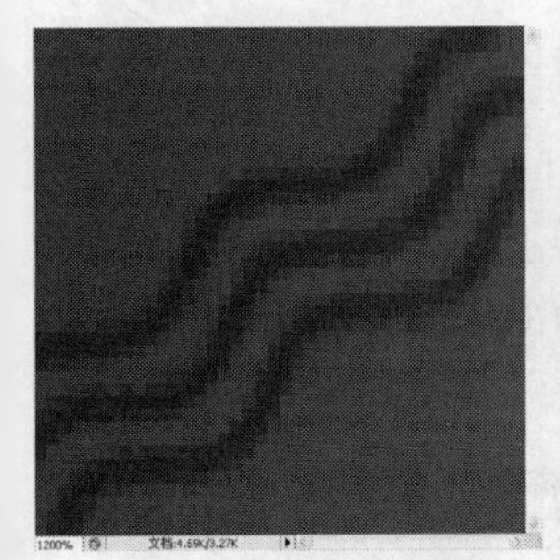

图11-10-5

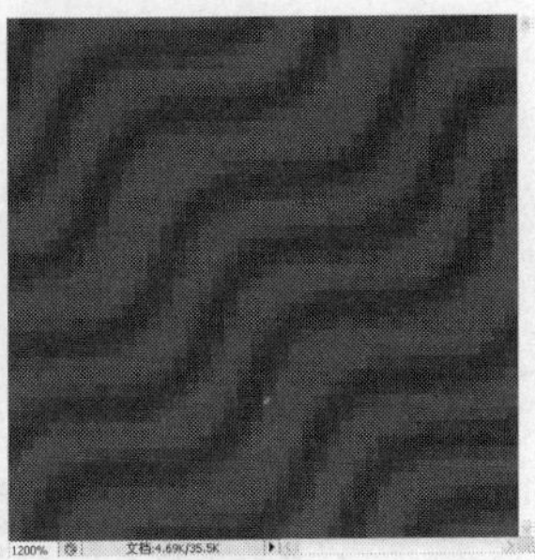

图11-10-6

STEP 04 单击“图层”面板上的创建新图层按钮，新建“图层2”，将前景色色值设置为R252、G168、B255，选择工具箱中的自定形状工具，在其工具选项栏中单击填充像素按钮，选择如图11-10-7所示的形状，拖动鼠标在图像中绘制形状，得到的图像效果如图11-10-8所示。

图11-10-7

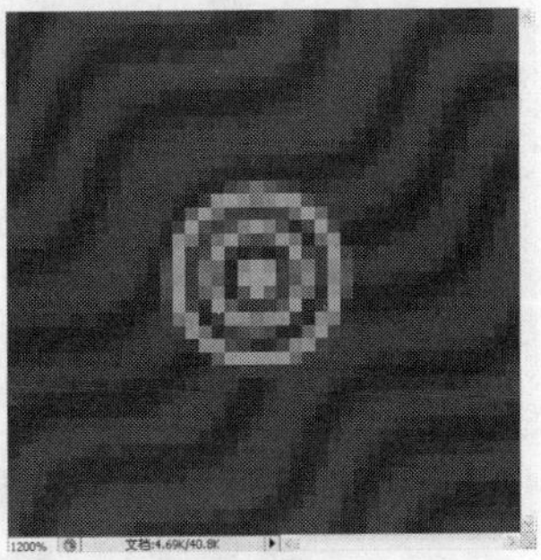

图11-10-8

STEP 05 选择“图层2”，选择工具箱中的移动工具，按Alt键拖动图像，多次移动并复制图像至如图11-10-9所示的位置，得到“图层2副本”、“图层2副本2”、“图层2副本3”和“图层2副本4”。执行【编辑】/【定义图案】命令，弹出“图案名称”对话框，具体设置如图11-10-10所示，设置完毕单击“确定”按钮。

图11-10-9

图11-10-10

STEP 06 执行【文件】/【新建】命令（Ctrl+N），弹出“新建”对话框，具体设置如图11-10-11所示，设置完毕后单击“确定”按钮。

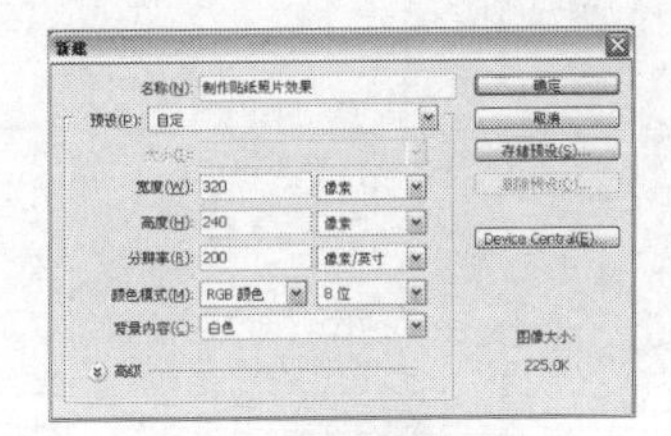

图11-10-11

STEP 07 单击“图层”面板上的创建新图层按钮，新建“图层1”，执行【编辑】/【填充】命令，弹出“填充”对话框，选择前面定义的图案，其他参数设置如图11-10-12所示，设置完毕后单击“确定”按钮，得到的图像效果如图11-10-13所示。

图11-10-12

图11-10-13

STEP 08 单击“图层”面板上的创建新图层按钮，新建“图层2”，选择工具箱中的渐变工具，在其工具栏中单击可编辑渐变条，在弹出的“渐变编辑器”对话框中将渐变颜色色值由左至右分别设置为R147、G215、B252，R210、G194、B255，R217、G245、B187，如

图11-10-14所示，设置完毕后单击“确定”按钮，在图像中由左至右拖动鼠标填充渐变，得到的图像效果如图11-10-15所示。

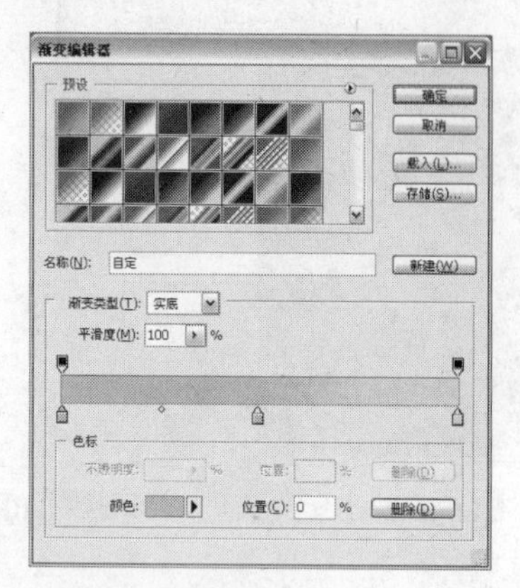

图11-10-14

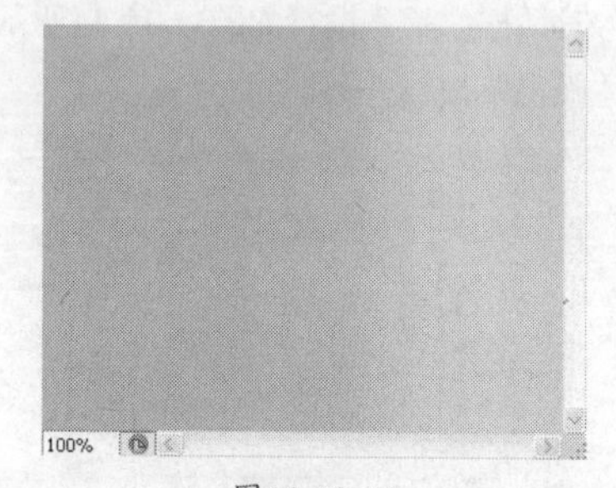

图11-10-15

STEP 09 将“图层2”的图层混合设置为“线性加深”，得到的图像效果如图11-10-16所示，“图层”面板如图11-10-17所示。

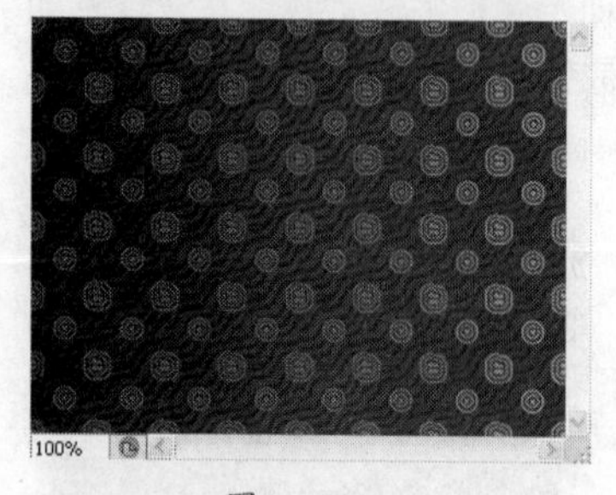

图11-10-16

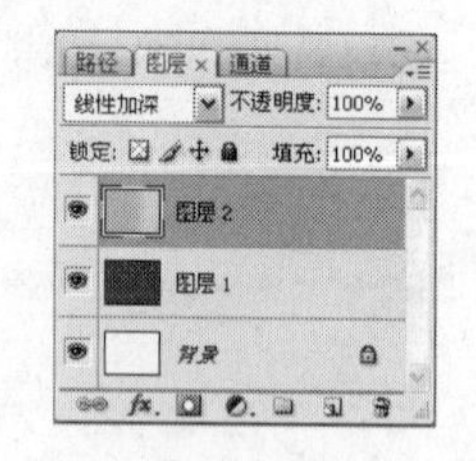

图11-10-17

STEP 10 将前景色设置为白色，选择工具箱中的矩形工具，在其工具选项栏中单击形状图层按钮，在图像中绘制如图11-10-18所示的形状，“图层”面板上生成“形状1”图层，执行【编辑】/【变换路径】/【斜切】命令，调整图像的形状，如图11-10-19所示，调整完毕后按Enter键结束操作。

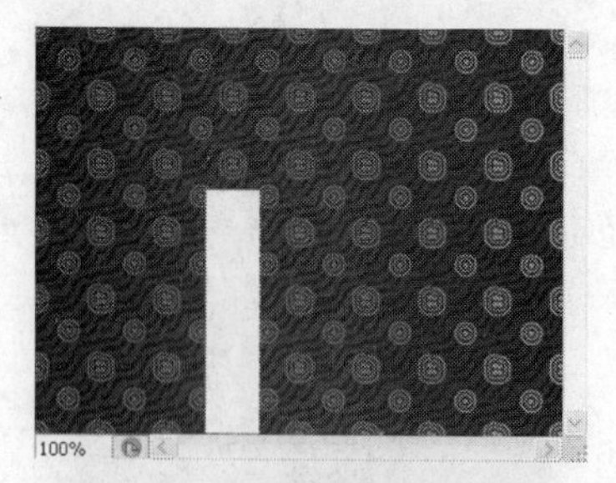

图11-10-18

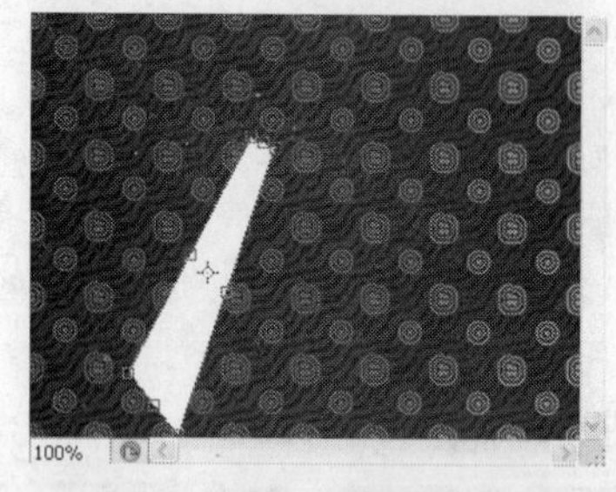

图11-10-19

STEP 11 将“形状1”图层拖曳至“图层”面板上的创建新图层按钮，得到“形状1副本”，按快捷键Ctrl+T调出自由变换框，调整图像至如图11-10-20所示的位置，调整完毕后按Enter键结束操作。

图11-10-20

STEP 12 继续复制“形状1”图层，并调整复制后得到图像的位置，得到的图像效果如图11-10-21所示。将“形状1”图层及其副本图层全部选中，按快捷键Ctrl+E合并所选图层，将合并后得到的图层命名为“图层3”。

图11-10-21

STEP 13 选择“图层3”，按快捷键Ctrl+T调出自由变换框，调整图像大小，调整完毕后按Enter键结束操作如图11-10-22所示。

图11-10-22

STEP 14 将“图层3”的填充值设置为40%，得到的图像效果如图11-10-23所示。“图层”面板如图11-10-24所示。

图11-10-23

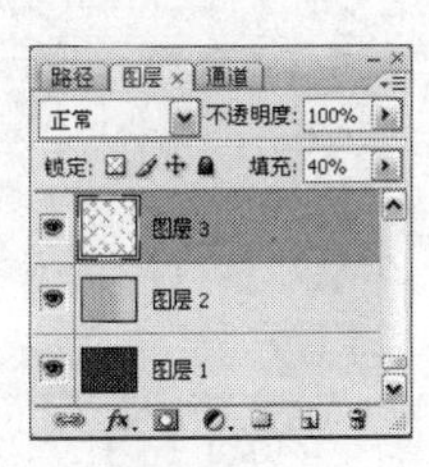

图11-10-24

STEP 15 单击“图层”面板上的创建新图层按钮，新建“图层4”，选择工具箱中的自定形状工具，在其工具选项栏中单击路径按钮，选择如图11-10-25所示的形状，拖动鼠标在图像中绘制形状，得到的图像效果如图11-10-26所示。

图11-10-25

图11-10-26

STEP 16 切换至“路径”面板，单击将路径作为选区载入按钮，切换至“图层”面板，得到的图像效果如图11-10-27所示。

图11-10-27

STEP 17 将前景色色值设置为R255、G130、B240，背景色色值设置为R255、G242、B251，选择工具箱中的渐变工具，在其工具选项栏中单击可编辑渐变条，在弹出的“渐变编辑器”对话框中设置由前景到背景的渐变类型，在选区中从上至下拖动鼠标填充渐变，填充完毕后按快捷键Ctrl+D取消选择，得到的图像效果如图11-10-28所示。

图11-10-28

STEP 18 按Ctrl键单击“图层4”缩览图，调出其选区，单击“图层”面板上的创建新图层按钮，新建“图层5”，执行【选择】/【修改】/【收缩】命令，弹出“收缩选区”对话框，具体参数设置如图11-10-29所示，设置完毕后单击“确定”按钮，得到的图像效果如图11-10-30所示。

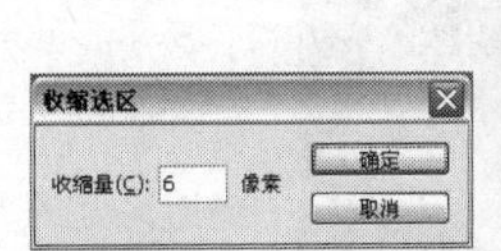

图11-10-29

图11-10-30

STEP 19 将前景色色值设置为R255、G222、B253，背景色色值设置为R252、G168、B243，选择工具箱中的渐变工具，在其工具选项栏中单击可编辑渐变条，在弹出的“渐变编辑器”对话框中设置由前景到背景的渐变类型，在选区中从上至下拖动鼠标填充渐变，填充完毕后按快捷键Ctrl+D取消选择，得到的图像效果如图11-10-31所示。按Ctrl键单击“图层5”缩览图，调出其选区，单击“图层”面板上的创建新图层按钮，新建“图层6”，执行【选择】/【修改】/【收缩】命令，弹出“收缩选区”对话框，具体参数设置如图11-10-32所示，设置完毕后单击“确定”按钮，得到的图像效果如图11-10-33所示。

图11-10-31

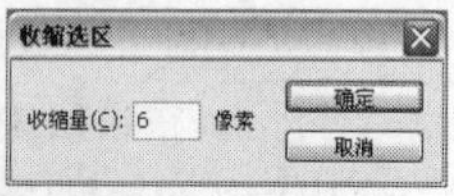

图11-10-32

图11-10-33

STEP 20 将前景色色值设置为R255、G150、B245，背景色色值设置为R255、G226、B255，选择工具箱中的渐变工具，在其工具选项栏中单击可编辑渐变条，在弹出的“渐变编辑器”对话框中设置由前景到背景的渐变类型，在选区中从上至下拖动鼠标填充渐变，填充完毕后按快捷键Ctrl+D取消选择，得到的图像效果如图11-10-34所示。

图11-10-34

STEP 21 按Ctrl键单击“图层4”缩览图，调出其选区，单击“图层”面板上的创建新图层按钮，新建“图层7”，执行【选择】/【修改】/【扩展】命令，弹出“扩展选区”对话框，具体参数设置如图11-10-35所示，设置完毕后单击“确定”按钮，得到的图像效果如图11-10-36所示。

图11-10-35

图11-10-36

STEP 22 将前景色色值设置为R255、G247、B148，执行【编辑】/【描边】命令，弹出“描边”对话框，具体参数设置如图11-10-37所示，设置完毕后单击“确定”按钮，得到的图像效果如图11-10-38所示。

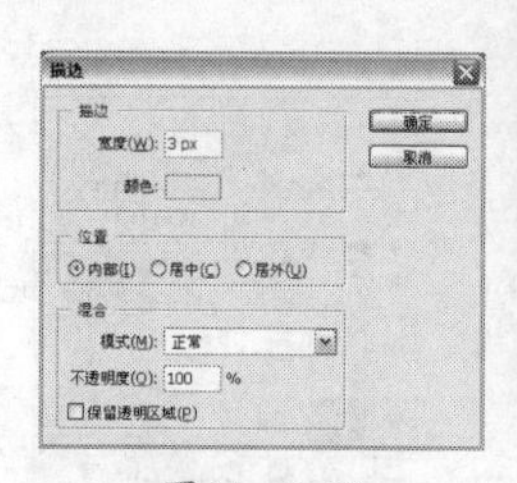

图11-10-37

图11-10-38

STEP 23 按Ctrl单击“图层4”、“图层5”、“图层6”和“图层7”，将其全部选中，如图11-10-39所示，按快捷键Ctrl+E合并所选图层，将合并后得到的图层命名为“图层4”，“图层”面板如图11-10-40所示。

图11-10-39

图11-10-40

STEP 24 将“图层4”拖曳至“图层”面板上的创建新图层按钮上4次，得到“图层4副本”、“图层4副本2”、“图层4副本3”和“图层4副本4”，分别调整其大小、方向和位置，得到的图像效果如图11-10-41所示。

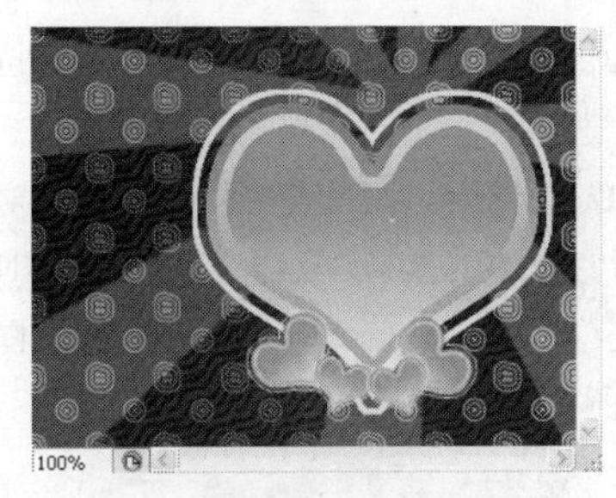

图11-10-41

STEP 25 选择“图层4副本”，执行【图像】/【调整】/【色相/饱和度】命令，弹出“色相/饱和度”对话框，具体参数设置如图11-10-42所示，设置完毕后单击“确定”按钮，得到的图像效果如图11-10-43所示。

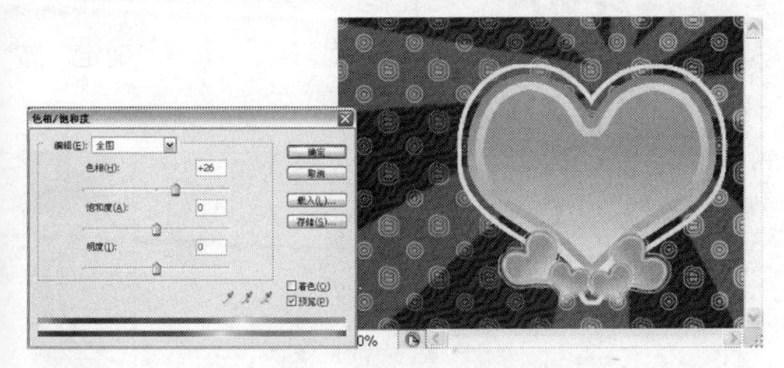

图11-10-42　图11-10-43

STEP 26 使用同样的方法使用【色相/饱和度】命令分别调整图层4副本2”、“图层4副本3”和“图层4副本4”的图像颜色，得到的图像效果如图11-10-44所示。选择“图层4副本4”，按快捷键Alt+Shift+Ctrl+E盖印图像，将盖印后得到的图层命名为“图层5”，单击“图层”面板上的创建新图层按钮，新建“图层6”，将“图层6”置于“图层5”的下方，将前景色设置为白色，按快捷键Alt+Delete填充前景色，“图层”面板如图11-10-45所示。

图11-10-44　图11-10-45

STEP 27 选择“图层5”，按快捷键Ctrl+A全选图像，执行【选择】/【修改】/【收缩】命令，弹出“收缩”对话框，具体参数设置如图11-10-46所示，设置完毕后单击“确定”按钮，按快捷键Ctrl+Shift+I反向选区，得到的图像效果如图11-10-47所示。

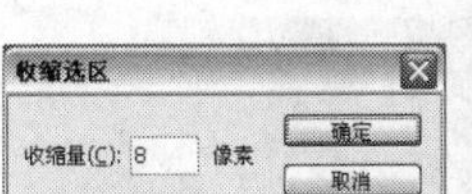

图11-10-46　图11-10-47

STEP 28 单击工具箱中的以快速蒙版模式编辑按钮，得到如图11-10-48所示的蒙版。

图11-10-48

STEP 29 执行【滤镜】/【扭曲】/【玻璃】命令，弹出“玻璃”对话框，具体参数设置如图11-10-49所示，设置完毕后单击“确定”按钮，得到的图像效果如图11-10-50所示。

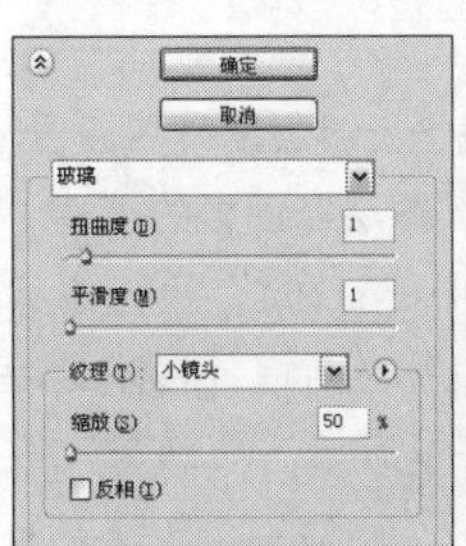

图11-10-49　图11-10-50

STEP 30 执行【滤镜】/【像素化】/【碎片】命令，应用后得到的图像效果如图11-10-51所示。

图11-10-51

STEP 31 执行【滤镜】/【锐化】/【锐化】命令，连续3次按下快捷键Ctrl+F，重复锐化命令，得到的图像效果如图11-10-52所示。

图11-10-52

STEP 32 单击工具箱中以标准模式编辑按钮，得到蒙版转化为选区后的效果，如图11-10-53所示。在“图层”面板上选择“图层5”，按Delete键删除选区中图像。

图11-10-53

STEP 33 单击“图层”面板上的创建新图层按钮，新建“图层7”，将“图层7”置于“图层”面板的顶端。将前景色色值设置为R255、G198、B251，执行【编辑】/【描边】命令，弹出“描边”对话框，具体参数设置如图11-10-54所示，设置完毕后单击“确定”按钮，按快捷键Ctrl+D取消选择，得到的图像效果如图11-10-55所示。

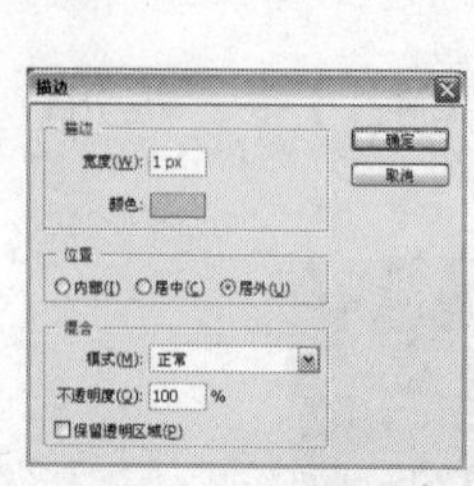

图11-10-54

图11-10-55

STEP 34 选择工具箱中的横排文字工具，单击在图像中输入文字，调整其大小、方向和角度，得到的图像效果如图11-10-56所示。选择文字图层，单击“图层”面板上的添加图层样式按钮，在弹出的下拉菜单中选择“投影”选项，弹出“图层样式”对话框，具体参数设置如图11-10-57所示。设置完毕后不关闭对话框，继续勾选“渐变叠加”选项，具体参数设置如图11-10-58所示，设置完毕后单击“确定”按钮，得到的图像效果如图11-10-59所示。

图11-10-56

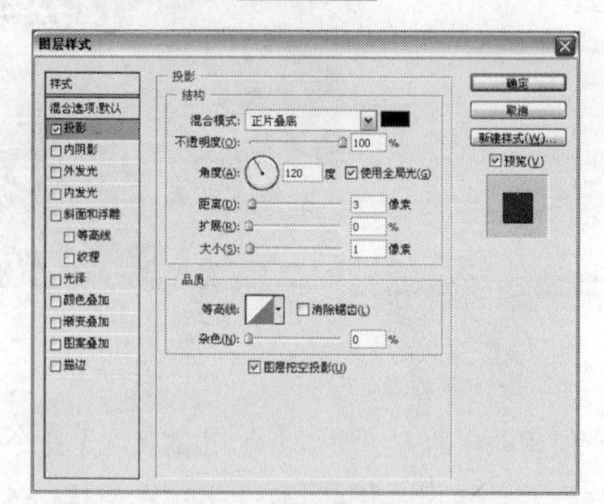

图11-10-57

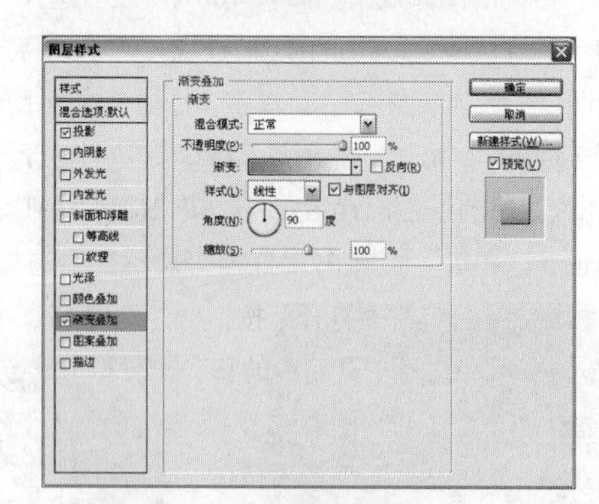

图11-10-58

图11-10-59

STEP 35 将前景色设置为白色，选择“图层7”，单击“图层”面板上的创建新图层按钮，新建“图层8”，选择工具箱中的画笔工具，在其工具选项栏中设置如图11-10-60所示的笔刷，在图像中单击，得到的图像效果如图11-10-61所示。

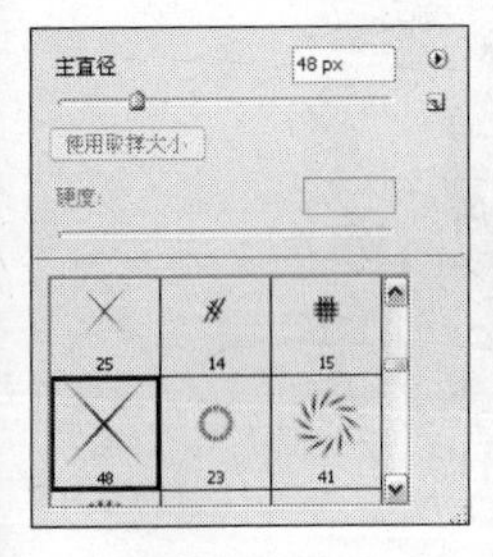
图11-10-60

图11-10-61

STEP 36 选择工具箱中的画笔工具，在其工具选项栏中设置柔角圆形笔刷，调整合适的笔刷大小，在“星光”中心处单击，得到的图像效果如图11-10-62所示。

图11-10-62

STEP 37 使用同样的方法在图像中继续绘制“星光”，得到的图像效果如图11-10-63所示。执行【文件】/【打开】命令（Ctrl+O），弹出“打开”对话框，选择素材文档，选择完毕后单击“打开”按钮，得到的图像效果如图11-10-64所示。选择工具箱中的移动工具，将图像拖曳至新建文档中，生成“图层9”，按快捷键Ctrl+T调整其大小、方向和位置，调整完毕后按Enter键结束操作，得到的图像效果如图11-10-65所示。

图11-10-63

图11-10-64

图11-10-65

STEP 38 将“图层9”拖曳至“图层”面板上的创建新图层按钮，得到“图层9副本”，执行【图像】/【调整】/【色相/饱和度】命令，弹出“色相/饱和度”对话框，具体参数设置如图11-10-66所示，设置完毕后单击“确定”按钮，按快捷键Ctrl+T调整其大小、方向和位置，调整完毕后按Enter键结束操作，得到的图像效果如图11-10-67所示。

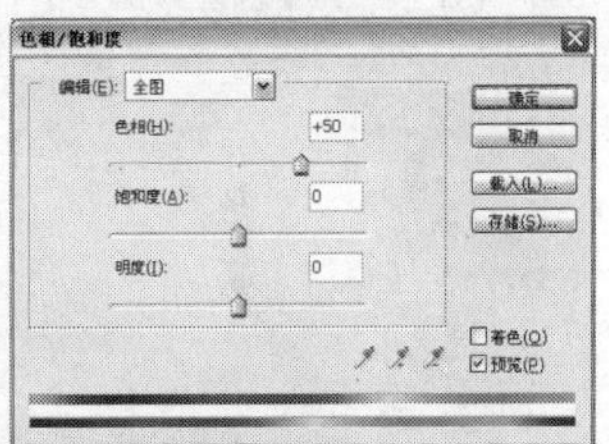
图11-10-66

图11-10-67

STEP 39 单击“图层”面板上的创建新图层按钮，新建“图层10”，选择工具箱中的自定形状工具，在其工具选项栏中单击路径按钮，选择前面使用过的“心型”形状，拖动鼠标在图像中绘制形状，得到的图像效果如图11-10-68所示。切换至“路径”面板，单击将路径作为选区载入按钮，切换至“图层”面板，得到的图像效果如图11-10-69所示。

图11-10-68

图11-10-69

STEP 40 将前景色设置为白色，按快捷键Alt+Delete填充前景色，填充完毕后按快捷键Ctrl+D取消选择，得到的图像效果如图11-10-70所示，“图层”面板如图11-10-71所示。

图11-10-70

图11-10-71

STEP 41 执行【文件】/【打开】命令（Ctrl+O），弹出“打开”对话框，选择素材文档，选择完毕后单击“打开”按钮，得到的图像效果如图11-10-72所示。选择工具箱中的移动工具，将图像拖曳至新建文档中，生成“图层11”，将“图层11”置于“图层”面板的最顶端，按快捷键Ctrl+T调整其大小、方向和位置，调整完毕后按Enter键结束操作，执行【图层】/【创建剪贴蒙版】命令(Alt+Ctrl+G)，为“图层10”创建剪贴蒙版，得到的图像效果如图11-10-73，“图层”面板如图11-10-74所示。

图11-10-72

图11-10-73

图11-10-74

STEP 42 制作完毕后可以在“图层9副本”上方添加“色相/饱和度”调整图层调整图像的颜色，如图11-10-75所示。也可以将“图层11”更换为其他的数码照片，如图11-10-76所示。

图11-10-75

图11-10-76

STEP 43 执行【文件】/【新建】命令（Ctrl+N），弹出“新建”对话框，具体设置如图11-10-77所示，设置完毕后单击“确定”按钮。将前面制作好的贴纸照片置于文档中，得到的图像效果如图11-10-78所示。

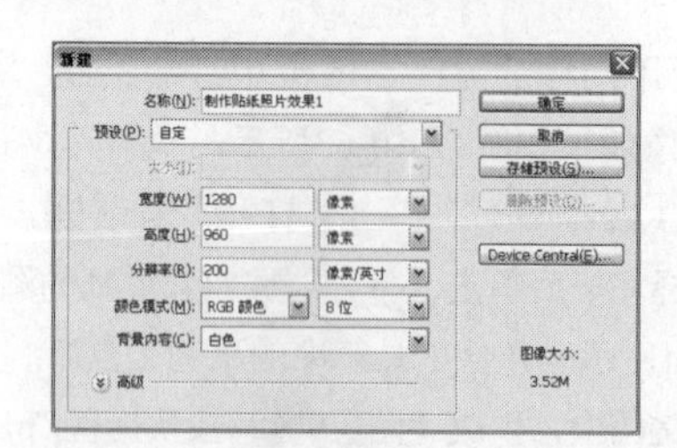

图11-10-77

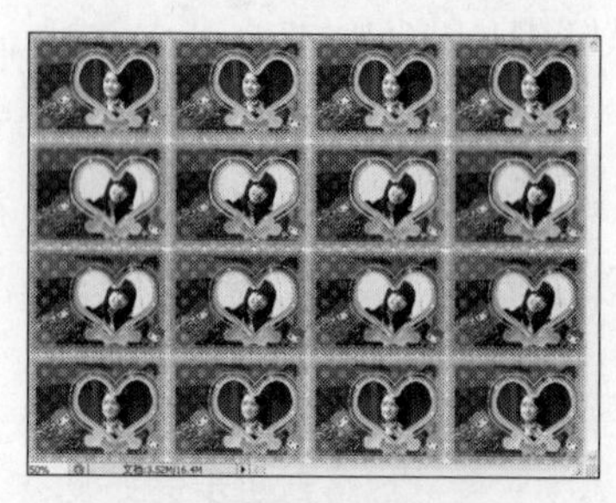

图11-10-78

Effect 11

修复老照片划痕

01 使用仿制图章工具、污点修复画笔工具、修补工具修复老照片中的折痕

02 使用快速选择工具为图像创建选区

03 巧妙地使用【色相/饱和度】调整图层和【可选颜色】调整图层对图像中的黄印进行修复

STEP 01 执行【文件】/【打开】命令（Ctrl+O），弹出“打开”对话框，选择需要的素材文件，单击“打开”按钮，如图11-11-1所示。将“背景”图层拖曳至“图层”面板上的创建新图层按钮上，得到“背景副本”图层，如图11-11-2所示。

图11-11-1

图11-11-2

STEP 02 选择工具箱中的仿制图章工具，在其工具选项栏中设置合适的笔刷直径，将鼠标放在完好的头发区域，按住Alt键单击鼠标左键，进行取样。取样完毕后在图像中需要修复的区域进行涂抹，如图11-11-3所示，使图像中人物头发区域得到初步的修复，图像效果如图11-11-4所示。

图11-11-3

图11-11-4

步骤提示技巧

在使用仿制图章工具时，可以对其使用任意的画笔笔尖，便于准确控制仿制区域的大小；也可以使用不透明度和流量设置以控制对仿制区域应用绘制的方式。

STEP 03 选择工具箱中的污点修复画笔工具，在其工具选项栏中设置合适的笔刷直径，如图11-11-5所示，在人物脸部的划痕区域单击鼠标进行修复。需要注意的是，由于污点修复画笔工具是一款自动从所修饰区域的周围取样的工具，因此在修复眉毛时需要将笔刷直径调小后再进行涂抹，如图11-11-6所示。

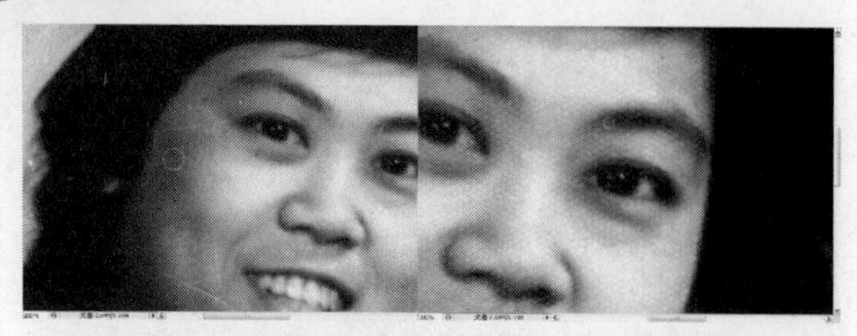

图11-11-5　　图11-11-6

步骤提示技巧

修复照片中人物脸上的划痕在整个照片修补环节中是最为重要的一步。由于照片的材质问题，人物脸部区域拥有大量的照片纹理，因此为了保证在修复的过程中不过多损害原纹理，下面的修复工作需要更加细致。

STEP 04 选择工具箱中的缩放工具，将图像放大并移动至下颌区域，选择工具箱中的修补工具，如图11-11-7所示沿图像中出现的多余颜色线绘制选区，并按住鼠标左键将选区内图像拖曳至完好的皮肤区域进行修补，修补后的图像效果如图11-11-8所示。

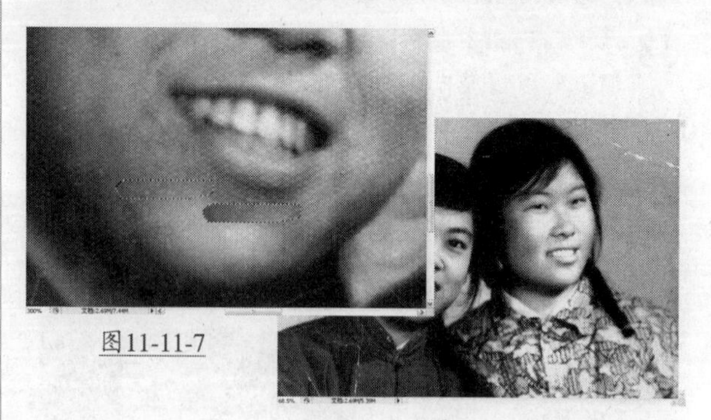

图11-11-7

图11-11-8

STEP 05 为了消除人物牙齿上多余的蓝色色带，选择工具箱中的仿制图章工具，在其工具选项栏中设置合适的笔刷直径，如图11-11-9所示对需要进行仿制修复的区域进行取样修复。在消退牙齿周围的多余色带时，应仔细注意保护牙齿的轮廓不被破坏，并继续对其进行修复，如图11-11-10所示。

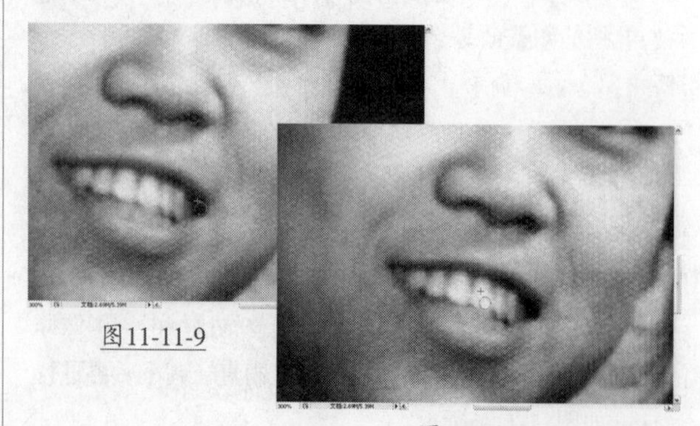

图11-11-9

图11-11-10

STEP 06 选择工具箱中的加深工具，在其工具选项栏中设置合适的笔刷大小，并将曝光度设置为20%，如图11-11-11所示在刚编辑完的区域进行加深处理，得到的图像效果如图11-11-12所示。

图11-11-11

图11-11-12

STEP 07 由于图像中人物的衣服区域受到的折痕现象也较严重，因此需要进行修补。选择工具箱中的污点修复画笔工具，如图11-11-13所示对衣服中出现折痕的区域进行修复。在修复过程中，会出现较难修补的区域，此时就需要换用另一个工具继续进行下面的操作。选择工具箱中的修补工具，如图11-11-14所示沿颜色线绘制选区，并按住鼠标左键将选区内图像拖曳至合适的区域进行修补，得到的图像效果如图11-11-15所示。

图11-11-13

图11-11-14

图11-11-15

步骤提示技巧

在照片的修改过程中，针对不同的问题，需要使用不同的工具进行修补。在此其中并不是必须要按照步骤中提示的工具进行操作，而是应该做到按照需要进行选择。

STEP 08 选择工具箱中的快速选择工具，在其工具选项栏中单击添加到选区按钮，并设置合适的画笔直径，在图像人物上出现黄色水印的区域进行多次单击，创建需要的选区，如图11-11-16所示。

图11-11-16

STEP 09 保持选区不变，执行【选择】/【修改】/【羽化】命令（Ctrl+D），弹出“羽化选区”对话框，具体设置如图11-11-17所示，设置完毕后单击“确定”按钮，得到的选区效果如图11-11-18所示。

羽化选区
羽化半径(R): 10 像素
确定
取消

图11-11-17

图11-11-18

STEP 10 保持选区不变，单击“图层”面板上的创建新的填充或调整图层按钮，在弹出的下拉菜单中选择“色相/饱和度”选项，弹出“色相/饱和度”对话框，在该对话框内的编辑选项的下拉菜单中选择“黄色”，并在需要进行调整的颜色区域进行单击取样如图11-11-19所示，将“饱和度”滑块向左移动，降低该颜色区域中黄色的饱和度，如图11-11-20所示，设置完毕后单击“确定”按钮，关闭对话框。

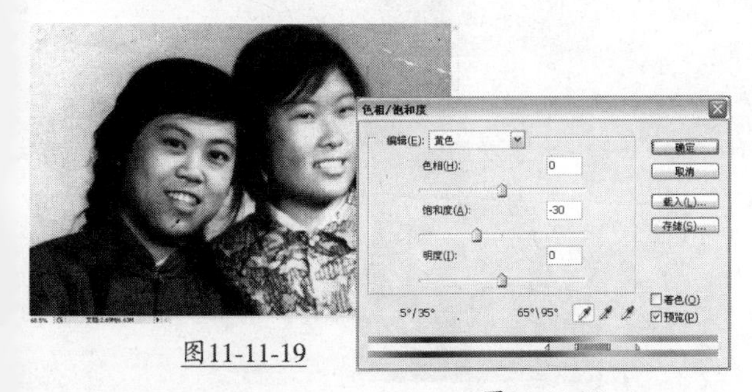

图11-11-19

图11-11-20

步骤提示技巧

在“色相/饱和度”对话框顶部的编辑下拉菜单中选择一种颜色，即可隔离处需要处理的颜色范围。通过观察可以发现，在选择颜色后，该对话框底部的两个渐变彩带之间出现了一些滑块条，通过调整滑块条之间的颜色，可以更准确地限制需要修改的颜色范围。

STEP 11 应用调整后的，图像中影响人物脸部及衣服区域的黄色水印被淡化，图像效果和“图层”面板如图11-11-21和图11-11-22所示。

图11-11-21

图11-11-22

步骤提示技巧

由于在应用调整图层前，图像中便存在选区，因此所应用的【色相/饱和度】调整图层上将自动为选区生成图层蒙版，使图像中仅选区部分受到调整。

STEP 12 在“图层”面板上，按Ctrl键单击“色相/饱和度1”调整图层的图层蒙版，调出其选区。单击“图层”面板上的创建新的填充或调整图层按钮，在弹出的下拉菜单中选择“可选颜色”选项，弹出“可选颜色选项”对话框，在颜色下拉菜单中选择“黄色”，如图11-11-23所示进行设置，设置完毕后单击“确定”按钮，“图层”面板如图11-11-24所示，得到的图像效果如图11-11-25所示。

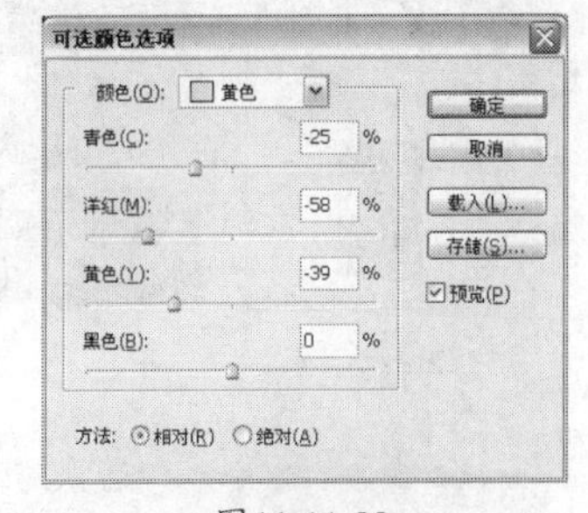

图11-11-23

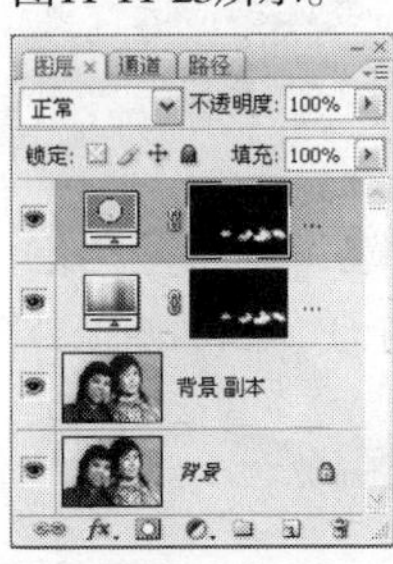

图11-11-24

图11-11-25

STEP 13 按快捷键Ctrl+Shift+Alt+E盖印可见图层，得到“图层1”，“图层”面板如图11-11-26所示。选择工具箱中的快速选择工具，在其工具选项栏中单击添加到选区按钮，并设置合适的画笔直径，在图像人物上出现黄色水印的区域进行单击，创建需要的选区，如图11-11-27所示，按快捷键Ctrl+Shift+I将选区反向。单击“图层”面板上的添加图层蒙版按钮，为“图层1”添加图层蒙版，如图11-11-28所示。

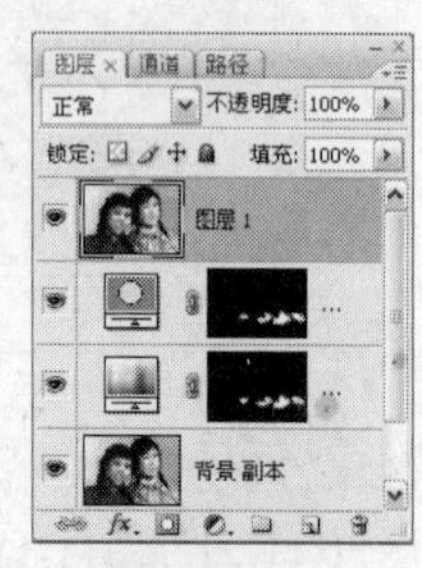
图11-11-26

图11-11-27

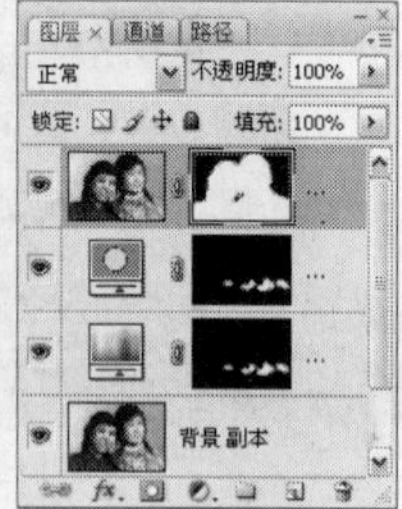
图11-11-28

STEP 14 单击“图层”面板上的创建新图层按钮，新建“图层2”。将前景色色值设置为R192、G185、B150，按快捷键Alt+Delete填充前景色。在“图层”面板上将“图层2”调整至“图层1”下方，如图11-11-29所示，得到的图像效果如图11-11-30所示。

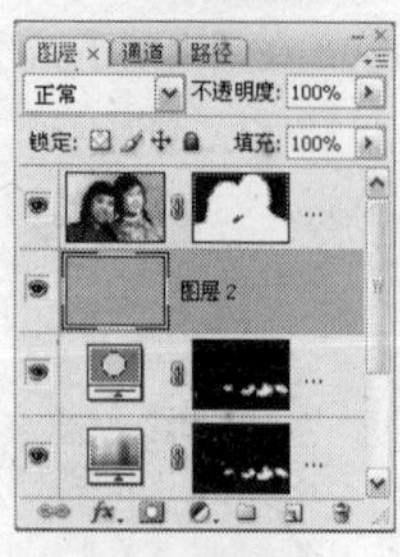
图11-11-29

图11-11-30

步骤提示技巧

在设置照片背景色的色值时需要注意，进行填充的颜色应与原照片的背景颜色尽量保持一致。

STEP 15 将“图层2”的图层混合模式设置为“颜色”，“图层”面板如图11-11-31所示，得到的图像效果如图11-11-32所示。

图11-11-31

图11-11-32

STEP 16 将“背景副本”图层拖曳至“图层”面板上的创建新图层按钮上，得到“背景副本2”图层。选择工具箱中的仿制图章工具，按住Alt键选择合适的区域作为仿制源，如图11-11-33所示对照片的背景进行编辑，消除照片背景的折痕，“图层”面板如图11-11-34所示，得到的图像效果如图11-11-35所示。

图11-11-33

图11-11-34

图11-11-35